笔记本
电脑维修
从入门到精通

高宏泽 编著

U0256036

机械工业出版社
CHINA MACHINE PRESS

图书在版编目（CIP）数据

笔记本电脑维修从入门到精通 / 高宏泽编著 . —北京：机械工业出版社，2015.8（2024.12重印）

（学电脑从入门到精通）

ISBN 978-7-111-51297-4

I. 笔… II. 高… III. 笔记本计算机－维修 IV. TP368.320.7

中国版本图书馆 CIP 数据核字（2015）第 202013 号

本书由多名专业笔记本电脑维修工程师编写，通过对笔记本电脑的测试、维护、维修、组网、数据恢复、加密等内容，详尽讲解笔记本电脑的测试方法、系统安装设置方法、单元电路芯片级维修方法、系统故障维修方法、无线网组建及上网方法、数据恢复方法、数据加密方法等知识。

全书共分为六篇，包括：笔记本电脑维护与调试篇、硬件芯片级维修篇、笔记本电脑软故障维修篇、无线联网与网络故障维护篇、数据恢复与加密篇、经典故障维修实例篇。

本书内容全面详实，案例丰富，不仅可以作为笔记本电脑维修人员的使用手册，还可为广大电脑爱好者提供技术支持，同时也可作为中专、大专院校的参考书。

笔记本电脑维修从入门到精通

出版发行：机械工业出版社（北京市西城区百万庄大街 22 号　邮政编码：100037）

责任编辑：李　艺　　　　　　　　　　　责任校对：殷　虹

印　　刷：固安县铭成印刷有限公司　　　版　　次：2024 年 12 月第 1 版第 11 次印刷

开　　本：185mm×260mm　1/16　　　　印　　张：38.5

书　　号：ISBN 978-7-111-51297-4　　　定　　价：79.00 元（附光盘）

　　　　　ISBN 978-7-89405-847-8（光盘）

客服电话：（010）88361066　68326294

前言

本书将笔记本电脑的测试、维护、维修、组网联网、数据恢复、加密等知识进行了系统的归纳总结，同时结合大量的图片、操作流程和实例，力争讲解得足够详细。本书努力做到像良师面授一般，使你能快速地掌握最新、最实用的笔记本电脑测试、安装、维护、芯片级维修、组网的实用知识。

笔记本电脑维修技能是一种综合技能，涉及的相关理论知识和维修操作技术较多，必须不断地进行理论学习和反复的亲身实践，才能逐渐掌握和稳步提升。

综合来看，笔记本电脑维修技能主要涵盖三个方面：其一，笔记本电脑维修的基本原理知识；第二，笔记本电脑的故障分析能力；第三，笔记本电脑故障诊断维修技能。

相对普通使用者和笔记本电脑维修技能的初学者而言，笔记本电脑的构成复杂、集成度高，出现故障后维修难度大，这使得笔记本电脑维修技能成为一种不易学习和掌握的技能。但就掌握了笔记本电脑维修技能的维修工程师而言，笔记本电脑出现的大部分故障都是能够通过常规的维修操作流程很快排除的。

写作目的

从初学者到维修工程师，必然需要一个反复学习和不断提高的过程。这个过程有可能是漫长的、迷茫的，甚至是痛苦的过程；也有可能是迅速的、按部就班的过程。区别在于初学者是否善于学习，并能够找到好的"老师"。

本书针对笔记本电脑检修技能的特点，从相关理论知识到故障分析都进行了大篇幅的叙述和剖析，力求使初学者到维修工程师的过程变得有迹可循、少走弯路，每一分努力都得到应有的回报。

主要内容

本书共分为六篇内容，包括：笔记本电脑维护与调试篇、硬件芯片级维修篇、笔记本电脑软故障维修篇、无线联网与网络故障维护篇、数据恢复与加密篇、经典故障维修实例篇。

第一篇：笔记本电脑维护与调试。在笔记本电脑使用中面临越来越多的系统维护和管理问题，如系统安装升级、软件系统优化、系统备份、注册表维护等，本篇将带你了解新一代笔记本电脑内部构造及元件工作原理，掌握笔记本电脑的测试技巧、最新 BIOS 设置方法、硬盘分区方法、系统安装方法、Windows 系统优化方法及注册表设置方法等。

第二篇：硬件芯片级维修。在笔记本电脑出现的各种故障现象中，不能正常开机启动的故障占了相当大的一部分比例。而这类故障与笔记本电脑的供电模块、开机模块、存储功能模块有很大的关系，另外，液晶显示屏、网络功能模块、音频功能模块和接口电路出现故障，也会导致笔记本电脑无法正常使用。因此，本篇围绕笔记本电脑开机启动故障、存储故障、显示故障、网络故障、声音故障等进行了多层次和多角度的讲解，不仅有较为完善的理论知识，还列举了大量的故障维修案例。

第三篇：笔记本电脑软故障维修。本篇主要讲解系统与软件的维修方法，包括系统软件故障处理方法、典型的启动故障处理方法、关机故障处理方法、死机故障处理方法、蓝屏故障处理方法等。

第四篇：无线联网与网络故障维护。介绍如何使笔记本电脑联网，如何组建家庭无线局域网让笔记本和手机同时上网，如何搭建企业局域网、校园局域网和网吧局域网，以及如何面对笔记本电脑联网后带来的巨大安全挑战。本篇将带你进入网络的世界，动手组建自己的网络。

第五篇：数据恢复与加密。由于误操作等原因导致硬盘数据被删除或被损坏等情况屡屡发生，那么如何恢复丢失或损坏的硬盘数据呢？本篇将带你深入了解硬盘数据存储的奥秘，掌握硬盘数据恢复的方法。

第六篇：经典故障维修实例。本篇内容中列举了大量笔记本电脑故障维修案例，在案例的叙述过程中，不仅对笔记本电脑的故障分析方法进行了大量的讲解，还对笔记本电脑维修过程中的各种注意事项做了充分的说明。

本书特点

图文并茂，通俗易懂

从笔记本电脑维修技能的理论知识到维修案例，内容丰富、详实。在文字叙述过程中，插入大量的实物图和应用电路图，进行对照和讲解，使阅读、学习过程更加直观，通俗易懂。

循序渐进，实用性强

从整体的理论概括到具体的维修案例，遵循从理论指导到实践操作的过程，层层递进、逐一剖析，使学习过程循序渐进。在核心、重点内容的阐述上采用多角度和多层次的叙述，深入浅出、突出要点，增强本书的实用性。

阅读群体

本书内容全面，理论结合实践，不仅可以作为笔记本电脑维修人员的使用手册，还可为广大笔记本电脑爱好者提供技术支持，同时也可作为中专、大专院校的参考书。

除署名作者外，参与本书编写工作的人员还有张宝利、王红明、孙雄勇、苏治中、吴超、徐伟、马广明、丁凤、马维丽、张鹏、刘超、冯庆荣、肖文海、王新友、张永忠、宋朋奎、李秋英、王乃国、多洪新、毛利军、张秀玲、多国华、潘力、王平芳、李雷、罗颂、樊树霞、吕永彦等。

由于作者水平有限，书中难免出现不足之处，恳请业界同仁及读者朋友指正。

2015 年 4 月

目 录

前　言

第一篇　笔记本电脑维护与调试

第1章　新购笔记本验机与测试 …… 2

1.1　了解各品牌笔记本保修及
　　　售后服务条款 ……………… 2

1.2　新购笔记本电脑验机方法 ……… 5

1.3　测试笔记本电脑 ………………… 7

1.4　如何鉴别网购笔记本是否为
　　　水货 ……………………………… 16

第2章　新一代笔记本电脑维修
　　　　　基础 …………………………… 19

2.1　从外到内深入认识笔记本
　　　电脑 ……………………………… 19

2.2　辨别笔记本电脑外壳材料 ……… 22

2.3　认识笔记本电脑的系统架构 …… 24

2.4　最新笔记本电脑的工作原理 …… 37

2.5　新型笔记本电脑探秘 …………… 39

2.6　新型笔记本电脑主板芯片探秘 … 65

第3章　维护技能1——最新笔记本
　　　　　电脑BIOS探秘 …………… 70

3.1　认识电脑的BIOS ……………… 70

3.2　如何进入笔记本电脑BIOS …… 71

3.3　最新笔记本电脑BIOS设置
　　　程序详解 ………………………… 72

3.4　动手实践：笔记本电脑设置
　　　实践 ……………………………… 73

第4章　维护技能2——新型笔记本
　　　　　电脑硬盘如何分区 ………… 78

4.1　硬盘为什么要分区 ……………… 78

4.2　使用Partition Magic给笔记本
　　　电脑分区 ………………………… 80

4.3　使用Windows 7/8安装程序给
　　　笔记本电脑分区 ………………… 82

4.4　使用"磁盘管理"工具给
　　　笔记本电脑分区 ………………… 84

4.5　如何对3TB/4TB超大硬盘
　　　分区 ……………………………… 87

4.6　使用Disk Genius对超大硬盘
　　　分区 ……………………………… 89

第5章　维护技能3——恢复及安装
　　　　　快速启动的Windows 7/8
　　　　　系统 …………………………… 92

5.1　使用系统恢复光盘安装操作
　　　系统 ……………………………… 92

5.2 让电脑开机速度快如闪电 ……… 94

5.3 系统安装前的准备工作 ……… 94

5.4 安装快速开机的 Windows 8
系统 …………………………… 97

5.5 安装快速开机的 Windows 7
系统 …………………………… 106

5.6 用 Ghost 安装 Windows
系统 …………………………… 115

5.7 检查并安装设备驱动程序 …… 123

第 6 章 维护技能 4——优化
Windows 系统 ………… 128

6.1 Windows 为什么越来越慢 …… 128

6.2 提高存取速度 ……………… 131

6.3 使用 Windows 优化大师优化
系统 …………………………… 136

6.4 养成维护 Windows 的
好习惯 ………………………… 139

第 7 章 维护技能 5——优化
注册表 ………………… 140

7.1 注册表是什么 ……………… 140

7.2 注册表的操作 ……………… 144

7.3 注册表的优化 ……………… 149

7.4 动手实践：注册表优化设置
实例 …………………………… 151

第二篇 硬件芯片级维修

第 8 章 芯片级维修工具及故障
常用维修方法 ………… 158

8.1 常用维修工具介绍 …………… 158

8.2 直流可调稳压电源 …………… 159

8.3 万用表 ……………………… 160

8.4 主板检测卡 ………………… 163

8.5 电烙铁 ……………………… 164

8.6 笔记本电脑的常用维修
方法 …………………………… 169

第 9 章 笔记本电脑的拆解方法 … 172

9.1 笔记本电脑拆机原理 ………… 172

9.2 笔记本电脑拆机实践 ………… 174

第 10 章 用万用表检测判断
元器件好坏 …………… 185

10.1 判断电阻器的好坏 ………… 185

10.2 判断电容器的好坏 ………… 191

10.3 判断电感器的好坏 ………… 196

10.4 判断晶体二极管的好坏 …… 198

10.5 判断晶体三极管的好坏 …… 201

10.6 判断场效应管的好坏 ……… 206

10.7 判断集成电路的好坏 ……… 210

第 11 章 笔记本电脑三大芯片
深入解析 ……………… 217

11.1 笔记本电脑三大芯片综述 … 217

11.2 笔记本电脑 CPU 深入解析 … 217

11.3 笔记本电脑芯片组深入
解析 …………………………… 223

11.4 笔记本电脑 EC 芯片深入
解析 …………………………… 235

11.5 笔记本电脑三大芯片故障
分析 …………………………… 236

第 12 章 笔记本电脑开机电路
故障诊断与维修 ……… 238

12.1 笔记本电脑开机原理 ……… 238

12.2 深入认识笔记本电脑开机
电路 …………………………… 240

12.3 典型开机电路是如何运行的 … 241

12.4 开机电路故障的诊断与维修 … 244

12.5 动手实践 …………………… 246

第 13 章　笔记本电脑供电电路故障诊断与维修 ……… 249

13.1　了解笔记本电脑供电机制 … 249

13.2　保护隔离电路与充电电路是如何运行的 ……………… 250

13.3　待机电路是如何运行的 …… 255

13.4　系统供电电路是如何运行的 … 259

13.5　CPU 供电电路是如何运行的 … 264

13.6　内存供电电路是如何运行的 … 275

13.7　芯片组供电电路是如何工作的 …………………… 276

13.8　供电电路故障诊断与维修 … 282

13.9　动手实践 ………………… 285

第 14 章　笔记本电脑时钟电路故障诊断与维修 ……… 288

14.1　深入认识笔记本电脑时钟电路 …………………… 288

14.2　时钟电路是如何运行的 …… 289

14.3　时钟电路故障诊断与维修 … 292

14.4　动手实践 ………………… 293

第 15 章　笔记本电脑液晶显示屏故障诊断与维修 ……… 297

15.1　认识液晶显示屏 ………… 297

15.2　液晶显示屏是如何运行的 … 298

15.3　液晶显示屏故障诊断与维修 … 301

15.4　动手实践 ………………… 303

第 16 章　笔记本电脑接口电路故障诊断与维修 ……… 305

16.1　深入认识笔记本电脑接口电路 …………………… 305

16.2　笔记本电脑接口电路故障诊断与维修 ……………… 317

16.3　动手实践 ………………… 318

第三篇　笔记本电脑软故障维修

第 17 章　新型笔记本电脑系统软件故障修复方法 …… 322

17.1　Windows 系统的启动 ……… 322

17.2　Windows 系统故障维修方法 ………………… 325

第 18 章　Windows 系统错误诊断与维修 ……… 329

18.1　了解 Windows 系统错误 …… 329

18.2　Windows 系统恢复综述 …… 330

18.3　修复系统错误从这里开始 … 331

18.4　一些特殊系统文件的恢复 … 333

18.5　利用修复精灵修复系统错误 ………………… 334

18.6　动手实践：Windows 系统错误维修实例 ……… 336

第 19 章　Windows 系统无法启动与关机故障诊断与维修 … 348

19.1　修复电脑开机报错故障 …… 348

19.2　无法启动 Windows 系统故障分析与维修 ………… 349

19.3　多操作系统无法启动故障维修 …………………… 351

19.4　Windows 系统关机故障分析与维修 …………… 351

19.5　动手实践：Windows 系统启动与关机典型故障维修实例 ……………… 353

第 20 章　Windows 系统死机和蓝屏故障诊断与维修 …………… 361

20.1　Windows 发生死机和蓝屏是什么样 …………… 361

20.2 Windows 系统死机故障
诊断与维修 ……………… 362

20.3 Windows 系统蓝屏故障
诊断与维修 ……………… 364

20.4 动手实践：电脑死机和蓝屏
典型故障维修实例 ……… 370

第四篇 无线联网与
网络故障维护

第 21 章 笔记本电脑无线联网与
局域网的搭建调试 …… 378

21.1 局域网知识 ……………… 378

21.2 怎样让电脑上网 ………… 381

21.3 搭建家庭局域网 ………… 384

21.4 双路由器搭建办公室
局域网 …………………… 390

21.5 搭建 C/S 型企业局域网 … 391

21.6 搭建校园网 ……………… 395

21.7 搭建网吧局域网 ………… 401

第 22 章 网络故障诊断与维修 … 404

22.1 上网故障诊断 …………… 404

22.2 路由器故障诊断 ………… 406

22.3 电脑端上网故障诊断 …… 409

22.4 动手实践：网络典型故障
维修实例 ………………… 410

第五篇 数据恢复与加密

第 23 章 硬盘数据存储管理
奥秘 …………………… 416

23.1 硬盘的数据存储原理 …… 416

23.2 硬盘数据管理的奥秘——
数据结构 ………………… 418

23.3 硬盘读写数据探秘 ……… 423

第 24 章 恢复损坏丢失的数据
文件 …………………… 424

24.1 数据恢复的必备知识 …… 424

24.2 数据恢复流程 …………… 432

24.3 动手实践：硬盘数据恢复
实例 ……………………… 433

第 25 章 多核电脑安全防护与
加密 …………………… 450

25.1 电脑系统安全防护 ……… 450

25.2 电脑数据安全防护 ……… 456

25.3 电脑硬盘驱动器加密 …… 466

第六篇 经典故障维修实例

第 26 章 笔记本电脑各模块电路
常见故障维修实例 …… 470

26.1 笔记本电脑开机类故障的
维修 ……………………… 471

26.2 笔记本电脑供电充电类
故障的维修 ……………… 505

26.3 笔记本电脑液晶显示屏类
故障的维修 ……………… 524

26.4 笔记本电脑接口类故障的
维修 ……………………… 539

26.5 笔记本电脑网络类故障的
维修 ……………………… 563

26.6 笔记本电脑音频类故障的
维修 ……………………… 569

第 27 章 品牌笔记本电脑故障
维修实例 ………………… 577

27.1 联想 G460 故障维修 …… 577

27.2 联想 V360 故障维修 …… 579

27.3 惠普 CQ40 故障维修 …… 581

×

27.4 惠普 DV4 故障维修 ………… 583

27.5 戴尔 XPS M1530 故障维修 … 585

27.6 戴尔 N4030 故障维修 ……… 586

27.7 华硕 K42JV 故障维修 ……… 587

27.8 华硕 G60J 故障维修 ………… 589

27.9 宏碁 4738G 故障维修 ……… 592

27.10 宏碁 4736zg 故障维修 ……… 593

27.11 三星 R428 故障维修 ………… 596

27.12 东芝 L600 故障维修 ……… 597

附录 个人创业——开个电脑装机维修店 …………………… 599

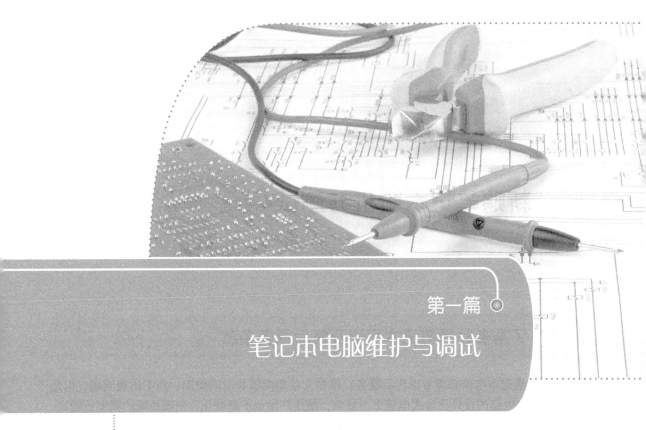

第一篇

笔记本电脑维护与调试

◆ 第 1 章　新购笔记本验机与测试
◆ 第 2 章　新一代笔记本电脑维修基础
◆ 第 3 章　维护技能 1——最新笔记本电脑 BIOS 探秘
◆ 第 4 章　维护技能 2——新型笔记本电脑硬盘如何分区
◆ 第 5 章　维护技能 3——恢复及安装快速启动的 Windows7/8 系统
◆ 第 6 章　维护技能 4——优化 Windows 系统
◆ 第 7 章　维护技能 5——优化注册表

　　计算机已成为不可缺少的工具，而且随着信息技术的发展，在笔记本电脑使用中面临越来越多的系统维护和管理问题，如系统安装升级、软件系统优化、系统备份、注册表维护等，如果不能及时有效地处理好这些问题，将会给正常的工作、生活带来影响。

　　怎样让系统稳定快速地运行呢？本篇将为您带来最新笔记本电脑维护与调试的设置方法。

新购笔记本验机与测试

1.1 了解各品牌笔记本保修及售后服务条款

购买笔记本电脑必须考虑售后服务。很多人希望能够长时间使用，而不出现问题，但是由于笔记本电脑的设计比台式电脑更为复杂，使用环境也不断变化，出现故障的概率比较高，因此对于笔记本电脑的售后服务显得更加重要。

1.1.1 详细了解笔记本电脑厂商售后服务条款

目前各个笔记本电脑厂商的售后服务条款都不尽相同，这里整理了一些生产厂商对于笔记本电脑的三包规定，希望给读者一定的参考。具体的售后服务措施还需要进一步查询，查询方法可以登录厂商的网址查询，或是拨打厂商的免费服务电话咨询，也可以在卖场向商家咨询。主要笔记本电脑厂商售后服务条款如表1-1所示。

表 1-1 主要笔记本电脑厂商售后服务条款

国内品牌	联想 Lenovo	七日退货，十五日换货，整机一年内维修两次以上仍不能正常使用免费更换，联想昭阳笔记本保修一年（含电池）。联想天逸／旭日笔记本主板、声卡、显卡、CPU、内存、显示屏、硬盘、键盘、电源适配器，自购机日起两年（含）。笔记本整机，包括网卡、MODEM卡、二合一卡、三合一卡等其他部件，自购机日起一年（含）。预装软件，自购机日起一年（含）。随机软件（资料、光盘介质、软盘介质）自购机日起3个月内凭故障原件更换，全国联保
	方正电脑	主板、CPU、内存、触控显示屏、硬盘驱动器、电源适配器保修两年，笔记本整机（无线网卡、升压板、内置摄像头、标准配置的电池等）保修一年
	清华同方	清华同方笔记本电脑产品实行三年有限保修。其中，第一年内，整机按规定使用发生故障时，本公司负责免费保修损坏部件（电池免费保修期为六个月）；第二年内，主要部件按规定使用发生故障时，本公司负责免费保修损坏部件，除此之外的零部件在正常使用状况下发生故障时的保修，只收器件费，不收人工费；第三年内，主板部件按规定使用发生故障时，本公司负责免费保修损坏部件，除此之外的零部件在正常使用状况下发生故障时的保修，只收器件费，不收人工费；全国联保
	神舟电脑	CPU、内存、硬盘保修三年，主板、电源适配器、LCD显示屏、键盘保修两年，电池（属易耗品）保修半年

（续）

国内品牌	海尔 （Haier）	主板、CPU、内存、显示屏、硬盘驱动器、键盘、电源适配器保修两年，整机保修一年
	华硕 （ASUS）	华硕笔记本电脑自用户购买之日起之两年内，在正常操作状况下如发生硬件故障可获免费售后维修服务（电池除外）。以下机种适用于一年硬件保修服务：P6 系列、F7 系列、L7 系列、M8 系列、L8B/C/Ce/K 系列、A1B/Be 系列、M1 系列、S8 系列等
日韩系品牌	三星 （SAMSUNG）	整机一年到三年不等，主要部件两年至三年，电池保修 6 个月，具体信息请查询相关网址
	东芝 （TOSHIBA）	根据不同型号，自购买日起，给予一年或三年的保修。原配电池保修一年
	索尼 （SONY）	整机保修一年，主要部件：液晶屏、CPU、硬盘、内存、键盘、电源适配器保修两年。公司网址为 http://service.sony.com.cn
美系品牌	戴尔 （DELL）	家用系列整机保一年，主要部件保修两年，商务系列高端机整机保三年。公司网址为 http://www.ap.dell.com
	惠普 （HP）	家用系列整机保修一年，主要部件保修两年，商务系列高端机整机保三年，电池保修一年，可以购买额外保修期限。公司网址为 http://e-support.hp.com.cn

1.1.2　笔记本电脑三包内容

根据《微型计算机商品修复更换责任规定》，微型计算机商品三包凭证是消费者享受三包权利的凭证，由消费者负责填写。三包凭证内容如表 1-2 所示。

表 1-2　三包凭证内容

三包凭证内容	说　明
微型计算机商品名称、商标、型号、生产单位	名称、型号等一般在笔记本电脑的用户手册中或者机器背面
微型计算机商品出厂标号或序列号	出厂编号或序列号一般在包装箱和机器背面
商品产地、出厂日期	产地和出厂日期一般在电脑背面标签上
销售单位名称、地址、邮政编码、联系电话	负责销售产品的公司信息，需要用户索取查看
发票号码	销售电脑的公司的发票号码
销售日期	一般为购买日期
安装调试日期	一般为购买日期
销售者印章	销售产品的公司的企业章，在发票和保修单上
消费者姓名、地址、邮编、电话、Email	消费者的联系方式
维修单位名称、地址、电话及邮政编码	维修服务单位的联系方式
维修记录页	今后维修时需要填写的内容，如日期、故障原因等

1.1.3　用来维护自己权益的三包条文

《微型计算机商品修复更换责任规定》（简称三包）是指为保护消费者的合法权益，明确销售者、修理者、生产者承担的部分商品的修理、更换、退货的责任和义务。三包规定是根据《中华人民共和国产品质量法》、《中华人民共和国消费者权益保护法》等法律的有关规定制定的。下面列举一些用来维护权益的三包条文，具体条文如表 1-3 所示。

表 1-3　部分三包条文

序　　号	三包条文
第八条	三包有效期：笔记本电脑三包有效期分为整机三包有效期、主要部件三包有效期。三包有效期自开具发货票之日起计算，扣除因修理占用、无零配件待修延误的时间。三包有效期的最后一天为法定休假日的，以休假日的次日为三包有效期的最后一天
第九条	在三包有效期内，消费者凭发货票和三包凭证办理修理、换货、退货。如果消费者丢失发货票和三包凭证，但能够证明该微型计算机商品在三包有效期内，销售者、修理者、生产者应当按照本规定负责修理、更换
第十条	三包期内维修费用：在整机三包有效期内，微型计算机商品出现质量问题，应当由修理者负责免费维护、修理，并保证修理后的商品能够正常使用 30 天以上。在主要部件三包有效期内，主要部件出现故障，应当由修理者负责免费修理或者免费更换新的主要部件（包括工时费和材料费）
第十一条	自售出之日起 7 日内，笔记本电脑在产品使用说明书规定状态下，经维护不能正常启动、死机故障时，消费者可以选择退货、换货或者修理。消费者要求退货时，销售者应当负责免费为消费者退货，并按发货票价格一次退清货款
第十二条	售出后第 8 日至第 15 日内，笔记本电脑在产品使用说明书规定状态下，经维护不能正常启动、死机故障时，消费者可以选择换货或者修理。消费者要求换货时，销售者应当负责免费为消费者换同型号规格的商品；同型号同规格的产品停止生产时，应当调换不低于原产品性能的同品牌商品
第十三条	在整机三包有效期内，笔记本电脑在产品使用说明书规定状态下，经维护不能正常启动、死机故障，经两次修理，仍不能正常使用的，凭修理者提供的修理记录，由销售者负责免费为消费者调换同型号同规格的商品；同型号同规格产品停产的，应当调换不低于原产品性能的同品牌商品
第十四条	在整机三包有效期内，符合上述的换货条件，销售者既无同型号同规格的商品，也无不低于原产品性能的同品牌商品，消费者要求退货的，销售者应当负责免费为消费者退货，并按发票价格一次退清货款
第十五条	在整机三包有效期内，符合换货条件的，销售者有同型号同规格的商品或者不低于原产品性能的同品牌商品，消费者不愿意换货而要求退货的，销售者应当予以退货，并按规定的折旧率收取折旧费（折旧费的计算日期自开具发货标之日起，至退货之日止，其中应当扣除修理占用和待修的时间）
第二十条	整机换货时，应当提供新的商品
第二十一条	整机换货后的三包有效期自换货之日起重新计算。由销售者在发货票背面加盖印章，并提供新的三包凭证
第二十二条	更换主要部件时，应当使用新的主要部件。更换后的主要部件三包有效期自更换之日起重新计算，记录在维修记录的维修情况一栏中
第二十三条	因修理者自身原因使修理期超过 30 日的，凭发货票和修理记录，由销售者负责为消费者调换同规格同型号商品；销售者无原规格型号商品的，应当调换不低于原商品性能的同品牌商品
第二十四条	在三包有效期内，因修理者自身原因使修理期超过 30 日的，或者因生产者未供应零配件，自送修之日起超过 60 日未修好的，修理者在修理状况中注明，凭发货票和修理记录，由销售者负责为消费者调换同规格同型号商品；销售者无原规格型号商品的，应当调换不低于原商品性能的同品牌商品

1.1.4　不能享受三包的情况

根据《微型计算机商品修复更换责任规定》，以下十种情况不能享受三包：

1）超过三包有效期的；

2）未按产品使用说明的要求使用、维护、保管而造成损坏的；

3）非承担三包的修理者拆动造成损坏的；

4）无有效三包凭证及有效发货票的（能够证明该商品在三包有效期内的除外）；

5）擅自涂改三包凭证的；

6）三包凭证上的产品型号或编号与商品实物不相符合的；

7）使用盗版软件造成损坏的；

8）使用过程中感染病毒造成损坏的；

9）无厂名、厂址、生产日期、产品合格证的；

10）因不可抗力造成损坏的。

新购笔记本电脑验机方法

　　验机是购买笔记本电脑时，非常重要的一步。在购买时，当销售人员拿来一台新的尚未开封的笔记本电脑，需要当场开封验机。

　　验机的内容主要包括笔记本电脑的外观、CPU、电池、内存、显示器、随机附件等。下面详细讲解购买笔记本电脑时的验机方法。

1.2.1　检查外包装

　　验机的第一步是检查笔记本电脑的外包装。当销售人员拿来一台新的笔记本电脑时，首先应观察外包装箱是否损坏，是否干净整洁；外包装箱是否已经开封，如果是已经打开的，可以要求售货员调换一个。如图1-1所示为笔记本电脑外包装箱。

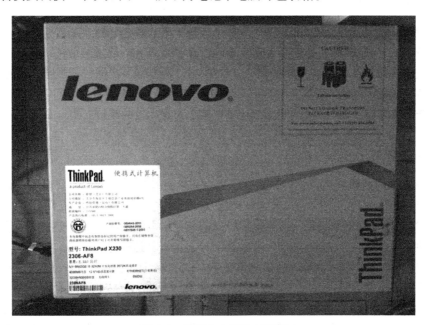

图1-1　笔记本电脑外包装箱

1.2.2　检查序列号

　　如果笔记本电脑的外包装箱正常，就可打开包装箱，轻轻取出笔记本电脑，仔细核对笔记本电脑机身背面的序列号，与包装箱和保修单上的序列号是否一致。如果不一致，则有可能是水货，最好不要购买。如图1-2所示为笔记本电脑机身背面的序列号。

1.2.3　核对包装箱内的装箱单

　　如果检查序列号通过，然后核对装箱单。在包装箱内都装有产品清单，用户可以对照清单一一检查，如果发现不齐全，可以当场与销售人员进行交涉。一般笔记本电脑附件有笔记本主机、电池、电源适配器、电源线、用户手册、应用指南、说明书、驱动光盘、保修单等，随机赠送的物品各商家不一样，可能有电脑包、鼠标等。如图 1-3 所示为笔记本电脑的随机附件。

图 1-2　笔记本电脑机身背面的序列号　　　　　图 1-3　笔记本电脑的随机附件

1.2.4　检查笔记本电脑的外观

　　检查完随机附件后，就可以开始检查外观。检查笔记本电脑的外观，首先需要检查笔记本电脑机身和 LCD 显示屏上是否有划痕、手印，螺钉是否有拧动过的痕迹；然后检查机身接缝、屏幕表面和散热孔是否有过多的灰尘；USB 接口是否有多次插拔的痕迹，机身底部是否有磨损；最后轻轻摇晃电脑看是否有异响。经过上述检查，如果没有发现问题就说明笔记本电脑是一部全新的电脑。如图 1-4 所示为笔记本电脑上未拧动过的螺钉。

1.2.5　开机检查笔记本电脑

　　经过以上的外观检查后，就可以通电，进一步检查笔记本电脑的各项功能是否完好。具体检查步骤如下。

　　1）把笔记本电脑放置平稳，接通电源，启动笔记本电脑。在启动过程中仔细侦听硬盘和光驱等部件有无异常响声，然后打开一些应用程序，检查其运行是否流畅。

　　2）测试键盘和鼠标时，可以通过输入文字，试试键盘的手感，看看键盘功能是否良好，鼠标是否灵活准确。

　　3）测试笔记本电脑光驱时，检查光驱里边是否有过多的灰尘，并且用几张不同的光盘测试一下光驱的读盘能力，看看是否挑盘。如图 1-5 所示为笔记本电脑内置式光驱。

图 1-4　笔记本电脑上未拧动过的螺钉　　　　　图 1-5　笔记本电脑内置式光驱

4）打开笔记本电脑中的音乐文件，试听一下笔记本电脑的音效，检查音箱是否正常。

5）最后打开笔记本电脑的电池管理软件，查看电池的充电次数或者循环次数，一般新笔记本电脑充电次数不应超过3次。如图1-6所示为笔记本电脑电源管理器。

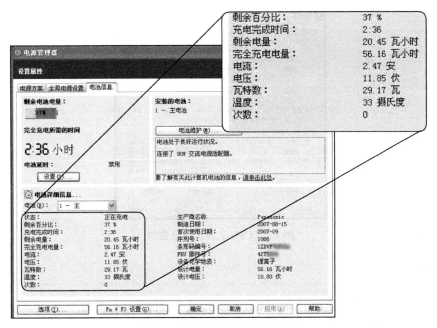

图1-6 笔记本电脑电源管理器

经过以上简单测试，可以初步确定笔记本电脑功能是否完好，如果想进一步了解笔记本电脑的性能，就需要运用专业软件对笔记本电脑进行综合的测试。

1.3 测试笔记本电脑

在购买价格昂贵的笔记本电脑时，我们很有必要给自己相中的笔记本电脑进行一次全面的测试。因为只有在专业检测软件的帮助下，我们才能知道笔记本电脑配置的"真实身份"，并且也只有通过测试，才能发现笔记本电脑可能存在的隐患和不足。

测试其实并不只是"专家"才会做的事，利用网上下载的一些测试软件，我们也能自己动手，轻轻松松给笔记本电脑做一次体检。下面，我们就来介绍如何从CPU、内存、硬盘、LCD液晶显示屏、电池和显卡这六个主要方面来对笔记本电脑进行全面检测。

1.3.1 测试CPU

CPU-Z测试软件能使用户详细了解CPU的类型以及主板芯片组的性能。CPU-Z的检测信息包括CPU的实际工作频率、总线频率、外频、倍频、核心数、线程数、制作工艺、核心电压以及缓存和CPU所支持的指令集等。

具体测试步骤如下。

1）在要测试的电脑中运行 CPU-Z 测试软件开始测试。

2）软件将打开一个信息窗口，在此信息窗口中将显示测试到的 CPU 的各种信息，如图 1-7 所示。

图 1-7　CPU-Z 测试信息窗口

1.3.2　测试内存

在内存方面，我们可以使用 SiSoftware Sandra 这个软件来进行检测。SiSoftware Sandra 测试软件的使用并不复杂，具体如下。

1）启动 SiSoftware Sandra 测试软件，在其主界面中，双击"硬件"选项卡，如图 1-8 所示。

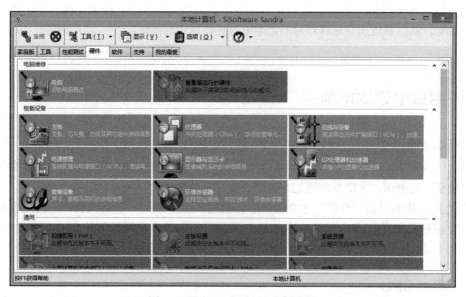

图 1-8　SiSoftware Sandra 主界面

2）接着再双击"板载设备"栏下的"主板"，如图 1-9 所示。

3）之后软件开始测试电脑的主板，等待几分钟后，测试完成，然后拖动测试报告右侧的滑块，找到"内存模块"栏，用户可以查看内存模块的相关信息，如图 1-10 所示。

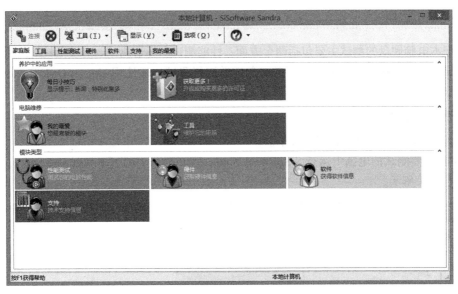

图 1-9　硬件测试界面

图 1-10 中，SiSoftware Sandra 检测到两种内存模块的信息：都是 2GB 的 DDR3 内存条，速度（频率）为 1333MHz。

图 1-10　测试报告

1.3.3　测试硬盘

笔记本电脑硬盘的测试主要包括两个方面：性能测试和坏道测试。对硬盘性能的测试，一般使用 SiSoftware Sandra 测试软件；对硬盘坏道进行测试一般使用 Norton Disk Doctor 或 HD Tune 测试软件。

1. 硬盘性能测试

硬盘性能测试的具体测试步骤如下。

1）在需要测试的电脑中运行 SiSoftware Sandra 测试软件，打开 SiSoftware Sandra 的主界面，如图 1-11 所示。

图 1-11　SiSoft Sandra 的主界面

2）在 SiSoftware Sandra 的主界面中双击"性能测试"选项卡，然后在打开的界面中双击"物理存储设备"栏中的"物理硬盘"选项开始测试，如图 1-12 所示。

图 1-12　测试硬盘

测试结束后，程序会立即显示该硬盘的综合测试结果，如图 1-13 所示。

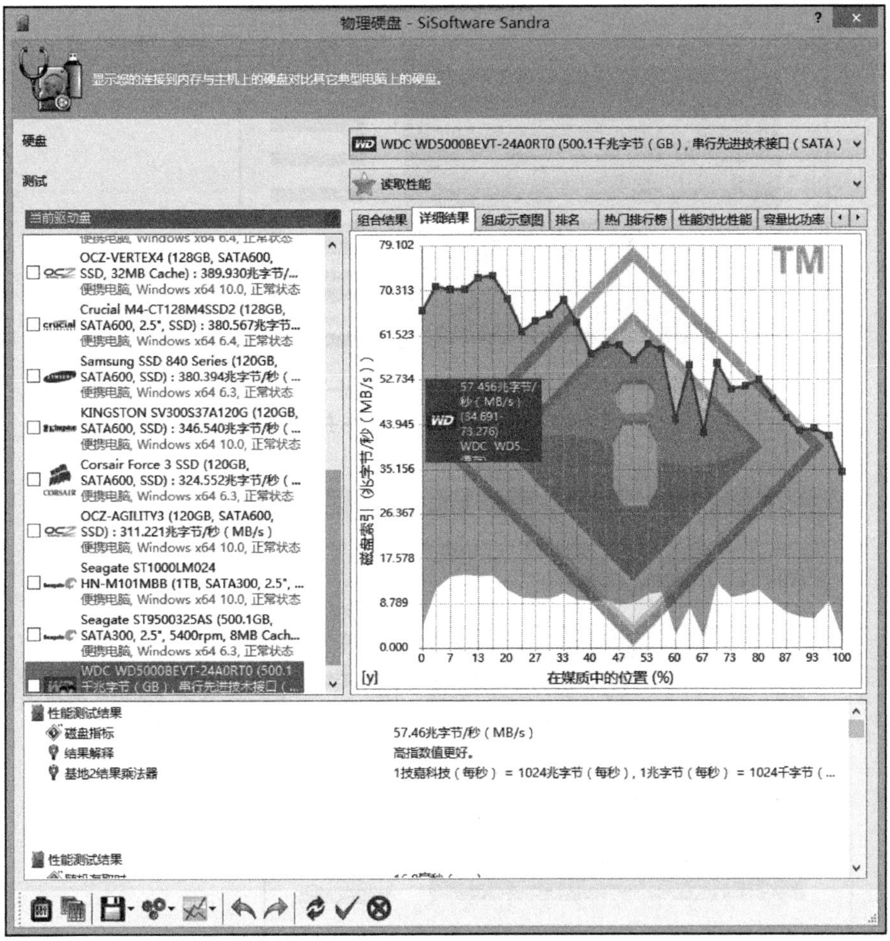

图 1-13　测试结果

【提示】

拖动结果栏右边的滑块，可以查看更多测试内容。

2.硬盘坏道测试

硬盘坏道测试的具体步骤如下。

1）在要测试的电脑中运行 HD Tune 测试软件，打开的 HD Tune 测试软件主窗口，如图 1-14 所示。

2）在打开的窗口中，单击"基准检查"选项卡，然后单击"开始"按钮，开始检测硬盘的基本信息，如图 1-15 所示。

3）单击"错误扫描"选项卡，然后将测试类型定义为"完全测试"，单击"开始"按钮开始测试磁盘坏道，如果在磁盘表面测试中发现硬盘有问题，测试软件会在测试报告中显示出来，如图 1-16 所示，在检测完成后将显示坏道检测结果。

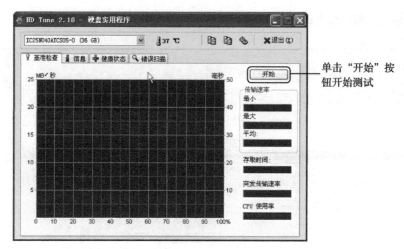

单击"开始"按钮开始测试

图 1-14 HD Tune 测试软件主窗口

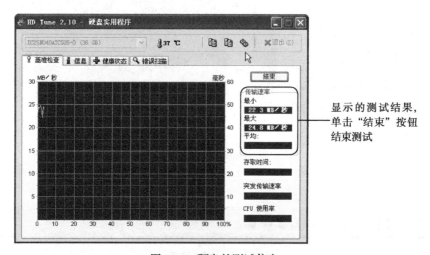

显示的测试结果，单击"结束"按钮结束测试

图 1-15 硬盘的测试信息

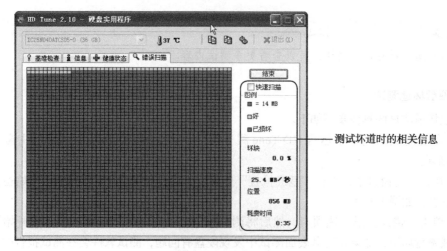

测试坏道时的相关信息

图 1-16 测试坏道

1.3.4　测试 LCD 液晶显示屏

液晶显示屏是笔记本电脑的一个重要部件，一旦有问题将影响笔记本电脑的正常使用，所以在购买时，最好对笔记本电脑的液晶显示屏进行彻底的检测。

笔记本电脑的液晶显示屏的测试项目主要有显示屏的亮度和对比度、整块液晶屏亮度的均匀度、颜色的纯正程度及坏点的个数（国家标准是小于 3 个）等。

笔记本电脑液晶显示屏的测试方法主要有写字板测试法和软件测试法等。

1. 写字板测试法

写字板测试法是利用写字板的白色背景来查看笔记本电脑显示屏是否正常。具体方法为：打开写字板，然后将写字板用鼠标在桌面上随意慢慢拖动，尽量将每一块都能经过，拖动过的地方应仔细地看是否有"坏点"。另外，在不同亮度下分别查看整个屏幕的亮度是否均匀，要特别注意四角和边框部分，一般中央亮度正常而四角偏暗的情况较多。

2. 测试软件测试法

专业的液晶显示屏测试软件，可以检测笔记本电脑显示屏的色彩、响应时间、文字显示效果、有无"坏点"等，通常比较常用的测试软件是 Nokia Monitor Test 测试软件。

Nokia Monitor Test 测试软件可以完成液晶显示屏的几何测试、亮度对比度调节、会聚测试、聚焦测试、分辨率测试、可读性测试、摩尔测试、色偏测试、高压特性测试、帮助和退出等多项测试。

各项测试的检测内容分别介绍如下。

1）几何测试：主要用于检测显示器生成图像的几何特征是否明显。

2）亮度对比度调节：主要用于调节显示器的亮度和对比度，以使其达到理想效果。

3）会聚测试：主要检查显示器的会聚能力。

4）聚焦测试：主要查看中心的图像与屏幕四个角边缘的图像相比是否清晰锐利。

5）分辨率测试：主要用于测试显示器支持的分辨率。

6）可读性测试：用于检查显示器显示文本信息时是否整个屏幕都清晰可读。

7）摩尔测试：摩尔是 CRT 显示器出现的一种屏幕干扰现象，如同波纹一般。

8）色偏测试：用于检测显示器有无偏色现象，还可以检查显示器的颜色是否纯正。

9）高压特性测试：用于检查显示器高压特性有无毛病。

软件测试法的测试步骤如下。

1）打开液晶显示器，进行至少半小时的热机，使显示器工作状态达到稳定。然后运行 Nokia Monitor Test 测试软件，打开测试画面，如图 1-17 所示。

2）分别单击需要测试的项目进行测试，如图 1-18 所示。

其中，分辨率测试主要用于测试显示器支持的分辨率；亮度对比度调节主要用于调节显示器的亮度和对比度以使其达到理想；几何测试主要用于检测显示器生成图像的几何特征是否明显，看图中的五个圆是否为正圆，以及方框边缘是否笔直有无倾斜、失真、变形等；可读性测试用于检查显示器显示文本信息时是否整个屏幕都清晰可读；颜色测试主要用于检测显示器有无偏色现象，颜色是否纯正及有无坏点；其他测试主要针对 CRT 显示器。

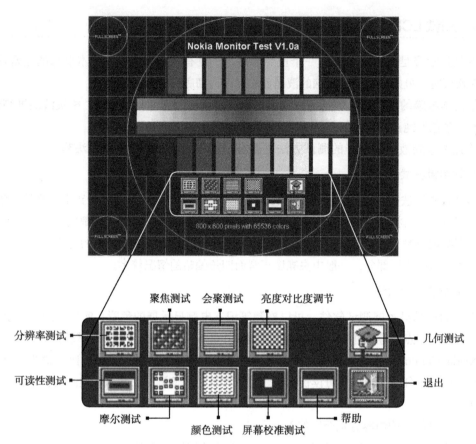

图 1-17　Nokia Monitor Test 测试软件

1.3.5　测试电池

笔记本电脑电池的使用时间时刻制约着用户的办公效率，因此在购买时必须经过测试了解笔记本电池在最大负荷、最小负荷或者其他常见情况下的使用时间。

测试笔记本电脑电池的方法有两种：利用主板监控程序和使用专业的测试软件。

1. 利用主板监控程序测试

在测试前，把电池充满电并拔下电源线，启动主板监控程序，使它每分钟向报表文件中写入一次信息（如 CPU 的频率），这样，当电池的电力耗尽之后，可以在报表文件中看到测试开始和结束的时间，它们之间的差值就是电池工作的时间。

2. 用测试软件测试

常用的专业测试软件有 BatteryMark、Battery Eater 等。BatteryMark 测试软件是笔记本电脑电池使用时间的权威测试软件，能够测试在一般负荷和最大负荷下的使用时间。BatteryMark 测试软件的测试原理是利用内置的 4 个引擎，模拟实际的操作情况来消耗电池电量。这 4 个引擎分别是 graphics engine、processor engine、disk engine 和 think engine。分别用来模拟实际使用中处理图形、网页、文档的过程、CPU 在高负荷工作状态下的耗电情况、实际使用过程中硬盘的耗电情况和笔记本电脑的耗电情况。并且每隔 2 ~ 3 分钟会将测试的数据自动保存到用户设置的目录下，当电池彻底消耗殆尽，电脑自动关闭之前，最后一次保存的结果就将作为最终测试结果。

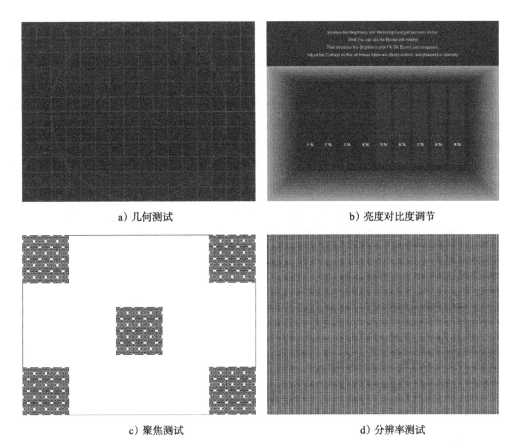

a）几何测试　　　　　　　　　　　　　　b）亮度对比度调节

c）聚焦测试　　　　　　　　　　　　　　d）分辨率测试

图 1-18　测试项目示例

　　另外，利用 SiSoftware Sandra 或鲁大师等测试软件，可以检测电池的使用情况、损耗情况及基本信息，如图 1-19 所示。

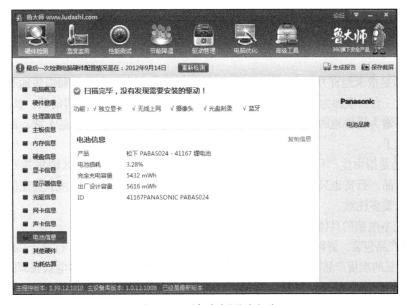

图 1-19　用鲁大师测试电池

1.3.6　测试显卡

对于笔记本电脑所整合的 3D 加速显示卡来说，其 3D 性能不是它们的强项，为此我们使用 3Dmark11 显卡测试软件来进行测试。

3DMark 11 使用原生 DirectX 11 引擎，在测试场景中应用了包括 Tessellation 曲面细分、Compute Shader 以及多线程在内的大量 DX11 新特性。基准测试包含四个图形测试项目、一项物理测试和一组综合性测试，并提供了 Demo 演示模式。

测试时，首先运行 3DMark 11 测试软件，然后选择单击"运行 3Dmark11"按钮即开始测试，测试完成后，会给出测试分数，如图 1-20 所示。

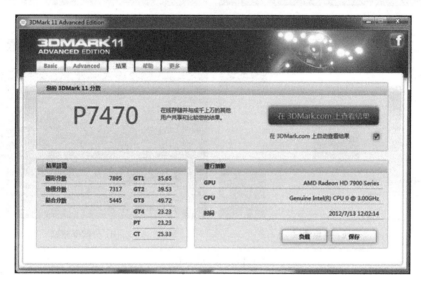

图 1-20　测试分数

1.4　如何鉴别网购笔记本是否为水货

水货产品是指未经官方批准，而在该地区销售的产品，水货产品只和销售地有关，和产地无关。例如，一台以欧洲为销售地点的笔记本电脑，如果在中国进行销售的话，就是水货电脑。一台以中国香港为销售地的笔记本电脑，如果在中国内地销售的话，就是水货，而在中国香港销售就是行货了。

行货产品是指由生产厂商自己或者再通过授权代理商，在特定地区销售并专为该地区设计和生产的产品。行货也只和销售地点有关，而与生产地点无关。行货和水货在保修期上有很大的不同，需要多注意。

水货笔记本电脑的具体鉴别方法如下。

1）查看产品包装、资料和笔记本电脑底部的标签是否为中文简体字。行货产品的资料通常印刷精美，而常见的水货产品有繁体字或其他文字。如图 1-21 所示为笔记本电脑底部的中文标签。

2）查看笔记本电脑外包装箱、质保书、机器底部的序列号。检查笔记本电脑外包装箱、质保书、机器底部的序列号是否相同，如果不相同，则有可能是水货或者拼装机产品。

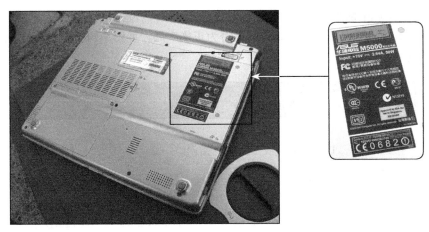

图 1-21 笔记本电脑底部的中文标签

3）查看笔记本电脑的机身背面是否有"CCC"标志和"CIB"标签。查看笔记本电脑的机身背面是否有"CCC"标志和"CIB"标签，如果有，则是行货。"CCC"和"CIB"标志，是国家对进口产品通过质量等方面严格检查后，出具的证明，而水货没有此标志。如图 1-22 所示为"CCC"和"CIB"标志。

 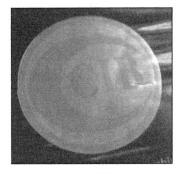

a)"CCC"标志　　　　　　　　　　b)"CIB"标志

图 1-22 "CCC"标志和"CIB"标志

4）检查笔记本电脑的键盘。一般的笔记本电脑的键盘都为中文简体字键盘或者英文键盘，如果是繁体汉字或日文键盘，则有可能是水货产品。如图 1-23 所示为笔记本电脑繁体字键盘。

图 1-23 笔记本电脑繁体字键盘

5）通过网络或电话查询。利用笔记本电脑官方网站或者售后服务电话，通过检测笔记本电脑的序列号，查询产品信息，确定产品是否为正规产品。如图 1-24 所示为联想笔记本电脑国际联保查询网站。

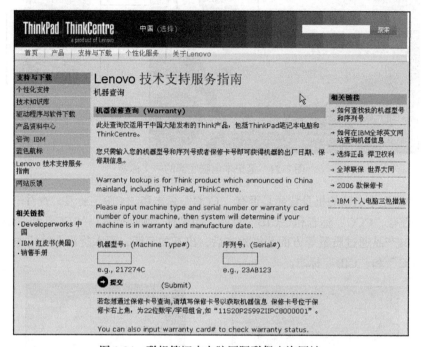

图 1-24   联想笔记本电脑国际联保查询网站

6）查看产品是否有磨损的痕迹，各种标签涂改的痕迹。仔细查看笔记本电脑的外观是否有磨损的痕迹，或者各种标签是否存在涂改的痕迹，如果存在，则该产品可能是水货。

第 2 章

新一代笔记本电脑维修基础

笔记本电脑可使用电池作为电源、集成度高、体积小、重量轻，具有移动方便的特点，这充分满足了商务和教学等领域的需求。同时，由于移动处理器、内存、硬盘和显卡等硬件技术的提升，笔记本电脑在性能上已经能够轻松应用大部分软件和游戏，所以笔记本电脑越来越得到大众的青睐。

2.1 从外到内深入认识笔记本电脑

笔记本电脑以其轻便小巧、便于携带等特点，越来越多地受到人们的青睐。如今笔记本电脑供用户选择的品种非常多，有全内置、光软互换、超轻薄、宽屏等，但不管是何种类型的笔记本电脑，其基本结构都大同小异。

2.1.1 笔记本电脑的外部结构

笔记本电脑更新换代的速度非常快，各部件的制造技术不断推陈出新，但笔记本电脑的内部结构基本相同。从外观上看，笔记本电脑主要包括液晶显示屏和主机两大块，如图 2-1 所示。其中，液晶显示屏是电脑的主要输出设备，而主机上包含了键盘、触摸板、指点杆、光驱、电池、键盘和鼠标接口、串口、并口、USB 接口、音频接口、红外线接口、PCMCIA 接口等各种接口，如图 2-2 所示。

2.1.2 笔记本电脑的内部结构

笔记本电脑是一个高度集成的电子设备，由于它的体积比较小，集成度非常高，所以笔记本电脑的内部结构比较复杂。在笔记本电脑的主机内部包含了主板、CPU、硬盘、内存条、光驱、网卡、声卡、各种芯片与接口等，如图 2-3 所示。

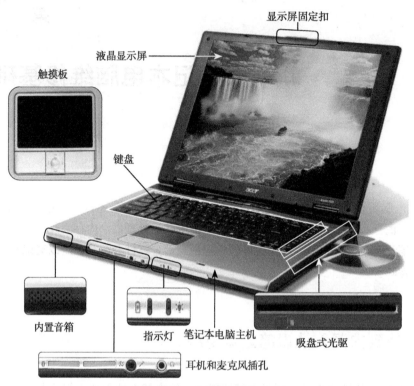

显示屏固定扣

液晶显示屏

触摸板

键盘

内置音箱

指示灯　笔记本电脑主机

吸盘式光驱

耳机和麦克风插孔

a) 笔记本电脑正面图

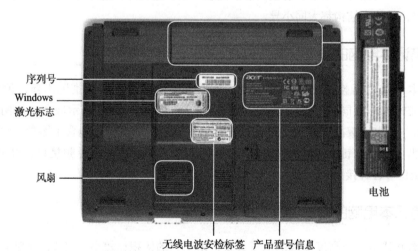

序列号

Windows
激光标志

风扇

电池

无线电波安检标签　产品型号信息

b) 笔记本电脑背面图

图 2-1　笔记本电脑的外观

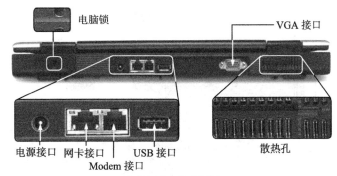

a）笔记本电脑后视图

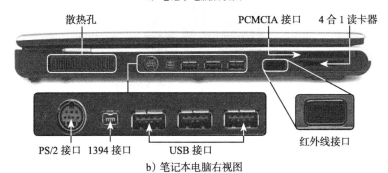

b）笔记本电脑右视图

图 2-2　笔记本电脑的接口

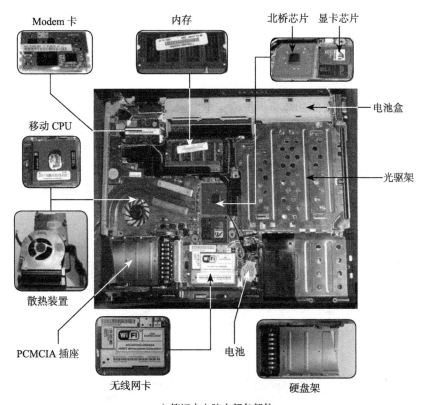

a）笔记本电脑内部各部件

图 2-3　笔记本电脑的内部结构

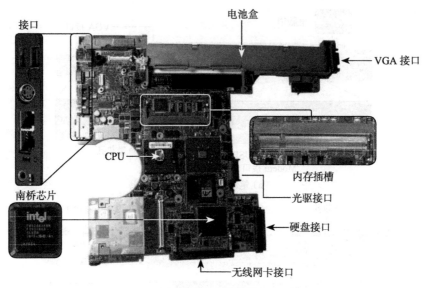

b）笔记本电脑主板

图 2-3 （续）

2.2 辨别笔记本电脑外壳材料

　　我们对笔记本电脑的认识一般是从笔记本电脑的外观开始的，如今笔记本电脑的外观不再是单一的形状，而是采用各式各样的漂亮外形设计。这些漂亮的笔记本电脑的外形一般都依托笔记本电脑中的一个部件——笔记本电脑的外壳。

　　笔记本电脑外壳最主要的功能是保护笔记本电脑，除了此项功能外，外壳还起到散热和美观的作用。因为人们在使用笔记本电脑的过程中，不可避免地会受到一些外力的冲击，如果笔记本电脑的外部材质不够坚硬，就可能造成屏幕弯曲的现象，从而缩短屏幕的使用寿命。另外，笔记本电脑内部结构紧凑，里面的 CPU、硬盘、主板都是发热设备，内部积累的热量如果不能及时散发出去，就会造成电脑死机，严重的还会引起内部元器件损坏。图 2-4 所示为 DELL（戴尔）和 SAMSUNG（三星）笔记本电脑的外壳。

图 2-4　笔记本电脑的外壳

不同的笔记本电脑的外壳所采用的材质一般是不同的。目前笔记本电脑外壳的材质主要有ABS 工程塑料、聚碳酸酯、碳纤维、铝镁合金、钛合金、合金 + 车漆材料、钢琴镜面材料等。

2.2.1 外壳材质 1：ABS 工程塑料

ABS 工程塑料的特点是重量重、导热性能较差，但成本低、耐热性好、低温冲击性能和阻燃性能较好。目前，多数塑料外壳的笔记本电脑都基本是采用 ABS 工程塑料做原料的。

2.2.2 外壳材质 2：聚碳酸酯

聚碳酸酯少了 ABS 的一些特性，它具有超高力学性能、耐热和尺寸稳定性好的特点。聚碳酸酯可以取代各种商业电器内部的铝、铅或其他金属的冲压铸件。图 2-5 所示为聚碳酸酯外壳的笔记本电脑。

图 2-5　聚碳酸酯外壳的笔记本电脑

2.2.3 外壳材质 3：碳纤维

碳纤维材质既拥有铝镁合金高雅坚固的特性，又有 ABS 工程塑料的高可塑性。它的外观类似塑料，但是强度和导热能力优于普通的 ABS 工程塑料，而且碳纤维是一种导电材质，可以起到类似金属的屏蔽作用。碳纤维的强韧性是铝镁合金的 2 倍，而且散热效果非常好。碳纤维材质的缺点是成本较高，成型比较难，因此碳纤维外壳的形状一般都比较简单，缺乏变化，着色也比较难。图 2-6 所示为使用碳纤维材质的笔记本电脑。

2.2.4 外壳材质 4：铝镁合金

铝镁合金的导热性能和强度尤为突出，同时还具有重量轻、密度低、散热性较好、抗压性较强等特点，能充分满足 3C 产品高度集成化、轻薄化、微型化、抗摔撞及电磁屏蔽和散热的要求。

银白色的铝镁合金外壳可使产品更豪华、美观，而且易于上色，可以通过表面处理工艺变成个性化的粉蓝色和粉红色，为笔记本电脑增色不少，这是工程塑料及碳纤维所无法比拟的。因而铝镁合金成了便携型笔记本电脑的首选外壳材料。

铝镁合金并不是很坚固耐磨，用久了会显得颜色暗淡，成本较高，而且成型比 ABS 工程塑料困难，所以笔记本电脑一般只把铝镁合金使用在顶盖上，很少有机型用铝镁合金来制造整个外壳。图 2-7 所示是铝镁合金材质外壳的笔记本电脑。

图 2-6　使用碳纤维材质的笔记本电脑

图 2-7　铝镁合金材质外壳的笔记本电脑

2.2.5　外壳材质 5：钛合金

钛合金材质可以说是铝镁合金的加强版，钛合金与铝镁合金相比，除了掺入金属本身的不同外，最大的区别之处是它还掺入碳纤维材料。钛合金无论散热、强度还是表面质感都优于铝镁合金材质，而且加工性能更好，外形比铝镁合金更加复杂多变。钛合金的强韧性更强，而且会做得更薄，因此钛合金可以让笔记本电脑的体积更娇小。钛合金必须通过焊接等复杂的加工程序，才能做出结构复杂的笔记本电脑外壳，这种复杂的生产过程会衍生出可观成本，因此十分昂贵。目前，钛合金及其他钛复合材料依然是 ThinkPad 专用的材料。图 2-8 所示是钛合金复合碳纤维材质外壳的笔记本电脑。

图 2-8　钛合金复合碳纤维材质外壳的笔记本电脑

2.3　认识笔记本电脑的系统架构

组成笔记本电脑的各种硬件、电路、功能模块，以及它们之间的相互关系，称为笔记本电脑的系统架构。

在笔记本电脑的系统架构中，CPU 不仅是系统的运算核心，而且随着制造工艺的提升和核心架构的革新，CPU 还担负着越来越多的功能模块的控制工作。

主板是整个系统的平台，各种硬件、电路和功能模块或直接焊接在主板上，或通过相关接口与主板相连，主板的核心是芯片组。

笔记本电脑的产品更新和性能提升，从本质上来说是由 CPU 的革新来驱动的，如早期的 CPU 性能单一，各种功能模块的通信和控制，主要由主板上南桥芯片和北桥芯片组成的芯片组完成。

而随着 CPU 制造工艺的提升和核心架构的革新，CPU 内部集成了内存控制器、PCI-E 控制器及显示核心等，从而使内存、独立显卡等设备直接与 CPU 连接和通信。而此时，主板上的芯片组也由北桥芯片和南桥芯片的双芯片架构更新为单芯片架构。

目前，笔记本电脑上使用的 CPU 主要由 Intel 公司和 AMD 公司两家公司提供。而与 CPU 搭配使用的芯片组也由这两家公司提供。

从 2003 年到 2009 年，Intel 公司在笔记本电脑上主推迅驰品牌。迅驰移动计算技术代表的是一整套的移动计算解决方案，主要包括 Intel 的 CPU、相关芯片组以及 Intel 的无线解决方案等。

2003 年，Intel 公司发布了第一代迅驰平台，其开发代号为 Carmel。Carmel 平台的三大核心组件包括代号为 Banias 的 Pentium-M 处理器、Intel 855 系列芯片组以及 Intel Pro/Wireless 2100 无线网卡。如图 2-9 所示为采用第一代迅驰平台的笔记本电脑系统架构图。

2005 年，Intel 公司推出第二代迅驰平台 Sonoma。Sonoma 平台组件主要包括了核心代号为 Dothan 的 Pentium-M 处理器、915 系列移动芯片组以及 Intel Pro/Wireless 2200BG/2915ABG 无线网卡等组成。如图 2-10 所示为采用第二代迅驰平台的笔记本电脑系统架构图。

平台中的 CPU 采用更为先进的制造工艺，二级缓存和前端总线频率都得到了明显的提升，使性能有了大幅度的进步。

Intel 915 系列移动芯片组包括 915GM、915PM 和 915GML 等型号，用于针对不同定位的笔记本电脑。其可支持双通道的 DDR2 400/533MHz 内存、支持 HD Audio 音频、支持 SATA 接口。其中，915GM 集成了显示芯片，支持 DX9.0 显卡的同时支持 PCIExpress x16 总线。915PM 不内置显示芯片，须搭配独立显卡使用。

2006 年，Intel 公司推出开发代号为 Napa 的第三代迅驰平台。Napa 平台包括 Yonah 核心的酷睿处理器、Intel 945 系列移动芯片组和 Intel Pro/Wireless 3945ABG 无线网卡。

Napa 平台采用双核心 CPU，并且 CPU 采用 65nm 制造工艺，其前端总线最高可达 667MHz。与之搭配的 945 系列移动芯片组支持 DDR2 400/533/667MHz 规格的内存、支持 SATA 和 PCI-E 总线、集成 Intel GMA950 显卡。Intel Pro/Wireless 3945ABG 无线网卡支持 802.11a/b/g 标准，采用 PCI-E 1x 高效接口。如图 2-11 所示为采用第三代迅驰平台的笔记本电脑系统架构图。

2007 年，Intel 公司发布代号为 Santa Rosa 的第四代迅驰平台。Santa Rosa 平台包括了 Core 2 Duo 处理器、965 系列移动芯片组、Intel 无线网卡和可选组件 Intel 迅盘。

Core 2 Duo 处理器二级缓存最高可达 4MB，前端总线频率最高可达 800MHz，支持 64 位运算和多媒体指令集。965 系列移动芯片组支持 DDR2 400/533/667/800MHz 规格内存。其中，GM965 集成 GMA X3100 显示核心，使采用集成显卡的笔记本电脑的显示性能有了很大提升。而作为可选组件的 Intel 迅盘，是一块采用 PCI-E 接口的扩展卡，能够大幅度提升笔记本电脑在启动、休眠以及其他常规操作方面的速度。如图 2-12 所示为采用第四代迅驰平台的笔记本电脑系统架构图。

2008 年，Intel 公司发布了代号为 Montevina 的第五代迅驰平台。Montevina 平台包括代号为 Penryn 的 CPU、4 系列移动芯片组、WiFi Link 5100/5300 无线网络模块和第二代 Intel 迅盘。

Penryn 处理器采用 45nm 级制造工艺，引入多项革新技术，其前端总线频率最高可达 1066MHz，CPU 性能较上一代平台有明显提升。4 系列移动芯片组主要包括了 GM45、GM47 和 PM45 三个型号，比上一代平台所使用的芯片组在速度上有所提升，而且支持的外部设备更多。如图 2-13 所示为采用第五代迅驰平台的笔记本电脑系统架构图。

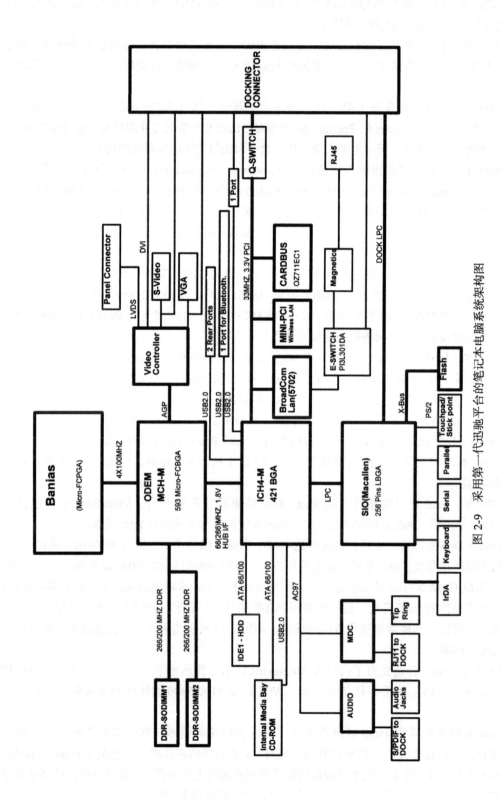

图 2-9　采用第一代迅驰平台的笔记本电脑系统架构图

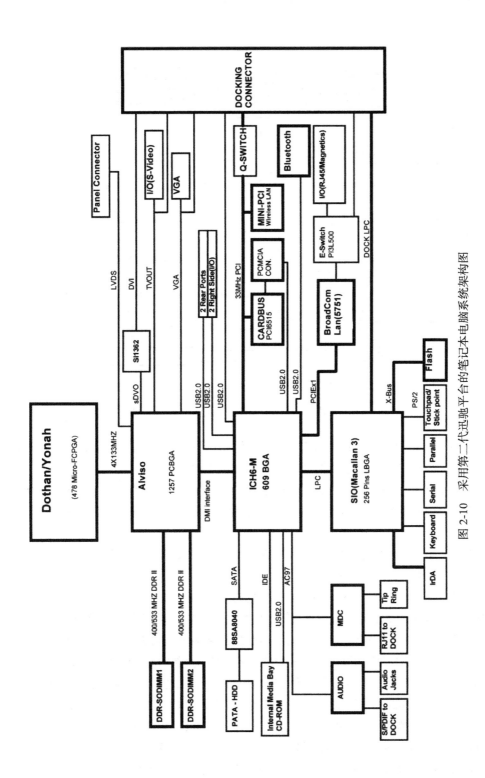

图 2-10　采用第二代迅驰平台的笔记本电脑系统架构图

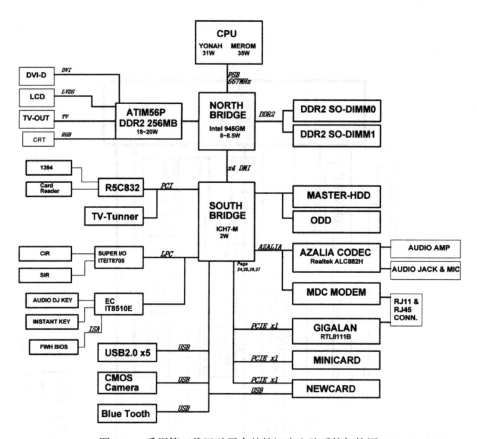

图 2-11　采用第三代迅驰平台的笔记本电脑系统架构图

2009 年，Intel 公司发布代号为 Calpella 的第六代迅驰平台，也是最后一代迅驰平台。自此之后，Intel 公司在笔记本电脑领域放弃了对迅驰品牌的推广。

2009 年，不仅是 Intel 公司在品牌战略上革新的一年，也是其在笔记本电脑系统架构上革新的一年。沿用多年的 CPU、南桥芯片、北桥芯片的三芯片架构，被 CPU 和 PCH 的双芯片架构所取代。

2010 年，Intel 公司开始主推第一代酷睿 i 系列处理器，酷睿 i 品牌逐渐成为 Intel 公司新的品牌策略，迅驰品牌逐渐淡出市场。

如图 2-14 所示为采用 Intel 两芯片架构的笔记本电脑系统架构图。

2011 年，Intel 公司在市场上主推以第二代酷睿 i 系列处理器为核心的笔记本电脑。

2012 年，Intel 公司在市场上主推以第三代酷睿 i 系列处理器为核心的笔记本电脑。

第二代酷睿 i 系列处理器基于 32nm 制造工艺，采用全新的 Sandy Bridge 微架构。

第三代酷睿 i 系列处理器采用更为先进的 22nm 制造工艺，其微架构称为 Ivy Bridge。第三代酷睿 i 系列处理器采用全新的 3D 晶体管制造技术，使 CPU 在性能稳步提升的同时其功耗更低。而与第三代酷睿 i 系列处理器搭配使用的则是 Intel 公司的 7 系列移动芯片组，其主要包括 HM77、HM76、HM75、QM77 和 UM77 等几个不同的型号。

如图 2-15 所示为基于 Intel 第二代酷睿 i 处理器的笔记本电脑系统架构图，如图 2-16 所示为基于 Intel 第三代酷睿 i 处理器的笔记本电脑系统架构图。

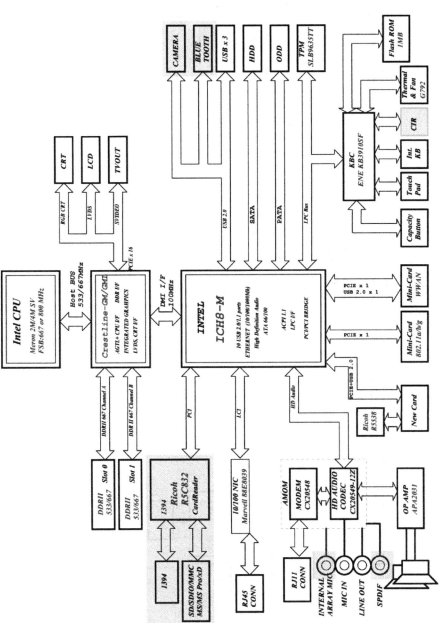

图 2-12　采用第四代迅驰平台的笔记本电脑系统架构构图

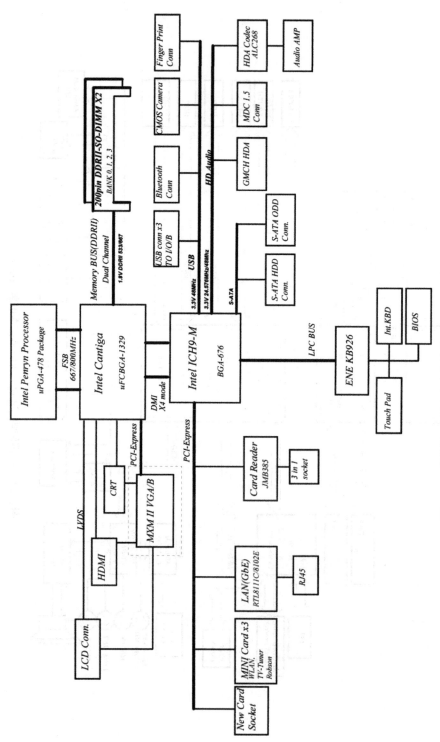

图 2-13   采用第五代迅驰平台的笔记本电脑系统架构图

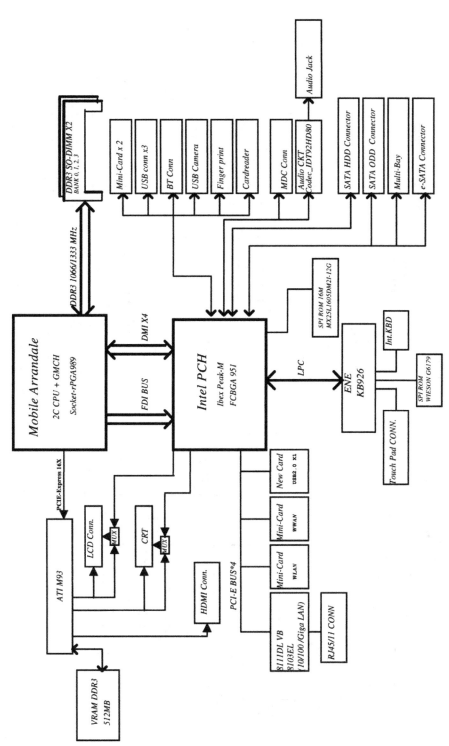

图 2-14　采用 Intel 公司两芯片架构的笔记本电脑系统架构图

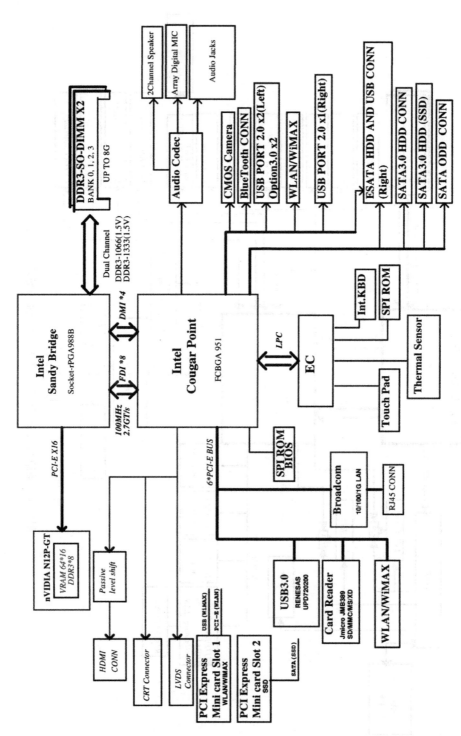

图 2-15　基于 Intel 第二代酷睿 i 处理器的笔记本电脑系统架构图

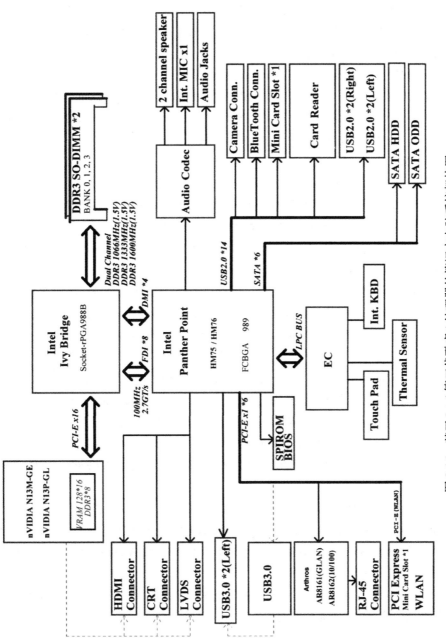

图 2-16 基于 Intel 第三代酷睿 i 处理器的笔记本电脑系统架构图

AMD 公司进入笔记本电脑领域的时间要比 Intel 公司晚，其市场份额也相对较少。但其不断推出的革新性产品和提出的新理念，一直推动着笔记本电脑行业的发展和相关技术的进步。AMD 公司在收购了 ATI 公司之后，拥有了较为强大的芯片组和显示芯片研发能力，也推出了很多具有代表性的平台化产品。

2007 年，AMD 公司推出了代号为 Trevally 的移动平台，包括 Turion 64 X2 移动处理器、RS690T 北桥芯片、SB700 南桥芯片、支持 MXM 规格独立显卡升级。Turion 64 X2 是专为笔记本电脑而推出的首个 64 位双核 CPU。

2008 年，AMD 公司推出了代号为 Puma 的移动平台，包括新一代移动处理器、RS780G 北桥芯片、SB700 南桥芯片。新的芯片组支持 DVI、D-Sub、HDMI、DisplayPort 输出，提供 6 个 SATA 接口、1 个并行 ATA 接口、14 个 USB 接口，支持 HD Audio 高保真音频和多个 PCI Express X1 接口，整个平台在功耗上有十分优秀的表现。

2009 年，AMD 公司推出了代号为 Tigris 的移动平台，Tigris 平台的特点是 CPU 采用 45nm 制造工艺，新的独显核心和集显性能都有很大幅度的提升。

2010 年，AMD 公司推出了代号为 Danube 的移动平台，Danube 移动平台增加了三核心和四核心的 CPU 产品，使用 RS880M 北桥芯片和 SB820M 南桥芯片组成新一代芯片组，搭配支持 DX11 标准的笔记本电脑独立显卡 Mobility Radeon HD 5000 系列，采用多项节能技术，增加了笔记本电脑的续航时间。

2011 年，AMD 公司推出了代号为 Sabine 的移动平台，Sabine 平台是 AMD 公司具有重要意义的平台产品，其采用了代号为 Llano 的 A 系列 APU 处理器，搭配处理器的是 Hudson-M 系列芯片组，并配置性能强大的 AMD Radeon HD 6000M 系列独立显卡。

AMD 公司在收购 ATI 公司之前，是一家主要生产 CPU 的公司。而 ATI 公司则主要是一家从事显示芯片研发的公司。当 AMD 公司收购 ATI 公司之后，将 CPU 和 GPU 融合并带来强大的性能，是 AMD 公司一直在努力实现的目标。而 APU（Accelerated Processing Unit，加速处理器），则是 AMD 公司推出的真正融合 CPU 和 GPU 的标志性产品。

2012 年，AMD 公司推出了代号为 Comal 的移动平台，新平台主要是更新了 CPU 和独立显卡。Comal 平台采用代号为 Trinity 的新一代 APU，搭配最新的 AMD Radeon HD 7000M 系列独立显卡。

Sabine 和 Comal 平台使用的芯片组为 Hudson-M 系列芯片组，此系列芯片组为单芯片设计，主流笔记本电脑平台主要有 A60M（代号为 Hudson-M2）和 A70M（代号为 Hudson-M3）。Hudson-M 系列芯片组支持 SATA 6Gbps、支持 HD 音频、支持 RAID 0/1 阵列方式、内建时钟发生器、集成千兆以太网 MCA。

如图 2-17 所示为采用 AMD 三芯片架构的笔记本电脑系统架构图，如图 2-18 所示为采用 AMD 两芯片架构的笔记本电脑系统架构图。

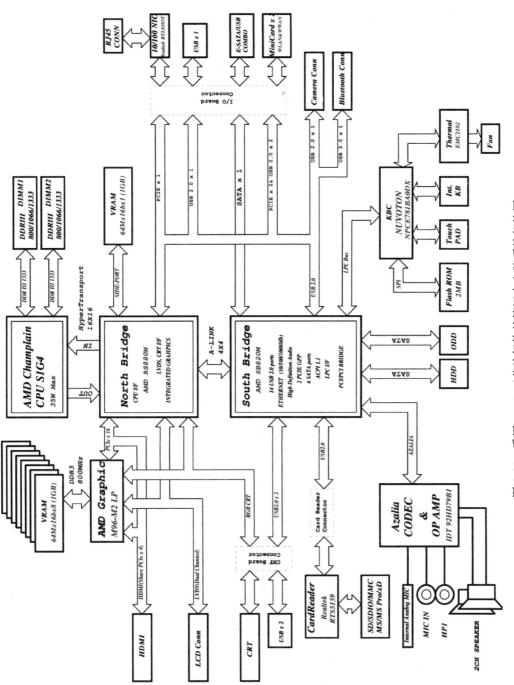

图 2-17　采用 AMD 三芯片架构的笔记本电脑系统架构图

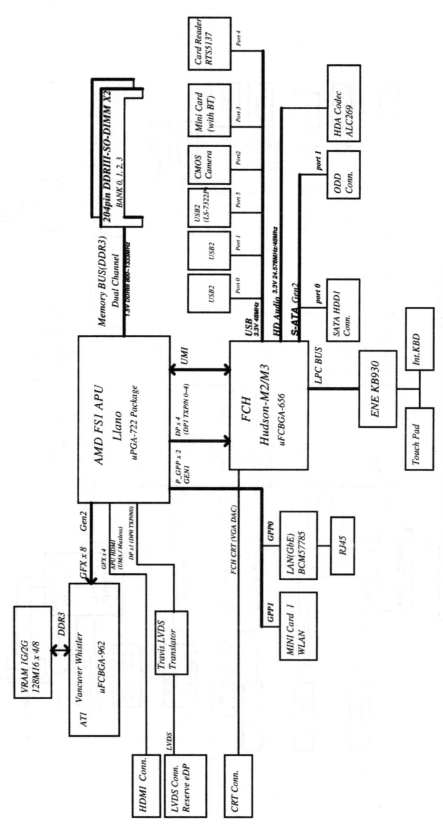

图 2-18   采用 AMD 两芯片构构的笔记本电脑系统架构图

最新笔记本电脑的工作原理

　　了解最新笔记本电脑的工作原理，对于今后笔记本电脑的故障检修十分重要。如笔记本电脑经常出现的不能启动故障，也分为很多种情况，只有掌握了笔记本电脑的启动原理和流程之后，才能对故障做出合理的分析。

2.4.1　新型笔记本电脑启动原理

　　笔记本电脑由硬件系统和软件系统组成。

　　笔记本电脑的硬件系统主要由运算器、控制器、存储器、输入设备和输出设备五部分组成。其最基本构成是各种导线、电子元器件、工程材料和机械装置等物理设备。

　　笔记本电脑的软件系统是指程序及相关数据，主要包括笔记本电脑运行所需要的系统软件、各种应用程序和用户文件等。软件是用来指挥计算机具体工作的程序和数据，是计算机应用的核心。

　　笔记本电脑的启动过程主要分为硬启动和软启动两个过程。硬启动过程是指 POWER（电源）的动作过程。软启动过程是指 BIOS（基本输入输出系统）的 POST（上电自检）过程。

　　笔记本电脑的启动过程和原理，与台式电脑基本类似。主要区别在于笔记本电脑的供电方式是通过电池供电或电源适配器供电，所以主板上设置了保护隔离电路对笔记本电脑供电方式进行选择。

2.4.2　新型笔记本电脑硬启动流程

　　在没有接入电源适配器和电池的情况下，笔记本电脑主板上只有一个 CMOS 电路在运转，此电路通过主板上的 CMOS 电池供电。

　　当安装电池或者插入电源适配器后，笔记本电脑的硬件系统处于待开机状态，此时也只有极少数的电路开始工作，如笔记本电脑的开机键上会有一个高电平（如 3.3V 或 5V）。

　　不同品牌和型号的笔记本电脑，其硬启动过程会有所区别，但其基本原理都是相同的。

　　当按下开机键（power 键）的时候，高电平会被拉低（如变成 0V 的低电平），当松开开机键，开机键的电压又变成高电平。在按下并松开开机键的过程后，会产生一个高—低—高（如 3.3V—0V—3.3V）的电平变化。这种电平变化会被 EC（Embed Controller，嵌入式控制器，负责笔记本电脑的电源管理、键盘或散热控制等功能的芯片）控制芯片检测到，EC 控制芯片检测到这个电平变化后会给南桥芯片发送一个开机信号。南桥芯片收到开机信号后会发送反馈信号，这样主板上的大部分电路会开始工作。CPU 供电电路的电源控制芯片接收到相应信号后，会启动 CPU 供电电路。当 CPU 供电正常开启后，电源控制芯片会发送信号到南桥芯片，南桥芯片接收到 CPU 供电正常开启的信号后，会发送相应信号到北桥芯片，北桥芯片接收到信号后会发出相应信号到 CPU，此时 CPU 开始寻址到 BIOS 程序，系统开始执行 POST（上电自检）。

2.4.3　新型笔记本电脑软启动流程

　　BIOS 是"Basic Input Output System"的缩写，译为"基本输入输出系统"。主板 BIOS 是

一组固化到相应存储芯片上的程序。BIOS 主要功能是为计算机提供最基础的硬件设置和控制，BIOS 芯片上保存着计算机最重要的基本输入输出的程序、系统设置信息、开机后自检程序和系统自启动程序。

POST（Power On Self Test）上电自检是 BIOS 的功能，指对系统硬件的检查，以确定电脑能否正常启动。如果在自检过程中发现错误，会发出报警声或停止启动过程。

CPU 执行 POST 程序会首先检测缓存、北桥芯片和南桥芯片等设备是否正常。然后初始化其他硬件设备，比如内存和显卡等。

当显卡初始化完成后，笔记本电脑的显示屏将会显示厂家的 LOGO 画面。如果在显卡初始化失败，或者显卡初始化过程中同时进行的其他硬件（如内存）初始化出现问题，那么笔记本电脑显示屏有可能就无法显示出信息。

很多硬件的初始化是由其相关的 BIOS 完成的，比如显卡 BIOS。当主板 BIOS 查找到显卡的 BIOS 后，会调用其初始化代码，由显卡 BIOS 来初始化显卡。笔记本电脑的液晶显示屏会显示出 POST 的相关信息，如 CPU 型号和工作频率、内存型号和容量等。内存等硬件检测完成后将检测硬盘和光驱等设备。当所有硬件设备都检测完毕，会在显示屏上显示系统配置列表，列出硬件型号和工作参数等信息。

POST 过程的最后一步是执行 BIOS 设置中的指定启动顺序，比如从硬盘或光驱启动等。正常使用笔记本电脑时，通常设置的是从硬盘启动，重装系统时一般设置从光驱启动。

2.4.4　新型笔记本电脑输入 / 输出流程

从硬盘启动电脑后，硬盘的系统程序会被调入内存中，操作系统开始进入启动过程。操作系统正常运行以后，进入等待状态。当从键盘、触摸板和指点杆等外部硬件对笔记本电脑输入操作指令后，指令会通过接口电路和相关芯片进入 CPU 中进行处理。

2.4.5　新型笔记本电脑待机、休眠、关机原理

CPU 处于空闲状态并且在指定的时间间隔内无任何操作时，笔记本电脑会进入待机状态。

待机状态时，笔记本电脑运行状态的数据会保存在内存中，电源只对 CPU、液晶显示屏和硬盘等硬件进行最低程度供电。此时整机的功耗相对较小。当对待机状态的笔记本电脑进行操作时，硬件开始工作，但内存不必从硬盘中读取数据和程序，所以从待机状态中启动电脑的速度是相对较快的。

休眠模式时，内存中的运行状态的数据会保存在硬盘中。因为从硬盘读取数据的速度要比从内存直接读取数据的速度低得多，所以进入休眠状态和解除休眠状态的速度都相对较慢，但其功耗更低。

休眠状态适合一天之内需要多次间隔性使用电脑时采用，而关机状态适合长时间不使用电脑时采用。

电脑关机指切断电脑的电源。通常应从系统界面进行关机，比如 Windows 系统中开始菜单的关机按钮。使用硬件按钮强行关机容易导致系统故障和数据丢失。自动关机的原因主要是由于病毒、系统损坏或笔记本电脑的散热不好等问题导致的。

2.5 新型笔记本电脑探秘

2.5.1 笔记本电脑的核心——CPU

1. CPU 在系统中的作用

CPU 是笔记本电脑的运算和控制中心，担负着笔记本电脑中大部分的数据处理工作，很大程度上决定着笔记本电脑的整体性能。笔记本电脑使用的 CPU 英文称为 Mobile CPU（移动处理器），其主要生产商是 Intel 和 AMD 公司。笔记本电脑采用的 CPU 与台式电脑采用的 CPU 相比，更强调低发热量和低耗电量，这是由于笔记本电脑的散热环境和供电方式都要比台式电脑差的缘故。

笔记本电脑的 CPU 自身出现损坏的情况极为少见，其不能正常工作通常是由于 CPU 供电电路损坏或散热条件差等原因造成的。如图 2-19 所示为笔记本电脑的 CPU。

a）Intel 公司生产的 CPU b）AMD 公司生产的 CPU

图 2-19 笔记本电脑的 CPU

2. CPU 的组成及工作原理

CPU 一般由基板、核心芯片和针脚三个部分组成。基板一般为 PCB（印制电路板），核心芯片内部是 CPU 实现各种功能的单元，针脚用于 CPU 与主板的连接。如图 2-20 所示为笔记本电脑 CPU 的结构，其中 CPU 正面可见为 CPU 的基板和核心芯片，反面为 CPU 的连接针脚。

CPU 核心芯片内部的主要组成部件是晶体管。晶体管属于微型电子开关，只有两种状态 ON（开）和 OFF（关），这两种状态代表了晶体管的导通和截止。晶体管的两种状态产生的电子信号和二进制的 “0” 和 “1” 对应，这是 CPU 能够实现各种功能的基础。

核心芯片需要在硅材料上使用纳米技术制造出上亿乃至几十亿个晶体管，然后覆上二氧化硅等材料作为绝缘层，在绝缘层上布置金属导线，使独立的晶体管连接成一个个工作单元。这些不同的工作单元被设计成实现不同功能的区域，协同完成 CPU 要处理的各项任务。

CPU 核心芯片内部主要分为控制单元、运算逻辑单元和存储单元三大部分。控制单元主要负责对指令译码，并且发送完成每条指令所要执行的各个操作的控制信号。运算逻辑单元主要负责执行定点或浮点运算操作、移位操作和逻辑操作等。如图 2-21 所示为 CPU 内部单元概念图。

a）CPU 正面

b）CPU 反面

c）主板上的 CPU 插座

图 2-20 笔记本电脑 CPU 的结构

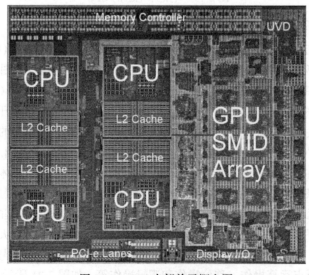

图 2-21 CPU 内部单元概念图

控制单元（Control Unit，CU）主要负责程序的流程管理，由指令寄存器 IR（Instruction Register）、指令译码器 ID（Instruction Decoder）和操作控制器 OC（Operation Controller）等组成。控制单元根据程序命令从存储器中取出指令放置在内部指令寄存器中，通过指令译码器确定具体的操作，然后通过操作控制器确定的时序，向相应的部件发出操作控制信号。

运算逻辑单元（Arithmetic Logic Unit，ALU）是 CPU 中负责执行各种运算操作的电路单元。基本操作包括加、减、乘、除四则运算，与、或、非等逻辑运算以及移位、比较和传送等操作。

存储单元是 CPU 中暂时存储数据的地方，保存等待处理或已经处理过的数据。

CPU 工作过程主要分为四个阶段。提取，从存储器中检索指令。解码，根据对指令的分析确定需要进行的操作。执行，指令解码后的操作实现（如一个加法运算）过程。写回，将操作结果（加法运算结果）写入相应的存储器中。

CPU 的主要参数包括制造工艺、架构、主频和缓存等。

CPU 制造工艺主要是指制造 CPU 的技术水平。20 世纪 70 年代在微处理器刚刚兴起时，采用的是微米级制造工艺，只能集成几千个晶体管，产品性能也十分有限。目前 Intel 公司的第三代酷睿 i 系列处理器采用的是 22nm 级制造工艺，集成了几十亿个晶体管，性能也变得十分强大。制造工艺越先进，单位面积内集成的晶体管数量也就越多，从而可以使 CPU 的体积更小、功耗更低、性能更强。CPU 的制造工艺在很大程度上决定着 CPU 的整体性能。

CPU 架构是指 CPU 核心芯片的设计方案。目前市场上个人电脑所使用的 CPU 基本上都属于 X86 架构。而 Intel 公司的第二代酷睿 i 处理器系列使用的 sandy bridge 架构和 AMD 公司速龙 2、羿龙 2 所采用的 K10 等架构都是基于 X86 架构下的微架构。CPU 架构对 CPU 的性能具有直接影响，CPU 架构越优秀，CPU 的整体性能也就越强。

CPU 主频指 CPU 的工作频率，其实这一频率指的是 CPU 内核工作的时钟频率。主频和 CPU 实际运算速度有一定的关系，但不是相等或倍数关系。在 CPU 单核心时代，主频在很大程度上代表了 CPU 的性能优劣。但现在不同制造工艺和不同架构的 CPU 主频可能数值相差不多，但在性能上可能差距很大。

为了解决内存和硬盘运行速度远低于 CPU 运行速度的矛盾，引入了缓存。CPU 从缓存读取数据要比在内存上快很多，这样就有效地提升了系统性能。目前主流的 CPU 通常有一级缓存、二级缓存和三级缓存。

2.5.2　硬件的平台——主板

1. 主板在系统中的作用

主板的英文名称为"Mother Board"，简称 M/B。笔记本电脑的主板是笔记本电脑各种硬件和设备能够有机地结合在一起的基础，主板上集成了各种接口及接口电路、供电电路、时钟电路、芯片组、声卡、网卡等电路和芯片。主板是电脑硬件系统中最大的一块电路板，其涉及的部件较多而且所需要实现的功能也多。所以，主板是笔记本电脑中比较容易出现故障的硬件。如图 2-22 所示为笔记本电脑的主板。

a）主板正面　　　　　　　　　　　　　　　　　b）主板反面

图 2-22　笔记本电脑的主板

2. 主板的组成及工作原理

组成笔记本电脑主板的部件主要包括 PCB（其他部件的载体）、芯片（如主板上集成的网卡、声卡芯片等）、电子元器件（用于组成供电和时钟等电路的电容器、电感器和电阻器等）及接口（如用于连接硬盘的 SATA 接口）等。

笔记本电脑的主板是将各种芯片和电路都集成在一块 PCB（印制电路板）上。PCB 上的导线将各种电子元器件连接在一起，组成实现不同功能的电路。如图 2-23 所示为笔记本电脑主板上的导线。

由于笔记本电脑必须满足功耗低、体积小和发热量小等要求，所以笔记本电脑主板集成度更高，设计布局也更精密紧凑。主板上使用的电子元器件也与台式电脑有一定的区别。笔记本电脑主板大量采用贴片式电子元器件，这样不仅可以有效地减小主板体积，功耗也相对较低。如图 2-24 所示为笔记本电脑主板上的贴片式电子元器件。

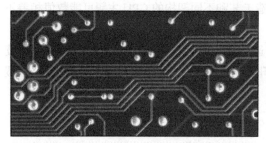

图 2-23　笔记本电脑主板上的导线　　　　图 2-24　笔记本电脑主板上的贴片式电子元器件

笔记本电脑主板上的各种硬件和设备间传送信息，是通过总线系统完成的。总线（bus）是由导线构成的数据传输路径，是 CPU、芯片组和内存等互相通信的硬件通道。

总线并非导线的简单连接，而是一组公用线的集合。不同种类的总线标准规定了各导线的信号、时序、电气和机械特性。根据总线的结构可分为并行总线和串行总线。并行总线是每个信号都有专用的信号线。串行总线是所有信号复用一对信号线。

按照总线的功能可分类为片内总线、内部总线和外部总线。

片内总线（on-chip Bus）是芯片内部的总线，用来连接芯片内各功能单元的信息通道。内部总线（internal bus)是用于计算机内部模块之间相互通信的总线类型，如 CPU 模块与存储器模块之间的总线就属于内部总线。外部总线（external bus)是用于计算机之间或计算机与外部设备之间进行通信的总线类型，如 USB 总线就属于一种外部总线类型。

内部总线按照传输的信息种类可分为数据总线、地址总线和控制总线。数据总线 DB(Data Bus）主要用于传送数据信息。地址总线 AB(Address Bus）主要用于传输地址信息（硬件地址）。控制总线 CB（Control Bus）主要用来传送控制信号和时序信号。

描述总线性能的参数主要包括总线频率、总线位宽和总线带宽。

总线频率即总线工作的时钟频率，单位为 MHz，工作频率越高总线传输速率越快。总线位宽指总线可同时传输的二进制数据位数，用 bit（位）表示，如 32bit 和 64bit 等。总线的位宽越大，在单位时间内能够传输的数据也就越多。总线带宽（总线数据传输速率）指单位时间内总线上传送的数据量。总线带宽 = 总线位宽 × 1/8 × 总线频率。

连接在总线上的设备及其电路称为总线接口，目前常见的总线接口有 SATA 接口、PCI Express 接口和 USB 接口等。

SATA 接口是一种采用串行方式传输数据的接口，目前笔记本电脑主板上采用的硬盘接口基本上都是 SATA 接口。SATA 接口主要有 SATA 1.5Gbit/s、SATA 3Gbit/s 和 SATA 6Gbit/s 三种规格。SATA 6Gbit/s 是目前被广泛采用的主流规格。SATA 总线使用嵌入式时钟频率信号，纠错能力强，提高了系统的稳定性。SATA 接口使用的排线也比之前盛行的 IDE 接口排线要小，这样有利于减小整机的体积和加强散热性能。如图 2-25 所示为笔记本电脑主板上的 SATA 硬盘接口。接口左侧为硬盘的供电接口，右侧为硬盘的 SATA 数据接口。如图 2-26 所示为固态硬盘上的 SATA 接口。

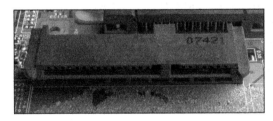

图 2-25　笔记本电脑主板上的 SATA 硬盘接口

图 2-26　固态硬盘上的 SATA 接口

SATA 数据接口定义：

1—GND Ground，接地，一般和负极相连。

2—A Transmit，数据发送正极信号接口。

3—A-Transmit，数据发送负极信号接口。

4—GND Ground，接地，一般和负极相连。

5—B-Receive，数据接收负极信号接口。

6—B Receive，数据接收正极信号接口。

7—GND Ground，接地，一般和负极相连。

SATA 硬盘的供电接口定义：

1—V33 3.3v Power，直流 3.3V 正极电源针脚。

2—V33 3.3v Power，直流 3.3V 正极电源针脚。

3—V33 3.3v Power，Pre-charge，2nd mate，直流 3.3V 正极电源针脚、预充电，与第 2 路配对。

4—Ground 1st Mate，接地，一般和负极相连，与第 1 路配对。

5—Ground 2nd Mate，接地，一般和负极相连，与第 2 路配对。

6—Ground 3rd Mate，接地，一般和负极相连，与第 3 路配对。

7—V5 5v Power，pre-charge，2nd mate，直流 5V 正极电源针脚、预充电，与第 2 路配对。

8—V5 5v Power，直流 5V 正极电源针脚。

9—V5 5v Power，直流 5V 正极电源针脚。

10—Ground 2nd Mate，接地，一般和负极相连，与第 2 路配对。

11—Reserved，保留针脚。

12—Ground 1st Mate，接地，一般和负极相连，与第 1 路配对。

13—V12 12v Power，Pre-charge，2nd mate，直流 12V 正极电源针脚、预充电，与第 2 路配对。

14—V12 12v Power，直流 12V 正极电源针脚。

15—V12 12v Power，直流 12V 正极电源针脚。

PCI Express 简称 PCI-E，是新一代的计算机总线标准，取代了之前的 AGP 和 PCI 总线。PCI Express 基于串行通信系统，采用点对点串行连接，能够提供更快的速度。PCI Express 接口能够支持热拔插，主要有 PCI Express 1.0、PCI Express 2.0 和 PCI Express3.0 三个版本。

PCI Express 接口根据总线位宽不同可分为 X1、X4、X8 和 X16 等不同通道规格。PCI Express X16 类型的接口主要用于取代 AGP 接口，用于显卡和主板的连接。PCI-E 3.0 规范具有对 PCI-E 2.0 和 PCI-E 1.0 的向下兼容性，支持 2.5GHz、5GHz 信号机制。PCI-E 3.0 架构单信道（X1）单向带宽即可接近 1GB/s，十六信道（X16）双向带宽更是可达 32GB/s。

Universal Serial BUS（通用串行总线）简称 USB，是一种外部总线标准，用于规范电脑与外部设备的连接和通信，主要分为 USB 1.0、USB 1.1、USB 2.0 和 USB 3.0 四个版本。USB 3.0 接口是目前笔记本电脑所采用的主流接口，其最高理论传输速率可达 5Gbps，USB 3.0 接口可向下兼容 USB 2.0 接口。

FSB 是 Front Side BUS 的英文缩写，中文称为前端总线，是 CPU 和北桥芯片之间通信的一种总线标准，它是 CPU 与外界交换数据的主要通道。目前已经被 QPI 和 DMI 总线所取代。

QPI 是 Quick Path Interconnect 的英文缩写，译为快速通道互联，它的官方名字叫作 CSI（Common System Interface，公共系统界面）。QPI 主要用于实现芯片之间的直接互联，取代了之前的 CPU 通过 FSB 总线连接到北桥芯片的设计。

DMI 是 Direct Media Interface 的英文缩写，中文译为直接媒体接口，是 Intel 公司开发的一种用于 CPU 连接外部设备的总线。由于 Intel 公司把原来北桥芯片的功能全部集成到了 CPU 内部，所以在 CPU 内部上采用的是 QPI 总线进行数据传输，而在 CPU 外部进行数据交换时则是采用 DMI 总线。

HT 是 Hyper-Transport 的英文简称，是 AMD 公司设计的高速串行总线标准。

笔记本电脑主板上集成了很多功能不同的芯片，其中包括芯片组、显卡芯片、声卡芯片、网卡芯片和电源控制芯片等。

芯片组是主板的核心，主要包括南桥芯片和北桥芯片。北桥芯片决定主板能够支持的 CPU 类型、总线频率、内存类型、显卡插槽规格等，南桥芯片负责对各种总线和扩展槽等设备的支持和控制。一些 CPU 整合了诸如内存控制器这类北桥芯片的功能，因此主板上只有一个负责各种功能控制的芯片。由于 CPU 与北桥芯片的关系极为密切，所以一般情况下主板上的北桥芯片都设计在 CPU 插槽附近。如图 2-27 所示为 CPU 插槽旁的北桥芯片。如图 2-28 所示为主板上的南桥芯片。

图 2-27　CPU 插槽旁的北桥芯片

图 2-28　主板上的南桥芯片

主板上各种电子元器件的作用是，组成实现不同功能的电路。比如为内存、CPU 和显卡等硬件正常工作提供所需电流和电压的供电电路，以及为各种芯片正常工作提供时钟频率的时钟电路等。如图 2-29 和图 2-30 所示为笔记本电脑主板上的供电电路和时钟电路。

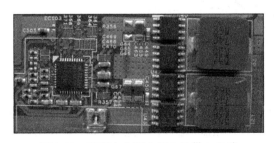

图 2-29　笔记本电脑主板上的供电电路

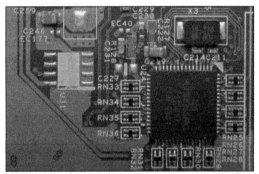

图 2-30　笔记本电脑主板上的时钟电路

2.5.3　通信的桥梁——内存

1. 内存在系统中的作用

存储器是计算机系统中用于存放程序和数据的硬件。存储器按用途可分为主存储器（内存）和辅助存储器（外存）。

内存是计算机系统中用于运行程序的重要部件，内存条主要由 PCB、内存芯片、SPD 芯片和金手指组成。其特点是速度快，但容量小，断电后数据会丢失。外存主要是指内存和 CPU 缓存之外的储存器，主要包括硬盘、光盘、U 盘等。其特点是断电后数据不会丢失、容量大，但是速度较慢。如图 2-31 所示为常

图 2-31　笔记本电脑内存条

见的笔记本电脑内存条。

内存是 CPU 与硬盘等输入输出设备之间进行通信的桥梁，内存从外存中读取需要执行的程序和数据输送给 CPU 使用，然后把 CPU 处理后的结果输出。内存出现问题常常导致黑屏、死机、系统运行缓慢或不能开机等故障。

2. 内存的组成及工作原理

台式电脑的内存条通常是垂直于主板安置，而笔记本电脑由于其结构特点，内存条通常与主板平行安置。如图 2-32 所示为笔记本电脑内平行放置的内存条。

内存条的 PCB 通常采用多层设计，理论上是层数越多其电气性能越好。内存条的金手指是和主板的内存插槽接触的部分，是数据传输的通道。通常情况下，金手指都是铜质导电触片，所以使用久了之后就可能产生氧化的问题。内存条的金手指氧化后，会导致内存条与主板之间出现接触不良等问题，导致不能开机或开机后黑屏等故障。

图 2-32   笔记本电脑内平行放置的内存条

笔记本电脑的内存条上通常会集成贴片式电容和电阻，以增强内存条的电气性能和稳定性。如图 2-33 所示为笔记本电脑内存条上的贴片式电子元器件。

电容

电阻

图 2-33   笔记本电脑内存条上的贴片式电子元器件

SPD（Serial Presence Detect），译为串行存在检测。SPD 芯片是一种 EEPROM（Electrically Erasable Programmable ROM，电可擦写可编程式只读存储器）芯片，容量很小，主要作用是记录内存条的相关参数等信息，如内存容量、芯片厂商和内存主频等。在笔记本电脑开机自检过程中，系统会读取 SPD 芯片内记录的数据，从而得到内存条的相关信息。如图 2-34 所示为内存条的 SPD 芯片。

SPD 芯片

图 2-34   内存条的 SPD 芯片

　　内存芯片又称内存颗粒，是内存条的核心部件，内存条的性能、速度、容量都是由内存芯片决定的。通常在内存条的正反两面都同时集成了很多块内存芯片，如图 2-35 所示为内存条上的内存芯片。

内存芯片————

图 2-35　内存条上的内存芯片

　　内存工作原理可简单表述为：内存从 CPU 获得指令后，首先要确定数据的地址（包括列地址和行地址），然后确定数据地址是否正确，最后判断是进行读的操作还是进行写的操作。这个过程是通过 CPU 与内存之间的总线进行连接的。

　　目前笔记本电脑所使用的内存规格为 DDR3，其全称为 DDR3 SDRAM。DDR3 内存主要用于取代上一代的 DDR2 内存，但是 DDR3 内存并不对 DDR2 内存进行向下兼容。

　　DDR3 内存相比 DDR2 内存有很多技术上的革新，如工作电压从 DDR2 的 1.8V 降到 1.5V，从 DDR2 的 4bit 预读升级为 8bit 预读，这种技术上的革新使 DDR3 更为省电、性能更优秀。如图 2-36 所示为笔记本电脑使用的 DDR3 内存条。

图 2-36　笔记本电脑使用的 DDR3 内存条

　　内存容量是指内存条的存储容量，容量越大越有利于系统的运行。目前笔记本电脑内存容量通常为 8GB、4GB、2GB、1GB 和 512MB，高端笔记本电脑通常采用 8GB 容量的内存，而主流笔记本通常采用 4GB 或 2GB 容量的内存，1GB 和 512MB 容量的内存主要在一些低端笔记本电脑或老式笔记本电脑中比较常见。

　　内存主频以 MHz（兆赫）为单位，其表示内存工作时的频率。与 CPU 主频类似，当其他参数相同时，主频越高其运行速度也就越快。目前笔记本电脑常见的内存主频为 1600MHz、1333MHz 和 1066MHz。DDR3 内存的主频无论是最低主频还是最高主频，都要比 DDR2 内存高。

2.5.4　笔记本电脑的仓库——硬盘

1. 硬盘在系统中的作用

　　目前笔记本电脑所使用的硬盘主要分为机械硬盘和固态硬盘两种。机械硬盘是采用磁性碟片进行存储的硬盘类型，固态硬盘是采用闪存颗粒进行存储的硬盘类型。

　　机械硬盘是一种被广泛采用的硬盘类型，其技术完善、价格较低，缺点是速度相对较慢。固态硬盘是市场上新应用的硬盘类型，在速度、功耗等方面具有比机械硬盘更优异的性能，但是由于其价格高、容量低等原因，目前只在超级本和一些高端笔记本上采用。

　　就目前硬盘的应用来说，固态硬盘主要是作为笔记本电脑的系统启动盘以提高笔记本电脑的整体性能，而数据存储方面还是主要采用机械硬盘。这是因为机械硬盘容量大、价格低、技术完善的特点，对于数据存储更有优势。如图 2-37 所示为笔记本电脑的机械硬盘，如图 2-38 所示为常见固态硬盘。

图 2-37　笔记本电脑的机械硬盘

图 2-38　常见固态硬盘

笔记本电脑的硬盘属于外存的一种类型，其主要作用是用于程序和数据的存储。硬盘如果发生故障，将造成系统程序无法运行或者存储数据丢失等问题。

2. 硬盘的组成及工作原理

机械硬盘（Hard Disk Drive，HDD）又称为温彻斯特式硬盘，是笔记本电脑上普遍采用的硬盘类型。笔记本电脑的机械硬盘相较于台式电脑所采用的机械硬盘，具有体积小、重量轻、功耗低和防震效果好等特点。主流笔记本电脑机械硬盘都是采用 2.5 英寸的设计，更小巧的使用 1.8 英寸的设计。厚度一般为 7 ~ 17.5mm，重量在 100g 左右。硬盘转数是描述机械硬盘性能的重要参数，转速越快硬盘读写速度也就越快，但是其稳定性会变差，噪声也会增大。笔记本电脑机械硬盘的转数通常为 5400r/min 或 7200r/min，但这里需要注意的是，由于笔记本电脑硬盘普遍采用的是 2.5 英寸设计，即使转速相同时，盘片外圈的线速度也无法和 3.5 英寸设计的台式电脑机械硬盘相比。

机械硬盘主要由控制电路板和机械部件组成。

控制电路板主要由接口、DSP 芯片、ROM 芯片、缓存芯片、盘片电动机驱动电路和磁头驱动电路等组成。

硬盘的接口分为内部接口和外部接口。

外部接口主要是指用于和主板相连接的电源接口和数据接口。电源接口负责传送硬盘工作所需的电压和电流，数据接口负责传送与接收和主机间的数据信息。如图 2-39 所示为笔记本电脑机械硬盘的外部接口。

内部接口包括电动机接口和磁头接口。电动机接口提供电动机转动所需的电流，磁头接口负责电路板到磁头和音圈电动机的信号连接。DSP 芯片主要负责数字信号处理。ROM 芯片中存储了硬盘初始化操作的程序。缓存芯片是硬盘内部存储和外部接口之间的缓冲器，用于暂时存储盘体和接口交换的数据、缓解硬盘速度相对较慢和实现数据预存取功能。盘片电动机驱动电路负责精确控制盘片的转速。磁头驱动电路负责驱动磁头准确定位和对磁头信号进行整形放大等功能。

机械硬盘的机械部分主要由盘片、磁头、盘片电动机和音圈电动机等部件组成。

机械硬盘的机械部分密封在盘体中，防止灰尘进入而导致磁头与盘片发生故障。盘片是在铝合金或玻璃基底上涂敷磁性材料等多种不同功能的材料层加工而成，其作用是用于数据的存储。

　　盘片的固件区上记录着硬盘的部分初始化程序和管理程序。在硬盘出厂前，会在盘片上写入伺服信息，将硬盘的盘面划分成一个一个的同心圆，这些同心圆称为磁道。磁道是以特殊方式制成的磁化区，盘片上的信息就是沿着磁道存放的。磁盘上的每个磁道被等分为若干个弧段，这些弧段被称为硬盘的扇区。扇区是硬盘存储数据的最小单位。硬盘通常由重叠的一组盘片组成，每个盘面都被划分为数目相等的磁道，并从外缘的"0"开始编号，具有相同编号的磁道形成一个圆柱，这就是磁盘的柱面。

　　盘片电动机的作用是在盘片电动机驱动电路的控制下，驱动盘片做高速旋转。磁头的作用是用于数据的读、写操作，磁头在音圈电动机的带动下根据读写数据的需要做往复运动来定位数据所在的磁道位置。如图 2-40 所示为机械硬盘的机械部分。

图 2-39　笔记本电脑机械硬盘的外部接口　　　　图 2-40　机械硬盘的机械部分

　　机械硬盘的工作原理可简单表述为：当机械硬盘通电之后，控制电路开始运行 ROM 芯片中的程序，盘片电动机带动盘片开始做高速旋转，当转速达到预定转速时，磁头会定位到盘片的固件区读取固件程序，当所有必需的固件程序正常读出后，磁头会定位到硬盘的 0 柱面、0磁道、1 扇区。当数据接口电路接收到主机传来的控制信号后，磁头对磁盘盘片进行读取或写入的操作，并将接收后的数据信息解码通过放大控制电路传输到接口电路，反馈给主机系统完成操作过程。机械硬盘是利用特定磁粒子的极性记录数据，磁头在读取数据时，将磁粒子的不同极性转换成不同的电脉冲信号，然后利用数据转换器将这些信号转换成主机可以使用的数据，硬盘写入数据的操作与读取数据的操作相反。

　　目前主流的笔记本电脑机械硬盘容量通常为 1TB、750GB、640GB、500GB 或 320GB 等，缓存容量通常为 32MB、16MB 或 8MB，转速通常为 7200r/min 或 5400r/min，接口类型通常为SATA3.0 或 SATA2.0。

　　固态硬盘是用固态电子存储芯片阵列制成的一种硬盘，目前市场上所见的固态硬盘基本上都是采用闪存（Flash Memory）作为存储介质的固态硬盘。闪存是一种能够在断电情况下继续保持数据信息的存储器类型，主要分为 NOR 型和 NAND 型闪存。固态硬盘中用于数据存储的主要是 NAND 闪存芯片，NOR 闪存芯片常用来存储程序代码并作为运行程序代码的场所。

　　固态硬盘主要由控制单元和存储单元两部分组成。固态硬盘的接口规范、定义、功能、外形、尺寸及使用方法上与机械硬盘完全相同。与传统的机械硬盘相比，固态硬盘的优点是速度快、功耗低、无噪声、抗震动、发热量小和工作温度范围大等。固态硬盘的缺点是价格高、容量小和寿命相对较短等。

　　固态硬盘内部构造十分简单，在一块 PCB 上集成了控制芯片、缓存芯片、固件程序芯片和用于数据存储的闪存芯片。如图 2-41 所示为一块固态硬盘的正面，在这一面上主要是集成了八颗用于数据存储的 NAND 闪存芯片、用于整体控制的主控芯片和存放固件程序的 NOR 闪存芯片。图 2-42 所示为该芯片的反面，主要是八颗用于数据存储的 NAND 闪存芯片和一颗高速缓存芯片。

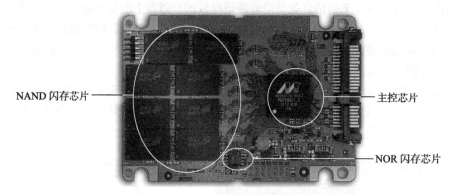

NAND 闪存芯片 ———————————— 主控芯片

——————————— NOR 闪存芯片

图 2-41　固态硬盘的正面

NAND 闪存芯片 ————————

——————————— 高速缓存芯片

图 2-42　固态硬盘的反面

固态硬盘较于机械硬盘最大的特点是读写速度快。虽然目前主流的固态硬盘和机械硬盘都采用 SATA3.0 规范的接口，但决定硬盘速度的关键在于硬盘内部。机械硬盘读写时必须采用机械器件并通过相应电路的转换才能实现，而固态硬盘内部没有机械器件，直接从闪存芯片进行读写操作，质量好的固态硬盘读写速度可达每秒五百兆以上，这要比机械硬盘快很多。

目前市场上，固态硬盘用于存储数据的 NAND 闪存芯片又分为 SLC 和 MLC 两种类型。SLC 是单层式储存（Single Level Cell），只需要一组高低电压就可以区分出 0 或者 1 的信号，所以最大驱动电压很低。SLC 的优点是结构简单、寿命较长（理论值 10 万次读写）、速度更快，但其单个芯片的容量相对较小。MLC 是多层式储存（Multi Level Cell），通过不同级别的电压在一个模块中记录两组位信息，电压驱动较高，MLC 的特点是结构相对复杂、寿命短（理论值 1 万次读写）、速度相对较慢，但单个芯片的容量相对较大。如图 2-43 所示为固态硬

图 2-43　固态硬盘用于数据存储的闪存芯片

盘用于数据存储的闪存芯片。

固态硬盘通常采用的是 SATA 3.0 接口，此接口最高理论传输速率可达 6Gb/s。如图 2-44 所示为固态硬盘的接口。

固态硬盘上高速缓存芯片的作用是在高速读写状态下提供缓存功能，辅助主控芯片进行数据处理。如图 2-45 所示为固态硬盘的高速缓存芯片。

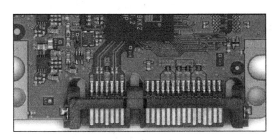

图 2-44　固态硬盘的接口

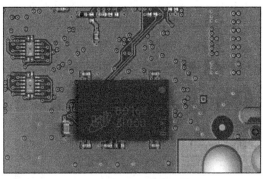

图 2-45　固态硬盘的高速缓存芯片

固态硬盘上的固件程序芯片上存储的固件，是固态硬盘系统中负责最基础、最底层工作的软件。一些固态硬盘的固件是可升级的，如图 2-46 所示为固态硬盘的固件程序芯片。

固态硬盘主控芯片的作用是合理调配数据在各个闪存芯片上的负荷、负责数据中转以及负责闪存芯片和 SATA 接口的连接。主控芯片内部集成的其他功能模块还可对整个系统进行有效的支持，如图 2-47 所示为固态硬盘的主控芯片。

图 2-46　固态硬盘的固件程序芯片

图 2-47　固态硬盘的主控芯片

固态硬盘的尺寸一般为 1.8 英寸、2.5 英寸或 3.5 英寸，大部分固态硬盘采用的是 2.5 英寸设计。固态硬盘接口主要采用 USB 3.0 接口、USB 2.0 接口、SATA 3.0 接口、SATA 2.0 接口、eSATA 接口、IDE 接口、PATA 接口和 PCI-E 接口等。主要类型分为 MLC 多层单元和 SLC 单层单元两种。存储容量主要包括 512GB、256GB、250GB、240GB、200GB、160GB、128GB、120GB、100GB、80GB、64GB 和 50GB 等。不同厂家采用的主控芯片及闪存芯片不同，最终导致固态硬盘的读写速度差别很大。如 Intel、三星、美光或闪迪等能够自己生产闪存芯片和控制芯片的厂商，其固态硬盘的性能会较好。

2.5.5　图像处理中心——显卡

1. 显卡在系统中的作用

笔记本电脑所使用的显卡被称为移动显卡，具有体积小、功耗低等特点。笔记本电脑显卡的主要作用是将显示信息进行转换驱动，并向液晶显示屏提供相关信号。笔记本电脑采用的显卡主要分为集成显卡、核心显卡和独立显卡等。如图 2-48 所示为笔记本电脑主板上的独立显卡。

独立显卡是将显示芯片、显存以及相关电路单独集成到一块 PCB 上，然后通过相应的接口与主板连接。独立显卡配置显存并且容量很大，不占用系统内存，显示效果和性能强大，但其功耗和发热量相对较大。如图 2-49 所示为笔记本电脑的独立显卡。

图 2-48　笔记本电脑主板上的独立显卡

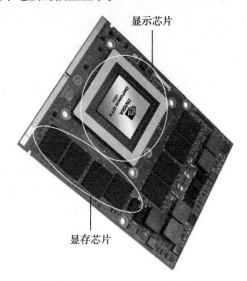

显示芯片

显存芯片

图 2-49　笔记本电脑的独立显卡

集成显卡是将显示芯片、显存以及相关电路都集成到主板上，集成显卡的显示芯片大部分都集成在主板的北桥芯片中，也有部分是单独的芯片。集成显卡通常没有单独的显存，即使配置了单独的显存其容量也相对较小。集成显卡的特点是显示效果与处理性能都相对较低，但其功耗很低、发热量也很小。集成显卡目前正逐渐被独立显卡和核心显卡所取代，但由于集成显卡的成本相对较低，所以在一些低端或对显示性能要求不高的笔记本电脑上仍然可能采用集成显卡。

核心显卡是新一代的智能图形核心，它被整合在 CPU 中。核心显卡是 Intel 公司利用自己在制造工艺和架构设计方面的优势而制造的一种显卡类型。核心显卡可利用 CPU 在运算等方面的优势，获得相对较高的性能，又可以达到较低的功耗。Intel HD Graphics 3000 和 Intel HD Graphics 4000 核心显卡在某些测试中，已经能够达到或超越中低端独立显卡的性能水平。而 CPU 另一主要生产商 AMD 公司推出的 APU 系列处理器中，也同样整合了图形核心。

虽然核心显卡的性能在不断提升，但兴起的时间尚短，很多功能还不能完全满足用户的需求。所以，主流的笔记本电脑虽然有核心显卡，但也会再配置一块独立显卡。如图 2-50 所示为整合了图形核心的移动处理器。

2. 显卡的结构及工作原理

笔记本电脑所采用的独立显卡，主要由 GPU（显示芯片）、显存芯片、显卡 BIOS 芯片、显卡接口和 PCB 等组成。

GPU 全称 Graphic Processing Unit，译为图形处理器。GPU 是独立显卡的核心，决定了独立显卡的大部分性能。GPU 最大的特点是对 3D 技术的支持。GPU 在处理 3D 图形时，具有 "硬件加速" 功能，使其处理相关任务时具有相当大的优势。如图 2-51 所示为移动显卡的 GPU。

图 2-50　整合了图形核心的移动处理器　　　　图 2-51　移动显卡的 GPU

目前市场上的独立显卡基本上都是采用 NVIDIA 和 AMD 两家公司的 GPU。如图 2-52 所示为采用 AMD 和 NVIDIA 公司 GPU 的笔记本电脑独立显卡。

a) 采用 AMD 公司 GPU 的笔记本电脑独立显卡　　　b) 采用 NVIDIA 公司 GPU 的笔记本电脑独立显卡

图 2-52　采用 AMD 和 NVIDIA 公司 GPU 的笔记本电脑独立显卡

显存（显卡内存）主要用于存储显示芯片处理过或者即将处理的数据，显存是显卡存储图形、图像数据的存储器。显存是三维运算的主要载体，它的容量大小和运行速度等性能，直接影响到显示芯片性能的发挥，这与内存对于 CPU 性能发挥的重要性是相同的。描述显存性能的参数包括显存容量、显存带宽和显存类型等。

显存容量的大小表现了显存临时存储数据的能力，显存容量越大，渲染 2D、3D 图形的性能就越高。目前笔记本电脑独立显卡的显存容量主要有 2GB、1GB、512MB 和 128MB 等。

显存带宽是指显示芯片与显存之间的数据传输速率，带宽越大显示芯片与显存之间传输速度也就越快。

$$显存带宽 = 显存频率 \times 显存位宽 /8$$

显存频率指显存在显卡上工作时的频率，显存频率越高其速度越快。显存位宽是指显存在一个时钟周期内所能传送数据的位数，位数越大则所能传输的数据越多。目前笔记本电脑独立显卡的显存位宽主要有 128bit 和 64bit 等。

目前主要的显存类型有 GDDR5、GDDR3 和 GDDR2 等，GDDR5 是新一代的高性能显存。GDDR5 显存采用新架构，拥有更好的容错能力。与之前的显存类型相比，GDDR5 的带宽有很大幅度的提升，从而使性能更加强大，而且其新增加了自动降低空闲显存频率等技术，使得其功耗更低。如图 2-53 所示为显卡上的显示芯片和显存芯片。

显卡 BIOS 是指固化在显卡一个专用存储器中的程序，BIOS 是 Basic Input Output System 的简称，意思是基本输入输出系统。显卡 BIOS 芯片中储存了显卡的硬件控制程序和基本信息。笔记本电脑开机后显卡 BIOS 芯片中的数据会被映射到内存里，并控制整个显卡的工作。部分显卡支持使用相关程序对显卡 BIOS 进行改写或升级。如图 2-54 所示为一款独立移动显卡的显卡 BIOS 芯片。

图 2-53　显卡上的显示芯片和显存芯片

图 2-54　独立移动显卡的显卡 BIOS 芯片

笔记本电脑的独立显卡不预设任何输出接口，而与主板的接口大部分都是基于 PCI Express 总线制定的，但彼此之间并不一定互相兼容。如图 2-55 所示为笔记本电脑主板上的独立显卡接口。

MXM 接口标准是一种被广泛采用的笔记本电脑独立显卡接口标准，由显卡核心芯片制造商 NVIDIA 公司倡导，并受到了很多相关公司的支持。

MXM 即 Mobile PCI Express Module，是一种基于 PCI Express 总线的移动显卡接口标准。使用 MXM 接口的笔记本电脑，方便了独

图 2-55　笔记本电脑主板上的独立显卡接口

立显卡在升级和维修中的替换。根据独立显卡 PCB 尺寸的大小和 pin 数的不同，MXM 接口标准可分为 MXM-I、MXM-II、MXM-III、MXM-IV 和 MXM-HE 等几种不同的类型。

2.5.6　笔记本电脑的窗户——液晶显示屏

1. 液晶显示屏在系统中的作用

笔记本电脑的液晶显示屏是笔记本电脑最重要的组成设备之一，是人机信息交换的渠道。

使用者通过键盘和触摸板等输入设备，输入数据和指令给笔记本电脑的主机。笔记本电脑的主机对输入信息进行处理、计算后，将结果通过笔记本电脑的液晶显示屏反馈给使用者。如图 2-56 所示为笔记本电脑的液晶显示屏。

2. 液晶显示屏的组成及工作原理

笔记本电脑液晶显示屏主要由液晶面板、背光系统、控制和驱动电路等组成。

笔记本电脑液晶显示屏的基本工作原理可概述为：笔记本电脑的主机通过屏线，将显示芯片处理后的图像数据信息以及相关供电传送给液晶显示屏。液晶显示屏内的高压板或恒流板，将主机传送来的供电转化为背光系统正常工作所需的高压电源或恒流电源。液晶显示屏

图 2-56　笔记本电脑的液晶显示屏

内的控制和驱动电路对主机传送的图像数据信息进行处理后，转化为相关信号驱动液晶面板内的液晶分子发生偏转，最终将主机的图像数据信息转化为具体的画面呈现在屏幕上。

目前市场上主流的笔记本电脑液晶显示屏大小一般在 12 英寸、13 英寸、14 英寸、15 英寸、16 英寸和 17 英寸左右。分辨率主要有 1366x768、1600x900、1920x1080 等几种。主流屏幕长宽比例一般为 16：9 或 16：10。其中采用大小为 14 英寸左右、分辨率为 1366x768、屏幕长宽比为 16：9 的液晶显示屏是最为常见的液晶显示屏类型。

2.5.7　笔记本电脑的工具——键盘、触摸板和指点杆

笔记本电脑的键盘、触摸板和指点杆是用于操作笔记本电脑主机运行的一种指令和数据输入设备，是笔记本电脑最基本和最重要的输入设备。与台式电脑所选用的键盘相比，笔记本电脑键盘体积和重量要小很多，通常屏幕在 14 英寸及以下类型的笔记本电脑不会设置小键盘区。笔记本电脑的触摸板和指点杆等设备，功能类似于台式电脑的鼠标，其集成于主机之上大大节省了空间，并增强了笔记本电脑的便捷性。如图 2-57 所示为笔记本电脑的键盘、触摸板和指点杆实物图。

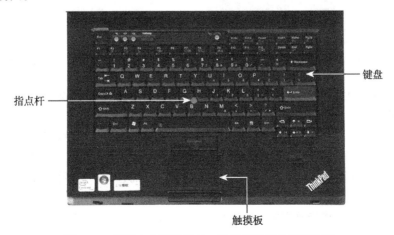

图 2-57　笔记本电脑的键盘、触摸板和指点杆实物图

1. 键盘、触摸板和指点杆在系统中的作用

笔记本电脑的键盘、触摸板和指点杆对于笔记本电脑的操作十分重要，其损坏后会造成无法对笔记本电脑输入数据和指令的问题。但键盘、触摸板和指点杆是笔记本电脑系统中构成相对简单的硬件，只要能够清晰地掌握其结构和工作原理，对于保养或故障的处理会变得十分简单。

2. 键盘、触摸板和指点杆的组成及工作原理

（1）键盘

键盘按照工作原理主要分为机械键盘、塑料薄膜式键盘和导电橡胶式键盘等。根据采用的按键技术主要分为火山口架构、X架构（剪刀脚）和机械轴等。笔记本电脑通常采用塑料薄膜式X架构的键盘。

塑料薄膜式键盘主要由键帽、弹性橡胶垫、金属底板、塑料薄膜和相关电路等组成。塑料薄膜一般分为三层，上下两层塑料薄膜上是用导电颜料印刷出的电路层，中间一层塑料薄膜为隔离层。三层塑料薄膜中，最上方为正极电路，最下方为负极电路。薄膜电路层下方通常为起固定和保护作用的金属底板，而薄膜电路层上方为弹性橡胶垫。如图2-58所示为键盘内部的三层薄膜电路层，图2-59所示为笔记本电脑键盘内部的金属底板，图2-60所示为笔记本电脑薄膜电路层上方的弹性橡胶垫。

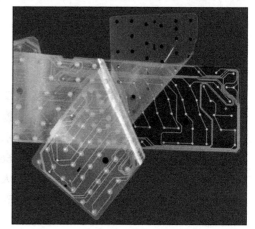

图2-58　键盘内部的三层薄膜电路层

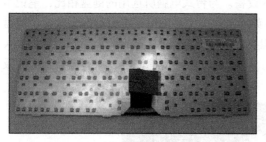

图2-59　笔记本电脑键盘内部的金属底板

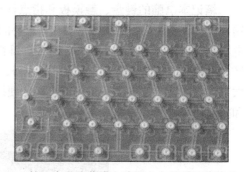

图2-60　笔记本电脑薄膜电路层上方的弹性橡胶垫

在笔记本电脑键盘的弹性橡胶垫上部，是X形弹片和键帽。如图2-61所示为笔记本电脑键盘内部的X形弹片，图2-62所示为笔记本电脑键盘的键帽。

正常使用键盘时，当键帽被按下，X形弹片会被压缩卧倒，从而使弹性橡胶垫被触发。当外力撤销后，弹性橡胶垫的弹力又会使键帽迅速恢复到原状，从而完成一次击键操作。

X架构使键盘的键帽只能上下移动而不会左右晃动，而且其本身很轻薄，大大降低了笔记本电脑键盘的厚度。当键帽被按下，弹性橡胶垫会促使薄膜电路层中的触点接触、完成导通，产生的信号通过相关电路传递到主机中进行处理。如图2-63所示为笔记本电脑键盘与主机电路连接的排线。

图 2-61　笔记本电脑键盘内部的 X 形弹片

图 2-62　笔记本电脑键盘的键帽

台式电脑所使用的标准键盘其键与键之间的距离是 19 ~ 19.5mm，这样的键距被称为全尺寸键盘或标准键盘。部分笔记本电脑由于尺寸限制，并非采用的是全尺寸键盘。如果键距太长，会影响连续击打键盘的速度，如果键距太短，则容易出现误打的状况。

键程是指键帽按下时可以下沉的高度。键程的高度直接影响键盘的厚度，如果键程较长则键盘的厚度会增大。笔记本电脑的键盘由于受厚度和尺寸的限制，所以键程都相对较短。键程较短会导致键帽回弹力弱、受力不均匀，在使用过程中容易导致疲劳或出现卡键的问题。为了解决这一问题，笔记本电脑的键盘通常采用 X 形支架结构。在 X 形结构中支撑键帽的是 X 形弹片。这种结构的特点是键盘的敲击力度小而且受力均衡，不容易产生疲劳感。如图 2-64 所示为笔记本电脑键盘所采用的 X 架构实物图。

图 2-63　笔记本电脑键盘与主机连接的排线

图 2-64　笔记本电脑键盘所采用的 X 架构实物图

大部分键盘拥有 80 ~ 110 个按键，主要包括字符键区、数字小键盘区、功能键区和控制键区等。字符键区是键盘操作的主要区域，包括 26 个英文字母、数字 0 ~ 9、运算符号、标点符号等。26 个英文字母的排列通常与打字机的键盘布局相同。控制键可以提供光标和屏幕控制。数字小键盘区是为了满足快速数据录入的需求而设定的与计算器布局类似的区域，通常设置在键盘的右侧。

笔记本电脑键盘常用按键的功能和作用如下。

Esc 键：用于强行终止或退出。

F1 键：用于打开程序或系统的帮助窗口。

F2 键：用于选定的文件或文件夹的重命名。

F3 键：用于打开系统或文件夹的搜索功能。

F4 键：用于打开 IE 或文件夹的地址栏列表。

F5 键：用于刷新 IE 或资源管理器中当前所在窗口的内容，在 Word 中用于提取"查找和替换"窗口。

F6 键：用于快速在文件夹或 IE 中定位到地址栏。

F7 键：用于 DOS 窗口中操作。

F8 键：用于 Word 中区域字符的选定。

F9 键：用于 Windows Media Player 中快速降低音量。

F10 键：用于 Windows Media Player 中快速提高音量。

F11 键：用于文件夹或 IE 的全屏显示。

F12 键：用于打开 Word 中的"另存为"窗口。

Tab 键：是 Table 的缩写，用于在不同的对象间跳转和移动。

Caps Lock 键：是 Capital Lock 的缩写，用于大写锁定。启动后键盘上的 Caps lock 指示灯会亮着，它是一个循环键，再按一下就又恢复为小写状态。

Shift 键：转换键。

Ctrl 键：控制键。是 Control 的缩写，意思是控制。

Alt 键：可选键。是 Alternative，意思是可以选择的。

Enter 键：回车键，意思是输入。

Print Screen/Sys Rq 键：印屏键或称打印屏幕键。可以捕捉屏幕图像，并用于打印。

Scroll Lock 键：屏幕滚动锁定。DOS 时期应用较多，进入 Windows 时代后，作用越来越小。按下后对应的指示灯会亮起。

Pause/Break 键：暂停键。将某一操作或程序暂停。

Insert 键：插入键。在 Word 编辑中主要用于插入字符。Insert 是嵌入，即插入并覆盖，所以当按下 Insert 键后再输入，光标后的字符会被覆盖。是一个循环键，再按一下就变成改写状态。

Delete 键：删除键。

Home 键：原位键。在文字编辑软件中定位于本行的起始位置。按下后可立即将光标移动到本行起始位置。和 Ctrl 键一起使用可以定位到整篇文字的起始位置。

End 键：结尾键。在文字编辑软件中定位于本行的末尾位置。按下后可立即将光标移动到本行末尾位置。和 Ctrl 键一起使用可以定位到整篇文字的末尾位置。

PageUp 键：向上翻页键。在软件中将光标移动到上一页。

PageDown 键：向下翻页键。在软件中将光标移动到下一页。

Num Lock 键：小键盘锁定键。按下后对应指示灯亮，可以使用数字小键盘。否则数字小键盘无法使用。

（2）触摸板和指点杆

触摸板是利用手指的滑动来控制鼠标光标，从而进行相关操作的笔记本电脑输入设备。触摸板通常由一块能够感应手指运行轨迹的压感板和两个按钮组成，两个按钮相当于标准鼠标的左、右键。一些笔记本电脑将左、右键集成在触摸板内，称为一体式触摸板，但其原理和基本结构与普通触摸板都是一样的。触摸板是目前笔记本电脑普遍采用的输入设备，触摸板的优点是轻薄、可集成在主机上、反应灵敏、移动速度快。其缺点是反应过于灵敏，造成定位精度低，对环境适应性比较差。图 2-65 所示为笔记本电脑触摸板实物图。

a）常见触摸板　　　　　　　　　　　　　　b）一体式触摸板

图 2-65　笔记本电脑触摸板实物图

　　触摸板是一种非机械设计的输入装置，其感应检测原理为电容传感。电容传感是指将所感受到的非电量物理量（如位移、力、光、声等）转换成电子量（电流、电压等）的一种技术。触摸板用印刷电路板做成行和列的阵列，并和表面塑料覆膜紧密粘接。在触摸板的内部有一个特殊的电容传感器集成电路，当用手指接触触摸板时，由于人体电场的作用，在手指和触摸板之间形成一个耦合电容。对于高频电流来说，电容是直接导体，于是手指从触摸板的接触点吸走一个很小的电流。这个电流是从触摸板四个角上的电极中流出的，经过电极的电流大小与手指接触触摸板的位置到触摸板四角的距离成正比，控制电路通过四个角上电极流出的电流比例进行精确计算，得出笔记本电脑液晶显示屏上鼠标光标的位置，并将信息传递给主机，从而实现触摸板对鼠标光标的控制。如图 2-66 所示为笔记本电脑触摸板内部实物图。

　　指点杆是一种应用于笔记本电脑的定点设备，主要由指点杆和鼠标键组成。指点杆通常位于键盘的 G、B、H 三个按键之间，操作指点杆时可用手指推动它来控制鼠标光标的移动轨迹。鼠标键通常位于空格键的下方，相当于标准鼠标的左、右键。指点杆的优点是可以节省时间、提高效率，缺点是熟练掌握其使用方法比较费力。图 2-67 所示为笔记本电脑上的指点杆和鼠标键实物图。

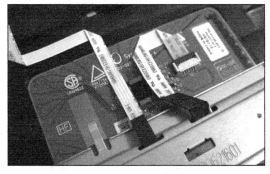

图 2-66　笔记本电脑触摸板内部实物图　　　图 2-67　笔记本电脑上的指点杆和鼠标键实物图

　　在指点杆前后左右四个方向上设置有传感器，当外力施加在指点杆上时，会使传感器产生不同的电信号。这些电信号被送入集成电路进行处理后传送给主机，从而控制鼠标光标的移动速度和方向。如图 2-68 所示为笔记本电脑指点杆内部结构图。

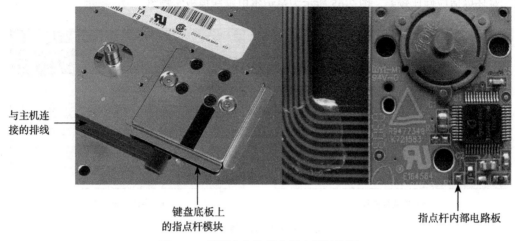

与主机连
接的排线

键盘底板上
的指点杆模块

指点杆内部电路板

图 2-68 笔记本电脑指点杆内部结构图

2.5.8 光盘的接口——光驱

1. 光驱在系统中的作用

光驱的主要作用是用于读取和写入光盘内容，虽然由于 U 盘和移动硬盘等存储设备的普及，光盘的应用领域越来越少，但是光驱设备还是大部分笔记本电脑的标准配置。

光盘是利用激光扫描的写入和读出方式来存储数据的一种介质，分为不可擦写光盘（如 CD-ROM、DVD-ROM 等）和可擦写光盘（如 CD-RW、DVD-RAM 等）。不可擦写光盘和可擦写光盘的主要区别在于材料的应用和制造工序的不同。如图 2-69 所示为常见光盘正面实物图。

根据光盘的结构主要分为 CD、DVD 和蓝光光盘（Blu-ray Disc，BD）等几种类型。CD 光盘的容量在 700MB 左右，DVD 光盘容量在 4.7GB 左右，蓝光光盘的容量在 25GB 以上。

光驱是光盘驱动器的简称，笔记本电脑光驱是笔记本电脑用来读、写光盘数据的设备，目前市场上的笔记本光驱通常包括 DVD 刻录机、蓝光刻录机、DVD 光驱、蓝光光驱、蓝光 COMBO 和 COMBO。其接口类型主要是 USB 接口、SATA 接口和 IDE 接口等。如图 2-70 所示为笔记本电脑的内置光驱。

图 2-69 常见光盘正面实物图　　　　图 2-70 笔记本电脑内置光驱

　　光驱的主要作用是读取光盘上保存的数据，如果是刻录光驱还可以将数据刻录进可擦写光盘。光驱还可以引导系统和安装软件，通过引导光盘启动电脑或通过光盘安装操作系统和应用程序。

　　有的笔记本电脑为了更突出其自身轻薄的特点，并不内置光驱设备。但是可通过笔记本电脑的 USB 接口连接外置光驱使用。如图 2-71 所示为笔记本电脑的外置光驱。

图 2-71　笔记本电脑的外置光驱

2. 光驱的工作原理

　　笔记本电脑的光驱与台式电脑相比，具有体积小、功耗低等特点。如图 2-72 所示为笔记本电脑的内置蓝光光驱。

　　光驱是一种结合了光学、机械学和电子技术的驱动装置。其主要由激光头、电动机、主控芯片、模拟信号处理芯片、缓存芯片、电动机驱动芯片等组成。从功能上主要分为光盘托架、激光头、控制电路板和电动机部分。光盘托架主要用来承载光盘，主轴电动机带动光盘高速旋转，激光头负责读取数据。如图 2-73 所示为笔记本电脑光驱的内部结构图。

图 2-72　笔记本电脑的内置蓝光光驱

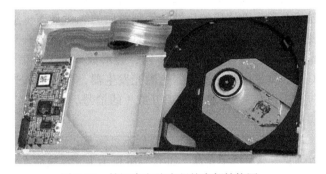

图 2-73　笔记本电脑光驱的内部结构图

　　光盘托架的作用是将光盘送进和送出光驱。通常情况下，光盘只有在进、出时才会与光盘托架接触。光盘托架进、出时是与主轴电动机相互配合使用的，当光盘托架出仓时，主轴电动机向下移动，避免对光盘进入光驱造成阻碍，当光盘托架进仓时，主轴电动机向上移动、夹起光盘。当光驱开始运行，主轴电动机将会带动光盘做高速旋转。

　　光驱内部有一块电路板，这块 PCB 电路板上集成了主控芯片、缓存芯片和马达驱动芯片等电子元器件。其主要功能是负责对光驱运行进行控制，接收来自笔记本电脑主机的信号，对光盘数据进行读取，并且将读取完的光驱数据进行解析后通过接口电路传给笔记本电脑主机。如图 2-74 所示为光驱的主控芯片。

　　在整个光驱中，最重要的部件是激光头。其不仅是光驱中最精密和复杂的部件，也同时决定着光驱的品质。激光头负责光盘数据的读取工作，其原理可简单表述为：激光头产生的光束打在光盘上，光束在光盘上反射后获得光盘信息。再经过一系列的解析过程，从而完成光驱对光盘信息的读取。

　　激光头是光驱的核心部件，主要由激光发生器、半反光棱镜、物镜、透镜和光电二极管等组成。其产生光束的基本过程为：激光发生器产生的激光透过半反射棱镜汇聚到物镜上，物镜将激光聚焦后打到光盘上。如图 2-75 所示为光驱的激光头。

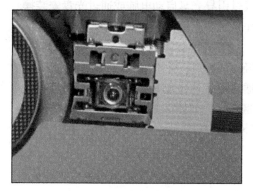

图 2-74   光驱的主控芯片   图 2-75   光驱的激光头

想要深入了解激光头对光盘数据的读取原理，应首先了解光盘的特点。

一般光盘主要包括基板、记录层、反射层、保护层和印刷层等。

光盘在刻录数据时，是将数据刻录在光盘的记录层中。

记录层的主要材料是有机染料和碳性物质，激光在刻录数据时，改变了有机染料的物理状态和碳性物质的极性，使刻录后的光盘具有了独特的反射率。这种独特的反射率所代表的就是光盘所承载的数据信息。当光驱的激光头对光盘进行数据读取，产生的激光打在光盘上时，由于反射率的不同，会形成 0 或 1 的信号（激光打在光盘上会反射回激光头，但由于棱镜的作用不会到达激光发生器，而是进入光电二极管。光电二极管可以将光信号转变为电信号）。这一连串 0 或 1 的信号，组成了二进制代码，就是光盘上所储存的数据信息。

有机染料的物理状态改变后不可恢复，所以是不可擦写光盘。碳性物质的极性改变后可以恢复，是可擦写光盘。如图 2-76 所示为光盘被激光头读取数据的界面。

由于蓝光的波长为 405nm，而红光的 DVD 与 CD 的波长为 650nm，为了实现对蓝光光盘和 DVD、CD 光盘的兼容性，一些光驱采用了双光头设计。如图 2-77 所示为双光头设计的光驱。

图 2-76   光盘被激光头读取数据的界面   图 2-77   双光头设计的光驱

2.5.9　能源提供者——电源适配器和电池

笔记本电脑的电源适配器和电池是笔记本电脑的供电电源，是笔记本电脑正常工作不可或缺的一部分。笔记本电脑的电池是笔记本电脑实现便携性的基础，而笔记本电脑的电源适配器不仅能够为笔记本电脑提供持续的电源，还是笔记本电脑电池的充电电源。

1.电源适配器和电池在系统中的作用

笔记本电脑的电源适配器又叫作笔记本电脑的外置电源，是笔记本电脑供电电源转换设备，其主要作用是为笔记本电脑提供稳定的低压直流电。笔记本电脑电源适配器的输入电压一般为交流电 100 ~ 240V、50 ~ 60Hz，输出电压为恒压直流电 12 ~ 20V，其功率通常在 35 ~ 100W 之间。

经过笔记本电脑电源适配器转换后的供电，通过主机上的电源接口进入主板内的保护隔离电路，从而为笔记本电脑提供电源。电源适配器主要有两个作用：一是为笔记本电脑的硬件系统正常工作提供电源；二是当主板上的充电控制电路检测到笔记本电脑的电池需要充电时为笔记本电脑的电池充电。

如果笔记本电脑的电源适配器出现故障，将导致笔记本电脑无法使用或者电池不能充电等故障。当笔记本电脑插入或正在使用电源适配器时出现故障，主板上的保护隔离电路会使笔记本电脑自动关闭，停止电源适配器对笔记本电脑的供电，绝大多数情况下笔记本电脑不会受到损伤，但是突然断电有可能造成重要数据的丢失。所以，在选择笔记本电脑的电源适配器时，一定要选用质量好且工作参数与笔记本电脑相对应的电源适配器，最好是使用笔记本电脑厂家原装配置的电源适配器。笔记本电脑的电源适配器是将 220V 左右的交流电转换成 12 ~ 20V 的恒压直流电，所以其发热量相对较大，当温度过高时有可能烧毁电源适配器本身，并造成后级电路的损坏，在使用时要保证电源适配器具有良好的散热条件。如图 2-78 所示为常见的笔记本电脑电源适配器。

图 2-78　常见的笔记本电脑电源适配器

笔记本电脑使用可充电电池，是其区别于台式电脑、实现便携移动性的基础。笔记本电脑所采用的电池经历了镍镉电池、镍氢电池和锂离子电池等几个不同的时代。目前笔记本电脑所普遍采用的电池是可充电锂离子电池，其具有重量轻、容量大、无记忆效应等优点。如图 2-79 所示为笔记本电脑的电池。

2.电源适配器和电池的组成及工作原理

（1）电源适配器

电源适配器主要由电源线、插头和一个高品质的开关电源电路板组成。其中，开关电源电路板是电源适配器的核心部件。开关电源是通过相关控制电路，使电子开关器件不断处于导通和截止状态，从而对输入电压进行脉冲调制，实现交流、直流电压转换目的的一种电源转换电路。开关电源具有输出电压可调和自动稳压等特点。

笔记本电脑电源适配器上通常都会有一个铭牌，标注着电源适配器的基本信息，如品牌、产地、输入电压和电流、输出电压和电流、注意事项等信息。如图 2-80 所示为常见电源适配器的铭牌。

不同品牌和型号的笔记本电脑所采用的插头不同，所以通常情况下笔记本电脑的电源适配器并不是通用的。市场上一些电源厂商为了解决笔记本电脑电源适配器的通用性问题，设计了多制式的插头，可适合不同品牌和型号的笔记本电脑使用。如图 2-81 所示为一款多制式插头的电源适配器，七个不同型号的插头基本上可以兼容市场上大部分笔记本电脑的电源接口。

图 2-79　笔记本电脑的电池

图 2-80　常见电源适配器的铭牌

图 2-81　多制式插头的电源适配器

（2）电池

笔记本电脑目前采用的锂离子电池，通常在使用两年后就会出现不同程度的老化问题，从而使笔记本电脑的待机时间变短、可移动性能变弱等问题。通常情况下，解决此问题的办法就是更换电池或电池内的电芯。

笔记本电脑电池的主要结构包括外壳、电芯和控制电路板。单个电芯的输出电压一般在 3.6V 左右，厂家在设计时一般利用多个电芯的串联和并联得到十几伏的电池输出电压。控制电路板的主要作用是充电保护和电池充满电后给主板内相关电路进行反馈，停止充电过程。如图 2-82 所示为笔记本电脑电池的内部实物图。

图 2-82　笔记本电脑电池的内部实物图

描述笔记本电脑电池性能的参数主要包括电池类型、电池容量、电池电压、外形尺寸、产品重量、电池芯数和适用机型等。目前笔记本电脑采用的电池类型通常为锂离子可充电电池，电池容量通常都在 2000 ~ 10 000mA 之间，其中以 5000mA 左右为主流笔记本电脑所采用的电池容量。电池容量与电池芯数紧密相关，电池容量越大其电池芯数也必然越多，其重量也就相对较大。所以，笔记本电脑在设计时，必须在其电池待机时间和重量间进行取舍。

不同型号的笔记本电脑其可使用的电池是不同的，主要区别在于其所需要的电池输入电压不同，而且不同笔记本电脑所采用的电池尺寸也不相同，所以电池并不是通用的。在使用或更换笔记本电池时，必须注意电池所能够适用的品牌和型号。

2.6　新型笔记本电脑主板芯片探秘

由于电脑中的元器件非常多，而且功能也各不相同，因此在学习主板维修前，先了解主板主要元器件的功能，对主板有一个整体的认识。

2.6.1　南桥和北桥芯片组

芯片组是主板的灵魂与核心，芯片组性能的优劣，决定了主板性能的好坏与级别的高低。芯片组一般由两个大的芯片组成，这两个芯片就是人们常说的南桥和北桥，如图 2-83 所示。

图 2-83　主板芯片组

"南桥"、"北桥"得名于芯片在主板上的位置。北桥芯片位于 CPU 插座与 AGP 插槽的中间，其芯片体型较大，由于其工作强度高，发热量较大，因此一般在该芯片的上面覆盖一个散热片或者散热风扇。南桥芯片一般位于主板的下方、PCI 插槽的附近。

北桥芯片主要负责联系 CPU 和控制内存，它提供对 CPU 类型、主频、内存类型及容量、PCI、AGP 插槽等硬件设备的支持。北桥芯片坏了以后的现象多为不亮，有时亮后也不断死机。

南桥主要负责支持键盘控制器、USB 接口、实时时钟控制器、数据传递方式和高级电源管理。南桥芯片损坏后的现象也多为不亮，某些外围设备不能用，比如 IDE 口、FDD 口等不能用，也可能是南桥坏了。因为南、北桥芯片比较贵，焊接又比较特殊，取下它们需要专门的 BGA 仪，所以一般的维修点无法修复南、北桥，而一般落伍的主板也没有必要维修。

目前常见的芯片组厂商有 Intel 公司、AMD 公司。

2.6.2　时钟芯片

如果把计算机系统比喻成人体，CPU 当之无愧就是人的大脑，而时钟芯片就是人的心脏。如果心脏停止跳动，人的生命也将终结。时钟芯片也一样，通过时钟芯片给主板上的芯片提供时钟，这些芯片才能够正常地工作，如果缺少时钟信号，主板将陷入瘫痪之中。

时钟芯片需要与 14.318MHz 的晶振连接在一起，为主板上的其他部件提供时钟信号，时钟芯片位于 AGP 槽的附近。放在这里也是很有讲究的，因为时钟给 CPU、北桥、内存等的时钟信号线要等长，所以这个位置比较合适。时钟芯片的作用也非常重要，它能够给整个计算机系统提供不同的频率，使得每个芯片都能够正常地工作。没有这个频率，很多芯片可能都要罢工了。时钟芯片损坏一般主板就会无法工作。

现在很多主板都具有线性超频的功能，其实这个功能就是由时钟芯片提供的，如图 2-84 所示为时钟芯片。

时钟芯片常见的型号如下：

1）ICS 系列：950213AF、93725AF、950228BF、952607EF 等。

2）Winbond 系列：W83194R、W211BH、W485112-24X 等

3）RTM 系列：RTM862-480、RTM560、RTM360 等。

2.6.3　I/O 芯片

I/O 是英文 Input/Output 的缩写，意思是输入与输出。I/O 芯片的功能主要是为用户提供一系列输入、输出的接口，如鼠标键盘接口（PS/2 接口）、串口（COM 口）、并口、USB 接口等都统一由 I/O 芯片控制。部分 I/O 芯片还能提供系统温度检测功能，我们在 BIOS 中看到的系统温度最原始的来源就是这里提供的。

I/O 芯片个头比较大，能够清楚地辨别出来，如图 2-85 所示，它一般位于主板的边缘地带，目前流行的 I/O 芯片有 ITE 的 8712 和 Winbond 的 83627 等。

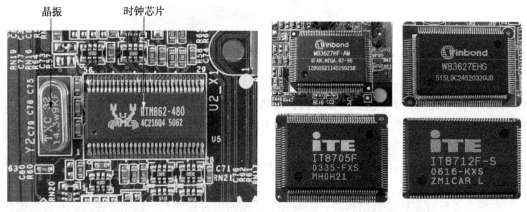

图 2-84　主板系统时钟芯片和 14.318MHz 晶振　　　图 2-85　I/O 芯片

I/O 芯片的供电一般为 5V 和 3.3V。I/O 芯片直接受南桥控制，如果 I/O 芯片出现问题，轻则会使某个或全部 I/O 设备无法正常工作；重则会造成整个系统的瘫痪。假如主板找不到键盘或串并口失灵，问题很可能是为它们提供服务的 I/O 芯片出现了不同程度的损坏。平时所说的热插拔操作就是针对保护 I/O 芯片提出的。因为在进行热插拔操作时，会产生瞬间大电流，很可能烧坏 I/O 芯片。

常见 I/O 芯片的型号如下：

1）Winbond 公司的 W83627HF、W83627EHG、W83697HF、W83877HF、W83977HF 等。

2）ITE 公司的 IT8702F、IT8705F、IT8711F、IT8712F 等。

3）SMSC 公司的 LPC47M172、LPC47B272 等。

2.6.4　BIOS 芯片

BIOS（Basic Input Output System）是基本输入 / 输出系统，是为计算机中的硬件提供服务的。BIOS 属于只读存储器，它包含了系统启动程序、系统启动时必需的硬件设备的驱动程序、基本的硬件接口设备驱动程序。目前主板中的 BIOS 芯片主要由 Award 和 AMI 两个公司提供。

目前 BIOS 芯片的封装形式主要采用 PLCC（塑料有引线芯片）封装形式，采用这种形式封装的芯片非常小巧，从外观上看它大致呈正方形。这种小型的封装形式可以减少占用的主板空间，从而提高主板的集成度，缩小主板的尺寸，如图 2-86 所示。

CMOS 电池

BIOS 芯片

图 2-86　PLCC 封装的 BIOS

BIOS 芯片常见的型号如下：

1）Winbond 公司的 W49F020、W49F002、W49V002FAP 等。

2）SST 公司的 29EE020、49LF002、49LF004 等。

3）Intel 公司的 82802AB 等。

2.6.5　电源管理芯片

电源管理芯片的功能是根据电路中反馈的信息，在内部进行调整后，输出各路供电或控制电压，主要负责识别 CPU 供电幅值，为 CPU、内存、AGP、芯片组等供电。如图 2-87 所示为电源管理芯片。

图 2-87　电源管理芯片

电源管理芯片的供电一般为 12V 和 5V，电源管理芯片损坏将造成主板不工作。

电源管理芯片常见的型号如下：

1）MAX 系列的 MAX1632/1635、MAX1902、MAX1631/1634、MAX786。

2）HIP 系列的 HIP6301、HIP6302、HIP6601、HIP6602、HIP6004B、HIP6016、HIP6018B、HIP6020、HIP6021 等。

3）RT 系列的 RT9227、RT9237、RT9238、RT9241、RT9173、RT9174 等。

4）SC 系列的 SC1150、SC1152、SC1153、SC1155/SC1164、SC2643、SC1189 等。

5）RC 系列的 RC5051、RC5057 等。

6）ADP 系列的 ADP3168、ADP3418 等。

7）ISL 系列的 ISL6556、ISL6537 等。

2.6.6   音效芯片

音效芯片是主板集成声卡时的一个声音处理芯片。音效芯片是一个方方正正的芯片，四周都有引脚，一般位于第一根 PCI 插槽附近，靠近主板边缘的位置，在它的周围，整整齐齐地排列着电阻和电容，所以能够比较容易辨认出来，如图 2-88 所示。

目前的音效芯片公司主要有 Realtek、VIA 和 CMI 等，因为它们都支持 AC'97 规格，统一都可以被称为 AC'97 声卡，但不同公司的声卡会有不同的驱动。集成声卡除了有两声道、四声道外，还有六声道和八声道，不过要到系统中设置一下才能够正常使用。

音效芯片常见的型号有 ALC650、ALC850、CMI7838、VIA1616 等。

2.6.7   网卡芯片

网卡芯片是主板集成网络功能时用来处理网络数据的芯片，一般位于音频接口或 USB 接口附近，如图 2-89 所示。网卡芯片常见的型号有 RTL8100、RTL8101、RTL8201、VT6103 等。

图 2-88   音效芯片   图 2-89   网卡芯片

2.6.8   EC 芯片

EC 芯片（Embedded Controller，EC）是指笔记本的开机控制芯片，它是一个嵌入式控制器。EC 芯片实际上是一个能够完成特定任务的单片机（MCU）。EC 芯片是笔记本电脑主板上和南桥芯片、北桥芯片同样重要的芯片。在开机过程中，EC 芯片控制着大部分重要信号的时序。

　　EC 芯片除了在开机过程中起着重要的作用，还可能参与着键盘、触摸板、散热风扇等设备运行的控制，以及负责部分电源管理工作，如待机和休眠状态灯等。如图 2-90 所示为笔记本电脑主板上的 EC 芯片。

图 2-90　笔记本电脑主板上的 EC 芯片

第 3 章

维护技能 1——最新笔记本电脑 BIOS 探秘

3.1 认识电脑的 BIOS

3.1.1 什么是 BIOS

BIOS 全名为 Basic Input Output System，即基本输入 / 输出系统，它是一组固化到计算机主板上一个 ROM 芯片上的程序，保存着计算机最重要的基本输入 / 输出程序、系统设置信息、

开机上电自检程序和系统启动自程序。其主要功能是为计算机提供最低级的、最直接的硬件控制，计算机的原始操作都是依照固化在 BIOS 里的程序来完成的。准确地说，BIOS 是硬件与软件之间的一个 "转换器" 或接口，负责开机时对系统的各种硬件进行初始化设置和测试，以确保系统能够正常工作。计算机用户都会不知不觉地接触到 BIOS，它在计算机系统中起着至关重要的作用。图 3-1 所示为 AMI 公司生产的 BIOS 芯片。

图 3-1　BIOS 芯片

3.1.2 BIOS 的功能

在计算机中，BIOS 主要负责解决硬件的即时需求，并按软件对硬件操作的要求执行具体的动作，如系统设置、开机自检、提供中断服务等。

1. 系统设置

在计算机对硬件进行操作时，必须先获取硬件配置的相关信息，而这些信息存放在一块可读写的 CMOS RAM 芯片中。BIOS 的主要功能即是对 CMOS RAM 芯片中的各项参数进行设置。

2. 开机自检

按下开机电源后，POST（Power On Self Test）自检程序便开始检查各个硬件设备是否工作

正常，这个过程称为 POST 自检。POST 自检主要是针对主板、CPU、显卡、640KB 基本内存、1MB 以上的扩展内存、软 / 硬盘子系统、键盘、ROM、CMOS 存储器、串 / 并行端口等进行测试。在自检中如果发现了问题，系统将会给出提示信息或发出报警声，方便用户进一步进行处理。

3. 提供中断服务

BIOS 的中断服务是指计算机系统中软件与硬件之间的一个可编程的接口，主要用于完成程序软件与计算机硬件之间的连接。其实也可以不调用 BIOS 提供的中断而直接用输入 / 输出指令对这些端口进行操作，但这要求读者必须对这些端口有详细的了解。中断系统的一大好处是能够让程序员无须了解系统底层的硬件知识就能够进行编程。

3.1.3　何时需要对 BIOS 进行设置

1. 新组装的电脑

新组装的电脑需要安装操作系统，这时需要操作人员设置 CMOS 参数，告诉计算机从光盘启动以准备安装系统。

2. 开机时计算机提示出错

计算机开机启动时，如果有硬件设备出错，计算机会停止启动，然后出现错误提示。此时只能通过进入 BIOS 重新完成 CMOS 参数设置。

3. CMOS 数据丢失

在 CMOS 电池失效或遭到恶意病毒进攻使 CMOS 中的数据意外丢失的情况下，主机将因无法识别硬件设备而处于瘫痪状态，此时只能进入 BIOS 重新完成 CMOS 参数设置。

4. 优化系统

对于开机启动顺序、硬盘数据传输模式、内存读写等待时间等参数，BIOS 设置程序中的原参数不一定是最适合的，往往需要经过多次试验才能找到与系统匹配的最佳组合。

3.2　如何进入笔记本电脑 BIOS

进入不同笔记本电脑的 BIOS 设置程序的快捷键并不统一，有的需要按 F1 键，有的需要按 F2 键，有的需要按 F12 键等。不管按什么快捷键，进入 BIOS 设置程序的操作方法相同，即在开机出现厂商 logo 画面时，马上按键盘快捷键。如图 3-2 所示，通常屏幕下面有进入按键提示。

除此之外，还有另一种进入方法，就是在开机后按 Enter 键，这时会出现一个启动功能菜单，有 15 秒时间选择需要的功能。如图 3-3 所示为联想笔记本电脑启动菜单。

图 3-2　开机画面

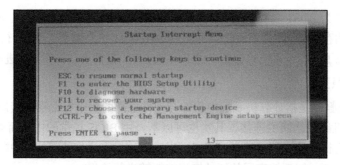

图 3-3 启动菜单

各菜单功能如表 3-1 所示。

表 3-1 启动菜单

Esc	恢复正常启动
F1	进入 BIOS 设置界面
F10	进入硬件检测
F11	进入一键恢复系统
F12	选择引导驱动器

3.3 最新笔记本电脑 BIOS 设置程序详解

进入笔记本电脑的 BIOS 程序后，会看到 BIOS 设置程序的几大模块：Main、Config、Date/Time、Security、Startup 和 Restart。如图 3-4 所示（以联想笔记本电脑为例），在界面的最下面有 BIOS 程序操作提示。

其中，"main"模块主要是硬件信息，包括 BIOS 版本、生产日期、主机编号、CPU 信息、内存大小、网卡、物理地址等信息。

"Config"模块是设置界面，包括网络、USB、键盘鼠标、显示、电源、鸣音和报警、硬盘模式、CPU 设置等信息，如图 3-5 所示。

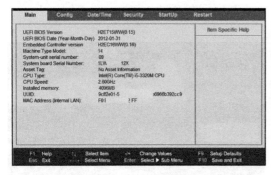

图 3-4 BIOS 程序界面

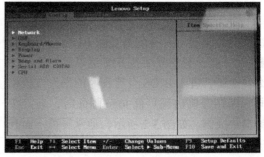

图 3-5 "Config"模块

"Date/Time"模块是日期时间信息，包括日期和时间的设置，如图 3-6 所示。

"Security"模块是安全设置信息，包括密码设置、UFEI BIOS 锁定等，如图 3-7 所示。

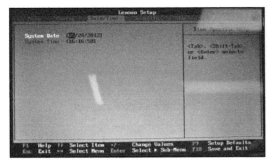

图 3-6 "Date/Time" 模块

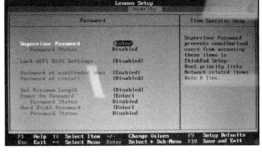

图 3-7 "Security" 模块

"Startup" 模块是启动设置信息,包括网络启动(选择网络唤醒时的启动项)、UEFI/传统引导(同时/只 UEFI/只传统)、UEFI/传统引导优先级(UEFI 优先/传统优先)只在上一项选择 "同时" 时,此项才会出现、启动模式(快速/诊断)、选项显示(开/关)、启动设备列表 F12 选项(开/关)、启动顺序锁定(开/关)等,如图 3-8 所示。

"Restart" 模块是重启设置,包括保存更改并关闭、关闭不保存、更改载入默认设置、取消更改、保存更改等,如图 3-9 所示。

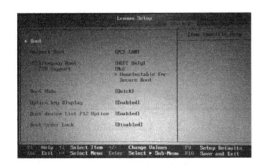

图 3-8 "Startup" 模块

图 3-9 "Restart" 模块

3.4　动手实践：笔记本电脑设置实践

3.4.1　设置三星笔记本电脑密码以增加系统的安全性

计算机密码设置步骤如下。

1)打开三星笔记本电脑的 BIOS,进入 "Security" 菜单,其各设置项如图 3-10 所示。

2)选中 "Set Supervisor Password"(管理员密码)并按 Enter 键,弹出如图 3-11 所示的提示框。在 "Enter New Password"(输入新密码)文本框中输入密码,按 Enter 键,并再次输入密码,按 Enter 键确认即可。

3)设置好管理员密码后,"Set User Password"(用户密码设置)被激活。选中 "Set User Password" 并按 Enter 键,弹出如图 3-12 所示的提示框。在 "Enter New Password"(输入新密码)文本框中输入密码,按 Enter 键,再次输入密码,按 Enter 键确认即可。注意:用户密码和管理员密码不要重复。

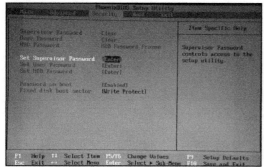
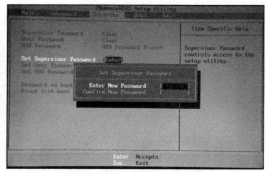

图 3-10 菜单"Security"各设置项   图 3-11 "Set Supervisor Password"提示框

4）设置好管理员密码后，"Password on boot"（开机密码）被激活，将其设置为 Enabled 即可，如图 3-13 所示。

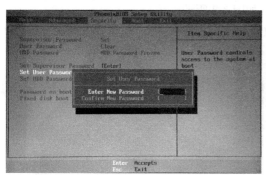
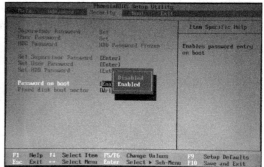

图 3-12 "Set User Password"提示框   图 3-13 设置"Password on boot"参数

5）进入"Exit"菜单，选中"Exit Saving Changes"，根据提示进行操作，保存并退出 BIOS，即可完成设置。

【注意】

　　管理员密码与用户密码不同。对于开机密码，如果该项设置为开启，那么必须输入一个密码才能进入计算机，这个密码可以是管理员密码或用户密码。也就是说，如果有管理员密码或开机密码就可以对计算机进行操作。管理员密码是比用户密码高一级别的密码。如果没有管理员密码，用户可以进入 BIOS 设置，但是不可以对其进行修改。该 BIOS 在设置管理员密码后，用户密码才被激活。

3.4.2 设置联想笔记本电脑启动顺序

　　联想笔记本电脑默认的第一启动顺序为 USB KEY，所以有时插上 U 盘等移动设备后会无法正常启动。通过改变启动顺序可以来解决这一问题。

　　启动顺序的设置步骤如下。

　　1）打开联想笔记本电脑 BIOS 界面，进入"Startup"模块（有的型号是 Boot），然后选择"Boot"选项，进入启动项设置界面，如图 3-14 所示。

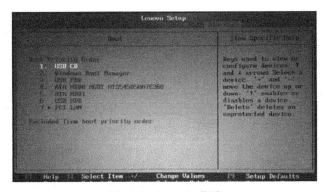

图 3-14　"Boot" 菜单

2）分别选中"USB CD""Win-dows Boot Manager""USB FDD""ATA HDD0 HGST HTS5450A7C300""ATA HDD1""USB HDD""PCI LAN"等项，按"—"键将其移动到硬盘启动项后，将硬盘设为第一启动顺序。其中，"Windows Boot Manager"指的是 UEFI 启动。

3）进入"Exit"菜单，选中"Exit Saving Changes"，并根据提示进行操作，保存并退出 BIOS，即可完成设置。

3.4.3　为戴尔笔记本电脑恢复 BIOS 出厂设置

为戴尔笔记本电脑恢复 BIOS 出厂设置的步骤如下。

1）按下开机键后，待屏幕右上角出现 F2 to enter SETUP 提示信息时，按 F2 键进入 BIOS 设置界面。

2）利用上下方向键选中"Maintenance"分组，并按左方向键将其打开。"Maintenance"分组展开界面如图 3-15 所示。

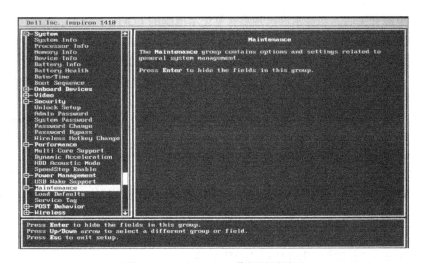

图 3-15　Maintenance 分组展开界面

3）利用上下方向键选中"Load Defaults"（恢复 BIOS 出厂默认值）设置项，并按 Enter 键将其打开。Load Defaults 的位置及其提示信息如图 3-16 所示。

4）选中"Continue"后按 Enter 键。

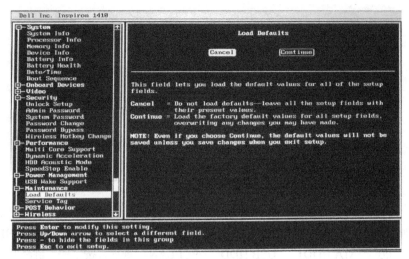

图 3-16 Load Defaults 的位置及其提示信息

5）按 Esc 键退出"Maintenance"分组。

6）再次按 Esc 键，选择"Save/Exit"，保存并退出。整个设置步骤已完成。

3.4.4 通过 BIOS 设置风扇的运转状态

只有温度过高时才需要强大的散热功能，因此 CPU 风扇一直强力地转着对电能无疑是一种浪费。另外，主板都有温控芯片，当温度达到临界点时风扇会自动启动，而当温度下降到一定程度时风扇会自动减速或停止运行，因此也没必要一直开着风扇。通过 BIOS 设置可以对风扇的工作状态进行调节。

通过 BIOS 设置风扇运转状态的步骤如下。

1）按下电源开关后，当显示屏出现惠普笔记本电脑的 LOGO 画面时，按 F10 键进入惠普笔记本电脑的 BIOS 界面。

2）通过左右方向键选择"System Configuration"（系统配置）菜单。

3）利用上下方向键选中"Fan Always On"设置项，将其设置成"Disabled"（不支持）即可。"Fan Always On"的位置及内部参数如图 3-17 所示。

4）选中"Exit"菜单中的"Exit Saving Changes"，退出并保存，即可完成设置。

3.4.5 BIOS 锁定纯 UFEI BIOS 启动的解锁方法

在安装 Windows 8 的笔记本电脑上，通常只能支持 UEFI 启动，传统 MBR 方式启动不了。在 BIOS 的启动列表里，也没有发现 MBR 启动设备。其实，是微软强制各厂商们必须开启 Secure Boot，而开启 Secure Boot 后，CSM 默认关闭。CSM 关闭会导致不能兼容传统 MBR 启动，MBR 设备若是没使用 UEFI 引导则不能启动。

下面讲解对于这种情况如何解锁以支持从传统 MBR 设备启动。

1）以联想 ThinkPad 笔记本电脑为例。首先开机按 F1 键进入 BIOS 设置程序，然后用方向键选择"Startup"（启动设置）模块，这时可以看到"CSM Support"选项。不过 CSM 不能打开，同样提示需要设置 Secure Boot，如图 3-18 所示。

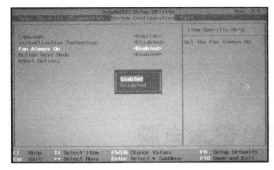

图 3-17 "Fan Always On"的位置及内部参数

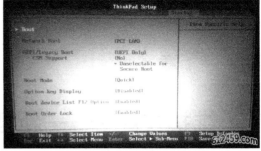

图 3-18 "Startup"模块

2）接着进入"Security"（安全设置）模块，选择"Secure Boot"后按 Enter 键，进入"Secure Boot"界面，接着选择"Secure Boot"选项并将其设置成"Disabled"，按 F10 键保存并重启，如图 3-19 所示。

3）重启后按 F1 键再进入 BIOS 设置程序，然后在"Startup"（启动设置）模块下选择"UEFI/Legacy Boot"，并将其设置为"Legacy Only"（仅传统启动），也可以选择"Both"（全部）。选择后可以看到下方"CSM Support"选项自动变成"Yes"，如图 3-20 所示。

最后按 F10 键保存并重启后进入 BIOS 设置程序，可以看到传统 MBR 设备的选项出现在了启动项里。

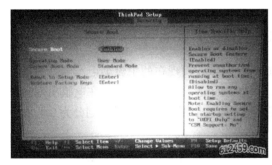

图 3-19 "Secure Boot"界面

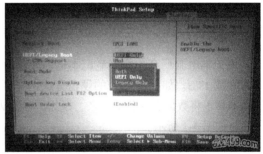

图 3-20 设置"UEFI/Legacy Boot"

第 **4** 章

维护技能 2——新型笔记本电脑 硬盘如何分区

4.1 硬盘为什么要分区

硬盘分区就是将一个物理硬盘通过软件划分为多个区域，即将一个物理硬盘分为多个盘使用，如 C 盘、D 盘、E 盘等。

4.1.1 新购笔记本电脑有必要重新分区吗

笔记本电脑厂商一般将笔记本电脑硬盘分成两个分区，而现在的主流笔记本电脑硬盘为500GB 或 1TB。如果将 1TB 的硬盘分成两分区，不但使用起来不方便，而且在电脑出现问题后也不利于将数据文件备份出来。因此，在购买笔记本电脑后最好将硬盘重新划分为 3 ~ 6 个分区，如图 4-1 所示。

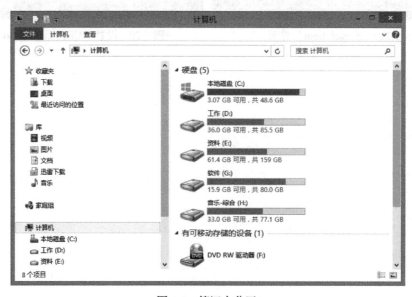

图 4-1　笔记本分区

4.1.2　分区前的准备工作

1. 备份笔记本电脑硬盘中的重要数据

新笔记本电脑的硬盘不用考虑备份；如果是正在使用的笔记本电脑硬盘进行重新分区，则需要考虑备份硬盘中的重要数据，否则重要数据将会因为分区而丢失。

（1）备份哪些数据

主要备份自己的文件、邮件、通讯录、收藏夹、歌曲、电影、FLASH 动画等。

（2）如何备份

将硬盘中的重要数据复制到 U 盘或移动硬盘上，或者复制到联网的服务器或客户机上，或者刻录到光盘中。

2. 制订分区方案

分区的个数及大小需要从以下三个方面来考虑：

1）操作系统的类型及数目；

2）存储的数据类型；

3）方便以后的维护和整理。

分区没有统一的标准，一般操作系统都安装在 C 区（一般称为 C 盘），相对比较重要，除 C 盘以外，其他盘均可以根据个人爱好随意分区。例如，将硬盘分为 6 个区，系统安装区（C 区）大小为 60GB、文件存储区（D 区）大小为 100GB、游戏数据存储区（E 区）大小为 100GB、多媒体文件存储区（F 区）大小为 100GB、文件备份区（G 区）大小为 104GB。

3. 准备分区软件

现在的分区软件比较多，可以用 Windows 7/8 系统安装程序进行分区或使用 Windows 7/8 系统中的“磁盘管理”工具进行分区，也可以用 Partition Magic（分区大师）分区软件等进行分区。

其中，Partition Magic 是一款专业的分区软件，它可以在不损坏硬盘原有数据的情况下，非常方便地实现硬盘的动态分区和无损分区，分区之后能保持硬盘的数据不丢失，对用户来说非常方便。

4.1.3　选择合适的文件系统很重要

FAT32 是从 FAT 和 FAT16 发展而来的，优点是稳定性和兼容性好，能充分兼容 Win 9X 及以前版本，且维护方便。缺点是安全性差，且最大只能支持 32GB 分区，单个文件也只能支持最大 4GB。

NTFS 更适合 NT 内核（2000、XP）系统，能够使其发挥最大的磁盘效能，而且可以对磁盘进行加密，单个文件支持最大 64GB。缺点是维护硬盘时（比如格式化 C 盘）比 FAT32 要复杂。而且 NTFS 格式在 DOS 中无法识别。

许多人认为 NTFS 比 FAT 慢。其实这主要是因为测试中 NTFS 文件系统的不良配置所引起的。正确配置的 NTFS 系统与 FAT 文件系统的性能相似。在 Windows 家族中，Windows XP 以后版本的 NTFS 性能基准更高。

4.2 使用 Partition Magic 给笔记本电脑分区

在笔记本电脑分区之后，随着日常的使用，通常会发现硬盘的分区情况不适合实际使用需要，这时可以使用 Partition Magic 对分区的大小、数量等进行调整，下面用实际案例详细讲解调整分区的方法。

如果原来的分区数量较少，希望多分几个分区，可以按照下面的方法来增加分区数量。

1）首先运行软件，在分区图示上单击要调整容量的分区，然后单击"调整 / 移动分区"选项按钮，如图 4-2 所示。

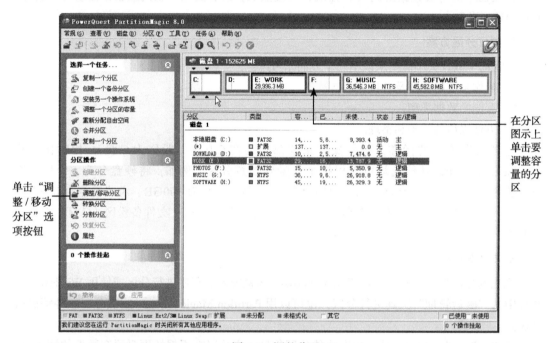

图 4-2　调整分区

2）在打开的"调整容量 / 移动分区"对话框中，用鼠标拖动调整分区的滑块到合适的位置，调整好后单击"确定"按钮即可，如图 4-3 所示。

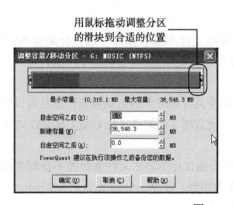
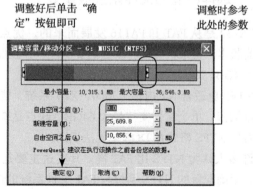

图 4-3　调整分区容量

3）经过上面的操作后，会出现调整后的未分配空间。接着单击"创建分区"选项按钮，如图 4-4 所示。

单击"创建分区"选项

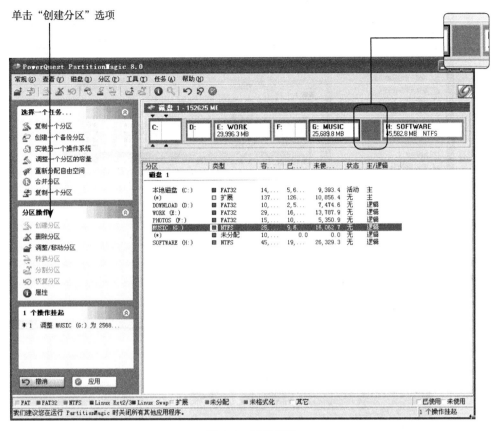

图 4-4 创建分区

4）在弹出的"创建分区"对话框中，先选择驱动器盘符，然后选择分区类型。设置完成后单击"确定"按钮，如图 4-5 所示。

先选择驱动器盘符，然后选择分区类型

设置完后，单击"确定"按钮

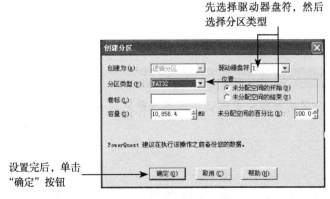

图 4-5 "创建分区"对话框

5）创建出新的分区后单击"应用"按钮，开始执行分区调整，如图 4-6 所示。

创建完成后的新增分区

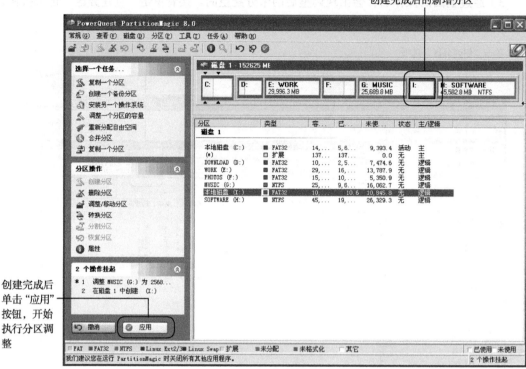

创建完成后
单击"应用"
按钮,开始
执行分区调
整

图 4-6   应用调整

6)分区软件会重新启动,并执行分区调整,如图 4-7 所示。

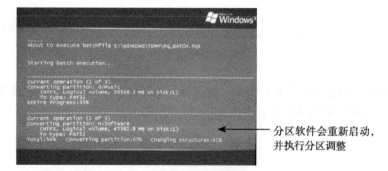

分区软件会重新启动,
并执行分区调整

图 4-7   执行分区

【注意】

在执行调整分区的过程中要保证中途不能断电,否则将造成分区损坏及硬盘数据
丢失。

4.3 使用 Windows 7/8 安装程序给笔记本电脑分区

Windows 8 安装程序的分区界面和方法与 Windows 7 相同。这里以 Windows 7 安装程序分

区为例，方法如下（此分区方法会对硬盘数据造成损坏）。

1）用 Windows 7 安装光盘启动电脑，并进入安装程序。单击"开始安装"按钮，并在安装界面中单击"驱动器选项（高级）"按钮，如图 4-8 所示。

图 4-8　Windows 7 安装界面

2）单击"新建"按钮新建分区，并在打开的"大小"文本框中输入分区的大小，然后单击"应用"按钮，如图 4-9 所示。

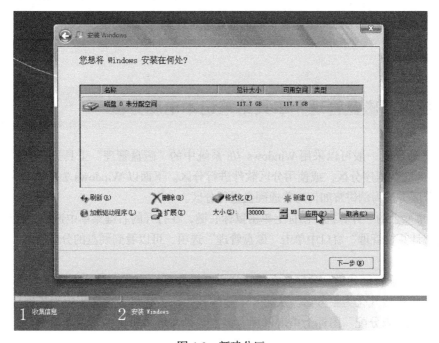

图 4-9　新建分区

3）创建好一个分区后，接着在"大小"文本框中输入第二个分区的大小，然后单击"应用"按钮创建第二个分区，如图 4-10 所示。

图 4-10   创建第二个分区

【提示】

　　如果安装 Windows 7 系统时没有对硬盘分区（硬盘原先也没有分区），Windows 7 安装程序将自动把硬盘分为一个分区，分区格式为 NTFS。

 使用"磁盘管理"工具给笔记本电脑分区

　　对于普通硬盘一般可以采用 Windows 7/8 系统中的"磁盘管理"工具进行分区，或使用 Windows 7/8 安装程序分区，或使用分区软件进行分区。下面以 Windows 7 系统中的"磁盘管理"工具分区方法为例讲解如何对普通硬盘进行分区。

　　1）在桌面上的"计算机"图标上单击鼠标右键，在打开的右键菜单中选择"管理"命令；在打开的"计算机管理"窗口中单击"磁盘管理"选项，可以看到硬盘的分区状态，如图 4-11 所示。

　　2）接下来准备创建磁盘分区。在 Windows 7 操作系统中，在对基本磁盘创建新分区时，前 3 个分区将被格式化为主分区。从第 4 个分区开始，会将每个分区配置为扩展分区内的逻辑驱动器。在"未分配"图标上单击鼠标右键，选择右键菜单中的"新建简单卷"命令，如图 4-12 所示。

图 4-11 进入"磁盘管理"界面

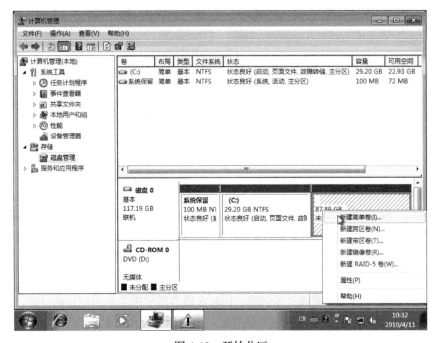

图 4-12 开始分区

3）在打开的"新建简单卷向导"对话框中单击"下一步"按钮，如图 4-13 所示。

4）在打开的"新建简单卷向导—指定卷大小"对话框中的"简单卷大小"设置文本框中，输入所创建分区的大小，然后单击"下一步"按钮，如图 4-14 所示。

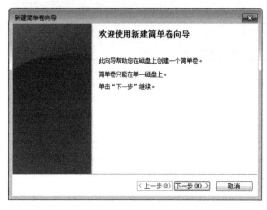

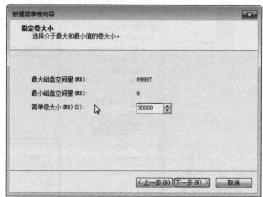

图 4-13 "新建简单卷向导"
对话框

图 4-14 "新建简单卷向导—指定卷大小"
对话框

5）在"新建简单卷向导—分配驱动器号和路径"对话框中，单击"下一步"按钮，如果想换一个驱动号（图中默认是 E），则单击 E 右边的下拉按钮进行设置，如图 4-15 所示。

6）在"新建简单卷向导—格式化分区"对话框中，保持默认设置，单击"下一步"按钮，如图 4-16 所示。

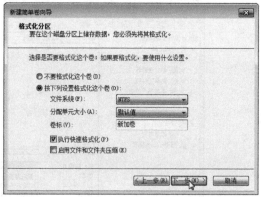

图 4-15 "新建简单卷向导—分配驱动器号和
路径"对话框

图 4-16 "新建简单卷向导—格式化分区"
对话框

7）单击"完成"按钮，完成分区创建。同时在磁盘图示中会显示创建的分区。

8）用以上相同的方法，继续创建其他分区，直到创建完所有扩展分区容量，最后创建好的分区如图 4-18 所示。

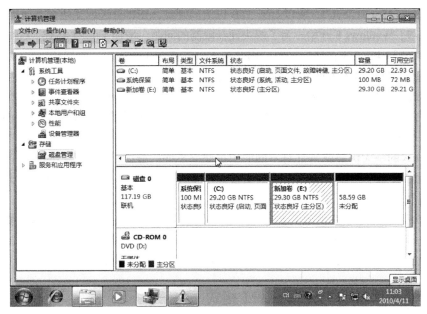

图 4-17　创建好的分区

图 4-18　创建其他分区

4.5　如何对 3TB/4TB 超大硬盘分区

4.5.1　超大硬盘必须采用 GPT 格式

由于 MBR 分区表定义每个扇区 512 字节，磁盘寻址 32 位地址，所能访问的磁盘容量最大是 2.19TB（2^{32}×512byte），所以对于 3TB 以上的硬盘，MBR 分区就无法全部识别了。因此，从 Windows 7、Windows 8 开始，为了解决硬盘限制的问题，增加了 GPT 格式。GPT 分区表采用 8 个字节（即 64bit）来存储扇区数，因此最大可支持 2^{64} 个扇区。同样按每扇区 512byte 容量计算，每个分区的最大容量可达 9.4ZB（94 亿 TB）。

GPT 分区全名为 Globally Unique Identifier Partition Table Format，即全局唯一标示磁盘分区表格式。GPT 还有另一个名字叫作 GUID 分区表格式，我们在许多磁盘管理软件中能够看到这个名字。而 GPT 也是 UEFI 所使用的磁盘分区格式。

GPT 分区的一大优势就是针对不同的数据建立不同的分区，同时为不同的分区创建不同的权限。就如其名字一样，GPT 能够保证磁盘分区的 GUID 唯一性，所以 GPT 不允许将整个硬盘进行复制，从而保证了磁盘内数据的安全性。

GPT 分区的创建或者更改其实并不麻烦，使用 Windows 自带的磁盘管理功能或者使用 DiskGenius 等磁盘管理软件就可以轻松地将硬盘转换成 GPT（GUID）格式（注意，转换之后硬盘中的数据会丢失）。转换之后就可以在 3TB/4TB 硬盘上正常存储数据了。

4.5.2　什么操作系统才能支持 GPT 格式

GPT 格式的 3TB/4TB 数据盘能不能做系统盘？当然可以，这里需要借助一种先进的 UEFI BIOS 和更高级的操作系统。下面列出各种系统对 3TB/4TB 硬盘的支持情况，如表 4-1 所示。

表 4-1　各个操作系统对 GPT 格式的支持情况

操作系统	数据盘是否支持 GPT	系统盘是否支持 GPT
Windows XP 32bit	不支持 GPT 分区	不支持 GPT 分区
Windows XP 64bit	支持 GPT 分区	不支持 GPT 分区
Windows Vista 32bit	支持 GPT 分区	不支持 GPT 分区
Windows Vista 64bit	支持 GPT 分区	GPT 分区需要 UEFI BIOS
Windows 7 32bit	支持 GPT 分区	不支持 GPT 分区
Windows 7 64bit	支持 GPT 分区	GPT 分区需要 UEFI BIOS
Windows 8 64bit	支持 GPT 分区	GPT 分区需要 UEFI BIOS
Linux	支持 GPT 分区	GPT 分区需要 UEFI BIOS

可见，若想识别完整的 3TB/4TB 硬盘，用户应使用像 Windows 7/8 等高级的操作系统。对于早期的 32 位版本的 Windows 7 操作系统，GPT 格式化硬盘可以作为从盘，划分多个分区，但是无法作为系统盘。到了 64 位 Windows 7 以及 Windows 8 操作系统，赋予了 GPT 格式 3TB 以上容量硬盘全新功能，那就是 GPT 格式硬盘可以作为系统盘。它不需要进入操作系统中通过特殊软件工具去解决，而是通过主板的 UEFI BIOS 在硬件层面彻底解决。

4.5.3　怎样才能创建 GPT 分区

DiskGenius 是一款集磁盘分区管理与数据恢复功能于一身的工具软件。它不仅具备与分区管理有关的几乎全部功能，而且支持 GUID 分区表，支持各种硬盘、存储卡、虚拟硬盘、RAID 分区，还提供了独特的快速分区、整数分区等功能。它是常用的一款磁盘工具，用

Diskgenius 来转换硬盘模式也是非常简单的。

　　首先运行 DiskGenius 程序，然后选中要转换格式的硬盘，之后单击"硬盘"菜单中的"转换分区表类型为 GUID 模式"命令，在弹出的对话框中单击"确定"按钮，即可将硬盘格式转换为 GPT 格式，如图 4-19 和图 4-20 所示。

图 4-19　转换硬盘格式为 GPT

图 4-20　"确定"对话框

<h2>4.6　使用 Disk Genius 对超大硬盘分区</h2>

　　硬盘分区是安装系统的第一步，调整好硬盘分区的大小是日后使用的良好开始。这一节我们介绍分区软件 DiskGenius V4.6.2，如图 4-21 所示。

图 4-21　硬盘分区工具 DiskGenius V4.6.2

用启动盘启动到 Win PE 系统或在光盘引导页面中选择 Disk Genius V4.6.2 分区工具，如图 4-22 所示。

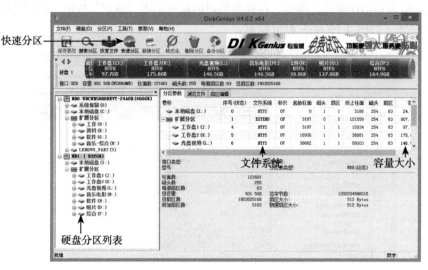

图 4-22   DiskGenius V4.6.2

4.6.1   如何超快速分区

如果对新组装电脑的硬盘分区不满意，那么用户可以使用快速分区选项。单击"快速分区"按钮，如图 4-23 所示。

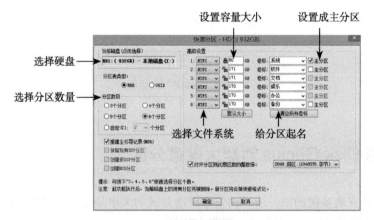

图 4-23   快速分区选项

首先选择要分区的硬盘（若只有一个硬盘则不用选择）。在"分区数目"选项栏中选择要将硬盘分成几个区，这里可以选择 3 个、4 个、5 个、6 个或者自定义分区个数。选定分区数后，在右边"高级设置"选项栏中会显示分区的选项。这里可以选择文件系统、容量大小和卷标名称。设置分区是否为主分区，主分区是作为启动硬盘和启动文件存放的分区（一般是 C 盘作为主分区）。无论电脑有几个硬盘，都至少有一个主分区。不点选主分区的分区将被作为扩展分区使用。一切都设置完毕后，单击"确定"按钮就会进行快速分区了。

快速分区简单方便，但缺点是分区后硬盘所有资料全部清空。要保留一部分分区和资料就要使用删除分区和新建分区。

4.6.2　为硬盘创建分区

　　将需要保留的资料全部复制到不删除的分区。比如 C 盘保留，D 盘、E 盘删除，就要将 D 盘、E 盘中的数据资料复制到 C 盘中。

　　在分区参数列表中点选 D 盘，再单击删除分区，对 E 盘执行同样的操作。删除分区之后，在上面的分区柱形图上就可以看到有空闲的硬盘空间，如图 4-24 所示。

图 4-24　硬盘分区柱形图

　　单击"新建分区"按钮，选择分区类型、文件系统类型和大小。然后单击"确定"按钮，按照提示完成操作，即可将硬盘空闲部分分成想要的分区，如图 4-25 所示。

图 4-25　"新建分区"选项

第 5 章

维护技能 3——恢复及安装快速启动的 Windows 7/8 系统

5.1 使用系统恢复光盘安装操作系统

如果笔记本电脑的系统崩溃，可以使用厂商自带的系统隐藏分区进行恢复。这样只要十几分钟的时间就可以将电脑的系统、管理软件和应用程序恢复到出厂时的初始状态。如图 5-1 所示为厂商自带的系统隐藏分区。

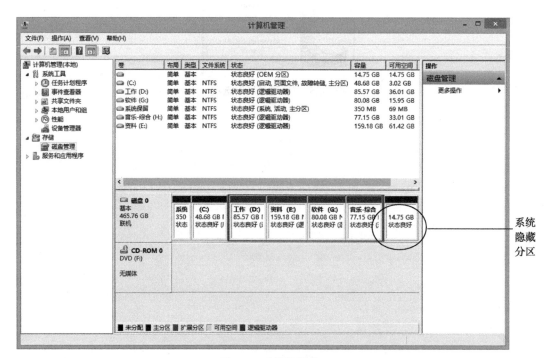

图 5-1　系统隐藏分区

具体恢复步骤如下。

1）电脑不能正常启动时，直接按"一键还原键"即可进入还原界面，如图 5-2 所示。

图 5-2　一键还原按键

2）进入一键恢复界面后，在此界面中选择"从初始备份恢复"单选按钮，然后单击"下一步"按钮，如图 5-3 所示。

3）在出现的"从初始备份恢复"界面中，单击"开始"按钮，如图 5-4 所示。

图 5-3　选择任务

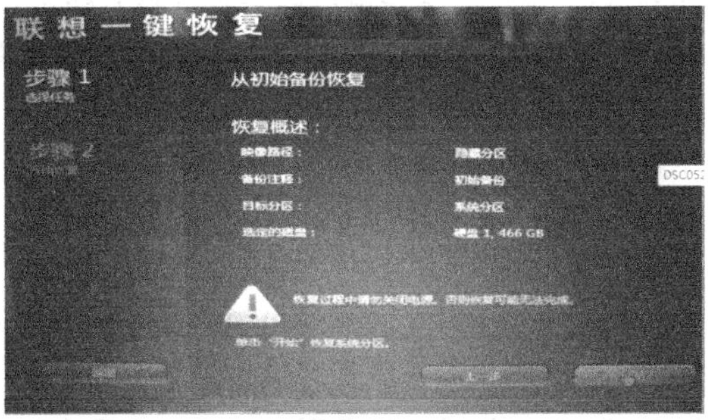

图 5-4　从初始备份恢复

4）接下来会提醒"恢复系统相当于对系统盘的格式化，会清除之前所有该盘文件，请注意备份"，单击"是"按钮，如图 5-5 所示。

5）电脑开始恢复系统，如图 5-6 所示。恢复完成后，提示重启或关机，单击重启或关机后，恢复完成。

图 5-5　注意

图 5-6　恢复系统

【提示】

当用户恢复了原始备份的 Windows 7 系统后，里面没有任何软件，此时必须手动装上各种软件，并根据需要配置好系统桌面、主题风格等。而为了避免下次恢复系统后的手动部署，建议此时创建一个新的还原点，但备份之前需保证系统运行稳定无问题。

5.2　让电脑开机速度快如闪电

你见过开机只要 5 秒的电脑吗？你想让自己的电脑开机速度也变成这样吗？下面的内容将教你如何安装开机速度快如闪电的电脑。

5.2.1　怎样做能让电脑开机速度快如闪电

想让电脑开机快如闪电的方法，简单说就是"UEFI+GPT"，即硬盘使用 GPT 格式（硬盘需要提前由 MBR 格式转化为 GPT 格式），并在 UEFI 模式下安装 Windows 8 或 64 位的 Windows 7 系统，这样就可以实现 5 秒开机的梦想。

要在 UEFI 平台上安装 Windows 7/8 到底需要什么？只需一张 Windows 7/8 光盘或镜像文件，以及一台支持 UEFI BIOS 的主机。

5.2.2　如此安装即可让系统快速开机

其实 UEFI 引导安装 Windows 7/8 和用传统方式安装没有什么太大的区别，我们仍然是通过安装向导来一步一步安装操作系统。唯一不同之处是，UEFI 安装在磁盘分区的时候会有所变化。除了主分区，我们还可以看到恢复分区、系统分区及 MSR 分区，系统安装完成后，这三个分区会被隐藏起来。

下面先来了解一下 UEFI 引导安装 Windows 7/8 的流程。

第一步：首先将硬盘的格式由 MBR 格式转换为 GPT 格式（可以使用 Windows 8 系统中的"磁盘管理"进行转换，或使用软件进行转换，如 DiskGenius 等）。

第二步：在支持 UEFI BIOS 的设置程序中选择 UEFI 的"启动"选项，将第一启动选项选择为"UEFI：DVD"（若使用 U 盘启动则设置为 UEFI：Flash disk）。

第三步：用 Windows 7/8 系统安装光盘或镜像文件启动系统进行安装（Windows 7 系统必须是 64 位系统）。

5.3　系统安装前的准备工作

操作系统分为单机操作系统和多机操作系统（服务器操作系统），单机操作系统主要有

Windows XP/7/8、LINUX 专业版、MAC 操作系统等，主要应用于个人用户；服务器操作系统主要有 Windows NT、Windows Server 2008、LINUX 服务器版、UNIX 系统等，主要应用于网络中的服务器，可管理多台电脑。

5.3.1　安装前的准备工作

安装操作系统是今后维修电脑时经常需要做的工作，在安装前要做好充分的准备工作，不然有可能无法正常安装，下面我们具体讲解一下需要做哪些准备工作。

1. 备份重要资料

当我们用一块新的硬盘安装系统时，不用考虑备份工作，因为硬盘中没有任何东西，但是如果是用已经使用过的硬盘安装系统，必须考虑备份硬盘中的重要数据，否则将酿成大错。因为在安装系统时通常要将装系统的分区进行格式化，会丢失其中的所有数据。

1）备份实际上就是将硬盘中重要的数据转移到安全的地方，即用复制的方法进行备份。

将硬盘中要格式化的分区中的重要数据复制到不需要格式化的分区中（如 D 盘、E 盘等），或复制到 U 盘、移动硬盘及联网的计算机上。不需格式化的分区不用备份。

2）什么是重要数据？就是自己的文件或软件安装程序、歌曲、电影、flash 动画、下载的网页等。备份时我们需要查看桌面上自己建的文件和文件夹（如果还可以启动到桌面）、"我的文档"文件夹、"我的公文包"文件夹，以及要格式化盘中自己建立的文件和文件夹、其他资料等。已经安装的应用软件不用备份、原来的操作系统不用备份。

3）各种情况下的备份方法。

系统能启动到正常模式或安全模式下的桌面上，将 C 盘的桌面、我的文档及 C 盘中的文件复制到 D 盘、E 盘或 U 盘中即可。

系统无法启动时，用启动盘启动到 Win PE 模式，将 C 盘中的文件，以及 C 盘"用户"文件夹中的"桌面""我的文档"等文件夹中的文件，复制到 D 盘、E 盘或 U 盘中即可，如图 5-7 所示。

2. 查看电脑各硬件的型号

如果需装系统的电脑是正在使用的电脑，那么需提前查看一下各硬件的型号，以便在装完系统后安装设备的驱动程序时，可以和硬件的型号相匹配。如不提前查看，等系统装完后才发现找不到原先设备配套的驱动盘，上网下载又要先知道设备的型号，此时再查找就比较麻烦（如遇见这种情况，我们需打开机箱查看设备硬件芯片的标识）。

查看方法是在 Windows 8 系统中单击"开始→控制面板→系统"，在打开的"系统"窗口中，单击左侧的"设备管理器"选项，在打开的"设备管理器"对话框中单击各设备左边的"+"即可，如图 5-8 所示。

3. 查看系统中安装的应用软件

提前查看系统以前安装的应用软件及游戏，这样可以提前准备好所需的软件、游戏。查看方法为：单击"开始"菜单，选择"所有程序"即可看到电脑之前安装的软件及游戏，如图 5-9 所示。

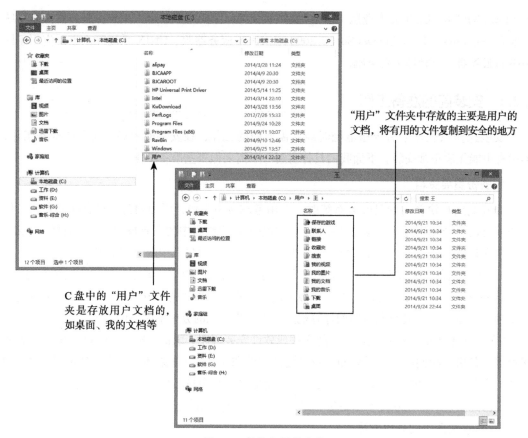

"用户"文件夹中存放的主要是用户的
文档，将有用的文件复制到安全的地方

C盘中的"用户"文件
夹是存放用户文档的，
如桌面、我的文档等

图 5-7   备份有用的文件

单击"+"号可展开
查看驱动程序型号

此为展开的显卡
的具体型号

图 5-8   "设备管理器"对话框

4. 准备安装系统所需的物品

1）启动盘：启动光盘。

2）系统盘：操作系统的安装盘。

3）驱动盘：各个设备购买时附带的光盘，主要是显卡、声卡、网卡、MODEM（猫）、主板。如驱动盘丢失可以从网上下载设备的驱动程序，但需知道设备的厂家和型号（我们可以在驱动之家网站下载，网址是 www.mydrivers.com）。

4）应用软件、游戏安装盘。

5.3.2　系统安装流程

在正式安装系统前，我们先对整体的操作系统安装流程有一个大体的认识，做到心中有数。

1）做好安装前的准备工作。

2）在 BIOS 程序中设置启动顺序。

3）放入启动盘启动电脑。

4）输入安装程序命令开始安装或直接启动安装。

5）安装后开始设置各个设备的驱动程序。

6）安装软件和游戏。

图 5-9　程序菜单

【注意】

在维修电脑的过程中，一般不用进行硬盘分区，只需对安装系统的分区进行格式化即可。

5.4　安装快速开机的 Windows 8 系统

Windows 8 是由微软公司开发的具有革命性变化的新一代 Windows 操作系统。Windows 8 于北京时间 2012 年 10 月 25 日正式推出，支持个人电脑（X86 构架）及平板电脑（ARM 构架）。Windows 8 大幅改变以往的操作逻辑，提供更佳的屏幕触控支持。该系统旨在让人们的日常电脑操作更加简单和快捷，为人们提供高效易行的工作环境。

Windows 8 新系统画面与操作方式变化极大，采用全新的 Metro（新 Windows UI）风格用户界面，各种应用程序、快捷方式等均以动态方块的样式呈现在屏幕上，用户可自行将常用的浏览器、社交网络、游戏、操作界面融入。

Windows 8 拥有漂亮的开始屏幕、靓丽的触控界面、免费且实用的 SkyDrive、全新的浏览体验以及内置出色的 Windows 应用，支持各种类型的设备，工作、娱乐两相宜，定是今后装机需要安装的操作系统之一。下面我们重点讲解 Windows 8 操作系统的安装方法。

5.4.1　准备安装

1）首先在 UEFI BIOS 中设置启动顺序为 UEFI 设备。如图 5-10 所示，将"Boot"选项卡中的"1st Boot"选项设置为"UEFI：ATAPI DVD D DH1805S"，从 UEFI 启动光盘，然后按 F10 键保存并退出。

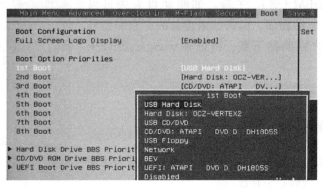

图 5-10　设置 UEFI 启动顺序

【提示】

如果在传统的 BIOS 主机中安装，那么在 BIOS 中设置电脑启动顺序为光驱启动。开机进入自检画面后，按 Del 键进入 BIOS 设置界面，然后进入"Advanced BIOS Features"选项，用 Page Down 键将"First Boot Device"选项设置为"CDROM"。接着按 F10 键保存并退出，如图 5-11 所示。

2）设置好启动顺序后，将 Windows 8 系统安装光盘放入光驱，然后用安装光盘启动电脑。出现"Press any key to boot from CD or DVD…"提示后，按 Enter 键开始从光盘启动安装，如图 5-12 所示。

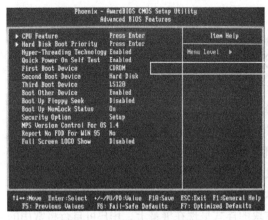

图 5-11　设置电脑启动顺序　　　　　　　　图 5-12　从光盘启动

5.4.2　加载安装文件

接下来将进入 Windows 8 安装程序，开始加载安装文件，如图 5-13 所示。

图 5-13   加载安装文件

5.4.3   安装设置

1）加载安装文件后即进入设置安装语言、时间格式等的界面，如图 5-14 所示，在此界面中保持默认设置，直接单击"下一步"按钮即可。

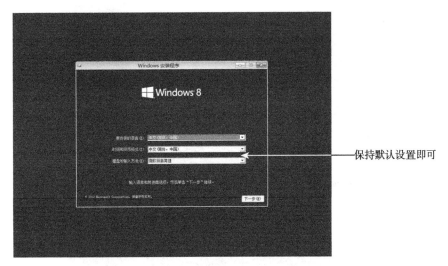

保持默认设置即可

图 5-14   设置安装语言、时间格式

2）单击"下一步"按钮后进入开始安装的界面，在此界面中单击"现在安装"按钮，开始正式安装，如图 5-15 所示。

【提示】

　　在"开始安装"界面中，单击"修复计算机"选项可以修复已安装系统中的错误。

3）接下来开始启动安装程序，显示"安装程序正在启动"，然后进入"输入产品密钥以激活 Windows"界面，在此界面中输入 Windows 8 的产品密钥（一般在附件中），然后单击"下一步"按钮，如图 5-16 所示。注意，输入密码时"—"会自动生成。

4）接下来进入"许可条款"界面，在此界面中，勾选"我接受许可条款"复选框，然后单击"下一步"按钮，如图 5-17 所示。

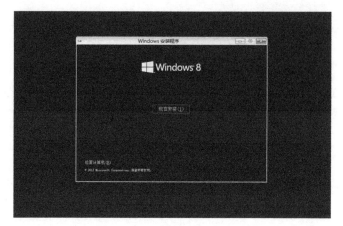

图 5-15　"开始安装"界面

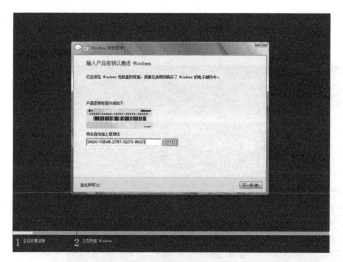

图 5-16　"输入产品密钥以激活 Windows"界面

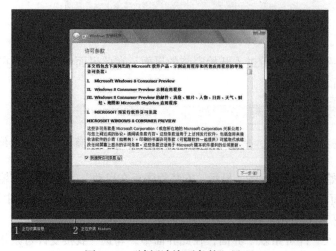

图 5-17　"请阅读许可条款"界面

　　5）单击"下一步"按钮后，进入"你想执行哪种类型的安装？"界面，如图 5-18 所示。在此界面中单击"自定义仅安装 Windows（高级）"选项。注意，如果采用升级方式安装，则在此单击"升级"选项。

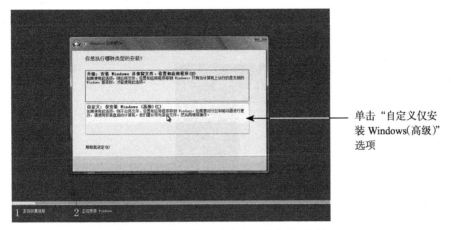

图 5-18　"你想执行哪种类型的安装？"界面

5.4.4　硬盘分区

　　接下来安装程序进入硬盘分区的界面，如果在安装 Windows 8 前硬盘没有分区，可以在此界面中进行分区，如图 5-19 所示。用方向键直接选择安装操作系统的分区，然后单击"下一步"按钮即可。注意，安装 Windows 8 系统的分区必须是 NTFS 分区格式。

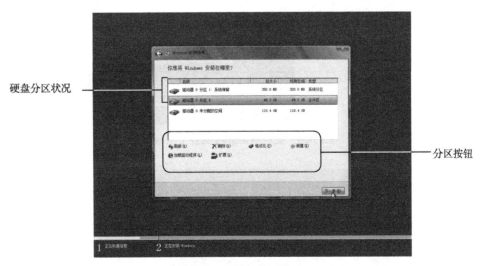

图 5-19　硬盘分区界面

【提示】

　　如果分区时没有出现图 5-19 中的按钮，可以单击"驱动器选项（高级）"按钮，即可看见分区按钮，单击"新建"按钮可开始进行分区。

5.4.5　开始安装

单击"下一步"按钮后，安装程序会自动将安装系统的分区格式化，然后安装程序开始自动进行"复制 Windows 文件""展开文件""安装功能""安装更新"等项目的安装。如图 5-20 所示。安装过程中会自动重新启动电脑。重启的过程中又会出现如图 5-21 所示的画面，这时不要按任何键，自动从计算机硬盘启动，开始设置系统。

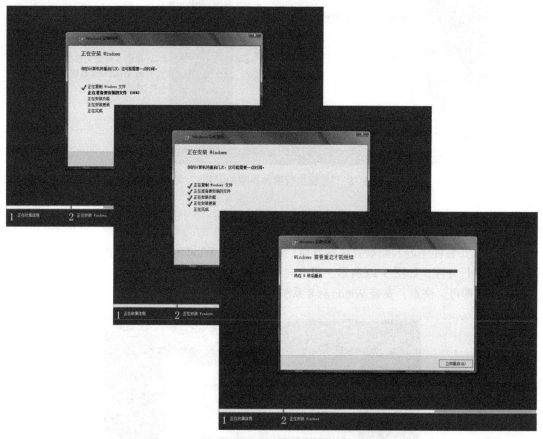

图 5-20　安装 Windows 的各个项目

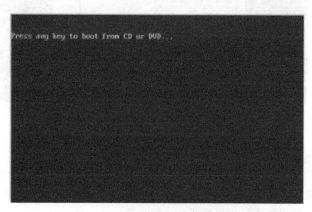

图 5-21　再次重启时出现的画面

5.4.6　初次使用前的设置

1）在完成安装后，接着开始进行个性化的设置。首先允许用户进行颜色的设置，然后设置电脑的名称，如图 5-22 所示。设置好后，单击"下一步"按钮。

图 5-22　个性化设置

2）单击"下一步"按钮后进入"设置"界面，在此界面中单击"使用快速设置"按钮，如图 5-23 所示。如果想自己设置界面中所列的项目，单击"自定义"按钮即可。

图 5-23　"设置"界面

3）接下来进入"登录到电脑"界面，如果以后使用中想通过微软账户登录，则在"电子邮件地址"文本框中输入邮箱地址，并单击"下一步"按钮。如果想以后再设置微软账户，则单击最下面的"不使用 Microsoft 账户登录"选项（在安装完系统后，同样也可以设置微软账户），如图 5-24 所示。

4）之后进入"登录到电脑—可以使用两种方法登录"界面。在此界面中，单击"本地账户"按钮，如图 5-25 所示。

5）单击"本地账户"按钮后，进入"登录到电脑—如果要设置密码"界面，在此界面中输入用户名、密码和提示问题，然后单击"完成"按钮，如图 5-26 所示。

图 5-24   "登录到电脑"界面

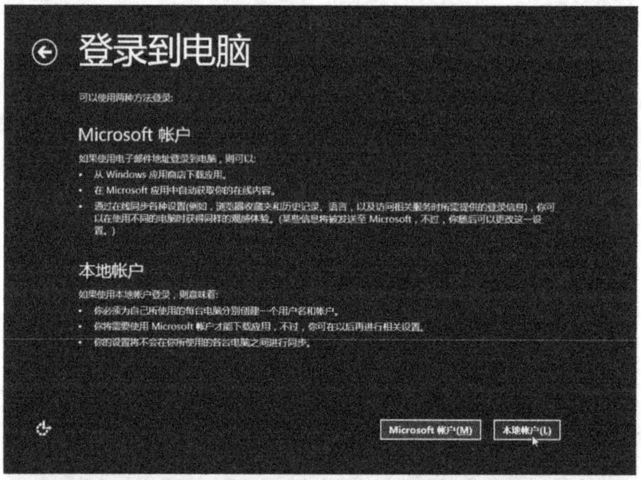

图 5-25   "登录到电脑—可以使用两种方法登录"界面

图 5-26   "登录到电脑—如果要设置密码"界面

6）接下来对电脑进行配置，并演示 Windows 8 的使用方法，如图 5-27 所示。

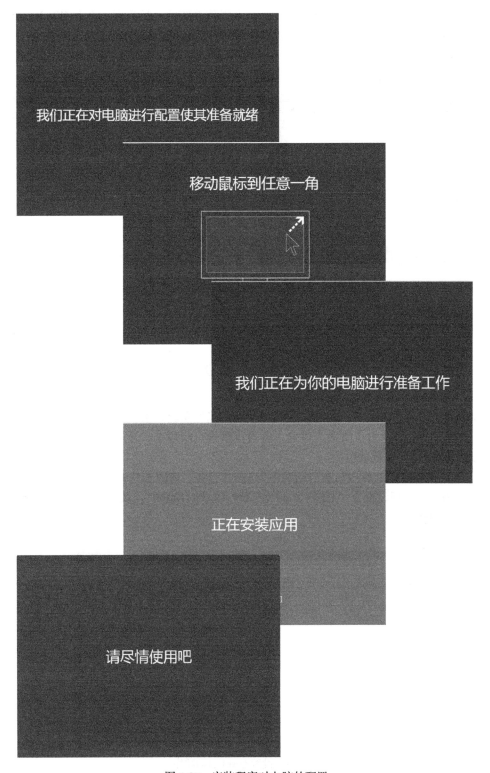

图 5-27　安装程序对电脑的配置

5.4.7　完成安装启动 Windows 8 系统

在上面的设置完成后，就会进入 Windows 8 操作系统的开始界面。至此 Windows 8 操作系统安装完成。图 5-28 所示为 Windows 8 操作系统的开始画面和桌面。

图 5-28　开始使用

5.5 安装快速开机的 Windows 7 系统

Windows 7（简称 Win 7）是微软 2009 年发布的操作系统，相对 Win XP 来说，Win 7 沿用了 Windows 的风格，设计上更为人性化，并且不断推出新版本，更适应电脑的发展进程。下面详细介绍 Win 7 的安装过程。

1）首先在 UEFI BIOS 中设置启动顺序为 UEFI 设备。如图 5-29 所示，将"Boot"选项卡中的"1st Boot"选项设置为"UEFI：ATAPI DVD D DH1805S"，从 UEFI 启动光盘，然后按 F10 键保存并退出。

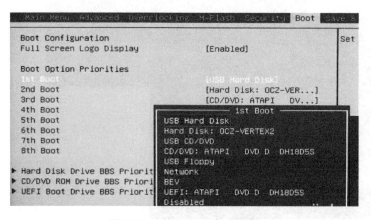

图 5-29　设置 UEFI 启动顺序

2）接着将 Windows 7 64 位系统光盘放入光驱中，启动电脑，然后按任意键进入光盘引导页面，如图 5-30 所示。

3）载入光盘启动文件，对电脑进行检测，如图 5-31 所示。

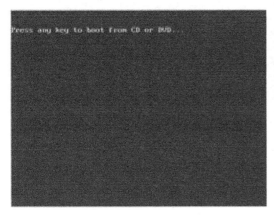

图 5-30　按任意键进入光盘引导　　　　　　　　　图 5-31　载入文件

4）选择安装的语言、时间和货币形式、键盘和输入方法，这里可以保持默认，如图 5-32 所示。

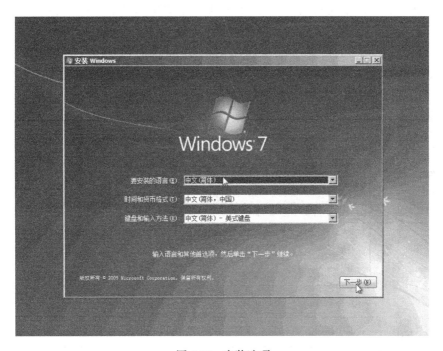

图 5-32　安装选项

5）单击"现在安装"按钮进行安装。也可以单击"修复计算机"按钮修复电脑中的已有 Windows 系统，如图 5-33 所示。

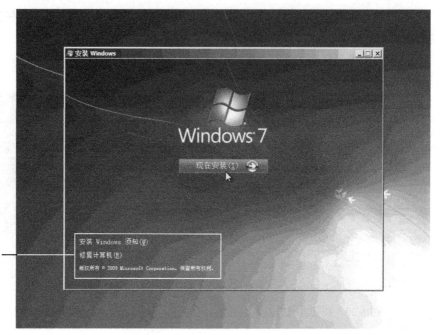

单击"修复计算机"
选项,可以修复已安
装系统中的错误。而
"安装 Windows 须知"
可以了解安装前的相
关知识等

图 5-33 安装页面

6）必须勾选"我接受许可条款"复选项,才能单击"下一步"按钮,如图 5-34
所示。

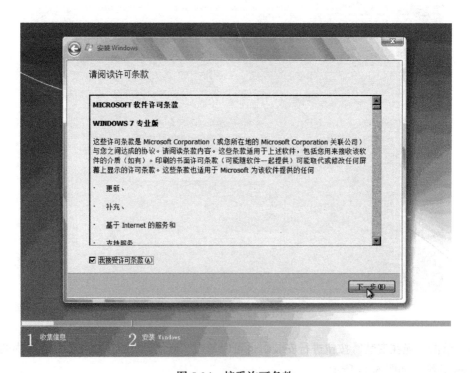

图 5-34 接受许可条款

7）这里选择"自定义（高级）"选项进行安装，如图 5-35 所示。

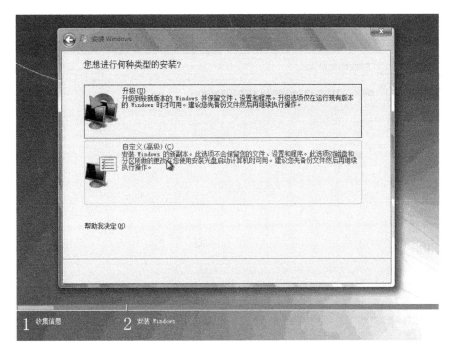

图 5-35　安装选项

8）选择将系统安装在哪个分区，如图 5-36 所示。

图 5-36　选择分区

9）接下来会将文件复制到硬盘，如图 5-37 所示。

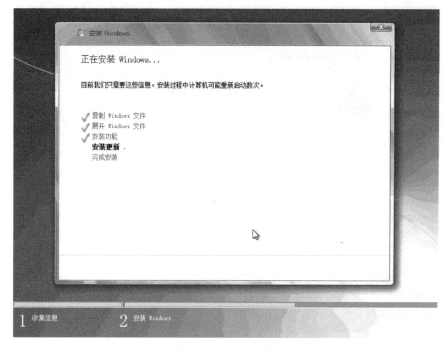

图 5-37 复制文件

10）安装过程中自动重启并更新注册表，如图 5-38 所示。

图 5-38 重启

11）重启并更新注册表后完成最后的安装，如图 5-39 所示。

图 5-39　完成安装

12）在完成安装后，需要进行用户名和图片设置、自动保护设置、时间和日期设置、计算机位置设置等，如图 5-40 所示。

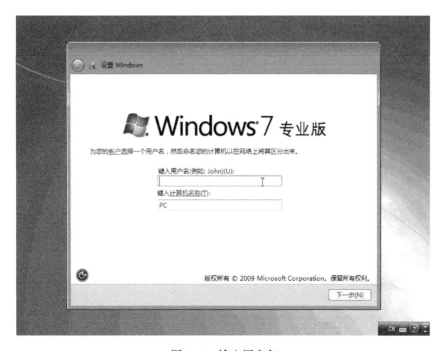

图 5-40　输入用户名

13）输入登录密码和密码提示。在用户登录时，将鼠标放在密码输入框内便会跳出密码提示框。用户可以设置提示"你的生日"，然后将密码设置成生日日期。虽然这样安全性不高，但不会因为长时间不用而忘记，如图5-41所示。

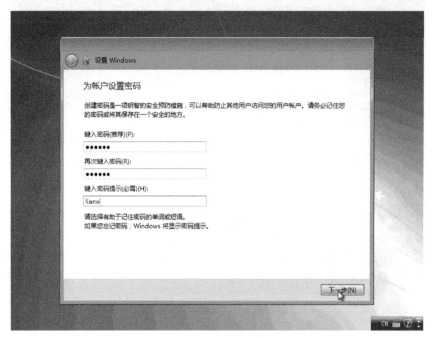

图 5-41　输入密码和提示

14）输入产品密钥（见光盘或说明书），如图5-42所示。

图 5-42　输入密钥

15）选择保护方式，一般选择"使用推荐设置"，如图 5-43 所示。

图 5-43 选择保护方式

16）设置时间和日期，如果不是新装电脑，则主板电池会记录之前设置的时间和日期，如图 5-44 所示。

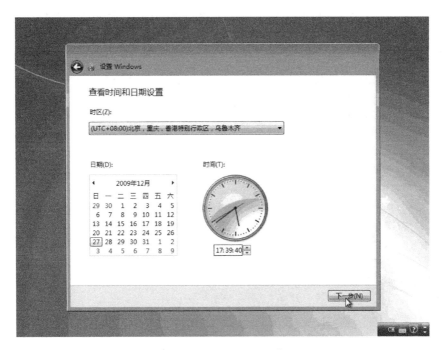

图 5-44 设置时间和日期

17）选择上网方式，如图 5-45 所示。

图 5-45 选择上网方式

18）设置完一系列的选项后，进入 Windows 7 欢迎页面，就完成了 Windows 7 的安装，如图 5-46 所示。

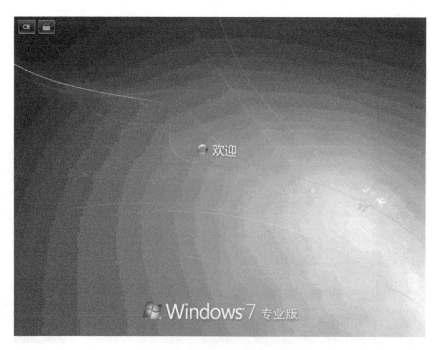

图 5-46 Windows 7 欢迎页面

5.6 用 Ghost 安装 Windows 系统

Ghost 原本的意思是"幽灵",但此处的 Ghost 特指美国赛门铁克公司的硬盘备份还原工具。使用 Ghost 安装系统或备份 / 还原硬盘数据都非常方便。

5.6.1 Ghost 菜单说明

Ghost 虽然功能实用、使用方便,但一个突出的问题是,大部分版本都是英文界面,给部分用户带来不小的麻烦。下面翻译并介绍 Ghost 英文菜单和使用方法,如图 5-47 所示。

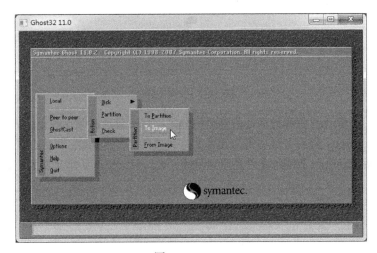

图 5-47　Ghost

第一级菜单:

Local:本地操作,对本地计算机上的硬盘进行操作。

Peer to peer:通过点对点模式对网络计算机上的硬盘进行操作。当电脑没有安装网络协议驱动时,这一项和下一项都是不能选的。

Ghost Cast:通过单播 / 多播或者广播方式对网络计算机上的硬盘进行操作。这个功能可以很方便地在网吧或小型局域网电脑间安装系统。

Options:使用 Ghost 时的一些选项,一般使用默认设置即可。

Help:帮助。

Quit:退出 Ghost。

第二级菜单:Ghost 的使用主要是本地操作,这里主要介绍 Local 的二级菜单。

Disk:对硬盘进行备份和还原。

Partition:对分区进行备份和还原。

Check:检查磁盘或备份档案,不同的分区格式(NTFS)、硬盘磁道损坏等会造成备份与还原的失败。

第三级菜单:

Disk-To Disk:将源盘备份到目标硬盘。目标盘必须要比源盘大或一样大。

Disk-To Image:将源盘备份成镜像文件,文件名是 .GHO。目标盘必须足够大。

Disk-From Image：从镜像文件还原到目标硬盘。目标盘必须足够大。如图 5-48 所示。

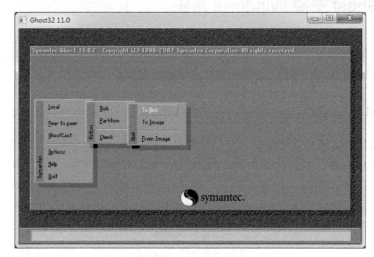

图 5-48　Ghost Disk

Partition-To Partition：将源分区备份到目标分区，目标分区必须比源分区大或一样大。

Partition-To Image：将源分区备份成镜像文件，文件名是 .GHO。目标分区必须足够大。

Partition-From Image：从镜像文件还原到目标分区。目标分区必须足够大。如图 5-49 所示。

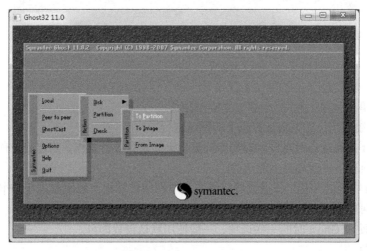

图 5-49　Ghost Partition

Check-Image File：检查镜像文件。

Check-Disk：检查硬盘和分区。如图 5-50 所示。

Peer To Peer-TCP/IP-Slave：设置为从电脑。在这里设置好主从电脑后，就可以用 Disk To Disk 功能，点对点复制硬盘数据，如图 5-51 所示。

Peer To Peer-TCP/IP-Master：设置为主电脑。

Ghost Cast-Multicast：多点传送，如图 5-52 所示。

Ghost Cast-Directed Broadcast：定向广播。

Ghost Cast-Unicast：单点传送。

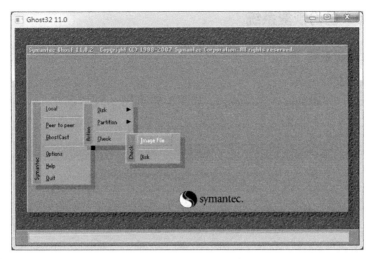

图 5-50 Ghost Check

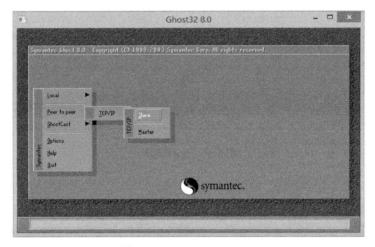

图 5-51 Ghost Peer To Peer

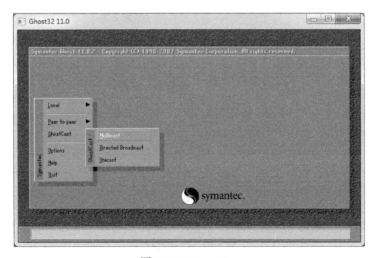

图 5-52 Ghost Cast

5.6.2　用 Ghost 备份恢复系统

1. 用 Ghost 备份系统

备份系统的方法如下。

1）选择 Local → Partition → To Image，如图 5-53 和图 5-54 所示。

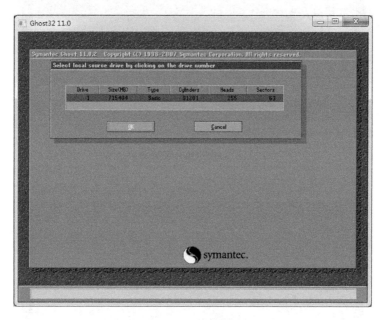

图 5-53　选择硬盘

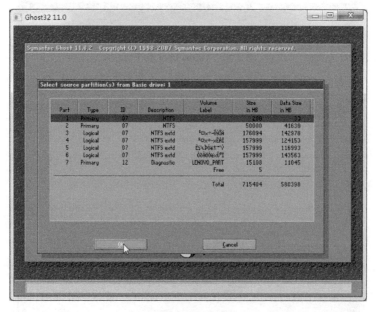

图 5-54　选择分区

2）接下来选择硬盘和要备份的分区，单击"Save"按钮继续，如图 5-55 所示。

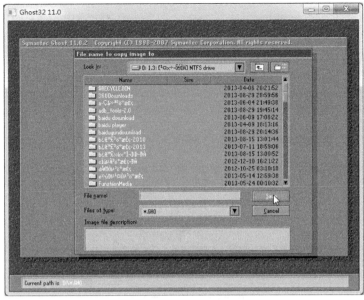

图 5-55　选择 .GHO 镜像文件存放的位置

3）选择 .GHO 镜像文件存放的位置和文件名。要注意目标盘的大小要足够存放镜像文件，如图 5-56 所示。

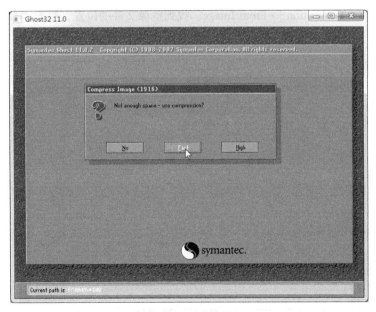

图 5-56　选择压缩

4）下一步 Ghost 会提示将镜像压缩。No 为不压缩，Fast 为快速压缩，High 为高度压缩。高度压缩可以将镜像压缩到很小，但压缩时间比较长。快速压缩不但压缩时间短，而且不易造成文件丢失，如图 5-57 所示。

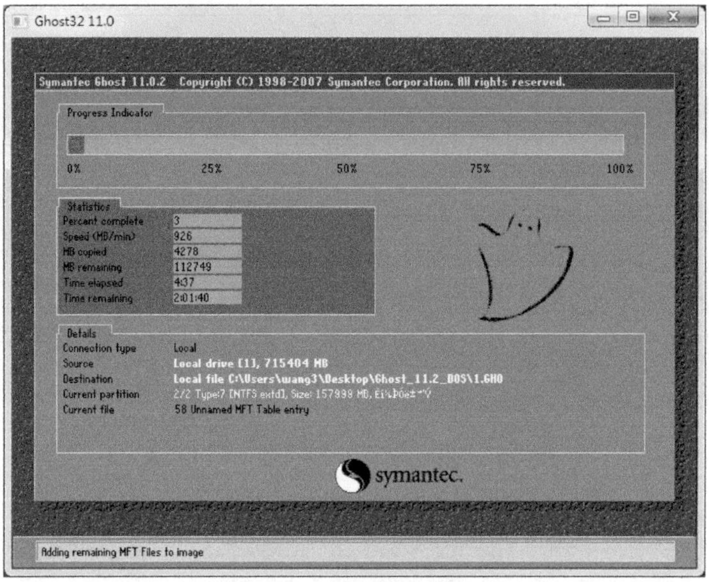

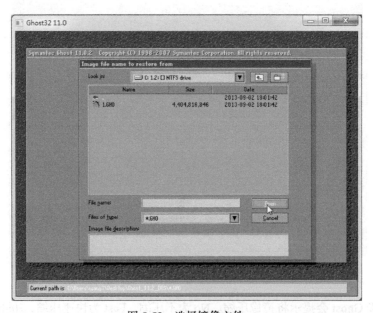

图 5-57　制作镜像文件

制作镜像文件，进度条从 0% 到 100% 就完成了制作过程。

2. 用 Ghost 恢复系统

从镜像文件还原分区文件的方法如下。

1）选择 Local → Partition → From Image。找到镜像文件的位置，单击" Open"按钮，如图 5-58 所示。

图 5-58　选择镜像文件

2）选择要还原的硬盘和分区，如图 5-59 和图 5-60 所示。

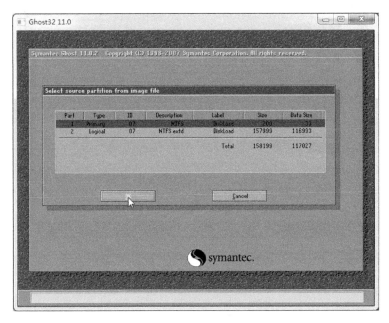

图 5-59　选择要还原的硬盘

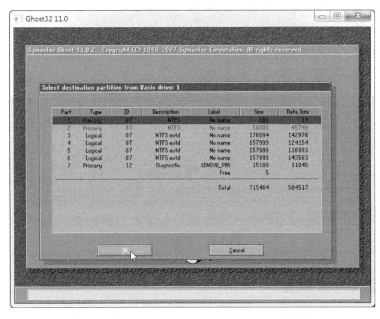

图 5-60　选择分区

3）按照提示，单击"Yes"按钮进行还原，如图 5-61 所示。

4）当进度条从 0% 到 100% 就完成了还原，如图 5-62 所示。

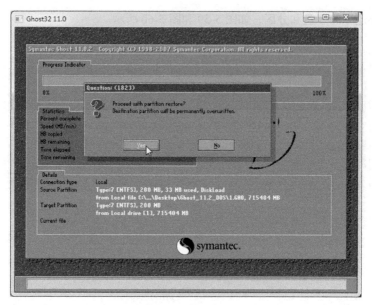

图 5-61 确认还原

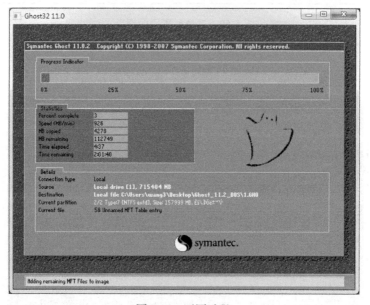

图 5-62 还原过程

5.6.3 用光盘 Ghost 系统

很多商家或爱好者制作了快捷的 Ghost 光盘。光盘中带有安装 Windows 系统、DOS 工具、Win PE 系统、硬盘分区工具等。

将电脑设置成为光盘启动，将光盘放入光驱中，开启电脑。进入光盘引导页面，如图 5-63 所示。

选择安装 Windows XP SP3，按照提示进行安装，如图 5-64 所示。

图 5-63　Ghost 光盘

图 5-64　安装镜像

大概 10 分钟就可以安装一个 Windows 系统。

5.7　检查并安装设备驱动程序

5.7.1　什么是驱动程序

驱动程序实际上是一段能让电脑与各种硬件设备通信的程序代码，通过它操作系统才能控制电脑上的硬件设备。如果一个硬件只依赖操作系统而没有驱动程序，这个硬件就不能发挥其特有的功效。换言之，驱动程序是硬件和操作系统之间的一座桥梁，它把硬件本身的功能告诉操作系统，同时也将标准的操作系统指令转化成特殊的外设专用命令，从而保证硬件设备的正常工作。

驱动程序也有多种模式，比较常见的是微软的"Win32"驱动模式，无论使用的是 Windows XP 还是 Windows 7/8 操作系统，同样的硬件只需安装其相应的驱动程序就可以用了。我们常常见到"For XP"或"For Win 8"之类的驱动程序，这是由于两种操作系统的内核不一样，需要针对 Windows 的不同版本进行修改，而不需根据不同的操作系统重新编写驱动，这就给厂家和用户带来了极大的方便。

5.7.2　检查没有安装驱动程序的硬件设备

虽然 Windows 7/8 系统能够识别一些硬件设备，并为其自动安装驱动程序。但是默认的驱动程序一般不能完全发挥硬件的最佳功能，这时就需要安装生产厂商提供的驱动程序。

另外，Windows 7/8 系统无法识别某些硬件设备，因此无法自动安装其需要的驱动程序，这些都需要用户来安装设备驱动程序。图 5-65 所示为因无法识别而被打上黄色感叹号的硬件设备。

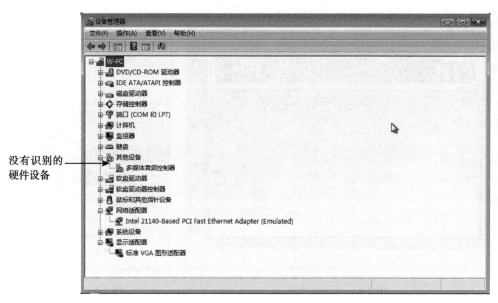

图 5-65   无法识别被打上黄色感叹号的硬件设备

5.7.3   如何获取驱动程序

获取硬件的驱动程序主要有以下几种方法。

1. 购买硬件时附带的安装光盘

购买硬件设备时，包装盒内带有一张驱动程序安装光盘。将光盘放入光驱后，会自动打开一个安装界面引导用户安装相应的驱动程序，选择相应的选项即可安装相应的驱动程序，如图 5-66 所示。

图 5-66   驱动程序安装界面

2. 从网上下载

通过网络一般可以找到绝大部分硬件设备的驱动程序，获取资源也非常方便，通过以下几种方式即可获得驱动程序。

（1）访问硬件厂商的官方网站

当硬件的驱动程序有新版本发布时，在官方网站都可以找到，下面列举部分厂商的官方网站。

1）微星：http//www.microstar.com.cn/。

2）华硕：http//www.asus.com.cn/。

3）VIDIA：http//www.nvidia.cn/。

（2）访问专业的驱动程序下载网站

用户可以到一些专业的驱动程序下载网站下载驱动程序（如驱动之家网站，网址为：http//www.mydrivers.com/），在这些网址中，可以找到几乎所有硬件设备的驱动程序，并且提供多个版本供用户选择。

【提示】

下载时注意驱动程序支持的操作系统类型和硬件的型号，硬件的型号可从产品说明书或 Everest 等软件测试得到。

驱动程序可分为公版、非公版、加速版、测试版和 WHQL 版等几种版本，用户根据自己的需要及硬件的情况下载不同的版本进行安装。

1）公版：由硬件厂商开发的驱动程序，兼容性强，更新快，适合使用该硬件的所有产品，在 NVIDIA 官方网站下载的所有显卡驱动都属于公版驱动。

2）非公版：非公版驱动程序会根据具体硬件产品的功能进行改进并加入一些调节硬件属性的工具，最大限度地提高该硬件产品的性能，非公版驱动只有华硕和微星等知名大厂才有实力开发。

3）加速版：加速版是由硬件爱好者对公版驱动程序进行改进后产生的版本，使硬件设备的性能达到最佳，不过在稳定性和兼容性方面低于公版和非公版驱动程序。

4）测试版：硬件厂商在发布正式版驱动程序前会提供测试版驱动程序供用户测试。这类驱动分为 Alpha 版和 Beta 版，其中 Alpha 版是厂商内部人员测试版本，Beta 版是公开测试版本。

5）WHQL 版：WHQL（Windows Hardware Quality Lads，Windows 硬件质量实验室）主要负责测试硬件驱动程序的兼容性和稳定性，验证其是否能在 Windows 操作系统中稳定运行。该版本的特点就是通过了 WHQL 认证，最大限度地保证了操作系统和硬件的稳定运行。

5.7.4　先安装哪个驱动程序

在安装驱动程序时，应该特别留意驱动程序的安装顺序。如果不能按顺序安装，有可能会造成频繁的非法操作、部分硬件不能被 Windows 识别或是出现资源冲突，甚至出现黑屏、死机等现象。

1）在安装驱动程序时应先安装主板的驱动程序，其中最重要的是安装主板识别和管理硬盘的 IDE 驱动程序。

2）依次安装显卡、声卡、Modem、打印机、鼠标等驱动程序，这样就能让各硬件发挥最优的效果。

5.7.5　显卡驱动程序安装实战

Windows 8 和 Windows 7 系统驱动安装方法相同，下面以 Windows 7 系统安装显卡驱动程序为例讲解驱动程序的安装方法。

具体安装方法如下。

1）把显卡的驱动程序安装盘放入光驱，弹出"自动播放"对话框。在此对话框中，单击"运行 autorun.exe"选项，如图 5-67 所示。

2）接着会弹出"用户账户控制"对话框，在此对话框中单击"是"按钮，如图 5-68 所示。

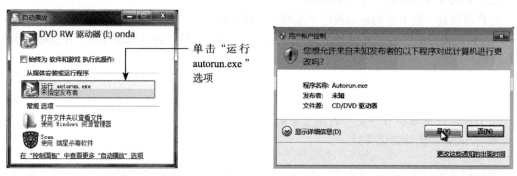

图 5-67　运行光盘　　　　　　　　　图 5-68　"用户账户控制"对话框

3）接下来运行光盘驱动程序，并打开驱动程序主界面，选择系统对应的驱动程序，这里单击"Windows 7 Driver"选项，再单击"Windows 7 32-Bit Edition"选项，如图 5-69 所示。

图 5-69　驱动程序主界面

4）然后选择显卡型号对应的驱动选项，本例中显卡的型号为"昂达 GeForce 9600"，因此这里选择"GeForce 8/9 Series"选项，如图 5-70 所示。

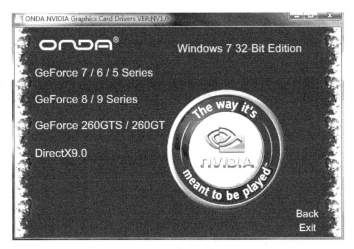

图 5-70　选择显卡的型号

5）接下来进入驱动程序安装向导，根据提示单击"下一步"安装即可，如图 5-71 所示。

图 5-71　开始安装驱动程序

6）复制完驱动文件之后，系统开始检测注册表，然后将驱动程序复制到系统中，复制完文件后，弹出安装完成的对话框，单击"完成"按钮，显卡驱动程序安装完毕，重启计算机后即可看到安装好的显卡驱动。

第 章

维护技能 4——优化 Windows 系统

Windows 系统使用一段时间后，不但运行明显变慢，还经常跳出各种错误提示窗口。本章将介绍导致 Windows 变慢的原因和解决的方法。

6.1 Windows 为什么越来越慢

6.1.1 越来越慢的原因

Windows 使用一段时间后会变得越来越慢，主要有几方面的原因，如图 6-1 所示。

1）不断安装程序，使得注册表文件越来越大。Windows 每次启动时都会调用注册表文件。

2）程序运行时会不断地读写磁盘，造成磁盘碎片增加。磁盘碎片会使硬盘存取时的寻址变得更加缓慢。

3）程序和数据的不断增加使得硬盘空间逐渐变小。硬盘空间不足会导致虚拟内存不足，使得系统运行缓慢。空间不足还会造成临时文件无法存储，导致系统错误或系统缓慢。

4）与 Windows 不相符的程序可能不返还使用完的系统资源（主要是内存），造成内存变小，系统缓慢。这个问题可通过重启电脑得到暂时的缓解，但时间一长又会变得缓慢。

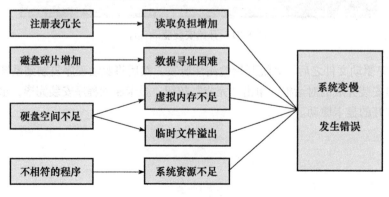

图 6-1　造成系统缓慢的原因

6.1.2　Windows Update 保持更新版本

使用 Windows 的时候要注意，不要移动或删除 Windows 系统文件。有些系统安装完毕时，会将 C 盘的 Windows 文件夹隐藏起来，避免误操作带来的麻烦，如图 6-2 所示。

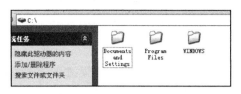

图 6-2　C 盘中的 Windows 系统文件夹

经常将系统文件升级到最新版本，不但可以弥补系统的安全漏洞，还会提高 Windows 的性能。

想要升级 Windows 系统，可以使用 Windows 自带的 Update 功能。通过网络自动下载并安装 Windows 升级文件，还可以设置定期自动更新。

Window XP Update 的设置方法如下。

1）单击"开始菜单→控制面板→Window 安全中心"选项，如图 6-3 所示。

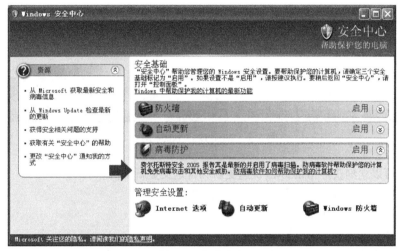

图 6-3　安全中心

2）单击"自动更新"选项按钮，进入"更新"设置页面。在这里可以设置自动更新的时间，或设置有更新时通知，也可以关闭自动更新，如图 6-4 所示。

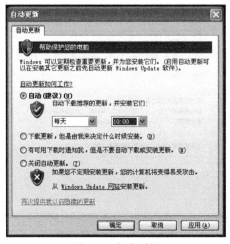

图 6-4　自动更新

3）如果想要立刻检查更新内容，可以单击自动更新页面中的"从 Windows Update 网站安装更新"选项，进入 Windows 的 Update 网页进行更新，如图 6-5 所示。

图 6-5　Windows Update 网页

4）这里可以立刻获得 Windows 快速更新和自定义更新项目。

5）更新完毕后，需要重新启动电脑才能让更新生效。

Windows 7 Update 的设置方法如下。

1）单击"开始菜单"→"控制面板"。

2）单击"系统和安全"→"Windows Update"，如图 6-6 所示。

图 6-6　Windows Update

3）单击"检查更新"按钮，可以检查现在有没有可以更新的文件，如图 6-7 所示。

图 6-7　Window　Update 检查更新

4）单击"安装更新"按钮，可以自动下载安装更新文件。安装完毕后重启电脑，更新文件就会生效。

6.2　提高存取速度

6.2.1　合理使用虚拟内存

内存空间不足时，系统会把一部分硬盘空间作为内存使用，这部分内存就是虚拟内存，它从形式上增加了系统内存的大小。有了虚拟内存，Windows 就可以同时运行多个大型程序。

在运行多个大型程序时，会导致存储指令和数据的内存空间不足。这时 Windows 会把重要程度较低的数据保存到硬盘的虚拟内存中，这个过程叫作 swap（交换数据）。交换数据以后，系统内存中只留下重要的数据。由于要在内存和硬盘间交换数据，所以使用虚拟内存会导致系统速度略微下降。内存和虚拟内存就像书桌和书柜的关系，使用中的书本放在桌子上，暂时不用的书本放在书柜里。

虚拟内存的诞生是为了应对内存的价格高昂和容量不足。使用虚拟内存会降低系统的速度，但依然难掩它的优势。现在虽然内存的价格已经大众化，容量也已经达到数十兆字节，但虚拟内存仍然继续使用，因为这已经成为了系统管理的一部分。

下面介绍如何合理设置虚拟内存。

Windows 会默认设置一定量的虚拟内存。用户可以根据自己的情况合理设置虚拟内存，这样可以提升系统速度。如果电脑中有两个或多个硬盘，那么将虚拟内存设置在速度较快的硬盘上可以提高交换数据的效率，例如，设置在固态硬盘 SSD 上时效果非常明显。虚拟内存大小设置为系统内存的 2.5 倍左右，如果太小就需要更多的数据交换，会降低效率。

Windows XP 设置虚拟内存的方法如下。

1）单击"开始→控制面板→系统"，打开"系统属性"对话框。

2）单击"高级→性能→设置"，打开"性能选项"对话框，如图 6-8 所示。

3）在"高级→虚拟内存"对话框中单击"更改"按钮，打开"虚拟内存"对话框，如图 6-9 所示。

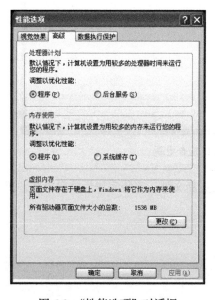

图 6-8 "性能选项"对话框

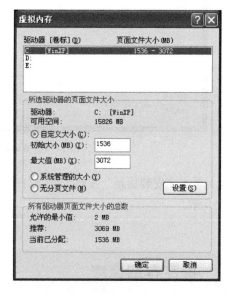

图 6-9 "虚拟内存"对话框

4）单击"系统管理的大小"单选按钮，系统就会自动分配虚拟内存的大小。

5）单击"自定义大小"单选按钮，需要手动设置初始大小和最大值，然后再单击"设置"按钮，就可以将虚拟内存设置成想要的大小。

6）设置完成后，单击"确定"按钮完成虚拟内存的设置。

6.2.2 用快速硬盘存放临时文件夹

Windows 中有三个临时文件夹，用于存储运行时临时生成的文件。安装 Windows 时，临时文件夹会默认在 Windows 文件夹下。如果系统盘空间不够大，可以将临时文件放置在其他速度快的分区中。临时文件夹中的文件可以通过磁盘清理功能进行删除。

以 Windows 7 为例，改变临时文件夹的设置方法如下。

1）单击"开始菜单→控制面板"菜单。

2）单击"系统和安全→系统"选项，如图 6-10 所示。

图 6-10　系统

3）单击"高级系统设置"选项按钮，打开"系统属性"对话框，如图 6-11 所示。

4）单击"高级→环境变量"，打开"环境变量"对话框，如图 6-12 所示。

图 6-11　"系统属性"对话框

图 6-12　"环境变量"对话框

5）在环境变量设置中，有用户变量和系统变量两个框体。我们设置临时文件，需要单击用户变量中的 TEMP 变量，再单击"编辑"按钮，如图 6-13 所示。

图 6-13　编辑用户变量

6）在"变量值"一栏中可以设置临时文件的路径，如 D:\Temp\。单击"确定"按钮，就设置了临时文件的新路径。

6.2.3　设置电源选项

Windows Vista 以上版本系统提供多种节能模式。在节能模式下，可以在不使用电脑的时候切断电源，达到节能的目的。

以 Windows 7 为例，设置方法如下。

1）单击"开始→控制面板→系统和安全→电源选项"，打开"电源选项"窗口，如图 6-14 所示。

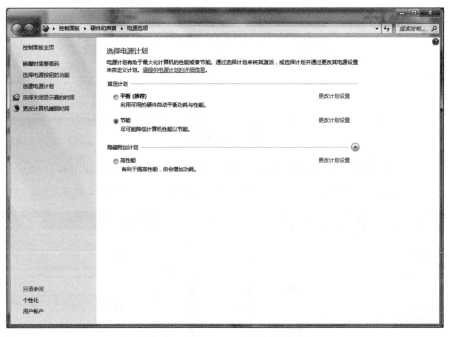

图 6-14　Windows 7 的电源选项

2）这里有三个选项：平衡、节能、高性能。台式电脑默认为平衡，节能专为笔记本节约电量设计，高性能可以通过增加功耗来提高性能，如图 6-15 所示。

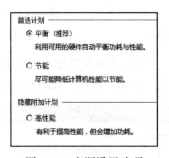

图 6-15　电源设置选项

3）设置完成后，关闭选项就可以改变电源设置。

6.2.4　提高 Windows 效率的 Prefetch

Prefetch 是预读取文件夹，用来存放系统已访问过的文件的预读信息，扩展名为 PF。应用 Prefetch 技术是为了加快系统启动的进程，它会自动创建 Prefetch 文件夹。运行程序时所需要的所有程序（exe、com 等）都包含在这里。在 Windows XP 中，Prefetch 文件夹应该经常清理，而 Windows Vista 和 Windows 7 中则不必手动清理，如图 6-16 所示。

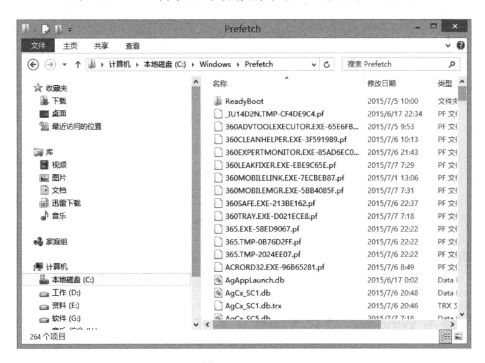

图 6-16　Prefetch

Prefetch 有四个级别，在 Windows XP、Windows Vista 和 Windows 7 中，默认的使用级别是 3。PF 文件由 Windows 自行管理，用户只需要选择与电脑用途相符的级别即可，如表 6-1 所示。

表 6-1　Prefetch 在注册表中的级别

级别	操作方式
0	不使用 Prefetch。Windows 启动时不适用预读入 Prefetch 文件，所以启动时间可以略微缩短，但运行应用程序会相应变慢
1	优化应用程序。为部分经常使用的应用程序制作 PF 文件，对于经常使用 Photoshop、CAD 这样针对素材文件的程序来说并不合适
2	优化启动。为经常使用的文件制作 PF 文件，对于使用大规模程序的用户非常适合。刚安装 Windows 时没有明显效果，在经过几天积累 PF 文件后，就能发挥其性能
3	优化启动和应用程序。同时使用 1 和 2 级别，既为文件也为应用程序制作 PF 文件，这样同时提高了 Windows 的启动和应用程序的运行速度，但会使 Prefetch 文件夹变得很大

设置 Prefetch 的方法是按 Win+R（ 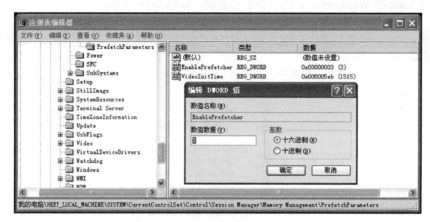 +R）组合键调出运行窗口，输入 Regedit，按
Enter 键打开注册表编辑器。

[HKEY_LOCAL_MACHINE] → [SYSTEM] → [CURRENTCONTROLSET] → [CONTROL] →
[SESSION MANAGER] → [MEMORY MANAGEMENT] → [PrefetchParameters] 选项，如图 6-17
所示。

图 6-17　注册表中的 Prefetch 选项

双击右侧窗口中的"EnablePrefetcher"键值，按照表 6-1 选择 0、1、2、3 即可。

6.3　使用 Windows 优化大师优化系统

如果你不愿意一项一项地手动优化 Windows 系统，那么优化工具可以帮你承担这些繁琐
的工作。

这里我们介绍一款免费的 Windows 优化工具——"Windows 优化大师"。优化大师的功
能非常丰富，如图 6-18 所示。

图 6-18　Windows 优化大师

自动优化系统和清理注册表功能，如图 6-19 所示。

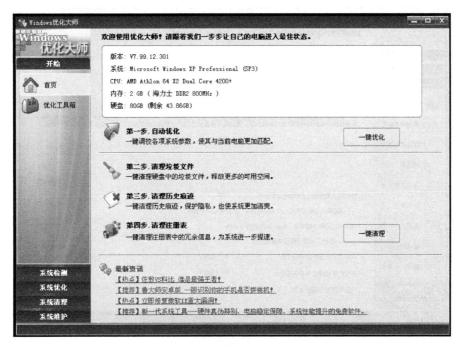

图 6-19　首页

检测系统软硬件信息的功能，如图 6-20 所示。

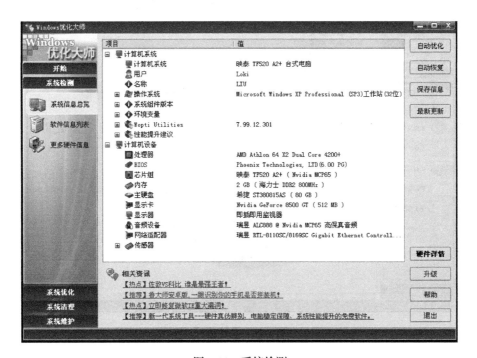

图 6-20　系统检测

手动系统优化功能，如图 6-21 所示。

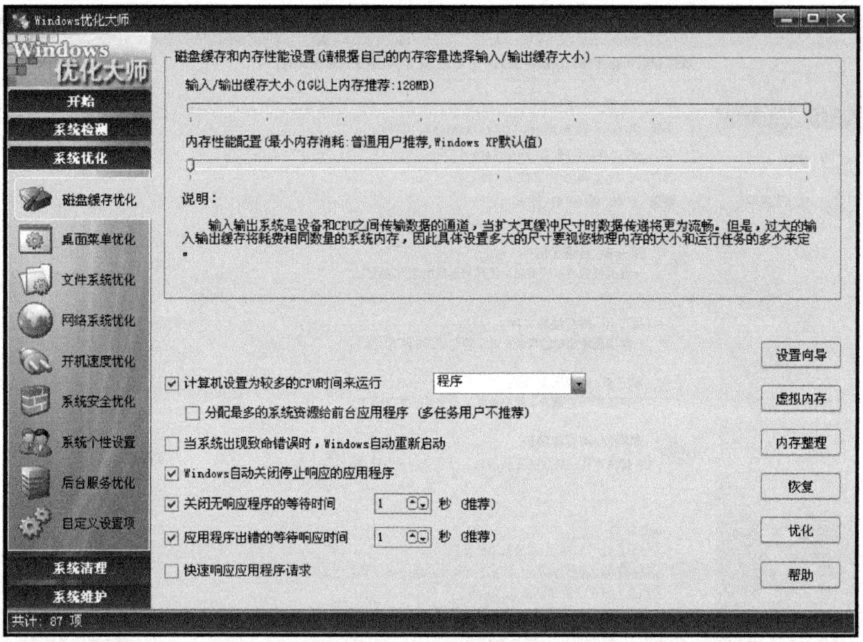

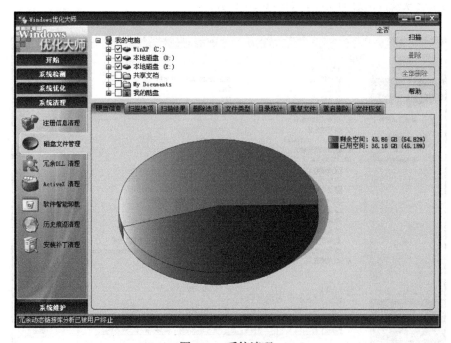

图 6-21　系统优化

手动清理垃圾和冗余功能，如图 6-22 所示。

图 6-22　系统清理

维护系统安全和磁盘整理功能，如图 6-23 所示。

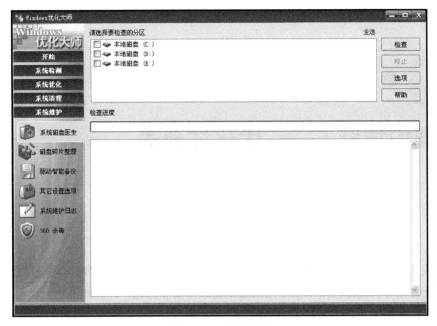

图 6-23　系统维护

 养成维护 Windows 的好习惯

首先测试一下你的 Windows 使用习惯。

1）经常使用多个功能相近的应用程序，如同时使用两种以上的杀毒软件。

2）经常安装 Windows 不需要、不常用的软件，如货币换算软件。

3）随意删除不知名的文件。

4）经常使用虚拟硬件或虚拟操作等程序。

5）桌面图标非常多，几乎不清理。

6）系统通知区域中有超过 3 个提示。

7）不经常检查恶意代码。

8）不更新杀毒软件，不注意新的病毒公告。

9）删除程序时，直接删除该程序文件夹。

10）不经常进行磁盘检测和碎片整理。

11）经常从网上下载不知名的文件和数据。

12）不使用防火墙、杀毒软件等个人安全工具。

以上都是不良的使用习惯，如果有 5 种以上的不良习惯，就应该给系统做好备份工作。

第 7 章

维护技能 5——优化注册表

注册表（registry）原意是登记本，是 Windows 中一个重要的数据库，用于存储系统和应用程序的设置信息，就像户口本上登记家庭住址和邮编等信息一样。如果户口登记资料丢失，那么在户籍管理系统上就成了不存在的人。Windows 也是一样，如果注册表中的环境信息或驱动信息丢失的话，就会造成 Windows 的运行错误。

7.1 注册表是什么

7.1.1 神秘的注册表

注册表是保存所有系统设置数据的存储器。注册表保存了 Windows 运行所需的各种参数和设置，以及应用程序相关的所有信息。从 Windows 启动开始，到用户登录、应用程序运行等所有操作都需要以注册表中记录的信息为基础。注册表在 Windows 操作系统中起着最为核心的作用。

Windows 运行中，系统环境会随着应用程序的安装等操作而改变，改变后的环境设置又会保存在注册表中。所以，可以通过编辑注册表来改变 Windows 的环境。但如果注册表出现问题，Windows 就不能正常工作了，如图 7-1 所示。

注册表中保存着系统设置的相关数据，启动 Windows 时会从注册表中读入系统设置数据。如果注册表受损，Windows 就会发生错误，还有可能造成 Windows 的崩溃。

每次启动 Windows 的时候，电脑会检查系统中安装的设备，并把相关的最新信息记录到注册表中。Windows 内核在启动时，从注册表中读入设备驱动程序的信息才能建立 Windows 的运行环境，并选择合适的 inf 文件安装驱动程序。安装的驱动程序会改变注册表中各个设备的环境参数、IRQ、DMA 等信息。

操作系统完成启动后，Windows 和各种应用程序、服务等都会参照注册表中的信息运行。安装各种应用程序的时候，都会在注册表中登记程序运行时所需的信息。在 Windows 中卸载程序时会删除注册表中记录的相关信息。

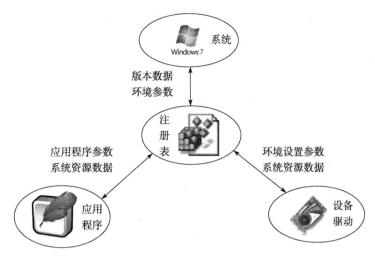

图 7-1　注册表与系统

7.1.2　注册表编辑器

　　注册表编辑器与 Windows 的资源管理器相似，呈树状目录结构。资源管理器中文件夹的概念在注册表编辑器中叫作"键"。资源管理器最顶层的文件叫作"根目录"，其下一层文件夹叫作"子目录"。相似的注册表编辑器的最顶层叫作"根键"，其下一层叫作"子键"。单击键前面的▷可以打开下一层的子键，如图 7-2 所示。

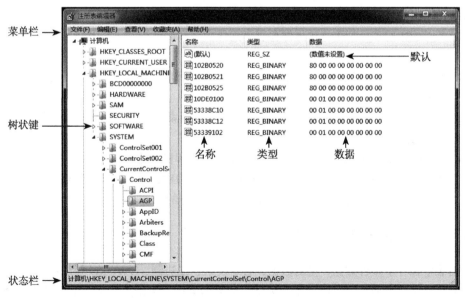

图 7-2　注册表编辑器

　　注册表编辑器的左侧是列表框，显示了注册表的结构。右侧显示键的具体信息。

　　菜单栏：包括文件、编辑、查看等操作功能。

　　树状键：显示键的结构。

　　状态栏：显示所选键的路径。

名称：注册表值的名称。与文件名相似，注册表键也有重复的现象，但在同一个注册表键中不能存在相同名称的注册表值。

类型：注册表键存储数据采用的数据形式。

数据：注册表值的内容，注册表值决定了数据的内容。

默认：所有的注册表键都会有（默认）项目。应用程序会根据注册表键的默认项来访问其他数值。

7.1.3　深入认识注册表的根键

Windows 7 的注册表结构中有 5 个根键，如图 7-3 所示。

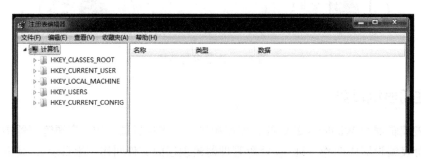

图 7-3　注册表的根键

HKEY_ClASSES_ROOT：这里保存的信息用于保证 Windows 资源管理器中打开文件时能够正确地打开相关联的程序。

HKEY_CURRENT_USER：这里保存着当前登录用户信息的键，以及用户文件夹、画面色彩设置等设置参数。

HKEY_LOCAL_MACHINE：电脑中安装的硬件和软件相关设置，包括硬件的驱动程序。

HKEY_USERS：电脑所有用户的资料和设置，包括桌面、网络连接等，大部分情况下不需要修改这里的内容。

HKEY_CURRENT_CONFIG：存放显示、字体、打印机设置等内容。

可以看出，5 个根键中大部分注册表内容都在 HKEY_LOCAL_MACHINE 和 HKEY_CURRENT_USER 中，其他 3 个根键可以看作这两个根键的子键。

7.1.4　注册表的值有哪些类型

注册表中保存了多种数据类型的数据，有字符串、二进制、DWORD 等。在注册表编辑器中，右侧窗口中"类型"一栏中就是相关键值的数据类型。无论是多字符串还是扩充字符串，一个键的所有值的总大小都不能超过 64KB，如表 7-1 所示。

表 7-1　注册表键值的数据类型

类　　型	名　　称	说　　明
REG_SZ	字符串值	S 表示字符串（String），Z 表示以 0 结束的内容（Zero Byte）

（续）

类 型	名 称	说 明
REG_BINARY	二进制	用 0 和 1 表示的二进制数值。大部分硬件的组成信息都用二进制数据存储，在注册表编辑器中以十六进制形式表示
REG_DWORD	双字节	DWORD 表示双字节（Double Word），一个字节可以表示从 0 ~ 65535 的 16 位数值，双字节是两个十六位数，也就是 32 位，可以表示 40 亿以上的数值
REG_MULTI_SZ	多字符串	多个无符号字符组成的集合，一般用来表示数值或目录等信息
REG_EXPAND_SZ	可扩充字符串	用户可以通过控制面板中的"系统"选项，设置一部分环境参数，可扩充字符串用于定义这些参数，包括了程序或服务使用数据时确认的变量等
REG_RESOURCE_LIST	二进制	为存储硬件设备的驱动程序或这个驱动程序控制的物理设备所使用的资源目录而设计的数据类型，是一系列重叠的序列。系统识别这些目录后，将其写入 resource map 目录下，这种数据类型在注册表编辑器中会显示二进制数据的十六进制形式
REG_RESOURCE_REQUIREMENT_LIST	二进制	为存储硬件设备的驱动程序或这个驱动程序控制的物理设备所使用的资源目录而设计的数据类型，是一系列重叠的序列。系统会在 resource map 目录下编写该目录的低级集合。这种数据类型在注册表编辑器中会显示二进制数据的十六进制形式
REG_FULL_RESOURCE_DESCRIPTOR	二进制	为存储硬件设备的驱动程序或这个驱动程序控制的物理设备所使用的资源目录而设计的数据类型，是一系列重叠的序列。系统识别这种数据类型，会将其写入 hardware description 目录中。这种数据类型在注册表编辑器中会显示二进制数据的十六进制形式
REG_NONE	无	没有特定形式的数据，这种数据会被系统和应用程序写入注册表中，在注册表编辑器中显示为二进制数据的十六进制形式
REG_LINK	链接	提示参考地点的数据类型，各种应用程序会根据 REG_LINK 类型键的指定到达正确的目的地
REG_QWORD	QWORD	以 64 位整数显示的数据。这个数据在注册表编辑器中显示为二进制值

7.1.5 树状结构的注册表

在注册表编辑器中，单击根键前的 ▷ 图标，就能打开根键下一层的子键，从子键再到下一层的子键，这种树状结构叫作 hive。

Windows 中把主要的 HKEY_LOCAL_MACHINE 键和 HKEY_USERS 键的 hive 内容保存在几个文件夹当中。

Windows 会默认把 hive 保存在 C:\Windows\system32\config 文件夹中，分为 DEFAULT、SAM、SECURITY、SOFTWARE、SYSTEM、COMPONENT 六个文件。hive 本身并没有扩展名。

在 C:\Windows\system32\config 文件夹中存在相同文件名的文件，实际上是扩展名为 LOG、SAV、ALT 等多个文件。一般来说，LOG 扩展名的文件用于 hive 的登记和监视记录。

SAV 扩展名的文件用于系统发生冲突时，恢复注册表的 hive 和保存注册表的备份。

注册表中保存用户资料的 HKEY_USERS 键的 hive 文件，保存在 Windows 目录下用户名文件夹中的 NTUSER.DAT 文件中，目的是便于用户进行管理，如表 7-2 所示。

表 7-2　Windows 中注册表的保存路径

Hive	相关文件	相关注册表键
DEFAULT	DEFAULT、Default.log、Default.sav	HKEY_USERS\DEFAULT
HARDWARE	无	HKEY_LOCAL_MACHINE\HARDWARE
SOFTWARE	SOFTWAR、Software.log、Software.sav	HKEY_LOCAL_MACHINE\SOFTWARE
SAM	SAM、Sam.log、Sam.sav	HKEY_LOCAL_MACHINE\SECURITY\SAM
SYSTEM	SYSTEM、System.alt、System.log、System.sav	HKEY_LOCAL_MACHINE\SYSTEMHKEY_CURRENT_CONFIG
SECURITY	SECURITY、Security.log、Security.sav	HKEY_LOCAL_MACHINE\SECURITY
SID	NTUSER.DAT、Ntuser.dat.log	HKEY_CURRENT_USER\ 当前登录用户

7.2　注册表的操作

7.2.1　打开注册表

注册表不能像其他文本文件一样用记事本打开，必须用注册表编辑器打开。方法是单击"开始"菜单，在搜索中输入"regedit"后按 Enter 键，双击搜索出来的 regedit 程序；或按 Win+R（⊞+R）键调出运行窗口，在运行中输入"regedit"后按 Enter 键，如图 7-4、图 7-5 所示。

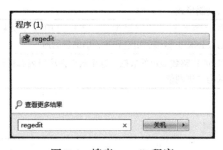

图 7-4　搜索 regedit 程序

图 7-5　运行

打开的注册表编辑器与 Windows 资源管理器的结构相似，如图 7-6 所示。

7.2.2　注册表的备份和还原

在 Windows 中，利用系统还原功能可制作系统还原点，在注册表或系统文件发生改变时，可以自动恢复到原来的设置，因此有时用户觉得备份注册表没有什么必要。而且在 Windows 的启动过程中，出错时可以选"最后一次正确配置"（高级启动选项中）启动。

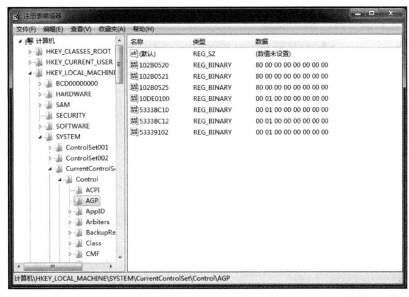

图 7-6　注册表编辑器

既然有了上述安全措施，那么备份注册表还有什么意义呢？在进行修改注册表的操作时，可能由于注册表的改动导致 Windows 无法运行，而通过注册表还原可以轻松解决这个问题。这不像系统还原那样，把整个 Windows 设置恢复为以前的设置，也不像 "最后一次正确配置" 那样恢复注册表的全部内容。而是可以根据用户的需要灵活地恢复必要的部分。

注册表备份一般在 Windows 正常运行时进行，下面介绍如何利用注册表编辑器进行备份。

1）按上一节介绍的方法打开注册表编辑器。

2）单击菜单栏中的 "文件"，在下拉菜单中单击 "导出" 选项，如图 7-7 所示。

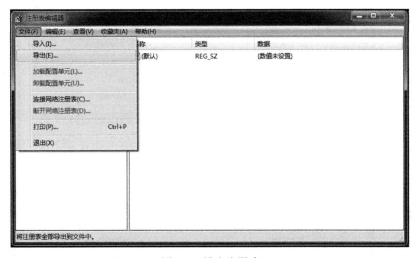

图 7-7　导出注册表

3）在跳出的保存窗口中，选择备份文件存放的路径，输入备份文件的名称，选择 "全部" 将备份整个注册表，选择 "所选分支" 将只保存选中的键及其子键。单击 "保存" 按钮完成备份，如图 7-8 所示。

图 7-8　保存备份注册表文件

当注册表发生错误时，就用到了还原注册表的功能，前提是之前做过注册表的备份。方法如下。

1）按照上一节介绍的方法打开注册表编辑器。

2）单击菜单栏中的"文件"，选择"导入"选项，弹出如图 7-9 所示的对话框。

图 7-9　导入注册表对话框

3）选择注册表备份文件，单击"打开"按钮，如图 7-10 所示。

图 7-10　导入注册表

4）导入注册表完成后重启电脑，就完成了注册表的还原。

7.2.3　给注册表编辑器加把锁

当用户不止一个的时候，怎样防止别人随意修改注册表呢？下面介绍怎样禁止访问注册表编辑器。

1）单击"开始"菜单，在运行或搜索中输入 gpedit.msc（组策略编辑器）后按 Enter 键，如图 7-11 所示。

图 7-11　本地组策略编辑器

2）打开组策略编辑器，在左侧列表中选择"用户配置→管理模板→系统"选项，如图 7-12 所示。

图 7-12　阻止访问注册表编辑器

3）在右侧窗口中找到并双击"阻止访问注册表编辑器"，弹出如图 7-13 所示的对话框。

图 7-13　配置是否阻止访问注册表编辑器

4）单击"已启用"单选按钮，然后在下面的"是否禁用无提示运行 regedit"下拉菜单中选择"是"，单击"确定"按钮。

至此，除了管理员权限以外，其他用户都无法打开注册表编辑器了。

7.3 注册表的优化

7.3.1 注册表冗长

在电脑上安装应用程序、驱动或硬件时，相关的设备或程序会自动添加到注册表中。所以使用 Windows 的时间越久，注册表中登记的信息就会越多，注册文件的大小也会随之增加。

在一些程序的安装文件中，可以看到 **.reg 的文件。用记事本打开，就能看到将要添加到注册表的键和数据值，如图 7-14 所示。

上网时打开网页，在地址栏中输入几个字母，就会显示曾经浏览相关网页的下拉菜单，这些记录都保存在注册表中。这些信息会随着使用时间而不断增加，注册表也变得冗长。

图 7-14　注册表文件

Windows 启动时会读入注册表信息。注册表中的信息越多，电脑读入的速度也就越慢，启动时间也就越长。系统运行时，硬件设备的驱动信息和应用程序的注册信息也必须从注册表中读取，所以注册表冗长也会导致 Windows 系统运行缓慢。

应用程序安装过程中会添加注册表信息，但删除应用程序时，有的应用程序不能完全删除添加的注册表信息，或者有些应用程序会保留一部分注册信息，为以后重装应用程序时使用，这也会造成注册表冗长。

注册表中还存在着严重的浪费现象。比如，安装应用程序 1、2、3 后，删除了应用程序 2，这时 2 的注册表空间被清空，这时又安装了应用程序 4，但 4 的文件大于 2 处空出的空间，只得将 4 排在 3 后，使得 2 的空间无法得到利用，如图 7-15 所示。

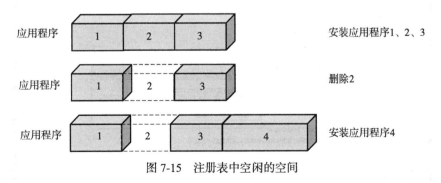

图 7-15　注册表中空闲的空间

7.3.2 简化注册表

自己动手简化注册表很难且很繁琐。现在网上有很多免费的注册表清理工具，可以帮助用户完成这个工作。

这里介绍利用优化软件"Windows优化大师"清理注册表，如图7-16所示。

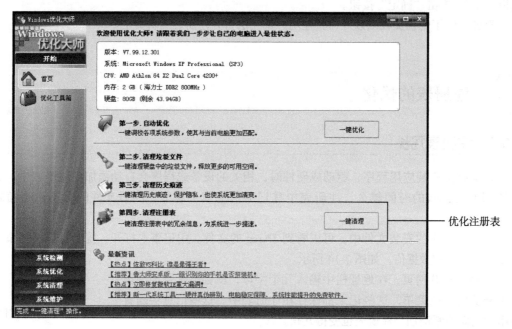

图7-16 Windows优化大师

打开Windows优化大师，在首页可以看到注册表清理的功能，旁边的一键清理就是自动扫描和清理注册表中的冗余信息和无效软件信息（删除软件时的残留）。用户按一键清理之后，只要按照提示操作就可以完成注册表的清理工作，如图7-17所示。

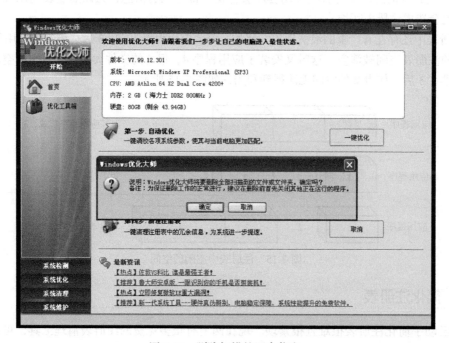

图7-17 删除扫描的冗余信息

还可以在系统清理选项中找到注册表信息清理功能，手动扫描和清理注册表中的冗余和无效的注册信息，如图 7-18 所示。

图 7-18 注册表信息清理

7.4 动手实践：注册表优化设置实例

 ### 7.4.1 快速查找特定键（适合 Windows 各版本）

注册表中记录的键成百上千，要查找特定的键，除了按照树状结构一层一层查找之外，还有一个快速查找的方法，如图 7-19 所示。

图 7-19 注册表编辑器中的查找功能

　　要使用查找功能就必须知道软硬件的相关信息，比如名称、制造商、型号等。

　　比如查找 CPU，知道 CPU 的型号是 Athlon X2 4200+，我们来查找"4200+"，如图 7-20 所示。

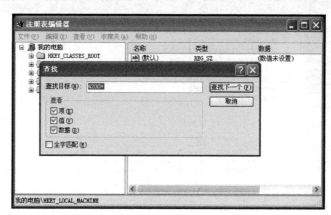

图 7-20　查找 4200+

　　按 Enter 键查找，找到了相关的 CPU 的键，如图 7-21 所示。

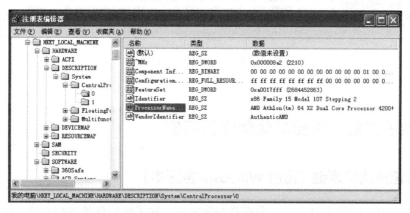

图 7-21　找到的 CPU 键

7.4.2　缩短 Windows 8 的系统响应时间

　　通过注册表的修改，可以缩短 Windows 8 的响应时间，避免系统假死等情况的发生。

　　打开注册表编辑器，选择"HKEY_CURRENT_USER → Control Panel → Desktop"，在左侧的键值栏中新建一个 DWORD 32 位值类型的键，命名为"WaitToKillAppTimeout"。将 WaitToKillAppTimeout 的值设为 0。重启后即可生效，如图 7-22 所示。

7.4.3　Windows 自动结束未响应的程序

　　使用 Windows 时，有时会遇到程序死机的情况，打开 Windows 任务管理器，查看应用程序，发现该程序的状态是"未响应"。通过注册表的设置可以让 Windows 自动结束这样的未响应程序，如图 7-23 所示。

图 7-22　设定新建的 WaitToKillAppTimeout 键值

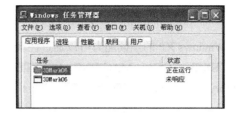

图 7-23　应用程序未响应

打开注册表编辑器，选择"HKEY_CURRENT_USER → Control Panel → Desktop"，在右侧窗口中找到 AutoEndTasks，将字符串值的数值数据更改为 1，退出注册表编辑器，重新启动即可打开此功能，如图 7-24 所示。

图 7-24　AutoEndTasks

7.4.4　清除内存中无用的 DLL 文件

有些应用程序结束后，不会主动归还内存中占用的资源，通过注册表中的设置可以清除这些内存中无用的 DLL 文件。

"HKKEY_LOCAL_MACHINE → SOFTWARE → Microsoft → Windows → CurrentVersion → Explorer"，右侧窗口中找到 AlwaysUnloadDLL，将默认值设为 1，退出注册表，重启电脑即可生效。如默认值设定为 0 则代表停用此功能，如图 7-25 所示。

图 7-25　删除内存中无用的 DLL

7.4.5　加快开机速度

Windows XP 的预读能力可以通过注册表设置来提高，进而加快开机速度。

"HKEY_LOCAL_MACHINE → SYSTEM → CurrentControlSet → Control → SessionManager → MemoryManagement → PrefetchParameters"，右侧窗口中 EnablePrefetcher 的数值数据代表预读能力，数值越大能力越强。双核 1GHz 以上主频的 CPU 可以设置为 4、5 或更高一点，单核 1GHz 以下的 CPU 建议使用默认的 3，如图 7-26 所示。

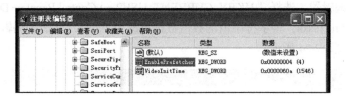

图 7-26　预读能力设置

7.4.6　开机时打开磁盘整理程序

开机时打开磁盘清理程序可以减少系统启动时造成的碎片。

"HKEY_LOCAL_MACHINE → SOFTWARE → Microsoft → Dfrg → BootOptimizeFunction"，右侧窗口中，将字符串值 Enable 设定为 Y 表示开启，而设定为 N 表示关闭，如图 7-27 所示。

图 7-27　打开磁盘碎片整理程序

7.4.7　关闭 Windows 自动重启

当 Windows 遇到无法解决的问题时，便会自动重新启动，如果想阻止 Windows 自动重启，可以通过注册表的设置来完成。

打开注册表编辑器，选择"HKEY_LOCAL_MACHINE → SYSTEM → CurrentControlSet → Control → CrashControl"，将左侧的 AutoReboot 键值更改为 0，重新启动生效，如图 7-28 所示。

7.4.8　"回收站"改名

Windows 的"回收站"也可以通过注册表进行修改，比如改成"垃圾桶"。

打开注册表编辑器，选择"HKEY_CLASSES_ROOT → CLSID → 645FF040-5081-101B-9F08-00AA002F954E"，修改默认的键值，重启后生效，如图 7-29 所示。

图 7-28　关闭自动重启

图 7-29　"回收站"改名

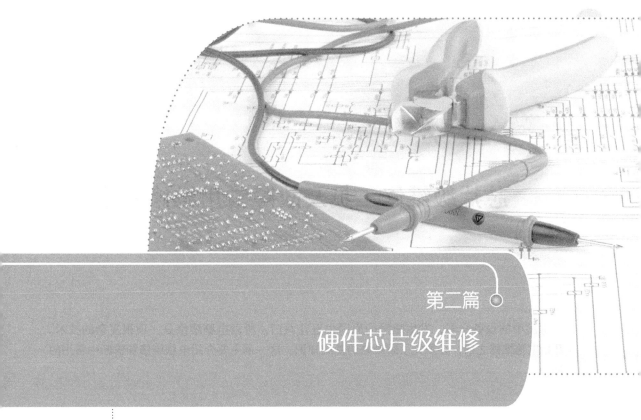

第二篇

硬件芯片级维修

◆ 第8章　芯片级维修工具及故障常用维修方法
◆ 第9章　笔记本电脑的拆解方法
◆ 第10章　用万用表检测判断元器件好坏
◆ 第11章　笔记本电脑三大芯片深入解析
◆ 第12章　笔记本电脑开机电路故障诊断与维修
◆ 第13章　笔记本电脑供电电路故障诊断与维修
◆ 第14章　笔记本电脑时钟电路故障诊断与维修
◆ 第15章　笔记本电脑液晶显示屏故障诊断与维修
◆ 第16章　笔记本电脑接口电路故障诊断与维修

在笔记本电脑出现的各种故障现象中，不能正常开机启动的故障占了相当大的一部分比例。而这类故障与笔记本电脑的供电模块、开机模块、存储功能模块有很大的关系。另外，液晶显示屏、网络功能模块以及音频功能模块和接口电路出现故障，也会导致笔记本电脑无法正常使用。因此，本篇围绕笔记本电脑开机启动故障、存储故障、显示故障、网络故障、声音故障等的维修进行了多层次和多角度的讲解，不仅有较为完善的理论知识，还列举了大量的故障维修案例。

在讲解时，先介绍原理部分知识，然后对其故障诊断与排除进行综述，最后列举故障维修案例，从而使读者能够逐步、清晰地掌握笔记本电脑各功能模块故障诊断与排除的理论知识和操作方法。

笔记本电脑不同功能模块各具特点，所以学习笔记本电脑各功能模块故障诊断与排除的理论知识和操作方法，对掌握和提升笔记本电脑故障维修技能来说非常重要。

第 8 章

芯片级维修工具及故障常用维修方法

电脑中的设备众多，发生故障的原因也五花八门，所以电脑维修是一项很复杂的技术。在开始电脑维修之前，必须先了解维修的基础知识。这一章主要介绍电脑维修和诊断中常用的工具。

8.1 常用维修工具介绍

在维修过程中，有时需要借助一些工具来帮助判断故障的出处。常用工具包括各种工具软件、螺丝刀、尖嘴钳等。

8.1.1 工具软件

常用的工具软件有系统安装盘、硬盘分区软件、启动盘、硬件的驱动程序安装光盘、应用软件、杀毒软件等。

8.1.2 辅助工具

镊子是笔记本电脑维修过程中经常用到的一种辅助工具，如在拆卸或者焊接电子元器件的过程中，常使用镊子夹取或者固定电子元器件，以保证拆卸或者焊接过程的顺利进行。常用的镊子分为平头、弯头等类型。图 8-1 所示为常见的弯头镊子。

图 8-1　常见的弯头镊子

螺丝刀和钳子也是笔记本电脑维修过程中经常用到的辅助工具。

螺丝刀在笔记本电脑的拆解过程中非常重要，没有螺丝刀基本上就无法进行拆解，而笔记本电脑螺钉的规格可能有很多种，所以选用螺丝刀时最好选用多刀头的螺丝刀。而钳子主要用于拆卸、调整笔记本电脑主板或液晶显示屏内的硬件设备，此外钳子还有切割的作用。图 8-2 所示为常见的螺丝刀及钳子。

a）螺丝刀　　　　　　　　　　　　　　　　b）钳子

图 8-2　常见的螺丝刀及钳子

8.1.3　清洁工具

清洁工具主要用于清除电脑机箱中的灰尘，包括皮老虎、小毛刷、棉签、橡皮等，如图 8-3 和图 8-4 所示。

图 8-3　皮老虎（皮吹子）　　　　　　　　　图 8-4　小毛刷

8.2　直流可调稳压电源

在维修过程中，直流可调稳压电源可代替电源适配器或可充电电池供电，是笔记本电脑维修过程中一种必备的工具设备。

在笔记本电脑的故障维修过程中，通常还可通过直流可调稳压电源显示的数据判断电路工作状态，从而为故障分析提供相关依据或数据参考。图 8-5 所示为常见的直流可调稳压电源。

图 8-5　常见的直流可调稳压电源

8.3 万用表

万用表是维修时常用的仪表，它能够测量电流、电压、电阻值，有的还能测量晶体管放大倍数、频率、电容值、逻辑电位、声音分贝值、红外线等。万用表有很多种，常见的有数字万用表和指针万用表两种。

8.3.1 认识万用表

图 8-6 和图 8-7 所示为常用的万用表。

图 8-6　数字万用表

图 8-7　指针万用表

1. 数字万用表

数字万用表下方有一个档位旋钮，旋钮指向的档位决定测量的种类。主要有以下几种测量档位："V ～"表示测量交流电的电压，"V−"表示测量直流电的电压，"A ～"表示测量交流电的电流，"A−"表示测量直流电的电流，"Ω"表示测量电阻的电阻值，"HFE"表示测量晶体管的放大倍数。

2. 指针万用表

指针万用表的核心部件是表头，测量值是指针对应的表头档的数值。指针万用表的外观和数字万用表有很大区别，但它们的档位旋钮和档位设置基本相同。指针万用表的档位包括：标有"Ω"的电阻档，标有"DCV"的直流电压档，标有"DCmA"的直流电流档，标有"ACV"的交流电压档，标有"HFE"的晶体管测量档，标有"BATT"的电池测量档。

8.3.2 表笔

介绍万用表之前，先来认识一下表笔，如图 8-8 所示。

表笔是万用表测量时使用的接触工具。表笔分为红色和黑色两支，一端是连接万用表的专用插头，另一端是接触测量对象的探针。

在万用表上，对应黑色表笔的插孔只有一个（公共端），而对应红色表笔的插孔却有三个，如图 8-9 所示。

连接万用表的专用插头

测量探针

图 8-8　万用表的表笔

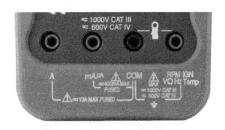

图 8-9　万用表上的表笔插孔

三个红色表笔插孔所对应的测量范围是不同的。比如图 8-9 中的三个插孔上分别标有 mA、10A 和 VΩ 等字样，说明它们对应的量程是 1A 以下的 mA 量级和 1 ~ 10A 量级。这是因为当测量的电流太大时，必须在万用表内连接高阻值的电阻来防止电流过大烧毁万用表。电流很小时，需要连接低阻值的电阻来提高测量的精度。VΩ 一般在测量电压、电阻、二极管、晶体管、电容时使用。使用时必须根据测量目标项和预估值来正确选择插孔，如果插错就有可能造成万用表的损毁。现在很多万用表都带有防过载功能，就是为了在选错量程时保护万用表不被烧毁。

在使用探针测量时，一定要注意手握探针的动作，手指不要接触探针的金属针头，以避免触电和测量结果不准。

8.3.3　测量电压

测量电压分为测量交流电电压和直流电电压。

（1）测量交流电电压

在测量交流电电压的时候，首先应该预估一下被测量的电压大概在什么范围，如果不能确定范围，就应该选在量程最大的档位，将黑色表笔插入黑色的 COM 插孔，将红色表笔插入 VΩ 插孔。如果测量结果偏小，可以停止测量，然后将档位调整到适当的量程范围再进行测量。需要注意的是，不能在测量过程中改变量程档位，以免造成万用表的损坏，如图 8-10 所示。

测量 1V 以上电压时使用

测量 1V 以下电压时使用

图 8-10　电压量程

（2）测量直流电电压

测量直流电电压时，首先应该预估一下被测量的电压大概在什么范围，如果不能确定范围，就应该选在量程最大的档位，将黑色表笔插入黑色的 COM 插孔，将红色表笔插入 VΩ 插孔。如果测量结果偏小，可以停止测量，然后将档位调整到适当的量程范围再进行测量。需要注意的是，使用数字万用表测量直流电电压时，可以不必像指针万用表那样必须红笔接正极、黑笔接负极。如果黑色表笔接正极、红色表笔接负极，测量的结果会显示为 –**V（负电压），这表示电流是从黑色表笔流入万用表的。

8.3.4　测量电流

在测量电流时，黑色表笔插 COM 插孔，红色表笔根据预估电流选择插在最大 400mA 插孔或最大 10A 插孔，如图 8-11 所示。

通过测量档选择量程，如果测量目标为 1A 或更大，就应该选择 A/mA 档，如果测量目标在 mA 等级以下，就应该选择 μA 档，如图 8-12 所示。

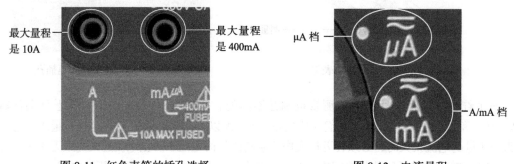

最大量程
是 10A

最大量程
是 400mA

μA 档

A/mA 档

图 8-11 红色表笔的插孔选择　　　　　　　图 8-12 电流量程

8.3.5 测量电阻

测量电阻时，要断开电阻所在的电路，如果有条件的话，应该将电阻拆卸下来进行测量。

测量电阻时，将黑色表笔插在 COM 插孔，红色表笔插在 VΩ 插孔，测量旋钮转到相应的量程，如果不知道电阻的阻值范围，应该从最大的量程开始测量，再逐步缩小量程的范围。

测量前，先将两个表笔短接（直接接触）一下，看下读数，应该在 0.1 ~ 0.3Ω 之间。如果测量结果是 1，那么应该增大量程再测一遍，如果结果还是 1，说明电阻内部断裂或故障，造成了开路（两端不通）的情况。如果测量结果是 0.01，那么很有可能电阻内部已经被击穿了（内部短路）。

测量电阻时，应该用表笔的探针接触电阻两端，不分正负极，但不要用手接触表笔探针或电阻两端的金属引脚，这是为了避免测量值受到人体阻值的影响，如图 8-13 和图 8-14 所示。

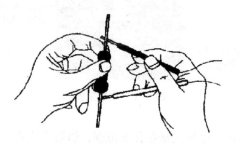

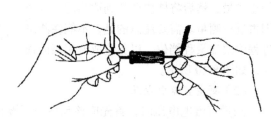

图 8-13 正确的电阻测量方法　　　　　　图 8-14 错误的电阻测量方法

8.3.6 测量二极管

测量二极管时，将旋钮转到二极管档。将红表笔插入 VΩ 孔，黑表笔插入 COM 孔，将红表笔接二极管正极，黑表笔接负极，测量出正向电阻值。再将表笔对换，反过来测量反向电阻值。如果正向电阻值为 300 ~ 600Ω，反向电阻值在 1000Ω 以上，则说明二极管是正常的；如果正反向电阻值均为 1，说明二极管开路；如果正反向电阻值均为 0，说明二极管被击穿。

8.3.7 测量导通

现在新型的万用表都具有测量导通的功能，导通就是电路或元件能让电流通过，最简单的导通实验就是将红表笔和黑表笔直接接触。

将万用表的旋钮转到测量导通档，如图 8-15 所示图标。将红表笔插入 VΩ 孔，黑表笔插入 COM 孔，然后将两支表笔的探针短接一下，如果万用表发出"嘟"的一声，说明导通测量正常。

将两支表笔接触在要测量的电路或元件两端，如果发出"嘟"的一声，就说明电路或元件是导通的，否则说明电路或元件不导通。

图 8-15　测量导通

8.4 主板检测卡

8.4.1 认识检测卡

检测卡是一种外接的检测设备，又称为"主板检测卡""诊断卡""Debug 卡""POST 卡"等。

当电脑发生故障不能启动时，单凭简单的主板喇叭报警很难准确地知道故障出在哪个设备上，这时就需要使用检测卡来精准定位了。将它接在电脑主板上，开机后查看检测卡上数码管的代码，就能知道电脑出现了什么故障。

检测卡有很多种，高端的检测卡性能出色、功能强大，不但能显示错误代码，还有"step by step trace"（步步跟踪）等功能，但是价格昂贵。对一般用户来说，只要能够显示错误代码就足够用了，这种检测卡售价只有十几元到几十元，是市面上使用最广泛的检测卡，如图 8-16 所示。

有的检测卡上不仅有显示错误代码的数码管，还有显示电脑状态的 LED 灯，这些 LED 灯对我们判断故障也有很大帮助。

图 8-16　mini PCI 接口检测卡

8.4.2 检测卡原理

每个厂家的 BIOS 都有 POST CODE（检测代码），即开机自我侦测代码，当 BIOS 要进行某项测试时，首先将该 POST CODE 写入 80H 地址，如果测试顺利完成，再写入下一个 POST CODE。检测卡就是利用 80H 地址中的代码，编译后判断故障出现在哪里。

比如，当电脑启动过程中出现死机时，查看检测卡代码，发现 POST CODE 停留在内存检测的代码上，就可以知道是 POST 检测物理内存时没有通过，判断为内存连接松动或内存故障。

8.4.3　错误代码的含义

　　市场上的检测卡有很多种，错误代码的含义也不尽相同，在使用检测卡对电脑进行诊断时，应该以说明书为主。

　　常见的错误代码和解决方法可以参照表8-1所示。

表8-1　主板检测卡常见错误代码

错误代码	代码含义	解决方法
00（FF）	主板没有正常自检	这种故障较麻烦，原因可能是主板或CPU没有正常工作。一般遇到这种情况，可首先将电脑上除CPU外的所有部件全部取下，并检查主板电压、倍频和外频设置是否正确，然后对CMOS进行放电处理，再开机检测故障是否排除。如故障依旧，还可将CPU从主板的插座上取下，仔细清理插座及其周围的灰尘，然后再将CPU安装好，并加以一定的压力，保证CPU与插座接触紧密，再将散热片安装妥当，然后开机测试。如果故障依旧，则建议调换CPU测试。另外，主板BIOS损坏也可造成这种现象，必要时可刷新主板BIOS后再试
01	处理器测试	说明CPU本身没有通过测试，这时应检查CPU相关设备。如是否对CPU进行了超频，如果超频请将CPU的频率还原至默认频率，并检查CPU电压、外频和倍频是否设置正确。如一切正常故障依旧，则可调换CPU再试
C1至C5	内存自检	较常见的故障现象，一般表示系统中的内存存在故障。要解决这类故障，可首先对内存实行除尘、清洁等工作再进行测试。如问题依旧，可尝试用柔软的橡皮擦清洁金手指部分，直到金手指重新出现金属光泽为止，然后清理掉内存槽里的杂物，并检查内存槽内的金属弹片是否有变形、断裂或氧化生锈现象。开机测试后如故障依旧，可调换内存再试。如有多条内存，可使用调换法查找故障所在
0D	视频通道测试	这也是一种较常见的故障现象，一般表示显卡检测未通过。这时应检查显卡与主板的连接是否正常，如发明显卡松动等现象，应及时将其重新插入插槽中。如显卡与主板的接触没有问题，可取下显卡清理其上的灰尘，并清理干净显卡的金手指部分，再插到主板上测试。如故障依旧，则可调换显卡测试。一般系统启动过0D后，就已将显示信号传输至显示器，此时显示器的指示灯变绿，然后DEBUG卡继续跳到31，显示器开始显示自检信息，这时就可通过显示器上的相关信息断定电脑故障了
0D至0F	CMOS寄存器读/写测试	检查CMOS芯片、电池及周围电路部分，可先调换CMOS电池，再用小棉球蘸无水酒精清洗CMOS的引脚及其电路部分，然后看开机检查问题是否解决
12、13、2B、2C、2D、2E、2F、30、31、32、33、34、35、36、37、38、39、3A	测试显卡	该故障在AMI BIOS中较常见，可检查显卡的视频接口电路、主芯片、显存是否因灰尘过多而无法工作，必要时可调换显卡检查故障是否解决
1A、1B、20、21、22	存储器测试	同Award BIOS内存故障的解决方式。如在BIOS设置中设置为不提示出错，则当遇到非致命性故障时，诊断卡不会停下来显示故障代码，解决方式是在BIOS设置中设置为提示所有错误之后再开机，然后再依据DEBUG代码

8.5　电烙铁

　　电烙铁是维修当中必不可少的焊接工具，它可以将焊丝融化，将元器件的引脚和电路板的插孔焊接在一起。

8.5.1　电烙铁

常用的电烙铁有两种：内热式和外热式，如图 8-17 和图 8-18 所示。

内热式电烙铁以其体积小、价格便宜、发热效率高、更换烙铁头方便等因素，成为一般用户的最佳选择，功率一般在 20 ~ 30W。外热式电烙铁的特点是功率高，一般在 45 ~ 75W，可以焊接金属底板或一些比较大的元件，通常是专业加工和批量焊接时使用。

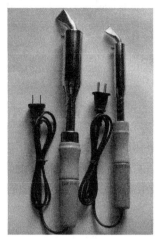

图 8-17　内热式电烙铁

图 8-18　外热式电烙铁

8.5.2　焊锡

焊锡是焊接的材料，包括锡条、锡块、锡球、锡丝等，如图 8-19 和图 8-20 所示。其中最常用的是焊锡丝。

焊锡一般由锡和铅混合而成，锡和铅的比例大概是 2:1。在 400℃左右就会融化。通常我们使用的焊丝，叫作药芯焊丝，是在焊丝中间存在有助焊药剂，如图 8-21 所示。

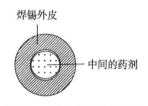

图 8-19　焊锡条

图 8-20　焊锡丝

图 8-21　药芯焊丝的横截面

在焊接时，中心的药剂会在加热后放出二氧化碳气体，保护高温的焊接面和焊丝不被氧化。

8.5.3　助焊剂

在焊接时，由于电烙铁产生高温，与其接触的电路板表面金属层和焊丝的表面，在高温下极容易被氧化。一旦形成氧化层，就会造成虚焊和电流不畅等问题。这时就需要使用助焊剂，来保护焊接过程中不被氧化，如图 8-22 所示。

助焊剂的主要成分包括有机溶剂、松香树脂、助溶剂、除污剂等。一般用户所用的助焊剂主要是松香。

8.5.4　吸锡器

在拆卸已焊接的元件时，吸锡器起着关键的作用，如图 8-23 所示。

图 8-22　助焊剂

图 8-23　吸锡器

吸锡器的构成与注射器相似，由吸嘴、针筒、活塞组成。针筒上有一个控制活塞的按钮，按下活塞后，将吸嘴对准要融化的焊锡，按下活塞按钮，活塞快速弹出，针筒中迅速形成真空，融化的焊锡会在空气流动的带动下，一下被吸到针筒中，如图 8-24 所示。

8.5.5　调温台

调温台是电烙铁的供电控制设备，可以很方便地控制电烙铁的温度，如图 8-25 所示。

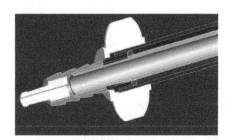

图 8-24　吸锡器内部

图 8-25　调温台

电烙铁使用时，不能长时间地加热，会造成表面氧化、寿命降低等不良后果。使用调温台可以控制电烙铁的输出功率、温度，方便多次焊接时使用。

8.5.6　电烙铁的使用方法

正确的电烙铁的握法有正握法、反握法和笔握法。最常用的是笔握法，如图 8-26 所示。

1. 电路板和元器件的焊接方法

1）准备好焊接设备和焊接材料。

2）如果电路板和元器件引脚上有氧化层或污垢，先用松香酒精溶液清洗掉氧化层和污垢。也可用助焊剂涂抹氧化层。

3）如果电烙铁头上氧化严重，可以用钢锉等将烙铁头的氧化层磨掉。

4）电烙铁插电预热。

5）将电路板和元器件固定好。

6）电烙铁头用 45°　～ 60° 的角度接触电路板和

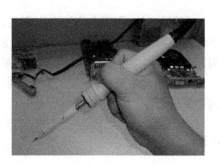

图 8-26　笔握法

元器件的引脚（焊点）进行预热，需要 1 ~ 2s。

7）将焊丝插在焊点上 1 ~ 2s 的时间，焊丝会融化在焊点上，撤去焊丝。

8）等焊丝均匀融化在焊点上时撤去电烙铁。让焊点的焊锡自然冷却。

9）等焊锡冷却凝固后，用鸭嘴钳剪掉多余的元件引脚。

10）断电后用电烙铁的余温，粘一点焊锡在烙铁头上，防止烙铁头氧化，如图 8-27 所示。

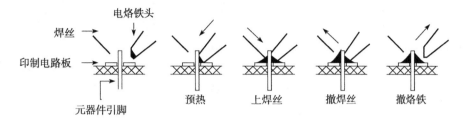

图 8-27 焊接过程

在这个过程中，需要注意的是，不要把烙铁头直接戳在电路板没有铜皮的地方。因为印制电路板没有铜皮的地方是 PCB 板，是塑料纤维做成的，如果直接接触高温，会被烧焦甚至烧穿。也不要用烙铁头直接接触助焊剂，因为会把助焊剂烧黑，影响美观，如图 8-28 所示。

2. 拆卸元器件

拆卸元器件与焊接元器件是相反的过程，这里需要使用吸锡器。

1）把要拆卸的电路板固定好。

2）电烙铁加热。

3）将电烙铁头从 45° ~ 60° 的角度接触到焊点上。

4）将吸锡器的活塞按下。

5）等焊点的焊锡融化，按吸锡器上的按钮，让吸锡器的活塞弹出，将焊点上融化的焊锡吸走。如果没吸干净可以反复几次，如图 8-29 所示。

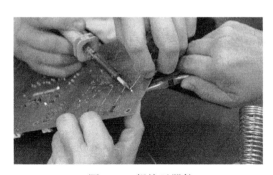

图 8-28 焊接元器件

图 8-29 用吸锡器拆卸元器件

8.5.7 热风枪

热风枪是维修电子设备的重要工具之一，主要由气泵、气流稳定器、线性电路板、手柄、外壳等基本组件构成。其主要作用是拆焊小型贴片元件和贴片集成电路。正确使用热风枪可提高维修效率，如果使用不当，则会损坏电路板或元器件。图 8-30 所示为 850 型热风枪。

1. 热风枪使用的注意事项

使用热风枪时应注意以下事项。

1）首次使用热风枪前必须仔细阅读使用说明。

2）使用热风枪前必须接好地线，以备释放静电。

3）禁止在焊铁前端网孔放入金属导体，这样会导致发热体损坏及人体触电。

4）电源开关打开后，根据需要选择不同的风嘴和吸锡针（已配附件），然后把热风温度调节钮（HEATER）调至适当的温度，同时根据需要把热风风量调节钮（AIRCAPACITY）调到所需风量，待预热温度达到所调温度时即可使用。

图 8-30　850 型热风枪

5）如果短时间内不用，可将热风风量调节钮调至最小，热风温度调节钮调至中间位置，使加热器处在保温状态，需要使用时再调节热风风量调节钮和热风温度调节钮即可。

6）在热风枪内部装有过热自动保护开关，枪嘴过热保护开关动作，机器停止工作。必须把热风风量调节钮调至最大，延迟 2min 左右，加热器才能工作，机器恢复正常。

7）使用后要注意冷却机身：关电后，发热管会自动短暂喷出冷风，在此冷却阶段不要拔去电源插头。

8）不使用时请把手柄放在支架上，以防意外。

2. 用热风枪焊接贴片电阻等小元器件

用热风枪焊接贴片电阻等小元器件的方法如下。

1）将热风枪的温度开关调至 5 级，风速调至 2 级，然后打开热风枪的电源开关。

2）用镊子夹着贴片元器件，然后将元器件的两个引脚蘸少许焊锡膏。

3）将元器件放在焊接位置，然后将风枪垂直对着贴片元器件加热。

4）加入 3s 后，待焊锡熔化停止加热。最后用电烙铁给元器件的两个引脚补焊，加足焊锡。

3. 用热风枪拆卸贴片电阻等小元器件

用热风枪拆卸贴片电阻等小元器件的方法如下。

1）将热风枪的温度开关调至 5 级，风速调至 2 级，然后打开热风枪的电源开关。

2）用镊子夹着需要拆卸的贴片元器件，然后将风枪垂直对着贴片元器件加热。

3）加入 3s 后，用镊子夹着元器件稍微移动，即可取下元器件。

4. 用热风枪焊接贴片集成电路

用热风枪焊接贴片集成电路的方法如下。

1）将热风枪的温度开关调至 5 级，风速调至 4 级，然后打开热风枪的电源开关。

2）向贴片集成电路的引脚上蘸少许焊锡膏。

3）用镊子将集成电路放在电路板中的焊接位置并紧紧按紧，然后用电烙铁焊牢集成电路的一个引脚（注意，如果电路板上的焊锡高低不平，则先用电烙铁蘸少许松香，一一刮平凸出的焊锡）。

4）用风枪垂直对着贴片集成电路旋转加热，待焊锡熔化后，停止加热并关闭热风枪。

5）焊接完毕后检查一下有无焊接短路的引脚，如果有，用电烙铁修复，同时为贴片集成电路加补焊锡。

5. 用热风枪拆卸贴片集成电路

用热风枪拆卸贴片集成电路的方法如下。

1）将热风枪的温度开关调至 5 级，风速调至 4 级，然后打开热风枪的电源开关。

2）用热风枪对着集成电路轮流加热各引脚，加热 10 ~ 20s 后，用镊子夹着需要拆卸的贴片集成电路，然后用镊子夹着集成电路稍微晃动一下，即可取下集成电路。

3）取下贴片集成电路后，电路板上的焊锡可能会高低不平，这时用电烙铁蘸少许松香——刮平凸出的焊锡即可。

6. 用热风枪焊接 4 面贴片集成电路

用热风枪焊接 4 面贴片集成电路的方法如下。

1）将热风枪的温度开关调至 6 级，风速调至 3 级，然后打开热风枪的电源开关。

2）向贴片集成电路的引脚上蘸少许焊锡膏。

3）用镊子将集成电路放在电路板中的焊接位置并紧紧按紧，然后用电烙铁将集成电路 4 面的一个引脚焊牢（注意，如果电路板上的焊锡高低不平，先用电烙铁蘸少许松香，一一刮平凸出的焊锡）。

4）用风枪垂直对着贴片集成电路旋转加热，待焊锡熔化后，停止加热并关闭热风枪。

5）焊接完毕后检查一下有无焊接短路的引脚，如果有，用电烙铁修复，同时为贴片集成电路加补焊锡。

7. 用热风枪拆卸 4 面贴片集成电路

用热风枪拆卸 4 面贴片集成电路的方法如下。

1）将热风枪的温度开关调至 6 级，风速调至 3 级，然后打开热风枪的电源开关。

2）用热风枪垂直对着集成电路旋转加热各引脚，加热 10 ~ 20s 后，将镊子插入集成电路的底部稍微一撬，即可取下集成电路。

3）取下贴片集成电路后，电路板上的焊锡可能会高低不平，这时用电烙铁蘸少许松香，一一刮平凸出的焊锡即可。

 ## 8.6　笔记本电脑的常用维修方法

笔记本电脑故障维修的基本原则是先维修软件问题，再维修硬件故障。

笔记本电脑出现运行速度缓慢、网络故障、程序运行出错、花屏、蓝屏、死机或自动重启等故障时，有可能是由于病毒、相关设置错误、软件不兼容、系统文件损坏或误删以及没有正常关机等错误操作引起的，所以在故障维修前，应首先排除这类问题引起的故障。

笔记本电脑的硬件或相关电路出现问题，经常会导致出现不能正常开机启动、自动重启、黑屏、花屏、白屏、死机以及某些功能无法使用的故障。

硬件故障产生的原因主要包括进水、摔落、撞击以及电子元器件的散热不良、老化、虚焊、脱焊等。

维修笔记本电脑的硬件故障时，要先了解故障发生前的具体状况，以及确认和分析故障现象，然后通过科学有效的方法确认故障，并进行故障的排除。

笔记本电脑的维修技能是一种综合技能，不仅要求掌握笔记本电脑基础理论、维修操作技能，更要掌握故障分析及处理方法，下面列举笔记本电脑维修过程中常用的几种维修方法。

8.6.1　观察法

观察法是笔记本电脑维修过程中最基本、最直接的一种方法。

观察法主要是指通过看、听、闻和摸等方式，判断故障笔记本电脑内主要电子元器件和硬件设备是否存在明显损坏，从而寻找故障原因的检测方法。

在维修笔记本电脑的过程中，首先根据故障现象和原因进行合理的故障分析，当必须进行拆机维修时，拆机后应首先使用观察法，查看笔记本电脑主机内是否有异物或淤积过多灰尘，遇到这两种情况应及时进行清理。

然后查看笔记本电脑主板上的电子元器件是否存在明显的物理损坏，如芯片烧焦、开裂问题，电容器有鼓包或漏液问题，电路板破损问题，插槽或电子元器件有脱焊、虚焊等问题。如果存在严重的烧毁情况，能闻到明显的焦糊味道，对于这类明显的物理损坏，应首先进行更换后再进行其他方式的维修。

在使用观察法进行笔记本电脑的维修时，应重点对故障分析中怀疑的故障点进行观察。

8.6.2　清理烘干法

笔记本电脑在使用时间较长或使用环境较为恶劣的情况下，其主机内部常常因为灰尘、潮湿等原因引发短路、散热不良等问题。此外，很多笔记本电脑都是因为进水后，引发不能开机等故障。对于上述情况应仔细对故障笔记本电脑的主板进行清理、烘干等操作。部分故障在清理后，就可解决。

8.6.3　替换法

替换法是笔记本电脑维修过程中经常使用的一种方法，其通常是采用性能良好的硬件设备或电子元器件去替换，在故障分析过程中怀疑存在故障的硬件设备或电子元器件。

对于内存、硬盘及光驱这种通过相关接口与主板相连的设备，替换起来比较方便，也是笔记本电脑维修过程中经常使用的方法，如怀疑内存不能正常工作导致了黑屏或不能开机故障时，可先更换一根性能良好的内存条，如果是原内存条自身存在损坏而导致了相关故障，此时就可以将故障排除了。如果不能排除故障，则进一步拆机检测内存插槽、内存供电电路等是否存在问题。

而对于笔记本电脑主板上的芯片组、时钟发生器芯片及 EC 芯片等，其外部连接的电路和部件较多，有时很难判断是由于这些芯片内部损坏，还是由于其外部连接的电路出现了问题才导致了相关故障，特别是对于常规检测之后仍无法确定故障原因的维修过程中，使用替换法是一条迅速排除故障和解决"疑难杂症"的方法。

8.6.4　测电压法

笔记本电脑主板上的各种芯片和硬件设备在正常工作时所需的电压不同，通过使用万用表等检测仪器，测量各种芯片和硬件设备的供电电压是否正常，能够判断出故障是否由供电问题导致。

　　通过电压检测，从而判断故障原因的方法是笔记本电脑维修过程中经常使用的一种方法，如图 8-31 所示。

8.6.5　测电阻法

　　在笔记本电脑的维修过程中，通过测量电子元器件的阻值，能够判断部分电子元器件是否存在故障，如图 8-32 所示。

图 8-31　测量电压　　　　　　　　　　　　　图 8-32　测量电阻

8.6.6　补焊法

　　由于电子元器件、芯片或插槽等设备存在虚焊、脱焊等问题，而导致笔记本电脑出现各种故障，是笔记本电脑维修过程中经常遇到的故障原因。

　　在维修过程中，如果怀疑某芯片存在虚焊问题，对其进行加焊后也许就可以排除故障。

　　芯片的开焊或虚焊现象并不十分明显，但当故障分析中将故障点聚焦于某芯片时，补焊法是经常使用的排除故障的方法。

第 **9** 章

笔记本电脑的拆解方法

掌握笔记本电脑的拆解方法，应首先了解拆机原理和注意事项，然后学习拆机基础知识，最后再进行拆机实践。只有按照从理论到实践的学习步骤，才能尽快掌握笔记本电脑的拆解方法。

9.1 笔记本电脑拆机原理

笔记本电脑的拆机过程是一个相对简单，但必须谨慎操作的过程。所以，在拆解笔记本电脑之前一定要牢固掌握拆机原理和拆机过程中的注意事项，只有这样才能保证拆机过程顺利进行，并且不会损坏笔记本电脑。

9.1.1 掌握笔记本电脑拆机原理

学习笔记本电脑的拆解方法，是进一步认知笔记本电脑的内部结构和学习笔记本电脑故障维修的基础。

笔记本电脑构成复杂、集成度高，而且其内部的电子元器件及相关电路、接口都相对脆弱。如果在拆解和安装笔记本电脑的过程中操作不当，极易造成硬件损伤。想要在笔记本电脑的拆解和安装过程中做到游刃有余，就必须首先在理论上对笔记本电脑硬件及相关拆解、安装知识有足够的认知。

在拆解笔记本电脑之前，通过外观只能了解到诸如屏幕尺寸、接口位置、键盘设计、散热孔设计、固定螺钉和外壳材质等信息。

不同品牌和型号的笔记本电脑，所采用的设计方案不同，这一点主要体现在笔记本电脑的主板设计上。常见的台式电脑所采用的主板大部分是长方形设计，然后将 CPU、内存和显卡等硬件直接插在主板的相应插槽内，诸如光驱、硬盘和电源等硬件则是通过不同的导线和接口连接在主板上。而笔记本电脑的主板通常为不规则形状设计，大部分硬件都是通过接口直接插在主板上，只有液晶显示屏、键盘等少部分硬件是通过导线和接口连接在主板上。如图 9-1 所示为不同品牌和型号的笔记本电脑所采用的主板。

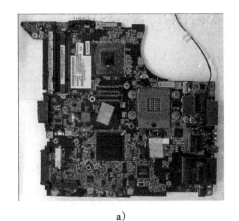

a)　　　　　　　　　　　　　　　　　　b)

c)

图 9-1　不同品牌和型号的笔记本电脑所采用的主板

模具是指用来成型物品的生产工具，好的模具设计可以带来良好的散热品质、使用体验和坚固性。不同品牌和型号的笔记本电脑在生产过程中所采用的成型模具不同，其内部架构、接口位置及组装方式也就不尽相同。所以，在拆解笔记本电脑的过程中，一定要注意观察笔记本电脑的组装方式和硬件固定方法，遇到拆解问题时不要采用蛮力扯拉的方法。

笔记本电脑拆解的基本原则如下。

1）在拆解笔记本电脑前，应对笔记本电脑硬件、结构等相关知识有较深刻的理解。

2）在拆解笔记本电脑前，应准备好拆解所用的相关工具，并且做好防止静电等准备工作。

3）大部分笔记本电脑组装方式的基本原理都是相同的，所以在拆解笔记本电脑的基本原则是先后再前、先屏后内。

4）在拆解笔记本电脑的过程中要做到细心、耐心，对于拆解下的螺钉、硬件要进行分类存放，接口及硬件安装方式要记牢，以便安装时不至于出现问题。

9.1.2　拆机基础知识

笔记本电脑主要有四个较大的平面，笔记本电脑顶盖通常称为 A 面，液晶显示屏这一面通常称为 B 面，键盘及触摸板这一面通常称为 C 面，笔记本电脑底面通常称为 D 面。如图 9-2 所示为笔记本电脑平面名称标注图。

笔记本电脑通常由机身外壳、液晶显示屏、主板、硬盘、显卡、内存、散热器、键盘、触摸板、光驱和移动处理器等硬件组成。这些硬件设备通过螺钉、各种接口和卡扣等方式固定在一起，通过接口和导线传输数据和电能。

笔记本电脑的外壳通常采用工程塑料或合金等材料，其设计很大程度上决定着笔记本电脑其他硬件的组装方式和位置。笔记本电脑的液晶显示屏一般是通过机械部件和螺钉固定在笔记本电脑的主机上，通过屏线获得笔记本电脑主机处理后的图像数据信息和正常工作所需的供电。

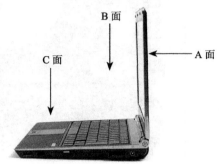

图 9-2　笔记本电脑平面名称标记图

笔记本电脑的键盘一般通过螺钉或者卡扣的形式固定在主机的 C 面上，键盘背面有相关排线和主板相连，负责数据信息的传送。在将固定的键盘拆解后，要注意键盘后面还有排线跟主板连接在一起。

移动处理器一般以针脚和插槽的形式固定在主板上。核心显卡是直接集成在移动处理器中的。独立显卡主要有两种方式固定到主板上，一种是显示芯片和显存都焊接在主板上，另一种是将显示芯片与显存集成在一块 PCB 电路板上，然后再将这块 PCB 板插到主板的相应插槽上。集成显卡则是集成在北桥芯片内。内存与显卡相类似，也有将内存芯片直接焊接到主板上的，但大部分笔记本电脑都是采用将独立内存插到相应插槽上的设计。笔记本电脑的散热设备通常用螺钉固定在主板上。机械硬盘通常是用螺钉固定在外壳上，然后通过接口直接与主板相连接。固态硬盘因为体积小、结构简单可直接集成到主板上，或者通过主板上的相应插槽直接插在主板上。主板上通过焊接或接口等形式集成了诸如声卡、南桥芯片、北桥芯片、各种接口和无线网卡等硬件。

拆解笔记本电脑前应先洗手，然后清除手上的静电。静电是一种主要存在于物体表面的电能。笔记本电脑中使用的电子元器件体积小、集成度高，这使得其耐击穿电压相对较低。当静电超过其击穿电压阈值时，就会造成电子元器件的击穿或失效等故障。所以，在拆解笔记本电脑前，一定要清除身上和使用工具上的静电，防止击穿故障发生。最简单清除身体静电的方法是触摸金属物体。

9.2　笔记本电脑拆机实践

牢固掌握笔记本电脑的拆机理论知识之后，一定要实践几次笔记本电脑的拆解，才能完全掌握拆机技能。

9.2.1　拆机工具准备

笔记本电脑上的大部分硬件都是采用螺钉或卡扣的形式固定，所以螺丝刀（见图 9-3）在拆解笔记本电脑的过程中是不可或缺的工具。但需要注意的是，笔记本电脑上各种设备固定时所使用的螺钉规格并不相同，所以准备的螺丝刀必须是可换刀头的多用螺丝刀，否则

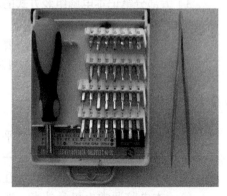

图 9-3　螺丝刀、镊子

将给拆解笔记本电脑的过程带来极大困难。

除了拆解笔记本电脑的主要工具螺丝刀之外，还应准备一些辅助工具，如清洁刷、气皮囊、导热硅脂、清洁布、万用表等。

9.2.2 动手实践：拆解新型笔记本电脑

笔记本电脑的拆解过程主要分为以下四大部分。

1）笔记本电脑 D 面拆解。

2）笔记本电脑 C 面拆解。

3）笔记本电脑液晶显示屏拆解。

4）笔记本电脑主板拆解。

拆解笔记本电脑之前，应先将电源适配器和其他外接设备摘除。按一下电源开关，然后静置 10min 左右，释放笔记本电脑内部残余电荷。然后翻转笔记本电脑，将笔记本电脑平放在桌面上。

大部分笔记本电脑的 D 面都设计了电池、硬盘和内存等独立可拆卸挡板，也有部分笔记本电脑在设计时预留了独立的风扇清灰可拆卸挡板。还有一些笔记本电脑会在背面采用一体式设计，只有一大块可拆卸的挡板。如图 9-4 所示为几款不同品牌和型号的笔记本电脑 D 面图。

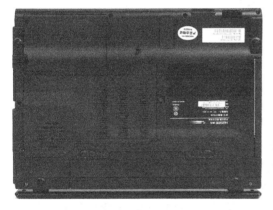
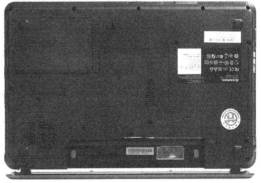

a)　　　　　　　　　　　　　　　　b)

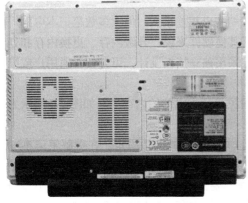
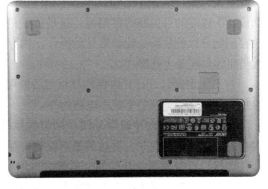

c)　　　　　　　　　　　　　　　　d)

图 9-4　不同品牌和型号的笔记本电脑 D 面图

在拆解笔记本电脑的 D 面时，应先将笔记本电脑的电池拆下。笔记本电脑的电池并非由螺钉固定，只需要推动笔记本电脑的电池卡锁，就可以将笔记本电脑的电池卸下。卸下笔记本电脑的电池后，在以后的操作过程中要注意主机上的电池接口，损坏后将造成电池无法使用的后果。如图 9-5 所示为笔记本电脑的电池卡锁和电池与主机的接口。

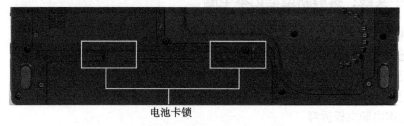

电池卡锁

a）电池卡锁

电池接口

b）电池接口

图 9-5　笔记本电脑的电池卡锁与主机的接口

如果笔记本电脑的 D 面不是采用一体式设计，那么通常内存、硬盘、无线网卡或笔记本电脑散热器上会有独立的、螺钉固定的挡板。只需要使用螺丝刀将挡板螺钉卸下，推开挡板就可以看到里面的硬件了。如图 9-6 所示为拆解挡板螺钉的操作实物图。

在这一操作过程中需要注意的是，要将卸下的螺钉分类放好，以便在之后的重新安装过程中能够将笔记本电脑恢复原样。使用的螺丝刀刀头要与挡板螺钉规格相对应，否则螺钉损坏后会对拆解和重新安装笔记本电脑带来更多的困难。

各大厂商的笔记本电脑设计各不相同，D 面的结构也相差很大。但大多数笔记本电脑厂商都设计了独立的可拆卸内存挡板，这是由于相较于其他硬件来说，升级内存、更换内存和处理内存问题导致的故障是比较常见的操作。内存上方采用独立挡板设计，可方便普通用户或维修人员更容易实现上述操作。

拧下固定螺钉，打开内存的挡板之后就可以看见笔记本电脑的内存了。如图 9-7 所示为拆除独立挡板之后见到的笔记本电脑内存。

笔记本电脑的内存通常是插在相应的插槽内，并由相应的卡扣固定。在拆解笔记本电脑内存时应先将卡扣拨开，再从插槽内拔出内存。在这一过程中需要注意的是，内存上的电子元器件和接口都是暴露在外面的，拆解时一定要注意不要刮伤内存的 PCB 电路板、金手指和电子元器件。如果一时无法将内存取出，也不要用蛮力拉扯内存，需仔细查看内存是否采用了其他方式固定。如图 9-8 所示为拆解笔记本电脑内存的操作实物图。

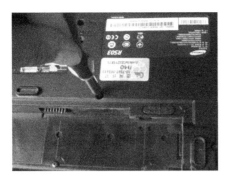

图 9-6　拆解挡板螺钉

图 9-7　笔记本电脑的内存

a）拨开卡扣

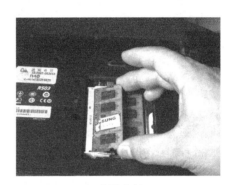

b）取内存

图 9-8　拆解笔记本电脑的内存

大部分笔记本电脑的硬盘采用接口的方式直接与主板进行连接。当将硬盘挡板的螺钉拆除后，只需要将硬盘往左侧或右侧滑动，就可以将笔记本电脑的硬盘取下。但是需要注意的是，部分笔记本电脑还设计有固定螺钉以固定硬盘，拆解硬盘前应先把固定螺钉拆除。如图 9-9 所示为拆解笔记本电脑硬盘的过程图。

部分笔记本电脑的内存、硬盘和无线网卡等硬件会采用一个挡板的设计，其拆解的基本原理是一样的。只需要用螺丝刀拧下挡板螺钉，取出内存、硬盘和无线网卡等硬件即可。而采用背面一体式设计的笔记本电脑背面没有单独的硬件挡板，只有将整个背部挡板全部拆解后才能见到笔记本电脑的内部硬件。如图 9-10 所示为拆除了挡板之后可以看到笔记本电脑的硬盘、内存和无线网卡。

部分笔记本电脑的散热器也设计了独立挡板，卸下后可方便清理灰尘。笔记本电脑的散热器通常由风扇和散热铜管组成，风扇一般由四颗螺钉固定。拆解时不仅要注意固定螺钉，还应首先拔出风扇的电源接口。如图 9-11 所示为拆除独立挡板后可见的笔记本电脑的散热器。

把笔记本电脑 D 面这些可拆卸的硬件和挡板拆除后，需要将笔记本电脑 D 面的其他螺钉进行拆除才能进行下一步操作。笔记本电脑 D 面的螺钉较多，而且一些螺钉的位置还十分隐蔽，所以要耐心、细心地将每一个螺钉都拆除。

将笔记本电脑 D 面的螺钉全部拆除后，还不能把笔记本电脑的主板和外壳完全分开，因为有些笔记本电脑的 C 面键盘下方还有一些固定主板的螺钉没有拆除，所以进行完 D 面的操作之后要将笔记本电脑翻转过来，把笔记本电脑的键盘和触摸板拆卸下来。

a）拆解硬盘挡板螺钉

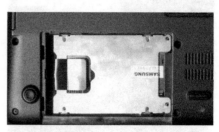
b）拆除硬盘挡板之后可以看见硬盘

c）拆除硬盘固定螺钉，向左轻拉硬盘

d）将硬盘取下后可以看见硬盘和主板的数据和电源接口

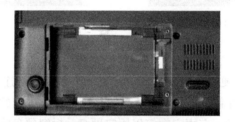
e）硬盘完全拆除之后的硬盘仓

图 9-9　拆解笔记本电脑硬盘的过程

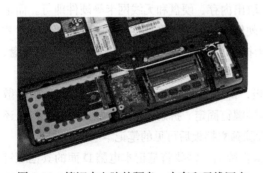
图 9-10　笔记本电脑的硬盘、内存和无线网卡

图 9-11　笔记本电脑的散热器

不同品牌和型号的笔记本电脑键盘和触摸板的固定方式并不相同，但其拆解的基本原理是一样的，在具体操作时多加注意就可安全、简单地将笔记本电脑的键盘和触摸板拆解下来。

　　在之前的操作中，拆除了笔记本电脑 D 面的所有螺钉，这些螺钉中就可能包括笔记本电脑键盘的固定螺钉。部分笔记本电脑的键盘上方有一个挡板，需要拆解这个挡板后才能看见键盘的固定螺钉。如图 9-12 所示为拆除键盘上方的挡板实物图。

图 9-12　拆除键盘上方的挡板

　　将笔记本电脑键盘的固定螺钉拆除后，笔记本电脑的键盘通常只剩下卡扣固定，用手轻轻按住键盘并向液晶显示屏的方向推，当把键盘推出卡扣后用一字螺丝刀或镊子等工具将键盘撬起即可。如图 9-13 所示为撬起键盘操作实物图。

　　笔记本电脑的键盘后面有排线和主板相连，这些排线通常都比较细小，极易折损。所以推起笔记本电脑的键盘之后，要确定排线的连接方式，然后轻轻倾斜竖起键盘，将键盘与主板的连接排线拔出。指点杆排线和触摸板排线也是相同的原理。如图 9-14 所示为笔记本电脑键盘和指点杆的排线连接实物图。

图 9-13　撬起键盘

图 9-14　键盘和指点杆的排线连接实物图

　　一些键盘后面会覆盖一层塑料膜，在键盘进水时，塑料层可以避免水流流入主机内部的主板，损坏主机内其他硬件和电子元器件。笔记本电脑键盘的防水功能是相对的，部分键盘设计独立水槽来快速排出液体。还有一些键盘仅仅在底部设计了蓄水槽，当少量液体泼入键盘时，液体可以被蓄在键盘处，方便清理。所以，当遭遇笔记本电脑进水故障时，应及时将笔记本电脑翻转过来，防止大量液体流入笔记本电脑内部。如图 9-15 所示为拆下的键盘正面和背面图。

a）正面

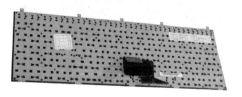

b）背面

图 9-15　拆下的笔记本电脑键盘

　　拆解掉笔记本电脑的键盘之后，不要急于将 C 面基板拆除。因为 C 面基板上还有一些线与主板连接，比如触摸板与主板连接的排线等。先要将这些线从接口上拔掉，才能继续拆解。

如图 9-16 所示为拆除 C 面基板与主板连接线的实物图。

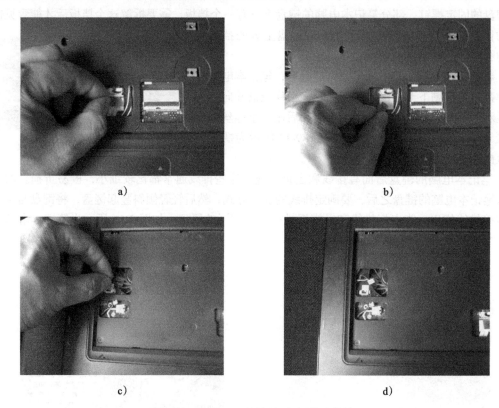

图 9-16 拆除 C 面基板与主板的连接线

　　拆除键盘之后，除了看到 C 面基板和主板的连线外，还可以看到 C 面基板上的固定螺钉，拆除这些螺钉之后，就可以进行 C 面基板的拆除工作了。笔记本电脑的 C 面基板多是以卡扣的形式和 D 面基板相互扣合在一起，只要用手小心地将 C 面基板和 D 面基板脱离即可拆除 C 面基板。如图 9-17 所示为拆除笔记本电脑 C 面基板的实物图。

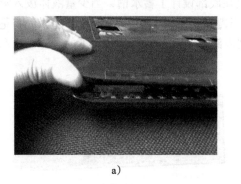

图 9-17 拆解笔记本电脑 C 面基板

　　将笔记本电脑的 C 面基板拆除下来之后，就可以看见笔记本电脑的内部结构了。其中最重要的部分就是笔记本电脑的主板。如图 9-18 所示为拆除 C 面基板之后笔记本电脑内部实物图。

图 9-18　笔记本电脑内部实物图

　　将笔记本电脑的 C 面基板拆解之后，可以看见笔记本电脑液晶显示屏的屏线和固定螺钉。笔记本电脑液晶显示屏和主机之间通过屏线连接，通过机械部件和螺钉固定。在拆解笔记本电脑显示屏时，应首先将笔记本电脑液晶显示屏的屏线拆解掉。如图 9-19 所示为拆除笔记本电脑液晶显示屏屏线实物图。

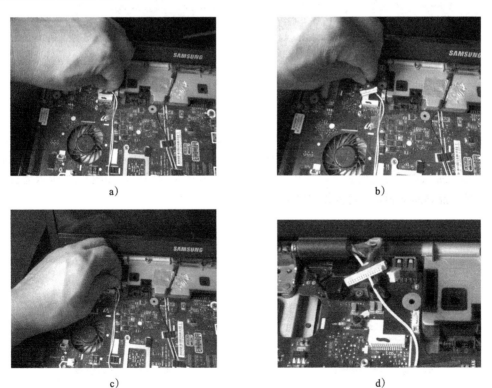

a)　　　　　　　　　　　　　　　　　　b)

c)　　　　　　　　　　　　　　　　　　d)

图 9-19　拆除笔记本电脑液晶显示屏屏线

　　拆除笔记本电脑液晶显示屏的屏线后应注意，笔记本电脑的液晶显示屏还有两根线与主板相连接，这两根黑白细线是无线网卡的信号线，连接在主板无线网卡的两个接口上。如

图 9-20 所示为拆除笔记本电脑无线网卡信号线实物图。

a）连接在无线网卡上的信号线

b）拆除信号线 1

c）拆除信号线 2

d）拆除完毕

图 9-20　拆除笔记本电脑无线网卡信号线

当完全拆除笔记本电脑的液晶显示屏与主机的连线之后，就可以进行液晶显示屏从主机上拆解下来的操作了。笔记本电脑液晶显示屏的固定螺钉通常在笔记本电脑的 C 面和机身后侧。

选用合适的螺丝刀将液晶显示屏固定螺钉拆除，此时应注意液晶显示屏的螺钉拆除后会失去支撑，所以在拆除螺钉之前应先将液晶显示屏用其他东西固定。如图 9-21 所示为拆解笔记本电脑液晶显示屏固定螺钉操作实物图。

a）拆除左边的固定螺钉

b）拆除右边的固定螺钉

图 9-21　拆解笔记本电脑液晶显示屏固定螺钉

拆除笔记本液晶显示屏的固定螺钉之后，就可以将笔记本电脑的液晶显示屏和笔记本电脑的主机进行分离了。如图 9-22 所示为笔记本电脑液晶显示屏和主机分离的操作过程。

a）托起液晶显示屏　　　　　　　　　　　　b）液晶显示屏和手机分离完毕

图 9-22　笔记本电脑液晶显示屏和主机分离的操作过程

　　将拆解后的笔记本电脑液晶显示屏放好，就可以对笔记本电脑的主机进行进一步拆解了。笔记本电脑的主板是用螺钉固定在外壳上，而且固定螺钉较多，需细心地将之一个个拆除。主板上连接的其他排线也要一一拔出，之后就可以将主板从外壳上拿起来。如图 9-23 所示为拆解笔记本电脑主板的实物图。

a）拆解主板固定螺钉　　　　　　　　　　　　b）拿起主板

c）取下的主板正面　　　　　　　　　　　　d）取下的主板背面

图 9-23　拆解笔记本电脑的主板

笔记本电脑内的无线网卡通常由螺钉和插槽固定，拆解时，需要先拧开螺钉后再从插槽中将无线网卡取出。如图 9-24 所示为笔记本电脑主板上的无线网卡。

笔记本电脑主机内的散热器主要包括风扇和散热铜管两部分，通常采用多螺钉固定在主板上。如图 9-25 所示为笔记本电脑主机内的散热器。

图 9-24　笔记本电脑主板上的无线网卡

图 9-25　笔记本电脑主机内的散热器

在拆除笔记本电脑主机内的散热器之前，应先将笔记本电脑散热器的风扇电源拔掉。如图 9-26 所示为笔记本电脑的散热器风扇电源接口实物图。

图 9-26　笔记本电脑的散热器风扇电源接口

笔记本电脑的组成虽然较为复杂，但是只要掌握了拆解的基本原理和注意事项就能很快地掌握其拆解方法。

在拆解过程中最重要的就是一定要按照基本拆解原则进行，同时多注意细节。只要抓住这两个关键点，拆解笔记本电脑将会变成一件相对简单的事情。

第 **10** 章

用万用表检测判断元器件好坏

笔记本电脑硬件的电路板都是由不同功能和特性的电子元器件组成的。掌握常见电子元器件好坏的检修方法，是学习电脑硬件维修技能的必修课。硬件电路板中的常见电子元器件主要包括电阻器、电容器、电感器、二极管、三极管、场效应管及稳压器等。

10.1 判断电阻器的好坏

电阻器简称电阻，是对电流流动具有一定阻抗作用的电子元器件，其在各种供电电路和信号电路中都有十分广泛的应用。

10.1.1 掌握电阻器的基本知识

电阻器通常使用大写英文字母"R"表示，热敏电阻通常使用大写英文字母"RM"或"JT"等表示。保险电阻通常使用大写英文字母"RX"、"RF"、"FB"、"F"、"FS"、"XD"或"FUSE"等表示，排阻通常用大写英文字母"RN"、"RP"或者"ZR"表示。

描述电阻器阻值大小的基本单位为欧姆，用 Ω 表示。此外，还有千欧（KΩ）和兆欧（MΩ）两种单位，它们之间的换算关系为 1KΩ=1000Ω，1MΩ=1000KΩ。

电阻器的种类很多：

1）根据电阻器的材料可分为线绕电阻器、膜式电阻器及碳质电阻器等。

2）根据按电阻器的用途可分为高压电阻器、精密电阻器、高频电阻器、熔断电阻器、大功率电阻器及热敏电阻器等。

3）根据电阻器的特性和作用可以分为固定电阻和可变电阻两大类。固定电阻是阻值固定不变的电阻器，主要包括碳膜电阻器、碳质电阻器、金属电阻器及线绕电阻器等。可变电阻是阻值在一定范围内连续可调的电阻器，又称为电位器。

4）根据电阻器的外观形状可分为圆柱形电阻器、纽扣电阻器和贴片电阻器等。

电脑电路板上应用最多的电阻器为贴片电阻器。如图 10-1 所示为电阻器的电路图形符号，图 10-2 所示为电脑电路板上的常见电阻器。

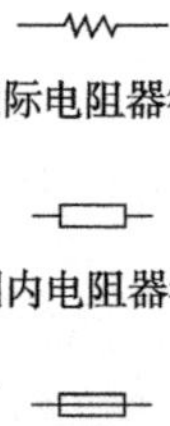

a）国际电阻器符号

b）国内电阻器符号

c）熔断电阻器符号

图 10-1　电阻器的电路图形符号

图 10-2　电脑电路板上的常见电阻器

10.1.2　电阻器在电路中的应用

电阻器在各种供电电路和信号电路中，主要起到保险、信号上拉与下拉、限压、限流以及分压、分流等作用。除此之外，电阻器还可以与其他电子元器件如电容器、电感器等构成各种功能电路，完成阻抗匹配、转换、滤波、延迟、振荡等功能。

在电脑电路中应用的电阻器，比较具有代表性的是保护隔离电路中用于分压作用的电阻器，以及主板供电电路中用于检测作用的电阻器。

图 10-3a 中的电阻器 PR304 和电阻器 PR314 在电路中起到分压作用，经过这两个电阻器的分压作用后，场效应管 PQ302 导通。

图 10-3b 充电控制芯片 ISL6251 的第 21 引脚和第 22 引脚连接在电阻器 PR324 两端，从而实现充电控制芯片对可充电电池的充电电流检测。

10.1.3　电阻器好坏检测实例

1. 电阻器好坏的检测方法

电阻器好坏的检测方法可以分为两种。第一种方法是在路检测，即不需要把电阻器从电路板上拆焊下来，直接进行检测。在路检测电阻器的好处是省时省力，但也比较容易出现较大的误差。第二种方法是开路检测，即将电阻器从电路板上拆焊下来后进行检测，开路检测比较费时费力，但是检测结果比较精准。

在电脑的维修过程中，电阻器通常使用万用表进行检测。

日常使用的万用表都有专用的电阻档进行电子元器件阻值的测量。电阻器的检测，通常就是检测其自身阻值是否正常，从而判断其好坏。在路检测电阻器时，最好使用数字万用表进行检测，当检测出的阻值等于或稍小于被测电阻器的标称阻值，则说明被测电阻器基本正常。

使用数字万用表检测电阻器的基本方法如下。

1）选用数字万用表的电阻档，根据被测电阻器的阻值大小选择合适的量程，如果不知道电阻器的阻值，应从最大量程处开始逐渐向小量程进行切换，直到能够精确地测出被测电阻器的阻值为止。

2）在数字万用表调试好了之后，将数字万用表的红表笔和黑表笔分别接被测电阻器的两端。通常情况下，为了保证测试结果的准确性，需交换表笔后再测试一次。

　　3）如果数字万用表的显示屏显示的数值，等于或稍小于被测电阻器的标称阻值，则说明被测电阻器基本正常。

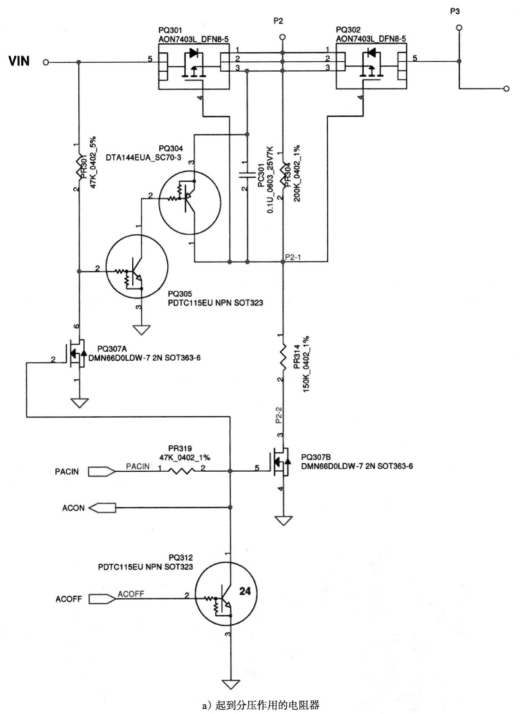

a）起到分压作用的电阻器

图 10-3　电阻器在电路中的应用

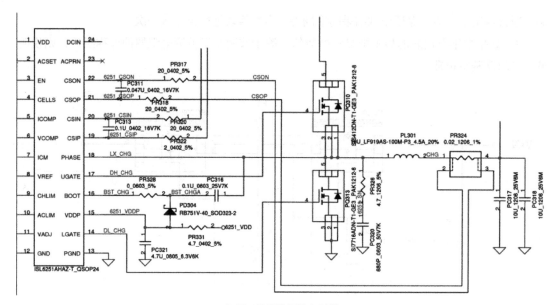

b）用于检测作用的电阻器

图 10-3 （续）

4）如果数字万用表的显示屏显示的数值，远远小于或大于被测电阻器的标称阻值或为 0 时，则说明被测电阻器已经损坏，或存在开焊、虚焊等问题，需对其进行加焊或更换处理。如图 10-4 所示为电阻器检测的实物图。

2. 贴片电阻检测实例

贴片电阻器在检测时主要分为两种方法，一种是在路检测，一种是开路检测，这一点和柱形电阻器很像。实际操作时一般都是采用在路检测，只有当在路检测无法判断其好坏时才采用开路检测。

贴片电阻器的在路测量方法如下。

1）在路检测贴片电阻器时首先要将电阻器所在电路板的供电电源断开，对贴片电阻器进行观察，如果有明显烧焦、虚焊等情况，基本可以锁定故障了。接着根据贴片电阻的标称电阻读出电阻器的阻值，如图 10-5 所示。本次测量的贴片电阻标称为 473，即它的阻值为 47KΩ。

图 10-4 电阻器检测的实物图

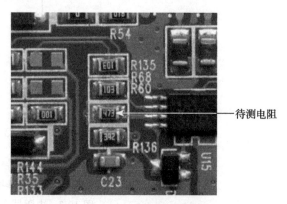

图 10-5 待测贴片电阻

2）清理待测电阻器各引脚，如果有锈渍也可以拿细砂纸打磨一下，否则会影响检测结果。如果问题不大，用毛刷轻轻擦拭即可，如图 10-6 所示。擦拭时不可太过用力以免将器件损坏。

3）清洁完毕后就可以开始测量了，根据贴片电阻器的标称阻值调节万用表的量程。此次被测贴片电阻器标称阻值为 47KΩ，根据需要将量程选择在 0 ～ 200KΩ。并将黑表笔插进COM 孔，红表笔插进 VΩ 孔，如图 10-7 所示。

　　　　图 10-6　清洁待测贴片电阻　　　　　　　　图 10-7　本次测量所使用的量程

4）将万用表的红、黑表笔分别搭在贴片电阻器的两脚的焊点上，观察万用表显示的数值，记录测量值为 46.5，如图 10-8 所示，

5）接下来将红、黑表笔互换位置，再次测量，记录第二次测量的值为 47.1，如图 10-9所示。

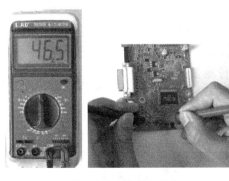   

　　　　图 10-8　第一次测量　　　　　　　　　　图 10-9　第二次测量

6）从两次测量中，取测量值较大的一次的测量值作为参考阻值，即取 47.1KΩ 作为参考阻值。

3. 贴片排电阻器实例

贴片排电阻器的在路测量方法如下。

1）在路检测贴片排电阻器时首先要将排电阻器所在的供电电源断开，如果测量主板CMOS 电路中的排电阻器，还应把 CMOS 电池卸下。对排电阻器进行观察，如果有明显烧焦、虚焊等情况。基本可以锁定故障存在了。如果待测排电阻器外观上没有明显问题，根据排电阻的标称电阻读出电阻器的阻值。如图 10-10 所示，本次测量的排电阻标称为 103，即它的阻值为 10KΩ。也就是说它的四个电阻器的阻值都是 10KΩ。

2）清理待测电阻器各引脚，如果有锈渍也可以拿细砂纸打磨一下，否则会影响到检测结果。如果问题不大，用毛刷轻轻擦拭即可，如图 10-11 所示。擦拭时不可太过用力以免将器件损坏。

图 10-10　排电阻器的标称阻值读取

图 10-11　清洁待测贴片排电阻

3）清洁完毕后就可以开始测量了，根据排电阻器的标称阻值调节万用表的量程。此次被测排电阻器标称阻值为 10KΩ，根据需要将量程选择在 0 ～ 20KΩ。并将黑表笔插进 COM 孔，红表笔插进 VΩ 孔，如图 10-12 所示。

4）将万用表的红、黑表笔分别搭在排电阻器第一组（从左侧记为第一组，然后顺次下去）对称的焊点上观察万用表显示的数值，记录测量值 9.94，接下来将红、黑表笔互换位置，再次测量，记录第二次测量的值 9.95，取较大值作为参考，如图 10-13 所示，

5）用上述方法对排阻的第二组对称的引脚进行测量，如图 10-14 所示。

图 10-12　本次测量所使用的量程

6）用上述方法对排阻的第三组对称的引脚进行测量，如图 10-15 所示。

a）第一组顺向电阻测量

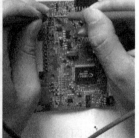

b）第一组逆向电阻测量

图 10-13　排电阻第一组电阻的测量

a）第二组顺向电阻测量

b）第二组逆向电阻测量

图 10-14　排电阻第二组电阻的测量

a）第三组顺向电阻测量

b）第三组逆向电阻测量

图 10-15　排电阻第三组电阻的测量

7）用上述方法对排阻的第四组对称的引脚进行测量，如图 10-16 所示。

a）第四组顺向电阻测量

b）第四组逆向电阻测量

图 10-16　排电阻第四组电阻的测量

这四次测量的阻值分别为 9.95KΩ、9.99KΩ、9.95KΩ、9.99KΩ 与标称阻值 10KΩ 相比基本正常，因此该排阻可以正常使用。

10.2　判断电容器的好坏

电容器通常简称为电容，是主板供电电路和信号电路中经常采用的一种电子元器件。

10.2.1 掌握电容器的基本知识

电容器是由两片接近的导体，中间用绝缘材料隔开而构成的电子元器件，其具有储存电荷的能力。电容器的基本单位用法拉（F）表示，其他常用的电容器单位还有毫法（mF）、微法（μF）、纳法（nF）及皮法（pF）。

这些单位之间的换算关系是：$1F=10^3mF=10^6\mu F=10^9nF=10^{12}pF$。

电容器的种类很多，分类方法也有很多种。

1）按照结构主要分为固定电容器和可变电容器。

2）按照电解质主要分为有机介质电容器、无机介质电容器、电解电容器及空气介质电容器等。

3）按照用途主要分为旁路电容、滤波电容、调谐电容及耦合电容等。

4）按照制造材料主要分为：瓷介电容、涤纶电容、电解电容及钽电容等。

电容器在电路中，通常使用英文大写字母"C"表示，贴片电容通常使用英文大写字母"C"、"MC"或"BC"等表示，排容用英文大写字母"CP"或"CN"表示，电解电容用英文大写字母"C"、"EC"、"CE"或"TC"等表示。

如图10-17所示为电容器的图形符号，图10-18所示为电脑电路板上的常见电容器。

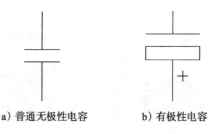

a）普通无极性电容　　b）有极性电容

图10-17　电容器的图形符号

a）　　　　　　b）　　　　　　c）

图10-18　电脑电路板上的常见电容器

10.2.2 电容器在电路中的应用

电容器具有隔直流、通交流、通高频、阻低频的特性，被广泛应用于耦合、旁路、滤波及调谐等电路中。

在电脑电路中应用的电容器，比较具有代表性的是主板供电电路中用于滤波作用的电容器，以及各种电路中应用的耦合电容。如图10-19a所示为电池充电电路部分截图，其中电容器PC317、PC323及PC318在电路中起到滤波作用。

如图10-19b所示为应用于SATA总线上的耦合电容。

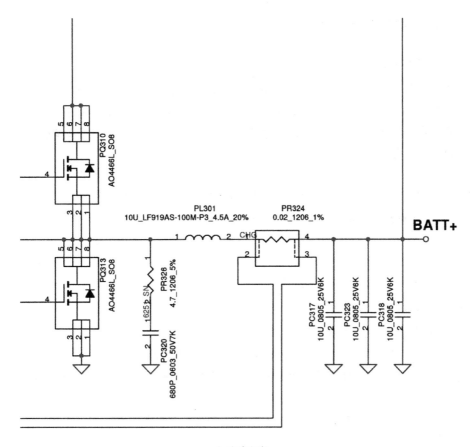

a) 滤波电容

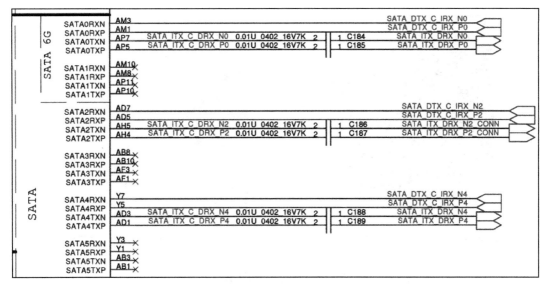

b) 耦合电容

图 10-19　电容器在电路中的应用

10.2.3 电容器好坏检测实例

1.电容器好坏的检测方法

在电脑的检修过程中，可使用数字万用表判别电容器好坏，其具体方法如下。

1）将数字万用表的量程选择开关扭转至二极管档，然后用数字万用表的红表笔和黑表笔分别接被测电容器的两端，然后调换红表笔和黑表笔再测试一次，数字万用表显示的数值应从负数迅速跳变至无穷大。

2）如果数字万用表显示的数值达到某一数值后不再变化或跳变的速度很慢，则说明被测电容器漏电。如果数字万用表显示的数值一直为 0，则说明被测电容器已经短路。

3）想要更准确地检测电容器的好坏，或检测其电容量，则需要将被测电容器从电路板上拆焊后，使用数字万用表的电容档或其他专用工具进行检测。如图 10-20 所示为电容器检测实物图。当检测主板上较小的电子元器件或芯片引脚时，需在万用表的表笔上焊接或用绝缘套，装上尖锐的大头针或专用探针，方便测量。

2.贴片电容器好坏检测实例

用数字万用表检测贴片电容器的方法如下。

数字万用表一般都有专门用来测量电容的插孔，遗憾的是贴片电容器并没有一对可以插进去的合适引脚。因此只能使用万用表的电阻档对其进行粗略的测量。即便如此，测量的结果仍具有一定的说服力。

1）首先观察电容器有无明显的物理损坏，如果有，说明电容器已发生损坏，如果没有，则需要进一步进行测量。

2）用毛刷将待测贴片电容器的两极擦拭干净，如图 10-21 所示，避免残留在两极的污垢影响测量结果。

图 10-20 电容器检测实物图

图 10-21 用毛刷擦拭贴片电容器的两极

3）为了测量的精确性用镊子对其进行放电，如图 10-22 所示。

4）选择数字万用表的二级管档，并将红表笔插在万用表的 VΩ 孔，黑表笔插在 COM 孔，如图 10-23 所示。

图 10-22　用镊子对贴片电容放电　　　　　　　图 10-23　万用表的二极管挡

5）将红、黑表笔分别接在贴片电容器的两极并观察表盘读数变化，如图 10-24 所示。

a）表盘先有一个闪动的阻值　　　　　　　　　b）静止后读数为 1.

图 10-24　贴片电容的检测

6）交换两表笔再测一次，注意观察表盘读数变化，如图 10-25 所示。

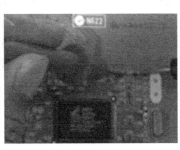

a）表盘先有一个闪动的阻值　　　　　　　　　b）静止后读数为 1.

图 10-25　贴片电容的检测

两次测量数字表均先有一个闪动的数值，而后变为"1."，即阻值为无穷大，所以该电容器基本正常。如果用上述方法检测，万用表始终显示一个固定的阻值，说明电容器存在漏电现象；如果万用表始终显示"000"，说明电容器内部发生短路；如果始终显示"1."（不存在闪动数值，直接为 1.），电容器内部极间已发生断路。

10.3 判断电感器的好坏

电感器是能够把电能转化为磁能储存起来的电子元器件，在主板电路板的供电电路和信号电路中都有十分广泛的应用。

10.3.1   掌握电感器的基本知识

电感器的结构类似于变压器，但是只有一个绕组。电感器是根据电磁感应原理制作而成，对直流电压具有良好的阻抗特性。

电感器的种类和分类方法也有很多种：按结构不同可分为线绕式电感器和非线绕式电感器；按用途可分为振荡电感器、校正电感器、阻流电感器、滤波电感器、隔离电感器等；按工作频率可分为高频电感器、中频电感器和低频电感器。

图 10-26   电感器的图形符号

电感器通常使用大写英文字母"L"表示，其基本单位是亨利（H），常用的单位还有毫亨（mH）和微亨（μH），它们之间的换算关系是 1H=1000mH，1mH=1000μH。如图 10-26 所示为电感器的图形符号，图 10-27 所示为电脑电路板上的常见电感器。

图 10-27   电脑电路板上常见的电感器

10.3.2   电感器在电路中的应用

电感器与电容器的特性是相反的，即阻交流、通直流。当直流通过电感器时，其压降非常小。当交流通过电感器时，电感器两端将会产生自感电动势，自感电动势的方向与外加电压的方向相反，从而阻碍交流的通过。

电感器在电路中可起到滤波、隔离、储能、振荡、延迟和陷波等作用。电感器被广泛应用于电脑电路板的供电电路中，用于储能、滤波作用。如图 10-28a 所示为主板供电电路的截图，其中的电感器 PL402 在电路中起到储能和滤波的作用。电感器在电脑电路中的另一种应用是，能够有效地消除外接设备在热插拔时瞬间产生的干扰信号，如图 10-28b 所示为 USB 电路中应用的抗干扰功能的电感器。

10.3.3   电感器好坏的检测实例

1. 电感器好坏的检测方法

检测电感器通常使用数字万用表的二极管档进行检测，其具体方法如下。

1）将数字万用表的量程选择开关扭转至二极管档位，使用数字万用表的红表笔和黑表笔分别连接到电感器的两个引脚。

2）如果测得的数值很小，说明被测电感器基本正常。

3）如果检测出的数值很大或为无穷大，则说明被测电感器已经损坏，需及时更换。如图 10-29 所示为电感器检测实物图。

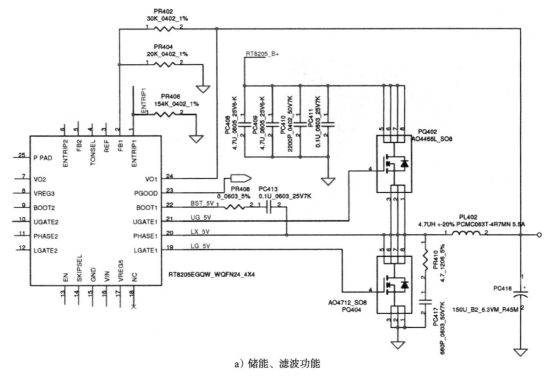

a）储能、滤波功能

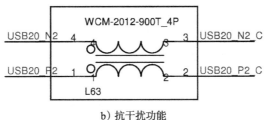

b）抗干扰功能

图 10-28　电感器在电路中的应用

2. 电感器好坏检测实例

用数字万用表检测电路板中磁棒电感器的方法如下（磁环检测方法相同）。

1）首先断开电路板的电源，接着对待测磁棒电感器进行观察，看待测电感器是否发生损坏，有无烧焦、虚焊、线圈有无变形等情况。如果有，说明电感器已发生损坏。如图 10-30 所示为一个待测磁棒电感器。

2）如果待测磁棒电感器外观没有明显损坏，用电烙铁将待测磁环电感器从电路板上焊下，并清洁磁环电感器两端的引脚，去除两端引脚上存留的污物，确保测量时的准确性。磁棒电感器的拆焊方法如图 10-31 所示。

3）将数字万用表旋至电阻档的"200"档，如图 10-32 所示。

4）将万用表的红、黑表笔分别搭在待测磁棒电感器两端的引脚上，检测两引脚间的阻值，如图 10-33 所示。

由于测得磁棒电感器的阻值非常接近于 00.0，因此可以判断该电感器没有断路故障。

然后选择万用表的"200M"档，检测电感器的线圈引线与铁心之间、线圈与线圈之间的阻值，如图 10-34 所示，正常情况下线圈引线与铁心之间、线圈引线与线圈引线之间的阻值均为无穷大，即测量时数字万用表的表盘应始终显示为"1."。

图 10-29　电感器检测实物图

图 10-30　待测磁棒电感器

图 10-31　磁棒电感器的拆焊方法

图 10-32　万用表档位的选择

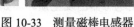
图 10-33　测量磁棒电感器

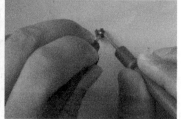
图 10-34　磁棒电感器绝缘性检测

经检测该磁棒电感器的绝缘性良好，不存在漏电现象。

10.4　判断晶体二极管的好坏

晶体二极管是利用半导体材料硅或锗制成的一种电子元器件，其在电脑中有十分广泛的应用，晶体二极管通常简称为二极管。

10.4.1　掌握二极管的基本知识

晶体二极管由 P 型半导体和 N 型半导体构成，P 型半导体和 N 型半导体相交界面形成 PN 结。

晶体二极管的结构特点，使其在正向电压的作用下导通电阻极小，而在反向电压的作用下导通电阻极大或无穷大，这也是晶体二极管最重要的特性：单向导电性。

制作晶体二极管的材料硅和锗在物理参数上有所不同，而比较明显的区别是硅管的导通压降通常为 0.7V 左右，锗管的导通压降通常为 0.3V 左右。

晶体二极管按照构成材料，主要分为锗管和硅管两大类。两者之间的区别是，锗管正向压降比硅管小，锗管的反向漏电流比硅管大。

晶体二极管按照用途，主要分为检波二极管、整流二极管、开关二极管、稳压二极管、光电二极管及发光二极管等。

晶体二极管通常使用英文大写字母"D"表示，其常用图形符号如图 10-35 所示。电脑上常见的晶体二极管如图 10-36 所示。

10.4.2　二极管在电路中的应用

晶体二极管根据不同种类的特点，在电路中主要起到稳压、降压以及作为指示灯等作用。如图 10-37 所示，应用于网络接口中的发光二极管主要起到指示作用。

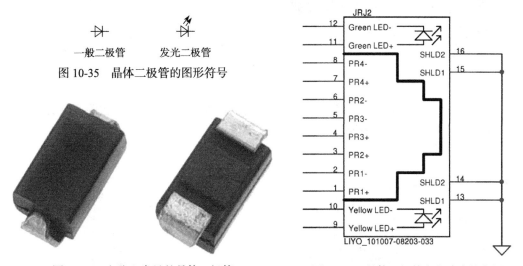

图 10-35　晶体二极管的图形符号

图 10-36　电脑上常见的晶体二极管

图 10-37　晶体二极管在电路中的应用

10.4.3　二极管好坏检测实例

1. 二极管好坏的检测方法

根据晶体二极管的单向导电性，很容易对晶体二极管的好坏做出判断。

通常在检测晶体二极管时，首先要判别出被测晶体二极管的正极。一般可以根据晶体二极管外壳上的符号标记来辨别，如一些晶体二极管的负极会使用色环表示出来，还有一些晶体二极管使用字母 P 标注正极。如果不能通过外观判断出被测晶体二极管的正、负极，直接测量也是可以的。

使用数字万用表检测晶体二极管的具体方法如下。

1）将数字万用表的量程选择开关扭转至二极管档，把数字万用表的红表笔接被测晶体二极管的正极，黑表笔接被测晶体二极管的负极。

2）如果被测晶体二极管正向导通，数字万用表显示的是被测晶体二极管的正向导通压降，其单位为 mV。

3）性能良好的硅管正向导通压降应在 400 ～ 800mV 之间，性能良好的锗管正向导通压降应为 200 ～ 300mV 之间。如图 10-38 所示为晶体二极管的检测实物图。

2. 二极管好坏检测实例

1）首先将待测稳压二极管的电源断开，接着对待测稳压二极管进行观察，看待测稳压二极管是否损坏，有无烧焦、虚焊等情况。如果有，稳压二极管已损坏。本次待测的稳压二极管如图 10-39 所示，外形完好没有明显的物理损坏。

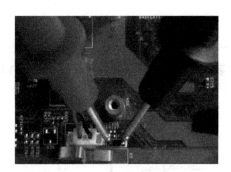

图 10-38　晶体二极管的检测实物图

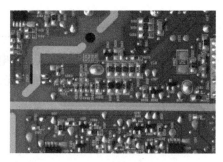

图 10-39　待测稳压二极管

2）为使测量的结果更加准确，用一小毛刷清洁稳压二极管的两端，去除两端引脚下的污物，如图 10-40 所示。避免因油污的隔离作用使表笔与引脚间的接触不良影响测量结果。

3）清洁完毕后选择数字万用表的"二极管"档，如图 10-41 所示。

图 10-40　对待侧稳压二极管进行清洁

图 10-41　数字万用表的选择

4）将数字万用表的两表笔分别接待测稳压二极管的两极，如图 10-42 所示。测出一固定阻值。

5）交换两表笔再测一次如图 10-43 所示。发现读数为无穷大。

图 10-42　稳压二极管正向电阻的检测　　　　图 10-43　稳压二极管反向电阻的检测

　　两次检测中出现固定电阻的接法即为正向接法（红表笔所接的是万用表的正极），经检测待测稳压二极管正向电阻为一固定电阻值，反向电阻为无穷大。因此，该稳压二极管的功能基本正常。

　　如果待测稳压二极管的正向阻值和反向阻值均为无穷大，则二极管很可能有断路故障；如果测得稳压二极管正向阻值和反向阻值都接近于 0，则二极管已被击穿短路；如果测得稳压二极管正向阻值和反向阻值相差不大，则说明二极管已经失去了单向导电性或单向导电性不良。

10.5　判断晶体三极管的好坏

　　晶体三极管是电脑电路板上广泛采用的一种电子元器件类型，常简称为三极管。

10.5.1　掌握三极管的基本知识

　　晶体三极管是使用硅或锗材料制成两个能相互影响的 PN 结，组成一个 PNP 或 NPN 结构。中间的 N 区或 P 区叫基区，两边的区域叫发射区和集电区，这三部分各有一条电极引线，分别称为基极（B）、发射极（E）及集电极（C）。

　　晶体三极管是具有放大能力的特殊器件。

　　晶体三极管按照制造材料，可以分为硅三极管和锗三极管。

　　晶体三极管按照导电类型，可以分为 PNP 型和 NPN 型。

　　晶体三极管按照工作频率，可分为低频三极管和高频三极管。

　　晶体三极管按照外形封装，可以分为金属封装三极管、玻璃封装三极管、陶瓷封装三极管及塑料封装三极管等。

　　晶体三极管按照功耗大小，可以分为小功率三极管和大功率三极管。

　　晶体三极管在电路中常使用字母"Q"表示。而 NPN 型晶体三极管和 PNP 型晶体三极管的图形符号是有所区别的。如图 10-44 所示为晶体三极管的图形符号。如图 10-45 所示为电脑电路板上常见的晶体三极管。

10.5.2　三极管在电路中的应用

　　晶体三极管是能够起到放大、振荡及开关等作用的半导体电子器件，因此常用在放大、谐振、调制及开关等电路中。晶体三极管的逻辑开关功能是一种十分广泛的应用，电脑上大部分的晶体三极管都是用于逻辑开关功能的，如图 10-46 所示，PQ316 为电脑电路中用于逻辑开关功能的晶体三极管。

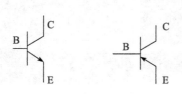

a）NPN 型晶体三极管　　b）PNP 型晶体三极管

图 10-44　晶体三极管的图形符号

图 10-45　电脑电路板上常见的晶体三极管

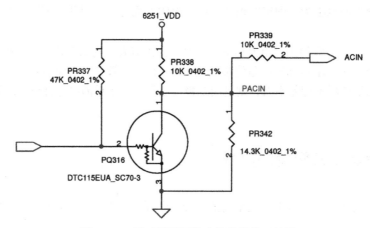

图 10-46　用于逻辑开关功能的晶体三极管

10.5.3　三极管好坏检测实例

1. 三极管好坏的检测方法

检测晶体三极管主要采用数字万用表的二极管档，其具体方法如下。

1）将数字万用表的量程选择开关扭转至二极管档，使数字万用表的红表笔接被测晶体三极管的任一引脚，再用黑表笔分别接其他两只引脚进行检测。

2）如果数字万用表两次测量出的数值都较小（0.2～0.8），而将两只表笔调换位置后再次进行检测时，数字万用表显示溢出符号 1 或 OL，说明红表笔所接的引脚是 NPN 型晶体三极管的基极。

3）如果数字万用表两次测量的数值一个很大、一个很小，那么说明红表笔所接的引脚不是被测晶体三极管的基极。需要更换一个引脚重新进行检测。如图 10-47 所示为晶体三极管检测实物图。

2. 三极管好坏检测实例

直插式三极管通常被应用在电源供电电路板中，为了准确测量，一般采用开路测量。

1）首先将待测三极管所在电路板的电源断开，接着对三极管进行观察，看待测三极管有无烧焦、虚焊等明显的物理损坏。如果有，则三极管已发生损坏。

　　2）如果待测三极管外观没有明显的物理损坏，接着用电烙铁将待测三极管从电路板上焊下。用一小刻刀清洁三极管的引脚，去除引脚上的污物，如图 10-48 所示。避免因污物的隔离作用而影响测量的准确性。

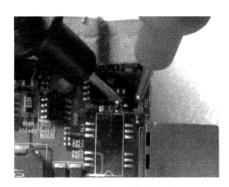
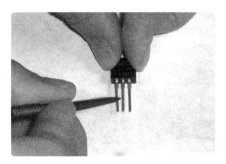

图 10-47　晶体三极管检测实物图　　　　　　图 10-48　清洁待测三极管的引脚

　　3）清洁完成后，将指针式万用表的功能旋钮旋至"R×1k"档，然后短接两表进行调零校正，如图 10-49 所示。

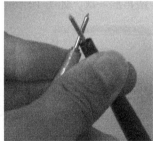

　　　　a）短接两表笔　　　　　　　　　　　　b）进行调零校正

图 10-49　指针万用表的调零校正

　　4）将万用表的黑表笔接在三极管某一只引脚上不动（为操作方便一般从引脚的一侧开始），然后用红表笔分别和另外两只引脚相接，去测量该引脚与另外两引脚间的阻值，如图 10-50 所示。

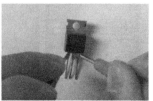

　　　　a）第一次测量　　　　　　　　　　　　b）第二次测量

图 10-50　三极管类型的判断

由于两次测量的阻值十分相似，因此可以判断，该三极管为 NPN 型三极管，且黑表笔所接的引脚为该三极管的基极。

5）将指针式万用表的功能旋钮旋至 "R×10k" 档，然后短接两表进行调零校正，如图 10-51 所示。

a）短接两表笔　　　　　　　　　　　　b）进行调零校正

图 10-51　指针万用表得的调零校正

6）将万用表的红、黑表笔分别接在基极外的两只引脚上，并用一手指同时接触三极管的基极与万用表的黑表笔，观察指针偏转如图 10-52 所示。

7）交换红、黑表笔所接的引脚，用同样的方法再测一次，如图 10-53 所示。

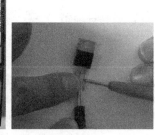

图 10-52　三极管极性测试　　　　　　图 10-53　三极管极性测试

在两次测量中，指针偏转量较大的那次，黑表笔所接的是三极管的集电极，红表笔所接的是三极管的发射极。

8）识别出三极管的发射极和集电极后，将指针式万用表的功能旋钮旋至 "R×1k" 档，然后短接两表进行调零校正，如图 10-54 所示。

a）短接两表笔　　　　　　　　　　　　b）进行调零校正

图 10-54　指针万用表的调零校正

9）将万用表的黑表笔接在三极管的基极上，红表笔接在三极管的集电极引脚上，观察表盘读数如图 10-55 所示。

10）交换两表笔，将红表笔接在三极管的基极引脚上，黑表笔接在三极管的集电极引脚上，观察表盘读数，如图 10-56 所示。

图 10-55　基极到集电极间阻值的检测　　　　图 10-56　集电极到基极间阻值的检测

由于三极管基极到集电极间为一较小的固定阻值，且集电极到基极间的阻值无穷大，所以三极管的集电极功能正常。

11）将万用表的黑表笔接在三极管的基极上，红表笔接在三极管的发射极引脚上，观察表盘读数如图 10-57 所示。

12）交换两表笔，将红表笔接在三极管的基极引脚上，黑表笔接在三极管的发射极引脚上，观察表盘读数，如图 10-58 所示。

图 10-57　基极到发射极间阻值的检测　　　　图 10-58　发射极到基极间阻值的检测

由于三极管基极到发射极间为一较小的固定阻值，且发射极到基极间的阻值为无穷大，所以三极管的发射结功能正常。

13）将万用表的黑表笔接在三极管的集电极上，红表笔接在三极管的发射极引脚上，观察表盘读数如图 10-59 所示。

14）交换两表笔，将红表笔接在三极管的集电极引脚上，黑表笔接在三极管的发射极引脚上，观察表盘读数，如图 10-60 所示。

由于三极管集电极到发射极间的阻值为无穷大，且发射极到集电极间的阻值为无穷大，所以三极管集电极到发射极间的绝缘性良好。

经上述检测得出结论，该三极管的功能正常。

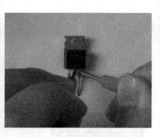

图 10-59 集电极到发射极间阻值的检测

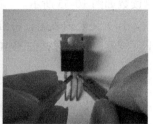

图 10-60 发射极到集电极间阻值的检测

10.6 判断场效应管的好坏

场效应晶体管简称场效应管，是一种常用电子元器件，被广泛应用于电脑的供电电路及保护隔离电路中。

10.6.1 掌握场效应管的基本知识

场效应管利用多数载流子导电，所以也称为单极型晶体管。

场效应管与晶体三极管的区别是，晶体三极管是电流控制元器件，而场效应管是一种电压控制元器件。

场效应管按其结构，可以分为绝缘栅型场效应管（JGFET）和结型场效应管（JFET）两种，每种里又分为 N 沟道和 P 沟道。

场效应管按导电方式，可以分为耗尽型与增强型。结型场效应管均为耗尽型，绝缘栅型场效应管既有耗尽型，也有增强型。

a) 增强型 N 沟道 MOS 管　b) 增强型 P 沟道 MOS 管　c) 耗尽型 N 沟道 MOS 管　d) 耗尽型 P 沟道 MOS 管

图 10-61 场效应管的图形符号

电脑电路中，主要采用的是增强型 N 沟道和 P 沟道绝缘栅型场效应管，绝缘栅型场效应管中，应用最为广泛的是金属氧化物半导体场效应管（MOSFET，简称 MOS 管）。

场效应管在电路中通常使用大写英文字母"Q"或"U"表示。

场效应管也有三个电极，分别是栅极（G）、漏极（D）及源极（S），漏极（D）常与场效应管的散热片相连接。如图 10-61 所示为场效应管的图形符号。

电脑的电路板上应用的场效应管，有很大一部分都是采用八个引脚的封装形式，而其内部也基本上都集成了保护二极管，防止静电击穿。如图 10-62 所示为电脑电路板上常见的场效应管。

图 10-62 电脑电路板上常见的场效应管

10.6.2　场效应管在电路中的应用

场效应管属于电压控制型半导体器件，具有输入阻抗高、噪声小、功耗低、易于集成、没有二次击穿以及安全工作区域宽等特点，常用于开关及阻抗变换电路中。如图 10-63a 所示为保护隔离电路简图。当电路中的场效应管 PQ303 在控制信号的控制下导通后，系统采用可充电电池供电。

如图 10-63b 所示为主板供电电路截图，图中的场效应管 PQ702 和场效应管 PQ703 在电源控制芯片的控制下导通和截止，从而将系统总供电转换为该供电转换电路所需输出的供电。

10.6.3　场效应管好坏检测实例

1. 场效应管好坏的检测方法

场效应管是电脑电路板中采用数量较多的电子元器件之一，其出现故障的概率也较大。由于目前采用的场效应管内部都集成了保护二极管，所以可通过检测集成二极管来判断场效应管的好坏。检测场效应管最好不要采用指针万用表，应采用数字万用表。

使用数字万用表检测场效应管的具体方法如下。

数字万用表的量程选择开关扭转至二极管挡，将红表笔接被测场效应管的 S 极，黑表笔接被测场效应管的 D 极时，检测的是保护二极管的正向压降，其正向压降值应为 0.4 ~ 0.8。再检测其他任意两个引脚时，数字万用表都应显示溢出符号 1 或 OL。如果检测结果不符合上述情况，则说明被测场效应管可能已经损坏。如需更精准的检测，需将场效应管拆焊后再进行检测。如图 10-64 所示为检测场效应管的实物图。

2. 场效应管好坏检测实例

测量场效应管的好坏一般采用数字万用表的二极管（蜂鸣档）。测量前须将三只引脚短接放电，避免测量中发生误差。用两表笔任意触碰场效应管的三只引脚中的两只，好的场效应管测量结果应只有一次有读数，并且在 400 ~ 800 之间。如果在最终测量结果中测得只有一次有读数，并且为"0"时，须用小镊子短接该组引脚重新进行测量。如果重测后阻值在 400 ~ 800 之间说明场效应管正常。如果其中有一组数据为 0，则场效应管已经被击穿。

场效应管的检测步骤如下。

1）首先观察待测场效应管外观，看待测场效应管是否完好，如果存在烧焦或针脚断裂等情况说明场效应管已发生损坏，如图 10-65 所示，本次待测的场效应管外型完好没有明显的物理损坏。

2）待测场效应管外型完好没有明显损坏则需进一步进行测量，用一小镊子夹住待测场效应管用热风焊台将待测场效应管焊下。

3）将场效应管从主板中卸下后，须用小刻刀清洁待测场效应管的引脚，如图 10-66 所示。去除引脚上的污物，避免因油污的隔离作用影响测量时的准确性。

4）清洁完成后，用小镊子对待测场效应管进行放电，以避免残留电荷影响检测结果（场效应管极易存储电荷），如图 10-67 所示。

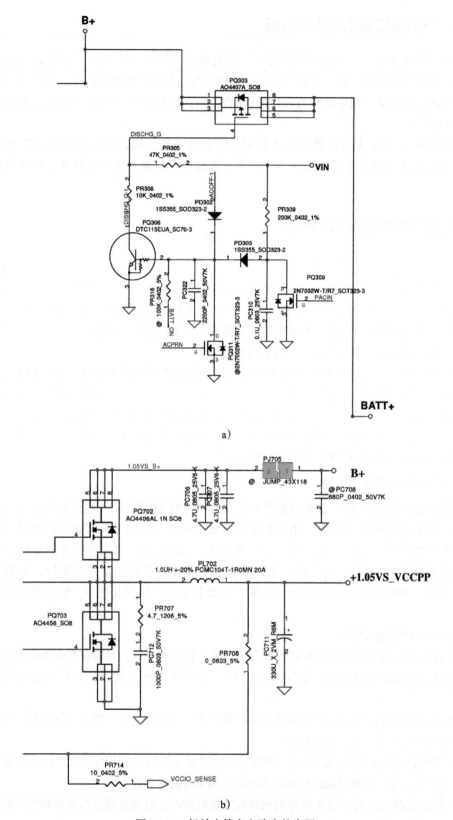

a)

b)

图 10-63　场效应管在电路中的应用

图 10-64　检测场效应管的实物图

图 10-65　待测场效应管外型

5）选择数字万用表的"二极管"档，如图 10-68 所示。

图 10-66　清洁场效应管的引脚

图 10-67　用小镊子对待测场
效应管进行放电

图 10-68　选择万用表档位

6）将黑表笔接待测场效应管左边的第一只引脚，用红表笔分别去测与另外两只引脚间的阻值，如图 10-69 所示。两次检测均为无穷大。

a）测量左边两只引脚的阻值

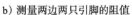

b）测量两边两只引脚的阻值

图 10-69　测量场效应管引脚间的阻值

7）将黑表笔接中间的引脚，用红表笔分别去测与另外两只引脚间的阻值，如图 10-70 所示。

8）将黑表笔接在第三只引脚上，用红表笔分别去测另外两只引脚与该引脚间的阻值，如图 10-71 所示。

a）测量左边两只引脚的阻值　　　　　　　　　　　b）测量右边两只引脚的阻值

图 10-70　测量场效应管引脚间的阻值

a）测量两边引脚间的阻值　　　　　　　　　　　b）测量右边两只引脚的阻值

图 10-71　测量场效应管引脚间的阻值

9）由于测量的场效应管的三只引脚中的任意两只引脚的阻值，只有一次有读数（540），阻值在 400 ~ 800 之间，因此判断此场效应管正常。

10.7　判断集成电路的好坏

10.7.1　认识集成电路

将一个单元电路的主要或全部元件都集成在一个介质基片上，使其成为具备一定功能的完整电路，然后封装在一个管壳内，这样的电路成为集成电路。其中所有元件在结构上已组成一个整体，这样，整个电路的体积大大缩小，且引出线和焊接点的数目也大为减少，从而使电子元件向着微小型化、低功耗和高可靠性方面迈进了一大步。电路中常见的集成电路如图 10-72 所示。

10.7.2　集成电路的引脚分布

在集成电路的检测、维修、替换过程中，经常需要对某些引脚进行检测。而对引脚进行检测，首先要做的就是对引脚进行正确的识别。结合电路图能找到实物集成电路上相对应的引脚。无论哪种封装形式的集成电路，引脚排列都会有一定的排列规律，可以依靠这些规律迅速做出判断。

图 10-72　电路中常见的集成电路

1. 单列直插式集成电路的引脚分布规律

常见的单列直插式集成电路，在引脚 1 那端都会有一个特殊的标志。可能是一个小圆凹坑、一个小圆孔、一个小半圆缺、一个小缺脚、一个小色点等。引脚 1 通常是起始端可以沿着引脚排列的位置依次对应引脚 2，3，4，…，如图 10-73 所示。

2. 双列直插式集成电路的引脚分布规律

一般情况下，双列直插式集成电路在引脚 1 那端都会有一个特殊的标志，而标记的上方往往是最后一个引脚。可以顺着引脚排列的位置，依次对应引脚 2,3,4,…，至最后一个引脚，如图 10-74 所示。

图 10-73　单列直插式集成电路引脚的分布规律　　　图 10-74　双列直插式集成电路的引脚分布规律

3. 扁平矩形集成电路的引脚分布规律

多数情况下，扁平矩形集成电路在引脚 1 的上方都会有一个特殊的标志，而标记的左面往往是最后一个引脚。可以顺着引脚排列的位置，依次对应找出引脚 2，3，4，…，至最后一个引脚，如图 10-75 所示。这个标记有可能是一个小圆凹坑，也可能是一个小色点等。

图 10-75　扁平矩形集成电路的引脚分布规律

10.7.3　集成稳压器

集成稳压器又叫集成稳压电路，是一种将不稳定的直流电压转换成稳定的直流电压的集成电路。与用分立元件组成的稳压电源相比，集成稳压器具有稳压精度高、工作稳定可靠、外围电路简单、体积小、重量轻等显著优点。集成稳压器一般分为多端式（稳压器的外引线数目超过三个）和三端式（稳压器的外引线数目为三个）两类。如图 10-76 所示为电路中常见的集成稳压器。

图 10-76　电路中常见的集成稳压器

在电路图中集成稳压器常用字母"Q"表示，电路图形符号如图 10-77 所示，其中 a 为多端式，b 为三端式。

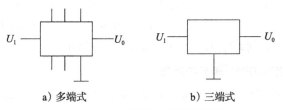

a）多端式　　　　　　　b）三端式

图 10-77　稳压器的电路图形符号

10.7.4　集成运算放大器

集成运算放大器（integrated operational amplifier）简称集成运放，是由多级直接耦合放大电路组成的高增益（对元器件、电路、设备或系统，其电流、电压或功率增加的程度）模拟集成电路。集成运算放大器通常结合反馈网络共同组成某种功能模块，可以进行信号放大、信号运算、信号的处理（滤波、调制）以及波形的产生和变换等功能。如图 10-78 所示为电路中常见的集成运算放大器。

LM358　　　　　　LF356　　　　　　LM324

TL082　　　　　　LT337　　　　　　TLE2072

图 10-78　电路中常见的集成运算放大器

在电路中集成运算放大器常用字母"U"表示，常用的电路图形符号如图 10-79 所示。

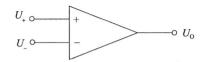

图 10-79　集成运算放大器的电路图形符号

10.7.5　集成电路好坏检测实例

1. 集成稳压器好坏的检测方法

集成稳压器主要通过测量引脚间的电阻值和稳压值来判断好坏。

选用数字万用表的二极管档。用万用表分别去测集成稳压器 GND 引脚（中间引脚）与其他两个引脚间的阻值，正常情况下，应该有一较小的阻值。如果阻值为零说明集成稳压器发生断路故障，如果阻值为无穷大说明集成稳压器发生开路故障。

测量稳压值的方法如下。

将万用表功能旋钮调到直流电压档的"10"或"50"档（根据集成稳压器的输出电压大小）。

将集成稳压器的电压输入端与接地端之间加上一个直流电压（不得高于集成电路的额定电压，以免烧毁）。

将万用表的红表笔接集成稳压器的输出端，黑表笔接地，测量集成稳压器输出的稳压值。

如果测得输出的稳压值正常，证明该集成稳压器基本正常；如果测得的输出稳压值不正常，那么该集成稳压器已损坏。

2. 集成运算放大器好坏的检测方法

首先将万用表的功能旋钮调到直流电压档的"10"档。

测量集成运算放大器的输出端与负电源端之间的电压值，在静态时电压值会相对较高。

用金属镊子依次点触集成运算放大器的两个输入端，给其施加干扰信号。

如果万用表的读数有较大的变动，说明该集成运算放大器是完好的；如果万用表读数没变化，说明该集成运算放大器已经损坏了。

3. 数字集成电路好坏的检测方法

通常通过测量数字集成电路引脚的对地阻值，来判定数字集成电路的好坏。

选用数字万用表的二极管档。

分别测量集成电路各引脚对地的正、反向电阻值，并测出已知正常的数字集成电路的各引脚对地间的正、反向电阻，与之进行比较。

如果测量的电阻值与正常的电阻值基本保持一致，则该数字集成电路正常；否则，说明数字集成电路已损坏。

4. 集成稳压器好坏检测实例

用对地电压法检测集成稳压管的好坏方法如下。

1）首先检查待测集成稳压器的外观，看待测集成稳压器是否有烧焦或针脚断裂等明显的物理损坏。如果有，该集成稳压器已不能正常使用了，如图 10-80 所示，本次检测的双向晶闸管外形完好，所以需要进一步检测是否正常。

2）清洁待测集成稳压管的引脚以避免因油污的隔离作用影响，影响测量的准确性，如图 10-81 所示。

图 10-80　观察待测集成稳压管

图 10-81　清洁待测集成稳压管的引脚

3）将待测集成稳压管电路板接上正常的工作电压。

4）将数字万用表旋至电压档的量程 20，如图 10-82 所示。

5）先给电路板通电，将数字万用表的红表笔接集成稳压器电压输出端引脚，黑表笔接地，如图 10-83 所示，记录其读数。

图 10-82　数字万用表的电压档

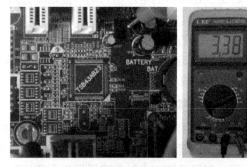

图 10-83　集成稳压器输出端的对地电压

6）如果输出端电压正常，则稳压器正常。如果输出端电压不正常，接着测量输入端电压。接着将数字万用表的红表笔接集成稳压器的输入端，黑表笔接地，如图 10-84 所示，记录其读数。

7）如果输入端电压正常，输出端电压不正常，则稳压器或稳压器周边的元器件可能有问题。接着检查稳压器周边的元器件，如果周边元器件正常，则稳压器有问题，更换稳压器。

5. 数字集成电路好坏检测实例

通常采用开路检测数字集成电路对地电阻的方法检测数字集成电路是否正常。

1）首先观察待测数字集成电路的物理形态，看待测数字集成电路是否有烧焦或针脚断裂等明显的物理损坏。如果有，数字集成电路已发生损坏，如图 10-85 所示，本次检测的数字集成电路外形完好，故需进一步进行测量。

2）用热风焊台将待测数字集成电路取下，接着清洁数字集成电路的引脚，去除引脚上的污物，避免因油污的隔离作用影响检测结果，如图 10-86 所示。

3）清洁完成后，将数字万用表的功能旋钮旋至二极管档，如图 10-87 所示。

图 10-84　集成稳压管输入端的对地电压

图 10-85　观察待测集成电路

图 10-86　焊下并清洁待测集成电路引脚

图 10-87　数字万用表的二极管档

4）将数字万用表的黑表笔接数字集成电路的地端，红表笔分别与其他引脚相接去检测其他引脚与地端的正向电阻，如图 10-88 所示。

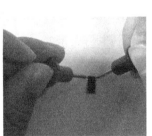

a）第一次测量

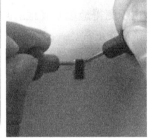

b）第二次测量

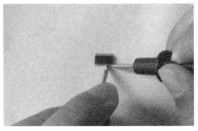

c）最后一个引脚的检测

图 10-88　集成电路各引脚的正向对地电阻

5）将红表笔接地端，黑表笔接其他引脚，去检测地端到其他引脚间的反向电阻，如图 10-89 所示。

a）第一次检测   b）第二次检测

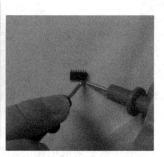

c）最后一个引脚的检测

图 10-89　数字集成电路各引脚对地反向电阻

由于测得地端到其他引脚间的正向阻值为一固定值，反向阻值为无穷大，因此该数字集成电路功能正常。

第 11 章

笔记本电脑三大芯片深入解析

本章系统地概述了笔记本电脑的 CPU、芯片组与 EC 芯片的作用和各功能模块的外部电路连接，是学习笔记本电脑维修技能过程中必须掌握的理论基础部分。

通过对这章内容的学习，可进一步理解笔记本电脑系统架构及工作原理，对笔记本电脑检修过程中的故障分析，特别是相关信号电路的分析具有重要的作用。

11.1 笔记本电脑三大芯片综述

CPU 是整个笔记本电脑的运算核心，其性能强弱很大程度上决定了笔记本电脑的整体性能。随着制造工艺和架构设计的提升和创新，CPU 内开始集成越来越多的功能模块，如 PCI-E 控制器、内存控制器等，从而使 CPU 的效率更高，并承担笔记本电脑内更多功能模块的控制工作。

芯片组是笔记本电脑主板的核心，由于 CPU 集成 PCI-E 控制器、内存控制器等原北桥芯片的功能，芯片组由原来的北桥芯片和南桥芯片双芯片架构衍变成现在的单芯片设计。但笔记本电脑主板上的大部分功能模块还都是要与芯片组进行通信，而笔记本电脑上大部分信号的产生也都与芯片组有关，特别是在开机启动的过程中，芯片组的作用是不可替代的。

EC 芯片同样是笔记本电脑主板上十分重要的芯片，在开机启动过程中也具有不可替代的作用。其不仅负责键盘、触摸板及状态指示灯等硬件设备的控制，还承担着部分电源管理工作。

所以学习掌握笔记本电脑的 CPU、芯片组与 EC 芯片的基础理论知识，是学习笔记本电脑故障检修过程中不可或缺的一部分。

11.2 笔记本电脑 CPU 深入解析

从某种程度上讲，CPU 的革新是推动笔记本电脑性能不断提升和架构不断升级的原始驱动力。

　　随着 CPU 制造工艺和核心架构的革新，CPU 内部不仅集成了显示核心，还集成了内存控制器、PCI-E 控制器等功能模块。在旧平台中，显示核心通常集成于北桥芯片内，而内存控制器、PCI-E 控制器等功能模块也都集成于北桥芯片内。

　　CPU 集成显示核心、内存控制器、PCI-E 控制器后，芯片组的双芯片设计衍变为单芯片设计，这使得整个笔记本电脑系统在显示性能、内存和独立显卡控制方面的性能大大提升，而且还节省了主板的功耗和体积。

　　笔记本电脑采用的 CPU 通过针脚插装在主板的 CPU 插槽上，从而实现与主板上各种功能模块之间的数据传送，并得到主板上 CPU 供电电路提供的供电。所以 CPU 的外部连接电路可以分为信号电路和供电电路两个部分。

　　笔记本电脑 CPU 的供电部分，已经在前文中叙述，在此不再赘述。而 CPU 与各种功能模块之间进行数据交换，是通过总线系统完成的，是下面将要重点讲述的内容。

　　总线（bus）是计算机各个组件之间规范化的数据交换方式，是由导线构成的数据传输路径，是笔记本电脑内各个功能模块之间进行数据传输的硬件通道。

　　总线是规范化的数据交换方式，不同的总线具有不同的性能和特点，适用于不同的使用环境，而总线标准规定了总线内各导线的时序、电气和机械特性等参数。

　　总线有很多种分类方法，如根据总线的结构可将总线分为并行总线和串行总线，并行总线是每个信号在传送时都有专用的信号线。串行总线则是所有信号传送时都复用一对信号线。而按照总线的功能又可将总线分为片内总线、内部总线和外部总线等。

　　用于描述总线性能的概念主要有总线频率、总线位宽及总线带宽。

　　总线频率是指总线在工作时的时钟频率，单位为 Hz，其他单位还有 MHz 和 GHz，理论上是工作频率越高，总线的传输速率也就越快。

　　总线位宽是指总线可同时传送的二进制数据的位数，用 bit（位）表示，如 32bit、64bit 等。总线的位宽越大，在单位时间内能够传输的数据也就越多。

　　总线带宽是总线数据传输速率，指单位时间内总线上传送的数据量。总线带宽 = 总线位宽 × 总线频率 × 1/8。

　　应用于笔记本电脑上的总线类型不是一成不变的，而是随着技术和相关硬件设备的革新而不断衍变出新的总线类型。如旧平台上 Intel 公司用于 CPU 与芯片组连接的 FSB 总线，已经被 DMI 总线所代替，这正是由于系统架构改变或对性能提升的需求所产生的变化。

　　目前应用于笔记本电脑上的 CPU，主要有 Intel 公司的酷睿 i 系列处理器和 AMD 公司的 APU 系列处理器。

　　Intel 和 AMD 两家公司设计的 CPU 都集成了显示核心和内存控制器，但是在一些总线的使用和 CPU 的外部电路连接上，区别还是很大的。

　　不同代的酷睿 i 系列和 APU 系列 CPU 也是有所区别的，如总线频率的提升等。所以在学习笔记本电脑维修技能时，应首先了解 CPU 引脚的意义，然后逐步掌握最重要和最容易出现故障的一些引脚外部连接电路。下面分别系统地概述 Intel 公司和 AMD 公司设计的 CPU 内部功能模块的意义。

11.2.1　Intel 公司 CPU

　　如图 11-1 所示为 Intel 公司酷睿 i 系列 CPU 的信号引脚电路图，图 11-1a 所示为 CPU 的 eDP、FDI、DMI 和 PCI Express 信号引脚电路图，图 11-1b 所示为 CPU 的时钟信号和电源管理等信号引脚电路图，图 11-1c 和图 11-1d 所示为 CPU 的内存控制信号引脚电路图。

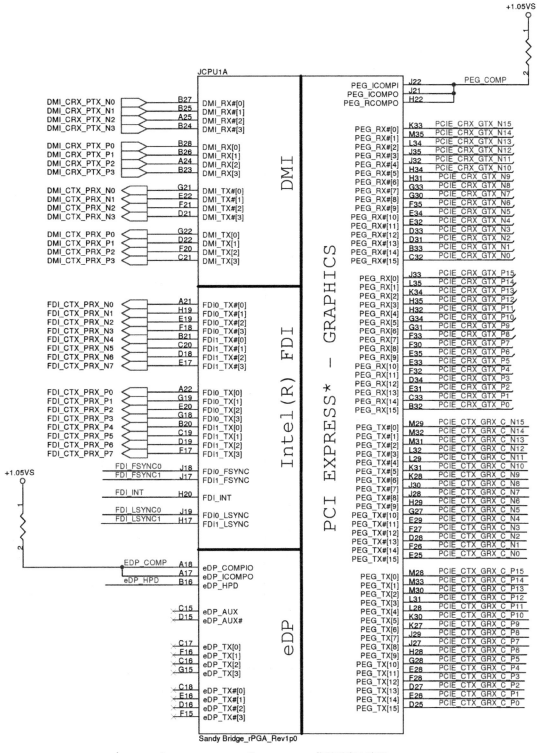

a）eDP、FDI、DMI 和 PCI Express 信号引脚电路图

图 11-1　Intel 公司酷睿 i 系列 CPU 的信号引脚电路图

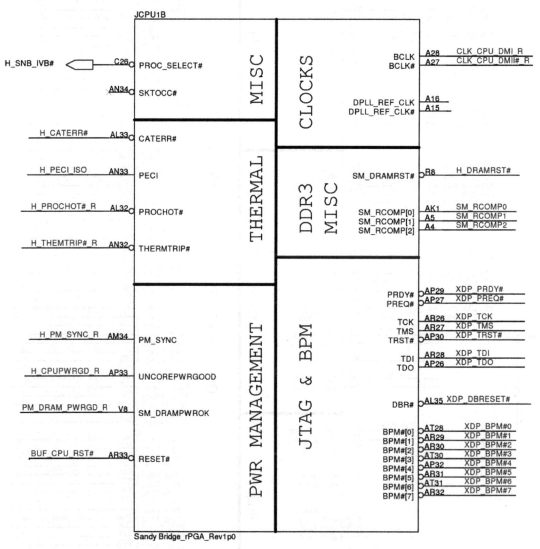

b) CPU 的时钟信号和电源管理等信号引脚电路图

图 11-1 （续）

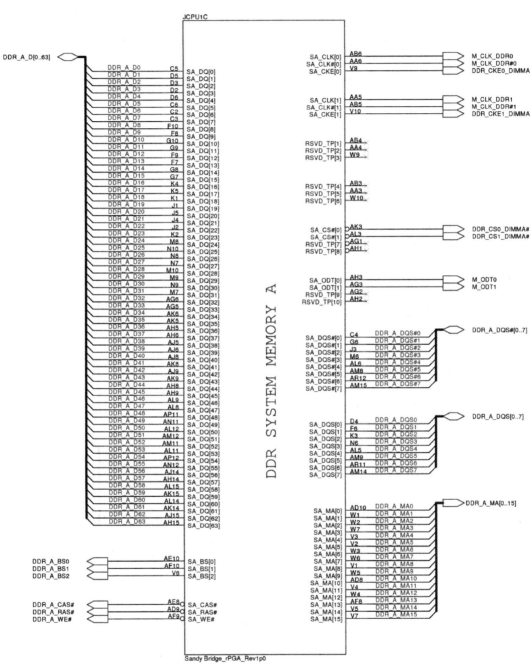

c）CPU 的内存控制信号引脚电路图 1

图 11-1 （续）

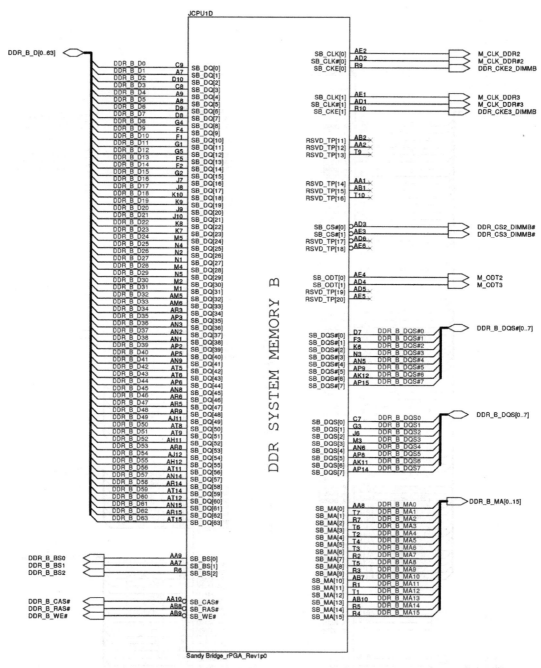

d) CPU 的内存控制信号引脚电路图 2

图 11-1 （续）

　　eDP（Embedded DisplayPort）可翻译为嵌入式 DisplayPort。2006 年，VESA（视频电子标准协会）发布了 DisplayPort 1.0 标准，一种针对所有显示设备的开放标准。DisplayPort 具有高带宽，可传输高清晰音频、视频，并既可支持外部接口、又可支持内部接口等良好的特征，DisplayPort 还具有先进的内容保护技术。

　　在笔记本电脑中应用 eDP，主要是用于取代在笔记本电脑中沿用多年的 LVDS，连接笔记本电脑的液晶显示屏，应用 eDP 的好处是内部走线更简单、效率更高、功耗更低。

FDI 是 Flexible Display Interface 的缩写，FDI 总线主要用于传输 Intel 平台中从 CPU 到芯片组（PCH）之间的显示信息。

对于整合了显示核心的 CPU 来说，需要一条单独的通道与芯片组（PCH）的显示单元相连，而 FDI 总线就可实现利用差分信号来传输从 CPU 到芯片组（PCH）的显示数据。

DMI 是 Direct Media Interface 的缩写，中文译作直接媒体接口。DMI 总线是 Intel 公司开发的一种总线类型，目前主要用于 CPU 与芯片组（PCH）之间的通信。

DMI 总线采用点对点的连接方式，是基于 PCI-E 总线而开发的一种总线类型，其早期主要用于连接 Intel 平台中的南桥芯片和北桥芯片，是这两种芯片之间传送数据信息的通道。当 Intel 公司的 CPU 内部集成了显示核心、内存控制器、PCI-E 控制器等原北桥芯片的功能模块后，DMI 总线则用于 CPU 与芯片组（PCH）之间的通信。

PCI Express 简称 PCI-E，采用点对点串行连接，取代了过去沿用数年的 PCI 总线，是目前一种被广泛应用的总线类型。

PCI Express 根据总线位宽的不同可分为 X1、X2、X4、X8 和 X16 等不同通道规格。PCI Express X16 类型的总线主要作为 CPU 与笔记本电脑配置的独立显卡之间数据交换的通道。

11.2.2　AMD 公司 CPU

如图 11-2 所示为 AMD 公司设计的 APU 系列 CPU 的信号引脚电路图，图 11-2a 的 "GRAPHICS" 信号组线主要用于连接笔记本电脑配置的独立显卡。图 11-2a 的 "GPP" 信号组线主要用于连接笔记本电脑的网络功能模块，图 11-2a 的 "UMI-LINK" 信号组线主要用作 CPU 与 AMD 公司的芯片组 FCH 芯片之间的数据交换通道。

图 11-2b 所示为 CPU 的时钟信号引脚以及连接液晶显示屏接口、HDMI 接口等功能模块的引脚电路图。

图 11-2c 和图 11-2d 所示为 CPU 的内存控制信号引脚电路图。

 ## 11.3　笔记本电脑芯片组深入解析

旧平台对于芯片组的定义是北桥芯片和南桥芯片的统称，其中北桥芯片起着主导性的作用，也称为主桥。北桥芯片主要负责对 CPU、内存及显卡等硬件设备的支持，部分北桥内还集成显示核心。南桥芯片则负责对各种接口如硬盘接口、USB 接口以及网络功能模块和音频功能模块的支持。

芯片组不仅是主板的核心，其性能还决定了整个主板的性能。

随着 CPU 制造工艺和核心架构的革新，北桥芯片的大部分功能都集成到 CPU 内，所以主板上的芯片组开始采用单芯片设计。

芯片组并非一定要采用双芯片设计，单芯片设计的芯片组很早就已经出现。但直到 Intel 公司的酷睿 i 系列处理器和 AMD 公司的 APU 系列处理器开始集成大部分北桥芯片的功能，单芯片设计的芯片组才开始成为主流，虽然芯片组衍变成了单芯片，但习惯上还是沿用旧名称。Intel 公司采用的单芯片芯片组称为 PCH，AMD 公司采用的单芯片芯片组称为 FCH。

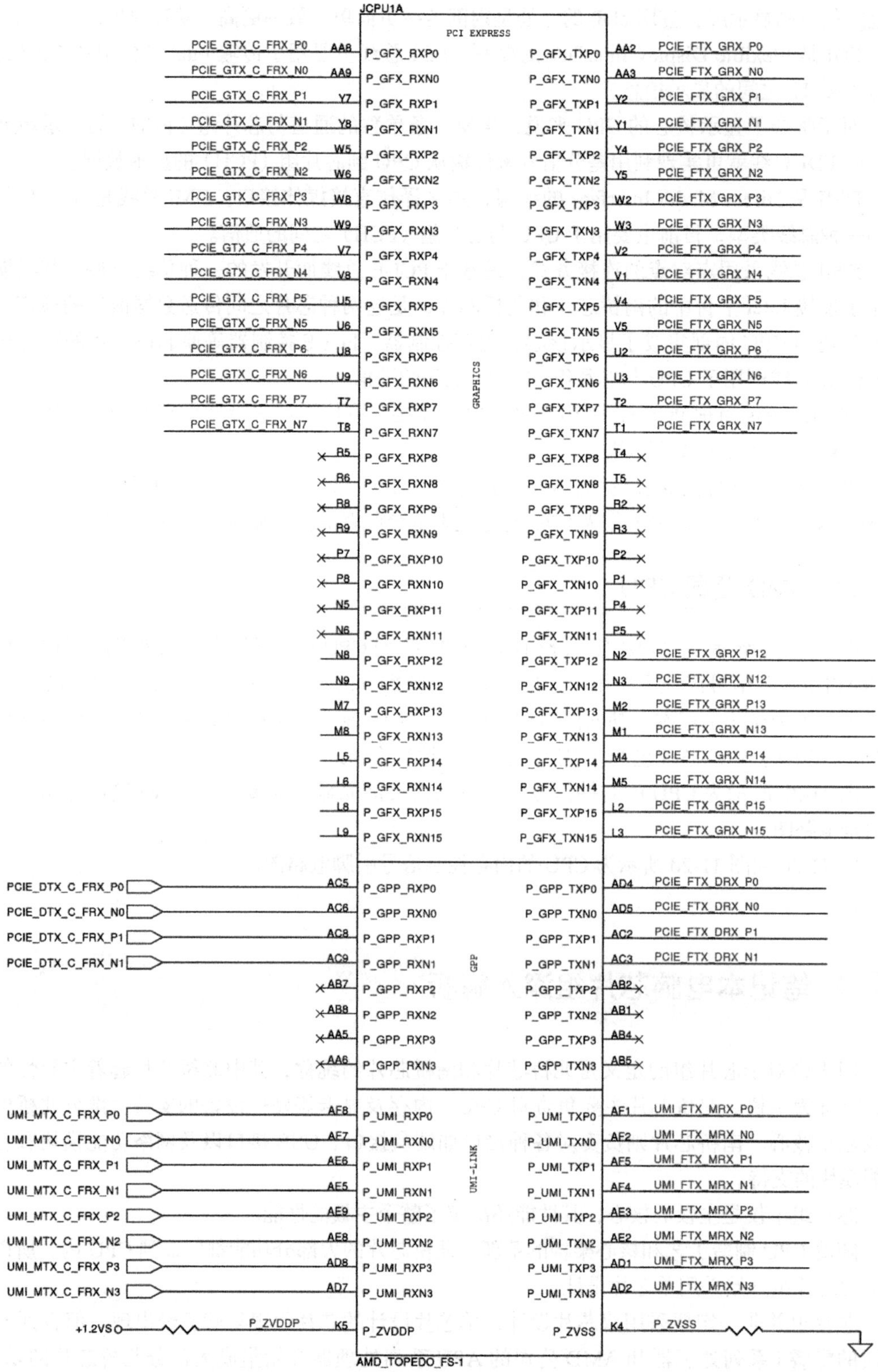

a) GRAPHICS、GPP 和 UMI-LINK 信号引脚电路图

图 11-2　AMD 公司 APU 系列 CPU 的信号引脚电路图

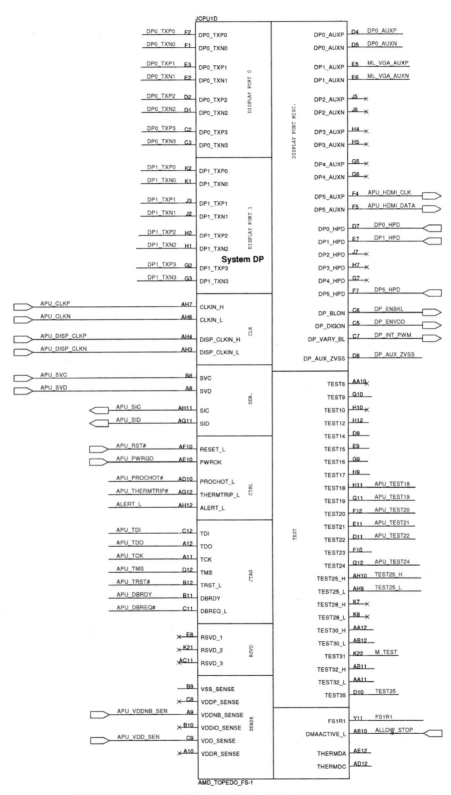

b）CPU 的时钟信号引脚以及连接液晶显示屏接口、HDMI 接口等功能模块的引脚电路图

图 11-2　（续）

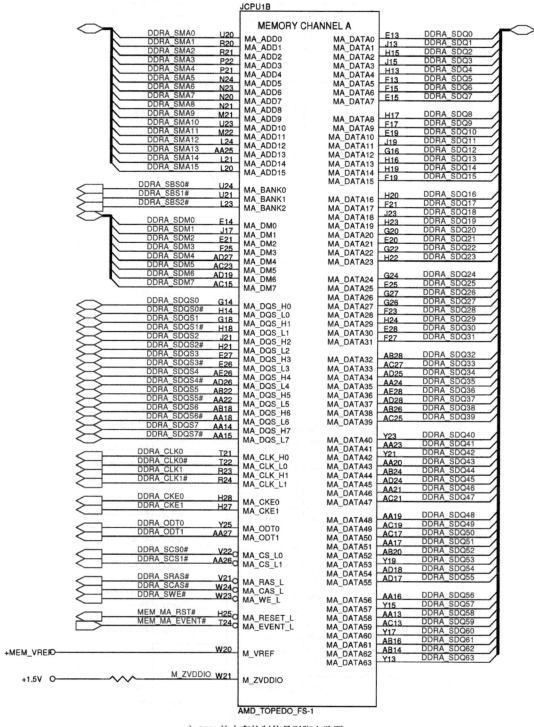

c）CPU 的内存控制信号引脚电路图 1

图 11-2 （续）

JCPU1C

MEMORY CHANNEL B

DDRB_SMA0	T27	MB_ADD0	MB_DATA0	A14	DDRB_SDQ0
DDRB_SMA1	P24	MB_ADD1	MB_DATA1	B14	DDRB_SDQ1
DDRB_SMA2	P25	MB_ADD2	MB_DATA2	D16	DDRB_SDQ2
DDRB_SMA3	N27	MB_ADD3	MB_DATA3	E16	DDRB_SDQ3
DDRB_SMA4	N26	MB_ADD4	MB_DATA4	B13	DDRB_SDQ4
DDRB_SMA5	M28	MB_ADD5	MB_DATA5	C13	DDRB_SDQ5
DDRB_SMA6	M27	MB_ADD6	MB_DATA6	B16	DDRB_SDQ6
DDRB_SMA7	M24	MB_ADD7	MB_DATA7	A16	DDRB_SDQ7
DDRB_SMA8	M25	MB_ADD8			
DDRB_SMA9	L26	MB_ADD9	MB_DATA8	C17	DDRB_SDQ8
DDRB_SMA10	U26	MB_ADD10	MB_DATA9	B18	DDRB_SDQ9
DDRB_SMA11	L27	MB_ADD11	MB_DATA10	B20	DDRB_SDQ10
DDRB_SMA12	K27	MB_ADD12	MB_DATA11	A20	DDRB_SDQ11
DDRB_SMA13	W26	MB_ADD13	MB_DATA12	E17	DDRB_SDQ12
DDRB_SMA14	K25	MB_ADD14	MB_DATA13	B17	DDRB_SDQ13
DDRB_SMA15	K24	MB_ADD15	MB_DATA14	B19	DDRB_SDQ14
			MB_DATA15	C19	DDRB_SDQ15
DDRB_SBS0#	U27	MB_BANK0			
DDRB_SBS1#	T28	MB_BANK1	MB_DATA16	C21	DDRB_SDQ16
DDRB_SBS2#	K28	MB_BANK2	MB_DATA17	B22	DDRB_SDQ17
			MB_DATA18	C23	DDRB_SDQ18
DDRB_SDM0	D14	MB_DM0	MB_DATA19	A24	DDRB_SDQ19
DDRB_SDM1	A18	MB_DM1	MB_DATA20	D20	DDRB_SDQ20
DDRB_SDM2	A22	MB_DM2	MB_DATA21	B21	DDRB_SDQ21
DDRB_SDM3	C25	MB_DM3	MB_DATA22	E23	DDRB_SDQ22
DDRB_SDM4	AF25	MB_DM4	MB_DATA23	B23	DDRB_SDQ23
DDRB_SDM5	AG22	MB_DM5			
DDRB_SDM6	AH18	MB_DM6	MB_DATA24	E24	DDRB_SDQ24
DDRB_SDM7	AD14	MB_DM7	MB_DATA25	B25	DDRB_SDQ25
			MB_DATA26	B27	DDRB_SDQ26
DDRB_SDQS0	C15	MB_DQS_H0	MB_DATA27	D28	DDRB_SDQ27
DDRB_SDQS0#	B15	MB_DQS_L0	MB_DATA28	B24	DDRB_SDQ28
DDRB_SDQS1	E18	MB_DQS_H1	MB_DATA29	D24	DDRB_SDQ29
DDRB_SDQS1#	D18	MB_DQS_L1	MB_DATA30	D26	DDRB_SDQ30
DDRB_SDQS2	E22	MB_DQS_H2	MB_DATA31	C27	DDRB_SDQ31
DDRB_SDQS2#	D22	MB_DQS_L2			
DDRB_SDQS3	B26	MB_DQS_H3	MB_DATA32	AG26	DDRB_SDQ32
DDRB_SDQS3#	A26	MB_DQS_L3	MB_DATA33	AH26	DDRB_SDQ33
DDRB_SDQS4	AG24	MB_DQS_H4	MB_DATA34	AF23	DDRB_SDQ34
DDRB_SDQS4#	AG25	MB_DQS_L4	MB_DATA35	AG23	DDRB_SDQ35
DDRB_SDQS5	AG21	MB_DQS_H5	MB_DATA36	AG27	DDRB_SDQ36
DDRB_SDQS5#	AF21	MB_DQS_L5	MB_DATA37	AF27	DDRB_SDQ37
DDRB_SDQS6	AG17	MB_DQS_H6	MB_DATA38	AH24	DDRB_SDQ38
DDRB_SDQS6#	AG18	MB_DQS_L6	MB_DATA39	AE24	DDRB_SDQ39
DDRB_SDQS7	AH14	MB_DQS_H7			
DDRB_SDQS7#	AG14	MB_DQS_L7	MB_DATA40	AE22	DDRB_SDQ40
			MB_DATA41	AH22	DDRB_SDQ41
DDRB_CLK0	R26	MB_CLK_H0	MB_DATA42	AE20	DDRB_SDQ42
DDRB_CLK0#	R27	MB_CLK_L0	MB_DATA43	AH20	DDRB_SDQ43
DDRB_CLK1	P27	MB_CLK_H1	MB_DATA44	AD23	DDRB_SDQ44
DDRB_CLK1#	P28	MB_CLK_L1	MB_DATA45	AD22	DDRB_SDQ45
			MB_DATA46	AD21	DDRB_SDQ46
DDRB_CKE0	J26	MB_CKE0	MB_DATA47	AD20	DDRB_SDQ47
DDRB_CKE1	J27	MB_CKE1			
			MB_DATA48	AF19	DDRB_SDQ48
DDRB_ODT0	W27	MB_ODT0	MB_DATA49	AE18	DDRB_SDQ49
DDRB_ODT1	Y28	MB_ODT1	MB_DATA50	AE16	DDRB_SDQ50
			MB_DATA51	AH16	DDRB_SDQ51
DDRB_SCS0#	V25	MB_CS_L0	MB_DATA52	AG20	DDRB_SDQ52
DDRB_SCS1#	Y27	MB_CS_L1	MB_DATA53	AG19	DDRB_SDQ53
			MB_DATA54	AF17	DDRB_SDQ54
DDRB_SRAS#	V24	MB_RAS_L	MB_DATA55	AD16	DDRB_SDQ55
DDRB_SCAS#	V27	MB_CAS_L			
DDRB_SWE#	V28	MB_WE_L	MB_DATA56	AG15	DDRB_SDQ56
			MB_DATA57	AD15	DDRB_SDQ57
MEM_MB_RST#	J25	MB_RESET_L	MB_DATA58	AG13	DDRB_SDQ58
MEM_MB_EVENT#	T25	MB_EVENT_L	MB_DATA59	AD13	DDRB_SDQ59
			MB_DATA60	AG16	DDRB_SDQ60
			MB_DATA61	AF15	DDRB_SDQ61
			MB_DATA62	AE14	DDRB_SDQ62
			MB_DATA63	AF13	DDRB_SDQ63

AMD_TOPEDO_FS-1

d）CPU 的内存控制信号引脚电路图 2

图 11-2 （续）

11.3.1   Intel 公司的芯片组

PCH 芯片是主板的核心，提供对音频功能模块、网络功能模块以及硬盘接口、光驱接口、USB 接口等的支持和通信。PCH 芯片还具有电源管理以及产生各种控制信号的作用。PCH 芯片也是通过各种不同的总线，与 EC 芯片、网络芯片、音频芯片及各种接口进行数据交换和控制，如图 11-3 所示为 Intel 公司芯片组 PCH 芯片的信号引脚电路图 1。

图 11-3 中 RTC（Real-Time Clock）译为实时时钟。PCH 芯片的 RTC 信号组线中的 RTCX1 和 RTCX2 用于连接 PCH 芯片外部的 32.76kHz 实时时钟晶振、谐振电容等组成实时时钟电路。该电路在没有电源适配器或可充电电池供电的情况下，依然有主板上的 CMOS 电池供电，所以其一直是在工作的。

LPC 总线在 Intel 平台中主要应用于 PCH 芯片与 EC 芯片等硬件和相关设备之间的连接。在 LPC 总线上传输的类型包括存储器读 / 写、I/O 读 / 写、DMA 读 / 写、总线主存储器读 / 写、总线主 I/O 读 / 写、以及固件存储器读 / 写等。

LPC 总线的 LAD[3:0] 信号组线主要用于传输命令、地址和数据信息。这些信息包括：启动、停止（中止一个周期）、传输类型（内存、I/O、DMA）、传输方向（读 / 写）、地址、数据、大小、等待状态、DMA 通道等。

IHDA 信号组线在 Intel 的 PCH 芯片中，主要用于连接主板上的高清音频功能模块，实现与音频功能模块之间的数据交换及控制。

JTAG 信号组线主要用于芯片的测试，包括模式选择、时钟、数据输入和数据输出。

SPI 总线是一种高速通信总线，可用于连接 EEPROM 和 FLASH 芯片等硬件设备。SPI 包括数据输入、数据输出、时钟和控制四条线路，具有结构简单、利于设计的特点。

SATA（Serial Advanced Technology Attachment）总线，可以说是一种广为人知的总线标准，其代替了过去的 IDE，成为主板上连接硬盘和光驱接口广泛采用的总线类型。

SATA 总线包括了 SATA 1.5Gbit/s、SATA 3Gbit/s 和 SATA 6Gbit/s 三种规格，其具有纠错能力强、传输速率快等优点。在 PCH 芯片中通常有多组 SATA 总线连接，用作 PCH 芯片与光驱接口、硬盘接口等硬件设备的数据传输通道。

如图 11-4 的 Intel 公司芯片组 PCH 芯片的信号引脚电路图 2 所示，PCH 芯片的 PCI-E 功能模块主要用于主板上的网络功能模块、读卡器等进行数据信息的传输和控制。

SMBUS（System Management Bus，系统管理总线），是一种低速率通信总线，其作用是传输硬件设备信息和控制。

CLOCKS 为 PCH 芯片的时钟功能模块，用于输出时钟信号给主板上的各种电路和硬件设备。

如图 11-5 的 Intel 公司芯片组 PCH 芯片的信号引脚电路图 3 所示，PCH 芯片的 DMI、FDI 信号组线用于与 CPU 之间的通信。

System Power Management（系统电源管理）是 PCH 芯片十分重要的一个功能模块，其通过相关引脚发送控制信号，控制笔记本电脑的开机启动过程以及笔记本电脑的工作状态。

如图 11-6 的 Intel 公司芯片组 PCH 芯片的信号引脚电路图 4 所示，LVDS 用于连接笔记本电脑的液晶显示屏接口，实现 PCH 芯片与液晶显示屏之间的数据传输和控制。CRT 连接笔记本电脑的 VGA 视频接口，Digital Display Interface 用于连接 HDMI 视频接口。

　　此外，芯片组还有 USB 和 PCI 等总线用于与外部硬件设备的数据传输和控制。USB 的信号组线用于支持 USB 接口等硬件设备的通信。PCI 总线是一种已经被 PCI-E 总线所取代的总线类型，但是某些芯片组会保留 PCI 信号组线，用于支持 PCI 插槽等设备。

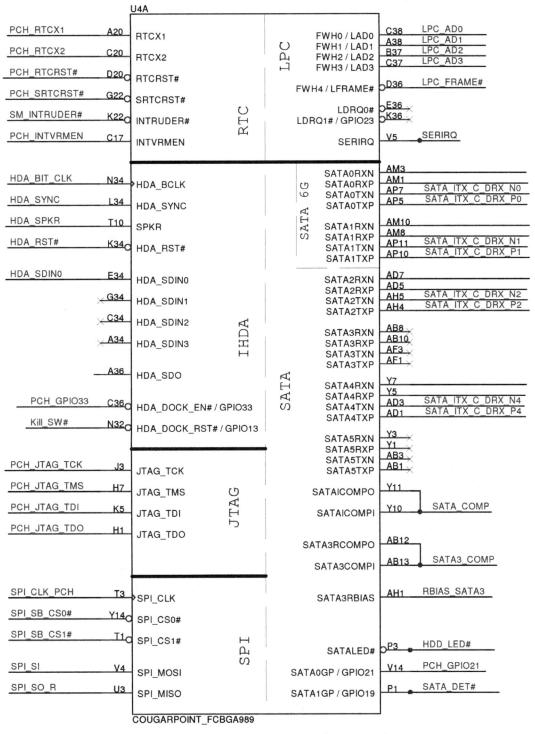

图 11-3　Intel 公司芯片组 PCH 芯片的信号引脚电路图 1

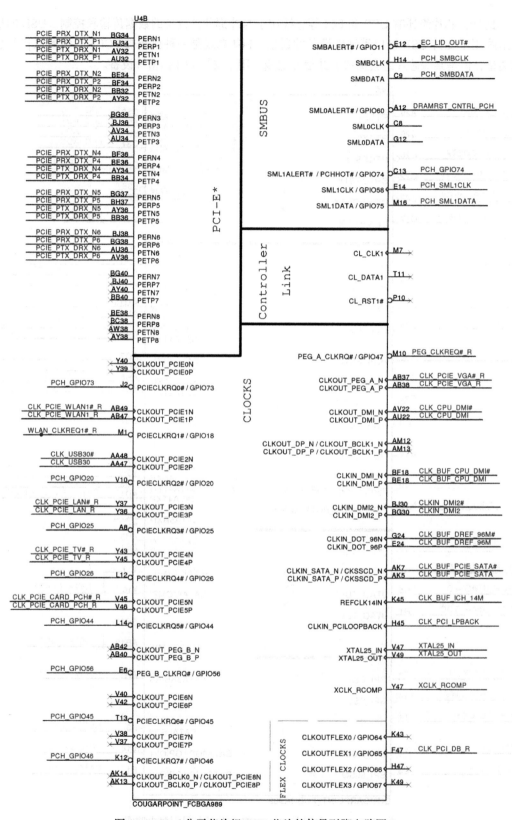

图 11-4 Intel 公司芯片组 PCH 芯片的信号引脚电路图 2

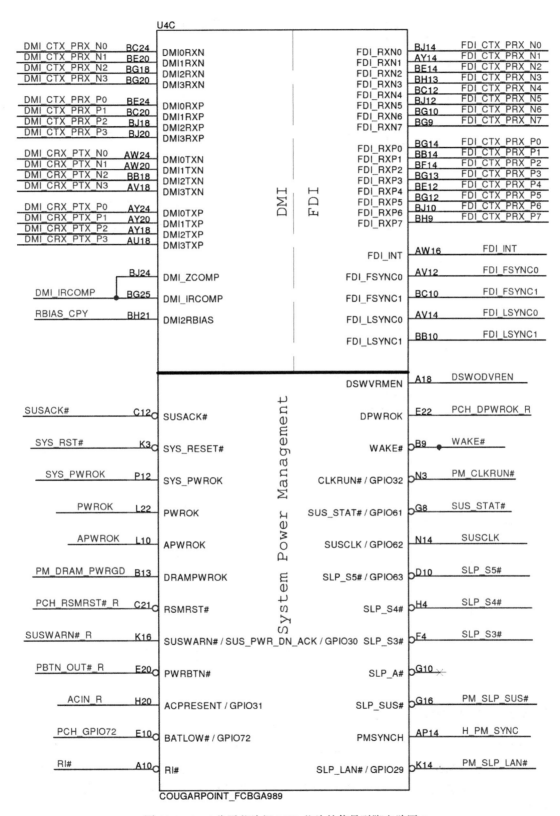

图 11-5　Intel 公司芯片组 PCH 芯片的信号引脚电路图 3

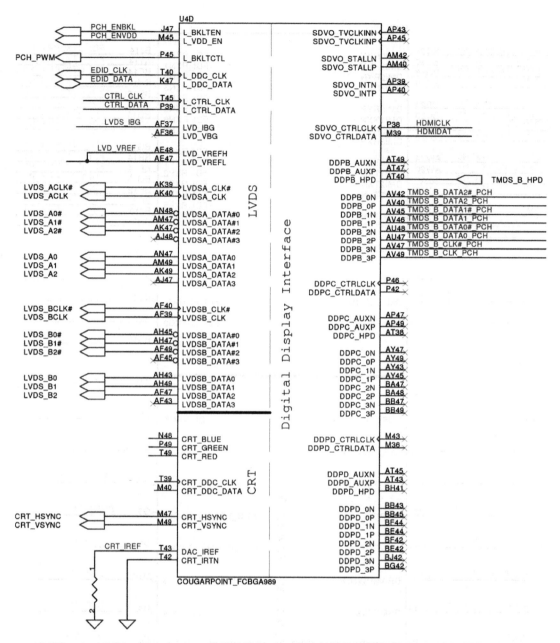

图 11-6   Intel 公司芯片组 PCH 芯片的信号引脚电路图 4

11.3.2   AMD 公司的芯片组

如图 11-7 ~ 图 11-9 所示为 AMD 公司芯片组 FCH 芯片的信号引脚电路图。从图中可以看出，其实 AMD 公司和 Intel 公司采用的很多总线类型都是相同的。通过对 PCH 芯片的了解之后，也能大致理解 FCH 芯片内部功能模块和各种信号组线所应连接到的外部硬件设备。

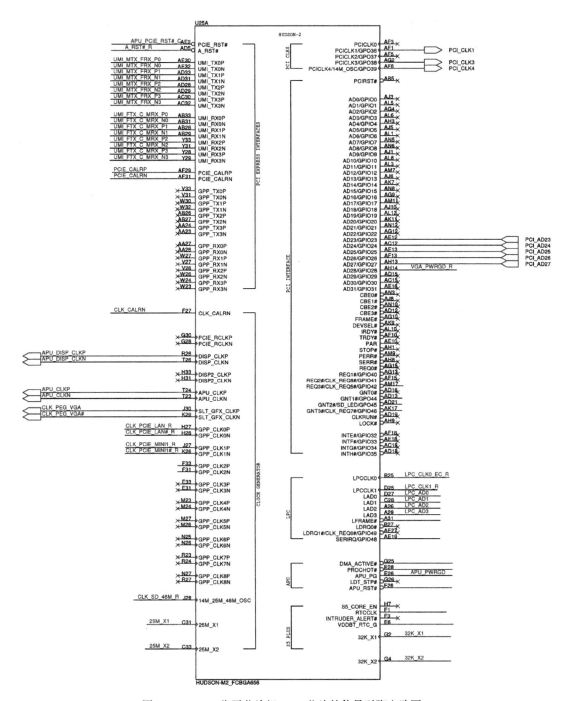

图 11-7　AMD 公司芯片组 FCH 芯片的信号引脚电路图 1

　　如图 11-7 的 AMD 公司芯片组 FCH 芯片的信号引脚电路图 1 所示，图中标示出了 FCH 芯片的 PCI-E、PCI、LPC 总线以及时钟等信号组线，这些信号总线通常用于连接外部电路中的 CPU、EC 芯片等硬件设备，并向主板上的各种电路和硬件设备提供时钟信号。

　　如图 11-8 的 AMD 公司芯片组 FCH 芯片的信号引脚电路图 2 所示，图中标示出了 FCH

芯片的 USB 以及高清音频等信号组线，用于连接主板上的音频功能模块和 USB 接口等电路和硬件设备，从而实现 FCH 芯片与这些电路和硬件设备之间的数据传输和控制。

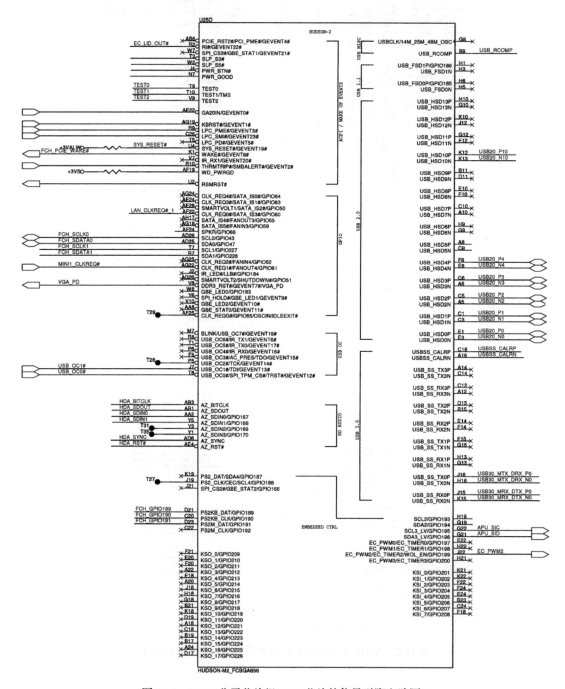

图 11-8   AMD 公司芯片组 FCH 芯片的信号引脚电路图 2

如图 11-9 的 AMD 公司芯片组 FCH 芯片的信号引脚电路图 3 所示，图中标示出了 FCH 芯片的 SATA、VGA 信号组线以及硬件监控功能模块，这些信号组线主要用于连接主板上的硬盘、光驱接口电路和 VGA 视频接口电路等功能模块。

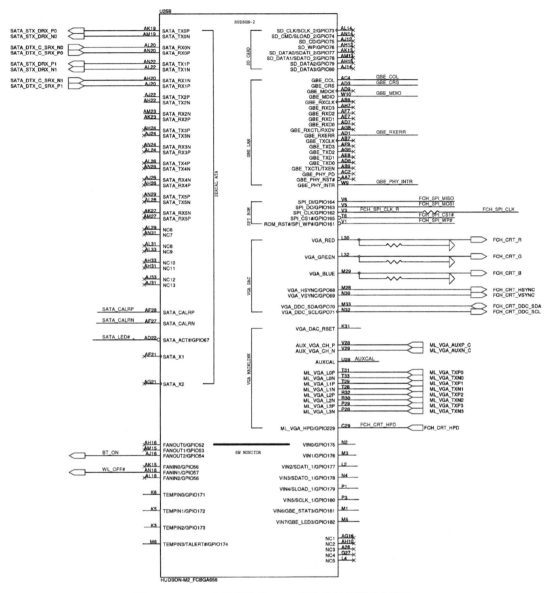

图 11-9　AMD 公司芯片组 FCH 芯片的信号引脚电路图 3

11.4　笔记本电脑 EC 芯片深入解析

　　EC（Embedded Controller）芯片是笔记本电脑主板上仅次于芯片组的重要芯片，其外部主要与芯片组、键盘、触摸板等硬件设备相连，用于信息传送和控制。此外，EC 芯片还承担着计算机系统的部分电源管理工作。

　　EC 芯片是主板上体积较大、引脚较多的芯片，比较容易辨别。在笔记本电脑检修过程中，特别是一些不能开机的故障检修中，经常会遇到 EC 芯片出现问题而导致故障的情况。如图 11-10 所示为 EC 芯片电路图，从图中可以看出 EC 芯片的引脚较多，且相对杂乱，在学习

EC 芯片的检修中，重点掌握 EC 芯片的工作条件，如其供电、复位和时钟信号。还有就是掌握 EC 芯片在开机过程中信号的接收和发送等方面的内容。这些内容会在后面的笔记本电脑开机启动原理及故障检修案例中逐渐叙述。

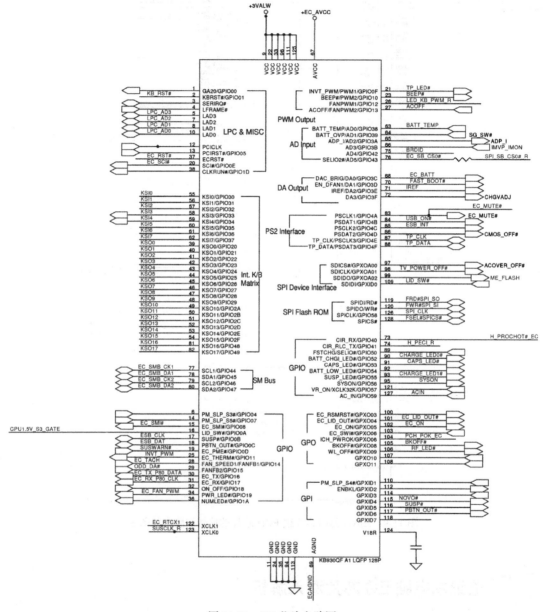

图 11-10　EC 芯片电路图

11.5 笔记本电脑三大芯片故障分析

笔记本电脑的 CPU、芯片组与 EC 芯片都是内部集成了很多功能模块，外部连接较多电路和硬件设备，所以与 CPU、芯片组、EC 芯片相关的故障是比较常见的。

与 CPU、芯片组、EC 芯片相关的故障主要包括以下几种情况。

1）第一种常见的情况是，CPU、芯片组、EC 芯片工作条件不满足，造成不能开机、自动重启、死机或某些功能模块不能使用的故障，如 CPU 在开机过程中没有核心供电输入，将造成不能开机的故障。

EC 芯片的复位电路出现问题，造成 EC 芯片不能复位而无法正常工作，引起不能开机故障等。

所以，在检修 CPU、芯片组、EC 芯片时，应仔细检测其能够正常工作的供电和信号是否正常。

2）第二种常见情况是，CPU、芯片组、EC 芯片存在虚焊或不良的情况，造成不能开机、自动重启、死机或某些功能模块不能使用的故障。如 CPU 插座虚焊，造成不能开机，或芯片组不良造成网络功能或音频功能等不能使用的情况。

3）第三种常见情况是，CPU、芯片组、EC 芯片损坏，造成不能开机、死机等状况。CPU 损坏的状况比较少见，但是主板上的 CPU 插座及其周围电路中的电子元器件比较容易出现问题。

芯片组特别是双芯片架构中的南桥芯片，比较容易出现问题。EC 芯片损坏的情况也比较常见，更换时需要注意的是要选择同型号的 EC 芯片进行更换，部分 EC 芯片内部带有程序，对于此类 EC 芯片更换时要特别注意。

第 12 章

笔记本电脑开机电路故障诊断与维修

在笔记本电脑的芯片级维修中，不能正常开机启动的故障占了很大一部分比例，所以学习掌握笔记本电脑的开机及信号电路的理论知识，对提高笔记本电脑的检修技能是十分必要的。只有了解和掌握了笔记本电脑的开机原理、过程以及各种信号电路的工作原理，才能在检修过程中做到有的放矢、游刃有余。

12.1 笔记本电脑开机原理

笔记本电脑开机原理及各种重要信号的理论知识，是笔记本电脑检修技能中非常重要的知识基础。下面分步骤地对这部分知识作系统、全面的概述。

从按下笔记本电脑主机电源开关键开始，到笔记本电脑进入操作系统的过程，称之为笔记本电脑的开机启动过程。笔记本电脑的开机启动过程分为硬启动过程和软启动过程两个部分。硬启动过程主要是指 POWER（电源）的动作过程，而软启动过程指的是执行 BIOS 的 POST 过程。

12.1.1 笔记本电脑硬启动原理

笔记本电脑开机启动过程中的硬启动过程，实质上是笔记本电脑主板的上电过程。其中比较重要的操作就是前文中所讲述的主板供电电路，开始工作并输出供电。

当笔记本电脑有电源适配器或可充电电池供电时，笔记本电脑处于待机状态。

在待机状态时，电源适配器或可充电电池的输入供电，经过主机电源接口电路或电池接口电路后，首先进入笔记本电脑的保护隔离电路。保护隔离电路选择系统的供电方式，并将选择后的供电输送给待机电路。

笔记本电脑的待机电路，将保护隔离电路输送的十几伏的供电，转换成 3.3V 和 5V 的待机供电，并输送给主板上需要待机供电的电路和相关硬件设备，如主机电源开关键、EC 芯片及芯片组等。

EC 芯片和芯片组在笔记本电脑的开机过程中，负责大部分重要信号的接收和发送。如果其不能正常工作，则开机过程无法正常进行。

在待机状态时，EC 芯片和芯片组并非完全进入工作状态，而是只有与笔记本电脑的开机启动过程相关的功能模块开始工作，比如用于检测开机信号的功能模块。在待机状态时，笔记本电脑的耗电量是非常小的。

当笔记本电脑待机电路正常工作，且主要硬件设备也能够正常工作时，按下笔记本电脑的主机电源开关键，笔记本电脑的硬启动过程开始。

通常情况下，待机电路正常工作以后，就会为主机电源开关键提供一个 3.3V 的供电。当按下主机电源开关键时，3.3V 的高电平会被拉低，通常会被拉低成 0V 的低电平。

当松开主机电源开关键时，0V 的低电平又会再次升高到 3.3V 的高电平。

因此而产生的一个 3.3V—0V—3.3V 电压变化，会发送到 EC 芯片，作为通知 EC 芯片开机启动的信号。

如果此时的 EC 芯片能够正常工作，就会发送信号到芯片组（双芯片架构为南桥芯片）。芯片组在收到 EC 芯片发送的信号后，会解除休眠信号到 EC 芯片，EC 芯片收到开机的确认信号后，会发送启动信号使各种供电电路开始工作，并输出供电。

当 CPU 的核心供电正常输出后，会发送电源好信号（PG 信号）到芯片组，芯片组收到这个信号后，发送控制信号使时钟电路开始工作，并输出各种时钟信号，芯片组还会产生复位信号复位 CPU 及其他硬件设备，CPU 正常复位后，会寻址到 BIOS，执行 POST 过程。也就是开始进入笔记本电脑的软启动过程。

12.1.2　笔记本电脑软启动原理

当笔记本电脑的 CPU 正常复位之后，会寻址到 BIOS，开始执行 POST 过程。这里所指的 BIOS 是主板 BIOS 或称之为系统 BIOS。

BIOS 是 "Basic Input Output System" 的缩写，译为基本输入输出系统。

BIOS 是一组固化到笔记本电脑主板上一个专用存储芯片内的程序，储存 BIOS 的存储芯片不会因为没有供电而丢失数据信息。

BIOS 在笔记本电脑中的作用是为整个系统提供最基础的硬件控制，其保存着笔记本电脑最重要的基本输入输出程序、系统设置信息、自检程序及系统自启动程序等信息。

笔记本电脑 BIOS 的启动代码首要进行的操作就是 POST。POST 的主要任务和目的是检测笔记本电脑硬件系统中关键硬件设备，是否存在以及能否正常工作，如内存、硬盘和显卡等硬件设备。

POST（Power On Self Test）译为上电自检，指对笔记本电脑系统硬件设备的检查，以确定笔记本电脑能否正常开机启动和运行。如果在检测的过程中发现了问题，其通常会发出报警声或停止笔记本电脑的开机启动过程。

POST 的执行过程中首先会检测缓存、芯片组及基本内存等硬件设备是否正常，然后主板 BIOS 会查找显卡 BIOS，当找到显卡 BIOS 之后就会调用其初始化代码，由显卡 BIOS 来初始化显卡。主板 BIOS 接着会查找其他硬件设备的 BIOS 程序，找到之后同样调用这些 BIOS 内部的初始化代码来初始化这些硬件设备。

当显卡成功初始化后，笔记本电脑的液晶显示屏会显示厂家的 LOGO 画面。

当笔记本电脑硬件系统内所有必须检测的硬件设备都检测完，会在液晶显示屏上显示出系统配置列表，列出硬件型号和工作参数等信息，然后 BIOS 会更新 ESCD 数据。

ESCD 是"Extended System Configuration Data"的缩写，译为扩展系统配置数据。ESCD 是主板 BIOS 与操作系统交换硬件配置信息的数据，这些数据被存放在 CMOS 中。

当 ESCD 数据更新完成后，开始执行 POST 过程的最后一步。根据设置的指定启动顺序（比如首先从硬盘或首先从光驱启动等）启动系统，正常使用笔记本电脑时，通常设置为从硬盘启动。

当正常启动硬盘上的操作系统后，POST 过程结束。

深入认识笔记本电脑开机电路

12.2.1 笔记本电脑开机电路有何作用

当笔记本电脑连接了电源适配器或电池时，笔记本电脑的待机电路就已经开始工作，使整个笔记本电脑系统处于待开机状态。笔记本电脑的待机电路可为开机电路供电，但是在笔记本电脑处于待开机状态时，其耗电量是非常少的。

笔记本电脑能够顺利完成硬启动过程的基础是有电源适配器或电池供电、主要硬件和相关电路能够正常工作，并且笔记本电脑处于待开机状态。当按下主机电源开关键后，笔记本电脑从待开机状态开始进入加电启动过程。

笔记本电脑的开机电路同待机电路一样，也会因不同的品牌和型号而有所区别，但是其通常都是由主机电源开关键、南桥芯片、电源控制芯片或开机控制芯片等组成的。开机电路的主要作用是为系统供电电路和 CPU 供电电路等电路发送控制信号，开启各部分电路进入工作状态。

12.2.2 笔记本电脑开机电路的组成结构

笔记本电脑的开机电路主要由南桥芯片、开机控制芯片和主机电源开关键等电子元器件和相关设备组成。

南桥芯片（south bridge）是主板上仅次于北桥芯片之外最重要的芯片，其内部集成了很多模块，同时外部又连接了很多设备和电路，所以大部分主板上南桥芯片都离 CPU 插座较远，这样的设计更有利于南桥芯片的外部布线。

在开机电路中，南桥芯片主要有两个作用：其一是对开机控制芯片发送的开机信号进行确认和处理，发送相关信号控制其他电路开始工作；其二是产生复位信号，对连接在南桥上的各种总线设备进行初始化，使这些设备开始工作。如图 12-1 所示为笔记本电脑主板上的南桥芯片及相关电子元器件。

笔记本电脑主板上的开机控制芯片是一个嵌入式控制器（Embedded Controller，EC），所以开机控制芯片通常又称为 EC 芯片。EC 芯片实际上是一个能够完成特定任务的单片机（MCU）。EC 芯片是笔记本电脑主板上和南桥芯片、北桥芯片同样重要的芯片。在开机过程中，EC 芯片控制着大部分重要信号的时序。

EC 芯片除了在开机过程中起着重要的作用，还可能参与键盘、触摸板、散热风扇等设备运行的控制，以及负责部分电源管理工作，如待机和休眠状态灯等。如图 12-2 所示为笔记本电脑主板上的 EC 芯片。

图 12-1　笔记本电脑主板上的南桥芯片及相关电子元器件　　　图 12-2　笔记本电脑主板上的 EC 芯片

 12.3　典型开机电路是如何运行的

　　笔记本电脑的待机和开机电路都是组成相对简单的电路，但是理解其工作原理和工作过程却是十分重要的。开机过程是一个相对复杂的过程，不仅需要主板上各部分电路和硬件能够正常工作，还要保证时钟信号和复位信号等能够正常发送。待机电路和开机电路的组成虽然相对简单，但是如南桥芯片和 EC 芯片等内部集成了很多模块，并且涉及了很多重要的功能。所以，掌握待机电路和开机电路工作原理的关键在于掌握南桥芯片和 EC 芯片等重要芯片的功能和作用。

12.3.1　笔记本电脑是如何实现开机的

　　笔记本电脑待机电路和开机电路的关系十分紧密，当笔记本电脑有电源适配器或电池供电时，待机电路从笔记本电脑的保护隔离电路得到供电，并将之转换为 3.3V 或 5V 的待机电源提供给开机电路中的 EC 芯片和主机电源开关键等需要待机电压的电路和设备。此时，主机电源开关键有一个 3.3V 或 5V 的高电平，当按下主机电源开关键时，会产生一个低电平，如 0V。松开主机电源开关键，又会恢复到 3.3V 或 5V 的高电平。主机电源开关键上的高—低—高电平变化，会使开机电路开始工作，向各部分供电路和相关芯片发送开机控制信号。如图 12-3 所示为笔记本电脑待机电路和开机电路逻辑框图。

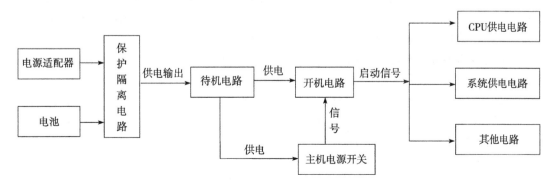

图 12-3　笔记本电脑待机电路和开机电路逻辑框图

12.3.2 开机电路的基本工作原理

不同品牌和型号的笔记本电脑，在开机电路的设计、使用的电子元器件可能存在一定的差异，但是其基本原理都是一样的。

开机电路是以能够使 CPU 进入正常的工作状态为核心的，也就是满足 CPU 在供电、时钟和复位三个方面的需求。

笔记本电脑的开机电路通常由主机电源开关键、芯片组、开机控制芯片等电子元器件、硬件设备和相关电路所组成。

在笔记本电脑的开机电路中，芯片组是最为核心的部件，其作用包括了对开机控制芯片发送的开机信号进行确认和处理。开启时钟电路，输出主板上各种电路和芯片所需的时钟信号，以及产生复位信号，对 CPU 等硬件设备进行复位，使其进入正常的工作状态等作用。

开机控制芯片通常采用一个嵌入式控制器，所以开机控制芯片通常称之为 EC 芯片。

EC 芯片在待机状态下，其部分功能模块就已经开始工作，为笔记本电脑的开机启动过程做好准备。EC 芯片控制着主板大部分重要信号的时序，还负责监测电源适配器和可充电电池供电，控制触摸板、键盘、散热风扇等硬件设备的开启和运行等工作。

笔记本电脑的开机启动过程，实质上是笔记本电脑内各种硬件设备和相关电路的上电、获得时钟信号和复位信号的过程。而开机电路正是对实现这一系列过程进行控制的电路。

电源是笔记本电脑开机启动过程和实现各种功能的动力源泉，如果笔记本电脑的供电出现问题，将造成笔记本电脑不能正常启动或部分功能模块无法正常运行的故障。

在笔记本电脑的开机启动过程中，其各部分供电开启的先后顺序，称之为上电时序（power on sequence）。

详细了解笔记本电脑在开机启动过程中的上电时序，对笔记本电脑检修技能具有重要的作用。

不同品牌和型号的笔记本电脑，其上电时序存在一定的差别，但其基本原理和过程都是一样的。

在没有电源适配器和可充电电池供电时，笔记本电脑主板上的 CMOS 电池为主板上的 CMOS 电路供电。CMOS 电池提供的 +RTCVCC（3.3V）供电，主要用于 32.768kHz 晶振起振，使 RTC 电路正常工作后提供实时时钟。同时，CMOS 电池还为芯片组内的 CMOS 电路保存数据提供供电。

当笔记本电脑插上电源适配器或可充电电池时，笔记本电脑处于待机状态。

电源适配器输入的十几伏供电，经笔记本电脑的主机电源接口电路，进入主板的保护隔离电路。充电控制芯片检测到电源适配器供电存在且正常时，会导通对应的场效应管，让电源适配器供电从保护隔离电路中输出，为待机电路供电。

待机电路将保护隔离输出的供电，转换为 3.3V 和 5V 的待机供电，提供给在待机状态下需要待机电压的硬件设备和相关电路，如主机电源开关键、EC 芯片及芯片组等。此时待机电路产生的 3.3V 供电会替代 CMOS 电池供电，为 CMOS 电路供电。

待机电路输出的待机供电给 EC 芯片提供待机电压，其中一路供电经过电阻器和电容器组成的 RC 延时电路给 EC 芯片提供复位信号，接着 EC 芯片内部振荡电路起振，产生其正常工作所需的时钟频率。

EC 芯片正常工作后，会发送 RSMRST# 等信号给芯片组，芯片组部分功能模块开始初始化，并等待开机信号。

这里需要注意的是，芯片组（双芯片架构的芯片组指南桥芯片）内部功能模块并非全部进入工作状态，而是只有很少一部分的与开机启动过程密切相关的功能模块进入工作状态，比如用于检测开机信号的 PWRBTN# 信号引脚。

如图 12-4 所示为 EC 芯片和芯片组在待机状态和开机启动时主要信号连接电路图。

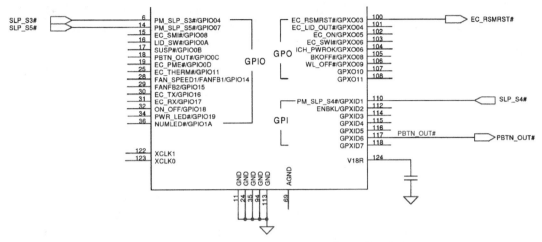

a）EC 芯片在待机状态和开机启动时主要信号连接电路图

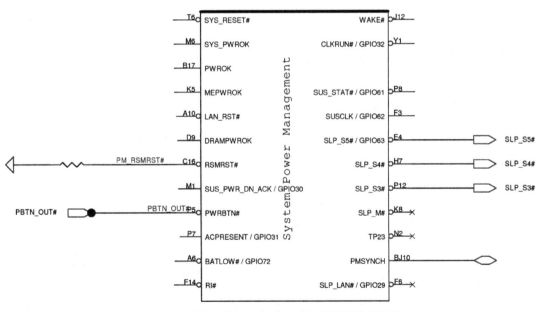

b）芯片组在待机状态和开机启动时主要信号连接电路图

图 12-4　EC 芯片和芯片组在待机状态和开机启动时主要信号连接电路图

当按下笔记本电脑的主机电源开关键并松开后，会产生一个 3.3V—0V—3.3V 的电平变化到 EC 芯片。输入的脉冲信号使 EC 芯片内部开始动作，并从相关引脚输出开机信号（PBTN_OUT#）给芯片组。

芯片组（双芯片架构的芯片组指南桥芯片）收到 EC 芯片发送的开机信号后依次拉高 SLP_

S5#、SLP_S4#、SLP_S3# 信号，EC 芯片收到反馈信号后，会通过相关引脚发送控制信号到主板各供电转换电路中的电源控制芯片。

主板供电电路中的电源控制芯片接收到 EC 芯片发送的开启信号后，会使供电电路开始工作，并输出各种电压和电流的供电。

当系统供电电路和 CPU 核心供电电路等正常输出供电后，会发送电源好信号（PG 信号）到 EC 芯片，EC 芯片接收到这个信号后，会发送信号到芯片组，芯片组接收到电源好信号后，发送控制信号到时钟电路，时钟电路开始工作并输出各种时钟信号到相关电路和硬件设备。

当时钟电路正常输出后，芯片组会发送复位信号到 CPU 以及其他设备（双芯片架构中是南桥芯片先发送复位信号到北桥芯片，然后北桥芯片再发送复位信号给 CPU），使 CPU 和这些设备复位，并进入正常的工作状态。

不同品牌和型号的笔记本电脑在开机电路和上电时序上有所差别，但是其大致原理都是一样的。

在检修笔记本电脑不能正常开机启动故障时，如果时钟电路没有正常工作，在很多情况下需要检测 CPU 核心供电电路是否正常，因为 CPU 核心供电通常是加电过程中的最后一步，当 CPU 核心供电正常后，芯片组才会给时钟电路发送信号，使其输出时钟信号。

时钟信号不正常而造成笔记本电脑不能开机或某些功能无法使用，也是比较常见的笔记本电脑故障类型。下面进一步讲解笔记本电脑的时钟信号。

12.4　开机电路故障的诊断与维修

12.4.1　开机电路故障分析

笔记本电脑开机电路常见故障主要表现为无法开机。检测笔记本电脑开机电路故障时，应首先检测笔记本电脑待机电路的输出电压是否正常，如果正常那么就要检测笔记本电脑开机电路的组成硬件是否存在故障。

开机控制芯片、南桥芯片及电源开关键都可能存在故障，但检测时如果这些硬件没有明显的物理损坏，应该先检测这些硬件相关的电子元器件是否存在故障。如南桥芯片旁的 32.768kHz 实时时钟晶振是否存在故障，如果其出现故障，将导致南桥芯片不能正常工作的故障。如图 12-5 所示，图中 X1 为南桥芯片旁的 32.768kHz 实时时钟晶振。

图 12-5　32.768kHz 实时时钟晶振

12.4.2　开机电路故障的检修流程

笔记本电脑的开机电路主要由南桥芯片、EC 芯片、晶振、电容、电阻和待机芯片等电子元器件组成。在其检测过程中，应根据其工作原理和故障现象进行故障分析，从而有步骤地进行检修过程。在实际检修过程中，不要盲目地拆焊电子元器件，对于有明显物理损坏的电子元器件可以直接更换，对于存在引脚虚焊、淤积灰尘或异物等故障可以直接修复。但是对于没有明显损坏现象的情况，应多观察、多思考，以免盲目动手造成其他故障或浪费时间。如图 12-6 所示为笔记本电脑待机电路和开机电路检修流程图。

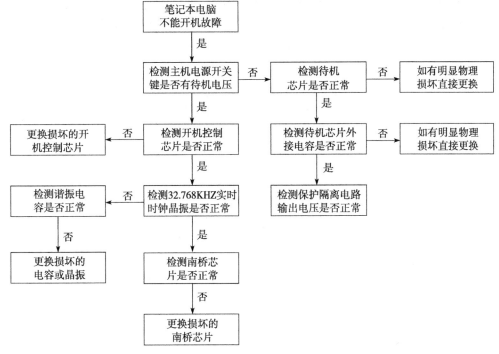

图 12-6　笔记本电脑待机电路和开机电路检测流程图

12.4.3　开机电路故障诊断方法

1）检查笔记本主板中元器件是否完好，比如有没有出现烧黑、爆裂等元器件，如果有将其更换，再进行检测。如果没有，为主板通电。

2）检查 CPU 供电电路、时钟电路和复位电路是否有故障；如果能开机则是开机电路的故障。

3）检测 CMOS 电池是否有电，方法是用万用表调档至电压 20 的量程，用黑表笔接地，红表笔接电池正极，测量电池是否有电，或电压是否正常（正常为 2.6 ~ 3.3V）

4）如果电池正常，再检查 CMOS 跳线是否正确。正常情况下，CMOS 跳线应插在"Normal"标识设置上。

5）如果 CMOS 跳线正确，接着用万用表电压档测量笔记本电脑主板开关有无 3.3V 或 5V 电压。如果没有，则通过跑电路检查电源开关到 EC 控制芯片间所连接的元器件。如果连接的元器件损坏，将其更换。

6）如果电源开关正常，需要测量实时晶振是否起振，起振电压一般为 0.5 ~ 1.6V。如果没有就要更换晶振和其旁边的滤波电容。

7）晶振正常，下面就接着用跑线路的方法测量电源开关到 EC 芯片之间是否有低电压输入。如果没有，一般是开机电路中的门电路或三极管损坏。

8）如果上述都无故障，则是 EC 芯片损坏，将其换掉。

12.5 动手实践

如图 12-7 所示为某笔记本电脑的待机电路实物图，此电路主要由 U6 和 U10 两个集成稳压器及其相关电子元器件组成，其中集成稳压器 U6 用于输出 5V 待机电压，集成稳压器 U10用于输出 3.3V 待机电压。图 12-8 和图 12-9 为电压转换的电路图。

图 12-7　待机电路实物图

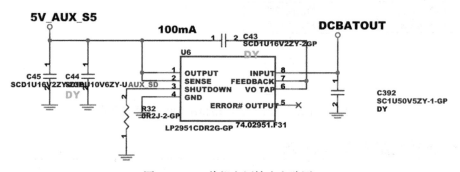

图 12-8　5V 待机电压输出电路图

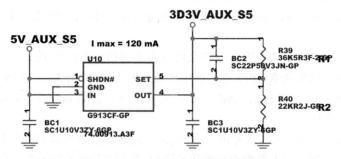

图 12-9　3.3V 待机电压输出电路图

12.5.1 用万用表检测待机芯片

待机电路中待机芯片在路加电检测时，应选择数字万用表的电压档，并将量程选择开关扭转至 20V 档位，数字万用表红表笔插入"V/Ω"输入插孔中。将黑表笔接地，红表笔接待机芯片的供电输入引脚和供电输出引脚。如图 12-10 所示为检测待机芯片的实物图。

a）集成稳压器 U6 供电引脚输入检测

b）集成稳压器 U6 的 5V 待机电压输出检测

c）集成稳压器 U10 的 5V 供电输入检测

d）集成稳压器 U10 的 3.3V 待机电压输出检测

图 12-10　检测待机芯片的实物图

12.5.2　用万用表检测滤波电容

集成稳压器 U6 需要在输出端与地之间连接一个 1.0uF 或更大的电容才能稳定输出。如果这个电容器损坏，就有可能发生振荡故障。使用数字万用表检测电容器好坏的方法为：选用数字万用表的二极管档，将数字万用表红、黑两表笔分别接被测电容器的两端，万用表显示屏上的数值会迅速跳变，直到显示无穷大。然后对调红、黑表笔再测量一次，数字万用表显示的数值应从负数迅速跳变为无穷大。

如需准确地检测电容器的电容量需将电容器从主板上焊下后，使用数字万用表的电容档或其他专用仪器进行检测。如图 12-11 所示为待机电路中电容器 C45 的检测过程。

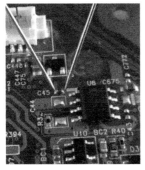

a）第一次测量

b）第二次测量

图 12-11　待机电路中电容器 C45 的检测过程

12.5.3   用万用表检测电阻

在路不加电检测待机电路中电阻器的方法如下。

将数字万用表的黑表笔插入 COM 输入插孔，红表笔插入 "V/Ω" 输入插孔中，选择数字万用表的电阻档，根据电阻器标称阻值或电路图中标注的电阻器阻值大小，将量程选择开关扭转至合适的档位。如果不知道电阻器阻值的大小应从大量程档位逐渐向小量程档位切换，直到找到合适的量程为止。然后使用数字万用表红、黑表笔接电阻器两引脚，正、反测试两次。

如果数字万用表显示的数值等于或近似等于被测电阻器的标称阻值，则可基本判断被测电阻器正常。如果测量结果远远小于或大于标称阻值或为 0，则说明被测电阻器已经损坏。如图 12-12 所示为检测待机电路中电阻器的实物图。

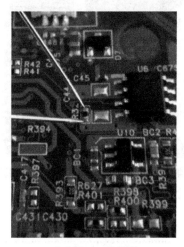

a）电阻 R32 的检测   b）电阻 R40 的检测

图 12-12   检测待机电路中电阻器的实物图

第 13 章

笔记本电脑供电电路故障诊断与维修

笔记本电脑的主板供电电路是笔记本电脑不可或缺的一部分，其出现问题后通常会导致不能开机、自动重启及死机等故障现象。

学习笔记本电脑主板供电电路故障的诊断与维修，首先应掌握其基本工作原理，其次要对主板供电电路出现问题后导致的常见故障现象进行了解，第三要不断总结和学习主板供电电路的检修经验和方法。

13.1 了解笔记本电脑供电机制

笔记本电脑主板的供电方式有两种：一种是笔记本电脑采用的专用可充电电池；另一种是能够将 220V 市电转换为十几伏或二十几伏供电的电源适配器。笔记本电脑的专用可充电电池提供的供电电压，通常要低于电源适配器的输入供电电压。

无论是笔记本电脑的专用可充电电池还是电源适配器，其输入给笔记本电脑主板上的供电并不能被所有芯片、电路及硬件设备等直接采用，这是因为笔记本电脑主板上的各部分功能模块和硬件设备对电流和电压的要求不同，其必须经过相应的供电转换后才能采用。

所以，笔记本电脑主板上的各种供电转换电路，成为了笔记本电脑不可或缺的一部分。同时，笔记本电脑的主板供电电路出现问题后，就会导致不能开机、自动重启及死机等种种故障现象的产生。

学习笔记本电脑主板供电电路故障的诊断与排除，必须首先掌握其工作原理和常见故障现象，这样才能够在笔记本电脑的检修过程中，做到故障分析合理、故障排除迅速且准确。

笔记本电脑主板上的供电转换电路主要采用开关稳压电源和线性稳压电源两种。

开关稳压电源，是笔记本电脑主板中应用最为广泛的一种供电转换电路。笔记本电脑主板上的系统供电电路、CPU 供电电路、芯片组供电电路以及内存和显卡供电电路中，都广泛采用了开关稳压电源。

开关稳压电源是利用现代电子技术，通过电源控制芯片发送控制信号，控制电子开关器件（如场效应管）的"导通"和"截止"，对输入供电进行脉冲调制，从而实现供电转换以及自动稳压和输出可调电压的功能。

笔记本电脑主板上应用的开关稳压电源电路，通常由电源控制芯片、场效应管、滤波电容器、储能电感器及电阻器等电子元器件组成。电源控制芯片是开关稳压电源电路中的供电电压转换控制元器件，场效应管和储能电感器是电路中的电压转换执行元器件，电路中的电容器主要起到滤波的作用，如图13-1所示。

线性稳压电源具有噪声小、反应快、结构简单、发热量低、成本低及体积小等特点。笔记本电脑的待机电路、内存供电电路及芯片组供电电路中，都广泛采用了线性稳压电源，为其提供一路或多路供电。

线性稳压电源电路通常由线性稳压器芯片、电容器、电阻器等较少的电子元器件组成，当内存供电电路中采用线性稳压电源为其提供基准电压时，其通常被设计在主板的内存插槽附近。而当芯片组供电电路中采用线性稳压电源为其提供某一路供电时，其通常被设计在主板芯片组的周围。

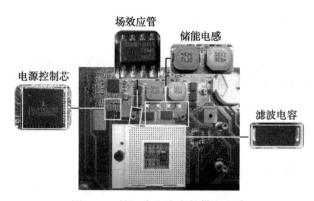

图13-1   笔记本电脑中的供电电路

13.2   保护隔离电路与充电电路是如何运行的

13.2.1   保护隔离电路由哪些元件组成

保护隔离电路是笔记本电脑主板供电电路的重要组成部分，其连接电源适配器和可充电电池两路笔记本电脑主板的外部供电，并选择将其中一路供电输送到主板各种供电电路中。

笔记本电脑保护隔离电路的主要作用是用于切换笔记本电脑的供电方式，是采用电源适配器供电还是采用可充电电池供电，并提供一定的保护功能。

切换笔记本电脑的供电方式是指，当笔记本电脑有电源适配器供电且正常时，保护隔离电路会选择由电源适配器为笔记本电脑的主板输送供电。当没有电源适配器供电接入或电源适配器供电异常时，保护隔离电路会选择由笔记本电脑的可充电电池供电。

笔记本电脑的保护隔离电路通常由场效应管、电阻器、电容器、三极管、充电控制芯片等电子元器件组成，如图13-2所示。

保护隔离电路的供电切换功能，主要通过电路中的场效应管等电子元器件的开关功能实现。

场效应管等电子元器件具有在导通时允许电流通过，在其截止时不允许电流通过的特性。利用场效应管等具有开关功能的电子元器件的这一特性，再通过电路中充电控制芯片的控制作用，便可实现保护隔离电路的供电切换功能。

保护隔离电路中的充电控制芯片除了具有控制场效应管等电子元器件导通与截止的功能外，还具有监控、检测电路中电压和电流是否正常的功能。当外部输入供电异常时，保护隔离电路会切断输入供电，从而达到保护后级电路的作用。

图 13-2　保护隔离电路

不同厂家和型号的笔记本电脑，其保护隔离电路在设计上有一定的区别，上述只是其基本原理，而在笔记本电脑的故障检修过程中，应根据电路图做更进一步的具体分析。

13.2.2　充电控制电路由哪些元件组成

笔记本电脑的充电控制电路也是笔记本电脑主板供电电路的重要组成部分，其主要作用是将电源适配器的输入供电，转换为笔记本电脑可充电电池的充电电源。笔记本电脑充电控制电路的核心是充电控制芯片，其控制着笔记本电脑可充电电池的充电过程。

笔记本电脑的充电控制电路通常由充电控制芯片、场效应管、电容器、电感器及电阻器等电子元器件组成，其属于开关稳压电源电路，如图 13-3 所示。

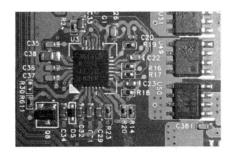

a）充电控制芯片 U3 和场效应管 U49、U50

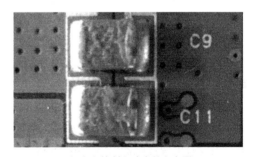

b）充电控制电路中的电容器

c）充电控制电路中的电感器

图 13-3　充电控制电路

充电控制电路中的场效应管接收上级电路的供电，而充电控制芯片可以控制电路中场效应管的导通和截止。电感器在电路中主要起到储能的作用。电容器在电路中主要起到滤波的功能。

充电控制电路对电源适配器的输入供电进行转换之后，输出笔记本电脑可充电电池在充电时所需要的电压和电流。同时，充电控制芯片还有对充电过程的检测和监控等功能，防止可充电电池损坏。

笔记本电脑的保护隔离电路和充电控制电路出现问题，将导致笔记本电脑不能正常开机启动、可充电电池不能正常充电等故障。

13.2.3　保护隔离电路和充电电路的工作原理

充电控制芯片是笔记本电脑保护隔离电路和电池充电控制电路的核心，对整个电路的工作过程具有检测、控制等作用。

下面以充电控制芯片 ISL6251 为例，具体阐述笔记本电脑保护隔离电路和电池充电控制电路的基本工作原理。

ISL6251 充电控制芯片是一款高度集成的电池充电控制器，其不仅可以控制笔记本电脑的电池充电过程，还能够通过控制外部连接的场效应管，从而实现切换电源适配器和可充电电池两种供电的功能。

ISL6251 充电控制芯片具有精确的充电电流限制功能，其充电电压精度可达到 ±0.5%（−10 ~ 100℃），从而保证电池充电过程的安全性，并延长可充电电池的使用寿命。如图 13-4 所示为 ISL6251 充电控制芯片的引脚图和内部功能框图。

ISL6251 充电控制芯片，被广泛应用于笔记本电脑主板的保护隔离电路和充电控制电路中。如图 13-5 所示为以 ISL6251 充电控制芯片为核心的笔记本电脑保护隔离电路和充电控制电路的电路图。

如图 13-5 所示，电路中的场效应管 PQ6 和场效应管 PQ34，在电路中主要起到供电切换功能。当有电源适配器插入且正常时，场效应管 PQ6 导通，笔记本电脑的主板由电源适配器供电。当没有电源适配器供电或电源适配器供电不正常时，场效应管 PQ34 导通，笔记本电脑的主板由可充电电池供电。

ISL6251 充电控制芯片第 19 引脚和第 20 引脚连接电路中的电阻器 PR152，用于检测电源适配器的输入电流是否正常。

ISL6251 充电控制芯片的第 14 引脚和第 17 引脚连接电路中的场效应管 PQ31 和场效应管 PQ29，通过输出驱动控制信号，从而控制这两个场效应管的导通和截止。

而场效应管 PQ29 的供电则来自电源适配器的输入供电。电感器 PL5 在电路中主要起到储能的作用。电容器 PC103、PC105、PC106 在电路中主要起到滤波功能。

ISL6251 充电控制芯片的第 21 引脚和第 22 引脚连接电阻器 PR151，主要用于检测电池的充电电流是否存在异常。

电源适配器的输入供电，经过充电控制电路中的场效应管、电感器和电容器的供电转换后，为可充电电池充电，整个过程由充电控制芯片控制。

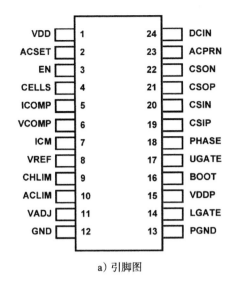

a）引脚图

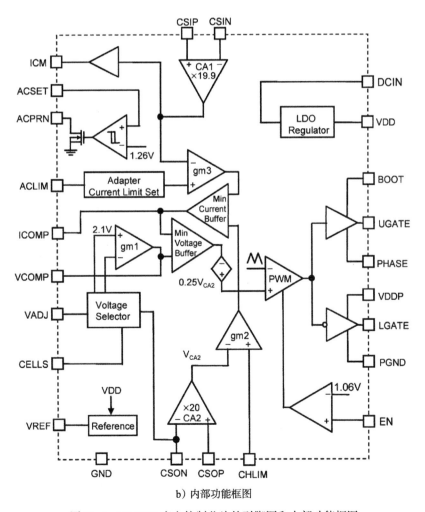

b）内部功能框图

图 13-4 ISL6251 充电控制芯片的引脚图和内部功能框图

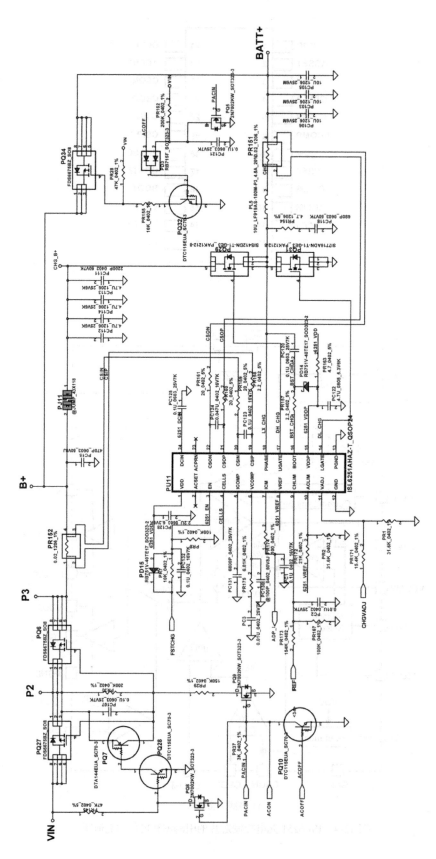

图 13-5 ISL6251 充电控制芯片应用电路图

13.3　待机电路是如何运行的

13.3.1　待机电路有何作用

笔记本电脑的待机电路是笔记本电脑在待机状态下，能够提供 3.3V 和 5V 供电的主板供电电路。

当笔记本电脑的主板有电源适配器或可充电电池接入时，待机电路就已经开始工作。

待机电路将保护隔离电路输出的十几伏供电转换为 3.3V 和 5V 的待机供电，输送给主板上的芯片组、EC 芯片、主机电源开关键等各种需要待机电压的芯片、电路和相关设备，为笔记本电脑的开机做好准备。

常见的待机电路可由线性稳压器芯片、电容器和电阻器等电子元器件组成，也可以由电源控制芯片、场效应管、电容器、电感器和电阻器等电子元器件组成。

在待机电路的设计上，不同厂商和型号的笔记本电脑也是有一定区别的，在具体的笔记本电脑检修过程中，可根据故障笔记本电脑的上电时序判断、分析其待机电路的构成及输出的供电。

笔记本电脑的待机电路是笔记本电脑能够正常启动的基础，在很多笔记本电脑的检修过程中，都首先需要对待机电路进行检测，以确定故障原因的范围。所以，掌握待机电路的工作原理是十分重要的。

13.3.2　待机电路由哪些元件组成

待机电路结构简单，通常只由待机芯片和极少的外部电子元器件组成，如图 13-6 所示为笔记本电脑主板上的待机芯片。图中的八脚待机芯片 U6 用于将保护隔离电路提供的供电转换为 5V 待机电压，而五脚待机芯片 U10 将 U6 提供的 5V 供电转换为 3.3V 待机电压。

13.3.3　待机电路的工作原理

图 13-6　待机芯片

1. 线性稳压电源型的待机电路

如图 13-7 所示为 LP2951 和 G913 两个线性稳压器组成的笔记本电脑待机电路的电路图。从保护隔离电路输出的十几伏供电 DCBATOUT，从线性稳压器 LP2951 的第 8 引脚输入，经过芯片内部电路的转换后，从其第 1 引脚输出名为 5V_AUX_S5 的 5V 待机供电，提供给笔记本电脑在待机状态下，需要 5V 待机电压的芯片、电路和相关设备。

5V_AUX_S5 的 5V 待机供电输出后，会通过线性稳压器 G913 的第 3 引脚进入该芯片内部，经过线性稳压器 G913 内部电路的转换后，会输出一个名为 3D3V_AUX_S5 的 3.3V 待机供电，提供给笔记本电脑在待机状态下，需要 3.3V 待机电压的芯片、电路和相关设备。

从电路图中可以看出，待机电路将保护隔离电路提供的十几伏供电，转换为 5V 和 3.3V 的待机供电，整个转换过程的核心是电路中的线性稳压器。同时也可以看出，线性稳压电源类型的待机电路，结构简单，而且所需的电子元器件数量非常少。

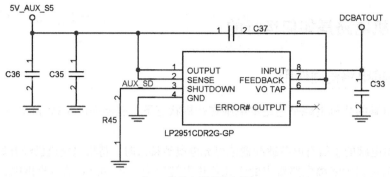

a）5V 待机电压产生电路

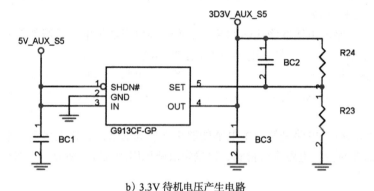

b）3.3V 待机电压产生电路

图 13-7 线性稳压器待机电路的电路图

2. 开关稳压电源型的待机电路

ISL6237 电源控制芯片是一款多功能、高集成和高效率的电源控制芯片，被广泛应用于笔记本电脑主板的供电电路中。

ISL6237 电源控制芯片具有输入电压幅度宽（5.5～25V）、软启动和软停止、热关断、双固定 1.05V/3.3V 和 1.5V/5.0V 输出或可调 0.7～5.5V 和 0.5～2.5V 输出等特点。如图 13-8 所示为 ISL6237 电源控制芯片的引脚图和内部功能框图。

ISL6237 电源控制芯片内部集成脉冲宽度调制（PWM）控制器和线性稳压器，可用于驱动后级电路输出 3.3V 和 5V 供电。如图 13-9 所示为 ISL6237 电源控制芯片应用电路图。

ISL6237 电源控制芯片的第 4 引脚是芯片内部线性稳压器信号开启端。当第 4 引脚得到高电平的开启信号后，ISL6237 电源控制芯片内部的线性稳压器功能模块开始工作，之后从 ISL6237 电源控制芯片的第 7 引脚输出名为 VL 的供电，VL 供电主要为 ISL6237 电源控制芯片的相关引脚以及相关电路提供电源。

ISL6237 电源控制芯片的第 14 引脚和第 27 引脚的 EN1 端和 EN2 端，是 ISL6237 电源控制芯片内部电路的信号开启端。当这两个引脚得到高电平的启动信号后，ISL6237 电源控制芯片内部电路开始工作，并输出相关控制信号，驱动后级电路相关电子元器件开始进入工作状态。

ISL6237 电源控制芯片的第 15 引脚和第 18 引脚输出的控制信号，主要用于驱动电路中的场效应管 PQ13 和场效应管 PQ33，然后经过后级电路中的储能电感 PL6 以及滤波电容，最终将保护隔离电路提供的供电，转换为 5V 待机供电，输送给需要 5V 待机电压的芯片、设备和相关电路。

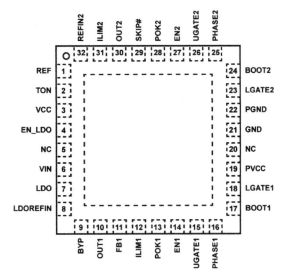

a）引脚图

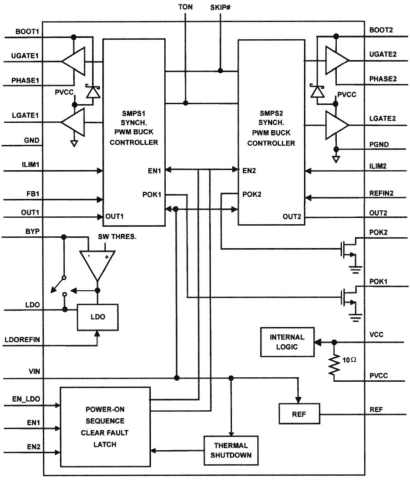

b）内部功能框图

图 13-8　ISL6237 电源控制芯片的引脚图和内部功能框图

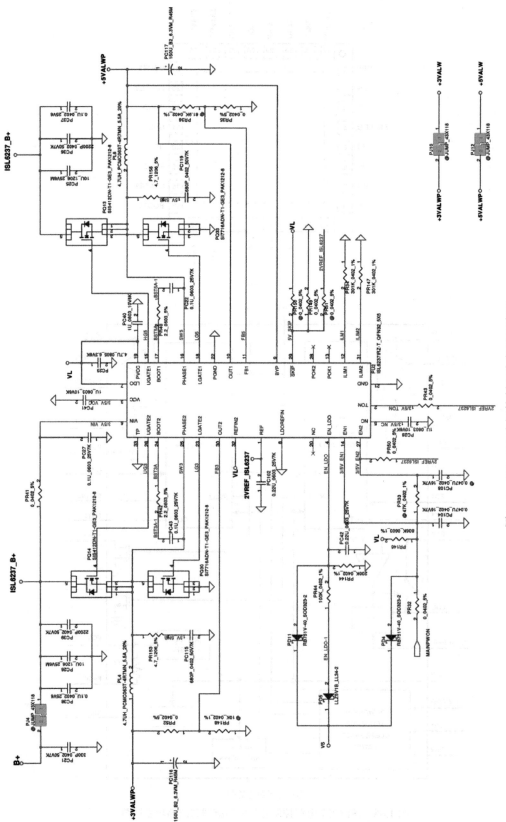

图 13-9 ISL6237 电源控制芯片应用电路图

ISL6237 电源控制芯片的第 26 引脚和第 23 引脚输出的控制信号，则用于驱动场效应管 PQ14 和场效应管 PQ30，然后经过后级电路中的储能电感 PL4 以及滤波电容，最终将保护隔离电路提供的供电，转换为 3.3V 待机供电，输送给需要 3.3V 待机电压的芯片、设备和相关电路，如主机电源开关键、EC 芯片、RTC 电路等。

在笔记本电脑开机和运行过程中，ISL6237 电源控制芯片及其相关电路输出的 3.3V 和 5V 供电，在相关信号的控制下，通过相关电路转换为 3.3V 和 5V 的系统供电，提供给需要 3.3V 和 5V 供电的芯片、设备和相关电路，如芯片组等。如图 13-10 所示为待机供电在开机后转换为系统供电的电路图。

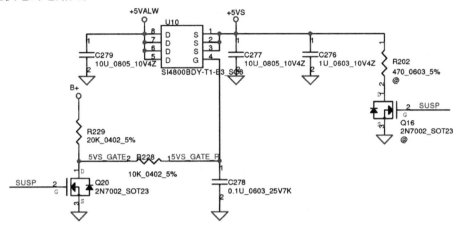

a）5V 供电转换电路图

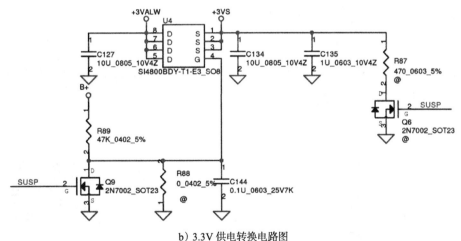

b）3.3V 供电转换电路图

图 13-10　待机供电在开机后转换为系统供电的电路图

13.4　系统供电电路是如何运行的

13.4.1　系统供电电路有何作用

笔记本电脑的系统供电电路也是笔记本电脑主板上十分重要的供电转换电路，与待机电路不同的是，系统供电电路是在笔记本电脑开机过程及运行过程中，为笔记本电脑的各种芯片、电路及相关硬件设备提供 3.3V 和 5V 的供电。

笔记本电脑的系统供电电路，在开始正常工作后，会将保护隔离电路输送的十几伏供电转换为 3.3V 和 5V 的系统供电。笔记本电脑主板上的很多芯片、电路和相关设备都需要这两种供电才能正常运行。

笔记本电脑的系统供电电路通常采用开关稳压电源电路，其主要由电源控制芯片、场效应管、电容器、电阻器和电感器等电子元器件组成。

一台笔记本电脑的待机电路和系统供电电路的关系是十分密切的，在很多情况下都需要先认清待机电路的结构和原理，才能进一步分析该笔记本电脑的系统供电电路。

笔记本电脑的待机电路和系统供电电路，是笔记本电脑的开机过程和正常运行的基础。这两种电路内的电子元器件损坏或出现虚焊、脱焊等问题时，通常会造成笔记本电脑不能正常开机启动以及自动重启等故障产生。

13.4.2 系统供电电路由哪些元件组成

笔记本电脑的系统供电电路通常为开关电源电路，主要由电源控制芯片、场效应管、电阻器、电容器和电感器等电子元器件组成。如图 13-11 所示为笔记本电脑系统供电电路中主要电子元器件的实物图。

a）系统供电电路中的电源控制芯片及相关电子元器件

b）系统供电电路中的场效应管

c）系统供电电路中的电容器

d）系统供电电路中的电感器

图 13-11   笔记本电脑系统供电电路中主要电子元器件的实物图

13.4.3 系统供电电路的工作原理

笔记本电脑系统供电电路属于开关电源电路，其基本工作原理是电源控制芯片负责整个电路的控制，并输出 PWM 信号驱动后级电路中场效应管的导通和截止。电源控制芯片是系统供电电路中的电压转换控制元器件，场效应管和储能电感是电路中的电压转换执行元器件。电路中的电容器主要用于滤波作用。笔记本电脑系统供电电路将电源适配器或电池的输入电压转换成 5V、3.3V 等输出电压，为相关电路和硬件供电。

电源控制芯片是笔记本电脑系统供电电路的核心，也是电路中最重要的电子元器件，下面以 MAX1999 电源控制芯片为例，具体阐述笔记本电脑系统供电电路的工作原理。

MAX1999 是美信公司推出的一款电源控制芯片，其内部集成了两个脉冲宽度调制控制器（PWM）和两个线性稳压器。两个脉冲宽度调制控制器可提供 2 ~ 5.5V 的可调输出供电，或 3.3V 和 5V 固定输出供电。两个线性稳压器可提供始终有效的 3.3V 和 5V 电压输出，其最高输出电流可达 100mA。MAX1999 电源控制芯片的输入电压范围为 4.5 ~ 24V。

MAX1999 电源控制芯片具有美信公司的 Quick-PWM 恒定导通时间 PWM 控制技术，可提供 100ns 的负载瞬态响应，并保持稳定的开关频率。MAX1999 电源控制芯片还具有输出电压精度高、内部软启动和过压保护等功能。

MAX1999 电源控制芯片采用 28 脚 QSOP 封装，如图 13-12 所示为 MAX1999 电源控制芯片针脚封装图，图 13-13 所示为 MAX1999 电源控制芯片内部结构框图，表 13-1 所示为 MAX1999 电源控制芯片引脚功能表，图 13-14 所示为以 MAX1999 电源控制芯片为核心的笔记本电脑系统供电电路图。

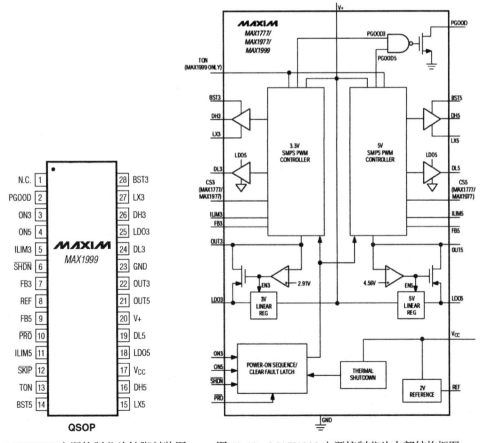

图 13-12　MAX1999 电源控制芯片针脚封装图　　图 13-13　MAX1999 电源控制芯片内部结构框图

表 13-1   MAX1999 电源控制芯片引脚功能表

引脚序号	名 称	引脚功能
1	N.C.	空脚
2	PGOOD	POWER GOOD 信号输出端
3	ON3	3.3V 使能控制端
4	ON5	5V 使能控制端
5	ILIM3	3.3V 限流调整端
6	SHDN	关断控制端
7	FB3	3.3V 反馈输入端
8	REF	2V 基准电压输出端
9	FB5	5V 反馈输入端
10	PRO	过压 / 欠压保护开启 / 关闭控制端
11	ILIM5	5V 限流调整端
12	SKIP#	低噪声模式控制信号输入端，可作为开机控制端
13	TON	工作频率设置端
14	BST5	自举端
15	LX5	电感连接反馈端
16	DH5	5V 上开关管驱动信号输出端
17	VCC	模拟电路供电端
18	LDO5	5V 线性稳压基准电压输出端
19	DL5	5V 下开关管驱动信号输出端
20	V+	供电输入端
21	OUT5	5V 电压反馈输入端
22	OUT3	3V 电压反馈输入端
23	GND	接地端
24	DL3	3.3V 下开关管驱动信号输出端
25	LDO3	3V 线性稳压基准输出端
26	DH3	3.3V 上开关管驱动信号输出端
27	LX3	电感连接反馈
28	BST3	自举端

以 MAX1999 电源控制芯片为核心的系统供电电路基本原理分析如下。

在此系统供电电路中，MAX1999 电源控制芯片一共控制 3.3V 和 5V 两路供电输出，其第 16 引脚 DH5 和第 19 引脚 DL5 是系统供电电路中 5V 供电输出控制端。第 16 引脚 DH5 是上开关管（场效应管）驱动信号输出端，用于驱动电路中的上开关管 U18。第 19 引脚 DL5 是下开关管驱动信号输出端，用于驱动电路中的下开关管 U22。从电路图中可以看出，电源控制芯片的第 16 引脚 DH5 和第 19 引脚 DL5 是直接连接在场效应管 U18 和场效应管 U22 的栅极 G 上的，而场效应管的供电名为 DCBATOUT，DCBATOUT 通常都是由笔记本电脑的保护隔离电路提供的。

当电路开始正常工作后，MAX1999 电源控制芯片第 16 引脚 DH5 和第 19 引脚 DL5 会输出两路相位相反的 PWM 信号，驱动场效应管 U18 和场效应管 U22 的导通和截止。当场效应管 U18 导通时，场效应管 U22 截止。当场效应管 U22 导通时，场效应管 U18 截止。两个场效应管在 MAX1999 电源控制芯片的控制下轮流导通和截止，导通后的电能被送到储能电感 L3 中，之后再通过后级电路中的滤波电容器进行滤波后，为其他相关电路和硬件输送平滑、稳定的 5V 供电。

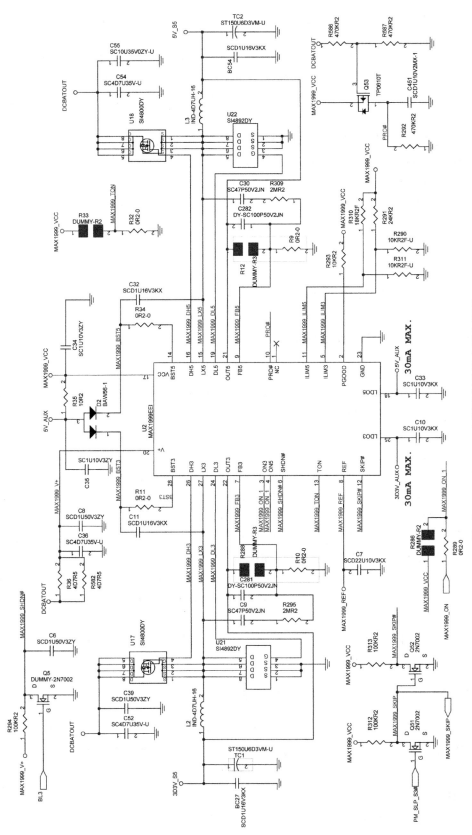

图 13-14　MAX1999 电源控制芯片应用电路图

MAX1999 电源控制芯片的第 26 引脚 DH3 和第 24 引脚 DL3，是系统供电电路中 3.3V 供电输出控制端。第 26 引脚 DH3 是上开关管（场效应管）驱动信号输出端，用于驱动电路中的上开关管 U17。第 24 引脚 DL3 是下开关管驱动信号输出端，用于驱动电路中的下开关管 U21。同样，MAX1999 电源控制芯片的第 26 引脚 DH3 和第 24 引脚 DL3 是直接连接在场效应管 U17 和场效应管 U21 的栅极 G 上的。而场效应管 U17 和场效应管 U21 的供电也同样为 DCBATOUT。

当电路开始正常工作后，MAX1999 电源控制芯片第 26 引脚 DH3 和第 24 引脚 DL3 会输出两路相位相反的 PWM 信号，驱动场效应管 U17 和场效应管 U21。两者在 MAX1999 电源控制芯片的控制下轮流导通和截止，导通后的电能被送到储能电感 L2 中。之后再通过后级电路中的滤波电容器进行滤波后，为其他相关电路和硬件输送平滑、稳定的 3.3V 供电。

 CPU 供电电路是如何运行的

13.5.1　CPU 供电电路有何作用

CPU 是笔记本电脑的核心，保证其能够正常工作的供电电路的重要性不言而喻。

由于 CPU 是集成度和复杂度非常高的硬件，且工作条件比较苛刻。所以 CPU 供电电路也是主板供电电路中设计要求最高的供电电路，同时也是故障率较高的电路之一。

笔记本电脑的 CPU 供电可分为核心供电和辅助供电等几种，CPU 核心供电电路通常位于主板的 CPU 插槽附近。

CPU 是笔记本电脑内功耗最高的芯片之一，特别是其核心供电具有供电电压相对较低但供电电流相对较大的特点。早期的 CPU 供电通常采用单相供电电路，但随着 CPU 性能的增强和工作条件的改变，目前的 CPU 供电电路都为多相供电电路。

在多相供电电路中，每个相既相对独立但又相互对称，每一个单相产生的电流最终汇聚到一起为 CPU 核心提供低电压、大电流的供电。

笔记本电脑的 CPU 供电电路采用开关稳压电源电路，通常由电源控制芯片、场效应管、电感器、电容器、电阻器等电子元器件组成。部分 CPU 供电电路中还设计有场效应管驱动器，以求更好地驱动电路稳定运行。

场效应管驱动器又称从电源控制芯片或驱动 IC，具有信号放大和耐高压等特点，主要用于更好地驱动电路中的场效应管。

13.5.2　CPU 供电电路由哪些元件组成

笔记本电脑的 CPU 供电电路通常位于主板的 CPU 插槽附近，CPU 供电电路主要由电源控制芯片（PWM 芯片）、场效应管驱动器、场效应管、储能电感和滤波电容等电子元器件组成。如图 13-15 所示为笔记本电脑 CPU 供电电路实物图。

1. 电源控制芯片

电源控制芯片又称为 PWM 芯片，PWM（Pulse Width Modulation）的意思是脉冲宽度调制，是一种通过微处理器的数字输出对模拟电路进行控制的技术。

电源控制芯片负责对整个 CPU 供电电路进行控制，其主要作用包括：接收 CPU 的工作电压编码（VID），把电压编码转换成后级电路的电压控制信号（PWM 脉冲宽度调制），确定电路的输出电压，控制场效应管工作状态（导通或截止），使其输出准确的电压；监视 CPU 供电电路电压、电流变化，保证其输出的电压、电流稳定，并能满足 CPU 的实际需求。如图 13-16 所示为 CPU 供电电路中的电源控制芯片及其相关电子元器件。

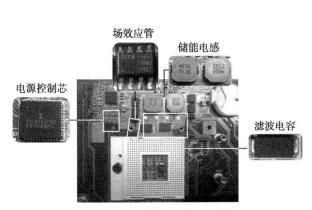

图 13-15　笔记本电脑 CPU 供电电路实物图

图 13-16　电源控制芯片及其相关电子元器件

VID 技术是一种电压识别技术，其基本原理为：在 CPU 上设置若干 VID 引脚，这些引脚输出的编码信号传送给电源控制芯片之后，电源控制芯片会对编码信号进行解码，从而获得 CPU 工作所需要的电压值，接着电源控制芯片会控制后级电路将 CPU 所需的工作电压输送给 CPU。

VID 技术可实现对 CPU 电源管理的动态控制，当 CPU 低负荷工作时，VID 信号可使 CPU 供电电压降低，减少电能的浪费。当 CPU 大负荷运转时，VID 信号使 CPU 供电电压提升，保证其工作的稳定性。

2. 场效应管驱动器

场效应管驱动器又称为驱动 IC 或从电源控制芯片，具有信号放大和耐高压等特点，其作用为驱动后级电路中的场效应管。

场效应管驱动器给场效应管的栅极（控制极）发送高电平信号时场效应管导通，发送低电平信号时场效应管截止。场效应管驱动器给场效应管的高低电平信号就是一个脉冲式的信号，上场效应管导通后，电感的输出电压从 0V 上升到 CPU 的工作电压需要一段时间，高电平信号也同样需要维持一段时间。同时，场效应管驱动器给下场效应管的低电平信号也要维持相同的时间，这段时间就叫作脉冲宽度。脉冲宽度越宽，供电电路输送给 CPU 的电压越高，反之电压就越低。这个脉冲宽度是由电路中的电源控制芯片控制的。部分电路采用电源控制芯片直接驱动场效应管，供电电路中没有单独的场效应管驱动器。

场效应管、电感和电容在电路中的作用为执行元器件，PWM 芯片和场效应管驱动器为控制驱动元器件。

3. 场效应管

场效应管在 CPU 供电电路中起"开关"作用，导通时允许电流通过，截止时不允许电流通过。场效应管在脉冲信号的控制下，分时段地导通和截止。通过改变导通和截止的时间比例就可以改变输出的供电。经过场效应管改变后的电能会储存到储能电感中。CPU 供电电路中使用的场效应管通常为 MOSFET，俗称 MOS 管。如图 13-17 所示为笔记本电脑 CPU 供电电路中的场效应管。

4. 储能电感

储能电感的作用是将场效应管改变过的电能转变为磁能进行储存，当场效应管导通时，储能电感储存能量。当场效应管截止时，储能电感释放能量。如图 13-18 所示为笔记本电脑 CPU 供电电路中的储能电感。

5. 滤波电容

滤波电容的作用是滤除电路中的杂波，使输送到 CPU 的供电平滑、稳定。如图 13-19 所示为笔记本电脑 CPU 供电电路中的滤波电容。

图 13-17　笔记本电脑 CPU 供电电路中的场效应管

图 13-18　笔记本电脑 CPU 供电电路中的储能电感　　图 13-19　笔记本电脑 CPU 供电电路中的滤波电容

13.5.3　CPU 供电电路的基本工作原理

1. 单相供电电路的基本原理

不同型号的 CPU 所需要的工作电流和工作电压不同，电源控制芯片通过连接 CPU 插座的 VID0 ~ VIDX（X 代表数字）引脚，识别 CPU 所需要的供电电压。当主板的 CPU 插座没有插入 CPU 时，VID0 ~ VIDX 都是高电平，电源控制芯片无动作，CPU 插座也就没有供电电压输入。如图 13-20 所示为笔记本电脑 CPU 供电电路基本原理框图。

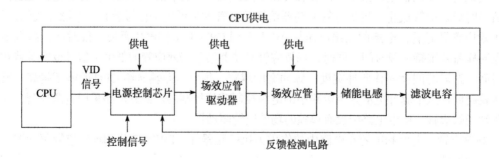

图 13-20　笔记本电脑 CPU 供电电路基本原理框图

电源控制芯片输出控制脉冲信号给场效应管驱动器，场效应管驱动器接到信号后对信号进行处理，然后控制后级电路中场效应管的导通和截止。经过场效应管的电流会储存到电路中的储能电感中，场效应管和储能电感组成一个降压变压器，其过程是在电源控制芯片和场效应管驱动器的控制下，将 CPU 供电电路的输入电压转换成 CPU 所需要的工作电压。

为了保证输送给 CPU 的电压和电流的稳定性，必须在储能电感和 CPU 之间加入滤波电容进行滤波。CPU 工作时从低负荷到高负荷，电流变化是很大的。为了满足 CPU 对电流的要求，CPU 供电电路要求具有快速的大电流响应能力。CPU 供电电路中的场效应管、储能电感和滤波电容都会影响到电路的响应能力。

在整个 CPU 供电电路中还包含了反馈检测电路，此部分电路的作用是监测输送给 CPU 的电压和电流是否正常。电源控制芯片通过反馈检测电路传送的信号调整控制脉冲的占空比，控制场效应管的导通顺序和频率，最终得到符合 CPU 正常工作所要求的电压和电流。

单相供电一般可以提供最大 25A 左右的电流，但是目前 CPU 的工作电流都要大于这个数字，如果要再增加电流的大小，就有可能出现场效应管被击穿的问题，而且单线路产生如此大的电流对于线路的散热和稳定性都造成了影响。所以，单相供电无法提供足够可靠的动力为现行的 CPU 供电。目前笔记本电脑的 CPU 供电电路都采用了多相供电的设计。

2. 多相供电电路的基本原理

多相供电电路的工作原理是建立在单相供电电路的基本原理之上的，多相供电电路的产生是由于单相供电不能满足目前 CPU 对工作电压和电流的要求。

组成多相 CPU 供电电路的首要条件是，电路中所采用的电源控制芯片支持多路 PWM 输出。如一个三相 CPU 供电电路中的电源控制芯片必须具有输出三路 PWM 的能力。如图 13-21 所示为可输出三路 PWM 的电源控制芯片基本原理框图。

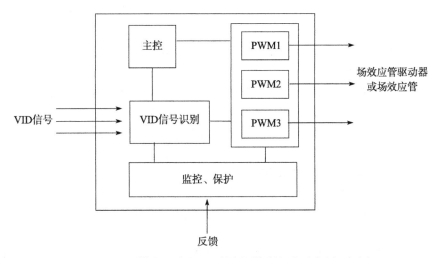

图 13-21 可输出三路 PWM 的电源控制芯片基本原理框图

从电源控制芯片中输出的三路 PWM 可调控三个场效应管驱动器，驱动三组场效应管和电感进行工作。

首先替代单相 CPU 供电电路的是两相 CPU 供电电路，两相供电电路可简单地理解为两个单相供电电路的并联，两个单相供电电路的电流最终汇集到一起，因此可提供更大的电流。两相供电电路在电路结构上相对简单，因此此电路发热量小，产生的干扰也小，成本也相对比较低。但两相供电的缺点是只能提供最大 50A 左右的电流，不能为需要更大电流的 CPU 提供可靠的供电。

为了满足 CPU 的供电要求和克服电子元器件在性能上的限制，又不断出现了三相供电电路、四相供电电路和六相供电电路等。多相供电电路设计可满足 CPU 正常工作所需的电压和电流，并增强其电压和电流输出的稳定性。但需要注意的是，并非电路的相数越多越好，多相供电电路会使主板布线复杂化，并随之而产生更大的电磁干扰等诸多问题。供电电路的好坏不能简单地从相数上评判，还要看其设计的合理性和使用的电子元器件性能参数。如某些一线大厂的三相供电电路其性能要比普通厂商的四相供电电路更为可靠，这是由于一线大厂在电路设计和做工用料方面都更好的缘故。

以上所述笔记本电脑的 CPU 供电原理是最基本的供电原理，主板上的供电电路工作过程，远比其基本理论要复杂。任何供电电路都会面临能量损耗的问题，即通常所说的转换率问题。转化率越高的电路，说明其采用的电子元器件性能越好，设计更合理。

3. CPU 供电电路的工作原理

目前，笔记本电脑 CPU 的供电可分为 CPU 核心供电、CPU 内集成的显示核心供电和辅助供电三个部分。如图 13-22 所示为 Intel 的 CPU 供电连接电路图。

如图 13-22a CPU 核心供电所示，图中的 +CPU_CORE 供电为 CPU 的核心供电，其通常由位于主板 CPU 插槽附近的 CPU 供电电路提供。

如图 13-22b 核心显卡供电所示，图中的 +GFX_CORE 供电为 CPU 内集成的显示核心的供电，此供电也通常由独立的开关稳压电源电路提供。

如图 13-22c CPU 接地所示为 CPU 的接地电路连接，对于功耗较高的 CPU 来说，采用数目较多的接地线路，可有效保证 CPU 运行的安全性和稳定性

从图 13-22 中可以看出，CPU 正常工作时需要电压和电流不同的多种供电，才能够保证 CPU 内集成的各功能模块稳定地工作。CPU 所需的各种供电，有的是由专门的开关稳压电源电路提供，有的则是通过其他供电电路转换而来，下面具体介绍几种重要的 CPU 供电电路。

（1）CPU 核心供电电路

为笔记本电脑的 CPU 提供核心供电的电路，为开关稳压电源电路，其通常由电源控制芯片、场效应管、电感器、电容器和电阻器等电子元器件组成，其中电源控制芯片是电路的核心，不仅对电路具有驱动和控制作用，还有检测、监控和保护的功能。

电源控制芯片通过相关引脚的电路连接，可以监测供电电路输出的电压和电流变化，从而保证输送给 CPU 的电流和电压的稳定性。当供电电路异常时，电源控制芯片可关闭电路输出，从而对整个电路和 CPU 进行保护。

电源控制芯片通过相关引脚输出控制信号，控制电路中场效应管的导通和截止，从而将上级供电电路提供的供电，转换为 CPU 的核心供电。

与固定电压输出的供电电路有所区别的是，CPU 核心供电的电压值是动态变化的，这就需要 CPU 核心供电电路中的电源控制芯片首先应了解 CPU 所需的供电电压，然后再驱动供电电路产生 CPU 所需的供电。

CPU 与电源控制芯片之间，通过 VID 技术传递供电信息。VID 技术是一种电压识别技术，CPU 上的 VID 引脚输出编码信号，给 CPU 供电电路中的电源控制芯片。电源控制芯片内部相关功能模块会对 CPU 传送的编码信号进行解码，从而得到 CPU 需要的供电信息。

根据 CPU 传送的供电信息，电源控制芯片会驱动后级电路，从而输出 CPU 所需要的供电。

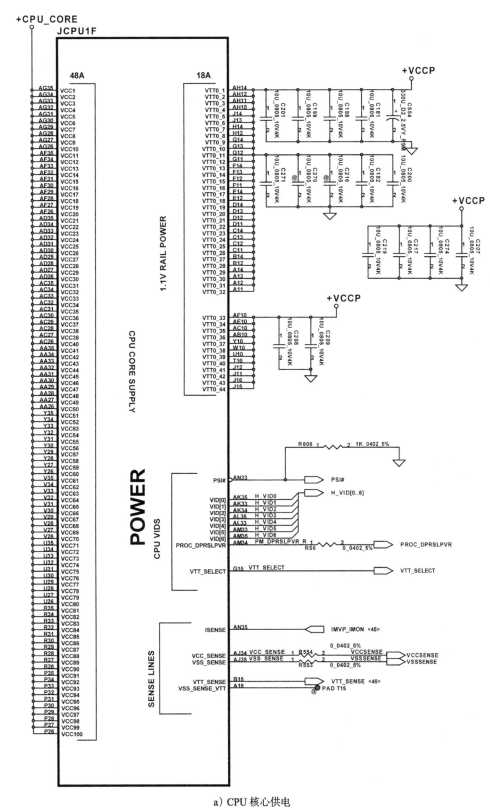

a）CPU 核心供电

图 13-22　Intel 的 CPU 供电连接电路图

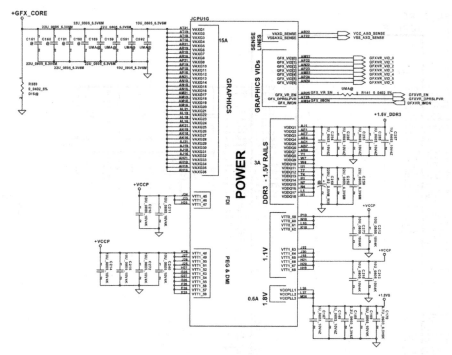

b) 核心显卡供电

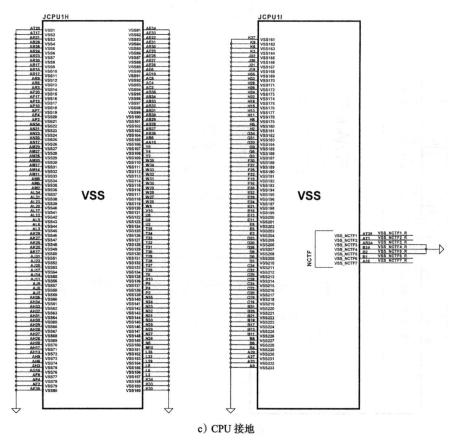

c) CPU 接地

图 13-22 (续)

TPS51621 电源控制芯片是一款可用于 CPU 和 GPU 核心供电电路的降压控制器。TPS51621 电源控制芯片具有外部连接简单、输入电压范围广等特点，其内部集成的 MOSFET 驱动器能够有效驱动电路中的场效应管，TPS51621 电源控制芯片还具有电流限制和电压保护功能。如图 13-23 所示为 TPS51621 电源控制芯片的应用电路图。

如图 13-23 所示，图中 TPS51621 电源控制芯片的第 14 引脚、第 15 引脚、第 16 引脚、第 17 引脚、第 18 引脚、第 19 引脚和第 20 引脚为 TPS51621 电源控制芯片的 VID 信号连接端，这部分电路直接与 CPU 的 VID 信号引脚连接，用于传送 VID 信号。

TPS51621 电源控制芯片的第 21 引脚、第 24 引脚、第 27 引脚和第 30 引脚用于输出驱动信号，控制场效应管 PQ15、场效应管 PQ16、场效应管 PQ17、场效应管 PQ18、场效应管 PQ42、场效应管 PQ43、场效应管 PQ44 和场效应管 PQ45 的导通和截止，从而将保护隔离电路提供的十几伏供电转换为 CPU 正常工作时所需的供电。电路中的电感器 PL10 和电感器 PL11 起储能作用。最终电路输出的 +CPU_CORE 供电会直接输送给 CPU 核心使用，保障 CPU 的正常运行。

（2）核心显卡供电电路

将显示核心集成到 CPU 内，是 CPU 发展史上一个重要的技术革新，其不仅可以提高系统性能，还能有效减小和降低笔记本电脑主板的体积和成本。CPU 内集成的显示核心的供电与 CPU 核心供电相似，同样为开关稳压电源电路，但是由于显示核心的供电要求没有 CPU 核心供电那样苛刻，所以电路相对简单。

ISL62881 电源控制芯片是单相 PWM 降压稳压器，可用于 CPU 内集成的显示核心的供电电路。ISL62881 电源控制芯片集成场效应管驱动器，可有效驱动供电电路中的场效应管。ISL62881 电源控制芯片具有快速的瞬态响应、精密核心电压调节、抗噪、电流监测和 VID 输入等功能和特点。如图 13-24 所示为 ISL62881 电源控制芯片应用电路图。

如图 13-24 所示，此电路是以 ISL62881 电源控制芯片为核心的核心显卡供电电路，其最终产生的供电 +GFX_CORE 将直接为 CPU 内集成的显示核心供电。

电路中 ISL62881 电源控制芯片和电路中场效应管正常工作时所需的供电，主要由保护隔离电路输出供电经过相关电子元器件转换后得到。

ISL62881 电源控制芯片的第 20 引脚、第 21 引脚、第 22 引脚、第 23 引脚、第 24 引脚、第 25 引脚和第 26 引脚负责接收 VID 信号。

当电路正常工作后，ISL62881 电源控制芯片内部功能模块解码 VID 信息，然后将之转化为驱动信号，通过其自身的第 15 引脚和第 18 引脚将驱动信号输送给场效应管 PQ47 和场效应管 PQ19。再经过电路中电感器 PL12 的储能作用，以及 PC67、PC158 等电容器的滤波作用，最终将保护隔离电路输出的供电转换为核心显卡所需的供电。

（3）辅助供电电路

随着 CPU 制造工艺水平的提高以及架构设计的革新，CPU 内集成的功能模块越来越多，如内存控制器和 PCI-E 控制器等。而 CPU 内集成的不同功能模块和相关总线正常工作时，所需的电压和电流不同，这就使 CPU 正常工作时需要多条供电电路为其供电。在遇到不同配置的笔记本电脑时，应根据电路图分析出 CPU 各种供电的要求及其供电来源，才能有效地排除 CPU 供电出现问题导致的故障。

ISL6268 电源控制芯片是高性能的单相同步降压 PWM 控制器，集成 MOSFET 驱动器和自举二极管，可大量减少外部电子元器件的数量。

ISL6268 电源控制芯片具有快速瞬态响应、7.0 ~ 25.0V 的宽电压输入以及欠压保护、过流保护、过热保护和故障保护等功能和特点。如图 13-25 所示为以 ISL6268 电源控制芯片为核心的 CPU 辅助供电电路图。

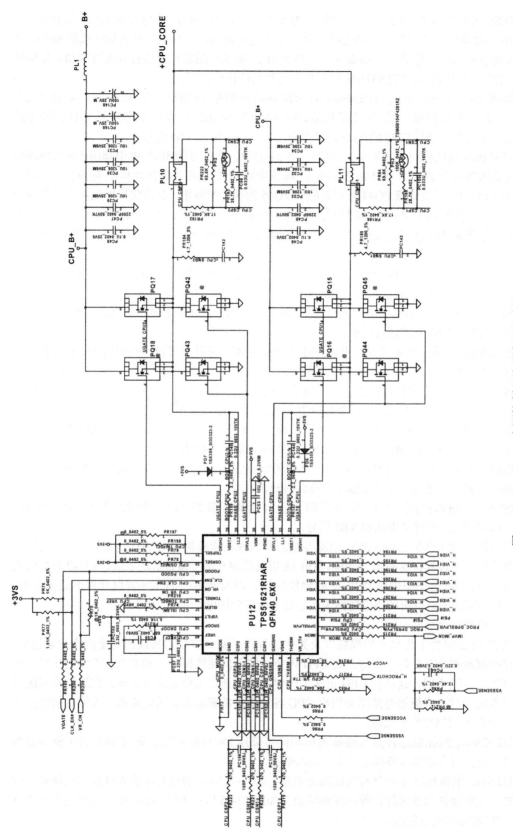

图 13-23 TPS51621 电源控制芯片的应用电路图

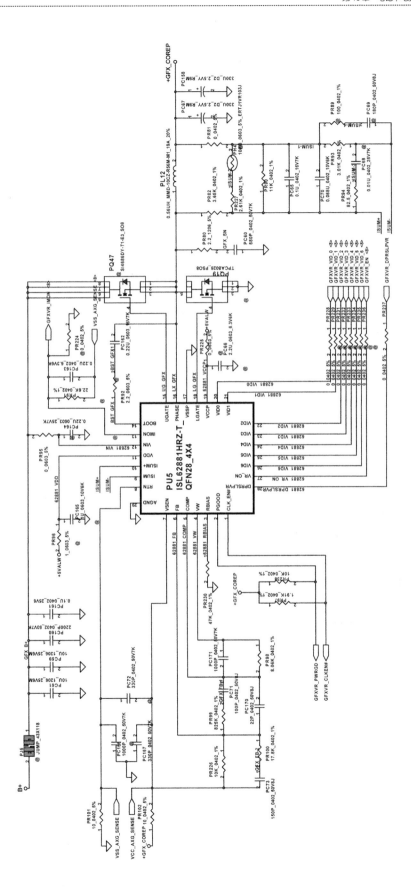

图 13-24　ISL62881 电源控制芯片应用电路图

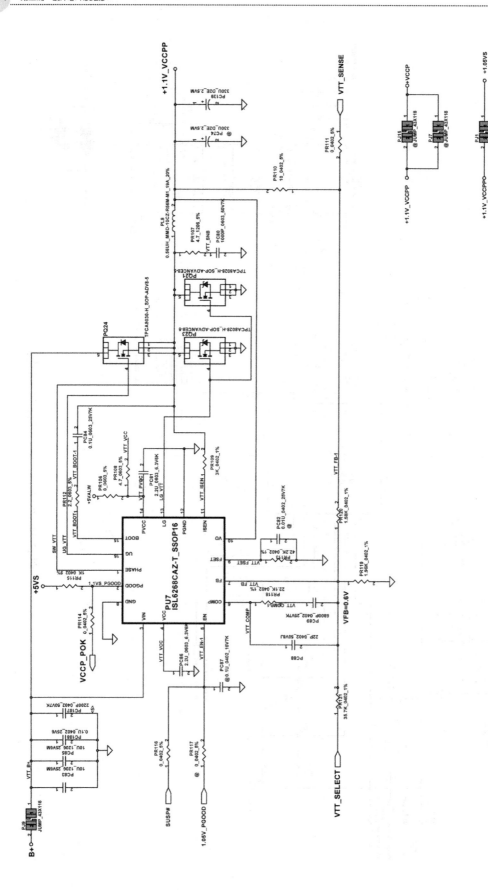

图 13-25 以 ISL6268 电源控制芯片为核心的 CPU 辅助供电电路图

从图 13-25 可以看出，此供电电路同样属于开关稳压电源电路，电路主要由电源控制芯片、场效应管、电感器、电容器及电阻器等电子元器件组成。此供电电路将来自保护隔离电路的供电转换为 +1.1V_VCCPP 供电，这个供电又被转换为 +VCCP 供电，输送给 CPU 以及需要此种规格供电的芯片或设备使用。

13.6　内存供电电路是如何运行的

13.6.1　内存供电电路有何作用

笔记本电脑使用的内存通常为独立的 PCB 板，主要通过 SO-DIMM 插槽与笔记本电脑主板通信并获得供电。

内存条上主要有内存芯片、SPD 芯片以及电容器和电阻器等电子元器件。笔记本电脑主板上的内存供电电路，需要为内存芯片、SPD 芯片提供正常工作所需的电压和电流，同时还要为内存与 CPU 或北桥芯片之间用于通信的总线供电。

笔记本电脑的内存在正常工作时，主要需要两种工作电压：一种为内存芯片工作时的主供电；另一种为基准工作电压（或称参考电压、上拉电压）。这两种供电的电压就不同，如 DDR2 内存的主供电电压为 1.8V，基准工作电压为 0.9V，DDR3 内存的主供电电压为 1.5V，基准工作电压为 0.75V。

13.6.2　内存供电电路由哪些元件组成

笔记本电脑内存供电电路是将上级电路中提供的供电，转换成 0.9V 和 1.8V 或 0.75V 和 1.5V 等不同电压的供电。在这个转换过程中，主要通过开关电源电路和线性稳压器电源电路实现。如内存的主供电由开关电源供电电路产生，而基准工作电压则由一个线性稳压器提供。图 13-26 所示为产生内存基准供电电压的线性稳压器实物图，从图中可以看出，这个线性稳压器就在主板的内存插槽旁边。

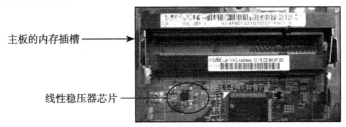

主板的内存插槽 ——

线性稳压器芯片 ——

图 13-26　线性稳压器供电转换电路实物图

开关电源供电转换电路主要由电源控制芯片、场效应管、电感器和电容器等电子元器件组成，如图 13-27 所示为开关电源供电转换电路的实物图。

13.6.3　内存供电电路的工作原理

如图 13-28 所示为笔记本电脑内存供电连接的电路图，从图中可以看出，目前笔记本电脑普遍采用的 DDR3 类型的内存主要需要 +1.5V、+0.75VS 和 +3VS 等供电。+1.5V 供电为内存的主供电，+0.75VS 供电为内存提供基准工作电压，+3VS 供电主要提供给内存的 SPD 芯片使用。

a）电路中的电源控制芯片、场效应管和电容器、电阻器

b）电路中的电感器

图 13-27　开关电源供电转换电路的实物图

如图 13-29 所示为内存的 +1.5V 主供电产生电路，此电路为开关稳压电源电路。电源控制芯片控制电路中的场效应管导通和截止，并通过电路中电感器的储能作用和电容器的滤波作用，将保护隔离电路提供的供电转换为 DDR3 内存所需的 1.5V 主供电。

而 DDR3 内存所需的 0.75V 基准工作电压，通常由一个在内存插槽旁的线性稳压电源电路提供。内存的 SPD 芯片所需的供电，可由系统供电电路的输出供电经过相关电子元器件的转换后提供。

13.7　芯片组供电电路是如何工作的

13.7.1　芯片组供电电路有何作用

芯片组是笔记本电脑主板的核心，无论是单芯片架构的芯片组还是双芯片架构的芯片组，其内部都集成了很多实现不同功能的模块，这些功能模块所需的电流和电压不同，所以需要多个供电转换电路为芯片组供电。不同芯片组的参数不同，其所需的供电规格也就不同。

而不同品牌和型号的笔记本电脑，其采用的芯片组供电电路设计不同，这在查看电路图时要注意区分。但基本上笔记本电脑芯片组的供电电路也都是线性稳压电源电路或开关稳压电源电路。

13.7.2　芯片组供电电路的工作原理

如图 13-30 所示为单芯片架构的芯片组供电连接电路图，从图中可以看出，芯片组内集成的各种功能模块需要不同的电压和电流供电，这些供电有一部分是由系统供电电路直接提供的，也有一部分是其他供电电路经过相关电子元器件转换而来。

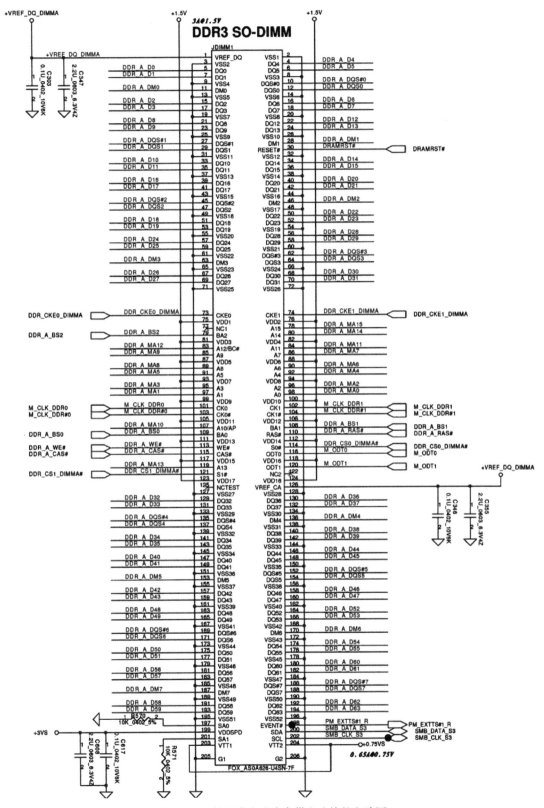

图 13-28　笔记本电脑内存供电连接的电路图

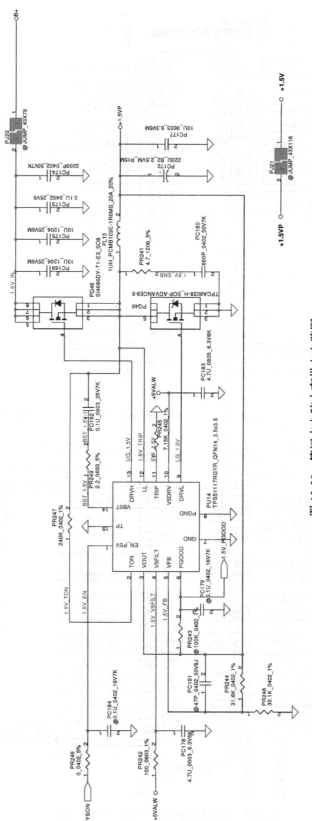

图 13-29 笔记本电脑内存供电电路图

　　从图 13-30 中还可以看出，在待机状态时主板待机电路也会给芯片组提供待机电压，但这部分供电只会使芯片组内部很少的功能模块工作，当笔记本电脑正常开机之后，其余部分供电才不会源源不断地输送给芯片组，使芯片组内各种功能模块都开始工作。

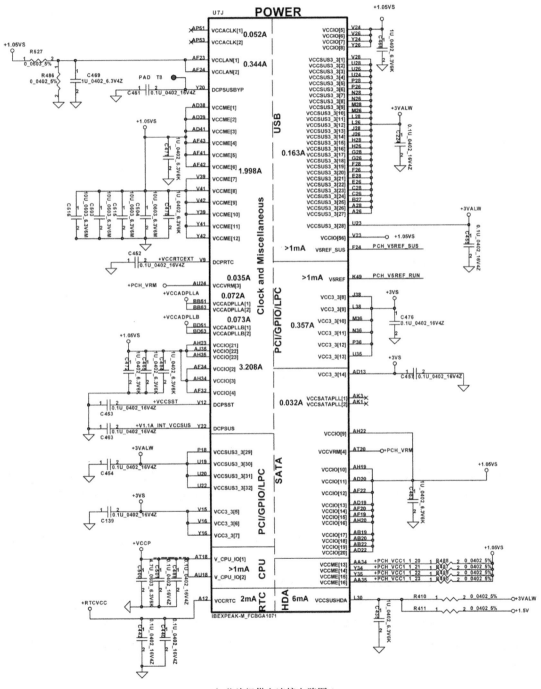

a）芯片组供电连接电路图 1

图 13-30　单芯片架构的芯片组供电连接电路图

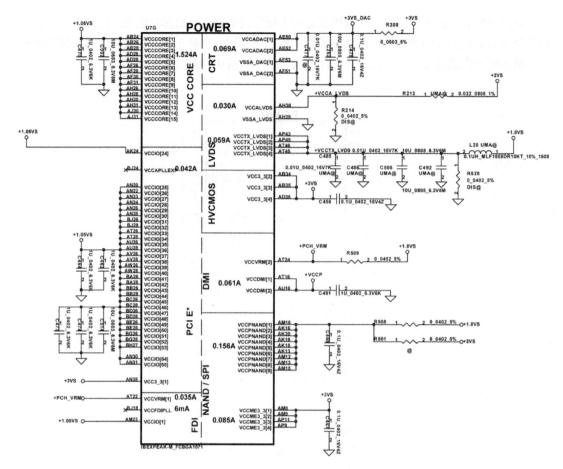

b）芯片组供电连接电路图 2

图 13-30 （续）

　　由于不同品牌和型号的笔记本电脑在芯片组供电电路设计和规格上有很大的不同，所以要想掌握笔记本电脑的芯片组供电电路，就需要详细分析芯片组各部分供电的来源。而除了由其他供电电路转换来的芯片组供电外，也有专门为芯片组相关功能模块提供供电的供电转换电路，这种供电转换电路可能是线性稳压电源电路，也可能是开关稳压电源电路。在检修笔记本电脑的过程中，要根据具体型号的主板及其电路图做出正确的分析和判断。下面以图 13-30 中的 +1.05VS 供电产生过程为例，简述芯片组供电转换电路的工作原理。

　　如图 13-31 所示是为芯片组提供 +1.05VS 供电的电路图，从图中可以看出，TPS51117 电源控制芯片的第 13 引脚和第 9 引脚负责输出驱动信号，控制两个场效应管的导通和截止。从而将来自保护隔离电路的供电转换为芯片组的供电。电路中的电感器 PL9 起到储能作用，保证输出供电的稳定性，电容器 PC136 和电容器 PC137 则起到滤除杂波的作用，使电路的输出供电变得平滑。

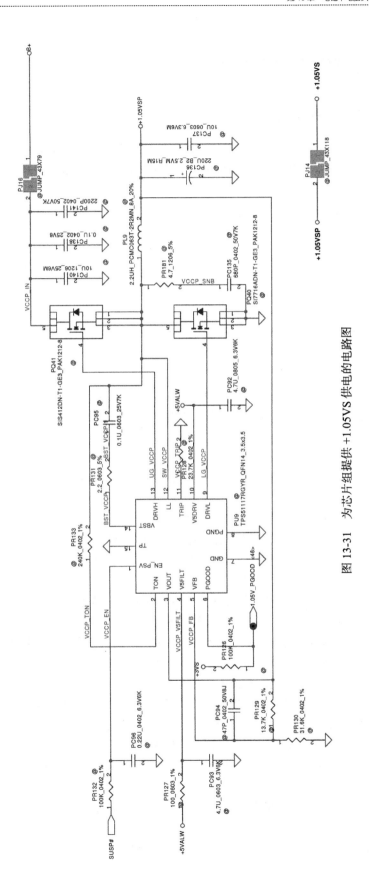

图 13-31　为芯片组提供 +1.05VS 供电的电路图

供电电路故障诊断与维修

13.8.1　笔记本电脑供电电路故障分析

　　笔记本电脑的主板供电电路出现问题，可能导致笔记本电脑出现不能开机、死机、自动重启、自动关机、黑屏、音频或网络等功能模块不能正常使用，以及无法单独使用电源适配器或可充电电池供电等故障。

　　造成上述故障现象的原因，主要是由于主板各种供电电路中的电源控制芯片、场效应管、电感器、电容器以及电阻器、线性稳压器芯片等，存在损坏、虚焊、脱落或工作条件不满足所导致的。

　　在检修笔记本电脑主板的供电电路故障时，应根据故障现象推导故障原因。

　　根据故障现象推导故障原因，是笔记本电脑维修技术中故障分析的基本原则。

　　相同的故障现象可能存在多种故障原因，如最常见的笔记本电脑不能开机的故障现象，可能是由于保护隔离电路出现问题导致的，也有可能是由于待机电路出现问题导致的，还有可能是由于时钟、复位等信号电路出现问题导致的。

　　在故障分析和检修的过程中，要抽丝剥茧、层层递进，如确定了保护隔离电路出现问题导致了故障后，就要进一步仔细分析保护隔离电路出现了什么问题，是某个场效应管损坏导致电路不能导通，还是充电控制芯片损坏、虚焊，造成电路无法正常工作。

　　故障分析能力以理论知识作为基石，以方法和经验作为核心，所以增强故障分析能力的过程就是不断学习、积累的过程。

　　笔记本电脑主板上的供电转换电路，主要可分为开关稳压电源电路和线性稳压电源电路两种类型。

　　开关稳压电源电路主要由电源控制芯片、场效应管、电容器、电感器和电阻器等电子元器件组成。电源控制芯片是供电电路的核心，对整个供电电路具有驱动、检测、监控等作用。当供电电路发生过压、过流等问题时，电源控制芯片可停止或调整驱动信号的输出，使供电电路不再工作以免造成进一步的故障产生。

　　线性稳压电源电路主要由线性稳压器芯片、电容器和电阻器等电子元器件组成。其结构相对简单，检测起来也相对容易。其中比较容易出现问题的是电路中的线性稳压器芯片和电容器。在故障检修时，如果线性稳压电源电路不能正常输出供电，应重点检测电路中的线性稳压器芯片的输入供电是否正常，以及电路中的电容器是否正常。很多线性稳压电源电路不能正常工作的原因，都是由于电路中的电容器损坏所造成的。

　　笔记本电脑主板的供电电路存在供电输出故障时，通常有两个方面的原因。

　　一方面是由于该供电电路的上级电路没有正常地为该供电电路供电，如待机电路没有供电输出时，可能是由于保护隔离电路存在问题，没有给待机电路提供供电。

　　另一方面则是由于该供电电路中的电子元器件损坏、虚焊或电源控制芯片没有得到相关控制信号所引起的。

　　学习笔记本电脑主板供电电路检修技能，需要对电路的连接方式、电子元器件的工作条件等参数熟练掌握。

　　在检修笔记本电脑主板供电电路故障时，应首先查看供电电路中的主要电子元器件是否存在开焊、虚焊、烧焦或脱落等明显的物理损坏，如果存在明显的物理损坏，应首先更换明显损坏的电子元器件。

如果主板供电电路中的电子元器件没有明显的物理损坏，但是供电电路没有正常输出供电，应首先检测其上级供电电路和控制信号是否存在故障。

如果供电电路的上级电路和控制信号正常，应根据故障分析，对供电电路中的电源控制芯片、场效应管、电容器、电阻器、电感器、线性稳压器芯片等电子元器件进行检测，查看其是否存在短路、漏电或击穿等故障。

13.8.2   笔记本电脑充电控制电路故障诊断方法

笔记本电脑的电池充电控制电路主要由充电控制芯片、场效应管、电感器和电容器等电子元器件组成。当笔记本电脑的电池出现不能充电的故障时，应首先检测笔记本电脑的电池接口和电池是否存在明显的物理损坏。如果没有明显的物理损坏，可通过相关检测点对充电控制电路进行检测，从而分析出故障原因。

如图 13-32 所示为笔记本电脑充电控制电路主要故障检测点，在排除电池、电池接口及其电路的故障后，应首先检测充电控制电路中的第 1 检测点，查看电池充电电压是否正常。如果不正常或没有充电电压，则说明充电控制电路中存在故障。

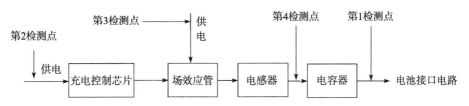

图 13-32   笔记本电脑充电控制电路主要故障检测点

图 13-32 中的第 2 检测点主要用于检测充电控制芯片的供电是否正常。如果充电控制芯片不能正常工作，则充电控制电路就不能将保护隔离电路输出的供电转换为电池的充电电源。

笔记本电脑充电控制芯片正常工作时所需的供电，通常由保护隔离电路提供。如果第 2 检测点检测出的充电控制芯片供电不正常，应检测充电控制芯片供电引脚和保护隔离电路之间的电阻是否存在故障。

第 3 检测点主要是检测电路中的场效应管能否正常工作。场效应管正常工作时，除了需要充电控制芯片发送脉冲宽度调制信号，还需要有正常的供电。场效应管的供电主要来自笔记本电脑的保护隔离电路，所以对第 3 检测点进行检测时，首先要检测场效应管本身有没有损坏的情况，其次要检测场效应管的供电是否正常。

第 4 检测点主要是检测电路中的储能电感是否正常工作。储能电感和滤波电容是电路中的重要组成部分，如果两者存在损坏或不能正常工作的情况，将造成电路输出电压不稳或无法输出供电的故障。

13.8.3   系统供电电路故障诊断方法

当笔记本电脑正常开机后出现开机掉电故障，有可能是笔记本电脑的系统供电电路出现了问题，而没有正常输出 3.3V 和 5V 等供电的原因。检测此类故障时，应根据笔记本电脑系统供电电路的电路图，查看主板上组成系统供电电路的主要电子元器件有无开焊、虚焊、脱落、烧焦等明显的物理损坏。如果存在上述状况，应首先更换明显损坏的电子元器件。如果没有上述情况，则需对这些电子元器件进行检测。

在检测笔记本电脑系统供电电路时，应首先检测电源控制芯片和场效应管的供电是否正常，如果不正常则说明上级供电电路出现了故障，应根据电路图对上级供电电路进行检修。如果电源控制芯片和场效应管供电正常，但是系统供电电路在开机后马上停止工作，造成笔记本电脑不能正常开机时，有可能是系统供电电路中的场效应管发生短路故障，而电源控制芯片在电路中检测到了这一故障，而自动停止了系统供电电路的供电输出。处理此类故障时，只需要更换损坏的场效应管即可。

13.8.4　CPU 供电电路故障检修流程

掌握笔记本电脑 CPU 供电电路常见故障表现，对故障现象进行合理的电路分析，有助于检修过程的顺利进行。同时，笔记本电脑的故障检修学习过程，是一个不断积累经验和技巧的过程，如图 13-33 所示为笔记本电脑 CPU 供电电路故障检修流程框图。通过 CPU 供电电路故障检修流程框图，可以进一步掌握 CPU 供电电路的检修技能。

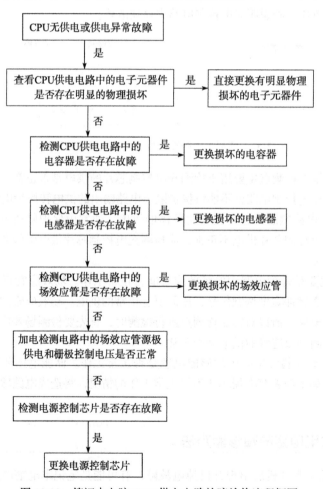

图 13-33　笔记本电脑 CPU 供电电路故障检修流程框图

13.8.5　芯片组和内存供电电路故障诊断方法

　　笔记本电脑芯片组、内存和显卡供电电路出现问题，表现出的故障现象很多。如笔记本电脑出现不能开机的故障，检测保护隔离电路和待机电路等都能够正常工作，这时就有可能是内存供电电路中的电源控制芯片损坏造成的不能开机故障。

　　在检修笔记本电脑芯片组、内存和显卡供电电路故障时，应首先查看供电电路中的主要电子元器件有无开焊、虚焊、烧焦或脱落等明显的物理损坏，如果电路中的电子元器件没有明显的物理损坏，应根据故障现象和故障前的操作进行电路的故障分析。

　　根据电路故障分析，对供电电路中的电源控制芯片、场效应管、电容器、电阻器和电感器等电子元器件进行检测，查看其是否存在短路、漏电或击穿等故障。如果没有上述故障，应检测上级供电电路和控制电路是否存在故障。

动手实践

13.9.1　检测充电控制电路中的电感器

　　充电控制电路中的电感器主要起到储能的作用，测量充电控制电路中的电感器是否正常时，可选用数字万用表的电阻档，量程选择开关扭转至 200 开关档（电感器的电阻极小），数字万用表的红、黑表笔分别连接电感器两引脚，如果测得的阻值很小（几欧姆或几十欧姆）、接近 0，则说明被测电感器基本正常。如果被测电感器的阻值过大或为无穷大，基本可以判断被测电感器损坏。如图 13-34 所示为充电控制电路中电感器 L1 的检测实物图。

图 13-34　充电控制电路中电感器 L1 检测实物图

13.9.2　检测系统供电电路场效应管

　　从被测系统供电电路的电路图可知，电源控制芯片控制两路供电输出，一路为 5V 供电，另一路为 3.3V 供电。5V 输出电路中的场效应管为 U35 和 U32，3.3V 输出电路中的场效应管 U34 和 U31。且这四个场效应管都为增强型 N 沟道场效应晶体管。每个场效应管内部都集成了保护二极管，可采用检测保护二极管压降的方法初步判断电路中场效应管的好坏。使用数字万用表检测增强型 N 沟道场效应管的具体方法为：选用数字万用表的二极管档，然后将数字万用表的红表笔接被测场效应管的源极 S，黑表笔接漏极 D，数字万用表读数应为 0.400 ~ 0.800之间，反向检测及其他任何两引脚的压降应显示溢出符号 OL 或 1。如图 13-35 所示为场效应管 U31 和 U32 的检测实物图。

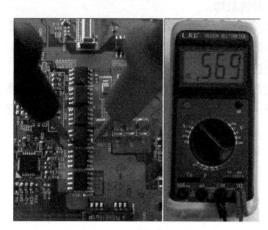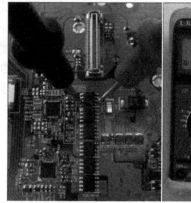

a）U31 正向压降检测实物图　　　　　　　　　　b）U32 正向压降检测实物图

图 13-35　场效应管 U31 和 U32 的检测实物图

13.9.3　检测 CPU 供电电路中电源控制芯片

　　电源控制芯片是 CPU 供电电路的核心，一旦其出现问题就会造成 CPU 供电电路无法正常工作的故障。检测电源控制芯片时，可在加电条件下检测其供电引脚的对地电压是否正常。如果电源控制芯片供电电压不正常，则需检修其上级供电电路是否存在故障。检测电源控制芯片供电是否正常的具体方法为：选择数字万用表的电压档，并将量程选择开关扭转至 20V 档位。数字万用表的黑表笔接地，红表笔接触电源控制芯片供电输入引脚。从电路图可知，电源控制芯片 ISL6262 供电主要包括其第 22 引脚的 5V 供电、第 20 引脚的 19V 供电和第 48 引脚的3.3V 供电。如图 13-36 所示为电源控制芯片 ISL6262 供电检测的实物图。

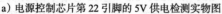

a）电源控制芯片第 22 引脚的 5V 供电检测实物图　　　b）电源控制芯片第 20 引脚的 19V 供电检测实物图

图 13-36　电源控制芯片 ISL6262 供电检测的实物图

c) 电源控制芯片第 48 引脚的 3.3V 供电检测实物图

图 13-36 （续）

13.9.4　检测芯片组供电电路中的稳压器芯片

　　线性稳压器外部连接的电子元器件较少，而且其引脚数目也很少。在检测供电电路中的线性稳压器时，主要检测其供电输入引脚的供电电压是否正常，以及输出供电的电压是否正常。其具体检测方法为：选择数字万用表的电压档，并将量程选择开关扭转至 20V 档位。数字万用表的黑表笔接地，红表笔接线性稳压器的输入供电或供电输出引脚，查看数字万用表读数是否正常。如图 13-37 所示为电路中线性稳压器芯片的检测实物图。

图 13-37　电路中线性稳压器芯片的检测实物图

第 章

笔记本电脑时钟电路故障诊断与维修

14.1 深入认识笔记本电脑时钟电路

14.1.1 什么是笔记本电脑的时钟电路

　　笔记本电脑的时钟电路对笔记本电脑的启动和运行起着至关重要的作用，其故障率也相对较高，所以掌握笔记本电脑的时钟电路、复位电路和CMOS电路是十分重要的。

　　笔记本电脑时钟电路的作用是产生笔记本电脑正常启动和运行所需要的时钟信号，使笔记本电脑上的各种总线、芯片和硬件设备能够协调稳定地工作。笔记本电脑上实现各种功能的芯片和总线，都是在特定的时钟频率下进行工作的。

　　频率是指物体在1s内完成周期性变化的次数，常用字母f表示。频率的单位为kHz（Kilo Hz，千赫兹）、MHz（Mega Hz，兆赫兹）、GHz（Giga Hz，吉赫兹）、THz（Tera Hz，太赫兹）。

　　笔记本电脑主板上的时钟信号频率有很多种，如14.318MHz、32.768 MHz、33MHz、48MHz 和 1333MHz 等。

14.1.2 笔记本电脑时钟电路的组成结构

　　笔记本电脑主板上的时钟电路主要由时钟发生器芯片、14.318MHz晶体振荡器、电阻器、电容器和相关供电电路组成。

　　晶体振荡器简称晶振，其作用是产生原始的时钟频率。笔记本电脑主板上的时钟电路通常所采用的晶振为 14.318MHz 晶体振荡器。

　　时钟发生器芯片可以将晶振产生的原始时钟频率转换成笔记本电脑内不同总线和芯片所需的时钟频率。如图 14-1 所示为笔记本电脑主板上的时钟电路实物图。

14.1.3 笔记本电脑时钟电路如何实现其功能

　　笔记本电脑的时钟电路是在时钟发生器芯片和14.318MHz晶振的共同作用下，产生14.318MHz基准时钟信号，然后再将这个基准时钟信号通过时钟发生器芯片内部电路转换成各种总线、芯片和硬件设备所需要的不同频率的时钟信号。

图 14-1　笔记本电脑主板上的时钟电路实物图

14.2　时钟电路是如何运行的

14.2.1　时钟电路的基本工作原理

　　笔记本电脑时钟电路产生的时钟信号能够有效地保证进行数据交换的双方保持同步，从而保证数据交换的协调性。不同的设备之间交换数据所需的时钟信号频率不同，时钟电路一般是先设定一个基准频率，然后通过对这个基准频率的转换而得到其他频率的时钟信号。

　　笔记本电脑正常启动后，供电电路开始为笔记本电脑的时钟电路供电。时钟发生器芯片内部的振荡器和外接的 14.318MHz 晶振开始工作，在时钟发生器芯片内部产生 14.318MHz 基准频率时钟信号。14.318MHz 基准频率时钟信号经过时钟发生器芯片内部电路的转换后形成不同频率的时钟信号，通过相关引脚输送给南桥芯片、北桥芯片等各种设备。

14.2.2　典型时钟电路分析

　　ICS954201 时钟发生器芯片是笔记本电脑中常用的时钟发生器芯片，能够为笔记本电脑内的 CPU、PCI 总线或 USB 等硬件和总线设备提供其所需的时钟频率。ICS954201 时钟发生器芯片通过外部连接的 14.318MHz 晶体振荡器获得基准频率时钟信号，然后再通过芯片内部相关电路的转换，获得笔记本电脑不同总线和硬件设备所需要的时钟频率。如图 14-2 所示为 ICS954201 时钟发生器芯片引脚图和内部逻辑功能框图，图 14-3 所示为 ICS954201 时钟发生器芯片组成的是时钟电路图。

　　如图 14-3 所示，当笔记本电脑正常开机之后，供电电路开始为笔记本电脑的时钟电路供电，ICS954201 时钟发生器芯片内部振荡器和第 49、第 50 引脚连接的 14.318 MHz 晶体振荡器开始工作，产生 14.318 MHz 基准时钟频率信号。14.318 MHz 基准时钟频率信号经过 ICS954201 时钟发生器芯片内部其他功能模块的转换后，从不同引脚输出 CPU、南桥芯片、北桥芯片和网卡芯片等各种硬件和总线设备所需要的时钟频率信号。

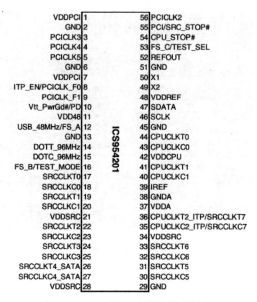

a) ICS954201 时钟发生器芯片引脚图

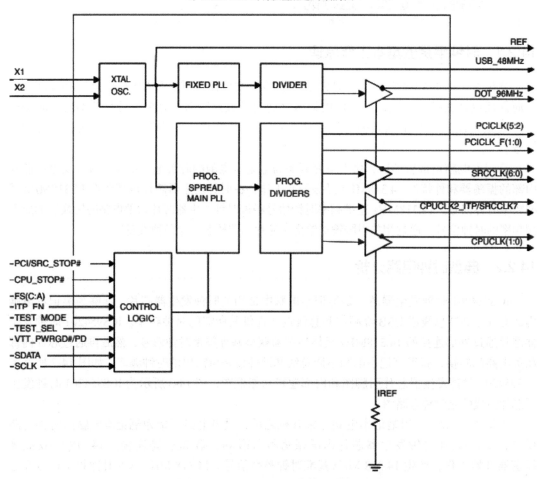

b) ICS954201 时钟发生器芯片内部逻辑功能框图

图 14-2 ICS954201 时钟发生器芯片引脚图和内部逻辑功能框图

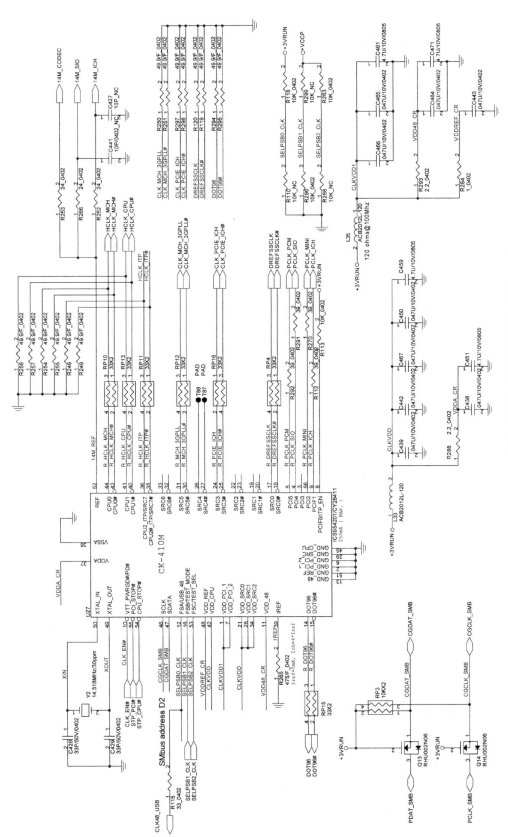

图 14-3 ICS954201 时钟发生器芯片组成的时钟电路图

14.3 时钟电路故障诊断与维修

14.3.1 时钟电路中常见故障分析

笔记本电脑上的任何设备都需要使用时钟信号进行同步后，才能够进行正常的数据交换，如果时钟电路出现故障，那么整个笔记本电脑系统都将无法正常工作。

笔记本电脑时钟电路常见故障主要包括不能开机或开机后无法正常运行等故障。笔记本电脑时钟电路引起的不能开机或开机后无法正常运行等故障，与供电电路造成的不能开机故障不同。前者主要是由于时钟电路输出的时钟信号不正常，造成相关总线或硬件设备无法正常工作引起的。而供电电路引起的不能开机或无法正常运行的故障，主要是相关硬件或电路的供电问题引起的。所以，在检测不能开机的故障时，确认保护隔离电路、待机电路和开机电路无故障时，则多半是由于笔记本电脑的时钟电路出现问题引起的。

14.3.2 时钟电路故障检测流程

笔记本电脑时钟电路故障检测流程如图 14-4 所示。

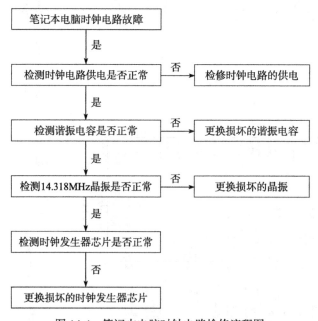

图 14-4　笔记本电脑时钟电路检修流程图

14.3.3 笔记本电脑系统日期和时间不准确故障维修方法

笔记本电脑系统日期和时间不准确故障主要是由于 32.768kHz 实时时钟晶振老化或者与之相关的谐振电容存在问题导致的。维修此类故障时，应检测 32.768kHz 实时时钟晶振是否正常，谐振电容是否存在漏电或电容量变化等问题。如图 14-5 所示为南桥芯片旁的 32.768kHz 实时时钟晶振 X1、谐振电容 C48 和 C50。

14.3.4　时钟电路故障诊断方法

时钟电路出现常见故障时，需要按照下面方法进行处理。

图 14-5　32.768kHz 实时时钟晶振 X1、谐振电容 C48 和 C50

1）使用笔记本电脑诊断卡对主板进行检测，如果是时钟电路故障，诊断卡会显示"00"代码，表示时钟故障。

2）检测时钟芯片的 2.5V 和 3.3V 供电是否正常，如果不正常，再检测时钟芯片供电电路的电感、电容、电阻等元器件，如果元器件故障将其更换。

3）如果时钟芯片供电正常，需要用示波器检测 14.318MHz 晶振引脚，查看其波形，如果波形偏移严重，说明晶振损坏，将其更换。

4）如果检测到的波形正常，再测量经过晶振连接的两个谐振电容的波形，如果不正常，更换谐振电容。

5）如果谐振电容的波形正常，接着检测系统时钟芯片各个频率时钟信号的输出是否正常，如果正常，检测没有时钟信号的部件和系统时钟芯片间的线路中的元器件。

6）如果系统时钟芯片的各个频率时钟信号输出正常，需要接着检测系统时钟芯片的时钟信号输出端相连接的电阻或电感等元器件，并更换损坏的元器件。

7）如果以上检测时钟电路故障还无法排除，则是时钟芯片故障，将其更换。

 动手实践

笔记本电脑的时钟电路主要由时钟发生器芯片、14.318MHz 晶振、电阻和谐振电容等组成。晶振负责产生原始的时钟频率，这个频率经过时钟发生器内部电路的放大或缩小后形成各种不同总线和设备所需的频率。所以当 14.318MHz 晶振出现问题时，时钟发生器芯片得不到原始的时钟频率就无法完成各种频率的时钟信号输出。时钟发生器芯片不能正常工作时，同样也无法完成各种频率的时钟信号输出。还有就是时钟电路中的谐振电容器也十分重要，其出现故障后也会造成时钟电路无法正常工作。所以，检修笔记本电脑时钟电路的重点是检测时钟发生器芯片是否能正常工作、14.318MHz 晶振是否能正常起振和谐振电容是否存在故障。如图 14-6 和图 14-7 所示为时钟电路的电路图和实物图。

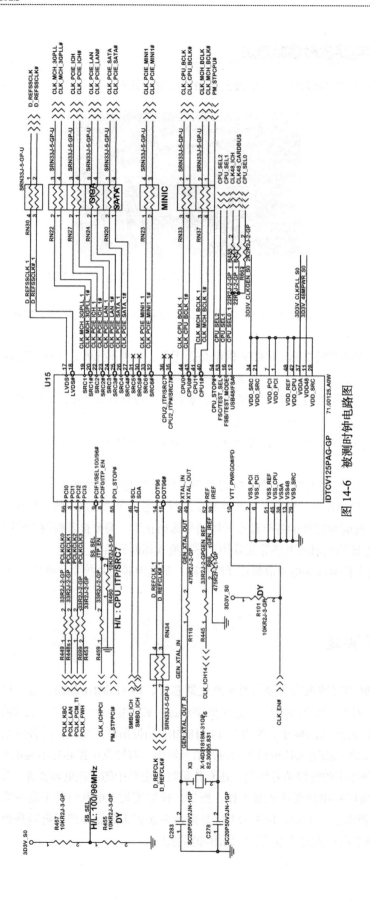

图 14-6 被测时钟电路图

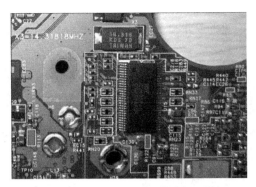

图 14-7 被测时钟电路实物图

14.4.1 检测时钟电路中晶振

（1）在路不加电检测

对时钟电路进行检测时，应首先观察电路中的晶振有无脱落、开焊或烧焦等明显的物理损坏。如果被测晶振没有明显的物理损坏，再用数字万用表对其进行检测。使用数字万用表在不加电的情况下检测晶振的方法为：将数字万用表的黑表笔插入 COM 输入插孔，红表笔插入"V/Ω"输入插孔中，选择数字万用表的二极管挡，将数字万用表红、黑表笔接晶振两引脚，正、反测试两次。如果数字万用表显示数值，则基本可以判断被测晶振存在故障。如图 14-8 所示为检测时钟电路中的 14.318MHz 晶振过程。

a）第一次检测   b）第二次检测

图 14-8 检测时钟电路中的 14.318MHz 晶振过程

（2）在路加电检测

上述方法是一种相对简单的测试方法，其局限性也是非常明显的。当数字万用表显示溢出符号 1 或 OL 时，并不能肯定被测晶振就是好的。想要明确判断被测晶振的好坏，需要在加电情况下，使用数字万用表的电压档，检测被测晶振两端的电压是否正常，或使用示波器检测晶振两个引脚上是否有波形信号。如图 14-9 所示为检测 CMOS 电路中 32.768kHz 实时时钟晶振过程。

晶振正常工作时，两端应存在电压差。如果被测晶振两端电压都为 0V，可能是由于时钟发生器芯片、南桥芯片或谐振电容等与之关联的电子元器件损坏。

a) 第一次检测　　　　　　　　　　　b) 第二次检测

图 14-9 检测 CMOS 电路中 32.768kHz 实时时钟晶振过程

14.4.2　检测时钟发生器芯片

时钟发生器芯片是笔记本电脑时钟电路的核心，一旦其发生问题将造成时钟电路无法正常工作的故障。检修时钟电路时，除了检测晶振和谐振电容是否存在问题外，主要是检测时钟发生器芯片是否正常工作。从前文中的电路图可知，时钟发生器芯片 U15 的第 1、第 7、第 11、第 21、第 28、第 34、第 37、第 42 和第 48 引脚需要输入 3.3V 供电才能正常工作。检测这些引脚供电是否正常时，可使用数字万用表的电压档进行检测。数字万用表的黑表笔插入 COM 输入插孔，红表笔插入 "V/Ω" 输入插孔中，选择数字万用表的电压档，将量程选择开关扭转至 20V 电压档。检测时，数字万用表红表笔接时钟发生器芯片供电引脚，黑表笔接地，检测其对地电压是否正常。如图 14-10 所示为使用数字万用表检测时钟发生器芯片供电的部分实物图。

a) 第 1 引脚供电检测　　　　　　　　　b) 第 7 引脚供电检测

图 14-10　时钟发生器芯片供电检测实物图

第 15 章

笔记本电脑液晶显示屏故障诊断与维修

笔记本电脑液晶显示屏是笔记本电脑重要的显示设备，其能够正常工作的基础是笔记本电脑的主机能够为其提供电源和相关显示信号，所以掌握笔记本电脑液晶显示屏电路的分析及故障检修是十分重要的学习内容。

15.1 认识液晶显示屏

笔记本电脑的液晶显示屏是一种利用液晶材料的电光效应原理调制射入光线进行显示的设备，液晶显示屏是笔记本电脑最重要的输出设备。液晶显示屏英文全称为 Liquid Crystal Display，简称 LCD。

（1）什么是液晶

液晶，即液态晶体（Liquid Crystal，LC），属于相态的一种。因为具有特殊的物理、化学及光电特性，被广泛应用于现代显示技术上。

比较常见的物质状态（又被称为相态）主要为液态、气态和固态，而液晶是一种极其特殊的物质状态。液晶既具有固态的晶格结构，又具有液态的流动特性，是处于液态和固态之间的一种状态。

液晶的组成物质是以碳为中心所构成的化合物，液晶显示材料具有非常明显的优势：驱动电压低、稳定性好、辐射小、成本低、功耗和占用空间小等。

（2）什么是液晶的电光效应特性

电光效应是指在外加电场的作用下，物质的光学性质发生的各种变化的统称，比如物质折射率的变化。

在外加电场作用下，液晶分子的排列状态发生改变，随之液晶的光学特性也会发生改变，这种现象称为液晶的电光效应特性。液晶显示屏在设计和制造过程中，正是利用了液晶具有的电光效应特性。

（3）液晶的分类

目前已合成的液晶材料有上万种之多，其分类方法也很多。按照分子排列的方式主要分为向列型（nematic）、层列型（smectic）、胆固醇型（cholesteric）和碟型（discotic）液晶等。按照液晶产生条件不同可分为热致型液晶（thermotropic LC）和溶致型液晶（lypotropic LC）。

15.2　液晶显示屏是如何运行的

掌握笔记本电脑液晶显示屏的结构和工作原理，是学习笔记本电脑液晶显示屏检修技能的基础。在学习的过程中，应重点掌握笔记本电脑液晶显示屏中背光系统的结构、功能和特点。

15.2.1　液晶显示屏由哪些元件组成

笔记本电脑的液晶显示屏主要由液晶面板、背光系统和相关电路组成。

1. 液晶面板

液晶面板是笔记本电脑液晶显示屏中最重要的组成部分，其技术要求也最高。液晶面板主要由偏光板、彩色滤光片、液晶材料和外壳等组成。如图 15-1 所示为笔记本电脑液晶显示屏内的液晶面板。

（1）偏光板

偏光板（polarizing sheet）或称为偏光膜（polarizing film），是可以选择让特定方向的光通过的光学材料。偏光板的主要功能是使通过其界面的光线产生偏振性，液晶显示屏的成像必须拥有偏振光才能

图 15-1　液晶面板

够实现。在液晶上下一共有两块偏光板，对光线起到不同的作用。利用偏光板对光的特性，可实现液晶面板的高对比、广视角、薄型化和高精细等功能。

（2）彩色滤光片

彩色滤光片（color filter）是一种表现颜色的光学滤光片，可以精确地选择欲通过的波段光波，反射掉其不允许通过的光波。彩色滤光片主要由玻璃基板（glass substrate）、黑色矩阵（black matrix）、RGB 彩色层（color layer）、保护层（over coat）和 ITO 导电膜等组成。彩色滤光片的作用是利用滤光的方式产生 R、G、B 三原光，再将三原光以不同的强弱比例混合而呈现出各种色彩，使笔记本电脑的液晶显示屏显示出全彩。

（3）薄膜晶体管

薄膜晶体管（Thin Film Transistor，TFT）是一种场效应晶体管，其在液晶面板中的作用是用于驱动液晶分子发生偏转。

（4）液晶材料

液晶面板中使用的液晶材料，一般都是由几种或十几种液晶材料混合而成。液晶材料是液晶面板的主体，其作用是穿透或屏蔽光线。在液晶分子两端所加电压不同时，液晶分子的偏转程度也不同。

2. 背光系统

背光系统的主要作用是给液晶面板提供一个亮度可调节的、分布均匀的背光光源。背光系统主要由背光灯管、导光板和供电电路等组成。

（1）背光灯管

背光灯管的作用是作为光源，发射可见光。早期的笔记本电脑液晶显示屏主要采用冷阴极荧光灯管（Cold Cathode Fluorescent Lamp，CCFL）作为光源。如图 15-2 所示为液晶显示屏

内采用的冷阴极荧光灯管 CCFL。

现在主流的笔记本电脑液晶显示屏都采用发光二极管（Light-Emitting Diode，LED）作为光源。LED 是一种可以将电能转化为可见光的半导体器件，被广泛应用于各种领域。和 CCFL 相比，LED 具有功耗低、亮度高、发热量低和寿命长等优点。如图 15-3 所示为液晶显示屏内采用的发光二极管 LED。

（2）导光板

导光板主要采用亚克力（俗称有机玻璃）材料制作而成。亚克力材料透光率高，且具有全反射的特性，是背光系统中影响光效率的重要部件。其主要作用是引导光线的方向，将背光灯管的线光源转变为面光源，并控制均匀性和光辉度。导光板具有轻薄、导光均匀、环保、无暗区、耐用、不易黄化、安装简单等优点。

（3）供电电路

要使背光灯管发光，必须提供其所需的电源。CCFL 是利用电场的作用来控制界面的势能变化，使阴极内的电子把势能转换为动能而向外发射。这一过程中需要很高的电压，所以使用 CCFL 的液晶显示屏内都有一块高压板。

高压板是液晶显示屏内的一种 DC/AC（直流 / 交流）转换电路，可以将低压直流电转换成高频高压交流电，使 CCLL 背光灯管可以正常启动和发光。高压板可将主机输送的 5V、12V、16V 或 19V 等低压直流电，转变成 400 ~ 2000V 的高压交流电。如图 15-4 所示为 CCFL 液晶显示屏内使用的高压板。

目前笔记本电脑液晶显示屏所采用的 LED 背光灯管的发光原理与之前所采用的 CCFL 不同，LED 正常工作时，不需要 CCFL 所需的高电压，但是 LED 对电流的要求较高，LED 的供电电路通常叫作恒流板（或升压板）。

恒流板的作用是将笔记本电脑主机输送的低压直流电转换成稳定的恒流源，恒流板的输入电压通常在 5 ~ 20V，输出电压为 12 ~ 50V。恒流板通常由电容器、电感器、整流二极管和驱动芯片等电子元器件组成，其通常都设计了输出过压保护、自动短路保护、自动屏蔽干扰和保险等功能。如图 15-5 所示为采用 LED 背光的液晶显示屏内的恒流板。

3. 接口电路

液晶显示屏的接口电路是笔记本电脑主

a）CCFL 及电源线

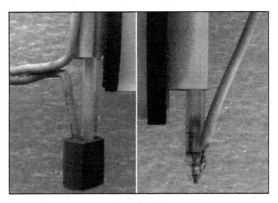

b）CCFL 细节

图 15-2　冷阴极萤光灯管 CCFL

图 15-3　发光二极管 LED

图 15-4　高压板

图 15-5　恒流板

机和液晶显示屏连接的桥梁，其主要作用是接图像数据信息和供电的传送。

笔记本电脑液晶显示屏的接口电路一般采用 LVDS（Low-voltage Differential Signaling，低电压差分信号）数字接口。如图 15-6 所示为 LVDS 接口及连接线。

a）主机内的 LVDS 接口

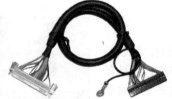
b）LVDS 接口连接线

c）液晶显示屏内的 LVDS 接口

图 15-6　LVDS 接口及连接线

4.控制和驱动电路

液晶显示屏的控制和驱动电路是液晶显示屏的重要组成部分，其主要作用是将主机传送的数据信号转换为液晶显示屏的显示信号。

驱动电路的作用是控制液晶面板内薄膜晶体管的工作状态，从而驱动液晶分子发生偏转。控制电路的主要作用是将接收的图像信息进行处理，向液晶驱动电路提供时序控制信号和显示数据信号等。如图 15-7 所示，液晶面板四周的电路板上就是笔记本电脑液晶显示屏的驱动和控制电路实物图。

图 15-7　笔记本电脑液晶显示屏的驱动和控制电路实物图

15.2.2　液晶显示屏的基本工作原理

笔记本电脑主机内的显示芯片将处理后的图像数据信息，通过 LVDS 接口及电路传送到液晶显示屏。液晶显示屏内的控制电路将图像数据信息转换为驱动控制信号，从而控制行、列驱动芯片发送相关信号驱动液晶分子偏转。

同时，笔记本电脑内主机的供电也传送到液晶显示屏内。液晶显示屏内一般有两个转换电路，一个转换电路将主机供电转换为控制驱动电路所需的供电，另一路供电将主机供电转换为背光灯管正常发光时所需的供电（LED 为恒流板，CCFL 为高压板）。

背光系统产生的光线透过液晶面板后，根据液晶分子的偏转状况而发生一系列的变化，最终在笔记本电脑的液晶显示屏上显示出完整的图像。如图 15-8 所示为笔记本电脑液晶显示屏基本工作原理逻辑框图。

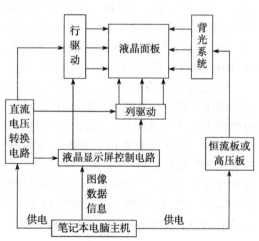

图 15-8　笔记本电脑液晶显示屏基本工作原理逻辑框图

15.3　液晶显示屏故障诊断与维修

笔记本电脑液晶显示屏比较容易出现的故障包括黑屏、图像显示不全、白屏或花屏等，在排除这些故障时，应做到根据故障现象合理推导故障原因，根据推导出的故障原因，采用合理的检修方法。

15.3.1　笔记本电脑出现黑屏无显示故障的检修

笔记本电脑出现黑屏无显示是比较常见的一种故障现象，造成此故障的原因很多。判断是否由于液晶显示屏问题导致的黑屏无显示故障，可通过 VGA、DVI 等主机显示接口外接显示设备，查看外接显示设备是否能够正常显示笔记本电脑主机内容。如果外接显示设备也不能正常显示笔记本电脑主机信息，说明故障原因在笔记本电脑主机内部。如果外接显示设备正常显示，则说明故障原因很可能是由于笔记本电脑液晶显示屏或相关电路造成的。

由于笔记本电脑液晶显示屏出现问题导致的黑屏无显示故障，主要是由于屏线或接口损坏、高压板或恒流板故障、背光灯管损坏等。其故障的本质是液晶显示屏的背光系统不能正常工作。

笔记本电脑背光系统出现故障，主要通过替换法进行排除。组成背光系统的背光灯管和恒流板或高压板等部件成本都相对较低，且都是单独的部件，如屏线、恒流板或高压板、LED灯条，其价格通常在几元到几十元。这些部件主要通过导线和接口连接，更换起来也相对简单。如图 15-9 所示为连接好的恒流板及 LED 灯条。

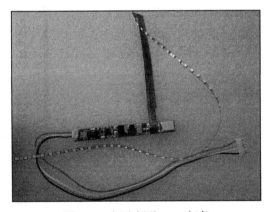

图 15-9　恒流板及 LED 灯条

15.3.2　笔记本电脑出现图像显示不全、白屏或花屏故障的检修

笔记本电脑出现图像显示不全（如出现横、竖白线）、白屏或花屏故障，主要是由于液晶面板、控制电路、驱动电路或屏线及接口引起的。检修此类故障时，可先通过外接显示设备，查看故障原因是由液晶显示屏引起的还是由主机内的显示芯片出现问题导致的。如果外接显示设备显示正常，则说明是由笔记本电脑液晶显示屏及相关电路问题导致的故障。

笔记本电脑出现图像显示不全等故障，主要是由于图像数据信息没有正确地传送到液晶面板上。检修此类故障时，应首先查看主机和液晶显示屏内的接口及其连接屏线是否存在问题，如果存在问题更换屏线或接口即可解决故障。如果是液晶面板或驱动电路出现问题导致的图像显示不全，通常是不可修复的，只能通过更换液晶面板修复故障。

　　笔记本电脑液晶显示屏电路由北桥芯片内集成的相关模块进行控制，如图 15-10 所示为笔记本电脑北桥芯片的 LVDS 控制模块，其 A33、A32、E27、E26 引脚输出两组时钟信号，C37、B35、A37、B37、B34、A36、G30、D30、F29、F30、D29、F28 引脚输出四组数据信号到液晶显示屏的接口电路。如图 15-11 所示为笔记本电脑主机内的液晶显示屏接口电路图，其 9、10、12、13、27、28、30、31 等引脚接收来自北桥芯片的 LVDS 信号，其 1、2、3、39、40 等引脚则由相关供电电路进行供电。

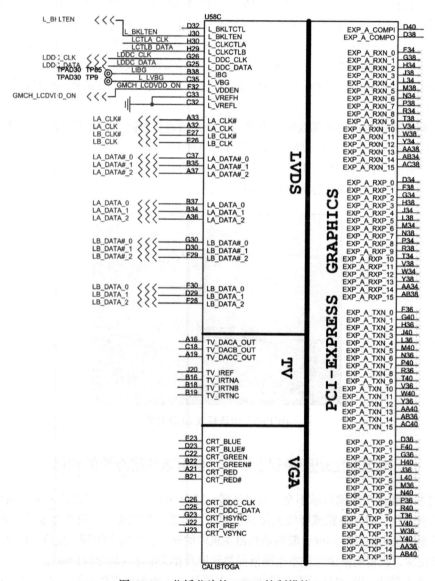

图 15-10　北桥芯片的 LVDS 控制模块

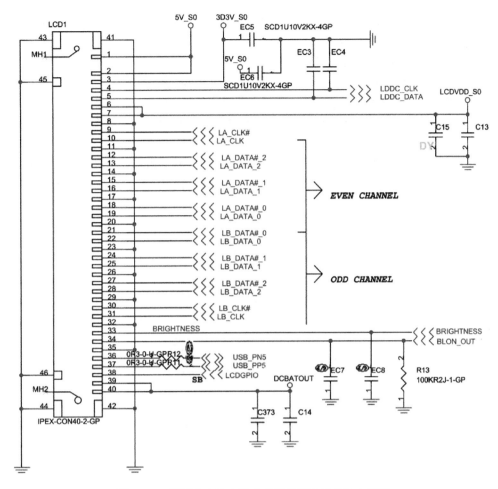

图 15-11　笔记本电脑主机内的液晶显示屏接口电路图

15.4 动手实践

　　由于笔记本电脑液晶显示屏中的液晶面板是十分精密的部件，损坏后通常都无法修理，所以笔记本电脑液晶显示屏检修中应重点掌握的技能是背光系统的故障排除。

　　笔记本电脑的背光系统主要由背光灯管和恒流板两个部件组成。而这两个部件由于技术含量相对较低，市场上的售价都比较低廉，所以在检修过程中如果发现是由于这两个部件损坏而导致的故障，可直接进行更换。

　　同时，对于采用 CCFL 背光灯管和高压板作为背光系统的笔记本电脑，也可将其直接更换成目前主流的 LED 背光灯管和恒流板，从而达到节能、提高液晶显示屏显示亮度等作用。

　　更换背光灯管和恒流板都是相对简单的操作，只要按照步骤有序地进行即可。下面具体介绍更换笔记本电脑液晶显示屏内的恒流板和背光灯管的方法。

　　在更换背光灯管和恒流板时，要注意背光灯管的长度以及恒流板的输入电压和输出电压等参数要相互配套，才能够使更换过程顺利地进行。

首先需将笔记本电脑的液晶显示屏与主机进行分离，在拆解过程中，一定要按照正规的步骤和方法进行拆解，以免造成二次故障。

第二步是将损坏的 LED 背光灯管或恒流板从液晶显示屏内取出，如果是更换旧的 CCFL 背光灯管，则需要同时将高压板也更换掉，因为 LED 背光灯管和 CCFL 背光灯管的工作条件不同，高压板和恒流板绝对不可以通用，否则会造成液晶显示屏进一步损坏。

第三步是将替换用的 LED 背光灯管用双面胶固定在屏框上，防止其移动从而造成漏光等问题。

第四步是将 LED 背光灯管连接恒流板，而恒流板再连接到液晶显示屏的供电电路，并将恒流板固定好。如图 15-12 所示为拆解后需更换 LED 背光灯管的笔记本电脑液晶显示屏。

图 15-12　拆解后需更换 LED 背光灯管的笔记本电脑液晶显示屏

最后一步是将液晶显示屏重新装配好，并开机进行测试。查看液晶显示屏有无黑屏或漏光等问题，如果存在上述故障，则需要根据故障现象进行故障分析，并做出相应的检修。

第 16 章

笔记本电脑接口电路故障诊断与维修

 深入认识笔记本电脑接口电路

笔记本电脑的接口电路用于各种硬件设备之间的互相连接，从而达到信息传输和供电的目的。

常见的笔记本电脑接口电路主要包括键盘接口电路、触摸板接口电路、液晶显示屏接口电路、VGA 接口电路、HDMI 接口电路、USB 接口电路、内存接口电路、硬盘接口电路、光驱接口电路、音频接口电路、网络接口电路、主机电源接口电路以及可充电电池接口电路等。

笔记本电脑的接口电路通常由接口设备、电容器、电阻器等电子元器件及相关设备组成，其结构相对简单，但作用十分重要，出现故障的概率也较大。

下面以常见典型接口电路为例，概述接口电路的相关理论知识。

16.1.1 VGA 接口电路

VGA 接口是笔记本电脑广泛采用的视频输出接口类型，其主要用于外接显示设备。

VGA 接口电路的作用是将红、绿、蓝三基色信号，行同步信号和场同步信号，以及时钟信号和供电传输到 VGA 接口插座。

VGA 接口共有 15 个针脚，分成三排，每排五个。如表 16-1 所示为 VGA 接口各针脚功能表。

表 16-1 VGA 接口各针脚功能表

针脚	功　能	针脚	功　能
第 1 脚	REG（红基色）	第 9 脚	CRT-VCC（供电端），各家定义不同
第 2 脚	GREEN（绿基色）	第 10 脚	GND（数字地）
第 3 脚	BLUE（蓝基色）	第 11 脚	SENSE 地址码（ID0 显示器标识位 0）
第 4 脚	地址码 ID Bit	第 12 脚	SM_DAT 数据信号（ID1 显示器标识位 1）
第 5 脚	自测试（各家定义不同）	第 13 脚	HSYNC（行同步）
第 6 脚	GND（红地）	第 14 脚	VSYNC（场同步）
第 7 脚	GND（绿地）	第 15 脚	SM-CLK 时钟信号（ID3 显示器标识位 3），各家定义不同
第 8 脚	GND（蓝地）		

　　VGA 接口电路主要由电阻器、电容器、场效应管、电感器及 VGA 接口插座等电子元器件和相关设备组成。电路中的电容器主要用于滤波和阻抗匹配等作用，电感器通常用于抑制高频干扰。

　　如图 16-1 所示为 VGA 接口电路的电路图。图 16-1a 所示为 VGA 接口插座的电路连接图。图 16-1b 所示为红、绿、蓝三基色信号的传输电路图。图 16-1c 所示为行同步信号和场同步信号传输电路图。图 16-1d 所示为时钟数据和信号传输电路图。

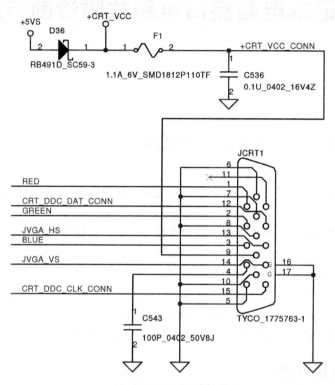

a）VGA 接口插座的电路连接图

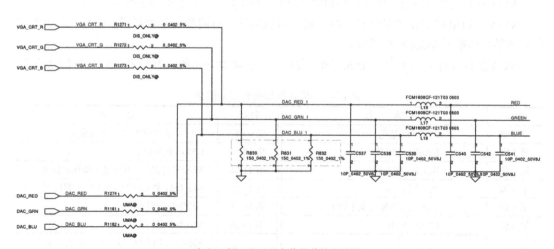

b）红、绿、蓝三基色信号传输电路图

图 16-1　VGA 接口电路的电路图

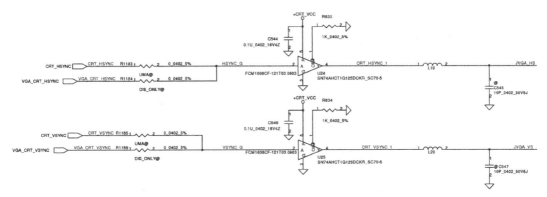

c）行同步信号和场同步信号传输电路图

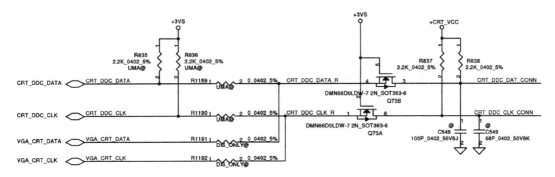

d）时钟和数据信号传输电路图

图 16-1 （续）

从图 16-1b、图 16-1c 及图 16-1d 的电路中可以看出，VGA 接口插座最终接收到的信号来自两种输入，一种是独立显卡传送的信号，另一种则是集成的显示核心传送的信号。其中，集成在 CPU 内的显示核心发送的这些信号，通常是 CPU 先传送给芯片组，再由芯片组传送给 VGA 接口电路。

16.1.2　USB 接口电路

笔记本电脑通常都会配置两个以上的 USB 接口，可用于连接鼠标、键盘、摄像头、移动硬盘、外置光驱及手机、数码相机等外部设备。

USB 接口电路主要由 USB 接口插座、电阻器、电容器、电感器等电子元器件和相关设备组成。USB 接口定义较为简单，这使得其电路连接也较为简单，如表 16-2 所示为 USB 接口各针脚功能表。如图 16-2 所示为 USB 接口插座的电路连接图及实物图。

表 16-2　USB 接口各针脚功能表

针　　脚	功　　能	针　　脚	功　　能
第 1 针脚	供电	第 5 针脚	接地
第 2 针脚	数据输出（-DATA）	第 6 针脚	接地
第 3 针脚	数据输入（+DATA）	第 7 针脚	接地
第 4 针脚	接地	第 8 针脚	接地

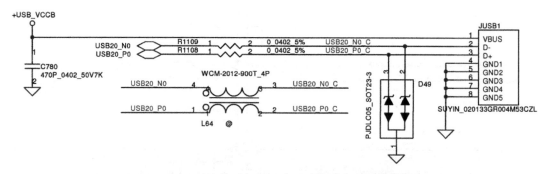

图 16-2　USB 接口插座的电路连接图及实物图

为了防止 USB 接口的供电出现问题而导致相关硬件设备的损坏，USB 接口电路中通常都设置了保护电路，如图 16-3 所示为 USB 接口电路中的保护电路图。

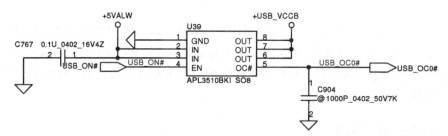

图 16-3　USB 接口电路中的保护电路图

USB 接口电路内设置的保护电路通常是一个限流开关，当主板供电电路提供的供电异常时，该限流开关会截止输出，不再为 USB 接口提供供电。

16.1.3　主机电源接口和可充电电池接口电路

电源适配器和可充电电池是笔记本电脑的两种外部供电类型，这两种外部供电通过笔记本电脑主板上的主机电源接口电路和可充电电池接口电路进入主板供电电路。如图 16-4 和图 16-5 所示为主机电源接口电路和可充电电池接口电路。

从两图中可以看出，主机电源接口电路和可充电电池接口电路都是结构较为简单的电路，其设计的核心都是稳定和保护，所以这两个电路中都设置了保险。其中主机电源接口电路中，插座的第 1、第 2 引脚为主供电传输，第 3、第 4 引脚为接地连接。

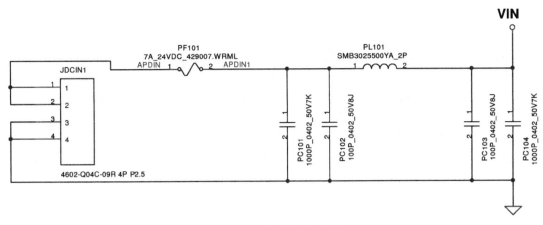

图 16-4　主机电源接口电路

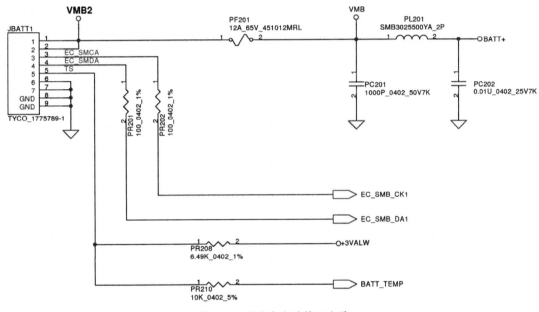

图 16-5　可充电电池接口电路

可充电电池接口电路中，插座第 1、第 2 引脚为主供电传输，第 3、第 4 引脚为时钟、数据端，与主板上的 EC 芯片相连接，第 5 引脚为温度信号输出端，其余引脚为接地端。

16.1.4　内存相关电路

内存也称为内存储器，其用于暂时存放数据信息，属于易失性存储器，当电源供应中断后，其所存储的数据信息会消失。

笔记本电脑的内存通常采用独立的电路板，被称为内存条。内存条主要由 PCB、内存芯片、SPD 芯片及金手指等组成。

一小部分笔记本电脑将内存芯片等直接焊接到主板上，但大部分笔记本电脑都是采用内存条插装在主板内存插槽上的方式，进行供电和数据交换。

所以在检修笔记本电脑内存及其相关电路故障时，可直接使用替换内存条的方法，确定故障原因的范围。

当确定内存条没有问题时，就需要对内存插槽及其相关电路进行检修。

在旧平台中，内存插槽是与北桥芯片直接连接并进行通信的，所以当北桥芯片出现虚焊或者不良时，有可能造成内存条无法正常使用的情况。而单芯片架构的芯片组中，CPU 集成了内存控制器，内存插槽直接连接到 CPU。在检修过程中，应注意其中的区别。

笔记本电脑的内存插槽大多采用的是 SO-DIMM（Small Outline Dual In-line Memory Module），译为小外形双列直插式模块。

而根据内存条规格的不同，目前比较常见的内存插槽又可分为 DDR2 SO-DIMM 内存插槽和 DDR3 SO-DIMM 内存插槽。

DDR2 SO-DIMM 内存插槽共有 200 个引脚，如表 16-3 所示为 DDR2 SO-DIMM 内存插槽各引脚功能表。如图 16-6 所示为 DDR2 SO-DIMM 内存插槽电路图。

表 16-3　DDR2 SO-DIMM 内存插槽各引脚功能表

引　脚	引脚定义	引　脚	引脚定义	引　脚	引脚定义	引　脚	引脚定义
1	VREF	29	DQS1#	57	DQ19	85	BA2
2	VSS	30	CK0	58	DQ23	86	A14
3	VSS	31	DQS1	59	VSS	87	VDD
4	DQ4	32	CK0#	60	VSS	88	VDD
5	DQ0	33	VSS	61	DQ24	89	A12
6	DQ5	34	VSS	62	DQ28	90	A11
7	DQ1	35	DQ10	63	DQ25	91	A9
8	VSS	36	DQ14	64	DQ29	92	A7
9	VSS	37	DQ11	65	VSS	93	A8
10	DM0	38	DQ15	66	VSS	94	A6
11	DQS0#	39	VSS	67	DM3	95	VDD
12	VSS	40	VSS	68	DQS3#	96	VDD
13	DQS0	41	VSS	69	NC	97	A5
14	DQ6	42	VSS	70	DQS3	98	A4
15	VSS	43	DQ16	71	VSS	99	A3
16	DQ7	44	DQ20	72	VSS	100	A2
17	DQ2	45	DQ17	73	DQ26	101	A1
18	VSS	46	DQ21	74	DQ30	102	A0
19	DQ3	47	VSS	75	DQ27	103	VDD
20	DQ12	48	VSS	76	DQ31	104	VDD
21	VSS	49	DQS2#	77	VSS	105	A10/AP
22	DQ13	50	NC	78	VSS	106	BA1
23	DQ8	51	DQS2	79	CKE0	107	BA0
24	VSS	52	DM2	80	CKE1	108	RAS#
25	DQ9	53	VSS	81	VDD	109	WE#
26	DM1	54	VSS	82	VDD	110	S0#
27	VSS	55	DQ18	83	NC	111	VDD
28	VSS	56	DQ22	84	A15	112	VDD

（续）

引　脚	引脚定义	引　脚	引脚定义	引　脚	引脚定义	引　脚	引脚定义
113	CAS#	135	DQ34	157	DQ48	179	DQ56
114	ODT0	136	DQ39	158	DQ52	180	DQ60
115	S1#	137	DQ35	159	DQ49	181	DQ57
116	A13	138	VSS	160	DQ53	182	DQ61
117	VDD	139	VSS	161	VSS	183	VSS
118	VDD	140	DQ44	162	VSS	184	VSS
119	ODT1	141	DQ40	163	NC/TEST	185	DM7
120	NC	142	DQ45	164	CK1	186	DQS7#
121	VSS	143	DQ41	165	VSS	187	VSS
122	VSS	144	VSS	166	CK1#	188	DQS7
123	DQ32	145	VSS	167	DQS6#	189	DQ58
124	DQ36	146	DQS5#	168	VSS	190	VSS
125	DQ33	147	DM5	169	DQS6	191	DQ59
126	DQ37	148	DQS5	170	DM6	192	DQ62
127	VSS	149	VSS	171	VSS	193	VSS
128	VSS	150	VSS	172	VSS	194	DQ63
129	DQS4#	151	DQ42	173	DQ50	195	SDA
130	DM4	152	DQ46	174	DQ54	196	VSS
131	DQS4	153	DQ43	175	DQ51	197	SCL
132	VSS	154	DQ47	176	DQ55	198	SA0
133	VSS	155	VSS	177	VSS	199	VDDSPD
134	DQ38	156	VSS	178	VSS	200	SA1

　　笔记本电脑中的 DDR2 SO-DIMM 内存插槽各个引脚功能主要包括地址、数据、控制信号、时钟信号、供电、接地等，其中 VDD 代表供电，VDDSPD 代表 SPD 芯片供电，VREF 代表参考电压，VSS 代表接地。NC 代表空脚。CK、CK# 代表时钟信号，CKE 时钟信号有效。DQ 代表数据信号，A 代表地址信号。DQS、DQS# 代表数据锁存信号。WE# 代表允许信号。CAS# 代表列选信号，RAS# 代表行选信号。SDA、SCL 代表 SPD 芯片数据、时钟信号。

　　DDR3 SO-DIMM 内存插槽共有 204 个引脚，如表 16-4 所示为 DDR3 SO-DIMM 内存插槽各引脚功能表。如图 16-7 所示为 DDR3 SO-DIMM 内存插槽电路图。

　　笔记本电脑中的 DDR3 SO-DIMM 内存插槽各个引脚功能主要包括地址、数据、控制信号、时钟信号、供电、接地等，其中 VDD 代表供电，VDDSPD 代表 SPD 芯片供电，VREFDQ、VREFCA、VTT 代表参考电压，VSS 代表接地。NC 代表空脚。DQ 代表数据信号，A 代表地址信号。

　　WE# 代表允许信号。SDA、SCL 代表 SPD 芯片数据、时钟信号。CK、CK# 代表时钟信号，CKE 时钟信号有效。DQS、DQS# 代表数据锁存信号。CAS# 代表列选信号，RAS# 代表行选信号。

　　内存插槽的信号引脚，主要是与北桥芯片或 CPU 集成的内存控制器进行通信，而其供电部分则主要来自于主板上的内存供电电路，在故障检修过程中，内存供电电路出现故障的概率较大，应特别注意。

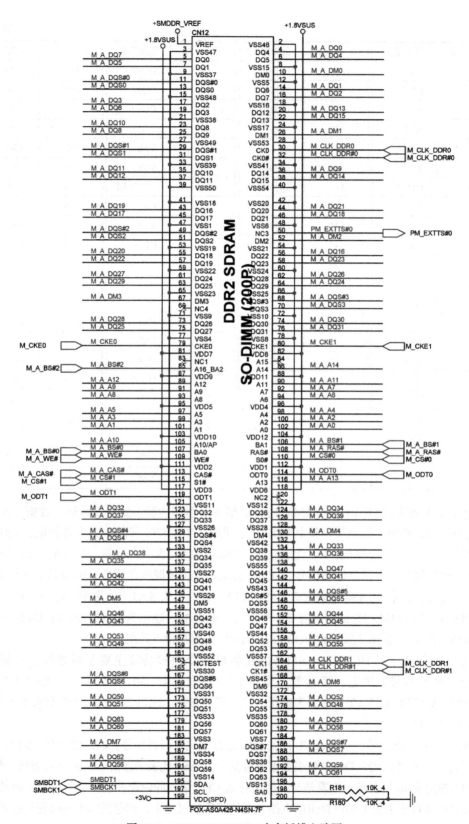

图 16-6 DDR2 SO-DIMM 内存插槽电路图

表 16-4　DDR3 SO-DIMM 内存插槽各引脚功能表

引　脚	引脚定义	引　脚	引脚定义	引　脚	引脚定义	引　脚	引脚定义
1	VREFDQ	53	DQ19	103	CK0#	155	VSS
2	VSS	54	VSS	104	CK1#	156	VSS
3	VSS	55	VSS	105	VDD	157	DQ42
4	DQ4	56	DQ28	106	VDD	158	DQ46
5	DQ0	57	DQ24	107	A10/AP	159	DQ43
6	DQ5	58	DQ29	108	BA1	160	DQ47
7	DQ1	59	DQ25	109	BA0	161	VSS
8	VSS	60	VSS	110	RAS#	162	VSS
9	VSS	61	VSS	111	VDD	163	DQ48
10	DQS0#	62	DQS3#	112	VDD	164	DQ52
11	DM0	63	DM3	113	WE#	165	DQ49
12	DQS0	64	DQS3	114	S0#	166	DQ53
13	VSS	65	VSS	115	CAS#	167	VSS
14	VSS	66	VSS	116	ODT0	168	VSS
15	DQ2	67	DQ26	117	VDD	169	DQS6#
16	DQ6	68	DQ30	118	VDD	170	DM6
17	DQ3	69	DQ27	119	A133	171	DQS6
18	DQ7	70	DQ31	120	ODT1	172	VSS
19	VSS	71	VSS	121	S1#	173	VSS
20	VSS	72	VSS	122	NC	174	DQ54
21	DQ8			123	VDD	175	DQ50
22	DQ12			124	VDD	176	DQ55
23	DQ9	定位卡		125	TEST	177	DQ51
24	DQ13	定位卡		126	VREFCA	178	VSS
25	VSS	73	CKE0	127	VSS	179	VSS
26	VSS	74	CKE1	128	VSS	180	DQ60
27	DQS1#	75	VDD	129	DQ32	181	DQ56
28	DM1	76	VDD	130	DQ36	182	DQ61
29	DQS1	77	NC	131	DQ33	183	DQ57
30	RESET#	78	A15	132	DQ37	184	VSS
31	VSS	79	BA2	133	VSS	185	VSS
32	VSS	80	A14	134	VSS	186	DQS7#
33	DQ10	81	VDD	135	DQS4#	187	DM7
34	DQ14	82	VDD	136	DM4	188	DQS7
35	DQ11	83	A12/BC#	137	DQS4	189	VSS
36	DQ15	84	A11	138	VSS	190	VSS
37	VSS	85	A9	139	VSS	191	DQ58
38	VSS	86	A7	140	DQ38	192	DQ62
39	DQ16	87	VDD	141	DW34	193	DQ59
40	DQ20	88	VDD	142	DQ39	194	DQ63
41	DQ17	89	A8	143	DQ35	195	VSS
42	DQ21	90	A6	144	VSS	196	VSS
43	VSS	91	A5	145	VSS	197	SA0
44	VSS	92	A4	146	DQ44	198	EVENT#
45	DQS2#	93	VDD	147	DQ40	199	VDDSPD
46	DM2	94	VDD	148	DQ45	200	SDA
47	DQS2	95	A3	149	DQ41	201	SA1
48	VSS	96	A2	150	VSS	202	SCL
49	VSS	97	A1	151	VSS	203	VTT
50	DQ22	98	A0	152	DQS5#	204	VTT
51	DQ18	99	VDD	153	DM5		
52	DQ23	100	VDD	154	DQS5		
		101	CK0				
		102	CK1				

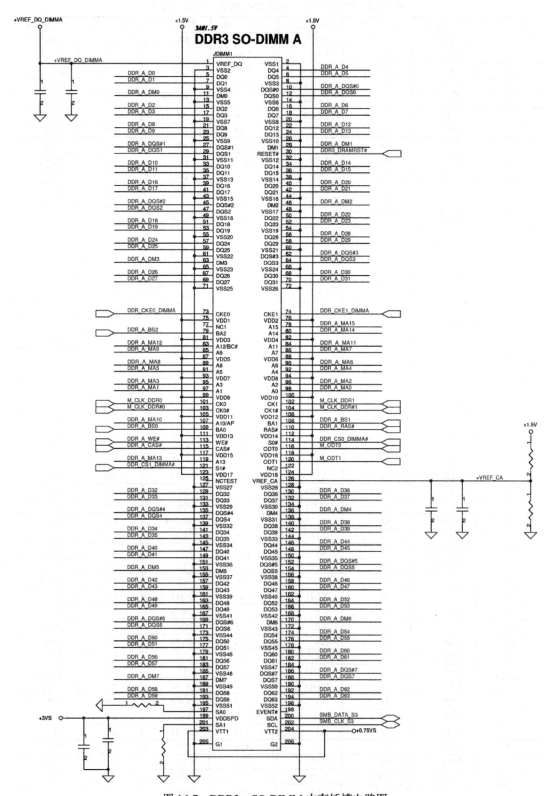

图 16-7 DDR3 SO-DIMM 内存插槽电路图

16.1.5 硬盘相关电路

硬盘在笔记本电脑硬件系统中的作用是储存用户数据和程序，其不会因为没有电源供应而丢失数据信息。

固态硬盘因为采用闪存芯片作为存储介质，可直接焊接在笔记本电脑的主板上，也能够制作成独立的 PCB 板，插装在主板的相应插槽上。

而目前应用最为广泛的机械硬盘，则主要通过 SATA 接口与主板相连，并进行供电和数据交换。

在 SATA 接口之前，机械硬盘普遍采用 IDE 接口进行连接。SATA 接口的优点在于采用串行方式传输数据、传输速率快、纠错能力强及连线简单等，SATA 接口主要有 SATA 1.5Gbit/s、SATA 3Gbit/s 和 SATA 6Gbit/s 三种规格，三种规格是可以通用的。

笔记本电脑的 SATA 硬盘接口通常包括一个 7 引脚的数据接口和一个 15 引脚的供电接口。如表 16-5 所示为 SATA 硬盘数据接口引脚功能表，表 16-6 所示为 SATA 硬盘供电接口引脚功能表。如图 16-8 所示为 SATA 硬盘接口电路图及实物图。

表 16-5　SATA 硬盘数据接口引脚功能表

引　脚	定　义	功　能	引　脚	定　义	功　能
1	GND	接地	5	B-	数据接收负极信号接口
2	A+	数据发送正极信号接口	6	B+	数据接收正极信号接口
3	A-	数据发送负极信号接口	7	GND	接地
4	GND	接地			

表 16-6　SATA 硬盘供电接口引脚功能表

引　脚	定　义	功　能	引　脚	定　义	功　能
1	V33	直流 3.3V 正极电源引脚	9	V5	直流 5V 正极电源引脚
2	V33	直流 3.3V 正极电源引脚	10	GNG 2nd Mate	接地，一般和负极相连，与第 2 路配对
3	V33	直流 3.3V 正极电源引脚	11	Reserved	保留的引脚
4	GNG 1st Mate	接地，一般和负极相连，与第 1 路配对	12	GNG 1st Mate	接地，一般和负极相连，与第 1 路配对
5	GNG 2nd Mate	接地，一般和负极相连，与第 2 路配对	13	V12	直流 12V 正极电源引脚
6	GNG 3rd Mate	接地，一般和负极相连，与第 3 路配对	14	V12	直流 12V 正极电源引脚
7	V5	直流 5V 正极电源引脚	15	V12	直流 12V 正极电源引脚
8	V5	直流 5V 正极电源引脚			

笔记本电脑的 SATA 硬盘接口电路结构较为简单，故障率也相对较低。而 SATA 接口的数据接口部分是直接与芯片组相连并进行通信的，所以当芯片组出现不良或虚焊等问题时，会导致 SATA 接口数据传输故障。

笔记本电脑的硬盘正常工作，需要主板上的 SATA 接口传输 3.3V 和 5V 供电，所以当主板供电电路出现问题时，也会导致笔记本电脑的硬盘无法正常工作的故障。

所以在检修笔记本电脑与硬盘有关的故障时，可使用替换法，确定故障是出在硬盘上，还是出在笔记本电脑主板的 SATA 硬盘接口电路上。如果故障出在笔记本电脑主板的 SATA 硬盘接口电路上，应重点检测其供电电路和芯片组是否存在问题。

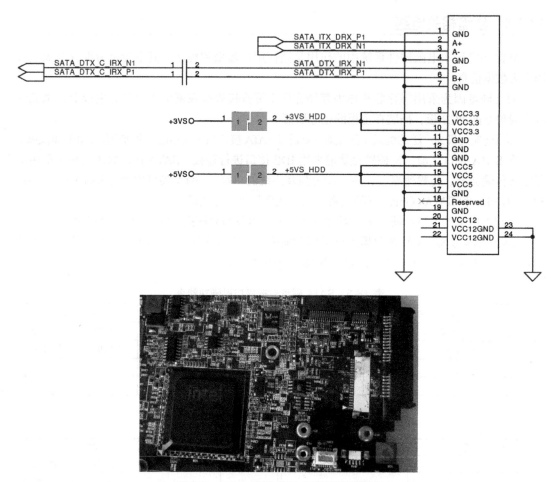

图 16-8 SATA 硬盘接口电路图及实物图

16.1.6 光驱相关电路

笔记本电脑的光驱接口电路与硬盘接口电路相似，也分成信号接口部分和供电接口部分，其中在信号接口部分是完全相同的，而在供电接口部分则通常是第 1 引脚用作设备检测，第 2、第 3 引脚用作 5V 供电，第 4 引脚用作测试，其余引脚接地。如图 16-9 所示为笔记本电脑的光驱接口电路图。

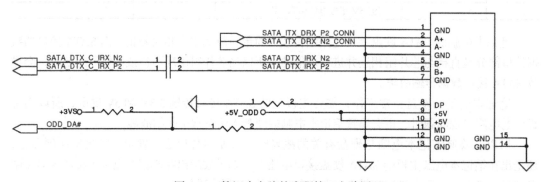

图 16-9 笔记本电脑的光驱接口电路图

笔记本电脑接口电路故障诊断与维修

16.2.1　笔记本电脑接口电路故障分析

造成笔记本电脑接口电路出现故障的原因主要包括进水、摔落、撞击、错误的插拔方式，以及芯片组等主板上与接口电路相关的电子元器件或硬件设备出现损坏、老化、性能不良、虚焊、脱焊等问题。

笔记本电脑接口电路的故障表现主要包括以下几方面。

1）通过 VGA、HDMI 等接口连接笔记本电脑的显示设备，出现黑屏无显示、花屏、缺色、偏色或亮度不正常等故障。

2）通过 USB 接口连接笔记本电脑的移动硬盘、鼠标及键盘等设备，出现无法使用或无法被系统识别等故障。

3）主机电源接口电路出现问题，将导致笔记本电脑无法使用电源适配器供电的故障。可充电电池接口电路出现问题，将导致可充电电池无法正常充放电的故障。

在检修笔记本电脑的接口电路故障时，应首先排除这些故障是由 BIOS 设置或软件设置问题、外接设备损坏导致的。

在拆机检修笔记本电脑的 VGA、HDMI、USB 以及主机电源接口和可充电电池接口电路时，应首先查看主板上的这些接口设备有无开焊、虚焊等问题，接口电路中的主要电子元器件有无脱落、虚焊或烧焦等明显物理损坏。

16.2.2　USB 接口电路故障维修

USB 接口是一种使用十分频繁的接口，其故障率也相对较高。

在检修笔记本电脑的 USB 接口电路故障时，应首先排除故障是由 BIOS 或软件设置问题以及外接设备损坏导致的，其次要查看 USB 接口插座有无明显的物理损坏。

USB 接口电路是组成相对简单的电路，检修起来也相对简单。

拆机检测 USB 接口电路时，首先查看电路中的主要电子元器件和相关设备有无开焊、虚焊或烧焦等明显物理损坏，如果存在明显物理损坏，应首先更换这些损坏的设备。

USB 接口容易出现无法识别 USB 外接设备的故障，如果所有 USB 接口都无法使用，应重点检测南桥芯片是否存在故障。

如果某个 USB 接口无法使用，而检测其第 1 脚时无供电电压，应重点检测保护电路芯片是否存在故障。

USB 接口电路中的电阻器和电容器等电子元器件出现漏电、短路或击穿问题时，也将造成 USB 接口无法使用的故障，所以检修 USB 接口电路故障时，也应对这些电子元器件进行检测。

检测 USB 接口电路中的保护电路芯片的方法为：使用数字万用的电压挡，将量程选择开关扭转至 20V 档位，黑表笔接地，红表笔接保护电路芯片的供电输入针脚和供电输出针脚，查看其电压是否为 5V，如图 16-10 所示为检测保护电路芯片的实物图。

16.2.3　内存接口电路故障维修

笔记本电脑内存接口电路故障，主要表现为死机、自动重启和开机无显示等。在检修内存接口电路时，应首先查看北桥芯片和内存插槽等有无开焊、虚焊或烧焦等明显的物理损坏，如果存在明显的物理损坏应首先更换相关电子元器件和设备。

图16-10　检测保护电路芯片的实物图

内存接口电路是故障率相对较小的电路之一，但是与内存相关的故障很多。所以对内存相关故障进行检修时，要注意区分故障原因。如内存的金手指被氧化后，容易造成内存和内存插槽的接触不良，从而导致故障，或者内存自身损坏，造成相关故障。这些故障都不是由于内存接口电路引起的，所以在检修时，可以使用橡皮擦擦除内存金手指上的氧化层，或使用其他内存进行测试，看是否能够排除故障。

内存的供电电路出现问题，也会导致内存不能正常使用的情况，而且其故障率要比内存接口电路高。检修时，应注意检测故障是否是由于内存供电电路引起的。

内存接口电路导致的故障，主要是因为北桥芯片或内存插槽损坏，以及电容器和电阻器等电子元器件出现短路、击穿或漏电等问题。北桥芯片是内存接口电路中故障率相对较高的设备，在检测时应重点对北桥芯片进行检测。

16.2.4　VGA接口电路故障维修

当笔记本电脑的VGA接口在外接显示设备时，外接显示设备出现黑屏无显示、花屏、缺色、偏色或亮度不正常等故障时，应首先排除故障是由外接显示设备或设备连接线出现问题导致的。

拆机检测笔记本电脑的VGA接口电路时，应首先查看电路中的VGA接口有无开焊、虚焊，VGA接口电路中的主要电子元器件有无开焊、虚焊或烧焦等明显物理损坏。如果VGA接口电路中的电子元器件没有明显的物理损坏，应使用万用表检测这些电子元器件是否存在短路、开路或击穿等问题，如果存在上述问题应及时更换损坏的电子元器件，修复

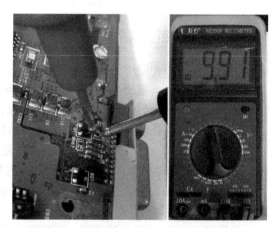

图16-11　笔记本电脑VGA接口电路中
电阻器检测实物图

故障。如图16-11所示为笔记本电脑VGA接口电路中电阻器检测实物图。

16.3　动手实践

笔记本电脑的接口电路是故障率相对较高的电路之一，但其结构相对简单，故障特征比较明显，所以检修起来也相对容易。下面通过几个笔记本电脑接口电路检修实例，具体讲解笔

记本电脑接口电路的检修过程。

16.3.1　检测系统无法识别 USB 设备故障

笔记本电脑的 USB 接口是目前应用最为广泛，也是使用率最高的接口之一。比较常见的故障是当插入 USB 设备时，系统无法识别 USB 设备。

对此类故障应首先进行合理的故障分析，通过替换法和排除法逐步找出故障原因。

笔记本电脑的系统无法识别插入的 USB 设备故障，其故障原因主要包括：

1）外接的 USB 设备本身或 USB 数据线存在故障；

2）软件故障；

3）USB 接口电路硬件故障。

检测是否由于外接的 USB 设备本身或 USB 数据线存在问题而导致的故障，可使用替换法。因为采用 USB 接口的外部设备很多，所以当外接的 USB 设备不能使用时，可使用 U 盘或其他 USB 接口设备对笔记本电脑的 USB 接口进行测试，如果 U 盘等设备能够正常使用，则说明故障原因多半是由于外接的 USB 设备自身或其 USB 数据线存在问题导致的故障。

如果使用 U 盘测试笔记本电脑的 USB 接口时，同样不能正常使用，则需要考虑是否由于软件故障或 USB 接口电路的硬件故障导致了外接 USB 设备不能被系统识别。在设备管理器中可以查看 USB 驱动是否存在问题。如图 16-12 所示为笔记本电脑的设备管理器窗口。

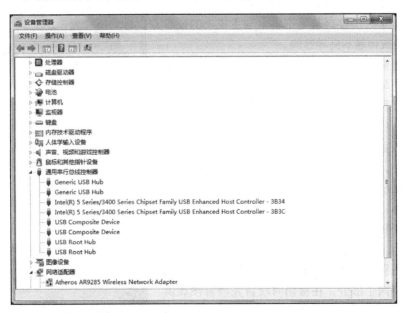

图 16-12　笔记本电脑的设备管理器窗口

如果排除了故障是由软件等问题导致的，那么就需要对笔记本电脑的 USB 接口电路进行检测了。如果笔记本电脑所有的 USB 接口都无法使用，则多半是由于南桥芯片损坏或虚焊所导致的，此时应对南桥芯片进行加焊或更换。

如果只有部分或单独的某个 USB 接口无法使用，则多半可能是由于此 USB 接口的供电电路出现问题，从而导致 USB 外接设备无法识别的故障。如图 16-13 所示为检测 USB 接口供电的实物图。

图 16-13   检测 USB 接口供电的实物图

如果 USB 接口供电不正常，则需要检测供电电路上的保护电路芯片、电阻器和电容器等是否存在击穿、短路或开焊等故障。如果没有，则需要检测 USB 接口电路的上一级供电电路是否存在故障。

16.3.2   检测硬盘接口电路故障

笔记本电脑的硬盘或硬盘接口电路出现问题，可能导致笔记本电脑无法启动或无法正常进入操作系统的故障。而比较常见的硬盘或硬盘接口故障，在 BIOS 自检时会给出故障提示信息，如 hard disk controller failure（硬盘控制器失效），此故障多是由于硬盘接口与笔记本电脑主机上的硬盘插槽出现松动或接触不良导致的。

笔记本电脑的硬盘与内存相类似，同样使用相关接口和插槽与笔记本电脑主板相连，一般都有独立的可拆卸挡板。所以在检修笔记本电脑硬盘或硬盘接口电路故障时，应先将硬盘卸下后擦拭硬盘接口金手指部分，然后重新将硬盘插入，看是否能够消除故障。如果故障消除，则说明是由于接口松动或金手指氧化等问题导致的故障。如果故障没有消除，则需要使用替换法，换另一块硬盘进行测试，以排除是否由于硬盘自身问题导致的相关故障。在排除硬盘自身问题导致的故障之后，才可进行拆机检修硬盘相关电路。

a）南桥芯片

笔记本电脑的硬盘接口电路包括数据接口电路和电源接口电路两个部分，在检修时应首先检修硬盘供电电路是否存在故障，再检修数据接口电路是否存在故障。笔记本电脑硬盘接口电路中，比较容易损坏的组成部件是南桥芯片。所以在检修硬盘相关电路故障时，应重点检测南桥芯片是否存在故障。如图 16-14 所示为笔记本电脑主板上的南桥芯片和硬盘接口。

b）硬盘接口

图 16-14   笔记本电脑主板上的南桥芯片
和硬盘接口

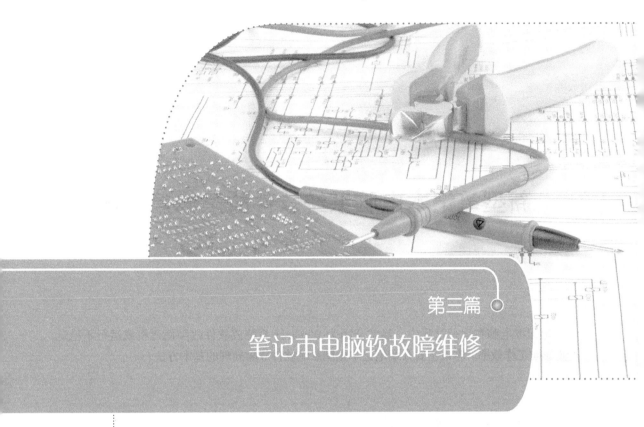

第三篇
笔记本电脑软故障维修

◆ 第 17 章　新型笔记本电脑系统软件故障修复方法
◆ 第 18 章　Windows 系统错误诊断与维修
◆ 第 19 章　Windows 系统无法启动与关机故障诊断与维修
◆ 第 20 章　Windows 系统死机和蓝屏故障诊断与维修

在日常使用笔记本电脑的过程中，笔记本电脑出现的问题有很大一部分是用户操作不当、电脑病毒、系统文件损坏等原因导致 Windows 系统或软件出现的问题，这些问题只要用户掌握一定的系统软件维修的基本知识和方法，大部分问题都可以轻松应对。那么，怎样让灾难远离你的笔记本电脑？怎样让你在灾难中游刃有余？这一篇我们就为你带来系统与软件的维修方法。

第 17 章

新型笔记本电脑系统软件故障修复方法

笔记本电脑在运行过程中，经常会因为 Windows 系统或软件故障而死机或运行不稳定，严重影响工作效率。本章主要介绍笔记本电脑系统软件故障处理的基本方法。

 17.1　Windows 系统的启动

基本上，操作系统的引导过程是从电脑通电自检完成之后开始进行的，而这一过程又可以细分为预引导、引导、载入内核、初始化内核和登录这 5 个阶段。

17.1.1　阶段 1：预引导阶段

当我们打开电脑电源后，预引导过程就开始运行了。在这个过程中，电脑硬件首先要完成通电自检（Power-On Self Test，POST），这一步主要会对电脑中安装的处理器、内存等硬件进行检测，如果一切正常，则会继续下面的过程。

接下来电脑将会定位引导设备（如第一块硬盘，设备的引导顺序可以在电脑的 CMOS 设置中修改），然后从引导设备中读取并运行主引导记录（Master Boot Record，MBR）。至此，预引导阶段成功完成。

17.1.2　阶段 2：引导阶段

引导阶段又可以分为：初始化引导载入程序、操作系统选择、硬件检测、硬件配置文件选择这 4 个步骤。在这一过程中需要使用的文件包括，ntldr、boot.ini、ntdetect.com、ntoskrnl.exe、ntbootdd.sys、bootsect.dos（非必须）等。

1. 初始化引导载入程序

在这一阶段，首先会调用 ntldr 程序，该程序会将处理器由实模式（real mode）切换为 32 位平坦内存模式（32-bit flat memory mode）。不使用实模式的主要原因是，在实模式下，内存中的前 640KB 是为 MS-DOS 保留的，而剩余内存则会被当作扩展内存使用，这样 Windows 系统将无法使用全部的物理内存。

接下来 ntldr 会寻找系统自带的一个微型的文件系统驱动。加载这个系统驱动之后，ntldr 才能找到硬盘上被格式化为 NTFS 或者 FAT/FAT32 文件系统的分区。如果这个驱动损坏了，就算硬盘上已经有分区，ntldr 也认不出来。

读取了文件系统驱动，并成功找到硬盘上的分区后，引导载入程序的初始化过程就已经完成了，随后我们将会进行下一步。

2. 操作系统选择

如果电脑中安装了多个操作系统，将会进行操作系统的选择。如果已经安装了多个 Windows 操作系统，那么所有的记录都会被保存在系统盘根目录下一个名为 boot.ini 的文件中。ntldr 程序在完成了初始化工作之后就会从硬盘上读取 boot.ini 文件，并根据其中的内容判断电脑上安装了几个 Windows，它们分别安装在第几块硬盘的第几个分区上。如果只安装了一个，那么就直接跳过这一步。但如果安装了多个，那么 ntldr 就会根据文件中的记录显示一个操作系统选择列表，并默认持续 30s。如果你没有选择，那么 30s 后，ntldr 会开始载入默认的操作系统。至此操作系统选择这一步已经成功完成。

3. 硬件检测

这一过程中主要需要用到 ntdetect.com 和 ntldr 程序。当我们在前面的操作系统选择阶段选择了想要载入的 Windows 系统之后，ntdetect.com 首先要将当前电脑中安装的所有硬件信息收集起来，并列成一个表，接着将该表交给 ntldr（这个表的信息稍后会被用来创建注册表中有关硬件的键）。这里需要被收集信息的硬件类型包括总线 / 适配器类型、显卡、通信端口、串口、浮点运算器（CPU）、可移动存储器、键盘、指示装置（鼠标）。至此，硬件检测操作已经成功完成。

4. 硬件配置文件选择

硬件检测操作完成后，系统会自动创建一个名为 " Profile 1" 的硬件配置文件，缺省设置下，在 "Profile 1" 硬件配置文件中启用了所有安装 Windows 时安装在这台计算机上的设备。

17.1.3 阶段 3：载入内核

在这一阶段，ntldr 会载入 Windows 系统的内核文件 ntoskrnl.exe，但这里仅仅是载入，内核此时还不会被初始化。随后被载入的是硬件抽象层（hal.dll）。

硬件抽象层其实是内存中运行的一个程序，这个程序在 Windows 系统内核和物理硬件之间起到了桥梁的作用。正常情况下，操作系统和应用程序无法直接与物理硬件打交道，只有 Windows 内核和少量内核模式的系统服务可以直接与硬件交互。而其他大部分系统服务及应用程序，如果想要和硬件交互，就必须通过硬件抽象层进行。

17.1.4 阶段 4：初始化内核

当进入到这一阶段的时候，电脑屏幕上就会显示 Windows 操作系统的标志，同时还会显示一个滚动的进度条，这个进度条可能会滚动若干次。从这一步开始我们才能从屏幕上对系统的启动有一个直观的印象。在这一阶段中主要会完成四项任务：创建 Hardware 注册表键、对

Control Set 注册表键进行复制、载入和初始化设备驱动及启动服务。

1. 创建 Hardware 注册表键

首先要在注册表中创建 Hardware 键，Windows 内核会使用在前面的硬件检测阶段收集到的硬件信息来创建 HKEY_LOCAL_MACHINE\Hardware 键。也就是说，注册表中该键的内容并不是固定的，而是会根据当前系统中的硬件配置情况动态更新。

2. 对 Control Set 注册表键进行复制

如果 Hardware 注册表键创建成功，那么系统内核将会对 Control Set 键的内容创建一个备份。这个备份将会被用在系统的高级启动菜单中的"最后一次正确配置"选项。例如，如果我们安装了一个新的显卡驱动，重启动系统之后 Hardware 注册表键还没有创建成功系统就已经崩溃了，这时候如果选择"最后一次正确配置"选项，系统将会自动使用上一次的 Control Set 注册表键的备份内容重新生成 Hardware 键，这样就可以撤销之前因为安装了新的显卡驱动对系统设置的更改。

3. 载入和初始化设备驱动

在这一阶段里，操作系统内核首先会初始化之前在载入内核阶段载入的底层设备驱动，然后内核会在注册表的 HKEY_LOCAL_MACHINE\System\CurrentControlSet\Services 键下查找所有 Start 键值为"1"的设备驱动。这些设备驱动将会在载入之后立刻进行初始化，如果在这一过程中发生了任何错误，系统内核将会自动根据设备驱动的"ErrorControl"键的数值进行处理。"ErrorControl"键的键值共有四种，分别具有如下含义：

"0"忽略，继续引导，不显示错误信息；

"1"正常，继续引导，显示错误信息；

"2"恢复，停止引导，使用"最后一次正确配置"选项重启动系统；如果依然出错则会忽略该错误；

"3"严重，停止引导，使用"最后一次正确配置"选项重启动系统；如果依然出错则会停止引导，并显示一条错误信息。

4. 启动服务

系统内核成功载入，并且成功初始化所有底层设备驱动后，会话管理器会开始启动高层子系统和服务，然后启动 Win32 子系统。Win32 子系统的作用是控制所有输入/输出设备及访问显示设备。当所有这些操作都完成后，Windows 的图形界面就可以显示出来了，同时我们也将可以使用键盘及其他 I/O 设备。

接下来会话管理器会启动 Winlogon 进程，至此，初始化内核阶段已经成功完成，这时候用户就可以开始登录了。

17.1.5　阶段 5：登录阶段

在这一阶段，由会话管理器启动的 winlogon.exe 进程将会启动本地安全性授权（Local Security Authority，lsass.exe）子系统。到这一步之后，屏幕上将会显示 Windows XP 的欢迎界面或者登录界面，这时候你已经可以顺利进行登录了。不过与此同时，系统的启动还没有彻底完成，后台可能仍然在加载一些非关键的设备驱动。

随后系统会再次扫描 HKEY_LOCAL_MACHINE\System\CurrentControlSet\Services 注册表键，并寻找所有 Start 键的数值是 "2"，或者更大数字的服务。这些服务是非关键服务，系统直到用户成功登录之后才开始加载这些服务。

到这里，Windows 系统的启动过程就算全部完成了。

17.2　Windows 系统故障维修方法

Windows 系统故障一般分为运行类故障和注册表故障。运行类故障指的是在正常启动完成后，在运行应用程序或控制软件过程中出现错误，无法完成用户要求的任务。

运行类故障主要有内存不足故障、非法操作故障、电脑蓝屏故障、自动重启故障等。

17.2.1　用"高级启动选项"修复系统故障

当系统频频出现故障的时候，或当使用 Windows 发生严重错误，导致系统无法正常运行时，可以在电脑刚启动时，直接进入"高级启动选项"菜单中，然后用"安全模式"或"最后一次正确的配置（高级）"启动，这样可以修复系统的一些常见故障。

电脑进入"高级启动选项"的方法如下。

1. Windows XP/7 系统

Windows XP 和 Windows 7 系统进入"高级启动选项"的方法是：在电脑启动时，按 F8 键，然后在启动菜单中，选择"安全模式"即可，如图 17-1 所示。

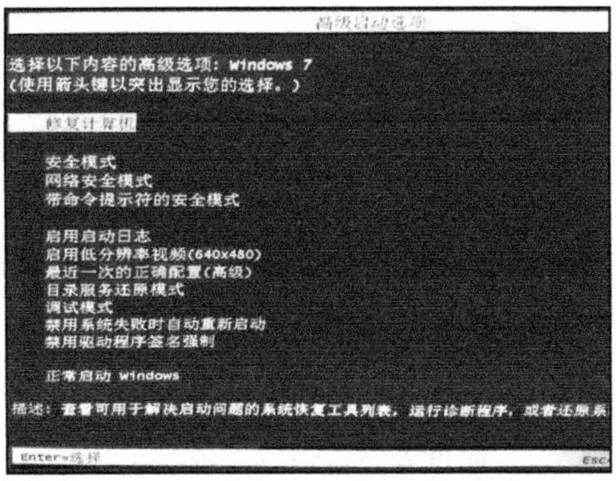

2. Windows 8 系统

Windows 8 系统启动安全模式的方法如下。

1）在系统启动时，按住键盘的 Shift 键，同时按 F8 键，在出现"恢复模式"之后，选择"高级修复"选项。

2）单击"解决问题"选项，再单击"高级"选项。

3）选择"Windows 启动设置"，单击"重启"选项，如图 17-2 所示。

图 17-1　高级启动选项（Windows XP/7 系统）

4）当计算机重新启动之后，就会进入"高级启动"选项界面，如图 17-3 所示。然后选择"安全模式"选项启动电脑即可。

17.2.2　使用"故障恢复控制台"修复电脑故障

当遇到错误无法启动计算机时，也可以从 Windows 安装光盘上运行故障恢复控制台，使用控制台的修复命令来修复错误。

图 17-2　启动设置选项　　　　　　　　图 17-3　高级启动选项（Windows 8 系统）

使用光盘中故障修复控制台的方法如下。

1）在 BIOS 中将电脑设置为光盘启动（在前面章节中讲过）。

2）插入安装光盘，重新启动电脑。进入到光盘启动界面，如图 17-4 所示。

3）选择"安装 Microsoft Windows XP"选项，进入 Windows 安装界面，如图 17-5 所示。

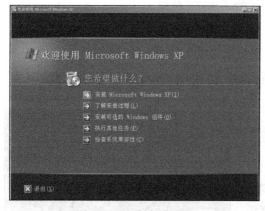

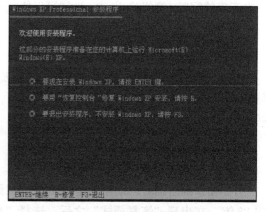

图 17-4　光盘启动界面　　　　　　　　图 17-5　Windows 安装界面

4）在这里不要选现在安装 Windows，按"R"键选择"恢复控制台"选项。

5）如果有双重引导或多重引导系统，可以通过"故障恢复控制台"选择要访问的驱动器，如图 17-6 所示。

6）选择完分区后，需要输入本地管理员账户 Administrator 的密码。Administrator 账户是系统内置的管理员账户，该账户密码默认为空。

7）在系统提示符下，输入"Fixboot"命令，按 Enter 键，此时系统会将新的分区引导扇区写到系统分区中，从而修复启动问题。

8）输入"Exit"命令，按 Enter 键，退出"故障恢复控制台"并重新启动计算机。

使用故障恢复控制台，能有效地修复由引导文件损坏导致的系统无法启动和双系统无法启动等错误。使用 U 盘作为系统安装盘时，操作方法基本相同。

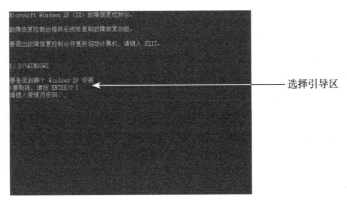
　　　　　　　　　　　　　　　　　　　————选择引导区

图 17-6　Windows 故障恢复控制台

17.2.3　用 Windows 安装光盘恢复系统

　　如果你的 Windows 操作系统的系统文件被误操作删除或病毒破坏，而受到损坏了，可以通过 Windows 的安装盘来修复被损坏了的文件。

　　使用 Windows 安装光盘修复损坏文件的方法如下。

　　1）在 Windows 的安装盘中搜索被破坏的文件。搜索时文件名的最后一个字符用下划线"_"代替，比如要搜索记事本程序"notepad.exe"，则需要用"notepad.ex_"来进行搜索，如图 17-7 所示。

图 17-7　记事本程序

　　2）在"运行"中输入"cmd"，打开命令提示符窗口，如图 17-8 所示。

图 17-8　命令提示符窗口

　　3）在命令提示符窗口中输入："EXPAND+ 空格 + 源文件的完整路径 + 空格 + 目标文件的完整路径"。例如，EXPAND G:\SETUP\NOTEPAD.EX_ C:\Windows\NOTEPAD.EXE。有一点需要注意的是，如果路径中有空格的话，那么需要把路径用双引号（半角字符的引号 " "，学过编程的朋友都知道）括起来。

　　找到当然是最好的，但有时我们在 Windows XP 光盘中搜索的时候找不到我们需要的文件。产生这种情况的一个原因是要找的文件是在"CAB"文件中。由于 Windows XP 把"CAB"当作一个文件夹，所以对于 Windows XP 系统来说，只需要把"CAB"文件右拖然后复制到相应目录即可。

　　如果使用的是其他 Windows 平台，搜索到包含目标文件名的"CAB"文件。然后打开命令行模式，输入："EXTRACT /L+ 空格 + 目标位置 + 空格 +CAB 文件的完整路径"，例如，EXTRACT /L C:\Windows D:\I386\Driver.cab Notepad.exe。同前面一样，如果同路径中有空格，则需要用双引号把路径括起来。

17.2.4　卸掉有冲突的设备

　　设备冲突问题也不少，遇到这种情况，可以采用进入安全模式，打开设备管理器卸载有冲突硬件的方法来解决。

17.2.5　快速进行覆盖安装

　　对于初学者和经验不足的维修人员来说，Windows 无法启动，但又想保留原来的系统设置，这时就可以采用快速覆盖安装。

　　如果以上的方法还是不能解决问题，那只好格式化系统盘，重装系统。

第 **18** 章

Windows 系统错误诊断与维修

你有没有正在开心地使用电脑时，突然出现一个莫名其妙的错误提示，不但毁了你的程序，还毁了你的好心情？

这一章我们就来详细讲解 Windows 错误的恢复，从此以后再也不用担心电脑崩溃了。以 Vista 为核心的 Windows 7、Windows 8 都具有较强的自我修复能力，并且 Windows 7 安装光盘中自带修复工具的功能强大，当出现系统错误后，系统可以自动进行修复，而 Windows XP 这方面的功能比较差，在今后的使用过程中，要特别注意。

18.1 了解 Windows 系统错误

首先了解一下 Windows 系统错误。在 Windows 使用过程中，由人为操作失误或恶意程序破坏等，造成的 Windows 相关文件受损或注册信息错误，从而导致的 Windows 系统错误。这时系统会出现错误提示对话框，如图 18-1 和图 18-2 所示。

图 18-1　Windows 系统错误

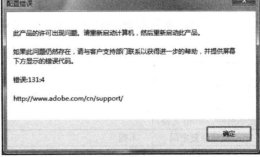

图 18-2　Windows 运行错误

系统错误会在使用 Windows 的时候，造成程序意外终止、数据丢失等不良影响，严重的还会造成系统崩溃。

我们在使用 Windows 系统时，不仅要保持良好的使用习惯，做好防范措施，还要掌握发生系统错误时如何恢复电脑的方法。

 18.2 Windows 系统恢复综述

在 Windows 的使用过程中，经常有发生错误和意外终止的情况。在发生不可挽回的错误时，除了重装 Windows 系统，还有没有其他方法可以恢复正常的使用呢？

系统恢复、系统备份都能让你在发生错误的时候坦然地面对这一切。这里我们首先要区别几个容易混淆的概念：系统恢复、系统备份、Ghost 备份。

18.2.1 系统恢复

系统恢复是当 Windows 遇到问题时，可以将电脑的设置还原到以前正常时的某个时间点时的状态。系统恢复功能自动监控系统文件的更改和某些程序文件的更改，记录并保存更改之前的状态信息。系统恢复功能会自动创建易于标记的还原点，使用户可以将系统还原到以前的状态。

还原点的建立是在系统发生重大改变时（安装程序或更改驱动等）创建，同时也会定期（比如每天）创建，用户还可以随时创建和命名自己的还原点，方便用户进行恢复。

18.2.2 系统备份

系统备份是将现有的 Windows 系统保存在备份文件中，这样在发生错误时，将备份的 Windows 系统还原到系统盘中，就可以覆盖发生错误的 Windows 系统，从而继续正常使用。

18.2.3 Ghost 备份

Ghost 备份不仅是系统的备份，也是整个系统分区的备份，比如 C 盘。Ghost 备份是完整地将整个系统盘（比如 C 盘）中的所有文件都备份到 *.GHO 文件中，在发生错误时，再将 *.GHO 文件中的备份文件还原到 C 盘，从而可以继续正常使用。

18.2.4 系统恢复、系统备份、Ghost 备份的区别

系统恢复、系统备份、Ghost 备份的区别如表 18-1 所示。

表 18-1 系统恢复、系统备份、Ghost 备份的区别

	系统恢复	系统备份	Ghost 备份
恢复对象	核心系统该文件和某些特定文件	系统文件	分区内所有文件
是否能够恢复数据（比如照片、Word 文档）	不能	不能	能
是否能够恢复密码	不能	能	能
需要的硬盘空间	400MB	2GB	10GB（视系统分区大小）
是否能自定义大小	可以（最小 200MB）	不能	可以通过压缩减少占用的硬盘空间

（续）

	系统恢复	系统备份	Ghost 备份
还原点的选择	几天内任意时间（可自定义还原时间）	备份时	备份时
是否必须管理员权限	是	是	不是
是否影响电脑性能	不会	不会	不会
是否需要手动备份	不需要	需要	需要

 修复系统错误从这里开始

18.3.1　用"安全模式"修复系统错误

当使用 Windows 发生严重错误，导致系统无法正常运行时，可以使用"安全模式"修复电脑出现的系统错误。使用安全模式的方法，对注册信息丢失、Windows 设置错误、驱动设置错误等系统错误，有很好的修复效果。

具体使用方法：在系统出现错误时，可以在启动系统时，进入"高级启动选项"界面，然后选择"安全模式"或"网络安全模式"启动系统。启动后，如果是由于硬件配置问题引起的系统故障，可以对硬件重新配置。如果是注册表损坏，或系统文件损坏引起的系统错误，安全模式启动过程中会对这些错误进行自动修复。

之后，重新启动电脑，对于一般的系统故障就会自动消失。

18.3.2　用"最后一次正确的配置"修复系统故障

当使用 Windows 发生严重错误，导致系统无法正常运行时，可以使用"最后一次正确的配置"恢复电脑正常时的配置信息，这样可以恢复很多因为操作不当而引发的系统错误，方便且实用。

使用"最后一次正确的配置"的方法如下。

1）重启电脑。当显示器上出现开机自检画面时，按 F8 键进入"高级启动选项"，如图 18-3 所示。

2）用上下箭头选择"最后一次正确的配置（您的起作用的最近设置）"，如图 18-4 所示。

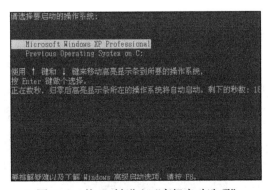

图 18-3　按 F8 键进入"高级启动选项"

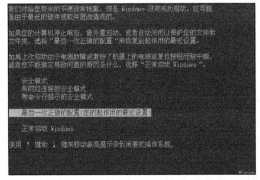

图 18-4　最后一次正确的配置

3）按 Enter 键，将会以最后一次的正确配置信息重新设置电脑。

最后一次正确配置的方法，对注册信息丢失、Windows 设置错误、驱动设置错误等，引起的系统错误有着很好的修复效果。

以上是使用 Windows XP 为代表的，NT 核心 Windows 系统，Vista 核心的 Windows Vista 和 Windows 7、Windows 8 都具有较强的自我修复能力，在发生错误时多数情况下都能自我恢复，并正常启动 Windows。

18.3.3　全面修复受损文件

如果系统丢失了太多的系统重要文件就会变得非常不稳定，那么按照前面介绍的方法进行修复，会非常麻烦。这时就需要使用 sfc 文件检测器命令来全面地检测并修复受损的系统文件了。

在"运行"窗口中执行"sfc"命令。在命令提示符窗口中会出现 sfc 命令的说明和后缀参数说明，如图 18-5 所示。提示：Windows 7/8 系统中可以从"开始"→"所有程序"→"附件"→"运行"打开。

我们使用 /scannow 后缀扫描所有受保护的系统文件的完整性，并修复出现的问题文件。命令格式是 sfc /scannow，回车。注意 sfc 后面有空格。

这时 sfc 文件检测器将立即扫描所有受保护的系统文件，其间会提示用户插入 Windows 安装光盘，如图 18-6 所示。

图 18-5　sfc 文件检测修复命令　　　　　图 18-6　sfc 修复文件过程

大约 10 min 的时间里，sfc 就将会完成检测并修复受保护的系统文件。可以使用 sfc 命令全面修复受损文件。

18.3.4　修复 Windows 中的硬盘逻辑坏道

磁盘出现坏道会导致硬盘上的数据丢失，这是我们不愿意看到的。硬盘坏道分为物理坏道和逻辑坏道。物理坏道无法修复，但可以屏蔽一部分。逻辑坏道是可以通过重新分区格式化来修复的。图 18-7 是使用 Windows 安装光盘为硬盘重新分区。

使用 Windows XP 或 Windows 7 安装光盘中所带的分区格式化工具，对硬盘进行重新分区，不但可以修复磁盘的逻辑坏道，还可以自动屏蔽掉一些物理坏道。注意分区之前一定要做好备份工作。

图 18-7　使用 Windows 安装光盘重新分区

18.4　一些特殊系统文件的恢复

18.4.1　恢复丢失的 Rundll32.exe

　　Rundll32.exe 程序是执行 32 位的 DLL（动态链接库）文件，它是重要的系统文件，缺少了它，一些项目和程序将无法执行。不过由于它的特殊性，致使它很容易被破坏。如果你在打开控制面板里的某些项目时出现" Windows 无法找到文件' C:\Windows\system32 \Rundll32.exe '"的错误提示，则可以通过修复丢失的 Rundll32.exe 文件，来恢复 Windows 的正常使用，如图 18-8 所示。

　　恢复 Rundll32.exe 的方法如下。

　　1）将 Windows 安装光盘插入光驱，然后依次单击"开始"→"运行"。

　　2）在"运行"窗口中输入" expand G:\i386\rundll32.ex_ C:\windows\system32 \rundll32.exe"命令并回车执行（其中"G:"为光驱，"C:"为系统所在盘）。

　　3）修复完毕后，重新启动系统即可。

18.4.2　恢复丢失的 CLSID 注册码文件

　　这类故障出现时不是告诉用户所损坏或丢失的文件名称，而是给出一组 CLSID 注册码（Class IDoridentifier），因此经常会让人感到不知所措。

　　例如，笔者在运行窗口中执行" gpedit.msc"命令来打开组策略时，出现了"管理单元初始化失败"的提示窗口，单击"确定"按钮也不能正常地打开相应的组策略。经过检查发现是因为丢失了 gpedit.dll 文件所造成的。

　　要修复这些另类文件丢失，需要根据窗口中的 CLSID 类提示的标识。在注册表中会给每个对象分配一个唯一的标识，这样我们就可通过在注册表中查找，来获得相关的文件信息。

　　操作方法是，在"运行"窗口中执行" regedit"命令，打开注册表编辑器。在注册表窗口中依次单击"编辑"→"查找"，然后在文本框中输入 CLSID 标识。在搜索的类标识中选择" InProcServer32"项，接着在右侧窗口中双击"默认"项，这时在"数值数据"中会看到"%SystemRoot%\System32\GPEdit.dll"，其中的 GPEdit.dll 就是本例故障所丢失或损坏的文件。

　　此时只要将安装光盘中的相关文件解压或直接复制到相应的目录中，即可完全修复。

18.4.3　恢复丢失的 NTLDR 文件

　　电脑开机时，出现" NTLDR is Missing Press any key to restart"提示，然后按任意键还是出现这条提示，这说明 Windows 中的 NTLDR 文件丢失了，如图 18-9 所示。

图 18-8　Rundll32.exe 程序错误　　　　　图 18-9　NTLDR 文件丢失，按任意键重试

　　在突然停电或在高版本系统的基础上安装低版本的操作系统时，很容易造成 NTLDR 文件的丢失。

要恢复 NTLDR 文件可以在"故障恢复控制台"中解决。方法如下。

1）插入 Windows 安装光盘。

2）在 BIOS 中将电脑设置为光盘启动。

3）重启电脑，进入光盘引导页面。按 R 键进入故障恢复控制台。

4）在故障恢复控制台的命令状态下输入" copy G:\i386\ntldr c:\"命令并按 Enter 键即可（"G"为光驱所在的盘符）。将 NTLDR 文件复制到 C 盘根目录中。

5）在执行" copy x:\i386\ntdetect.com c:\"命令时，如果提示是否覆盖文件，则输入" y"确认，并按 Enter 键。

6）执行完后，输入"Exit"退出故障控制台。重启电脑就会修复 NTLDR 文件丢失的错误。

18.4.4　恢复受损的 Boot.ini 文件

当 NTLDR 文件丢失时，Boot.ini 文件多半也会出现错误。同样可以在故障控制台中进行修复。修复 Boot.ini 文件的方法如下。

1）打开故障控制台。

2）输入"bootcfg /redirect"命令来重建 Boot.ini 文件。

3）再执行"fixboot c:"命令，重新将启动文件写入 C 盘。

4）输入"Exit"，退出故障控制台，重启电脑，就可以修复 Boot.ini 文件了。

18.5　利用修复精灵修复系统错误

除了上面介绍的手动修复系统错误外，我们还可以利用系统错误修复软件，自动进行系统错误修复，这一节我们来认识一个实用的修复软件——系统错误修复精灵，在网上可以免费下载，如图 18-10 所示。

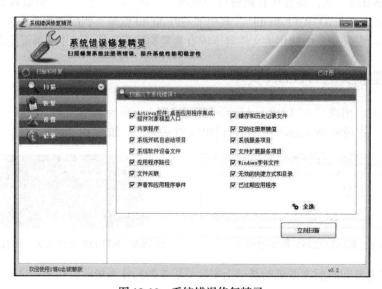

图 18-10　系统错误修复精灵

在修复精灵主界面中，左侧列表中有扫描、修复、设置、记录几项功能，右边是功能的设置和扫描修复进度。

我们在扫描功能中，选择全部检查选项，进行扫描，如图 18-11 所示。

图 18-11　修复精灵正在扫描系统错误

修复精灵会逐个扫描系统中是否存在错误或文件丢失，扫描结果如图 18-12 所示。

图 18-12　修复完成

扫描完成后，单击"修复"按钮，修复精灵会自动修复扫描到的系统错误，如图 18-13 所示。

如果对修复不满意，可以在恢复功能中，将注册表恢复到之前的记录点。

设置中可以设置是否在修复前备份注册表。

记录中是扫描和修复结果的记录。

利用系统错误修复精灵，使得我们可以轻松处理系统错误，也让 Windows 不再"野性难驯"。

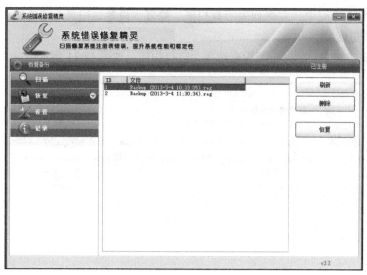

图 18-13　恢复注册表

18.6　动手实践：Windows 系统错误维修实例

18.6.1　未正确卸载程序导致错误

1. 故障现象

一台装有 Windows 7 系统的笔记本电脑，在启动时会出现："Error occurred while trying to remove name. Uninstallation has been canceled"错误提示信息。

2. 故障分析

根据故障现象分析，该错误的信息是未进行正确地卸载程序而造成的。发生这种现象的一个最常见的原因是用户直接删除了原程序的文件夹，而该程序在注册表中的信息并未删除。通过在注册表中手动删除可以解决问题。

3. 故障查找与维修

1）依次单击"开始"→"所有程序"→"附件"→"运行"，然后输入"regedit"，单击"确定"按钮，打开注册表编辑器，如图 18-14 所示。

2）在注册表编辑器打开中：HKEY_CURRENT_USER\software\Microsoft\Windows\Current-Version\Uninstall。

3）找到后删除右边的相应项值，然后重启电脑，故障排除。

18.6.2　Windows 7 开机速度越来越慢

1. 故障现象

一台酷睿 i3 笔记本，采用 AMD Radeon 高性能独立显卡，4G 内存。但才用了两个月就感觉电脑运行速度明显没有刚买回来时那么流畅了，且开机速度越来越慢。

图 18-14　进入注册表编辑器

2. 故障分析

从电脑的硬件配置上来说，应该不是电脑配置低的问题。经检查发现电脑启动时，一般影响电脑启动速度的因素主要是，启动时加载了过多的随机软件、应用软件，操作中产生的系统垃圾、系统设置等，这些都是系统迟缓，开机速度变慢的原因。所以，可以考虑在启动项中，删除不需要的随机项和软件，以加快启动速度。

3. 故障查找与维修

（1）减少随机启动项

依次单击"开始"→"所有程序"→"附件"→"运行"，然后输入"msconfig"，在弹出的窗口中切换到"启动"标签，禁用那些不需要的启动项目就可以了（见图 18-15），一般我们只运行一个输入法程序和杀毒软件就行了。这一步主要是针对开机速度，如果利用一些优化软件，也可以实现这个目的，其核心思想就是禁止一些启动项目。

图 18-15　启动标签

（2）减少 Windows 7 系统启动显示时间

依次单击"开始"→"所有程序"→"附件"→"运行"，然后输入"msconfig"，接着在打开的"系统配置"对话框中，单击"引导"选项卡，右下方会显示启动等待时间，默认是30 秒，一般都可以改短一些，比如 5 秒、10 秒等，如图 18-16 所示。

（3）调整 Windows 7 系统启动等待时间按钮

在上面的"系统配置"对话框中，单击"高级选项"按钮，会打开"引导高级选项"

对话框。在此对话框中，单击"处理器数"单选按钮，在下拉菜单中按照自己电脑 CPU 的核心数进行选择（见图 18-17），如果是双核就选择 2，单击"确定"按钮后重启电脑生效。

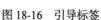

图 18-16　引导标签

图 18-17　引导高级选项

18.6.3　在 Windows 系统中打开 IE 浏览器后总是弹出拨号对话框开始拨号

1. 故障现象

用户在使用笔记本电脑时，进入 Windows 系统中打开 IE 浏览器后，总是弹出拨号对话框开始自动拨号。

2. 故障分析

根据故障现象分析，此故障应该是设置了默认自动连接的功能。一般在 IE 中进行设置即可解决问题。

3. 故障查找与维修

首先打开 IE 浏览器，然后单击"工具"→"Internet 选项"，在打开的"Internet 选项"对话框中，单击"连接"选项卡，选择"从不进行拨号连接"单选按钮，最后单击"确定"按钮即可。

18.6.4　自动关闭停止响应的程序

1. 故障现象

在 Windows XP 操作系统中，有时候会出现"应用程序已经停止响应，是否等待响应或关闭"提示对话框。如果不操作，则等待许久，而手动选择又比较麻烦。

2. 故障分析

在 Windows XP 检测到某个应用程序已经停止响应时，会出现这个提示。其实我们可以自动关闭它，不让系统出现提示对话框。

3. 故障查找与维修

1）依次单击"开始"→"所有程序"→"附件"→"运行"，然后输入"regedit"单击"确定"按钮，打开注册表编辑器。

2）修改 HKEY_CURRENT_USER\Control Panel\Desktop，将 Auto End Tasks 的键值设置为 1，如图 18-18 所示。

将 WaitTokillAppTimeOut（字符串值）设置为 10 000（等待时间（毫秒）），如图 18-19 所示。

图 18-18　设置 Auto End Tasks 键值

图 18-19　设置 WaitTokillAppTimeOut 字符串值

3）接着关闭注册表编辑器，重启电脑检测，故障排除。

18.6.5　Windows 7 资源管理器无法展开收藏夹

1. 故障现象

用户在 Windows 7 中的资源管理器时，无法展开"收藏夹"，但是"库"和"计算机"等都可以正常展开。如果单击"收藏夹"，能进入它的文件夹，里面的内容并未丢失。右击收藏夹在弹出菜单中选择"还原收藏夹连接"，问题依旧。

2. 故障分析

出现这个问题是因为注册表受损了，我们可以通过修改注册表来解决。

3. 故障查找与维修

1）在"开始"→"搜索框"中输入 regedit.exe 打开注册表编辑器。

2）定位到"HKEY_CLASSES_ROOT\lnkfile"。在右侧新建一个字符串值"lsShortcut"，不用填写值，直接按回车键。

3）重启电脑即可解决 Windows 7 资源管理器无法展开收藏夹的问题，如图 18-20 所示。

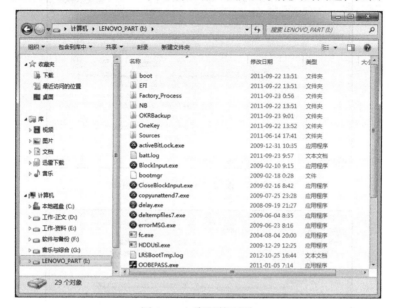

图 18-20　资源管理器

18.6.6　如何找到附件中丢失的小工具

1. 故障现象

在 Windows 7 系统中附加了很多实用性的小工具，如计算器、画图等，但有时会发现这些工具在附件菜单中消失，如图 18-21 所示。

2. 故障分析

错误的操作会导致功能表中的快捷方式丢失，我们可以使用搜索命令调出相关工具。

3. 故障查找与维修

在开始菜单的搜索栏中输入画图的命令"mspaint"命令，如图 18-22 所示。然后单击搜索到的文件即可打开画图工具。

【提示】

其他工具命令对照：计算器 calc；写字板 wordpad；记事本 notepad；便签 stikynot（For Windows 7）；截图工具 snippingtool（For Windows 7）。

18.6.7　Windows 桌面 IE 图标不能显示

1. 故障现象

用户反映 Windows XP 系统的桌面上没有 IE 浏览器图标。

2. 故障分析

引起这个现象的原因可能是因为电脑感染了病毒，可以通过设置将 IE 图标显示在桌面上。

3. 故障查找与维修

1）启动系统，在桌面上右击，选择"属性"菜单，打开"显示属性"对话框。

2）单击"桌面"选项卡，单击"自定义桌面"按钮，如图 18-23 所示。

图 18-21　附件中的工具

图 18-22　搜索相关命令

图 18-23　自定义桌面

3）打开"桌面项目"对话框，在此对话框中查看是否有"Internet Explorer"选项，如果有，则单击勾选；如果没有"Internet Explorer"选项，则可以按键盘上的"i"键，多按几次，然后返回桌面，并刷新桌面，桌面上就会出现 IE 图标了，如图 18-24 所示。

18.6.8　恢复被删除的数据

1. 故障现象

用户反映不小心将删除到回收站的文件清空了，想恢复回收站中的文件。

2. 故障分析

回收站内容被清空是很常见的一种现象，如果

图 18-24　"桌面选项"对话框

数据很重要，可以尝试用数据恢复软件进行恢复，这里介绍一种利用注册表恢复数据的简单的方法。

3. 故障查找与维修

1）依次单击"开始"→"所有程序"→"附件"→"运行"，然后输入"regedit"打开注册表编辑器。

2）进入注册表后，依次分别打开子文件"HKEY_LOCAL_MACHINE\ SOFTWARE\ Microsoft\Windows\Current Version\ Explorer\DeskTop\NameSpace"，如图 18-25 所示。

图 18-25 注册表编辑器

3）接着单击"NameSpace"子键，在右边窗口中单击右键，选择"新建"→"项"命令，如图 18-26 所示。

图 18-26 "NameSpace"子键

4）之后出现新建的项（新项＃1），接着将新建项重命名为"{645FFO40——5081——101B——9F08——00AA002F954E}"，如图 18-27 所示。

图 18-27　新建项

5）单击新建的项，右边会出现默认等显示，然后在右边窗口中单击"默认"二字，再单击右键，选择"修改"命令，如图 18-28 所示。

6）打开"编辑字符串"对话框，在此对话框中，将"数据数值"栏修改为"回收站"，然后单击。重启电脑后打开回收站，删除的数据又出现了，如图 18-29 所示。

18.6.9　在 Windows 7 系统中无法录音

1. 故障现象

用户反映在使用 Windows 7 系统时无法录音了。

图 18-28   修改选项

图 18-29   "编辑字符串"对话框

2. 故障分析

根据故障现象分析，此故障是由于 Windows 7 硬件设定或驱动程序而导致的，可以重点检查这些方面问题。

3. 故障查找与维修

1）在任务栏的声音图标上，右击，然后选择"录音设备"命令，如图 18-30 所示。

2）在打开的"声音"对话框中的下方空白处单击右键，在弹出的右键菜单中选择"显示禁用设备"，如图 18-31 所示。

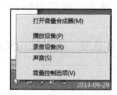

图 18-30   选择录音设备

图 18-31　"声音"对话框

3）接着会在"声音"对话框中显示"立体声混音"选项，接着在"立体声混音"选项上单击右键，选择"启用"命令，然后再次单击右键，在打开的菜单中选择"设为默认设备"，如图 18-32 所示。

图 18-32　启用"立体声混音"

4）到此，Windows 7 录音的硬件设定已经完成。开启录音所使用的软件，如录音机、Cooledit 等软件，即可开始录音了。

18.6.10　恢复 Windows 7 系统注册表

1. 故障现象

用户反映在安装软件时提示无法注册，反复重启电脑也不能解决。

2. 故障分析

根据故障现象分析，估计是由于用户注册表有问题导致的，可以通过修复注册表或恢复注册表来解决问题。

3. 故障查找与维修

1）重启电脑，在启动时按 F8 键进入启动菜单，接着选择"安全模式"启动电脑。

2）进入 C 盘，打开 C 盘中的 Windows\System32\config\RegBack 文件夹，如图 18-33 所示。

3）将该文件夹中的文件复制到 C 盘 Windows\System32\config 文件夹下，然后重启电脑，电脑运行正常，故障排除。

图 18-33　RegBack 文件夹中的文件

18.6.11　打开程序或文件夹出现错误提示

1. 故障现象

用户的电脑在打开程序或文件夹时总提示"Windows 无法访问指定设备，路径或文件"，如图 18-34 所示。

图　18-34

2. 故障分析

根据故障现象分析，此故障可能是因为系统分区采用 NTFS 分区格式且没有设置管理员权限，或者是感染病毒所致。

3. 故障查找与维修

1）用杀毒软件查杀病毒，未发现病毒。

2）打开桌面"计算机"图标，在打开的"计算机"窗口中的"本地磁盘（C:）"上单击右键，选择"属性"命令，打开"本地磁盘（C:）属性"对话框，接着单击"安全"选项卡，如图 18-35 所示。

3）单击"高级"按钮，打开"高级安全级别"对话框，然后单击"添加"按钮选择一个管理员账号，单击"确定"按钮。

4）最后用这个管理员账号登录即可（注销或重启电脑）。

18.6.12　电脑开机后出现 DLL 加载出错错误提示

1. 故障现象

Windows 系统启动后弹出"soudmax.dll 出错，找不到指定模块"错误提示。

2. 故障分析

此类故障一般是由于病毒伪装成声卡驱动文件造成的。由于某些杀毒软件无法识别，并有效解决"病毒伪装"的问题，系统找不到原始文件，造成启动缓慢，提示出错。此类故障可以利用注册表编辑器来修复。

3. 故障查找与维修

1）依次打开"开始"→"所有程序"→"附件"→"运行"，然后输入 regedit 并单击"确定"按钮，打开注册表编辑器，如图 18-36 所示。

2）接着依次展开到 HKEY_LOCAL_MACHINE\SOFTWARE\Microsoft\Windows\Current Version\Policies\Explorer\Run，然后找到与 Soundmax.dll 相关的启动项，并删除。

3）依次单击"开始"→"所有程序"→"附件"→"运行"，然后输入"msconfig"并单击"确定"按钮。打开"系统配置"对话框，接着单击"启动"选项卡，然后寻找与 Soundmax.dll 相关的项目。如果有，请取消勾选，如图 18-37 所示。修改完毕后，重启计算机，你会发现系统提示的错误信息已经不再出现。

图 18-35　"本地磁盘（C:）属性"对话框

图 18-36　"运行"对话框

图 18-37　"系统配置"对话框

第 19 章

Windows 系统无法启动与关机故障诊断与维修

Windows 系统无法启动是指电脑可以开机，硬件自检也正常，但进入启动 Windows 系统时出现故障，无法正常启动，而 Windows 系统关机故障则是电脑一直处于关机状态无法关机，或关机时出现错误提示等。

 19.1 修复电脑开机报错故障

电脑开机报错故障是指电脑开机自检时或启动操作系统前电脑停止启动，在显示屏出现一些错误提示的故障。

造成此类故障的原因一般是电脑在启动自检时，检测到硬件设备不能正常工作或在自检通过后从硬盘启动时，出现硬盘的分区表损坏，或硬盘主引导记录损坏，或硬盘分区结束标志丢失等故障，电脑出现相应的故障提示。

维修此类故障时，一般根据故障提示，先判断发生故障的原因，再根据故障原因使用相应的解决方法进行解决。下面根据各种故障提示总结出故障提示原因及解决方法。

1）提示"BIOS ROM Checksum Error-System Halted（BIOS 校验和失败，系统挂起）"故障，一般是由于 BIOS 的程序资料被更改引起，通常是由 BIOS 升级错误造成的。采用重新刷新 BIOS 程序的方法进行解决。

2）提示"CMOS Battery State Low"故障是指 CMOS 电池电力不足，更换 CMOS 电池即可。

3）提示"CMOS Checksum Failure（CMOS 校验和失败）"故障是指 CMOS 校验值与当前读数据产生的实际值不同。进入 BIOS 程序，重新设置 BIOS 程序即可解决。

4）提示"Keyboard Error（键盘错误）"故障是指键盘不能正常使用。一般是由于键盘没有连接好、键盘损坏，或键盘接口损坏等引起。一般将键盘重新插好或更换好的键盘即可解决。

5）提示"HDD Controller Failure（硬盘控制器失败）"故障是指 BIOS 不能与硬盘驱动器的控制器传输数据。一般是由于硬盘数据线或电源线接触不良造成，检查硬件的连接状况，并将硬盘重新连接好即可。

6）提示"C：Drive Failure Run Setup Utility，Press（F1）To Resume"故障是指硬盘类型

设置参数与格式化时所用的参数不符。对于此类故障一般备份硬盘的数据，重新设置硬盘参数，如不行，重新格式化硬盘后，重新安装操作系统即可。

7）先提示"Device Error"，然后又提示"Non-System Disk Or Disk Error，Replace and Strike Any Key When Ready"，硬盘不能启动，用启动盘启动后，在系统盘符下输入"C："然后按 Enter 键，屏幕提示"Invalid Drive Specification"，系统不能检测到硬盘。此故障一般是 CMOS 中的硬盘设置参数丢失或硬盘类型设置错误等造成的。首先需要重新设置硬盘参数，并检测主板的 CMOS 电池是否有电；然后检查硬盘是否接触不良；检查数据线是否损坏；检查硬盘是否损坏；检查主板硬盘接口是否损坏。检查到故障原因后排除故障即可。

8）提示"Error Loading Operating System"或"Missing Operating System"故障是指硬盘引导系统时，读取硬盘 0 面 0 道 1 扇区中的主引导程序失败。一般此类故障是由于硬盘 0 面 0 道磁道格式和扇区 ID 逻辑或物理损坏，找不到指定的扇区或分区表的标识"55AA"被改动，系统认为分区表不正确。可以使用 NDD 磁盘工具进行修复。

9）提示"Invalid Drive Specification"故障是指操作系统找不见分区或逻辑驱动器，此故障一般是由于分区或逻辑驱动器在分区表里的相应表项不存在，分区表损坏引起。可以使用 Disk Genius 磁盘工具恢复分区表。

10）提示"Disk boot failure，Insert system disk"故障是指硬盘的主引导记录损坏，一般是由于硬盘感染病毒导致主引导记录损坏。可以使用 NDD 磁盘工具恢复硬盘分区表进行修改。

无法启动 Windows 系统故障分析与维修

无法启动 Windows 操作系统故障是指电脑开机有自检画面，但进入 Windows 启动画面时，无法正常启动到 Windows 桌面的故障。

19.2.1　无法启动 Windows 系统故障分析

Windows 操作系统启动故障又分为下列几种情况。

1）电脑开机自检时出错无法启动故障。

2）硬盘出错无法引导操作系统故障。

3）启动操作系统过程中出错无法正常启动到 Windows 桌面故障。

造成无法启动 Windows 系统故障的原因较多，总结一下主要包括如下。

1）Windows 操作系统文件损坏。

2）系统文件丢失。

3）系统感染病毒。

4）硬盘有坏扇区。

5）硬件不兼容。

6）硬件设备有冲突。

7）硬件驱动程序与系统不兼容。

8）硬件接触不良。

9）硬件有故障。

19.2.2 无法启动 Windows 系统故障维修

如果电脑开机后电脑停止启动，出现错误提示，这时首先应认真领会错误提示的含义，根据错误提示检测相应硬件设备即可解决问题。

如果电脑在自检完成后，开始从硬盘启动时（出现自检报告画面，但没有出现 Windows 启动画面），出现错误提示或电脑死机，这时一般故障与硬盘有关，应首先进入 BIOS 检查硬盘的参数，如果 BIOS 中没有硬盘的参数，则是硬盘接触不良或硬盘损坏，这时应关闭电源，然后检查硬盘的数据线、电源线连接情况，是否损坏，主板的硬盘接口是否损坏，硬盘是否损坏等故障；如果 BIOS 中可以检测到硬盘的参数，则故障可能是由于硬盘的分区表损坏、主引导记录损坏、分区结束标志丢失等引起的，这时需要使用 NDD 等磁盘工具进行修复。

如果电脑已经开始启动 Windows 操作系统，但在启动的中途出现错误提示，死机或蓝屏等故障，则故障可能是硬件方面的原因引起，也可能是软件方面的原因引起的。对于此类故障应首先检查软件方面的原因，先用安全模式启动电脑修复一般性的系统故障，如果不行可以采用恢复注册表，恢复系统的方法修复系统；如果还不行可以采用重新安装系统的方法排除软件方面的故障。如果重新安装系统后故障依旧，则一般是由于硬件存在接触不良、不兼容、损坏等故障，需要用替换法等方法排除。

无法启动 Windows 操作系统各种的维修方法如下。

1）首先在电脑启动时，按 F8 键，然后选择"安全模式"，用安全模式启动电脑，看能否正常启动。如果用安全模式启动时出现死机，或蓝屏等故障，则转至 6）。

2）如果能启动到安全模式，则造成启动故障的原因可能是硬件驱动程序与系统不兼容，或操作系统有问题，或感染病毒等。接着在安全模式下运行杀毒软件查杀病毒，如果查出病毒，将病毒清除然后重新启动电脑，看是否能正常运行。

3）如果查杀病毒后系统还不能正常启动，则可能是病毒已经破坏了 Windows 系统重要文件，需要重新安装操作系统才能解决问题。

4）如果没有查出病毒，则可能是硬件设备驱动程序与系统不兼容引起的；接着将声卡、显卡、网卡等设备的驱动程序删除，然后再逐一安装驱动程序，每安装一个设备就重新启动一次电脑，来检查是哪个设备的驱动程序引起的故障，查出故障原因后，下载故障设备的新版驱动程序，然后重新安装即可。

5）如果检查硬件设备的驱动程序，不能排除故障，则不能启动故障可能是操作系统损坏引起的。接着重新安装 Windows 操作系统即可排除故障。

6）如果电脑不能从安全模式启动，则可能是 Windows 系统严重损坏或电脑硬件设备有兼容性问题。接着首先用 Windows 安装光盘重新安装操作系统，看是否可以正常安装，并正常启动。如果不能正常安装转至 10）。

7）如果可以正常安装 Windows 操作系统，接着检查重新安装操作系统后，故障是否消失。如果故障消失，则是系统文件损坏引起的故障。

8）如果重新安装操作系统后，故障依旧，则故障原因可能是硬盘有坏道或设备驱动程序与系统不兼容等引起的。接着用安全模式启动电脑，如果不能启动，则是硬盘有坏道引起的故障。接着用 NDD 磁盘工具修复硬盘坏道即可。

9）如果能启动安全模式，则电脑还存在设备驱动程序问题。接着按照 4）中的方法将声卡、显卡、网卡等设备的驱动程序删除，检查故障原因。查出来后，下载故障设备的新版驱动程序，然后安装即可。

10）如果安装操作系统时出现故障，如死机、蓝屏、重启等故障导致无法安装系统，则应该是硬件有问题或硬件接触不良引起的。接着首先清洁电脑中的灰尘，清洁内存、显卡等设备金手指，重新安装内存等设备，然后再重新安装系统，如果能够正常安装，则是接触不良引起的故障。

11）如果还是无法安装系统，则可能是硬件问题引起的故障。接着用替换法检查硬件故障，找到后更换硬件即可。

多操作系统无法启动故障维修

多操作系统是指在一台电脑中安装两个或两个以上的操作系统，如一台电脑中同时并存 Windows XP 操作系统和 Windows 8 操作系统。

多操作系统在启动时通常会先进入启动菜单，然后选择要启动的操作系统进行启动。所以一般多操作系统的电脑中会自动生产一个 BOOT.INI 启动文件，专门管理多操作系统的启动。

如果多操作系统无法正常启动，一般是由于 BOOT.INI 启动文件损坏或丢失引起，另外，多操作系统中某一个操作系统损坏也会造成多操作系统启动故障。

多操作系统无法正常启动故障维修方法如下。

1）对于多操作系统中某个操作系统损坏导致多操作系统无法启动的，一般用安全模式法、系统还原法、恢复注册表法修复操作系统故障，一般修复后即可启动。

2）对于 BOOT.INI 文件损坏导致无法启动的故障，首先用 Windows XP 安装光盘启动电脑，在进入系统安装界面时，按 R 键进入"故障修复控制台"。接着根据故障提示再按 C 键，在屏幕出现故障恢复控制台提示"C：\Windows 时，输入"1"，然后按 Enter 键；接下来会提示输入管理员密码，输好后按 Enter 键确认。此时可以看到类似 DOS 的命令提示符操作界面。在此界面中输入"bootcfg /add"命令进行修复，修复后重新启动电脑即可。

Windows 系统关机故障分析与维修

Windows 系统关机故障是指在单击"关机"按钮后，Windows 系统无法正常关机，在出现"Windows 正在关机"的提示后，系统停止反应。这时只好强行关闭电源。下一次开机时系统会自动运行磁盘检查程序。长此以往对系统将造成一定的损害。

19.4.1　了解 Windows 系统关机过程

Windows 系统在关机时有一个专门的关机程序，关机程序主要执行如下功能：

1）完成所有磁盘写操作。

2）清除磁盘缓存。

3）执行关闭窗口程序关闭所有当前运行的程序。

4）将所有保护模式的驱动程序转换成实模式。

以上 4 项任务是 Windows 系统关闭时必须执行的任务，这些任务不能随便省略，在每次关机时必须完成上述工作，否则如果直接关机将导致一些系统文件损坏，而出现关机故障。

19.4.2　Windows 系统关机故障原因分析

Windows 系统正常状况下不会出现关机问题，只有在一些与关机相关的程序任务出现错误时才会导致系统不关机。

一般引起 Windows 系统出现关机故障的原因主要有：

1）没有在实模式下为视频卡分配一个 IRQ。

2）某一个程序或 TSR 程序可能没有正确地关闭。

3）加载一个不兼容的、损坏的或冲突的设备驱动程序。

4）选择退出 Windows 时的声音文件损坏。

5）不正确配置硬件或硬件损坏。

6）BIOS 程序设置有问题。

7）在 BIOS 中的"高级电源管理"或"高级配置和电源接口"的设置不正确。

8）注册表中快速关机的键值设置为了"enabled"。

19.4.3　Windows 系统不关机故障维修

当 Windows 系统出现不关机故障时，首先要查找引起 Windows 系统不关机的原因，然后根据具体的故障原因采取相应的解决方法。

Windows 系统不关机故障解决方法如下。

1. 检查所有正在运行的程序

检查运行的程序主要包括关闭任何在实模式下加载的 TSR 程序、关闭开机时从启动组自动启动的程序、关闭任何非系统引导必需的第三方设备驱动程序。

具体方法是：单击"开始"→"运行"，打开"运行"对话框，然后在此对话框中输入"msconfig"，接着单击"确定"按钮打开"系统配置实用程序"对话框，在此对话框中单击"启动"选项卡，然后单击不想启动的项目，将其前面的对勾去掉即可停止启动此程序。

使用系统配置工具主要用来检查有哪些运行的程序，然后只加载最少的驱动程序，并在启动时不允许启动组中的任何程序进行系统引导，对系统进行干净引导。如果干净引导可以解决问题，则可以利用系统配置工具确定引起不能正常关机的程序。

2. 检查硬件配置

检查硬件配置主要包括检查 BIOS 的设置、BIOS 版本，将任何可能引起问题的硬件删除或使之失效。同时，向相关的硬件厂商索取升级的驱动程序。

检查计算机的硬件配置的方法如下。

1）首先进入"控制面板"，双击"系统"图标，接着单击"硬件"选项卡，再单击"设备管理"按钮，打开"设备管理器"窗口。

2）在"设备管理器"窗口中单击"显示卡"选项前的"＋"，展开显示卡选项，接着双击此选项，打开"属性"对话框，在此对话框中的"常规"选项卡中单击"设备用法"下拉菜单，然后选择"不要使用这个设备（停用）"选项，再单击"确定"按钮。

3）使用上面的方法停用"显卡"、"软盘驱动器控制器"、"硬盘驱动器控制器"、"键盘"、"鼠标"、"网卡"、"端口"、"SCSI 控制器"、"声音、视频和游戏控制器"等设备。

4）之后重新启动电脑，再测试故障是否消失。如果故障消失，接下来再逐个启动上面的设备，启动方法是在"设备管理器"窗口中双击相应的设备选项，然后在打开的对话框中的"常规"选项卡中单击"设备用法"下拉菜单，选择"使用这个设备（启用）"选项，接着单击"确定"按钮。

5）如果启用一个设备后故障消失，接着启用第二个设备。启用设备时，按照下列顺序逐个启用设备："COM 端口"、"硬盘控制器"、"软盘控制器"、"其他设备"。

6）在启用设备的同时，要检查设备有没有冲突。检查设备冲突的方法为：在设备属性对话框中，单击"资源"选项卡，然后在"冲突设置列表"列表中，检查有无冲突的设备。如果没有冲突的设备，接着重新启动电脑。

7）接下来查看问题有没有解决，如果问题仍然没有解决，可以单击"开始"→"程序"→"附件"→"系统工具"→"系统信息"，然后单击"工具"菜单，单击"自动跳过驱动程序代理"工具以启用所有被禁用设备的驱动程序。

如果通过上述步骤，确定了某一个硬件引起非正常关机问题，应与该设备的代理商联系，以更新驱动程序或固件。

动手实践：Windows 系统启动与关机典型故障维修实例

19.5.1　系统启动时在"Windows 正在启动"画面停留时间长

1. 故障现象

一台电脑启动时"Windows 正在启动"画面停留时间长，启动很慢。

2. 故障分析

一般影响系统启动速度的因素是启动时的加载启动项，如果电脑启动时系统中加载了很多没必要的启动项，通常取消这些加载项的启动可以加快启动速度。一般造成"Windows 正在启动"画面停留时间长是由于"Windows Event log"服务有问题引起的，可重点检查此项服务。

3. 故障查找与维修

1）首先打开"控制面板"→"管理工具"→"服务"，然后找到"Windows Event log"服务项，发现此项的启动类型为"手动"。一般设置为自动会加快启动速度，如图 19-1 所示。

2）接着双击此项服务，打开"Windows Event log 的属性"对话框，在此对话框中，单击"启动类型"下拉菜单，然后选择"自动"，单击"确定"按钮，如图 19-2 所示。

3）重启电脑，发现系统正常启动，故障排除。

图 19-1 "服务"窗口

19.5.2 Windows 关机后自动重启

1. 故障现象

用户的电脑每次关机时，单击"关机"后，电脑没有关闭反而又重新启动了。

2. 故障分析

一般关机后重新启动的故障是由于系统设置的问题、高级电源管理不支持、电脑接有 USB 设备等引起的。

3. 故障查找与维修

1）首先检查系统设置问题。依次单击"开始"→"控制面板"→"系统"，然后在"系统"窗口中，单击"高级系统设置"选项按钮，如图 19-3 所示。

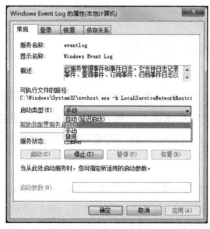

图 19-2 "Windows Event log 的属性"对话框

图 19-3 "系统"窗口

2）接着在打开的"系统属性"对话框中，单击"启动和故障恢复"栏中的"设置"按钮，弹出"启动和故障恢复"对话框,如图 19-4 所示。

3)接着在"启动和故障恢复"对话框中的"系统失败"栏中将"自动重新启动"选项前的对勾去掉,单击"确定"按钮。如图 19-5 所示。

图 19-4 "系统属性"对话框   图 19-5 "启动和故障恢复"对话框

4)重启电脑,再关机,电脑关机正常,故障排除。

19.5.3 电脑启动不能进入 Windows 系统

1. 故障现象

一台电脑之前使用正常,今天开机启动后,不能正常进入操作系统。

2. 故障分析

无法启动系统的原因主要是系统软件损坏、注册表损坏、硬盘有坏道等引起的,一般用系统自带的修复功能来修复即可。

3. 故障查找与维修

1)首先重启电脑,然后在启动时按 F8 键,进入启动菜单。然后在启动菜单中选择"修复计算机"选项,如图 19-6 所示。

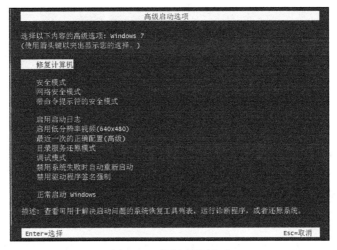

图 19-6 修复工具界面

2）接着会打开"系统恢复选项"对话框，在此对话框中，单击"启动修复"选项按钮，接着会开始对电脑进行扫描并查找问题。如果检测到启动问题，启动修复工具就会自动启动，并尝试解决问题，如图 19-7 所示。

a）启动恢复选项

b）开始修复系统

图 19-7 "系统恢复选项"对话框

19.5.4 丢失 boot.ini 文件导致 Windows 双系统无法启动

1. 故障现象

用户反映电脑安装的双系统无法系统。

2. 故障分析

根据故障现象分析，双系统一般由 boot.ini 启动文件引导启动，估计是启动文件损坏引起的。

3. 故障查找与维修

1）首先用 winpe 启动 U 盘启动电脑，然后检查 C 盘下面的 boot.ini 文件，发现文件丢失。

2）接着在 C 盘新建一个记事本文件，并在记事本里输入如图 19-8 所示的内容。

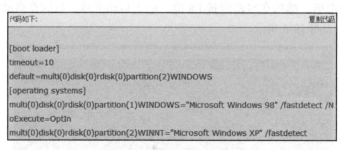

图 19-8 boot.ini 文件内容

3）最后将它保存为名字是 boot.ini 的文件，然后重启电脑，系统启动正常，故障排除。

19.5.5 系统提示"Explorer.exe"错误的故障维修

1. 故障现象

一台笔记本电脑，在装完常用的应用软件，正常运行了几个小时后，无论运行哪个程序都会提示：你所运行的程序需要关闭，并不断提示"Explorer.exe"错误。

2. 故障分析

根据故障现象分析，由于在安装应用软件后出现的，故障应该是所安装的应用软件与操作系统有冲突造成的。

3. 故障查找与维修

将应用软件逐个卸载，卸载一个重新启动一遍电脑进行测试，当卸载紫光输入法后故障消失，看来是此软件与系统有冲突。

19.5.6　电脑启动时系统提示"kvsrvxp.exe 应用程序错误"的故障维修

1. 故障现象

一台笔记本电脑，启动时自动弹出一个窗口，提示"kvsrvxp.exe 应用程序错误。0x3f00d8d3 指令引用的 0x0000001c 内存，该内存不能为 read"。

2. 故障分析

由于 kvsrvxp.exe 为江民杀毒软件的进程，根据提示分析可能是在安装江民杀毒软件的时候出了问题，没有安装好。

3. 故障查找与维修

1）首先选择"开始"→"运行"命令，在打开的"运行"对话框中输入"msconfig"，单击"确定"按钮，打开"系统配置实用程序"对话框。

2）接着单击"启动"选项卡，并在启动项目中将含有"kvsrvxp.exe"的选项取消即可。

19.5.7　玩游戏时出现内存不足的故障维修

1. 故障现象

一台笔记本电脑，内存为 2GB，玩游戏时出现内存不足故障，之后系统会跳回桌面。

2. 故障分析

根据故障现象分析，造成此故障的原因主要有：

1）电脑同时打开的程序窗口太多。

2）系统中的虚拟内存设置太小。

3）系统盘中的剩余容量太小。

4）内存容量太小。

3. 故障查找与维修

1）首先将不用的程序窗口关闭，然后重新运行游戏，故障依旧。

2）检查系统盘中剩余的磁盘容量，发现系统盘中还有 5GB 的剩余容量。

3）选择"控制面板"→"系统"，单击"系统"对话框中的"高级"选项卡，单击"性能"文本框中的"设置"按钮。

4）再在打开的"系统选项"对话框中单击"高级"选项卡，然后查看"虚拟内存"文本框中的虚拟内存值，发现虚拟内存值太小。

5）接着单击"虚拟内存"文本框中的"更改"按钮，打开"虚拟内存"对话框，然后在"虚拟内存"对话框中增大虚拟内存，进行测试，故障排除。

19.5.8 电脑经常死机的故障维修

1. 故障现象

一台笔记本电脑，最近使用时经常死机，有时候还会自动重启，重启后播放歌曲，歌曲的声音音调会变高、变细。

2. 故障分析

根据故障现象分析，造成此故障的原因主要有：

1）电脑感染病毒。

2）系统文件损坏。

3）硬件驱动程序和系统不兼容。

4）硬件设备冲突。

5）硬件设备接触不良。

6）CPU 过热或超频。

3. 故障查找与维修

1）首先用最新版杀毒软件查杀病毒，未发现病毒。

2）接着重启电脑到安全模式，启动后，继续使用测试，发现故障消失。由于故障发生时，电脑声卡的声音会变调，怀疑故障与声卡有关，将声卡的驱动程序删除，然后重新启动电脑到正常模式进行测试，发现正常模式下也未出现故障，看来是声卡驱动程序问题。

3）从网上下载新版的 AC'97 声卡驱动程序，安装后测试，故障排除。

19.5.9 Windows XP 系统启动速度较慢的故障维修

1. 故障现象

Windows XP 系统在启动到桌面之后，很长时间后才能进行操作启动，时间非常长。

2. 故障分析

根据故障现象分析，造成此故障的原因主要有：

1）感染病毒。

2）系统问题。

3）开机启动的程序过多。

4）硬盘问题。

3. 故障查找与维修

1）首先用杀毒软件查杀电脑病毒，未发现病毒。

2）接着重新启动系统，发现启动后有很多游戏程序在系统启动时会自动启动，看来系统启动太慢主要是系统中自动启动的程序太多。

3）单击"开始"→"运行"命令，然后在"运行"对话框中输入"mscofig"，单击"确定"按钮，在打开的"系统配置实用程序"对话框中单击"启动"选项卡，在启动项目列表中将不需要启动的游戏程序项前面复选框去掉，重新启动，故障排除。

19.5.10　无法卸载游戏程序的故障维修

1. 故障现象

一台联想笔记本电脑，从"添加 / 删除程序"选项中卸载一个游戏程序。但执行卸载程序后，游戏的选项依然在开始菜单的列表中，无法删除。

2. 故障分析

根据故障现象分析，造成此故障的原因主要有：

1）注册表问题。

2）系统问题。

3）游戏软件问题。

3. 故障查找与维修

根据故障现象分析，此故障应该是恶意网站更改了系统注册表引起的，可以通过修改注册表来修复。在"运行"对话框中输入"regedit"并按 Enter 键，打开"注册表编辑器"窗口。依次展开"HKEY_LOCAL_MACHINE\Software\Microsoft\Windows\CurrentVersion\Uninstall"子键，然后将子键下游戏的注册文件删除。之后重启电脑，故障排除。

19.5.11　电脑启动后，较大的程序无法运行，且死机

1. 故障现象

一台笔记本电脑，启动后，只要打开"我的电脑"就死机，一些较大的程序也运行不了，但小的程序可以运行。

2. 故障分析

经了解，该用户除了上网，一般不做其他工作，而且电脑从装好后一直非常正常，没有出现过故障。根据故障现象分析，造成此故障的原因主要有：

1）感染木马病毒。

2）电脑硬件有问题。

3）电脑系统有问题。

3. 故障查找与维修

1）查看电脑上安装的杀毒软件，发现杀毒软件的版本较低。

2）将杀毒软件升级到最新版后，查杀电脑的病毒，发现两个木马病毒。将病毒杀掉后，重新安装系统，故障排除。

19.5.12　安装两个杀毒软件后，电脑无法正常启动

1. 故障现象

一台 CPU 为 APU8 的四核电脑，安装的是 Windows 8 操作系统。系统中安装了金山毒霸杀毒软件，为了保险又安装了另一个杀毒软件卡巴斯基，安装完成重新启动后，出现无法正常

启动的故障。

2. 故障分析

由于电脑是在安装另一个杀毒软件后引起的故障，因此故障可能是安装两个杀毒软件导致冲突引起的。造成此故障的原因主要有：

1）系统文件损坏。

2）杀毒软件冲突。

3）感染病毒。

4）硬盘有坏道。

3. 故障查找与维修

由于电脑中安装了两个杀毒软件，因此先从杀毒软件开始检修，具体检修步骤如下。

1）首先从安全模式启动电脑，启动后将其中一个杀毒软件卸载，然后重启测试，发现故障依旧。

2）接着使用"最后一次安全的配置"启动电脑，启动后，测试电脑，故障依旧。

3）接下来从安全模式启动电脑，然后查杀病毒，未发现病毒。怀疑系统文件损坏引起的故障，重新安装操作系统。安装后检查故障消失，看来是系统文件损坏引起的故障。

Windows 系统死机和蓝屏故障诊断与维修

本章主要讲解了电脑死机故障维修方法、电脑蓝屏故障维修方法以及这些故障维修案例等。

Windows 发生死机和蓝屏是什么样

死机是令操作者颇为烦恼的事情，常常使劳动成果付之东流。死机时的表现多为蓝屏，无法启动系统，画面"定格"无反应、键盘无法输入，软件运行非正常中断，鼠标停止不动等。

蓝屏是指由于某些原因，如硬件冲突、硬件产生问题、注册表错误、虚拟内存不足、动态链接库文件丢失、资源耗尽等问题导致驱动程序或应用程序出现严重错误，波及内核层。在这种情况下，Windows 中止系统运行，并启动名为"KeBugCheck"的功能，通过检查所有中断的处理进程，同预设的停止代码和参数比较后，屏幕将变为蓝色，并显示相应的错误信息和故障提示的现象。

出现蓝屏时，出错的程序只能非正常退出，有时即使退出该程序也会导致系统越来越不稳定，有时则在蓝屏后死机，所以蓝屏人见人怕，而且产生蓝屏的原因是多方面的，软、硬件的问题都有可能，排查起来非常麻烦，如图 20-1 所示为系统蓝屏画面。

```
A problem has been detected and windows has been shut down to prevent damage
to your computer.

IRQL_NOT_LESS_OR_EQUAL

If this is the first time you've seen this stop error screen,
restart your computer. If this screen appears again, follow
these steps:

Check to make sure any new hardware or software is properly installed.
If this is a new installation, ask your hardware or software manufacturer
for any windows updates you might need.

If problems continue, disable or remove any newly installed hardware
or software. Disable BIOS memory options such as caching or shadowing.
If you need to use Safe Mode to remove or disable components, restart
your computer, press F8 to select Advanced Startup options, and then
select Safe Mode.

Technical information:

*** STOP: 0x0000000A (0x00000016,0x0000001C,0x00000000,0x80503F10)
```

图 20-1　蓝屏画面

20.2 Windows 系统死机故障诊断与维修

20.2.1　开机过程中发生死机的故障维修

在启动计算机时，只听到硬盘自检声而看不到屏幕显示或开机自检时发出报警声。且计算机不工作或在开机自检时出现错误提示等。

此时出现死机的原因主要有：

1）BIOS 设置不当。

2）电脑移动时设备遭受震动。

3）灰尘腐蚀电路及接口。

4）内存条故障。

5）CPU 超频。

6）硬件兼容问题。

7）硬件设备质量问题。

8）BIOS 升级失败等。

开机过程中发生死机的解决方法如下。

1）如果电脑是在移动之后发生死机，可以判断为移动过程中受到很大振动，引起电脑死机，因为移动造成电脑内部器件松动，从而导致接触不良。这时可以打开机箱把内存、显卡等设备重新紧固即可。

2）如果电脑是在设置 BIOS 之后发生死机，将 BIOS 设置改回来，如忘记了先前的设置项，可以选择 BIOS 中的"载入标准预设值"恢复即可。

3）如果电脑是在 CPU 超频之后死机，可以判断为超频引起电脑死机，因为超频加剧了在内存或虚拟内存中找不到所需数据的矛盾，造成死机。将 CPU 频率恢复即可。

4）如屏幕提示"无效的启动盘"，则是系统文件丢失或损坏或硬盘分区表损坏，修复系统文件或恢复分区表即可。

5）如果不是上述问题，接着检查机箱内是否干净，设备连接有无松动，因为灰尘腐蚀电路及接口，会造成设备间接触不良，引起死机。所以，清理灰尘及设备接口，插进设备，故障即可排除。

6）如果故障依旧，最后用替换法排除硬件兼容性问题和设备质量问题。

20.2.2　启动操作系统时发生死机的故障维修

在电脑通过自检，开始装入操作系统时或刚刚启动到桌面时，计算机出现死机。此时死机的原因主要有：

1）系统文件丢失或损坏。

2）感染病毒。

3）初始化文件遭破坏。

4）非正常关闭计算机。

5）硬盘有坏道等。

启动操作系统时发生死机的解决方法如下。

1）如启动时提示系统文件找不到，则可能是系统文件丢失或损坏，从其他相同操作系统的电脑中复制丢失的文件到故障电脑中即可。

2）如启动时出现蓝屏，提示系统无法找到指定文件，则为硬盘坏道导致系统文件无法读取所致。用启动盘启动电脑，运行"Scandisk"磁盘扫描程序，检测并修复硬盘坏道即可。

3）如没有上述故障，首先用杀毒软件查杀病毒，再重新启动电脑，看电脑是否正常。

4）如还死机用"安全模式"启动，然后再重新启动，看是否死机。

5）如依然死机，接着恢复 Windows 注册表（如系统不能启动，则用启动盘启动）。

6）如还死机，打开"开始→运行"对话框，输入"sfc"并按 Enter 键，启动"系统文件检查器"，开始检查。如查出错误，屏幕会提示具体损坏文件的名称和路径，接着插入系统光盘，选择"还原文件"，被损坏或丢失的文件就会还原。

7）最后如依然死机，重新安装操作系统。

20.2.3　使用一些应用程序过程中发生死机的故障维修

计算机一直都运行良好，只在执行某些应用程序或游戏时出现死机。此时死机的原因主要有：

1）病毒感染。

2）动态链接库文件（.DLL）丢失。

3）硬盘剩余空间太少或碎片太多。

4）软件升级不当。

5）非法卸载软件或误操作。

6）启动程序太多。

7）硬件资源冲突。

8）CPU 等设备散热不良。

9）电压不稳等。

使用一些应用程序过程中发生死机的解决方法如下。

1）首先用杀毒软件查杀病毒，再重新启动电脑。

2）看是否打开的程序太多，如是关闭暂时不用的程序。

3）是否升级了软件，如是，将软件卸载再重新安装即可。

4）是否非法卸载软件或误操作，如是，恢复 Windows 注册表尝试恢复损坏的共享文件。

5）查看硬盘空间是否太少，如是，请删掉不用的文件并进行磁盘碎片整理。

6）查看死机有无规律，如电脑总是在运行一段时间后死机或运行大的游戏软件时死机，则可能是 CPU 等设备散热不良引起，打开机箱查看 CPU 的风扇是否转，风力如何，如风力不足及时更换风扇，改善散热环境。

7）用硬件测试工具软件测试电脑，检查是否由于硬件的品质和质量不好造成的死机，如是更换硬件设备。

8）打开"控制面板→系统→硬件→设备管理器"，查看硬件设备有无冲突（冲突设备一般用黄色的"！"号标出），如有，将其删除，重新启动计算机即可。

9）查看所用市电是否稳定，如不稳定，配置稳压器即可。

20.2.4 关机时出现死机的故障维修

在退出操作系统时出现死机。Windows 的关机过程为：先完成所有磁盘写操作，清除磁盘缓存；接着执行关闭窗口程序，关闭所有当前运行的程序，将所有保护模式的驱动程序转换成实模式；最后退出系统，关闭电源。

此时死机的原因主要有：

1）选择退出 Windows 时的声音文件损坏。

2）BIOS 的设置不兼容。

3）在 BIOS 中的"高级电源管理"的设置不适当。

4）没有在实模式下为视频卡分配一个 IRQ。

5）某一个程序或 TSR 程序可能没有正确关闭。

6）加载了一个不兼容的、损坏的或冲突的设备驱动程序等。

关机时出现死机的解决方法如下。

1）首先，确定"退出 Windows"声音文件是否已毁坏，单击"开始→设置→控制面板"，然后双击"声音和音频设备"。在"声音"选项卡中的"程序事件"框中，单击"退出 Windows"选项。在"声音"框中，单击"（无）"，然后单击"确定"按钮，接着关闭计算机。如果 Windows 正常关闭，则问题是由退出声音文件所引起的。

2）在 CMOS 设置程序中，重点检查 CPU 外频、电源管理、病毒检测、IRQ 中断开闭、磁盘启动顺序等选项设置是否正确。具体设置方法可参看主板说明书，其上面有很详细的设置说明。如果你对其设置实在是不太懂，建议你将 CMOS 恢复到出厂默认设置即可。

3）如不行，接着检查硬件不兼容问题或安装的驱动不兼容问题。

20.3 Windows 系统蓝屏故障诊断与维修

20.3.1 蓝屏的故障维修

当出现蓝屏故障时，如不知道故障原因，首先重启电脑，接着按下面的步骤进行维修。

1）用杀毒软件查杀病毒，排除病毒造成的蓝屏故障。

2）在 Windows 系统中，打开"控制面板"→"管理工具"→"事件查看器"，在这里根据日期和时间重点检查"系统"和"应用程序"中的类型标志为"错误"的事件，如图 20-2 所示，双击事件类型，打开错误事件的"事件属性"对话框，查找错误原因，再进行针对性的修复，如图 20-3 所示。

3）用"安全模式"启动，或恢复 Windows 注册表（恢复至最后一次正确的配置），来修复蓝屏故障。

4）查询出错代码，错误代码中" *** Stop ："至 " ****** wdmaud.sys "之间的这段内容是所谓的错误信息，如"0x0000001E"，由出错代码、自定义参数、错误符号三部分组成。

图 20-2　事件查看器

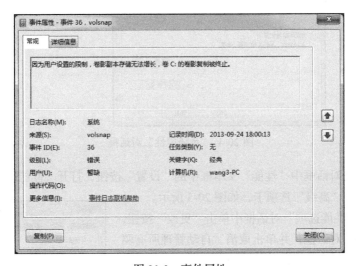

图 20-3　事件属性

20.3.2　虚拟内存不足造成的蓝屏故障维修

如果蓝屏故障是由虚拟内存不足造成的，可以按照如下的方法进行解决。

1）首先删除一些系统产生的临时文件、交换文件，释放硬盘空间。

2）手动配置虚拟内存，把虚拟内存的默认地址转到其他的逻辑盘下。

具体方法如下。

第 1 步：单击"开始"→"控制面板"→"系统"，打开"系统"窗口，单击"高级系统设置"选项按钮，打开"系统属性"对话框，如图 20-4 所示。

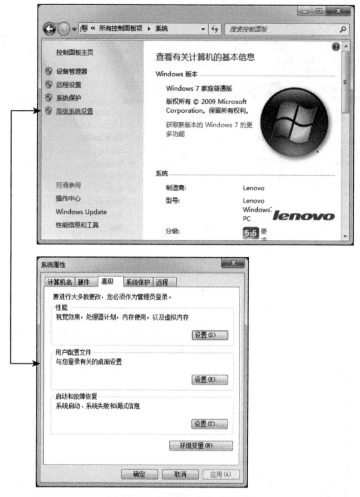

图 20-4 "系统属性"对话框

第 2 步：单击对话框中"性能"文本框中的"设置"按钮，打开"性能选项"对话框，并在此对话框中单击"高级"选项卡，如图 20-5 所示。

第 3 步：在"性能选项"对话框中单击"更改"按钮，打开"虚拟内存"对话框，并单击取消"自动管理所有驱动器的页文件大小"复选框，如图 20-6 所示。

第 4 步：在此对话框中单击"驱动器"文本框中的"D:"然后单击"自定义大小"单选按钮，如图 20-7 所示。

第 5 步：分别在"初始大小"和"最大值"文本框中输入"虚拟内存"的初始值（如 768）和最大值（如 1534）。输入完成后，单击"设置"按钮，如图 20-8 所示。

第 6 步：分别在"虚拟内存"对话框、"性能选项"对话框和"系统属性"对话框中分别单击"确定"按钮，完成"虚拟内存"设置。

图 20-5 "性能选项"对话框

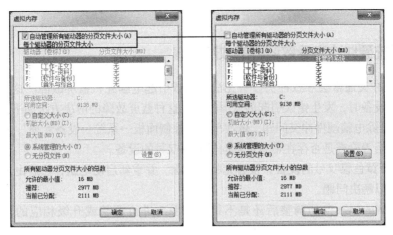

图 20-6　"虚拟内存"对话框

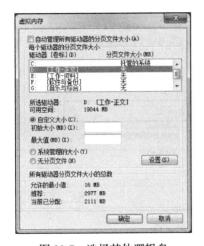

图 20-7　选择其他逻辑盘

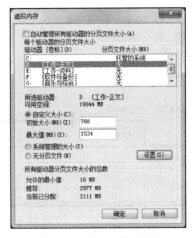

图 20-8　设置虚拟内存

20.3.3　超频后导致蓝屏的故障维修

如果电脑是在 CPU 超频或显卡超频后出现蓝屏故障，则可能是超频引起的蓝屏故障，这时可以采取以下方法修复蓝屏故障。

1）恢复 CPU 或显卡的工作频率（一般将 BIOS 中的 CPU 或显卡频率设置选项，恢复到初始状态即可）。

2）如果还想继续超频工作，可以为 CPU 或显卡安装一个大的散热风扇，再多加上一些硅胶之类的散热材料，降低 CPU 工作温度。同时稍微调高一点 CPU 工作电压，一般 0.5V 即可。

20.3.4　光驱读盘时被非正常打开导致蓝屏的故障维修

如果电脑光驱正在读盘时，误操作被打开导致蓝屏故障，一般是由于电脑读取数据出错引起的。这种蓝屏故障的解决方法如下。

1）首先将光盘重新放入光驱，让电脑继续读取光盘中的数据。

2）如果蓝屏故障自动消失，则故障排除；如果蓝屏故障没有消失，接着按 Esc 键即可消除蓝屏故障。

20.3.5 系统硬件冲突导致蓝屏的故障维修

系统硬件冲突通常会导致冲突设备无法使用或引起电脑死机蓝屏故障。这是由于电脑在工作调用硬件设备时，发生错误引起的蓝屏故障。这种蓝屏故障的解决方法如下。

1）首先排除电脑硬件冲突问题，依次单击"控制面板→系统→设备管理"，打开"设备管理器"窗口，接着检查是否存在带有黄色问号或感叹号的设备。

2）如有带黄色感叹号的设备，接着先将其删除，并重新启动电脑，然后由 Windows 自动调整，一般可以解决问题。

3）如果 Windows 自动调整后还是不行，可手工进行调整或升级相应的驱动程序。如图 20-9 所示可以调整冲突设备的中断。

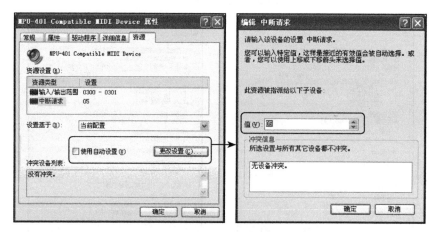

图 20-9　调整冲突设备

20.3.6 注册表问题导致蓝屏的故障维修

注册表保存着 Windows 的硬件配置、应用程序设置和用户资料等重要数据，如果注册表出现错误或被损坏，通常会导致蓝屏故障发生，这种蓝屏故障的解决方法如下。

1）用安全模式启动电脑，之后再重新启动到正常模式，一般故障会解决。

2）如果故障依旧，接着用备份的正确的注册表文件恢复系统的注册表即可解决蓝屏故障。

3）如果还是不行，接着重新安装操作系统。

20.3.7 各种蓝屏错误代码的故障维修

蓝屏故障出现时，通常会出现相应的出错代码，错误代码中" *** Stop ："至" ****** wdmaud.sys"之间的这段内容是所谓的错误信息，如" *** STOP: 0x0000001E (0x80000004, 0x8046555F ；0x81B369D8, 0xB4DC0D0C) KMODE_EXCEPtion_NOT_HANDLED"蓝屏错误提示信息中的"0×0000001E"即为错误代码。通常每个错误代码都有相应的错误信息，只要根据错误代码对应的错误信息一般可找到蓝屏故障的原因。

表 20-1 列出了蓝屏故障部分错误信息代码和含义。

表 20-1　蓝屏故障部分错误信息代码和含义

序　号	错误代码	含　义
1	0x00000000	作业完成
2	0x00000001	不正确的函数
3	0x00000002	系统找不到指定的档案
4	0x00000003	系统找不到指定的路径
5	0x00000004	系统无法开启档案
6	0x00000005	拒绝存取
7	0x00000006	无效的代码
8	0x00000007	储存体控制区块已毁
9	0x00000008	储存体空间不足，无法处理这个指令
10	0x00000009	储存体控制区块地址无效
11	0x0000000A	环境不正确
12	0x0000000B	尝试加载一个格式错误的程序
13	0x0000000C	存取码错误
14	0x0000000D	资料错误
15	0x0000000E	储存体空间不够，无法完成这项作业
16	0x0000000F	系统找不到指定的磁盘驱动器
16	0x00000010	无法移除目录
18	0x00000011	系统无法将档案移到其他的磁盘驱动器
19	0x00000012	没有任何档案
20	0x00000013	储存媒体为写保护状态
21	0x00000014	系统找不到指定的装置
22	0x00000015	装置尚未就绪
23	0x00000016	装置无法识别指令
24	0x00000017	资料错误 (cyclic redundancy check)
25	0x00000018	程序发出一个长度错误的指令
26	0x00000019	磁盘驱动器在磁盘找不到持定的扇区或磁道
27	0x0000001A	指定的磁盘或磁盘无法存取
28	0x0000001B	磁盘驱动器找不到要求的扇区
29	0x0000001C	打印机没有纸
30	0x0000001D	系统无法将资料写入指定的磁盘驱动器
31	0x0000001E	系统无法读取指定的装置
32	0x0000001F	连接到系统的某个装置没有作用
33	0x00000021	档案的一部分被锁定，现在无法存取
34	0x00000022	磁盘驱动器的磁盘不正确
35	0x00000024	开启的分享档案数量太多
36	0x00000026	到达档案结尾
37	0x00000027	磁盘已满
38	0x00000032	不支持这种网络要求
39	0x00000033	远程计算机无法使用
40	0x00000034	网络名称重复
41	0x00000035	网络路径找不到
42	0x00000036	网络忙碌中
43	0x00000037	特殊的网络资源或设备不可再使用

（续）

序　号	错误代码	含　义
44	0x00000038	网络 BIOS 命令已达到限制
45	0x00000039	网络配接卡发生问题
46	0x0000003A	指定的服务器无法执行要求的作业
47	0x0000003B	网络发生意外错误
48	0x0000003C	远程配接卡不兼容
49	0x0000003D	打印机队列已满
50	0x0000003E	服务器的空间无法储存等候打印的档案
51	0x0000003F	等候打印的档案已经删除
52	0x00000040	指定的网络名称无法使用
53	0x00000041	拒绝存取网络
54	0x00000042	网络资源类型错误
55	0x00000043	网络名称找不到
56	0x00000044	超过区域计算机网络配接卡的名称限制
57	0x00000045	超过网络 BIOS 作业阶段的限制
58	0x00000046	远程服务器已经暂停或者正在起始中
59	0x00000047	由于联机数目已达上限，此时无法再联机到这台远程计算机
60	0x00000048	指定的打印机或磁盘装置已经暂停作用
61	0x00000050	档案已经存在
62	0x00000052	无法建立目录或档案
63	0x00000053	INT 2484 0x00000054 处理这项要求的储存体无法使用
64	0x00000055	近端装置名称已经在使用中
65	0x00000056	指定的网络密码错误
66	0x00000057	参数错误
67	0x00000058	网络发生资料写入错误
68	0x00000059	此时系统无法执行其他行程

20.4　动手实践：电脑死机和蓝屏典型故障维修实例

20.4.1　升级后的电脑，安装操作系统时，出现死机无法安装系统

1. 故障现象

一台经过升级的电脑，安装 Windows 7 操作系统的过程中，出现死机故障，无法继续安装。

2. 故障分析

根据故障现象分析，此故障应该是硬件方面的原因引起的故障。造成此故障的原因主要为：

1）内存与主板不兼容。

2）硬盘与主板不兼容。

3）主板有问题。

4）电源供电电压太低。

3. 故障查找与维修

由于在安装操作系统时死机，所以应该是硬件发生故障。经过了解故障电脑刚刚升级了内存，所以先检查内存问题，具体检修步骤如下：

打开笔记本的后盖上的内存壳拆下升级的内存，然后重新安装系统。发现顺利完成安装，看来是内存与主板不兼容引起的故障，更换内存后，故障排除。

20.4.2　电脑总是出现没有规律的死机，使用不正常

1. 故障现象

一台笔记本电脑，安装的 Windows 8 操作系统。最近出现没有规律的死机，一般一天出现几次死机故障。

2. 故障分析

造成死机故障的原因非常多，有软件方面的，有硬件方面的。造成此故障的原因主要包括：

1）感染病毒。

2）硬件不兼容。

3）电源工作不稳定。

4）BIOS 设置有问题。

5）系统文件损坏。

6）注册表有问题。

7）程序与系统不兼容。

8）程序有问题。

3. 故障查找与维修

由于死机没有规律，此类故障应首先检查软件方面的故障，然后再检查硬件方面的故障。具体检修方法如下。

1）首先卸载怀疑的软件，然后进行测试。发现故障依旧。

2）接着重新安装操作系统，安装过程正常，但安装后测试，故障依旧。

3）怀疑硬件设备有问题，因为安装操作系统时没有出现兼容性问题，因此首先检查笔记本电源适配器的供电电压。用万用表检测，发现电源适配器输出的电压不稳定，更换电源适配器后测试，故障排除。

20.4.3　MP4 播放器接入电脑后，总是出现蓝屏死机故障

1. 故障现象

将一台 MP4 播放机接入一台装有 Windows 7 的电脑中后，总是出现蓝屏死机问题。

2. 故障分析

根据故障现象分析，造成故障的原因主要有：

1）MP4 播放机有问题。

2）感染病毒。

3）系统中 MP4 播放器的驱动程序损坏。

4）操作系统文件损坏。

5）USB 接口有问题。

3. 故障查找与维修

此类故障应首先检查病毒故障，然后用排除法进行检查。具体检修步骤如下。

1）首先用最新版的杀毒软件查杀电脑，没有发现病毒。

2）接着将 MP4 播放机安装到笔记本电脑的其他 USB 接口，结果故障依旧。

3）再将 MP4 接到其他电脑进行测试，发现出现同样的故障，看来是 MP4 播放机故障造成的电脑蓝屏死机。排除 MP4 播放器故障后，重新接入电脑测试，一切正常，故障消失。

20.4.4　一台酷睿电脑看电影、处理照片正常，但玩游戏时死机

1. 故障现象

一台安装有 Windows 8 系统的笔记本电脑，平时使用基本正常，看电影处理照片，都没出现过死机，但只要一玩 3D 游戏就容易死机。

2. 故障分析

根据故障现象分析，造成死机故障的原因可能是软件方面，也可能是硬件方面的。由于电脑只有在玩 3D 游戏时才出现死机故障，因此应重点检查与游戏关系密切的显卡。造成此故障的原因主要包括：

1）显卡驱动程序有问题。

2）BIOS 程序有问题。

3）游戏软件有问题。

4）操作系统有问题。

3. 故障查找与维修

此故障可能与显卡有关系，在检测时应先检测软件方面的原因，再检测硬件方面的原因。此故障的检修方法如下。

1）首先更新显卡的驱动程序，从网上下载最新版的驱动程序，并安装。

2）接着用游戏进行测试，发现没有出现死机故障。看来是显卡驱动程序与系统不兼容引起的。安装新的驱动程序后，故障排除。

20.4.5　电脑上网时出现死机，不上网时运行正常

1. 故障现象

一台装有 Windows 7 系统的笔记本电脑，如果不上网使用正常，但上网打开网页时，电脑就会死机。且打开 Windows 任务管理器发现 CPU 的使用率为 100%，如果将 IE 浏览器结束任务，电脑又可恢复正常。

2. 故障分析

根据故障现象分析，此死机故障应该是软件方面的原因引起的。造成此故障的原因主要有：

1）IE 浏览器损坏。

2）系统有问题。

3）网卡与主板接触不良。

4）网线有问题。

5）感染木马病毒。

3. 故障查找与维修

此类故障应重点检查与网络有关的软件和硬件。此故障的检修方法如下。

1）首先用最新版的杀毒软件查杀病毒，未发现病毒。

2）接着用将电脑联网，然后运行 QQ 软件，运行正常，未发现死机。看来网卡、MODEM、网线等应该正常。

3）怀疑 IE 浏览器有问题，接着安装搜狗浏览器并运行，发现故障消失。看来故障与 IE 浏览器有关。接着将 IE 浏览器删除，然后重新安装最新版 IE 浏览器后，进行测试，故障消失。

20.4.6　电脑以前一直很正常，最近总是出现随机性的死机

1. 故障现象

一台笔记本电脑，安装的 Windows 7 系统。电脑以前一直很正常，最近总是出现随机性的死机。

2. 故障分析

经了解，电脑出现故障前用户没有打开过机箱，没有设置过硬件。由于电脑以前使用一直正常，而且没有更换或拆卸过硬件设备，因此硬件兼容性原因的可能性较小。造成此故障的原因主要包括：

1）CPU 散热不良。

2）灰尘问题。

3）系统损坏。

4）感染病毒。

5）电源问题。

3. 故障查找与维修

对于此类故障应首先检查软件方面的原因，再检查硬件的原因。此故障的检修方法如下。

1）首先用最新版杀毒软件查杀病毒，未检测到病毒。

2）接着检查电脑的散热，发现 CPU 散热口风很小，而且灰尘很多，怀疑是散热不良引起的 CPU 过热，导致死机故障。

3）清洁笔记本散热系统后开机测试，故障排除。

20.4.7　电脑开机启动过程中出现蓝屏故障，无法正常启动

1. 故障现象

一台笔记本电脑，开机启动时会出现蓝屏故障，提示如下：

"IRQL_NOT_LESS_OR_EQUAL

***STOP: 0x0000000A(0x0000024B, OX00000002, OX00000000, OX804DCC95)"

2. 故障分析

根据蓝屏错误代码分析，"0x0000000A"是由存储器引起的故障，而 0x00000024 则是由

于 NTFS.SYS 文件出现错误（这个驱动文件的作用是允许系统读写使用 NTFS 文件系统的磁盘），所以此蓝屏故障可能是硬盘本身存在物理损坏而引起的。

3. 故障查找与维修

对于此故障需要先修复硬盘的坏道，然后再修复系统故障。此故障的检修方法如下。

1）首先用 Windows XP 系统光盘启动电脑，在进入安装画面后，按 R 键，接着再选择"1"，再输入安装时输入的密码，就进入了 C: \windows 的提示符下。

2）接着直接输入" chkdsk C: \r"命令，并按 Enter 键对磁盘进行检测，检测过程中找到坏扇区，选择恢复可读取的信息，完成后，输入"exit"退出。

3）退出后重启电脑，然后开机测试，故障消失。

20.4.8　电脑出现蓝屏，故障代码为"0x0000001E"

1. 故障现象

一台装有 Windows 7 系统的笔记本电脑，近期频频出现蓝屏，蓝屏后屏幕提示：

"*** STOP: 0x0000001E (0x80000004, 0x8046555F；0x81B369D8, 0xB4DC0D0C)

KMODE_EXCEPtion_NOT_HANDLED

*** Address 8046555F base at80400000, DateStamp 3ee6co02-ntoskrnl.exe"。

2. 故障分析

根据蓝屏错误代码"0x0000001E"分析，此蓝屏故障可能是由于内存问题引起的。造成此蓝屏故障的原因主要有：

1）内存接触不良。

2）系统文件损坏。

3）内存金手指被氧化。

3. 故障查找与维修

根据故障提示，首先排除内存的原因，再排除其他方面故障原因。此故障检修方法如下。

首先检查内存的问题。关闭电脑的电源，然后打开笔记本后盖上的内存盖，检查内存，用橡皮将内存金手指擦拭一遍，再重新安装好后开机测试，故障消失，看来是内存接触不良引起的蓝屏故障。

20.4.9　电脑出现蓝屏，故障代码为"0x000000D1"

1. 故障现象

一台笔记本电脑，系统启动时出现蓝屏故障无法正常使用电脑，且蓝屏提示信息为：

***STOP：0X000000D1{0X00300016。0X00000002。0X00000001。0XF809C8DE}

***ALCXSENS。SYS-ADDRESS F809C8DE BASE AT F8049000，DATESTAMP 3F3264E7

2. 故障分析

根据蓝屏故障代码"0x000000D1"判断，此蓝屏故障可能是显卡驱动故障或内存故障引起的。

3. 故障查找与维修

根据故障提示，此蓝屏故障的检修方法如下。

1）关闭电脑的电源，然后清洁内存的灰尘，之后开机测试，故障依旧。

2）用替换法检查内存，内存正常。

3）下载新的显卡驱动程序，重新安装下载的驱动程序，然后进行检测，发现故障消失。看来是显卡驱动程序问题引起的蓝屏故障。

20.4.10　玩魔兽游戏时，突然出现"虚拟内存不足"的错误提示，无法继续玩游戏

1. 故障现象

一台笔记本电脑，在玩魔兽游戏时，突然出现"虚拟内存不足"的错误提示，无法继续玩游戏。

2. 故障分析

虚拟内存不足故障一般是由软件方面的原因（如虚拟内存设置不当）和硬件方面的原因（如内存容量太少）引起的，造成此故障的原因主要有：

1）C 盘中的可用空间太小。

2）同时打开的程序太多。

3）系统中的虚拟内存设得太少。

4）内存的容量太小。

5）感染病毒。

3. 故障查找与维修

对于此故障首先应检查软件方面的原因，然后检查硬件方面的原因，此故障的检修方法如下。

1）关闭不用的应用程序、游戏等窗口，然后进行检测，发现故障依旧。

2）检查 C 盘的可用空间是否足够大（运行 Windows XP 最少需要 200MB 的可用空间）。C 盘的可用空间为 2GB 够用。

3）重启电脑，然后再运行出现内存不足故障的软件游戏，进行检测。发现过一会还出现同样的故障。

4）怀疑系统虚拟内存设置太少，打开"系统属性"对话框，在"高级"选项卡中打开"性能选项"对话框，将虚拟内存大小设为 1.5GB。

5）设好后，重新启动电脑，进行测试，发现故障消失，看来是电脑的虚拟内存太小引起的，将虚拟内存设置大一些后，故障排除。

20.4.11　电脑在使用过程中经常出现"非法操作"错误提示

1. 故障现象

一台双核电脑，开始使用正常，但自从连上宽带网后不久，电脑的速度就明显变慢。昨天打开电脑启动系统后，双击桌面"我的电脑"时，突然弹出"非法操作"对话框，并关闭打开的"我的电脑"窗口，同时运行一些软件时也出现"非法操作"错误提示，电脑无法正常使用。

2. 故障分析

经了解，用户上网后，电脑中没有安装杀毒软件。根据故障现象分析，此故障应该是 Windows 注册表损坏引起的非法操作故障，而注册表可能是被病毒破坏的。造成此故障的原因主要有：

1）感染病毒。

2）系统文件损坏。

3）注册表文件损坏。

4）硬件间有兼容性问题。

5）软件间不兼容。

3. 故障查找与维修

对于此故障首先应检查病毒方面的原因，然后检查硬件（特别是内存）方面的原因，此故障的检修方法如下。

1）用最新版杀毒软件查杀硬盘，检查出来很多病毒，同时将电脑中的病毒杀掉。

2）重新启动电脑，启动时按 F8 键，在出现的启动菜单界面中选择"最后一次正确的配置（起作用的最近设置）"选项启动电脑，来恢复注册表，启动后发现故障依旧。

3）用备份的注册表恢复注册表，恢复后，重启电脑进行检测，发现故障排除。看来是病毒破坏了注册表文件，引起故障。

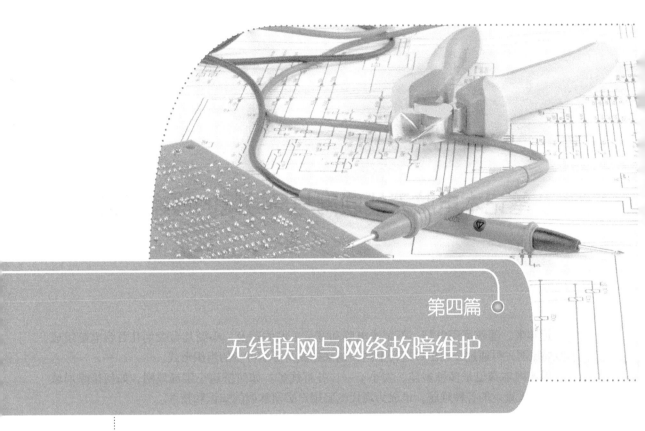

第四篇

无线联网与网络故障维护

◆ 第 21 章　笔记本电脑无线联网与局域网的搭建调试
◆ 第 22 章　网络故障诊断与维修

　　随着电脑和网络的普及，上网已经成为一种生活方式，很多年轻人如果离开了网络就会变得无所事事，不知道自己应该做什么。可见网络给我们带来巨大便利的同时，也在悄悄地改变着我们的生活方式。

　　那么如何使笔记本电脑联网，如何组建家庭无线局域网让笔记本和手机同时上网，如何搭建企业局域网、校园局域网和网吧局域网，以及如何面对笔记本电脑联网后带来的巨大安全挑战。本篇将带你进入网络的世界，带你动手组建自己的网络。

第 21 章

笔记本电脑无线联网与局域网的搭建调试

近年来，随着家用电脑、笔记本电脑和宽带上网的普及，小到几台大到几百台电脑组成小型局域网，再通过公用出口进行上网，越来越成为必不可少的组织形式。

局域网本身也是多种多样、大小不一、各有优劣。如何搭建小型局域网，如何排除局域网和网络设置上的各种难题，也成为现代电脑用户必须掌握的知识和技术。

21.1 局域网知识

21.1.1 局域网类型与拓扑结构

局域网 LAN（Local Area Network）是将一个小区域内的各种通信设备互联在一起，形成一个网络。这个网络的范围可能是一个房间、一幢楼、一个办公室、一所学校。局域网的特点是距离短、延迟小、数据传输速度快、可靠性高、资源共享方便。

（1）类型

我们常见的局域网类型有以太网、光纤分布式数据接口、异步传输模式、令牌环、交换网等。其中最为广泛应用的是以太网。

以太网（ethernet）：Xerox、Digital Equipment 和 Intel 三家公司开发的局域网规范。特点是简单、经济、安全，是局域网中使用最广泛的一种。

光纤分布式数据接口（FDDI）：一种使用光纤作为传输介质的、高速的、通用的环形网络。特点是传输速度快、传输距离长、带宽大、抗干扰、安全传输。

异步传输模式（ATM）：这个 ATM 可不是提款机，它是一种综合宽带数字业务的新通信网络（B-ISDN），不过现在 B-ISDN 还没有完善和普及。

令牌环：是 IBM 公司提出的一种环形结构网络，每个站点逐个相连，相邻站之间是一种点对点的链路。

交换网：是一种客户 / 服务器（Client/Server）结构的网络，当网络用户超过一定数量后，传统的共享 LAN 难以满足用户的需要，交换网能够为每一个终端（客户）提供专用点对点连接，把一次一个用户服务转变为平行系统，同时支持多对通信设备连接。

（2）拓扑结构

站点和通信链路、网络中结点的互联模式叫作网络的拓扑结构。常用的拓扑结构有星型结构、环型结构、总线型结构，如图 21-1 所示。

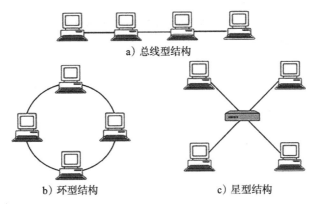

a）总线型结构

b）环型结构　　　　　　　　　c）星型结构

图 21-1　三种拓扑结构

星型结构：由站点和中央结点组成，优点是利用中央结点可以方便地提供服务和重新配置网络；缺点是通过中央结点相连的网络一旦中央结点故障，则全网不能工作。

环型结构：由站点一个接一个形成封闭回路组成网络，优点是只有拥有令牌的设备能够向网络中传输信息，传输的可靠性高；缺点是同一时间内网络中只有一台设备可以传输信息，且信息只能单方向传输，传输效率偏低。

总线型结构：采用单根总线作为传输介质，所有站点都通过硬件接口直接连接在总线上，优点是结构简单、容易布线；缺点是一旦网络布好就不容易进行扩展了，扩展必须重新配置中继器、剪裁电缆、调整终端等。

21.1.2　网络协议

网络协议是网络中进行数据交换而建立的规则、标准或约定的集合。网络协议有三个要素组成：语义、语法、时序。人们形象地把这三个要素描述为：语义表示要做什么，语法表示要怎么做，时序表示做的顺序。

我们常用的网络协议有 TCP/IP 协议、IPX/SPX 协议、NetBEUI 协议。

TCP/IP 协议：Transmission Control Protocol/Internet Protocol 网络通信协议，是 Internet 最基本的协议、Internet 国际互联网络的基础，由网络层的 IP 协议和传输层的 TCP 协议组成。TCP/IP 定义了电子设备如何连入因特网，以及数据如何在它们之间传输的标准。TCP 负责发现传输的问题，一有问题就发出信号，要求重新传输，直到所有数据安全正确地传输到目的地。而 IP 是给因特网的每一台电脑规定一个地址。

IPX/SPX 协议：Internet work Packet Exchange/Sequenced Packet Exchange protocol 换联网数据传输协议。最早是在 Novell NetWare 操作系统中使用，现在如果要玩游戏有时还是离不了 IPX/SPX 协议，一些经典游戏如红色警戒、三角洲特种部队、FIFA 等都需要 IPX/SPX 协议进行通信。

NetBEUI 协议：NetBios Enhanced User Interface 是 NetBios 增强用户接口。NetBEUI 协议是一种短小精悍、通信效率高的广播型协议，安装后不需要进行设置，特别适合于在"网络邻居"传送数据。要使用网络共享打印机等设备时，最好也安上 NetBEUI 协议。

添加协议

值得注意的是，一些协议并不是安装系统时一起被安装的，需要手动添加协议时，操作如下。

1）单击"开始→控制面板→查看网络计算机和设备→更改适配器设置"，在打开的窗口中，右键单击"本地连接"图标，在打开的右键菜单中，选择"属性"命令，打开"本地连接属性"对话框，如图 21-2 所示。

2）在"本地连接属性"对话框中，单击"安装"按钮，进入安装列表，如图 21-3 所示。

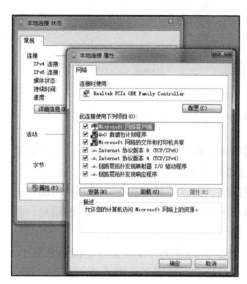

图 21-2 "本地连接属性"对话框

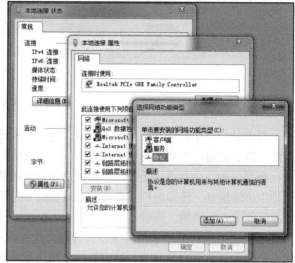

图 21-3 添加协议

3）在打开的对话框中，选择"协议"选项，单击"添加"按钮，如图 21-4 所示。

图 21-4 选择要添加的协议

4）在协议列表中，选择想要添加的协议，单击"确定"按钮就完成了协议的添加。

21.2　怎样让电脑上网

21.2.1　笔记本电脑配置网卡

　　一台笔记本电脑想要上网，网卡是必不可少的硬件设备。如果笔记本电脑已经集成了网卡（一般笔记本电脑都会配备），则不必另行安装，否则就必须安装独立外置网卡来连接上网。如图 21-5 所示为笔记本电脑外置网卡。

图 21-5　笔记本电脑外置网卡

21.2.2　ADSL 上网连接与设置

　　ADSL（Asymmetric Digital Subscriber Line，非对称数字用户环路）是一种新的数据传输方式，利用现有的电话线作为入网线路。它因为上行和下行带宽不对称，因此称为非对称数字用户线环路。通常 ADSL 在不影响正常电话通信的情况下可以提供最高 3.5Mbps 的上行速度和最高 24Mbps 的下行速度。这一节我们讲解如何连接 ADSL 网线和设置电脑，如图 21-6 所示。

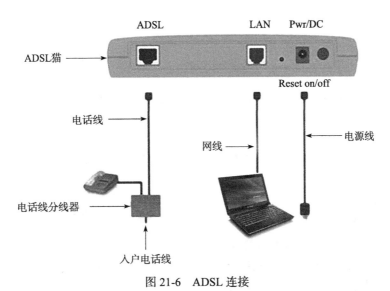

图 21-6　ADSL 连接

1. ADSL 猫连接方法

　　1）将入户电话线接到电话线分线器 IN 接口上。

　　2）将分线器的两个出口中的 phone 接口插一根电话线连接电话，另一个 modem 接口插一根电话线连接在猫的 ADSL 接口上。

　　3）将猫的 LAN 接口上插上网线，网线的另一端连接电脑的网卡接口。

4）将猫的电源适配器插在 power 接口上。

5）按下 on/off 开关，打开猫，等待半分钟（猫启动）。网线连接部分就完成了。

2. Windows 7 下建立拨号连接

1）打开电脑，单击"开始→控制面板→查看网络状态和任务"选项按钮，单击下面的"设置新的连接或网络"选项按钮，如图 21-7 所示。

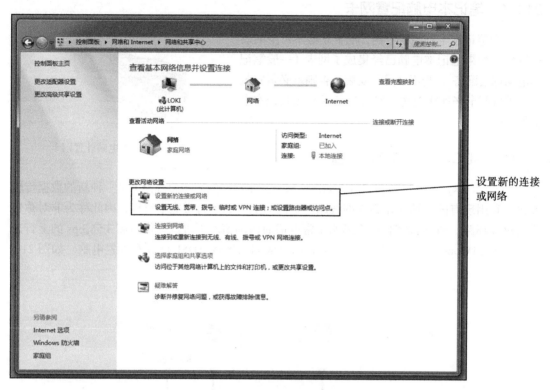

图 21-7　网络和共享中心

2）在打开的窗口中，单击选择"连接到 Internet"选项，然后单击"下一步"按钮，如图 21-8 所示。

3）在打开的界面中，单击"宽带 (PPPoE) (R)"按钮，如图 21-9 所示。

4）在用户名和密码文本框中输入宽带账号和密码，同时将"记住此密码"前的复选框打勾，方便以后拨号连接。单击"连接"按钮，完成新的拨号连接的创建，如图 21-10 所示。

在已经创建好的"宽带连接"上单击右键，选择"创建快捷方式"，这时会提示无法在当前位置创建快捷方式，是否要把快捷方式放在桌面吗？单击"是"按钮，这时桌面就会创建一个宽带连接的快捷方式。

图 21-8　连接到 Internet

图 21-9　创建宽带（PPPoE）(R)

图 21-10　完成设置

21.2.3　小区宽带的连接与设置

现在小区宽带有很多，如长城宽带、歌华有线、铁通宽带等，虽然连接的方式不完全相同，但连接的原理是一样的。以长城宽带为例，介绍一下连接小区宽带时电脑的 TCP/IP 设置。

小区宽带电脑 TCP/IP 的设置方法如下。

1）单击"开始→控制面板→查看网络计算机和设备→更改适配器设置"，在打开的窗口中，右键单击"本地连接"图标，在打开的右键菜单中，选择"属性"命令，打开"本地连接属性"对话框。

2）在"本地连接属性"对话框中，选择文本框中的"Internet 协议版本 4(TCP/IP)"选项，然后单击左下角的"属性"按钮，如图 21-11 所示。

3）在"本地连接属性"对话框中双击"Internet 协议版本 4 (TCP/IPv4)"，打开"Internet 协议版本 4（TCP/IPv4）属性"对话框，如图 21-12 所示。

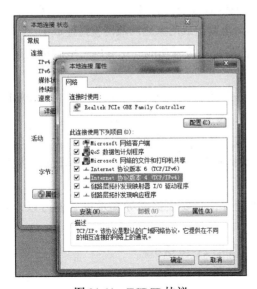

图 21-11　TCP/IP 协议

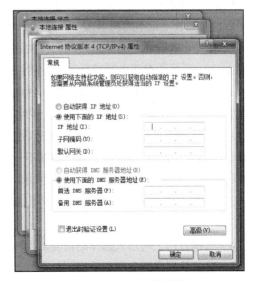

图 21-12　IP 地址配置

4）在打开的对话框中，单击"使用下面的 IP 地址"单选按钮，然后在"IP 地址"文本框中输入网络供应商提供的 IP 地址、子网掩码及网关。

5）单击"使用下面的 DNS 服务器地址（E）"单选按钮，然后在"首选 DNS 服务器"和"备用 DNS 服务器"文本框中输入网络服务器的 DNS。

6）上面的 IP 地址和 DNS 都输入后，单击"确定"按钮完成设置。

想要上网的时候，还需要打开浏览器，输入网络供应商给的账号和密码，如图 21-13 所示。

有的小区宽带使用 DHCP 服务器分配 IP 地址，这样就不用使用固定 IP 了，只要将 TCP/IP 属性中 IP 设置为自动获取 IP 地址就可以了，DNS 也一样设为自动获取。

图 21-13　长城宽带登录上网

21.3　搭建家庭局域网

21.3.1　使用路由器搭建家庭局域网

使用路由器搭建家庭局域网，这里的重点是路由器的连接和设置。家用路由器通常是使用 5 口或 8 口路由器，也有 16 口路由器，但一般家庭不需要那么多接口。

以 5 口路由器为例，我们来介绍一下如何搭建家庭局域网，如图 21-14 所示。

5 口路由器上有 5 个网线接口，分别标有 1、2、3、4、WAN 标识，还有电源按钮、复位按钮和电源插孔。

WAN 是接来自广域网的网线的接口，就是从猫接出来的网线。1、2、3、4 四个接口可以连接四台电脑或笔记本的网卡接口，这样一个由四台电脑组成的家庭局域网就搭建成了。

局域网虽然搭建完成了，但我们要使用路由器的自动拨号功能，达到四台电脑都能连接到 Internet，还要再对路由器进行进一步的设置。

1）打开路由器上连接的任意一台电脑，在浏览器的地址栏中输入 http: //192.168.1.1（有的路由器是 192.168.0.1，根据路由器上说明书判断），按 Enter 键，如图 21-15 所示。

2）浏览器弹出登录对话框，在此对话框中，输入路由器的管理员账号和密码，默认的账号和密码都是"admin"（每个路由器都不一样，具体看路由器的说明书），如果修改过请根据修改后的账号和密码登录，如图 21-16 所示。

3）如果是第一次设置路由器，将出现设置向导，只要根据向导提示设置就可以，如图 21-17 所示。

4）根据自己上网形式选择路由器的上网类型，如图 21-18 所示。

5）输入从网络服务商那里得到的账号和密码，如图 21-19 所示。

6）完成路由器的设置。

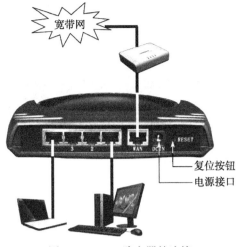

图 21-15　浏览器中打开路由器 Web 管理界面

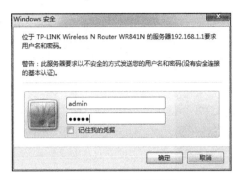

图 21-14　5 口路由器的连接

图 21-16　路由器登录

图 21-17　路由器设置向导

7）将四台电脑的 IP 地址都设为自动获取 IP 地址，就可以实现路由器自动拨号，局域网共享上网的功能了。

路由器还有下面一些实用的功能。

1）查看 WAN 口状态。在登录路由器管理界面后，可以查看 WAN 接口状态，如果有参数，说明路由器可以捕获 ISP 信息，路由器有 ISP 联网基本正常，也即路由器的拨号上网功能正常，此时唯有问题出在之后的电脑端。说明路由器不能正常拨号上网，这就要查看路由器的设置、路由器状态以及 ISP 端是否正常。

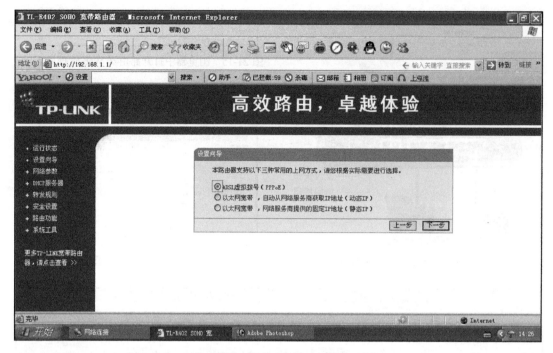

图 21-18　选择上网类型

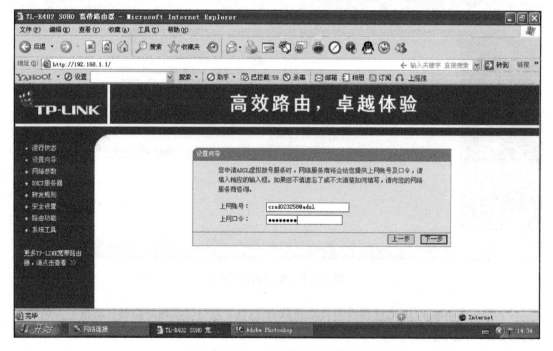

图 21-19　输入账号和密码

2）查看日志。多数路由器管理界面中有"系统日志"，从这里可以查看系统启动成功或失败的原因，如果因为这里的账号、密码出错，系统日志可能提示"密码验证失败"等类似信息。

3）系统重启。系统工具中的系统重启，是个经常用到的实用功能。在路由器发生工作异常时，不必关闭路由器，而直接进行重启，就像电脑上的重启按钮一样方便。

21.3.2　搭建手机和笔记本同时上网的家庭无线网

　　无线路由器组建局域网和有线路由器的连接和设置方式是一样的，不过无线路由器多出一个 Wi-Fi 无线设置的步骤，下面重点介绍无线设置的方法。

　　组建无线家庭局网络的示意图如图 21-20 所示。

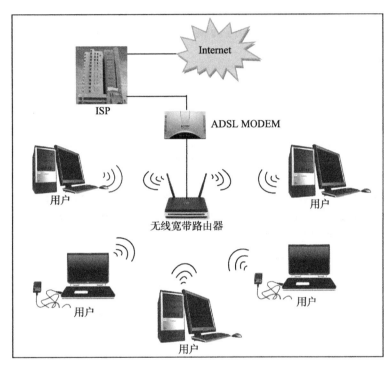

图 21-20　网络连接示意图

　　组建局域网的步骤如下。

　　1）首先在所有电脑上安装无线网卡，然后将电话线连接到 ADSL MODEM，并用一根网线将 ADSL MODEM 的 LAN 端口与无线宽带路由器的 WAN 端口相连；最后将宽带路由器、ADSL MODEM 接上电源，并将它们的电源开关打开。

　　2）连接好路由器后，启动其中一台电脑，将无线宽带路由器的驱动光盘放入光驱，安装无线宽带路由器的驱动程序和管理软件。安装完后，查看宽带路由器说明书中的管理地址（如 192.168.1.1 或 192.168.0.1）。打开 IE 浏览器，在地址栏中输入宽带路由器的管理地址（如 192.168.1.1），并按 Enter 键，打开"连接到 192.168.1.1"对话框。

　　3）在"连接到 192.168.1.1"对话框中输入用户名和密码（一般路由器默认用户名和密码均为"admin"），单击"确定"按钮，如图 21-21 所示。

图 21-21　"连接到 192.168.1.1"对话框

4）单击"确定"按钮后，打开管理界面，如图 21-22 所示。在此界面中单击"设置向导"选项，打开"设置向导"对话框。

图 21-22　管理界面

5）在"设置向导"对话框中，单击"下一步"按钮，如图 21-23 所示。

6）单击"下一步"按钮后，在打开的画面中，单击"ADSL 虚拟拨号"单选按钮，然后单击"下一步"按钮，如图 21-24 所示。

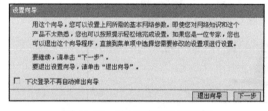

图 21-23　"设置向导"对话框

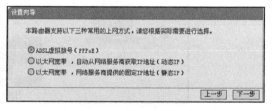

图 21-24　选择上网方式

7）在打开的对话框中设置上网账号和上网口令，在"上网账号"和"上网口令"文本框中输入账号和密码（ADSL 服务商提供的），然后单击"下一步"按钮，如图 21-25 所示。

8）单击"下一步"按钮后，在打开的对话框中，将"无线状态"栏设为"开启"，"模式"栏设为"54Mbps"，然后单击"下一步"按钮，如图 21-26 所示。

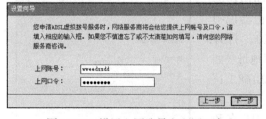

图 21-25　设置上网账号和上网口令

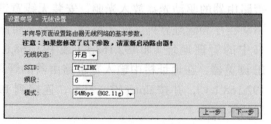

图 21-26　设置网络基本参数

9）最后，单击"完成"按钮，完成路由器设置，如图 21-27 所示。

图 21-27　完成设置

10）之后笔记本电脑的无线网会搜到无线路由器 SSID，选择路由器的 SSID 后，笔记本电脑会自动连接上网。

21.3.3　局域网应用

1. 设置共享文件夹

1）在想要共享的文件夹上单击"右键"（以 ABC 文件夹为例），打开"ABC 文件夹属性"对话框。单击"共享"选项卡，如图 21-28 所示。

2）在打开的对话框中，我们可以看到文件夹的共享状态显示的是"不共享"。单击中间的"高级共享"按钮，打开"高级共享"对话框，如图 21-29 所示。

图 21-28　文件夹属性共享

图 21-29　文件夹共享设置

3）在打开的对话框中，单击勾选"共享此文件夹"复选框，然后单击"确定"按钮，则这个文件夹就变成了共享文件夹了，同时还可以按照需要设置权限和缓存，如图 21-30 所示。

4）完成共享后，我们在属性共享状态栏中可以看到文件夹的网络路径。

2. 找到网络上的其他电脑

建立局域网以后，我们有时需要访问局域网上的其他电脑的资源，这时就需要查找电脑了。

1）以 Windows 7 为例，首先双击桌面的"计算机"。在"计算机"窗口的左下角有"网络"选项，如图 21-31 所示。

图 21-30 完成共享

图 21-31 计算机左侧的列表

2）单击"网络"选项，电脑将会自动搜索同在一个网络的其他电脑，如图 21-32 所示。

3）单击要访问的电脑，会出现登录用户名和密码的窗口，输入登录账号和密码就可以查看对方电脑上的共享文件和共享服务了，如图 21-33 所示。

图 21-32 搜索到两台电脑

图 21-33 登录到其他电脑

21.4 双路由器搭建办公室局域网

21.4.1 办公室局域网的要求

办公室小型局域网规模很小，与家庭局域网相比，电脑终端要多一些，一般在几台到十几台电脑。

办公室局域网对局域网本身的要求不高，一般只要能够共享上网、共享打印设备就可以了。

根据要求，我们选择宽带＋路由器＋路由器（集线器、交换机）的形式来组建局域网。布线也很简单，只要保证线路连通、布置合理就可以了。

21.4.2　双路由器连接和设置

　　路由器组建局域网的连接和设置上一节已经讲过，下面重点讲解如何连接双路由器。

双路由器就是两个路由器级联使用，一个路由器当作路由器使用，另一个路由器当作交换机使用。

　　这样做的目的是节约成本、充分利用已有的设备。因为交换机价格不菲，所以如果有多余的路由器，可以把它当作交换机来用，如图 21-34 所示。

　　连接方法是：一台路由器（Ⅰ）正常设置（上一节中讲过如何设置路由器），另一台路由器（Ⅱ）的 LAN 接口连接电脑，WAN 接口用网线与路由器（Ⅰ）的 LAN 接口相连。

　　设置电脑的 IP 地址使用自动获得 IP 地址就可以了。

图 21-34　双路由器组网

21.5　搭建 C/S 型企业局域网

21.5.1　企业局域网要求

　　作为企业用局域网，要求集中管理、硬件防火墙、共享设备和一些服务器端的功能，如邮件服务器、FTP 服务器等。

　　为了实现上述的功能，需要搭建 C/S（即客户 / 服务器）型局域网，需要使用的硬件设备有路由器、交换机、服务器电脑网线等。

　　服务器作为整个网络的管理和中枢，对服务器电脑的要求也比较高，主要是处理速度、内存容量和稳定性。服务器的操作系统也必须要使用 Sever 版的 Windows，如 Windows 2003 Sever。

21.5.2　局域网连接

　　搭建 C/S 网络需要路由器、交换机、服务器和客户终端。

　　将宽带网线连接到路由器的 WAN 接口，再将路由器的 LAN（任意）用网线与交换机的任意接口相连。服务器、客户终端电脑都连接在交换机的接口上（任意），如图 21-35 所示。

21.5.3　配置 DNS 服务器

　　配置 Windows Server 2003 独立服务器，成为网络 DNS 服务器。

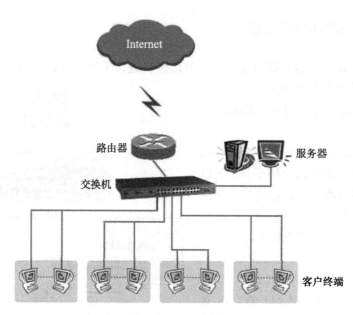

图 21-35　C/S 网络

第一步：安装 DNS 服务器。

1）单击"开始"→"控制面板"→"添加或删除程序"。

2）单击"添加或删除 Windows 组件"。

3）在组件列表中，单击"网络服务"，然后单击"详细信息"。

4）单击以选中"域名系统（DNS）"复选框，然后单击"确定"按钮。

5）单击"下一步"按钮。提示将 Windows Server 2003 CD-ROM 插入计算机的 CD-ROM 或 DVD-ROM 驱动器。

6）安装完成时，在完成 Windows 组件向导页上单击"完成"按钮。

7）关闭添加或删除程序窗口。

第二步：使用管理控制台配置 DNS 服务器

1）单击"开始"→"程序"→"管理工具"，然后单击"DNS"。

2）单击"新建区域"，开始新建向导。

3）"新建区域向导"启动后，单击"下一步"按钮，将提示你选择区域类型。

4）区域类型包括：主要区域，创建可以直接在此服务器上更新的区域的副本。此区域信息存储在一个 .dns 文本文件中。辅助区域，标准辅助区域从它的主 DNS 服务器复制所有信息。主 DNS 服务器可以是为区域复制而配置的 active directory 区域、主要区域或辅助区域。注意，你无法修改辅助 DNS 服务器上的区域数据。所有数据都是从主 DNS 服务器复制而来。存根区域，存根区域只包含标识该区域的权威 DNS 服务器所需的资源记录。这些资源记录包括名称服务器 (NS)、起始授权机构 (SOA) 和可能的 glue 主机 (A) 记录。active directory 中还有一个用来存储区域的选项。此选项仅在 DNS 服务器是域控制器时可用。

5）新的正向搜索区域必须是主要区域或 active directory 集成的区域，以便它能够接受动态更新。单击主要，然后单击"下一步"按钮。

6）新区域包含该基于 active directory 的域的定位器记录。区域名称必须与基于 active

directory 的域的名称相同，或者是该名称的逻辑 DNS 容器。例如，如果基于 active directory 的域的名称为"support.microsoft.com"，那么有效的区域名称只能是"support.microsoft.com"。

7）接受新区域文件的默认名称。单击"下一步"按钮，完成 DNS 服务器配置。

有经验的 DNS 管理员可能希望创建反向搜索区域，因此建议他们钻研向导的这个分支。DNS 服务器可以解析两种基本的请求：正向搜索请求和反向搜索请求。正向搜索更普遍一些。正向搜索将主机名称解析为一个带有"A"或主机资源记录的 IP 地址。反向搜索将 IP 地址解析为一个带有 PTR 或指针资源记录的主机名称。如果你配置了反向 DNS 区域，可以在创建原始正向记录时自动创建关联的反向记录。

21.5.4　配置 DHCP 服务器

第一步：安装 DHCP 服务。

单击"开始"→"控制面板"→"添加或删除程序"→"单击添加 / 删除 Windows 组件"→"网络服务"→"动态主机配置协议（DHCP）"。

第二步：DHCP 服务器授权。

默认情况下 DHCP 是没有被授权的，如果想要启用 DHCP 服务器，必须是企业管理员给予授权。打开 DHCP 服务器设置，右键单击"net[192.168.140.132]"选择授权，即可完成 DHCP 服务器的授权，如图 21-36 所示。

图 21-36　DHCP 授权

第三步：创建并激活作用域。

授权后的 DHCP 服务器并不能直接投入使用，还需要我们进一步的配置。

1）右键单击"net[192.168.140.132]"选项，选择"新建作用域"命令，弹出欢迎界面，单击"下一步"按钮。

2）输入作用域的名称，如图 21-37 所示。

3）输入 IP 地址范围长度和子网掩码，如图 21-38 所示。

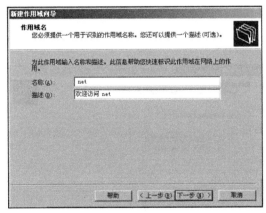

图 21-37　新建作用域

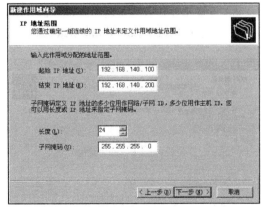

图 21-38　输入 IP 范围、长度和子网掩码

4）设置排除区域，这部分的 IP 地址不会被自动分配，如图 21-39 所示。

5）设置租约期限一般为 8 天，如图 21-40 所示。

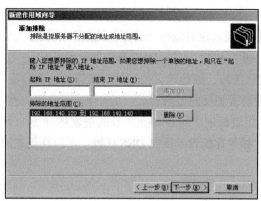

图 21-39 设置排除 IP 地址范围   图 21-40 设置 IP 租约期限

6）设置默认网关，如图 21-41 所示。

7）设置 DNS，如图 21-42 所示。

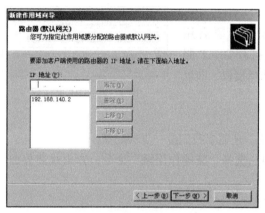
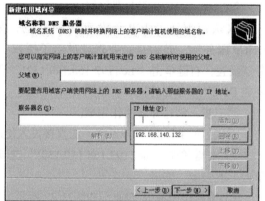

图 21-41 设置默认网关   图 21-42 设置 DNS 服务器地址

8）设置 WINS 服务器地址，如图 21-43 所示。

9）激活作用域，如图 21-44 所示。

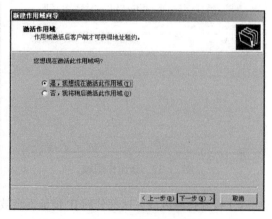

图 21-43 设置 WINS 服务器   图 21-44 激活作用域

10）完成设置，如图 21-45 所示。

11）查看 DHCP 服务器，如图 21-46 所示。

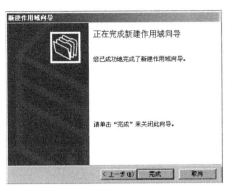

图 21-45　完成设置

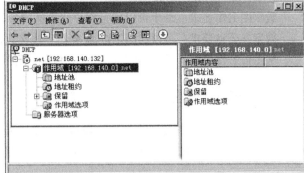

图 21-46　查看设置完的 DHCP 服务器

21.5.5　配置客户电脑 IP

当服务器配置了 DHCP 后，客户电脑就可以不必指定 IP 地址了，只要使用自动获取 IP 地址，以及自动获取 DNS，就可以与服务器形成网络了，如图 21-47 所示。

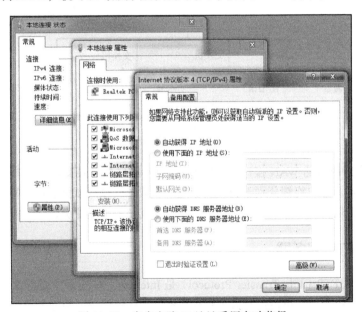

图 21-47　客户电脑 IP 地址采用自动获得

21.6　搭建校园网

21.6.1　校园网特点

校园网的特点是局域网的范围广，各区域子网的功能要求不同。比如一个学校内有多媒体教室、数字图书馆、教室办公室、学生宿舍楼这几个需要网络的区域。

多媒体教室要求：教师可以通过局域网给学生提供教学内容，学生可以通过 FTP 服务器共享教学资源，并要求多媒体教室不能连接 Internet。

数字图书馆要求：学生可以通过客户终端访问学校数据库。

教室办公室要求：可以访问 FTP 服务器、连接数据库、访问 Internet。

学生宿舍楼要求：可以访问 Internet 并保证一定的上网速度。

21.6.2 校园网搭建

根据校园网的特点和要求，我们应该使用总线型局域网，因为这会节省布线的成本。我们可以采用双层交换机 + 路由器 + 服务器的方法，如图 21-48 所示。

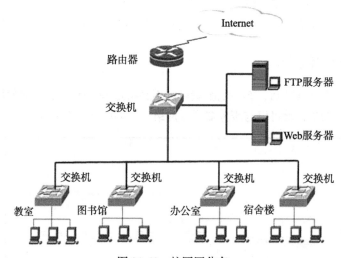

图 21-48　校园网分布

宽带连接在路由器的 WAN 接口，路由器的 LAN 接口与三层交换机的高速接口相连。服务器和交换机相连。客户终端分别于交换机相连，组成总线型局域网。可以把每一个子交换机看作是一条总线，用交换机作为总线的形式，比使用线缆的扩展性更好。

21.6.3 配置 FTP 服务器

文件传输协议 FTP（File Transfer Protocol）是 Internet 上使用最广泛的文件传送协议。它允许用户将文件从一台计算机传输到另一台计算机上，并且能保证传输的可靠性。

无论两台 Internet 上的计算机在地理位置上相距多远，只要它们都支持 FTP 协议，就可以相互传送文件。因为采用 TCP/IP 协议作为 Internet 的基本协议，所以 FTP 不仅可以节省实时联机的通信费用，而且可以方便地阅读与处理传输过来的文件。同时，采用 FTP 传输文件时，不需要对文件进行复杂的转换，因此具有较高的效率。

FTP 服务的主要功能是上传和下载，这与 HTTP 的只能下载不同，如图 21-49 所示。

搭建 FTP 服务器，我们需要 Windows Server 2003 系统。在 Windows Server 2003 中，系统提供的 IIS 6.0 服务器中内嵌了 FTP 服务器软件，但系统并不默认安装这个 FTP 软件，所以我们必须手动添加，然后进行设置，方法如下。

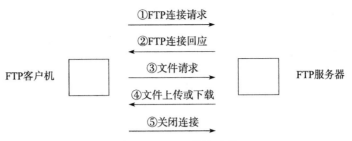

图 21-49　FTP 传输过程

1）执行"开始"→"控制面板"→"添加 / 删除程序"→"添加 / 删除 Windows 组件"，如图 21-50 所示。

2）在 Windows 组件向导界面，在"组件"列表框中选中"应用程序服务器"复选框，如图 21-51 所示。

图 21-50　选择添加 Windows 组件

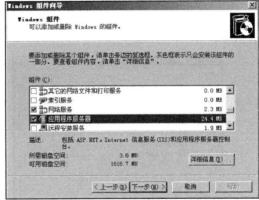

图 21-51　添加 Windows 组件

3）单击"详细信息"按钮，进入应用程序服务器列表，如图 21-52 所示。

4）选择"Internet 信息服务（IIS）"复选框，单击"详细信息"按钮，进入 Internet 信息服务列表，如图 21-53 所示。

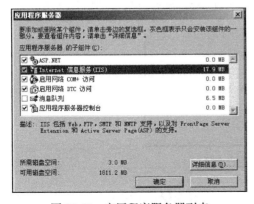

图 21-52　应用程序服务器列表

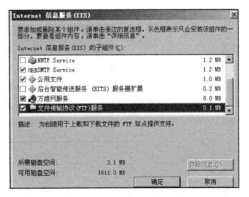

图 21-53　添加文件传输协议

5）添加完文件传输协议（FTP）服务后，还要对 FTP 进行设置，如图 21-54 所示。

6）设置 FTP 站点的描述、IP 地址、端口、连接、日志，如图 21-55 所示。

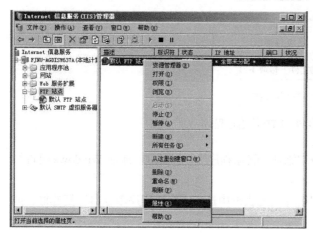

图 21-54　设置 FTP 属性

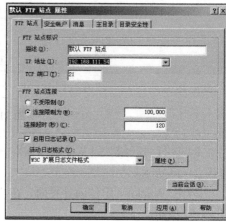

图 21-55　FTP 站点设置

7）启用日志记录可以帮你更方便地管理 FTP 服务器，如图 21-56 所示。

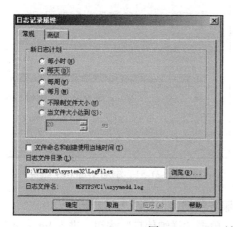

图 21-56　FTP 站点日志属性设置

8）单击"当前会话"按钮，可以查看当前连接 FTP 服务器的用户，如图 21-57 所示。

图 21-57　FTP 用户会话

9）设置账号和密码，也可以设置为匿名登录，匿名登录就是不需要登录账号也可以登录，如图 21-58 所示。

10）在消息设置页面中，可以设置 FTP 站点的标题、欢迎语、退出语、超过连接数时的提示，如图 21-59 所示。

图 21-58 安全账户设置

图 21-59 设置消息

11）主目录是设置 FTP 文件存放的路径，以及设置用户访问方式，比如读取是可以下载 FTP 服务器中的文件，写入是可以上传文件，如果你不希望别人更改你的 FTP 文件而只能下载文件，只要不选写入就可以了，如图 21-60 所示。

12）目录安全性中可以设置授权或拒绝局域网中某个或某几个 IP 地址的访问，如图 21-61 所示。

图 21-60 主目录设置

图 21-61 目录安全性设置

13）以上都设置完后，单击"确定"按钮，就完成了 FTP 服务器的设置。

有时候我们需要不止一个 FTP 服务器，这样就可以将用户群体分开，比如在校园网中，我们建立一个为学生使用的"学生交流 FTP 站点"，再建立一个专为老师共享教学资源的"老师教学资源 FTP 站点"，或者更多站点。

这就需要在已有 FTP 服务器上新建一个 FTP 站点，方法如下。

1）打开 IIS 管理器，在 FTP 站点上单击右键，选择"新建→FTP 站点"，如图 21-62 所示。

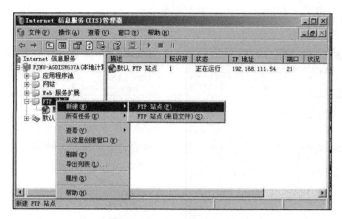

图 21-62 新建 FTP 站点

2）使用 FTP 站点创建向导，一步一步按照提示设置，如图 21-63 所示。

3）按照提示进行设置，设置的内容与上面默认 FTP 站点设置内容一样。

4）这里需要注意的是，当服务器上有两个以上的 FTP 站点时，就必须设置用户隔离，用户隔离是指，访问这个 FTP 站点的用户是否可以访问其他 FTP 主目录，比如上面的例子老师可以访问学生 FTP，但学生不能访问老师 FTP，这时就需要在学生 FTP 站点设置的时候，选择隔离用户，而老师的 FTP 设置时选择不隔离用户即可，如图 21-64 所示。

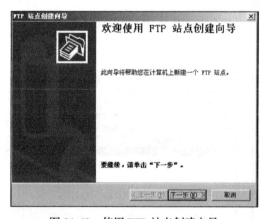

图 21-63 使用 FTP 站点创建向导

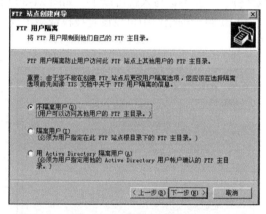

图 21-64 用户隔离设置

FTP 客户端要向访问 FTP 服务器，有三种方式可供选择：一是使用 FTP 命令；二是使用浏览器访问；三是使用专用 FTP 工具，如图 21-65 所示。

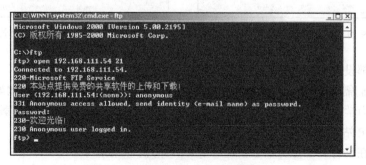

图 21-65 使用 FTP 命令访问服务器

　　以上三种方法都可以访问 FTP 服务器，但最简单使用的是使用浏览区访问。只要在地址栏中输入"ftp: //FTP 站点 IP 或 DNS"就可以轻松访问了，如图 21-66 所示。

　　如果需要用账户登录，浏览器也会自动弹出登录窗口，只要输入账号和密码就可以登录了，如图 21-67 所示。

图 21-66　使用浏览器登录 FTP 站点

图 21-67　输入用户名、密码登录

21.7　搭建网吧局域网

21.7.1　网吧局域网要求

　　网吧局域网的目的是为用户提供上网、游戏、视频、音频服务，当有上百用户同时登录上网时，一般的路由器和网线就会被堵得满满的，导致用户上网不畅。所以，网吧局域网要求必须满足大量用户电脑同时登录时还能保持网络速度，如图 21-68 所示。

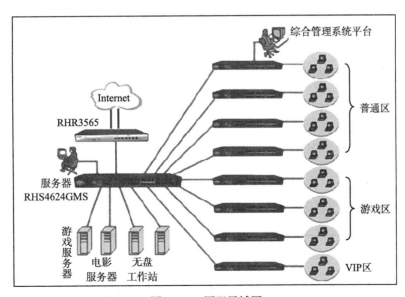

图 21-68　网吧局域网

　　网吧局域网的搭建思路与小型局域网的思路相同，但是使用的设备就完全不同了，除了使用网吧专用的交换机外，传输也必须采用 1000MB 或 1000MB 以上的光纤作为网线。对于无盘服务器来说网络速度更为重要，如图 21-69 所示。

图 21-69　无盘服务器

21.7.2　配置 Web 服务器

很多网吧会搭建自己的 Web 服务器，Web 本意是蜘蛛网，这里指的是互联网，Web 服务器就是我们常说的网站。

建立广域网网站需要使用专用的 IP 地址，而建立局域网的网站就容易多了。

首先需要服务器版的 Windows，这里我们依然使用 Windows Server 2003。与上述的 FTP 服务器一样，需要添加 IIS 信息服务，方法上面讲过，这里不再重复。

安装好 IIS 后，就可以添加 Web 服务器了，方法如下。

1）管理或新建 Web 站点，如图 21-70 所示。

2）使用 Web 向导，按照提示设置 Web 属性，如图 21-71 所示。

图 21-70　新建 Web 站点

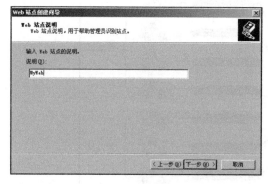
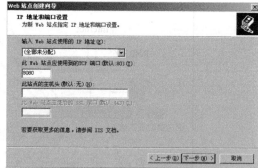

图 21-71　设置 Web 站点信息

3）完成后，在 IIS 中就有 Web 站点了，接着我们设置 Web 属性，如图 21-72 所示。

4）设置主目录，编辑好的 html 文件就放在这里，如图 21-73 所示。

5）局域网中的电脑，只要在浏览器中输入"http: //Web 服务器 IP"，就可以打开 index. htm 文件。

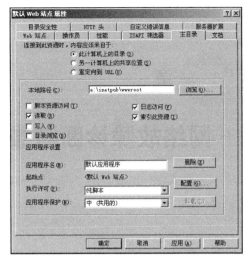

图 21-72　设置 Web 属性　　　　　　　　　　图 21-73　设置 Web 主目录

网络故障诊断与维修

电脑上网已经成为人们生活中不可缺少的活动，其组成的硬件连接步骤复杂多样，设置更是五花八门，任何环节出现错误都可能导致无法上网。怎样查找并解决上网问题，已经成为现代人必备的生活技能，本章就教你如何解决从电话线入户到 IE 浏览器的一系列电脑上网故障。

22.1 上网故障诊断

电脑能够上网，需要很多环节的协同工作，任何环节出现故障都可能会导致你的电脑无法上网。

目前主流的上网方法有三种：通过电话线的 ADSL 上网、通过小区宽带等公共出口方式上网、利用移动通信无线上网。

22.1.1 电话 ADSL 上网

ADSL 上网连接环节示意图，如图 22-1 所示。

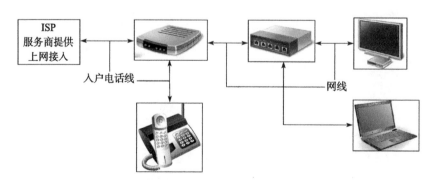

图 22-1　ADSL 上网连接环节

通过电话线 ADSL 上网的方式，可以分为 ISP 服务商提供的上网接入（入户电话线）、

ADSL Modem、路由器、电脑几个环节，当然如果只有一台电脑上网就没有路由器的环节了。如果不能上网，可以按照这条线，一个环节一个环节地进行排查。

22.1.2 公共出口宽带上网

公共出口带宽上网连接环节示意图，如图 22-2 所示。

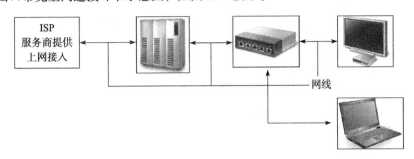

图 22-2　公共出口宽带上网连接环节

小区宽带（歌华有线、铁通等也是这类宽带）等公共出口宽带上网的方式，可以分为地区服务器、入户网线、路由器、电脑几个环节，如果只有一台电脑上网就更简单了，只有入户网线和电脑两个环节。但这类宽带容易在上网认证时出现问题，下面章节中将对这一点进行详细说明。

22.1.3 移动通信无线上网

流行的笔记本电脑加 3G 无线上网卡的移动上网组合，如图 22-3 所示。

利用移动通信的无线上网连接相对简单，只需要电脑加无线上网卡就可以完成。使用这种上网的人非常少，故障相对也较少，而且大多集中在无线网卡、上网软件和上网效率方面。

图 22-3　无线上网连组合

22.1.4 ISP 故障排除

Internet Service Provider 简称 ISP，是为人们提供上网服务的供应商，目前市场上最大的 ISP 服务商是中国移动、中国联通、中国电信。

所谓 ISP 故障，就是电话线进入你家之前的故障，主要是线路故障和服务器端的故障。其中线路故障比较常见，比如因为天气原因，线路的某段断了。服务器端的故障很少见，但也不是没有，比如因为服务器地区停电或电信设备升级等原因，造成的地区性断网等。如果是 ADSL 出现这种情况，ADSL Modem 的信号灯不亮，电话也没有声音。

这种 ISP 故障是你无法解决的，可以打电话到电信服务商或提供上网的服务公司进行咨询。

22.1.5 ADSL Modem 故障排除

ADSL Modem 故障可以分为临时故障和不可恢复故障。临时故障的表现为，突然无法上网、频繁断网等，这可以通过关闭 Modem 一会儿，用手摸一下 Modem 是否过热，等 Modem

冷却下来，再插电打开，看看是否问题已经解决了。有的 Modem 开机后几个月都没有关过，家用 Modem 是不支持这样长时间开机的，如果需要长时间开机，可以购买专用的 Modem，如图 22-4 所示。

不可恢复的故障是指，即便关机再开，也不能解决无法上网的问题。这时应该参照使用说明书，来查看 Modem 的指示灯闪烁情况，配合替换法换到其他电脑上看能不能上网。ADSL 上网提供商在开通上网时是随机附送 Modem 的，遇到这种不可恢复的故障时，可以打电话到服务商免费更换 ADSL Modem，省去了你不少麻烦。

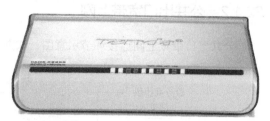

图 22-4　ADSL Modem

22.2　路由器故障诊断

路由器是组建局域网时必不可少的设备，无线路由器也越来越多地进入家庭，这使得无线网卡上网、手机 Wi-Fi、平板电脑等无线上网设备的使用越来越方便了。但是路由器的连接故障复杂多样，经常让新手无从下手。其实只要掌握了路由器的一些检测技巧，路由器的问题就变得不那么复杂了。

22.2.1　通过指示灯判断状态

判断路由器状态最好的办法就是参照指示灯的状态，每个路由器的面板指示灯不一样，表示的故障也不一样，必须参照说明书进行判断。下面以一款 TP-Link 路由器为例，介绍指示灯亮灭代表的路由器状态，如图 22-5 和表 22-1 所示。

图 22-5　TL-WR841N 无线路由器面板指示灯

表 22-1　TL-WR841N 无线路由器指示灯状态

指示灯	描　述	功　能
PWR	电源指示灯	常灭：没有上电 常亮：上电
SYS	系统状态指示灯	常灭：系统故障 常亮：系统初始化故障 闪烁：系统正常
WLAN	无线状态指示灯	常灭：没有启用无线功能 闪烁：启用无线功能
1/2/3/4	局域网状态指示灯	常灭：端口没有连接上 常亮：端口已经正常连接 闪烁：端口正在进行数据传输
WAN	广域网状态指示灯	常灭：外网端口没有连接上 常亮：外网端口已经正常连接 闪烁：外网端口正在进行数据传输
QSS	安全连接指示灯	绿色闪烁：表示正在进行安全连接 绿色常亮：表示安全连接成功 红色闪烁：表示安全连接失败

22.2.2　明确路由器默认设定值

检测和恢复路由器都需要有管理员级权限，只有能够管理路由器，才能检测和恢复路由器。路由器的默认管理员账号和密码都是"admin"，这在路由器的背面都有标注，如图 22-6 所示。

这里我们还可以看到，路由器的 IP 地址设定值为 192.168.1.1。

22.2.3　恢复出厂设置

当你更改了路由器的密码，而又把密码忘记时，当多次重启使得路由器的配置文件损坏时，就需要这个功能来使路由器恢复出厂时的默认设置。

恢复出厂设置的方法很简单，在路由器上有一个标着"RESET"的小孔，这就是专门恢复用的，用牙签或曲别针按住小孔内的按钮，持续一小段时间，如图 22-7 所示。

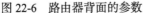

图 22-6　路由器背面的参数

图 22-7　路由器上的 RESET 孔

每个路由器的恢复方法略有不同，有的是按住小孔内的按钮数秒，有的是关闭电源后，按住孔内按钮，再打开电源，持续数秒。这就要参照说明书进行操作了，如果不知道要按多少秒，那就尽量按住 30s 以上，30s 可以保证每种路由器都能恢复了。

22.2.4 外界干扰

有时无线路由器的无线连接会出现时断时续，信号很弱的现象。这可能是因为其他家电产生的干扰，或由于墙壁阻挡了无线信号造成的。

无论商家宣称路由器有多强的穿墙能力，墙壁对无线信号的阻挡都是不可避免的，如果需要在不同房间使用无线路由，最好将路由器放置在门口等没有墙壁阻挡的位置。还要尽量远离电视、冰箱等大型家电，减少家电周围产生的磁场对无线信号的影响。

22.2.5 升级到最新版本

路由器中也是由软件在运行的，这样才能保证路由器的各种功能能够正常运行。升级旧版本的软件叫作固件升级，能够弥补路由器出厂时所带软件的不稳定因素。如果是知名品牌的路由器，可能不需要任何升级就可以稳定运行。是否升级固件取决于实际使用中的稳定性和有无漏洞。

首先在路由器的官方网站下载最新版本的路由器固件升级文件。

在浏览器的地址栏中输入 http://192.168.1.1 后按 Enter 键，打开路由器设置页面。在系统工具中单击"软件升级"，将打开路由器自带的升级向导，如图 22-8 所示。

按照向导提示进行操作，选择刚才下载的固件升级文件，然后升级，如图 22-9 所示。

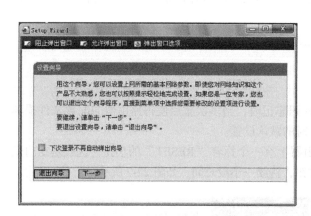

图 22-8 固件升级向导

图 22-9 固件升级完成

如果你对升级过程有所了解，也可以不使用升级向导，而进行手动升级。

22.2.6 开启自动分配 IP 的 DHCP

路由器具有自动分配 IP 的功能，这就是 DHCP（Dynamic Host Configuration Protocol）动态主机设置协议，如图 22-10 所示。

启动 DHCP 功能，系统会给连接在路由器上的电脑自动分配 IP 地址和 DNS，电脑不需要再进行 IP 设置也可以上网。这样无疑是非常方便的，缺点是每次连接都要进行动态分配 IP 地址，比固定的静态 IP 地址要稍微慢一点，但这并不明显，几乎感觉不出差别。

22.2.7 MAC 地址过滤

如果你发现连接都没有问题，但电脑却不能上网，这有可能是 MAC 地址过滤中的设置阻止了你的电脑上网。

MAC（Medium/MediaAccess Control）地址是存在网卡中的一组 48bit 的十六进制数字，可以简单地理解为一个网卡的标识符。MAC 地址过滤的功能就是可以限制特定的 MAC 地址的网卡，禁止这个 MAC 地址的网卡上网，或将这个网卡绑定一个固定的 IP 地址，如图 22-11所示。

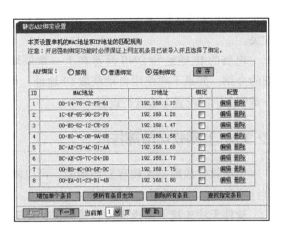

图 22-10 路由器的 DHCP 功能   图 22-11 MAC 地址设置

通过 MAC 地址过滤，可以进行一个简单设置，来阻止除你之外的其他电脑通过你的路由器进行上网，这对无线路由器来说，是个不错的应用。

22.2.8 忘记路由器密码和无线密码

长时间未使用路由器，忘记了登录密码。如果从未修改过登录密码，那么密码应该是"admin"。

如果修改过密码，并且忘记了修改后的密码是什么，就只能通过恢复出厂设置，来将路由器恢复成为默认设置，再使用 admin 账户和密码进行修改。

忘记了无线密码就简单了，只要使用有线连接的电脑，打开路由器的设置页面，就可以看到无线密码，这个无线密码显示的是明码，并不是"******"，所以可以随时查看。

  电脑端上网故障诊断

22.3.1 网卡和无线网卡驱动

电脑故障造成的无法上网，主要是网卡的安装和设置不正确造成的。

查看网卡驱动依次打开"控制面板"→"系统和安全"→"设备管理器"，查看网络适配器中的网卡，如果有黄色叹号、红色叉号等标识，说明网卡的驱动程序存在冲突，或根本就没有安装好，如图 22-12 所示。

想要重新安装问题网卡的驱动，先要点选问题网卡，然后单击窗口上面工具栏中的卸载该设备的按钮，系统会将问题网卡驱动卸载掉，如图 22-13 所示。

扫描新硬件，系统会自动安装网卡的驱动。如果电脑安装有无线网卡，那么最后也使用 Windows 自带的驱动程序，因为无线网卡自带的驱动程序多种多样，也不全都是稳定驱动，有时安装后还会造成与其他设备的冲突。

图 22-12　设备管理器中的网卡

电脑的 IP 地址和 DNS 设置在上一章局域网中有详细的介绍，如果不想使用自动获取 IP 地址，可以按照上一章中介绍的设置方法进行设置。

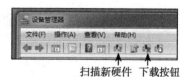

扫描新硬件　下载按钮

图 22-13　卸载并重新扫描设备

22.3.2　上网软件故障排除

上网软件故障是比较容易判断的，可以同时打开两三个上网的软件，一起测试。比如网页打不开时，可以看看 QQ 能不能上，MSN、网络电视能不能上等。

软件无法连接上网也比较容易解决，最简单的办法是卸载软件后重新安装，如果还不能解决，就下载最新版的软件，再进行安装，90% 的问题都可以这样解决。

22.4　动手实践：网络典型故障维修实例

22.4.1　反复拨号也不能连接上网

故障现象：故障电脑的系统是 Windows XP，网卡是主板集成的。使用 ADSL 拨号上网，使用拨号连接时，显示无法连接，反复重拨仍然不能上网。

故障分析：拨号无法连接，可能是 ADSL Modem 故障、线路故障、账号错误等原因造成的。

维修方法：

1）重新输入账号密码，连接测试，无法连接。

2）查看 ADSL Modem，发现 ADSL Modem 的 PC 灯没亮，这说明 ADSL Modem 与电脑之间的连接是不通的。

3）重新连接 Modem 和电脑之间的网线，再拨号连接，发现可以成功登录了。

22.4.2　设备冲突，电脑无法上网

故障现象：故障电脑的系统是 Windows 7，网卡是主板集成。重装系统后，发现无法上网，宽带是小区统一安装的长城宽带。

故障分析：长城宽带不需要拨号，也没有 ADSL Modem，不能上网可能是线路问题、网卡驱动问题、网卡设置问题、网卡损坏等。

维修方法：

1）打开控制面板中的设备管理器，查看网卡驱动，发现网卡上有黄色叹号，这说明网卡驱动是有问题的。

2）查看资源冲突，发现网卡与声卡有资源冲突。

3）卸载网卡和声卡驱动，重新扫描安装驱动程序并重启电脑。

4）查看资源，已经解决了资源冲突的问题。

5）打开 IE 浏览器，看到上网已经恢复了。

22.4.3 "限制性连接"造成无法上网

故障现象：故障电脑的系统是 Windows XP，网卡是主板集成的。使用 ADSL 上网时，右下角的网络连接经常出现"限制性连接"，而造成无法上网。

故障分析：造成限制性连接的原因主要有网卡驱动损坏、网卡损坏、ADSL Modem 故障、线路故障、电脑中毒。

维修方法：

1）用杀毒软件对电脑进行杀毒，问题没有解决。

2）检查线路的连接，没有发现异常。

3）打开控制面板中的设备管理器，查看网卡驱动。发现网卡上有黄色叹号，这说明网卡驱动是有问题的。

4）删除网卡设备，重新扫描安装网卡驱动。

5）再连接上网，经过一段时间的观察，没有再发生掉线的情况。

22.4.4 一打开网页就自动弹出广告

故障现象：故障电脑的系统是 Windows XP，网卡是主板集成。最近不知道为什么，只要打开网页就会自动弹出好几个广告，上网速度也很慢。

故障分析：自动弹出广告是电脑中了流氓插件或病毒造成的。

维修方法：安装金山毒霸和金山卫士，对电脑进行杀毒和清理插件。完成后，再打开网页，发现不再弹出广告了。

22.4.5 上网掉线后，必须重启才能恢复

故障现象：故障电脑的系统是 Windows XP，网卡是主板集成。使用 ADSL 上网，最近经常掉线，掉线后必须重启电脑，才能再连接上。

故障分析：造成无法上网的原因有很多，网卡故障、网卡驱动问题、线路问题、ADSL Modem 问题等，只有一一排除。

维修方法：

1）查看网卡驱动，没有异常。

2）查看线路连接，没有异常。

3）检查 ADSL Modem，发现 Modem 很热，推测可能是由于高温导致的网络连接断开。

4）将 ADSL Modem 放在通风的地方，放置冷却，在将 Modem 放在容易散热的地方，重新连接上电脑。

5）测试上网，经过一段时间，发现没有再出现掉线的情况，判断是 Modem 散热不理想，高温导致频繁断网。

22.4.6　公司局域网上网速度很慢

故障现象：公司内部组建局域网，通过 ADSL Modem 和路由器共享上网。最近公司上网变得非常慢，有时连网页都打不开。

故障分析：局域网上网速度慢，可能是局域网中电脑感染病毒、路由器质量差、局域网中有人使用 BT 类软件等原因造成的。

维修方法：

1）用杀毒软件查杀电脑病毒，没有发现异常。

2）用管理员账号登录路由器设置页面，发现传输时丢包现象严重，延迟达到 800 多。

3）重启路由器，速度恢复正常，但没过多长时间，又变得非常慢。

4）推测可能是局域网上有人使用 BT 等严重占用资源的软件。

5）设置路由器，禁止 BT 功能。

6）重启路由器，观察一段时间后，没有再出现网速变慢的情况。

22.4.7　局域网上的两台电脑不能互联

故障现象：故障电脑的系统都是 Windows XP，其中一台是笔记本电脑。两台电脑通过局域网使用 ADSL 共享上网，两台电脑都可以上网，但不能相互访问，从网上邻居中登录另一台电脑时，提示输入密码，但另一台电脑根本就没有设置密码，传输文件也只能靠 QQ 等软件进行。

故障分析：Windows 系统想要其他人可以访问时，必须打开来宾账号才能登录。

维修方法：

1）在被访问的电脑上，打开控制面板。

2）单击用户账户，单击 Guest 账户，将 Guest 账号设置为开启。

3）关闭选项后，从另一台电脑上尝试登录本机，发现可以通过网上邻居进行登录访问了。

22.4.8　局域网中打开网上邻居，提示无法找到网络路径

故障现象：公司的几台电脑通过交换机组成局域网，通过 ADSL 共享上网。局域网中的电脑打开网上邻居时提示无法找到网络路径。

故障分析：局域网中无法在网上邻居中查找到其他电脑，用 Ping 命令扫描其他电脑的 IP 地址，发现其他电脑的 IP 都是通的，这可能是网络中的电脑不在同一个工作组中造成的。

维修方法：

1）将局域网中电脑的工作组都设置为同一个工作组。

2）打开控制面板中的系统。

3）将计算机名称、域和工作组设置为同一个名称，名称随便起。

4）将几台电脑都设置好后，打开网上邻居，发现几台电脑都可以检测到了。

5）登录其他电脑，发现有的可以登录，有的不能登录。

6）检查不能登录电脑的用户账户，将 Guest 来宾账号设置为开启。

7）重新登录访问其他几台电脑，发现局域网中的电脑都可以顺利访问了。

22.4.9　代理服务器上网速度慢

故障现象： 故障电脑是校园局域网中的一台分机，通过校园网中的代理服务器上网。以前网速一直正常，今天发现网速很慢，查看其他电脑也一样。

故障分析： 一个局域网上的电脑全都网速慢，一般是网络问题、线路问题、服务器问题等。

维修方法：

1）检查了网络连接设置和线路接口，没有发现异常。

2）查看服务器主机，检测后发现服务器运行很慢。

3）将服务器重启后，再上网测速，发现网速恢复正常了。

22.4.10　使用 10/100M 网卡上网，时快时慢

故障现象： 通过路由器组成的局域网中，使用 ADSL 共享上网，电脑网卡是 10/100M 自适应网卡。电脑在局域网中传输文件或是上网下载时，时快时慢，重启电脑和路由器后，故障依然存在。

故障分析： 上网时快时慢，说明网络能够连通，应该着重检查网卡设置、上网软件设置等方面的问题。

维修方法： 检查上网软件和下载软件，没有发现异常。检查网卡设置，发现网卡是 10/100M 自适应网卡，网卡的工作速度设置为 Auto。这种自适应网卡会根据传输数据大小自动设置为 10M 或 100M，手动将网卡工作速度设置为 100M 后，再测试网速，发现网速不再时快时慢地变化了。

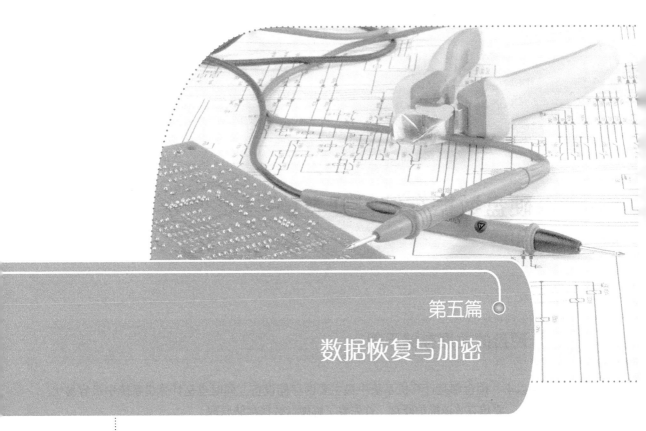

第五篇

数据恢复与加密

◆ 第 23 章　硬盘数据存储管理奥秘
◆ 第 24 章　恢复损坏丢失的数据文件
◆ 第 25 章　多核电脑安全防护与加密

　　笔记本电脑故障无处不在，由于误操作或其他原因导致硬盘数据被删除，或被损坏等情况屡屡发生，那么如何恢复丢失或损坏的硬盘数据呢？本篇将带你深入了解硬盘数据存储的奥秘，帮你掌握硬盘数据恢复的方法。

　　另外，本篇最后还将介绍笔记本电脑及软件常用的加密方法。

第 **23** 章

硬盘数据存储管理奥秘

23.1 硬盘的数据存储原理

一直以来，硬盘都是计算机系统中最主要的存储设备，同时也是计算机系统中最容易出故障的部件。要想有效地维护硬盘，首先要了解硬盘数据存储原理。

23.1.1 用磁道和扇区存储管理硬盘数据

硬盘是一种采用磁介质的数据存储设备，数据存储在密封的硬盘内腔的磁盘片上。这些盘片一般是在以铝为主要成分的片基表面涂上磁性介质制成的，在磁盘片的每一面上，以转动轴为轴心、以一定的磁密度为间隔的若干个同心圆就被划分成磁道（track），每个磁道又被划分为若干个扇区（sector），数据就按扇区存放在硬盘上。在每一面上都相应地有一个读写磁头（head），所以不同磁头的所有相同位置的磁道就构成了所谓的柱面（cylinder）。

硬盘中的磁盘结构关系如图 23-1 所示。

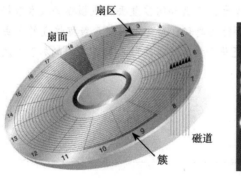
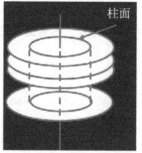

a）磁盘上的磁道、扇区和簇   b）柱面

图 23-1　磁盘的结构

硬盘中一般有多个盘片，每个盘片的每个面都有一个读写磁头，磁头靠近主轴接触的表面，即线速度最小的地方，是一个特殊的区域，它不存放任何数据，称为启停区或着陆区

（landing zone），启停区外就是数据区。在最外圈，离主轴最远的地方是"0"磁道，硬盘数据的存放就是从最外圈开始的。如图23-2所示为硬盘盘片。

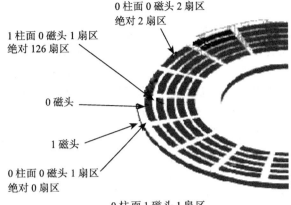

0 柱面 0 磁头 2 扇区
绝对 2 扇区

1 柱面 0 磁头 1 扇区
绝对 126 扇区

0 磁头

1 磁头

0 柱面 0 磁头 1 扇区
绝对 0 扇区

0 柱面 1 磁头 1 扇区
绝对 63 扇区

图 23-2　硬盘盘片

硬盘的第一个扇区（0道0头1扇区）被保留为主引导扇区。在主引导区内主要有两项内容：主引导记录和硬盘分区表。主引导记录是一段程序代码，其作用主要是对硬盘上安装的操作系统进行引导；硬盘分区表则存储了硬盘的分区信息。计算机启动时将读取该扇区的数据，并对其合法性进行判断（扇区最后两个字节是否为55AA），如合法则跳转执行该扇区的第一条指令。

下面再详细介绍硬盘盘片中的"盘面号"、"磁道"、"柱面"和"扇区"。

23.1.2　磁盘奥秘之盘面号

硬盘的盘片一般用铝合金材料做基片，高速硬盘也可能用玻璃做基片。玻璃基片更容易达到所需的平面度和光洁度，且有很高的硬度。磁头传动装置是使磁头部件作径向移动的部件，通常有两种类型的传动装置。一种是齿条传动的步进电动机传动装置；另一种是音圈电动机传动装置。前者是固定推算的传动定位器，而后者则采用伺服反馈返回到正确的位置上（目前的硬盘基本都用音圈电动机传动装置）。磁头传动装置以很小的等距离使磁头部件做径向移动，用以变换磁道。

硬盘的每一个盘片都有两个盘面（side），即上、下盘面，一般每个盘面都会利用，都可以存储数据，成为有效盘片，也有极个别的硬盘盘面数为单数。每一个这样的有效盘面都有一个盘面号，按顺序从上至下从"0"开始依次编号。在硬盘系统中，盘面号又叫磁头号，因为每一个有效盘面都有一个对应的读写磁头。硬盘的盘片组在2 ~ 14片不等，通常有2 ~ 3个盘片，故盘面号（磁头号）为0 ~ 3或0 ~ 5。

23.1.3　磁盘奥秘之磁道

磁盘在格式化时被划分成许多同心圆，这些同心圆轨迹叫作磁道。磁道从外向内从0开始顺序编号。以前的硬盘每一个盘面有300 ~ 1024个磁道，目前的大容量硬盘每面的磁道数更多。信息以脉冲串的形式记录在这些轨迹中，这些同心圆不是连续记录数据，而是被划分成一段段的圆弧，这些圆弧的角速度一样。由于径向长度不一样，所以，线速度也不一样，外圈的线速度较内圈的线速度大，即同样的转速下，外圈在同样时间段里，划过的圆弧长度要比内圈划过的圆弧长度大。每段圆弧叫作一个扇区，扇区从"1"开始编号，每个扇区中的数据作为一个单元同时读出或写入。一个标准的3.5in硬盘盘面通常有几百到几千条磁道。磁道是盘面上以特殊形式磁化了的一些磁化区，在磁盘格式化时就已规划完毕。

23.1.4 磁盘奥秘之柱面

硬盘中的所有盘面上的同一磁道构成一个圆柱，通常称作柱面，每个圆柱上的磁头由上而下从 0 开始编号。数据的读 / 写按柱面进行，即磁头读 / 写数据时首先在同一柱面内从 0 磁头开始进行操作，依次向下在同一柱面的不同盘面即磁头上进行操作，只在同一柱面所有的磁头全部读 / 写完毕后磁头才转移到下一柱面，因为选取磁头只需通过电子切换即可，而选取柱面则必须通过机械切换。电子切换相当快，比在机械上磁头向邻近磁道移动快得多，所以，数据的读 / 写按柱面进行，而不按盘面进行。也就是说，一个磁道写满数据后，就在同一柱面的下一个盘面来写，一个柱面写满后，才移到下一个扇区开始写数据。读数据也按照这种方式进行，这样就提高了硬盘的读 / 写效率。

一块硬盘驱动器的圆柱数（或每个盘面的磁道数）既取决于每条磁道的宽窄（同样，也与磁头的大小有关），也取决于定位机构所决定的磁道间步距的大小。

23.1.5 磁盘奥秘之扇区

操作系统以扇区形式将信息存储在硬盘上，每个扇区包括 512 个字节的数据和一些其他信息。一个扇区有两个主要部分：存储数据地点的标识符和存储数据的数据段。

标识符是扇区头标，包括组成扇区三维地址的三个数字：扇区所在的磁头（或盘面）、磁道（或柱面号）以及扇区在磁道上的位置即扇区号。头标中还包括一个字段，其中有显示扇区是否能可靠存储数据，或者是否已发现某个故障因而不宜使用的标记。有些硬盘控制器在扇区头标中还记录有指示字，可在原扇区出错时指引磁盘转到替换扇区或磁道。最后，扇区头标以循环冗余校验（CRC）值作为结束，以供控制器检验扇区头标的读出情况，确保准确无误。

扇区的第二个主要部分是存储数据的数据段，可分为数据和保护数据的纠错码（ECC）。在初始准备期间，计算机用 512 个虚拟信息字节（实际数据的存放地）和与这些虚拟信息字节相应的 ECC 数字填入这个部分。

扇区头标包含一个可识别磁道上该扇区的扇区号。有趣的是，这些扇区号物理上并不连续编号，它们不必用任何特定的顺序指定。扇区头标的设计允许扇区号可以从 1 到某个最大值，某些情况下可达 255。磁盘控制器并不关心上述范围中什么编号安排在哪一个扇区头标中。在很特殊的情况下，扇区还可以共用相同的编号。磁盘控制器甚至根本就不管数据区有多大，只管读出它所找到的数据，或者写入要求它写的数据。

23.2 硬盘数据管理的奥秘——数据结构

了解了硬盘数据的存储原理后，接下来还需要掌握硬盘文件系统结构，这样在重要数据发生灾难时，才能更加轻松地应对。

一般一块新的硬盘，是没有办法直接使用的，用户需要将它分区、格式化，然后再安装上操作系统后才可以使用。而在分区、格式化之后，一般硬盘会被分成主引导扇区、操作系统引导扇区、文件分配表（FAT 表）、目录区（DIR）和数据区（DATA）五部分。下面详细分析这五个部分。

23.2.1　数据结构之主引导扇区（MBR）

我们通常所说的主引导扇区 MBR 在一个硬盘中是唯一的，MBR 区的内容只有在硬盘启动时才读取其内容，然后驻留内存。其他几项内容随你的硬盘分区数的多少而异。

主引导扇区位于整个硬盘的 0 磁道 0 柱面 1 扇区，由主引导程序 MBR（Master Boot Record）、硬盘分区表 DPT（Disk Partition Table）和结束标识（55AA）三部分组成。

硬盘主引导扇区占据一个扇区，共 512（200H）B，具体结构如图 23-3 所示。

1）硬盘主引导程序位于该扇区的 0 ～ 1BDH 处，占 446B。

2）硬盘分区表位于 1BEH ～ 1EEH 处，共占 64B。每个分区表占用 16B，共 4 个分区表。分区表结构如图 23-4 所示。

3）引导扇区的有效标志，位于 1FEH ～ 1FFH 处，固定值为 55AAH。

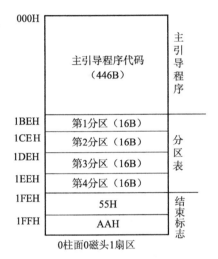

图 23-3　硬盘主引导扇区的结构

图 23-4　分区表中单个分区结构

1. 主引导程序

主引导程序的作用就是检查分区表是否正确以及判别哪个分区为可引导分区，并在程序结束时把该分区的启动程序（也就是操作系统引导扇区）调入内存加以执行。

2. 分区表

在主引导区中，从地址 BE 开始，到 FD 结束为止的 64B 中的内容就是通常所说的分区表。分区表以 80H 或 00H 为开始标志，以 55AAH 为结束标志，每个分区占用 16B，一个硬盘最多只能分成 4 个主分区，其中扩展分区也是一个主分区。

3. 结束标识（55AAH）

主引导记录中最后两个标志"55 AA"是分区表的结束标志，如果这两个标志被修改（有些病毒就会修改这两个标志），则系统引导时将报告找不到有效的分区表。

4. 主引导扇区的作用

硬盘主引导扇区的作用主要如下。

1）存放硬盘分区表。

2）检查硬盘分区的正确性，要求只能且必须存在一个活动分区。

3）确定活动分区号，并读出相应操作系统的引导记录。

4）检查操作系统引导记录的正确性。一般在操作系统引导记录末尾存在着一个55AAH结束标志，供引导程序识别。

5）释放引导权给相应的操作系统。

在主引导扇区中，共有三个关键代码，如图23-5所示。

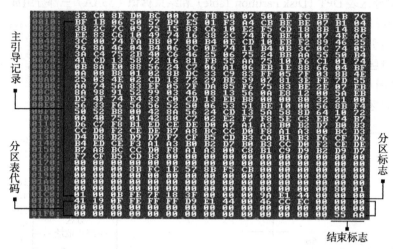

图 23-5　硬盘主引导扇区

第1关键代码：主引导记录。

主引导记录的作用是找出系统当前的活动分区，负责把对应的一个操作系统的引导记录即当前活动分区的引导记录载入内存。此后，主引导记录就把控制权转给该分区的引导记录。

第2关键代码：分区表代码。

分区表的作用是规定系统有几个分区，每个分区的起始和终止扇区、大小及是否为活动分区等重要信息。分区表以80H或00H为开始标志，以55AAH为结束标志，每个分区占用16B。一个硬盘最多只能分成4个主分区，其中扩展分区也是一个主分区。

在分区表中，主分区是一个比较单纯的分区，通常位于硬盘的最前面一块区域中，构成逻辑C磁盘。在主分区中，不允许再建立其他逻辑磁盘。也可以通过分区软件，在分区的最后建立主分区，或在磁盘的中部建立主分区。

扩展分区的概念则比较复杂，也是造成分区和逻辑磁盘混淆的主要原因。由于硬盘仅仅为分区表保留了64B的存储空间，而每个分区的参数占据16B，故主引导扇区中总计可以存储4个分区的数据。操作系统只允许存储4个分区的数据，如果说逻辑磁盘就是分区，则系统最多只允许4个逻辑磁盘。对于具体的应用，4个逻辑磁盘往往不能满足实际需求。为了建立更多的逻辑磁盘供操作系统使用，系统引入了扩展分区的概念。

所谓扩展分区，严格地讲它不是一个实际意义的分区，它仅仅是一个指向下一个分区的指针，这种指针结构将形成一个单向链表。这样在主引导扇区中除了主分区外，仅需要存储一个被称为扩展分区的分区数据，通过这个扩展分区的数据可以找到下一个分区（实际上也就是下一个逻辑磁盘）的起始位置，以此起始位置类推可以找到所有的分区。无论系统中建立多少个逻辑磁盘，在主引导扇区中通过一个扩展分区的参数就可以逐个找到每一个逻辑磁盘，如图23-6所示。

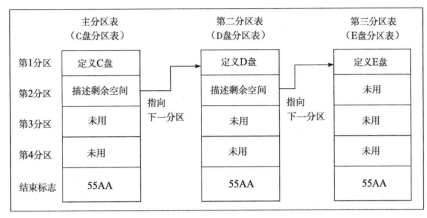

图 23-6　硬盘分区表各分区结构

需要特别注意的是，由于主分区之后的各个分区是通过一种单向链表的结构来实现链接的，因此，若单向链表发生问题，将导致逻辑磁盘的丢失。

第 3 关键代码：扇区结束标志。

扇区结束标志（55AAH）是主引导扇区的结尾，它表示该扇区是个有效的引导扇区，可用来引导硬磁盘系统。

23.2.2　数据结构之操作系统引导扇区（DBR）

操作系统引导扇区（Dos Boot Record，DBR），通常位于硬盘的 0 磁道 1 柱面 1 扇区，是操作系统可直接访问的第一个扇区，由高级格式化程序产生。DBR 主要包括一个引导程序和一个被称为 BPB（BIOS Parameter Block）的本分区参数记录表。在硬盘中每个逻辑分区都有一个 DBR，其参数视分区的大小、操作系统的类别而有所不同。

在操作系统引导扇区中，引导程序的主要作用是：当 MBR 将系统控制权交给它时，在根目录中寻找系统文件 IO.SYS、MSDOS.SYS 和 WINBOOT.SYS 三个文件，如果存在，就把 IO.SYS 文件读入内存，并移交控制权予该文件。

在操作系统引导扇区中，BPB 分区表参数块记录着本分区的起始扇区、结束扇区、文件存储格式、硬盘介质描述符、根目录大小、FAT 个数、分配单元（allocation unit）的大小等重要参数。

23.2.3　数据结构之文件分配表（FAT）

文件分配表（File Allocation Table，FAT）是系统的文件寻址系统，顾名思义，就是用来表示磁盘文件的空间分配信息的。它不对引导区、文件目录表的信息进行表示，也不真正存储文件内容。为了数据安全起见，FAT 一般做两个，第二个 FAT 为第一个 FAT 的备份。

磁盘是由一个一个扇区组成的，若干个扇区合为一个簇，文件占用磁盘空间，基本单位不是字节而是簇。文件存取是以簇为单位的，哪怕这个文件只有 1 个字节，也要占用一个簇。每个簇在文件分配表中都有对应的表项，簇号即为表项号。同一个文件的数据并不一定完整地存放在磁盘的一个连续的区域内，而往往会分成若干段，像一条链子一样存放，这种存储方式称为文件的链式存储。由于 FAT 表保存着文件段与段之间的连接信息，所以操作系统在读取文件时，总是能够准确地找到文件各段的位置并正确读出。

为了实现文件的链式存储，硬盘上必须准确地记录哪些簇已经被文件占用，还必须为每个已经占用的簇指明存储后续内容的下一个簇的簇号。对一个文件的最后一簇，则要指明本簇无后续簇。这些都是由 FAT 表来保存的。表中有很多表项，每项记录一个簇的信息。最初形成的文件分配表中所有项都标明为"未占用"，但如果磁盘有局部损坏，那么格式化程序会检测出损坏的簇，在相应的项中标为"坏簇"，以后存文件时就不会再使用这个簇了。FAT 的项数与数据区的总簇数相当，每一项占用的字节数也要能存放得下最大的簇号。

当一个磁盘格式化后，在其逻辑 0 扇区（BOOT 扇区）后面的几个扇区中就形成一个重要的数据表——文件分配表（FAT）。文件分配表位于 DBR 之后，其大小由本分区的大小及文件分配单元的大小决定。FAT 的格式有很多种，大家比较熟悉的有 FAT16 和 FAT32 等格式。FAT16 只能用于 2GB 以下的分区；而 FAT32 使用最为广泛，可管理的最大分区为 32GB。文件系统的格式除了 FAT16 和 FAT32 外，还有 NTFS、ReiserFS、ext、ext2、ext3、ISO9660、XFS、Minx、VFAT、HPFS、NFS、SMB、SysV、PROC、JFS 等。

在读文件分区表时，要注意以下几个问题。

1）不要把表项内的数字误认为表示当前簇号，而应该是文件的下一个簇的簇号。

2）高字节在后、低字节在前是存储数字的一种方式，读出时应进行调整，如两字节"12H，34H"，实际应为 3412H。文件分配表与文件目录表（FDT）相配合，可以统一管理整个磁盘的文件。它告诉系统磁盘上哪些簇是坏的或已被使用的哪些簇可以用，并存储每个文件所使用的簇号，就好比是文件的"总调度师"。

23.2.4　数据结构之硬盘目录区（DIR）

目录区（Directory，DIR）紧接在第二 FAT 表之后。在硬盘工作时只有 FAT 还不能定位文件在磁盘中的位置，必须和 DIR 配合才能准确定位文件的位置。在硬盘的目录区记录着每个文件（目录）的文件名、扩展名、是否支持长文件名、起始单元、文件的属性、大小、创建日期、修改日期等内容。操作系统在读写文件时，根据目录区中的起始单元，结合 FAT 表就可以知道文件在磁盘的具体位置及大小，然后顺序读取每个簇的内容就可以了。

23.2.5　数据结构之硬盘数据区（DATA）

数据区即 DATA，当将数据复制到硬盘时，数据就存放在 DATA 区。对于一块储存数据的硬盘来说，它占据了硬盘的绝大部分空间，但如没有前面所提到的四个部分，DATA 区就仅只是一块填充着 0 和 1 的区域，没有任何意义。

当操作系统要在硬盘上写入文件时，首先在目录区中写入文件信息（包括文件名、后缀名、文件大小和修改日期），然后在 DATA 区找到闲置空间将文件保存，并将 DATA 区中存放文件的簇号写入目录区，从而完成整个写入数据的工作。系统删除文件时的操作则简单许多，它只需将该文件在目录区中的第一个字符改成 E5，在文件分配表中把该文件占用的各簇表项清 0，就表示将该文件删除，而它实际上并不对 DATA 区进行任何改写。通常的高级格式化程序，只是重写了 FAT 表而已，并未将 DATA 区的数据清除；而对硬盘进行分区时，也只是修改了 MBR 和 DBR，并没有改写 DATA 区中的数据。正因为 DATA 区中的数据不易被改写，从而也为恢复数据带来了机会。事实上各种数据恢复软件，也正是利用 DATA 区中残留的种种痕迹来恢复数据，这就是整个数据恢复的基本原理。

23.3 硬盘读写数据探秘

相信很多人对于在 Windows 系统中，将硬盘当中文件数据的保存、写入、删除等操作都一定非常熟悉，但对于数据在硬盘当中到底是怎样被读取、写入或删除的，硬盘如何工作等可能有很多读者不是很了解，下面重点分析一下硬盘数据的存储原理。

23.3.1 硬盘怎样写入数据

当要保存文件时，硬盘会按柱面、磁头、扇区的方式进行保存，即将保存的数据先保存在第 1 个盘面的第 1 磁道的所有扇区，如果所有扇区无法存下所有数据，接着在同一柱面的下一磁头所在盘面的第 1 磁道的所有扇区中继续写入数据。如果一个柱面存储满后就推进到下一个柱面，直到把文件内容全部写入磁盘。

在保存文件时，系统首先在磁盘的 DIR（目录表）区中找到空区写入文件名、大小和创建时间等响应信息，然后在 DATA（数据区）找到空闲位置将文件保存，并将 DATA 区的第一个簇写入 DIR 区。

23.3.2 怎样从硬盘读出数据

当要读取数据时，硬盘的主控芯片会告诉磁盘控制器要读出数据所在的柱面号、磁头号和扇区号。接着磁盘控制器则直接使磁头部件步进到相应的柱面，选通相应的磁头，等待要求的扇区移动到磁头下。在扇区到来时，磁盘控制器读出每个扇区的头标，把这些头标中的地址信息与期待检出的磁头和柱面号作比较（寻道），然后，寻找要求的扇区号。待磁盘控制器找到该扇区头标时，读出数据和尾部记录。

在读取文件时，系统先从磁盘目录区中读取文件信息，包括文件名、后缀名、文件大小、修改日期和文件在数据区保存的第一个簇的簇号。接着从第 1 个簇中读取相应的数据，然后再到 FAT 表（文件分配表）的相应单元（第一个簇对应的单元），如果内容是文件结束标志（FF），则表示文件结束，如果不是文件结束标志，则是下一个保存数据的簇的簇号，接下来再读取对应簇中的内容，这样重复下去一直到遇到文件结束标志，文件读取完成。

23.3.3 怎样从硬盘中删除文件

Windows 文件的删除工作是很简单的，将磁盘目录区的文件的第一个字符改成 E5 就表示该文件删除了。

存储在硬盘中的每个文件都可分为两部分：文件头和存储数据的数据区。文件头用来记录文件名、文件属性、占用簇号等信息，文件头保存在一个簇并映射在 FAT 表（文件分配表）中。而真实的数据则是保存在数据区当中的。平常所做的删除，其实是修改文件头的前两个代码，这种修改映射在 FAT 表中，就为文件做了删除标记，并将文件所占簇号在 FAT 表中的登记项清零，表示释放空间，这也就是平常删除文件后，硬盘空间增大的原因。而真正的文件内容仍保存在数据区中，并未得以删除。要等到以后的数据写入，把此数据区覆盖掉，才算是彻底把原来的数据删除。如果不被后来保存的数据覆盖，它就不会从磁盘上抹掉。

恢复损坏丢失的数据文件

在进行数据恢复时，首先要调查造成数据丢失或损坏的原因，然后对症下药，根据不同的数据丢失或损坏的原因使用对应的数据恢复方法。另外，在对数据进行恢复前，要先进行故障分析，不能做一些盲目的无用的操作，以免造成数据被覆盖无法恢复。下面将根据不同的数据丢失原因分析数据恢复的方法。

24.1 数据恢复的必备知识

24.1.1 硬盘数据是如何丢失的

硬盘数据丢失的原因较多，一般可以分为人为原因、自然灾害原因、软件原因、硬件原因。

1. 人为原因造成的数据丢失

人为原因主要是指由于使用人员的误操作造成的数据被破坏，如误格式化或误分区、误克隆、误删除或覆盖、人为地摔坏硬盘等。

人为原因造成的数据丢失现象一般表现为操作系统丢失、无法正常启动系统、磁盘读写错误、找不到所需要的文件、文件打不开、文件打开后乱码、硬盘没有分区、提示某个硬盘分区没有格式化、硬盘被强制格式化、硬盘无法识别或发出异响等。

2. 自然灾害造成的数据丢失

自然灾害造成的数据被破坏，如水灾、火灾、雷击、地震等造成计算机系统的破坏，导致存储数据被破坏或完全丢失，或由于操作时断电、意外电磁干扰造成数据丢失或破坏。

自然灾害原因造成的数据丢失现象一般表现为硬盘损坏（硬盘无法识别或盘体损坏）、磁盘读写错误、找不到所需要的文件、文件打不开、文件打开后乱码等。

3. 软件原因造成的数据丢失

软件原因主要是指由于受病毒感染、零磁道损坏、硬盘逻辑锁、系统错误或瘫痪造成文件丢失或破坏，软件 bug 对数据的破坏等造成数据丢失或破坏。

软件原因造成的数据丢失现象一般表现为操作系统丢失、无法正常启动系统、磁盘读写错误、找不到所需要的文件、文件打不开、文件打开后乱码、硬盘没有分区、提示某个硬盘分区没有格式化、硬盘被锁等。

4. 硬件原因造成的数据丢失

硬件原因主要是指由于计算机设备的硬件故障（包括存储介质的老化、失效）、磁盘划伤、磁头变形、磁臂断裂、磁头放大器损坏、芯片组或其他元器件损坏等造成数据丢失或破坏。

硬件原因造成的数据丢失现象一般表现为系统不认硬盘，常有一种"咔嚓咔嚓"或"哐当、哐当"的磁阻撞击声，或电动机不转、通电后无任何声音、磁头定位不准造成读写错误等现象。

24.1.2　什么样的硬盘数据可以恢复

一块新的硬盘必须首先分区，再用 format 对相应的分区实行格式化，这样才能在这个硬盘上存储数据。

当需要从硬盘中读取文件时，先读取某一分区的 BPB（分区表参数块）参数至内存，然后从目录区中读取文件的目录表（包括文件名、后缀名、文件大小、修改日期和文件在数据区保存的第一个簇的簇号），找到相对应文件的首扇区和 FAT 表的入口，再从 FAT 表中找到后续扇区的相应链接，移动硬盘的磁臂到对应的位置进行文件读取，当读到文件结束标志 "FF" 时，表示文件结束，这样就完成了某一个文件的读写操作。

当需要保存文件时，操作系统首先在 DIR 区（目录区）中找到空闲区写入文件名、大小和创建时间等相应信息，然后在数据区找出空闲区域将文件保存，再将数据区的第一个簇写入目录区，同时完成 FAT 表的填写，具体的动作和文件读取动作差不多。

当需要删除文件时，操作系统只是将目录区中该文件的第一个字符改为 "E5" 来表示该文件已经删除，同时改写引导扇区的第二个扇区，用来表示该分区可用空间大小的相应信息，而文件在数据区中的信息并没有删除。

当给一块硬盘分区、格式化时，并没有将数据从 DATA 区直接删除，而是利用 fdisk 重新建立硬盘分区表，利用 format 格式化重新建立 FAT 表而已。

综上所述在实际操作中，删除文件、重新分区并快速格式化（format 不要加 U 参数）、快速低级格式化、重整硬盘缺陷列表等，都不会把数据从物理扇区的数据区中实际抹去。删除文件只是把文件的地址信息在列表中抹去，而文件的数据本身还是在原来的地方，除非复制新的数据覆盖到那些扇区，才会把原来的数据真正抹去。重新分区和快速格式化只不过是重新构造新的分区表和扇区信息，同样不会影响原来的数据在扇区中的物理存在，直到有新的数据去覆盖它们为止。而快速低级格式化，是用 DM 软件快速重写盘面、磁头、柱面、扇区等初始化信息，仍然不会把数据从原来的扇区中抹去。重整硬盘缺陷列表也是把新的缺陷扇区加入到 G 列表或者 P 列表中去，而对于数据本身，其实还是没有实质性影响。但对于那些本来储存在缺陷扇区中的数据就无法恢复了，因为扇区已经出现物理损坏，即使不加入缺陷列表，也很难恢复。

对于上述这些操作造成的数据丢失，一般都可以恢复。在进行数据恢复时，最关键的一点是在错误操作出现后，不要再对硬盘作任何无意义操作和不要再向硬盘里面写入任何东西。

一般对于上述操作造成的数据丢失，在恢复数据时，可以通过纯粹的数据恢复软件来恢复（如 EasyRecovery、FinalData 等）。但如果硬盘有轻微的缺陷，用纯粹的数据恢复软件恢复将会有一些困难，应该稍微修理一下，让硬盘可以正常使用后，再进行软件的数据恢复。

另外，如果硬盘已经不能动了，这时需要使用成本比较高的软硬件结合的方式来恢复。

采用软硬件结合的数据恢复方式，关键在于恢复用的仪器设备。这些设备都需要放置在级别非常高的超净无尘工作间里面。这些设备的恢复原理一般都是把硬盘拆开，把损坏的硬盘的磁盘放进机器的超净工作台上，然后用激光束对盘片表面进行扫描。因为盘面上的磁信号其实是数字信号（0 和 1），所以相应地，反映到激光束发射的信号上也是不同的。这些仪器就是通过这样的扫描，一丝不漏地把整个硬盘的原始信号记录在仪器附带的电脑里面，然后再通过专门的软件分析来进行数据恢复；或者还可以将损坏的硬盘的磁盘拆下后安装在另一个型号相同的硬盘中，借助正常的硬盘读取拆下来的磁盘的数据。

24.1.3　数据恢复要准备的工具

在日常维修中，通常使用一些数据恢复软件来恢复硬盘的数据，使用这些软件恢复数据成功率也较高，常用的有 EasyRecovery、FinalData、R-Studio、DiskGenius、Fixmbr 等，下面详细介绍这些数据恢复软件的使用方法。

1. EasyRecovery 数据恢复软件

EasyRecovery 软件是一个非常著名的老牌数据恢复软件。该软件功能可以说是非常强大。能够恢复因分区表破坏、病毒攻击、误删除、误格式化、重新分区后等原因而丢失的数据，甚至可以不依靠分区表来按照簇来进行硬盘扫描。

另外，EasyRecovery 软件还能够对 ZIP 文件以及微软的 Office 系列文档进行修复。

注意：不通过分区表来进行数据扫描，很可能不能完全恢复数据，原因是通常一个大文件被存储在很多不同的区域的簇内，即使我们找到了这个文件的一些簇上的数据，很可能恢复之后的文件是损坏的。

EasyRecovery 使用 Ontrack 公司复杂的模式识别技术找回分布在硬盘上不同地方的文件碎块，并根据统计信息对这些文件碎块进行重整。接着 EasyRecovery 在内存中建立一个虚拟的文件系统并列出所有的文件和目录。哪怕整个分区都不可见或者硬盘上只有非常少的分区维护信息，EasyRecovery 仍然可以高质量地找回文件。

EasyRecovery 不会向原始驱动器写入任何数据，它主要是在内存中重建文件分区表使数据能够安全地传输到其他驱动器中。如图 24-1 所示为 EasyRecovery 软件主界面。

（1）Disk Diagnostics（磁盘诊断）

EasyRecovery 最上面的功能就是磁盘诊断。右边列出了 "DriveTests"、"SmartTests"、"SizeManager"、"JumperViewer"、"PartitionTests" 和 "DataAdvisor" 功能块，如图 24-2 所示，具体功能如下。

1）"DriveTests" 用来检测潜在的硬件问题。

2）"SmartTests" 用来检测、监视并且报告磁盘数据方面的问题，这个有点类似磁盘检测程序，但是功能却非常强大。

3）"SizeManager" 的功能是可以看见一个树形目录，可以看出每个目录的使用空间。

4）"JumperViewer" 是 Ontrack 的另外一个工具，单独安装 EasyRecovery 是不被包含的，这里只有它的介绍。

5）"PartitionTests" 类似于 Windows 2000/XP 里的 "chkdsk.exe"，不过是图形化的界面，更强大，更直观。

6）"DataAdvisor" 是用向导的方式来创建可以在 16 位下分析磁盘状况的启动软盘。

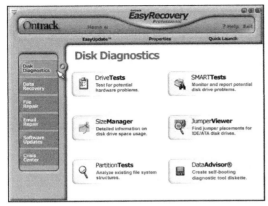

图 24-1　EasyRecovery 软件主界面

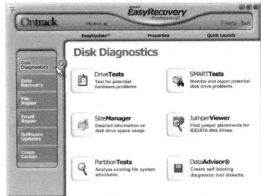

图 24-2　Disk Diagnostics 界面

（2）Data Recovery（数据恢复）

"Data Recovery（数据恢复）"是 EasyRecovery 最核心的功能，界面如图 24-3 所示，主要功能如下。

"AdvancedRecovery"是带有高级选项可以自定义的进行恢复。比如，设定恢复的起始和结束扇区，文件恢复的类型等。

"DeletedRecovery"是针对被删除文件的恢复。

"FormatRecovery"是对误操作格式化分区进行分区或卷的恢复。

"RawRecovery"是针对分区和文件目录结构受损时拯救分区重要数据的功能。

"ResumeRecovery"是继续上一次没有进行完毕的恢复事件继续恢复。

"EmergencyDiskette"是创建紧急修复软盘，内含恢复工具，在操作系统不能正常启动时候修复。

（3）File Repair（文件修复）

Easy Recovery 除了恢复文件之外，还有强大的修复文件的功能。在这个版本中主要是针对"Office"文档和"Zip"压缩文件的恢复。右侧的列表大家可以看到有针对".mdb .xls .doc .ppt .zip"类型的恢复，而且操作过程极其简单，然而功能和效果都是非常明显的，如图 24-4 所示。

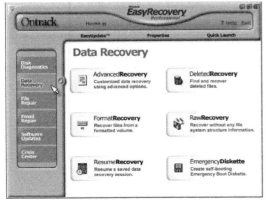

图 24-3　Data Recovery（数据恢复）界面

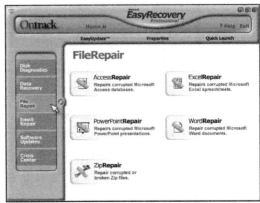

图 24-4　File Repair（文件修复）界面

（4）Email Repair（电子邮件修复）

"Email Repair（电子邮件修复）"是针对"Office"组件之一的 Microsoft Outlook 和 IE 组件的"Outlook Express"文件的修复功能，如图 24-5 所示。

（5）其他功能

"Software Updates（软件更新）"，在"Software Updates"这个项目里，你将可以通过这里来获得软件的最新的信息。"Crisis Center（紧急中心）"这个项目就是 Ontrack 公司为你提供可以选择的其他服务项目。

2. FinalData 数据恢复软件

FinalData 软件自身的优势就是恢复速度快，可以大大缩短搜索丢失数据的时间。不仅恢复速度快，而且其在数据恢复方面功能也十分强大，不仅可以按照物理硬盘或者逻辑分区来进行扫描，还可以通过对硬盘的绝对扇区来扫描分区表，找到丢失的分区。

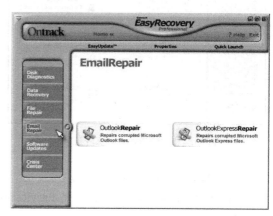

图 24-5　Email Repair（电子邮件修复）界面

FinalData 软件在对硬盘扫描之后会在其浏览器的左侧显示出文件的各种信息，并且把找到的文件状态进行归类，如果状态是已经被破坏，那么也就是说如果对数据进行恢复也不能完全找回数据。这样方便我们了解恢复数据的可能性。同时，此款软件还可以通过扩展名来进行同类文件的搜索，这样就方便对同一类型文件进行数据恢复。

FinalData 软件可以恢复误删除（并从回收站中清除）、FAT 表或者磁盘根区被病毒侵蚀造成的文件信息全部丢失、物理故障造成 FAT 表或者磁盘根区不可读，以及磁盘格式化造成的全部文件信息丢失、损坏的 Office 文件、邮件文件、Mpeg 文件、Oracle 文件，磁盘被格式化、分区造成的文件丢失等。如图 24-6 和表 24-1 所示为 FinalData 软件界面和左边窗口内容含义。

图 24-6　FinalData 软件界面

表 24-1　左边窗口内容含义

内　容	含　义
根目录	正常根目录
删除的目录	从根目录删除的目录集合
删除的文件	从根目录删除的文件集合
丢失的目录	如果根目录由于格式化或者病毒等引起破坏，FinalData 就会把发现和恢复的信息放到"丢失的目录"中
丢失的文件	被严重破坏的文件，如果数据部分依然完好，可以从"丢失的文件"中恢复
最近删除的文件	在 FinalData 安装后，"文件删除管理器"功能自动将被删除文件的信息加入到"最近删除的文件"中。这些文件信息保存在一个特殊的硬盘位置，一般可以完整地恢复
找到的文件	显示通过"查找"功能找到的文件

3. R-Studio 删除、格式化硬盘数据恢复软件

R-Studio 软件是功能超强的数据恢复、反删除工具，可以支持 FAT16、FAT32、NTFS 和 Ext2（Linux 系统）格式的分区，同时提供对本地和网络磁盘的支持。

R-Studio 软件支持 Windows XP 等系统，可以通过网络恢复远程数据，能够重建损毁的 RAID 阵列；为磁盘、分区、目录生成镜像文件；恢复删除分区上的文件、加密文件（NTFS 5）、数据流（NTFS、NTFS 5）；恢复 FDISK 或其他磁盘工具删除过的数据、病毒破坏的数据、MBR 破坏后的数据等。如图 24-7 所示为 R-Studio 软件主界面。

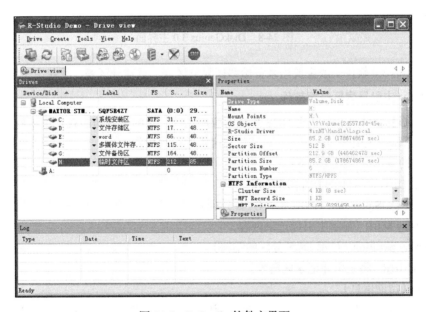

图 24-7　R-Studio 软件主界面

4. DiskGenius 分区表修复软件

DiskGenius 是一款硬盘分区及数据维护软件。它不仅提供了基本的硬盘分区功能（如建立、激活、删除、隐藏分区），还具有强大的分区维护功能（如分区表备份和恢复、分区参数修改、硬盘主引导记录修复、重建分区表等）；此外，它还具有分区格式化、分区无损调整、硬盘表面扫描、扇区拷贝、彻底清除扇区数据等实用功能。另外，还增加了对 VMWare 虚拟

硬盘的支持。

目前最新版的 DiskGenius 3.0 支持 Windows XP 操作系统，如图 24-8 所示为 DiskGenius 3.0 主界面。

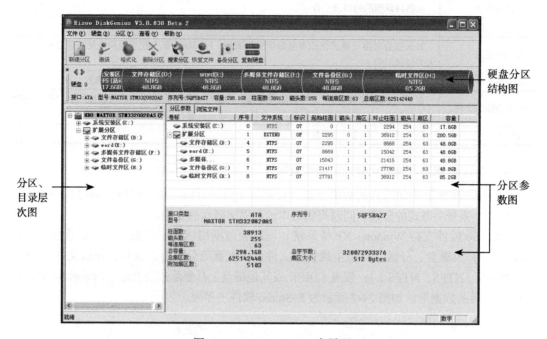

图 24-8　DiskGenius 3.0 主界面

DiskGenius 3.0 软件一般主要用来备份和恢复分区表、重建分区表、重建主引导记录等。

5. Fixmbr 主引导扇区修复软件

Fixmbr 修复软件是一个基于 DOS 系统的应用软件。它的主要功能就是重新构造主引导扇区。该软件只修改主引导扇区记录，对其他扇区不进行写操作。

Fixmbr 的基本命令格式如下：

Fixmbr [Drive] [/A] [/D] [/P] [/Z] [/H]

/A Active DOS partition（激活基本 DOS 分区）

/D Display MBR（显示主引导记录内容）

/P Display partition（显示 DOS 分区的结构）

/Z Zero MBR（将主引导记录区清零）

/H Help（帮助信息）

如果你直接输入 Fixmbr 后按 Enter 键，默认的情况下将执行检查 MBR 结构的操作。如果发现系统不正常将会出现是否进行恢复的提示。按"Y"后则会开始修复，如图 24-9 所示。

6. Winhex 手工数据恢复软件

Winhex 是一款在 Windows 下运行的十六进制编辑软件，此软件功能强大，有完善的分区管理功能和文件管理功能，能自动分析分区链和文件簇链，能对硬盘进行不同方式不同程度的备份，甚至克隆整个硬盘；它能够编辑任何一种文件类型的二进制内容（用十六进制显示），其磁盘编辑器可以编辑物理磁盘或逻辑磁盘的任意扇区。

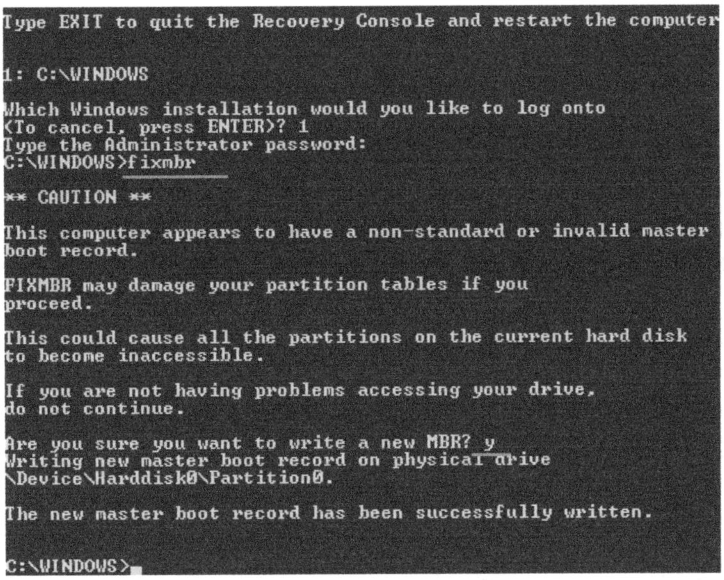

图 24-9　Fixmbr 修复软件

　　另外，它可以用来检查和修复各种文件、恢复删除文件、硬盘损坏造成的数据丢失等。同时它还可以让你看到其他程序隐藏起来的文件和数据。此软件主要通过手工恢复数据。如图 24-10 所示为 Winhex 程序主界面。

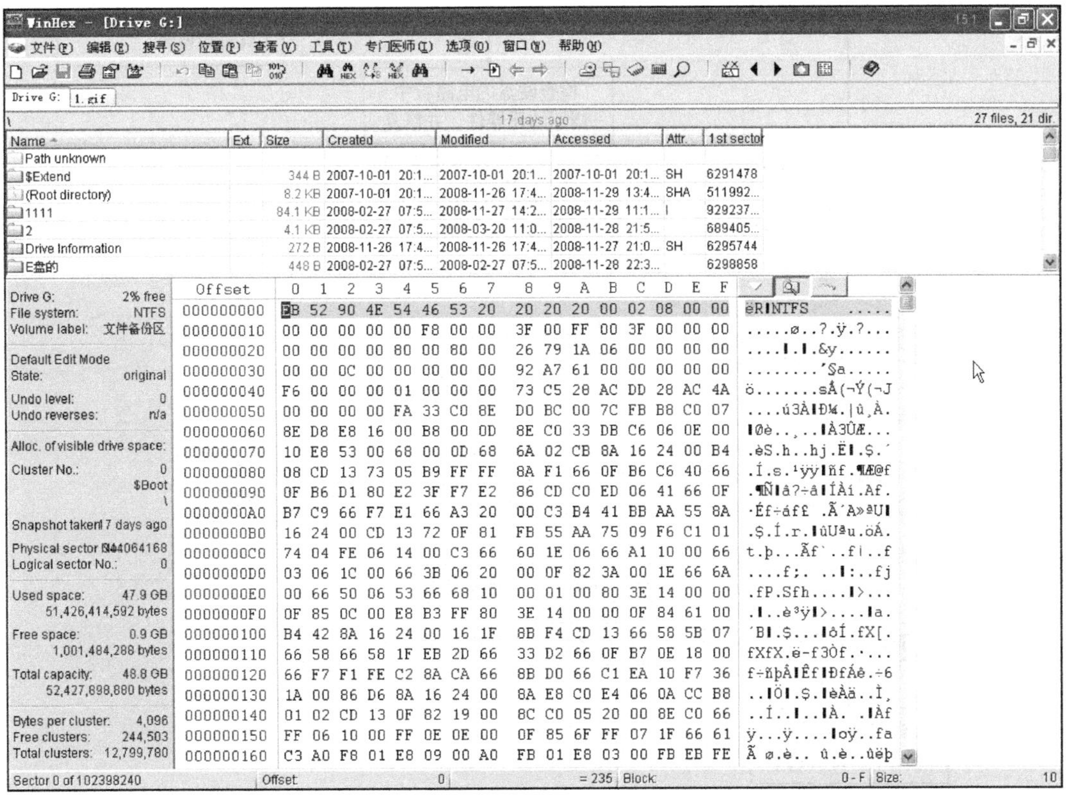

图 24-10　Winhex 程序主界面

数据恢复流程

在进行数据恢复时，首先要调查清楚硬盘出现故障的真正原因；然后检查硬盘的外观有无烧坏的地方；接着加电试机，在真正恢复前应先备份硬盘中能备份的数据信息（如分区表、目录区等），以防止恢复失败，造成硬盘中的数据彻底无法恢复；最后，在硬盘数据恢复后要及时备份到其他硬盘中。硬盘具体数据恢复流程图如图 24-11 所示。

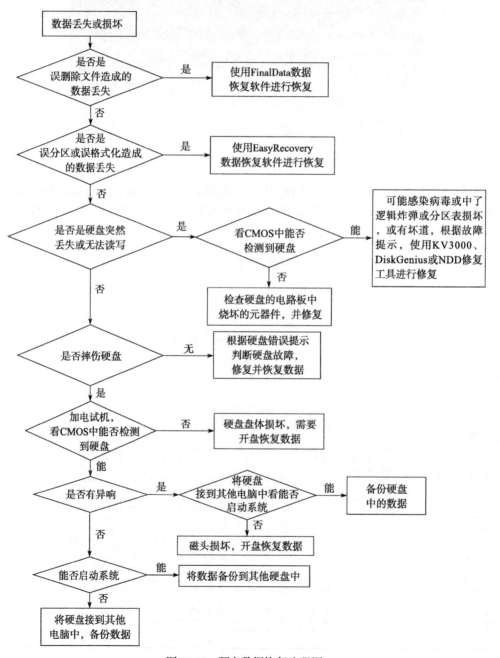

图 24-11 硬盘数据恢复流程图

动手实践：硬盘数据恢复实例

24.3.1 轻松恢复删除的照片或文件

照片或文件被误删除（回收站中已经被清空）是一种比较常见的数据丢失的情况，对于这种数据丢失情况，在数据恢复前不要再向该分区或者磁盘写入信息（保存新资料），因为刚被删除的文件被恢复的可能性最大，如果向该分区或磁盘写入信息就可能将误删除的数据覆盖，而造成无法恢复。

在 Windows 系统中，删除文件仅仅是把文件的首字节改为"E5H"，而数据区的内容并没有被修改，因此比较容易恢复。可以使用数据恢复软件轻松地把误删除或意外丢失的文件找回来。

在文件被误删除或丢失时，可以使用 EasyRecover 或 FinalData 等数据恢复工具进行恢复。不过特别注意的是，在发现文件丢失后，准备使用恢复软件时，不能直接在故障电脑中安装这些恢复软件，因为软件的安装可能恰恰把刚才丢失的文件覆盖掉。最好使用能够从光盘直接运行的数据恢复软件，或者把硬盘连接到其他电脑上进行恢复。

本例中，在硬盘的 J 盘中有一个名称为"工程 .doc"的文件被删除，现在通过数据恢复软件将其恢复。

下面结合 FinalData 2.0 数据恢复软件恢复数据，具体恢复方法如下。

1）运行 FinalData 2.0 软件，在软件主界面中，单击"文件"→"打开"命令，打开"选择驱动器"对话框，如图 24-12 所示。

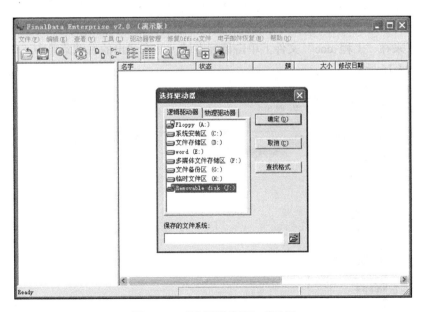

图 24-12   "选择驱动器"对话框

2）在此对话框中的"逻辑驱动器"选项卡中选择丢失的数据所在的驱动器 J，然后单击"确定"按钮。

3）单击"确定"按钮后，程序开始扫描根目录。根目录扫描完成后，接着打开"选择查找的扇区范围"对话框，如图 24-13 所示。在此对话框中，单击"完整扫描"按钮开始扫描删除文件的磁盘。

4）接着弹出"扫描磁盘"对话框，软件开始扫描 J 盘，然后等待扫描完成，如图 24-14 所示。

5）扫描结束后，在软件的主界面中，会显示扫描到的磁盘 J 中的文件。由于文件较多因此需要通过查找来找到要恢复的文件。在软件窗口中单击"文件"→"查找"命令，打开"查找"对话框，如图 24-15 所示。

图 24-13　"选择查找的扇区范围"对话框

图 24-14　"扫描磁盘"对话框

图 24-15　"查找"对话框

6）在"文件名"选项卡中的"文件名称"文本框中输入要恢复的文件的名称"工程 .doc"，然后单击"查找"按钮开始查找。查找完成后，在"找到的文件"中显示。

7）接下来在"工程 .doc"文件上单击鼠标右键，并在弹出的右键菜单中，单击"恢复"命令，如图 24-16 所示。

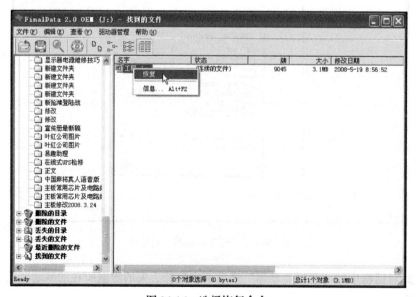

图 24-16　选择恢复命令

8）选择"恢复"命令后，弹出"选择目录保存"对话框，在此对话框中选择保存恢复文件的目录为 E 盘的"恢复"目录，然后单击"保存"按钮，如图 24-17 所示。

图 24-17　"选择目录保存"对话框

9）单击"保存"按钮后，软件会将恢复的"工程 .doc"文件保存到 E 盘的"恢复"文件夹中，如图 24-18 所示。

a）正在保存恢复的文件　　　　　　　　b）保存到"恢复"文件夹中的文件

图 24-18　保存恢复的文件

24.3.2　抢救系统损坏无法启动后 C 盘中的文件

当 Windows 系统损坏，导致无法开机启动系统时，一般需要采用重新安装系统来修复故障，而重装系统通常会将 C 盘格式化，这样势必造成 C 盘中未备份的文件的丢失。因此在安装系统前，需要将 C 盘中有用的文件备份，才能安装系统。

对于这种情况，可以使用启动盘启动电脑（如 Windows PE 启动盘），直接将系统盘中的有用文件，复制到非系统盘中。或采取将故障电脑的硬盘连接到其他电脑中，然后将系统盘（C盘）的数据复制出来。

具体操作方法如下。

1）首先准备一张 Windows PE 的光盘，将光盘放入光驱。接着在电脑 BIOS 中把启动顺序设置为光驱启动，并保存退出，重启电脑。

2）开始启动系统后，选择从 Windows PE 启动系统。

3）接着系统会启动到桌面，打开桌面上的"我的文档"文件夹，然后将有用的文件复制到 E 盘，如图 24-19 所示。

图 24-19 在 Windows PE 系统中恢复数据文件

【提示】

利用"加密文件系统"（EFS）加密的文件不易被恢复。

24.3.3 恢复损坏或丢失的 Word 文件

Word 文档是许多电脑用户写作时使用的文件格式，如果它损坏而无法打开时，可以采用一些方法修复损坏文档，恢复受损文档中的文字。

1. 用转换文档格式方法修复

将 Word 文档转换为另一种格式，然后再将其转换回 Word 文档格式。这是最简单和最彻底的文档恢复方法。

具体方法如下。

1）在 Word 中打开损坏的文档。

2）单击"Office"按钮，在弹出的菜单中选择"另存为"→"其他格式"，打开"另存为"

对话框。

3）在"保存类型"下拉列表中，选择"RTF 格式（*.rtf）"，然后单击"保存"按钮，如图 24-20 所示。

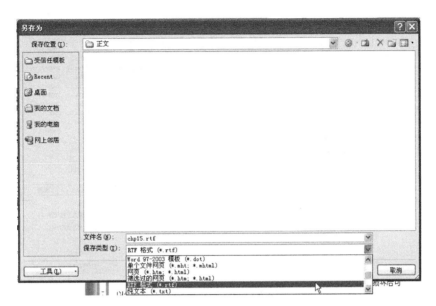

图 24-20　"另存为"对话框

4）接下来关闭文档，然后重新打开 RTF 格式文件。

5）然后再单击"Office"按钮，在弹出的菜单中选择"另存为"→"Word 文档"。接着在打开的"另存为"对话框中单击"保存"按钮。

6）关闭文档，然后重新打开刚创建的 DOC 格式文件。

【提示】

Word 文档与 RTF 的互相转化将保留文档的格式。如果这种转换没有纠正文件损坏，则可以尝试与其他文字处理格式的互相转换，这将不同程度地保留 Word 的格式。如果使用这些格式均无法解决本问题，可将文档转换为纯文本格式，再转换回 Word 格式。由于纯文本格式比较简单，这种方法有可能更正损坏处，但是文档的所有格式设置都将丢失。

2. 采用 Word 程序中的修复功能恢复

"打开并修复"是 Word 2002/2003/2007 具有的文件修复功能，当 Word 文件损坏后可以尝试这种方法。具体方法如下。

1）首先运行 Word 2007 程序，然后单击"Office"按钮，并在弹出的菜单中选择"打开"命令。

2）接着弹出"打开"对话框，在此对话框中选择要修复的文件，然后单击"打开"按钮右边的箭头，并在弹出的菜单中选择"打开并修复"命令，如图 24-21 所示。

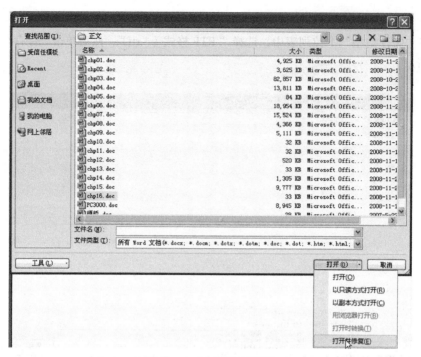

图 24-21　"打开"对话框

3）接下来 Word 程序会修复损坏的文件并打开。

3. 使用 EasyRecovery、FinalData 等修复软件修复

EasyRecovery、FinalData 软件中都带有修复 Word 文件的功能，结合这些功能可以轻松地将 Word 文件修复。如图 24-22 所示为 FinalData 2.0 软件中的 Word 文件修复功能和 EasyRecovery 软件中的 Word 文件修复功能。

a) FinalData 2.0 软件中的 Word 文件修复功能

图 24-22　数据恢复软件中的 Word 文件修复功能

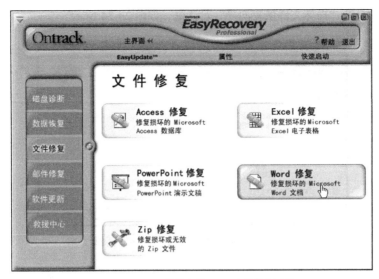

b）EasyRecovery 软件中的 Word 文件修复功能

图 24-22　（续）

在电脑的 J 盘中有一个名称为"Word 模板资料 .doc"的损坏文件，下面结合 FinalData 2.0 软件来讲解如何修复此文件。

修复损坏的 Word 文件的方法如下。

1）运行 FinalData 2.0 软件，单击软件界面中的"文件"→"打开"命令，然后在"选择驱动器"对话框中选择 J 磁盘。

2）接着开始扫描 J 盘，完成扫描后，再在 J 盘中找到"Word 模板资料 .doc"文件，如图 24-23 所示。

图 24-23　J 盘中的"Word 模板资料 .doc"文件

3）接下来选择"Word 模板资料 .doc"文件，然后单击"Office 文件恢复"→"Word 文件恢复"命令，打开"损坏文件恢复向导"对话框，如图 24-24 所示。

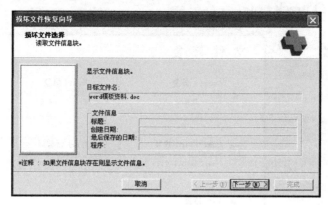

图 24-24 "损坏文件恢复向导"对话框

4）在此对话框中，单击"下一步"按钮，然后打开"损坏文件恢复向导—文件损坏率检查"对话框，如图 24-25 所示。

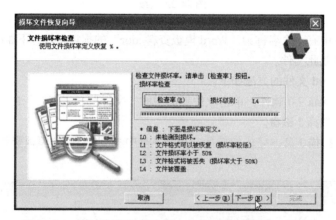

图 24-25 "恢复损坏文件向导—文件损坏率检查"对话框

5）在此对话框中，单击"检查率"按钮，检查文件损坏率。检查完后，接着单击"下一步"按钮，出现"损坏文件恢复向导"对话框，如图 24-26 所示。

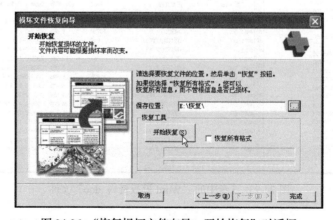

图 24-26 "恢复损坏文件向导—开始恢复"对话框

6）接着在"保存位置"文本框中输入保存修复文件的目录，然后单击"开始恢复"按钮，恢复完成后，单击"完成"按钮，完成 Word 文件的修复。如图 24-27 所示为修复后的文件。

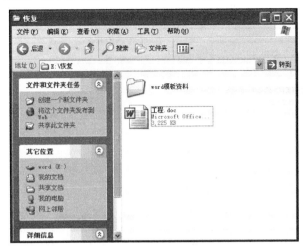

图 24-27　修复后的文件

24.3.4　用 EasyRecovery 修复损坏的 Excel 文档

Excel 文档是许多电脑用户写作时使用的文件格式，如果它损坏而无法打开时，可以采用一些方法修复损坏文档，恢复受损文档中的文字。

"打开并修复"是 Excel 2002/2003/2007 具有的文件修复功能，当 Excel 文件损坏后可以尝试这种方法。

除此之外，还可以用 EasyRecovery、FinalData 等带有的修复 Excel 文件功能的软件进行修复，结合这些功能可以轻松地修复 Excel 文件。

下面结合 EasyRecovery 中文版软件来讲解如何修复此文件。在电脑的 J 盘中有一个名称为"客户资料 .xls"的损坏文件，修复损坏的 Excel 文件的方法如下。

1）运行 EasyRecovery 软件，然后在主界面中单击左边的"文件修复"选项，再单击右边窗口中的"Excel 修复"按钮，如图 24-28 所示。

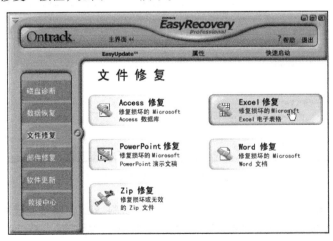

图 24-28　EasyRecovery 软件主界面

2）单击"Excel 修复"按钮后，打开"Excel 修复"窗口，如图 24-29 所示。在此窗口中单击"浏览文件"按钮，然后在弹出的"打开"对话框中，选择"客户资料 .xls"文件，然后单击"打开"按钮，如图 24-30 所示。

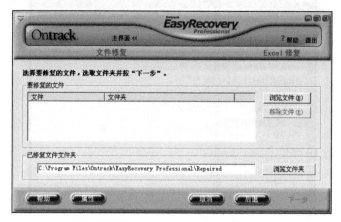

图 24-29　"Excel 修复"窗口

图 24-30　"打开"对话框

3）单击"打开"按钮后，返回到"Excel 修复"窗口，并在此窗口中出现要修复的文件（客户资料 .xls）。接着单击"下一步"按钮，如图 24-31 所示。

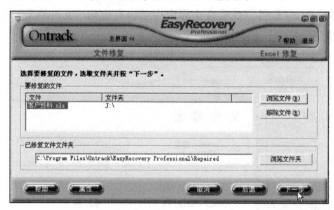

图 24-31　选择修复的文件

4）单击"下一步"按钮后，软件开始修复"客户资料 .xls"，修复完成后，会弹出"摘要"对话框，如图 24-32 所示。单击"确定"按钮关闭"摘要"对话框。最后单击"完成"按钮，返回软件主界面。

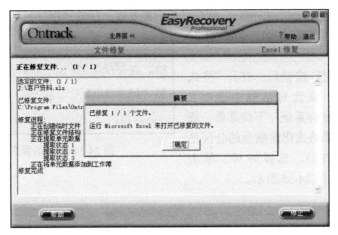

图 24-32　修复文件

24.3.5　恢复被格式化的硬盘中的数据

当将一块硬盘格式化时，并没有将数据从硬盘的数据区（DATA 区）直接删除，而是利用 Format 格式化重新建立了 FAT 表。所以，硬盘中的数据还有被恢复的可能，通常硬盘被格式化后，结合数据恢复软件进行恢复。

【提示】

当出现硬盘被格式化操作后造成数据丢失时，最好不要再对硬盘做任何无用的操作（不要向被格式化的硬盘中存放任何数据），否则可能导致数据被覆盖，无法恢复。

下面结合 EasyRecovery 中文版软件来讲解如何恢复被格式化的分区中的文件。电脑的 K 盘被重新格式化，但 K 盘中还有重要的文件没有备份，需要通过数据恢复软件来恢复这些文件。

恢复被格式化分区的文件的方法如下。

1）运行 EasyRecovery 软件，在主界面中单击左边的"数据恢复"选项，再单击右边窗口中的"格式化恢复"按钮，如图 24-33 所示。

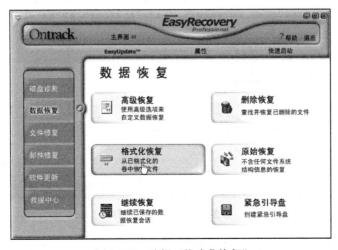

图 24-33　选择"格式化恢复"

2）单击"格式化恢复"按钮后，软件开始扫描系统，接着弹出"目的警告"对话框，在此对话框中单击"确定"按钮，如图 24-34 所示。

3）单击"确定"按钮后，打开"格式化恢复"对话框，在此对话框中选择 K 盘，单击"以前的文件系统"下拉菜单，选择"FAT 32"（如果格式化前磁盘的分区是 NTFS，则选择 NTFS）。选择好后，单击"下一步"按钮，如图 24-35 所示。

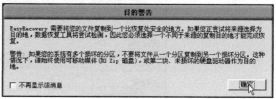

图 24-34 "目的警告"对话框

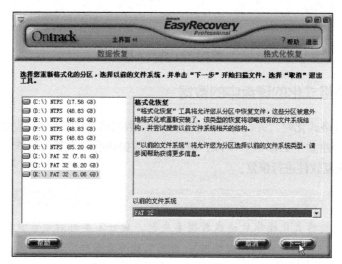

图 24-35 "格式化恢复"对话框

4）单击"下一步"按钮后，软件开始扫描磁盘文件，如图 24-36 所示。

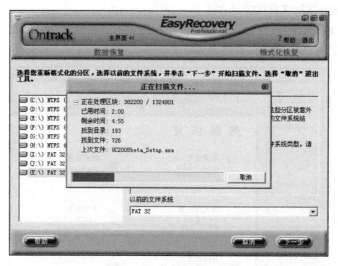

图 24-36 扫描磁盘文件

5）扫描完成后，软件会自动列出 K 盘中原先的文件，其中，左边窗口中是扫描到的文件夹，右边窗口中是扫描到的文件。在要恢复的文件前面打上对勾，然后单击"下一步"按钮，如图 24-37 所示。

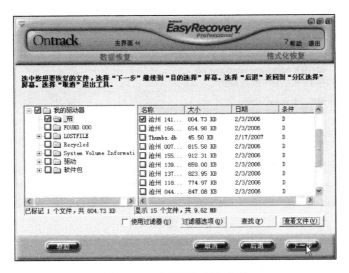

图 24-37　选择要恢复的文件

6）单击"下一步"按钮后，进入设置保存恢复文件的对话框，单击"恢复到本地驱动器"单选按钮，然后单击"浏览"按钮，设置保存恢复文件的路径为"J:\恢复"（保存到 J 盘中的恢复文件夹中），如图 24-38 所示。

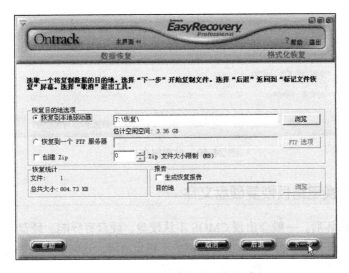

图 24-38　设置保存恢复文件的路径

7）设置好后，单击"下一步"按钮，软件开始恢复文件，恢复完成后，单击"完成"按钮，如图 24-39 所示。

8）单击"完成"按钮后，弹出"保存恢复"对话框，提示是否要保存恢复状态。如果要保存单击"是"按钮；如果不保存恢复状态，单击"否"按钮。此例中不保存恢复状态，单击"否"按钮，返回到主界面。如图 24-40 为设置保存恢复。

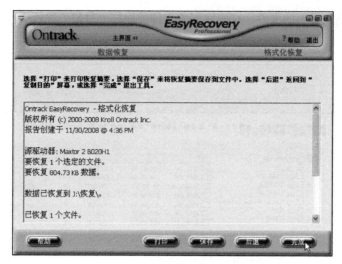

图 24-39 恢复文件

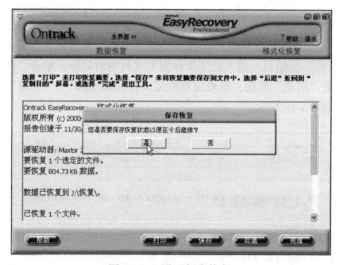

图 24-40 设置保存恢复

24.3.6 通过更换电路板恢复硬盘文件

硬盘电路板损坏后，一般会出现 CMOS 不认硬盘、硬盘有异响、硬盘数据读取困难、硬盘有时能够读取数据有时不能读取数据等类似的不稳定故障。这时需要对硬盘进行维修，更换损坏的芯片、重新刷写固件、更换电路板等来维修。

如果问题在硬盘电路板上，那么数据一般不会受到破坏，根据硬盘电路板故障，更换损坏的元器件，或重新刷写固件，或更换电路板，然后即可把数据正常读出。

硬盘电路板故障造成的数据丢失原因较多，恢复数据时需要根据不同故障情况进行恢复。

1. 对于固件损坏引起的不认盘情况恢复数据方法

此故障的表现为电脑无法识别硬盘。造成这种故障的原因主要是固件中某一模块损坏或丢失引起的。

出现这种故障的硬盘的盘面是好的，数据没有被损坏，只是硬盘无法正常工作。所以对于此故障，可以通过 PC-3000 或效率源软件重新刷写与硬盘型号相同的固件，然后连接到电脑中即可将硬盘中的数据正确读出。

2. 对于电路板供电问题引起的电动机不转情况数据恢复方法

对于供电问题引起的硬盘故障，通常会出现电脑无法识别硬盘、硬盘敲盘、硬盘主轴电动机转动声音不正常等故障现象。此类故障通常是由主轴电动机供电电路中的场效应管、保险电阻、电动机驱动芯片、滤波电容等损坏导致主轴电动机供电电压为 0 或偏低引起的。

此类故障一般先检测硬盘供电电路中损坏的元器件，然后更换同型号的元器件。更换后硬盘即可正常工作，从而可以轻松读取硬盘中的数据。

3. 对于硬盘电路元器件损坏引起的硬盘不工作情况数据恢复方法

此类故障是因为电路板元器件老化或损坏，造成电路不工作或工作不稳定。一般故障现象为硬盘无法被识别，硬盘可以被识别但工作不稳定等。

此类故障一般先检测电路板中损坏的元器件（重点检查场效应管、保险电阻、晶振、数据接口附近的电阻或排阻等），然后更换损坏的元器件。更换损坏的元器件后，硬盘即可正常工作，从而可以轻松读取硬盘中的数据。

4. 对于硬盘电路板故障引起的情况数据恢复方法

此类故障一般是由于电路板元器件老化，或电路板损坏，或电路板工作不稳定引起的。由于此类故障很难找到产生故障的具体原因，因此直接更换同型号的电路板即可。

在更换电路板后，应重新刷写与故障硬盘相同的 ROM，或直接将故障硬盘中的 BIOS 芯片更换到新的电路板中（BIOS 芯片必须是独立的）。更换电路板后，硬盘即可正常工作，从而可以轻松读取硬盘中的数据。如图 24-41 所示为硬盘电路板中的 BIOS 芯片。

图 24-41　硬盘电路板中的 BIOS 芯片

5. 硬盘电路板损坏后的数据恢复实战

一块希捷酷鱼 7200.7 硬盘，型号为 ST3160023AS。在使用的过程中，打开机箱不小心将螺丝刀掉到硬盘电路板上，导致电脑黑屏，再重新启动时，在电脑 CMOS 中无法找到硬盘信息（硬盘中有重要的文件）。将硬盘拆下观察，发现硬盘电路板的一个芯片上被烧坏（芯片中间出现一个黑洞），如图 24-42 所示。

← 烧坏的芯片

图 24-42　故障硬盘

　　由于此硬盘没有被摔过，且之前使用正常，没有异响，只是电路板出了点故障。因此可以判断此硬盘的盘片、磁头等没有损坏，故障应该是电路板损坏引起的，只要将电路板恢复正常，硬盘中的数据就可以被恢复。

　　接下来开始恢复硬盘数据。

　　1）首先仔细观察被烧坏的芯片，此芯片的型号为 SH6950D。根据此芯片的型号和电路，判断此芯片为电动机驱动芯片，是专门为电动机、磁头等供电的。根据故障现象分析，此故障应该是螺丝钉引起硬盘电路短路，导致电动机供电电路中电流过大，烧坏电动机供电电路中驱动芯片。

　　2）接下来再检测硬盘电路板中的电动机驱动芯片周围的场效应管、电感、电容、保险等元器件，未发现损坏的元器件，如图 24-43 所示。

　　3）接下来用热风焊台将故障硬盘的电动机驱动芯片卸下，然后用电烙铁修平电路板中的焊点。随后用热风焊台将同型号的电动机驱动芯片焊到故障硬盘上，如图 24-44 所示。

　　4）更换驱动芯片后，将硬盘接入电脑，然后开机测试，发现 CMOS 中可以检测到硬盘。接着启动系统，发现系统可以正常启动，且硬盘的中的数据完好无损，故障排除。

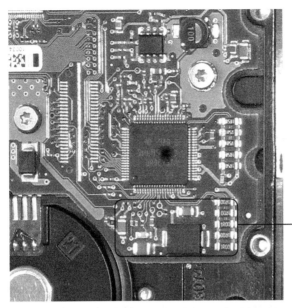

电动机驱动芯片
周围的元器件

图 24-43 电动机驱动芯片周围的元器件

a) 拆卸电动机驱动芯片

b) 更换后的电动机驱动芯片

图 24-44 更换烧坏的芯片

第 章

多核电脑安全防护与加密

进入信息和网络化时代以来，越来越多的用户可以通过电脑来获取信息、处理信息，同时将自己最重要的信息以数据文件的形式保存在电脑中。为防止存储在电脑中的数据信息被泄露，有必要对电脑及系统进行一定的加密。本章将讲解几种常用的加密方法。

25.1 电脑系统安全防护

25.1.1 系统登录加密

Windows XP 系统是目前使用最多的操作系统，在这一节中介绍 BIOS 的密码设置和进入 Windows XP 系统后登录密码的设置方法。

1. 设置电脑 BIOS 加密

进入电脑系统，可以设置的第一个密码就是 BIOS 密码。电脑的 BIOS 密码可以分为开机密码（poweron password）、超级用户密码（supervisor password）和硬盘密码（hard disk password）等几种。

其中，开机密码（poweron password）需要用户在每次开机时候，输入正确密码才能引导系统；超级用户密码（supervisor password）可阻止未授权用户访问 BIOS 程序；硬盘密码（hard disk password）可以阻止未授权的用户访问硬盘上的所有数据，只有输入正确的密码才能访问。

另外，超级用户密码（supervisor password）拥有完全修改 BIOS 设置的权利。而其他两种密码有些项目将无法设置。所以建议用户在设置密码时，直接使用超级用户密码。这样既可保护计算机安全，又可拥有全部的权限。

在台式电脑中，如果忘记了密码，可以通过 CMOS 放电来清除密码。但如果用户使用的是笔记本电脑，由于笔记本电脑中的密码有专门的密码芯片管理，如果忘记了密码，就不能简单地像台式电脑那样通过 CMOS 放电来清除密码，往往需要返回维修站修理，所以设置密码后一定要注意不要遗失密码。

2. 设置系统密码

Windows 7/8 系统是当前应用最广泛的操作系统之一，其中在系统中可以为每个用户分别设置一个密码，具体设置方法如下。

1）打开"控制面板"窗口，然后单击"用户账户和家庭安全"选项，如图 25-1 所示。

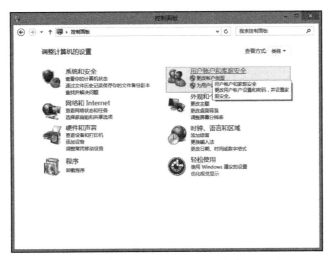

图 25-1　单击"用户账户和家庭安全"选项

2）在打开的"用户账户和家庭安全"窗口中，单击"用户账户"选项下面的"更改账户类型"选项，如图 25-2 所示。

图 25-2　"用户账户和家庭安全"窗口

3）在打开的"管理账户"窗口中的"选择要更改的账户"栏中，单击需要设置密码的账户，如图 25-3 所示。

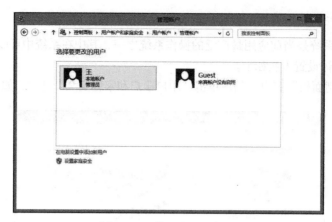

图 25-3 "管理账户"窗口

4）之后进入"更改账户"窗口，在此窗口左侧单击"创建密码"选项，如图 25-4 所示。

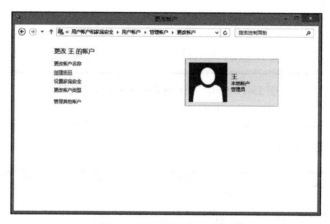

图 25-4 "更改账户"窗口

5）接着会进入"创建密码"窗口，在此窗口中输入两次密码和一次密码提示问题，然后单击"创建密码"按钮，如图 25-5 所示。密码创建成功，还可以为其他用户设置不同的密码。

图 25-5 "创建密码"窗口

25.1.2　应用软件加密

禁止其他用户安装或删除软件的设置，同样是在 Windows XP 的组策略中进行设置，可以利用上一节所讲方法，打开组策略对话框进行设置，禁止其他用户安装或删除软件设置方法如下（以 Windows 7/8 为例）。

1）在 Windows 7 系统中单击"开始"→"所有程序"→"附件"→"运行"命令即可打开。在 Windows 8 系统中将鼠标移到左下角，弹出"开始"画面时，单击左键，进入"开始"菜单界面。然后在开始界面单击鼠标右键，并单击弹出的"所有应用"按钮。接着在"应用"界面中单击"运行"选项，如图 25-6 所示。

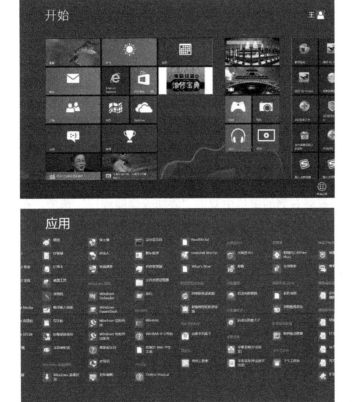

图 25-6　单击"运行"选项

2）接着在弹出的"运行"对话框中，输入"gpedit.msc"，单击"确定"按钮，如图 25-7 所示。

图 25-7　"运行"对话框

3）之后打开"本地组策略编辑器"窗口，然后在左侧窗口依次单击展开"用户配置"→"管理模板"→"控制面板"→"添加或删除程序"选项，如图25-8所示。

图25-8 "本地组策略编辑器"窗口

4）接下来在组策略右侧的窗口中双击"添加或删除程序"选项，在打开的"删除'添加或删除程序'"窗口中选择"已启用"单选按钮，单击"确定"按钮完成设置，如图25-9所示。

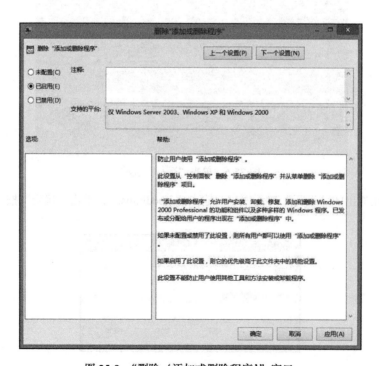

图25-9 "删除'添加或删除程序'"窗口

25.1.3　锁定电脑系统

当用户在使用电脑时，如果需要暂时离开，并且不希望其他人使用自己的电脑时，可以把电脑系统锁定起来，当重新使用时，只需要输入密码即可打开系统。

下面介绍两种锁定电脑系统的方法，这两种方法都必须先给 Windows 用户设定登录密码后，才能执行操作，否则锁定电脑后，没有登录密码，还是可以轻松登录系统。

锁定电脑系统设置方法如下。

1）在电脑桌面上单击右键，在弹出的快捷菜单中选择"新建"→"快捷方式"，如图 25-10 所示。

2）接着在"创建快捷方式"对话框中输入" rundll32.exe user32.dll, LockWork-Station"，然后单击"下一步"按钮，必须注意大小写和标点符号，如图 25-11 所示。

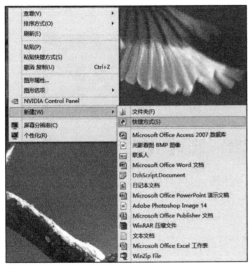

图 25-10　新建快捷方式

图 25-11　输入命令

3）在打开的界面中输入快捷方式的名称（如锁定电脑），然后单击"完成"按钮，如图 25-12 所示。

4）设置完成后，桌面会生成一个快捷方式图标，使用时只需要双击此图标，即可锁定电脑，如图 25-13 所示。

图 25-12　输入名称

图 25-13　完成设置

25.2 电脑数据安全防护

电脑数据安全防护的方法主要是给数据文件加密，下面介绍几种常见的数据文件的加密方法。

25.2.1 Office 2007 数据文件加密

在 Office 2007 软件中，Word 文件和 Excel 文件的加密方法大致相同，这里以 Excel 文件为例进行讲解。

1）打开需要加密的 Word 或 Excel 文档，然后单击"Office"按钮，并单击"另存为"→"Excel 工作表"命令，如图 25-14 所示。

图 25-14 打开"Office"按钮

2）在打开的"另存为"对话框中，单击"工具"下拉菜单中的"常规选项"命令，如图 25-15 所示。

3）在"常规选项"对话框中的"打开权限密码"和"修改权限密码"文本框中输入密码，然后单击"确定"按钮，如图 25-16 所示。

4）单击"确定"按钮后，接着再在"确认密码"对话框中的"重新输入密码"文本框中重新输入密码，然后单击"确定"按钮，如图 25-17 所示。

5）之后在"重新输入修改权限密码"文本框中再次输入密码，然后单击"确定"按钮，如图 25-18 所示。

6）最后单击"保存"按钮，完成设置密码，当打开加密文件时，会提示输入密码打开，如图 25-19 所示。

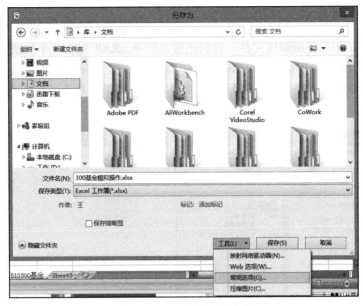

图 25-15 "工具"下拉菜单

图 25-16 "常规选项"对话框　　图 25-17 "确认密码"对话框　　图 25-18 再次重新输入修改权限密码

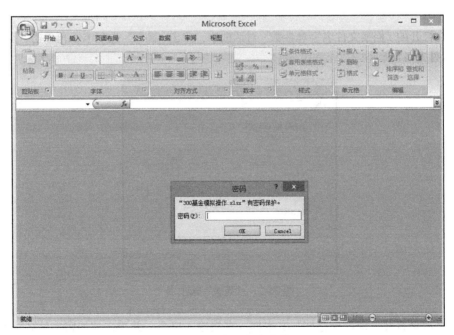

图 25-19 打开加密文件

25.2.2　WinRAR 压缩文件的加密

WinRAR 除了用来压缩解压文件，我们还常常把 WinRAR 当作一个加密软件来使用，在压缩文件的时候设置一个密码，就可以达到保护数据的目的。WinRAR 密码设置方法下。

1）在压缩加密的文件上单击右键，在弹出的快捷菜单中单击"添加到档案文件"，如图 25-20 所示。

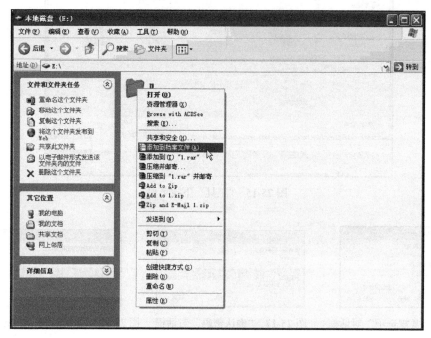

图 25-20　加密文档

2）在打开的"档案文件名字和参数"对话框中，单击"高级"选项卡，再单击"设置口令"按钮，如图 25-21 所示。

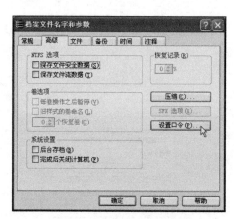

图 25-21　"高级"选项卡

3）之后会打开"带口令存档"文本框，直接输入口令，并单击"加密文件名"复选项，然后单击"确定"按钮，如图 25-22 所示。

4）最后，在"档案文件名字和参数"对话框中单击"确定"按钮，完成设置，如图 25-23 所示。

图 25-22 "带口令存档"文本框

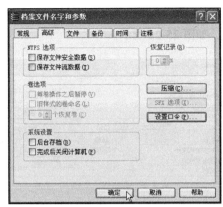

图 25-23 完成设置

25.2.3 WinZIP 压缩文件的加密

WinZIP 软件也是一款很有名的解压缩软件，也能够为压缩文件进行密码设置。这里以 WinZIP 11.1 汉化版设置密码为例进行讲解。WinZIP 密码设置方法如下。

1）在需要加密的文件上单击鼠标右键，然后选择" WinZIP"→"添加到 WinZIP 文件"命令，如图 25-24 所示。

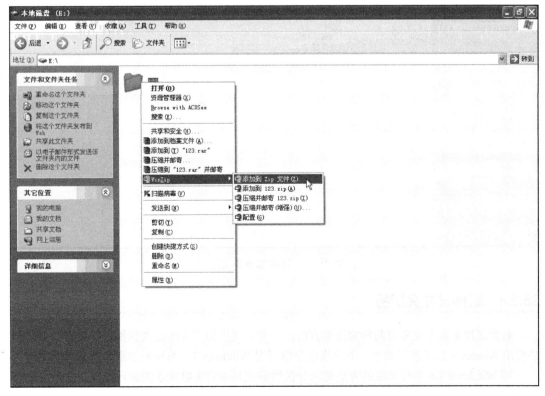

图 25-24 压缩文件

2）在打开的"添加"对话框中，单击"加密添加的文件"复选框，然后单击"添加"按钮，如图 25-25 所示。

3）单击"添加"按钮后，打开"加密"对话框，在对话框中输入密码，单击"确定"按钮，如图 25-26 所示。

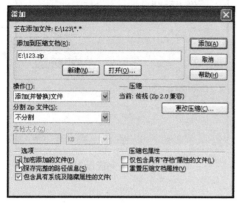

图 25-25 "添加"对话框

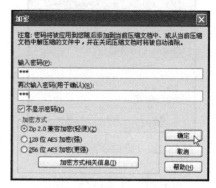

图 25-26 "加密"对话框

4）之后完成文件加密压缩，文件夹中会显示压缩加密的文件，如图 25-27 所示。

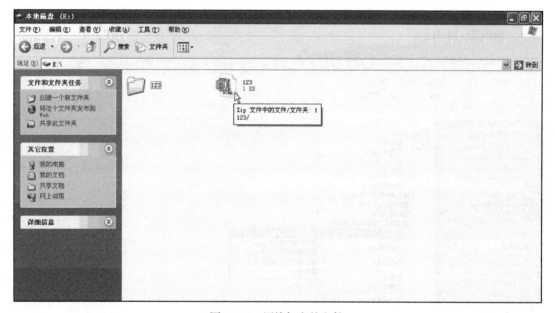

图 25-27 压缩加密的文件

25.2.4 数据文件夹加密

数据文件夹加密主要有两种常用的方法：一种是使用第三方的加密软件进行加密；另一种是使用 Windows 系统进行加密。下面重点介绍利用 Windows 7/8 系统来加密各种文件档案。

用 Windows 7/8 系统加密的方法要求分区的格式是 NTFS 格式才能进行设置。文件夹加密的设置方法如下。

1）在需要加密的文件夹上单击鼠标右键，然后选择"属性"命令，如图 25-28 所示。

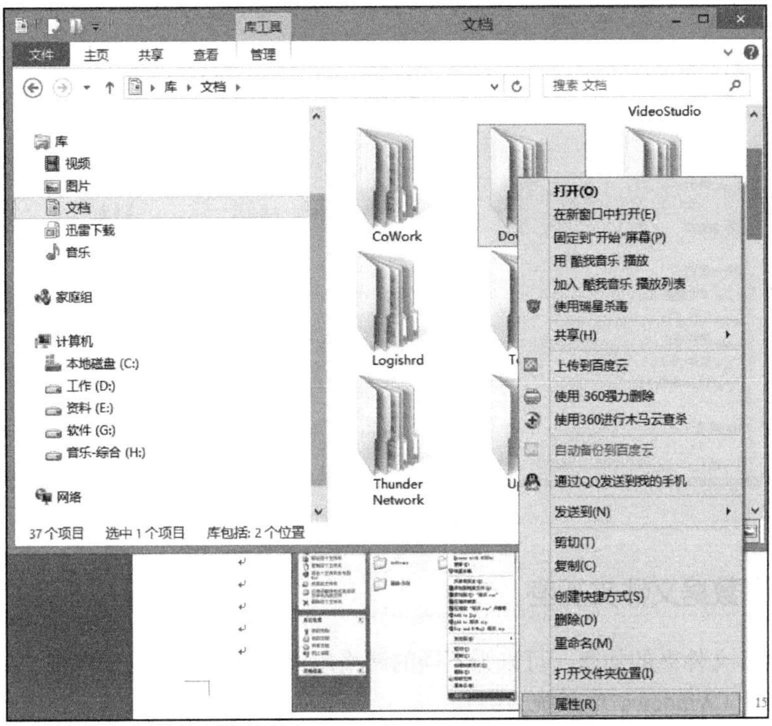

图 25-28　选择"属性"命令

2）在"属性"对话框中，单击"高级"按钮，如图 25-29 所示。

3）在"高级属性"对话框中，勾选"加密内容以便保护数据"复选框，然后单击"确定"按钮，如图 25-30 所示。

图 25-29　"属性"对话框

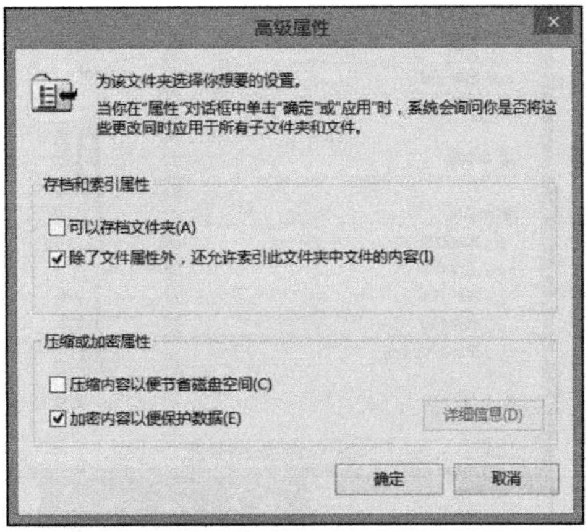

图 25-30　"高级属性"对话框

4）接着返回"属性"对话框，在"属性"对话框中单击"确定"按钮，文件夹加密完成，名称变成绿色，其他用户登录电脑后，无法对文件夹操作，如图 25-31 所示。

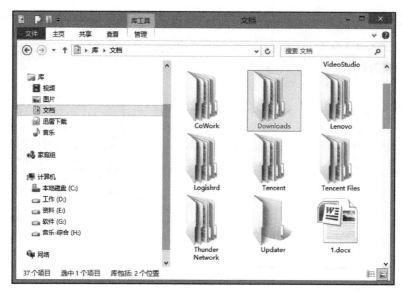

图 25-31 完成加密

25.2.5 共享数据文件夹加密

通过对共享文件夹的加密，可以为不同的网络用户设置不同的访问权限，共享文件夹设置权限方法如下（Windows7/8 系统为例）。

1）在想设置为共享的文件夹上单击右键，在打开的菜单中选择"共享"→"特定用户"命令，如图 25-32 所示。

图 25-32 选择"共享→特定用户"命令

2）在打开的"文件共享"对话框中，单击"添加"按钮前面的下拉按钮，选择一个共享文件的用户，如图 25-33 所示。

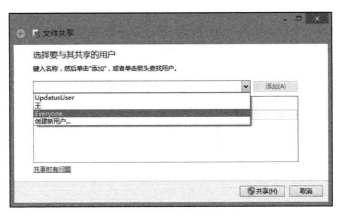

图 25-33　选择用户

3）选择好后，单击"添加"按钮，将用户添加到共享列表中，如图 25-34 所示。

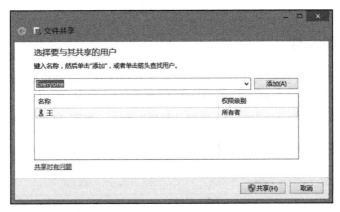

图 25-34　添加用户

4）接着单击该用户名称右侧"权限级别"栏下的三角按钮，选择用户权限，如图 25-35 所示。

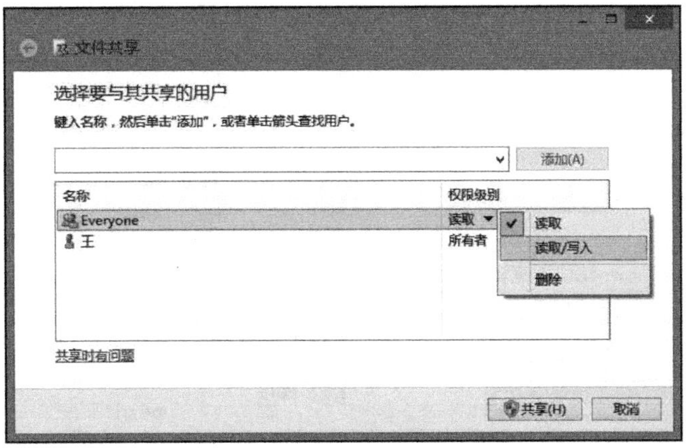

图 25-35　为用户设置访问权限

　　5）设置好后，单击"共享"按钮，接着再单击"完成"按钮，完成共享文件加密设置，今后电脑会根据用户访问权限来决定是否让用户访问，如图 25-36 所示。

图 25-36　完成设置

25.2.6　隐藏重要文件

　　如果担心重要的文件被别人误删，或出于需要不想让别人看到重要的文件，可以采用隐藏的方法将该文件保护起来。具体设置方法如下。

　　1）在需要隐藏的文件上单击右键，选择"属性"命令，如图 25-37 所示。

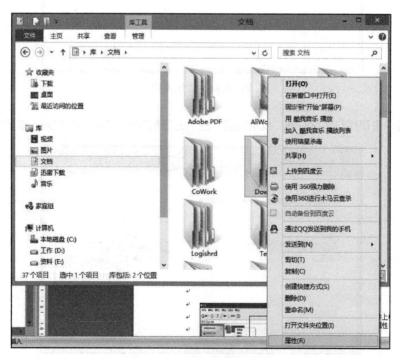

图 25-37　选择"属性"命令

2）在打开的"属性"对话框中，勾选"隐藏"复选框，然后单击"确定"按钮，如图 25-38 所示。

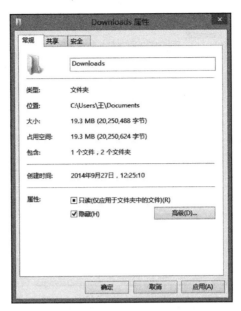

图 25-38　设置完成

对于隐藏的文件，如果要显示出来，需要在文件夹选项中进行设置，具体方法如下。

1）打开隐藏文件所在的文件夹或磁盘，单击"工具"→"文件夹选项"按钮，如图 25-39 所示。

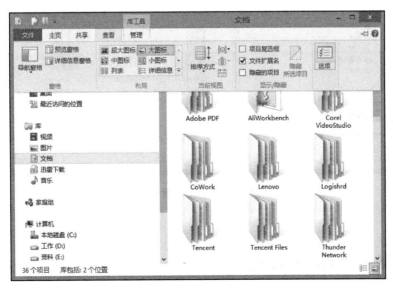

图 25-39　单击"选项"按钮

2）在打开的"文件夹选项"对话框中，单击"查看"选项卡，然后在"高级设置"列表中，单击"显示隐藏的文件、文件夹和驱动器"单选按钮，然后单击"确定"按钮，就可以显示隐藏文件了,如图 25-40 所示。

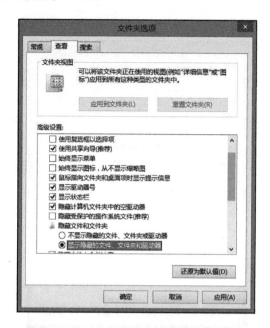

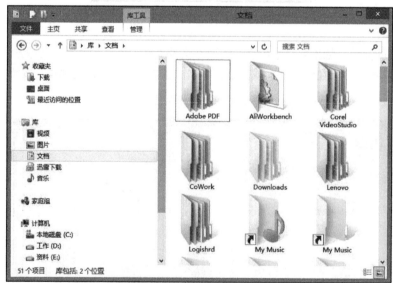

图 25-40 显示隐藏文件

25.3 电脑硬盘驱动器加密

在 Windows 系统中有一个功能强大的磁盘管理工具,此工具可以将电脑中的磁盘驱动器隐藏起来。让其他用户无法看到隐藏的驱动器,增强电脑的安全性,隐藏磁盘设置方法如下。

1）在"计算机"图标上（Windows7/8 系统）单击鼠标右键，选择"管理"命令，如图 25-41 所示。

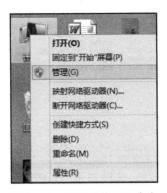

图 25-41　选择"管理"命令

2）在"计算机管理"窗口中的左侧，单击"存储→磁盘管理"选项，在右侧窗口会看到硬盘的详细信息，如图 25-42 所示。

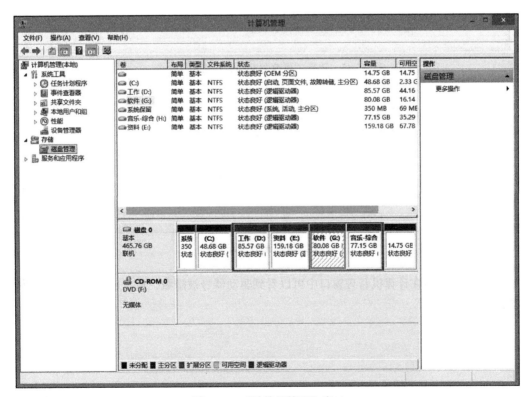

图 25-42　"计算机管理"窗口

3）在右侧窗格中，在需要隐藏的驱动器上单击右键，选择"更改驱动器名和路径"命令，如图 25-43 所示。

4）之后在弹出的窗口中单击"删除"按钮，并在弹出的对话框中，单击"是"按钮。如图 25-44 所示。

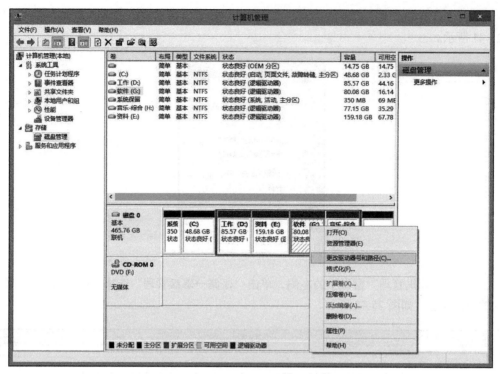

图 25-43 选择"更改驱动器名和路径"命令

图 25-44 删除驱动器

5）设置完成后在计算机管理窗口中可以看到驱动器号被隐藏，重新启动计算机即会发现驱动器不见了。

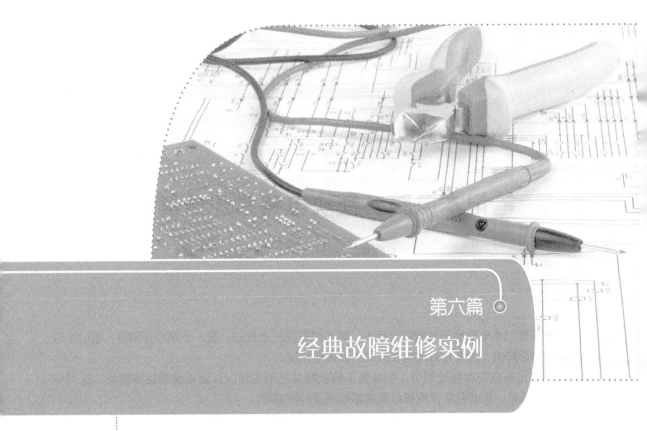

第六篇

经典故障维修实例

◆ 第 26 章　笔记本电脑各模块电路常见故障维修实例
◆ 第 27 章　品牌笔记本电脑故障维修实例

　　本篇内容中列举了大量笔记本电脑故障维修实例。在实例的叙述过程中，不仅对笔记本电脑的故障分析方法进行了详细讲解，还对笔记本电脑维修过程中的各种注意事项做了充分说明。

　　通过对本篇中笔记本电脑故障维修实例的阅读，不仅可以进一步学习和巩固笔记本电脑维修的相关理论知识，还能提升对笔记本电脑维修技能的理解和掌握。

第 26 章

笔记本电脑各模块电路常见故障维修实例

学习笔记本电脑检修技能的过程中，需牢固把握三个核心，这三个核心分别是：笔记本电脑基础理论知识、故障分析技能及检修工具操作技能。

在笔记本电脑检修过程中，应首先了解故障发生前的情况，清晰掌握故障现象，这两步操作看似简单，但却是后面检修过程能够顺利进行的基础。

对出现故障的笔记本电脑，应首先询问故障发生前的具体情况。如故障发生前升级或装卸了软件，应联想到故障是由于软件不兼容等问题所引起的，而不要盲目地去拆解笔记本电脑，进行硬件问题的检修。

而故障发生前有撞击、不慎摔落、进水或在高温条件下使用等问题时，应联想到故障是由于上述情况导致的硬件设备或电子元器件出现了损坏、虚焊、脱焊或接触不良等问题引起的。

综合来看，笔记本电脑的故障原因主要包括人为因素、环境因素以及笔记本电脑自身品质问题三个大的方面。

人为因素是导致笔记本电脑出现各种故障最常见的故障原因，其主要包括进水、不慎跌落、撞击、操作不当、没有正常关机、更新或安装软件时没有按要求重启、软件设置错误、病毒、驱动以及操作系统问题、检修过程造成的二次故障等问题。

环境因素导致的故障，常见于使用时间较长或在恶劣环境下使用的笔记本电脑，其主要包括灰尘、潮湿、雷击、散热问题等。

潮湿和灰尘问题，可能导致笔记本电脑主板上的电子元器件和相关硬件设备出现短路、散热不良等问题，并引发相关故障。在雷雨天或温度较高的环境下使用的笔记本电脑，可能造成主板上的电子元器件和相关硬件设备损坏或虚焊、脱焊等问题，并引发相关故障。

笔记本电脑是一个构成相对复杂的系统，其包括的电子元器件和硬件设备较多，虽然目前笔记本电脑的制造工艺已经相当成熟，但还是会出现不同程度的品质问题。特别是对于一些廉价、小品牌或定位低端的笔记本电脑，其使用的电子元器件和硬件设备本身的品质可能就不是特别的优异，所以比较容易出现各种问题。

掌握故障发生前的情况，有助于故障原因的判断，对笔记本电脑检修过程的顺利进行是十分的重要步骤。

掌握故障发生前的情况之后，需对故障笔记本电脑的故障现象进行确认。这一步看似简单，但却是不可忽略的一步。

　　笔记本电脑经常出现的故障现象包括不能正常开机启动、死机、自动重启、黑屏、白屏、花屏、蓝屏、图像显示不全、网络故障、音频故障、接口故障、可充电电池的充电故障、不能进入操作系统等。

　　如常见的黑屏故障，其故障原因可能是内存与内存插槽接触不良造成的，也有可能是液晶显示屏的背光系统出现问题造成的，还有可能是笔记本电脑主板上的硬件设备或相关电路出现问题造成的。

　　在确认故障现象的过程中，如果能在强光下观察到液晶显示屏有显示内容，则说明故障原因多半为液晶显示屏的背光系统出现问题导致的。

　　由此可以看出，确认故障现象，将影响检修的方向，如果检修的方向错误，就不能顺利地找到故障点，并进行故障的排除。

　　从本质上说，笔记本电脑出现的各种故障，可以分为软件故障和硬件故障两个大类。

　　软件故障主要指软件设置错误、软件不兼容、BIOS 设置问题、病毒、驱动以及操作系统文件丢失等问题导致的故障。此类故障，通过更新驱动程序、更换操作系统、恢复 BIOS 设置以及杀毒等操作后就可以排除。

　　硬件故障主要是指笔记本电脑使用的各种电子元器件和硬件设备，出现开焊、脱落、损坏、老化、性能不良等问题而导致的故障。

　　笔记本电脑检修中，经常需要解决的问题就是硬件故障。硬件故障的现象、原因都相对复杂，下面通过具体的案例，介绍不同硬件故障的检修步骤、排除过程及注意事项。

26.1　笔记本电脑开机类故障的维修

26.1.1　RIC 电路问题导致的不能正常开机启动

1.故障现象

一台笔记本电脑在不慎跌落后，出现不能正常开机启动的故障。

2.故障判断

应重点检测相关接口是否存在接触不良的问题，或主板上的硬件设备以及电子元器件是否存在虚焊、脱落或者损坏的问题。

3.故障分析与排除过程

　排除电源适配器和可充电电池外部供电存在问题导致了故障。

　　对于不慎摔落后出现故障的笔记本电脑，在拆机检修主板前，应尝试重新插拔内存、硬盘或光驱等设备，看是否能够排除故障。

　通过之前的操作之后，没有排除故障，需拆机进行检修。

　　拆机后清理并仔细观察故障笔记本电脑的主板。没有发现较为明显的物理损坏，也没有发现脱落的电子元器件。

　　下一步需根据电路图做更进一步的检修操作。

步骤 03　对于笔记本电脑出现的不能够正常开机启动的故障，应按照供电、时钟以及复位信号的顺序去进行检修。

检测该故障笔记本电脑待机电路输出的 26.2V 和 5V 待机供电，发现其输出正常。

按下主机电源开关键，有 26.2V—0V—26.2V 电压变化送至 EC 芯片。

而当待机供电和主机电源开关键都没有问题时，应重点检测该故障笔记本电脑的 EC 芯片和 PCH 芯片在供电、时钟以及复位信号方面的工作条件是否满足。

如图 26-1 所示为 EC 芯片的时钟、复位信号电路以及供电电路的电路图。

经检测，EC 芯片的供电、时钟及复位信号全部正常，且能够正常发送 RSMRST# 信号和 PWRBTN# 信号到 PCH 芯片。

说明 EC 芯片已经正常工作，接着应检测 PCH 芯片是否能够正常工作。

如图 26-2 所示为该故障笔记本电脑 PCH 芯片的 RTC 电路图。检测 RTC 电路中的 32.768kHz 晶振波形正常，但在检测 RTCRST# 信号时发现其电压远远小于 26.2V，说明存在问题，而该信号不正常时将会导致出现 PCH 芯片无法正常工作的问题。

检测该信号电路上的电子元器件，发现电容器 CS4 损坏，判断该电容器将此处信号电压拉低，并导致了故障。

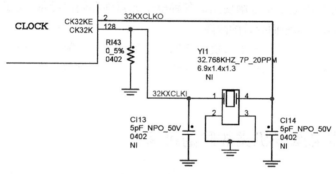

a）EC 时钟信号电路图

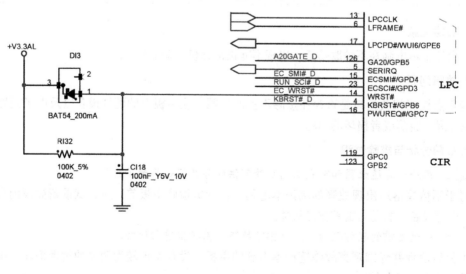

b）EC 复位信号电路图

图 26-1　EC 芯片的时钟、复位信号电路以及供电电路的电路图

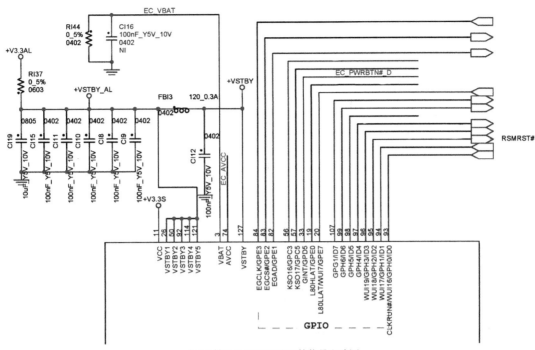

c）EC 供电及 PWRBTN# 等信号电路图

图 26-1　（续）

步骤 04　更换损坏的电容器，检测被拉低的信号电压上升至 26.2V 左右。开机进行测试，故障已经完全排除。

步骤 05　故障检修经验总结。

在不能正常开机启动的故障维修中，故障原因主要包括待机供电不正常、主机电源开关键存在问题、EC 芯片存在问题以及芯片组存在问题等。

而大部分的故障原因都与 EC 芯片和芯片组（双芯片架构为南桥芯片）的工作条件没有正常满足有关。所以在检修此类故障时，要特别注意检测 EC 芯片和芯片组的供电、时钟以及复位信号是否正常。

26.1.2　与时钟信号相关的不能正常开机启动

1. 故障现象

一台笔记本电脑，使用时间较长，突然出现不能正常开机启动的故障。

2. 故障判断

对于使用时间较长，但又未发生进水或跌落等问题的故障笔记本电脑，应注意是否由于故障笔记本电脑的散热问题或其主板上的电子元器件存在老化、性能不良、损坏等问题导致了故障。

3. 故障分析与排除过程

步骤 01　拔除可充电电池和电源适配器这两个外部供电设备，反复按主机电源开关键，去除机器内残余电量，此操作可排除部分由于静电导致的无法正常开机启动的故障。

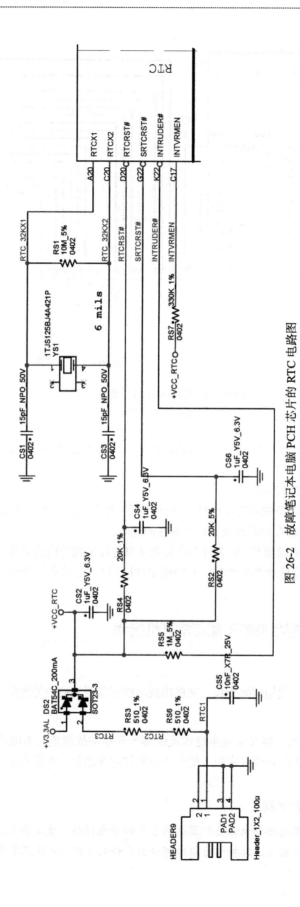

图 26-2 故障笔记本电脑 PCH 芯片的 RTC 电路图

步骤 02　在进一步确认故障后，根据故障现象判断应进行拆机检测。

拆机后清理并仔细查看主板是否存在较为明显的问题。检查后发现，主板上除了灰尘较多外，无明显物理损坏的问题存在。

需进入下一步更深入的检测。

步骤 03　检测主板各供电电路中的电感器对地阻值无明显偏低的问题。

加电检测发现该故障笔记本电脑待机电路的 26.2V 和 5V 待机供电输出正常。按下主机电源开关键，有 26.2V—0V—26.2V 电压变化送至 EC 芯片。EC 芯片的供电、时钟及复位全部正常，且能够发送 RSMRST# 和 PWRBTN# 信号到南桥芯片。说明 EC 芯片已经正常工作，接着检测南桥芯片的 32.768kHz 晶振波形正常、供电及复位也基本正常。

检测 CPU 核心供电电路，能够正常输出供电。

再进一步确认故障为能够上电，但是无显示。这种情况多半为 CPU 的工作条件有问题。当检测供电部分基本正常后，开始检测系统时钟电路，发现其没有正常输出时钟信号，且时钟发生器芯片非常的热。

如图 26-3 所示为该故障笔记本电脑的系统时钟电路图。根据电路图，检测时钟发生器芯片供电正常，PWRGD 等开启信号正常，芯片外接的 126.418MHz 晶振 Y2 及其谐振电容 C183、C197 正常。

当时钟发生器芯片的工作条件全部正常，但是不能够正常输出各种时钟信号时，应怀疑时钟发生器芯片存在虚焊、不良或损坏的问题。

步骤 04　加焊时钟发生器芯片，经过测试后发现故障依旧。更换时钟发生器芯片，经测试已经能够正常开机启动，故障排除。

步骤 05　故障检修经验总结。

硬件设备或电子元器件虚焊、损坏导致的故障，常见于廉价笔记本电脑或使用时间较长、使用环境较为恶劣的笔记本电脑。这是因为廉价笔记本电脑采用的硬件设备、电子元器件品质不好，比较容易出现问题。而使用时间较长、使用环境较为恶劣的笔记本电脑，其内部的硬件设备、电子元器件会出现不同程度的老化、开焊问题，从而引起相关故障。所以，在检修的时候要特别注意对故障笔记本电脑的品质以及损耗情况的了解，这非常有助于检修过程中故障原因的判断。

26.1.3　与主机电源开关相关的不能开机

1. 故障现象

一台采用 Intel 公司 PCH 芯片组的笔记本电脑，在进水之后出现不能正常开机启动的故障。

2. 故障判断

笔记本电脑进水后出现不能正常开机启动故障时，应进行烘干处理并对水渍较为明显区域的电子元器件或相关硬件设备进行重点检测。

3. 故障分析与排除过程

步骤 01　掌握故障笔记本电脑的故障现象及故障发生前的情况，是检修过程的第一步，同时也是检修过程中非常重要的一个步骤。

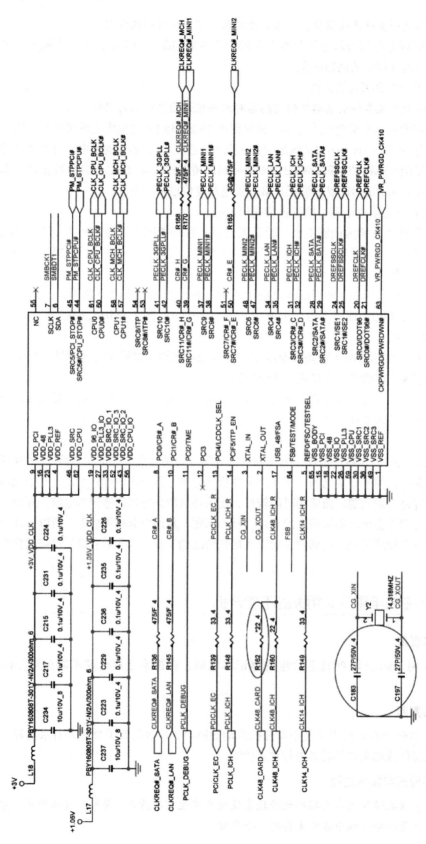

图 26-3 故障笔记本电脑的系统时钟电路图

如故障发生前有跌落、撞击、进水等问题时，应首先联想到故障原因可能是跌落、撞击、进水等问题导致了相关接口接触不良或电子元器件、硬件设备损坏。

而该故障笔记本电脑在按下主机电源开关键的时候，没有任何反应。说明进水的问题可能造成该故障笔记本电脑待机供电无法正常输出或 EC 芯片、芯片组等存在损坏的问题。

在进一步确认故障后，进行拆机检修。

步骤 02 拆机检测过程的第一步是对故障笔记本电脑的主板进行清理，特别是进水后出现故障的笔记本电脑，除了仔细清理主板外，还应对其进行烘干处理。

在清理和观察该故障笔记本电脑的过程中发现，其主机电源开关接口电路附近的水渍较为明显，但是没有发现存在明显的物理损坏。

清理结束后，进行烘干处理。

步骤 03 烘干结束后，检测主板各供电电路中的电感器对地阻值无明显偏低的问题。

加电检测过程中发现，该故障笔记本电脑待机电路的 26.2V 和 5V 供电输出正常。但是按下主机电源开关键后没有 26.2V—0V—26.2V 电压变化送至 EC 芯片。

如图 26-4 所示为该故障笔记本电脑主机电源开关接口电路图，KBC_PWRBTN 是发送到 EC 芯片的开机信号。检测该电路及其相关电路中的电子元器件无明显损坏，联想到之前主机电源开关接口附近的水渍较为明显的现象，判断主机电源开关接口因进水而损坏。

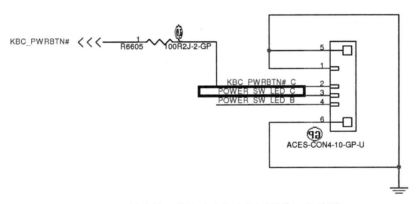

图 26-4 故障笔记本电脑主机电源开关接口电路图

步骤 04 拆焊损坏的接口，清理腐蚀，更换性能良好的接口，开机进行测试后发现，故障已经排除。

步骤 05 故障检修经验总结：对于进水而导致故障的笔记本电脑，应重点关注进水较为严重区域的电子元器件或相关硬件设备是否存在问题。

26.1.4 与 EC 芯片相关的不能正常开机启动

1. 故障现象

一台笔记本电脑，使用时间为三年左右，突然出现无法正常开机启动的故障现象。

2. 故障判断

常见的无法正常开机启动的故障现象，在检测时，应首先检测故障笔记本电脑的待机供电是否正常，如果不正常需检修待机电路和保护隔离电路等上级供电电路是否存在问题。

如果待机供电正常，则需要重点检测主机电源开关键及其相关电路是否存在问题、EC芯片以及芯片组（双芯片架构重点检测南桥芯片）在供电以及时钟和复位信号方面是否正常。还有部分不能正常开机启动的故障，是由于 EC 芯片、芯片组存在虚焊、不良或已经损坏导致的。

而对于使用时间较长的笔记本电脑，应考虑存在散热不良或主板上的电子元器件存在老化、虚焊等问题，而引发了故障。

3. 故障分析与排除过程

步骤 01 拔除可充电电池和电源适配器这两个外部供电设备，反复按主机电源开关键，去除机器内残余电量，此操作可排除部分由于静电导致的无法正常开机启动故障。

经上述操作后，故障笔记本电脑仍不能正常开机启动，且确定其外部供电设备正常，需拆机进行下一步的检修。

步骤 02 拆机检测过程的第一步是对故障笔记本电脑的主板进行清理。当笔记本电脑主板内淤积过多的灰尘或异物，可能造成主板上的某些电路、电子元器件产生短路或散热不良的问题，并引发相关故障。

步骤 03 检测该故障笔记本电脑待机电路的 26.2V 和 5V 供电正常，主机电源开关键及其相关电路无明显问题。

检测 EC 芯片的工作条件时发现问题。

EC 芯片的 26.2V 供电正常，复位信号正常，但是其时钟信号不正常。原因为 EC 芯片外部连接的 32.768kHz 晶振没有正常振荡。如图 26-5 所示为 EC 芯片外部接的 32.768kHz 晶振电路图。电路中的谐振电容 C119 和 C120 正常，电阻器 R150 正常。

步骤 04 更换损坏的 32.768kHz 晶振，开机进行测试，故障已经排除。

步骤 05 故障检修经验总结。

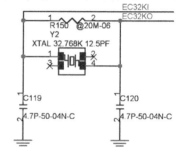

图 26-5 EC 芯片外部接的 32.768kHz 晶振电路图

笔记本电脑的故障分析过程，是一个逻辑推理过程。学习笔记本电脑检修技术首先要牢固掌握笔记本电脑各功能模块的基本工作原理，然后逐渐积累常见故障的检修方法和步骤，在不断的实践和总结中逐步提高笔记本电脑的检修技能。

在检修待机供电正常却不能开机启动的故障时，应重点检测 EC 芯片及芯片组的工作条件是否满足，如果其供电、时钟及复位方面的条件不满足，就会造成芯片不能工作，从而引起相关故障。

26.1.5 与 PWRBTN# 信号相关的不能正常开机启动

1. 故障现象

一台笔记本电脑，在清理灰尘后出现开机无反应的故障。

2. 故障判断

对于此类故障的笔记本电脑，应重点检测其各种接口有无接触不良的问题，以及主板上的电子元器件或相关硬件设备有无损坏或者脱焊、虚焊等问题。

3. 故障分析与排除过程

步骤 01 该笔记本电脑为拆机清理灰尘后，出现按下主机电源开关键，无任何反应的故障。根据故障现象和故障发生前的情况，推测清理灰尘的过程中，可能因为静电或操作不慎，造成主板上的电子元器件或硬件设备出现了损坏。

在排除电源适配器和可充电电池外部供电问题后，拆机进行检测。

步骤 02 因为该故障笔记本电脑是清理灰尘后发生的故障，所以拆机后应更加仔细地查看主板上的电子元器件是否存在明显的物理损坏或脱落问题。

在观察的过程中发现，故障笔记本电脑主板上疑似有掉件问题。

步骤 03 根据主板上电子元器件的编号，对照电路图发现，疑似掉件的电路中应该有一个二极管。如图 26-6 所示为该故障笔记本电脑主板电路图。

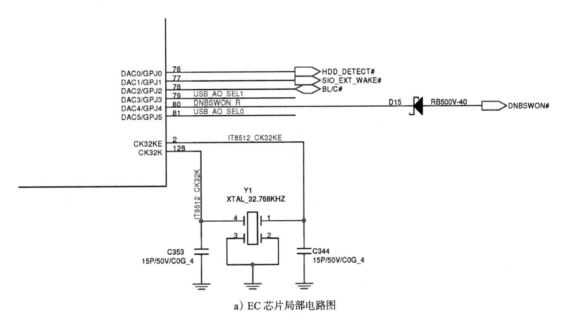

a）EC 芯片局部电路图

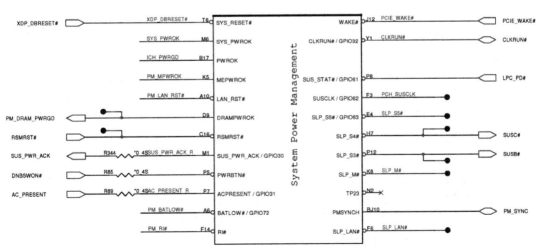

b）PCH 芯片局部电路图

图 26-6　故障笔记本电脑主板电路图

结合电路图 26-6a、b 查看，从 26-6a 中 EC 芯片发送的开机信号经过二极管 D15，发送到图 26-6b PCH 芯片系统电源管理功能模块的 PWRBTN# 引脚。

图 26-6a 中的二极管 D15 已经在主板上找不到了，推断可能是在清理的过程中不慎脱落。

而该二极管所在的电路，是 EC 芯片传输开机信号给 PCH 芯片的电路。当该电路出现问题时，PCH 芯片无法正确接收到开机信号，所以会引起开机无反应的故障。

步骤 04 将同型号的二极管重新焊接，开机进行检测，发现故障已经排除。

步骤 05 故障检修经验总结。

笔记本电脑主板上的电子元器件和硬件设备，十分的密集且脆弱。所以在检修过程中，一定要按照正规的操作方法进行操作，否则极易造成新故障的产生。

在拆机检修的过程中，要谨防静电以及检修工具损坏电子元器件和硬件设备的问题。

26.1.6 进水导致的不能开机

1. 故障现象

一台采用 Intel 公司芯片组的笔记本电脑，进水后出现不能正常开机启动的故障。

2. 故障判断

笔记本电脑进水后出现不能正常开机启动，是常见的故障现象。在检修的过程中需注意对主板进行烘干处理，并对进水较为严重的区域进行重点检测。

3. 故障分析与排除过程

步骤 01 掌握故障笔记本电脑的故障现象及故障发生前的情况，是检修过程的第一步，同时也是检修过程中非常重要的一个步骤。

如故障发生前有跌落、撞击、进水等问题时，应首先联想到故障原因可能是跌落、撞击、进水等问题导致了相关接口接触不良或电子元器件、硬件设备损坏。

在进一步确认故障后，进行拆机检修。

步骤 02 拆机进行检修的第一步是对故障笔记本电脑的主板进行清理。当笔记本电脑主板内淤积过多的灰尘或存在异物时，可能导致笔记本电脑主板上的电路、电子元器件产生短路、散热不良等问题并引发相关故障。

对于进水后出现故障的笔记本电脑，除了仔细清理主板外，大部分情况下还应对主板进行烘干处理。

在清理的过程中，应仔细观察主板上的重要芯片、电子元器件以及硬件设备是否存在明显的物理损坏，如芯片烧焦、开裂，电容器鼓包、漏液，电路板破损，插槽或电子元器件有脱焊、虚焊、腐蚀等问题。

如果检查到存在明显的物理损坏，应首先对这些明显损坏的电子元器件或硬件设备进行加焊或更换后，再继续进行其他方式的检修。

该故障笔记本电脑的 PCH 芯片附近水渍较为明显，但是没有发现主板上有明显损坏的电子元器件或硬件设备。清理完成后，对主板进行烘干处理。

步骤 03 当烘干结束后，需对故障笔记本电脑作进一步的检测。笔记本电脑能够正常开机启动的条件主要包括了供电、时钟及复位信号三个大的方面。对于不能正常开机启动的故障笔记本电脑应按照先供电，后时钟及复位的检测顺序。

检测该故障笔记本电脑待机电路的 26.2V 和 5V 供电，发现其输出正常。按下主机电源开关键，有 26.2V—0V—26.2V 电压变化送至 EC 芯片。当待机供电和主机电源开关键没有问题时，应重点检测该故障笔记本电脑的 EC 芯片和 PCH 芯片发送的关键信号是否正常。

经检测，EC 芯片的供电、时钟及复位全部正常，且能够发送 PWRBTN# 信号到 PCH 芯片。说明 EC 芯片已经正常工作，接着应检测 PCH 芯片是否正常工作。

检测 PCH 芯片的 32.768kHz 晶振波形正常、供电及复位也基本正常，但是没有发送反馈信号。再仔细检查 PCH 芯片周围的电子元器件，没有发现脱焊或虚焊问题。当 PCH 芯片的工作条件都具备却不能正常工作时，通常为芯片自身存在虚焊、不良或损坏的问题。鉴于拆机清理和观察时发现的 PCH 芯片附近水渍较为明显的问题，判断 PCH 芯片可能因为进水而损坏。

步骤 04　更换良品 PCH 芯片，经检测已能够正常开机启动，故障排除。

步骤 05　故障检修经验总结。

笔记本电脑的故障分析过程，是一个逻辑推理过程。学习笔记本电脑检修技术首先要牢固掌握笔记本电脑各功能模块的基本工作原理，然后逐渐积累常见故障的检修方法和步骤，在不断的实践和总结中逐步提高笔记本电脑的检修技能。

26.1.7　场效应管损坏导致的不能正常开机启动

1. 故障现象

一台笔记本电脑，无法正常开机启动。

2. 故障判断

对于无法正常开机启动的笔记本电脑，通常情况下应按照先供电、再时钟及复位信号的检测顺序进行检测。

3. 故障分析与排除过程

步骤 01　确认故障，排除了电源适配器和可充电电池外部供电存在问题，并判断该故障笔记本电脑需进行拆机检修。

步骤 02　拆机检测过程中，通常首先在未加电的情况下检查故障笔记本电脑主板上的主要芯片、电子元器件以及硬件设备的外观有无明显物理损坏。如芯片烧焦、裂痕、虚焊，电容器鼓包、漏液，电路板烧毁或淤积过多灰尘，各种接口设备有无明显的开焊情况。

当检查到比较明显的物理损坏或虚焊、开焊问题时，可直接对这些问题进行加焊或更换处理。

如果在清理和观察过程中没有发现明显的物理损坏，需要根据故障分析再次做出判断。如果故障分析能够明确故障原因，不必一定加电检测。如果故障现象比较复杂，故障分析之后依然对故障原因比较模糊，需进行加电检测。

电源控制芯片、场效应管、电阻器以及电容器都是电路中经常出现故障的电子元器件，在检测过程中，根据故障现象对这些电子元器件进行重点检测，有时可迅速排除故障。

清理和观察该故障笔记本电脑的过程中，发现一个场效应管存在明显损坏的问题。

步骤 03　通常情况下，在观察故障笔记本电脑主板上没有明显物理损坏的电子元器件后，会检测主板各供电电路中的电感器对地阻值是否存在明显偏低的问题。

然后再去检测待机电路的 26.2V 和 5V 供电输出是否正常。从而区分故障原因主要是在待机电路、保护隔离电路，还是在主机电源开关键、EC 芯片、芯片组及其相关电路上。

而该故障笔记本电脑，观察到了场效应管存在明显的损坏问题，所以首先需要将其更换。如图 26-7 所示为存在明显损坏问题的场效应管所在的供电电路图。

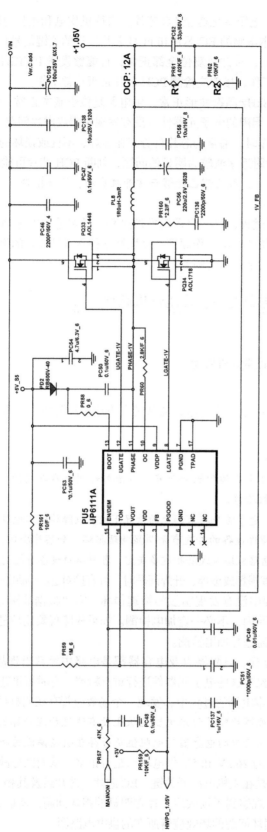

图 26-7 存在明显损坏问题的场效应管所在的供电电路图

存在明显损坏问题的场效应管为电路图中的 PQ33，判断正是场效应管的损坏使该供电电路无法正常输出供电，从而导致了不能正常开机启动的故障。

步骤 04 更换损坏的场效应管，加电进行测试，故障已经排除。

步骤 05 故障检修经验总结。

笔记本电脑主板上的硬件设备和电子元器件出现虚焊、脱落、击穿、性能不良，是笔记本电脑所表现出来的各种故障现象的常见故障原因。

在检修过程中，对故障发生前的情况进行了解，对故障现象进行确认和初步判断，以及拆机后进行清理和观察，这类操作步骤看似简单，但却是故障检修过程中不可缺少的关键步骤。

很多故障笔记本电脑都是在这些简单的操作中确认了故障点，并顺利排除了故障，所以在检修过程中，一定不可忽视这些简单的检修操作。

26.1.8　电阻器损坏导致的不能正常开机启动

1. 故障现象

一台笔记本电脑，不慎摔落后出现不能正常开机启动的故障。

2. 故障判断

重点检测故障笔记本电脑主板上的电子元器件和相关硬件设备，有无开焊、脱落或接触不良等问题。

3. 故障分析与排除过程

步骤 01 了解故障发生前的情景，确认故障，判断需拆机进行检修。

步骤 02 拆机后进行清理和观察，没有发现较为明显的损坏问题。

步骤 03 检测主板各供电电路中的电感器对地阻值，没有发现明显偏低的问题。

检测该故障笔记本电脑待机电路的供电输出，发现其没有正常输出。

在此种情况下，通常需要检测待机电路中电源控制芯片的供电是否正常，来判断故障原因是在待机电路范围内，还是在保护隔离电路等上级电路范围内。

但是不同机型的待机供电输出电路设计是有所区别的，在检修过程中需要根据具体机型的上电时序及电路图进行分析，从而做出正确的判断。

该故障笔记本电脑待机电路中采用的电源控制芯片型号为 RT8206B，该芯片是一个高效率的电源控制器，内部集成两个脉冲宽度调制（PWM）控制器，可提供固定的 26.2V 与 5V 输出或可以调节 2V~5.5V 的输出。

同时，RT8206B 内部集成线性稳压模块，能够提供 5V、70mA 的供电输出。如图 26-8 所示为 RT8206B 电源控制芯片的引脚图及内部功能框图。

如图 26-9a 所示为该故障笔记本电脑的待机电路图，图 26-9b 所示为电源控制芯片第 14 引脚和第 27 引脚使能信号输入电路图，这两个引脚输入信号为高电平时，电源控制芯片才能驱动后级电路输出待机供电。

在检测该电路中的电源控制芯片时，发现其有供电输入，说明电源适配器的输入供电通过了保护隔离电路，故障原因多在待机电路中。

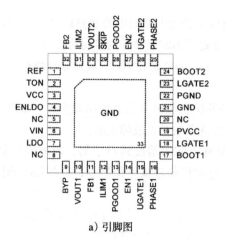

a）引脚图

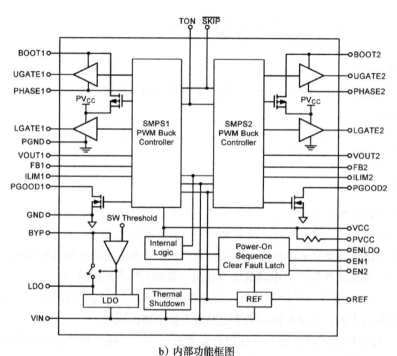

b）内部功能框图

图 26-8 RT8206B 电源控制芯片的引脚图及内部功能框图

待机电路的检测，主要包括检测待机电路中的场效应管、电感器、电容器、电阻器等是否存在损坏，以及电源控制芯片的供电和开启信号等是否正常。

根据电路图检测电源控制芯片的第 6 引脚主供电正常，第 4 引脚为 0V，存在问题。此引脚应为高电平才能使电源控制芯片第 7 引脚输出 VL。再去测电源控制芯片第 7 引脚，实测为 0V，应该是 5V 输出。如果没有 VL，将导致电源控制芯片的第 19 引脚 PVCC 无供电输入，第 14 引脚和第 27 引脚没有使能信号输入，也就无法正常驱动后级电路输出 26.2V 和 5V 待机供电。

根据电路图检测电源控制芯片的第 4 引脚为低电平的原因，发现电阻器 PR135 损坏。判断正是此问题使电源控制芯片不能正常工作，而最终导致了不能正常开机启动的故障。

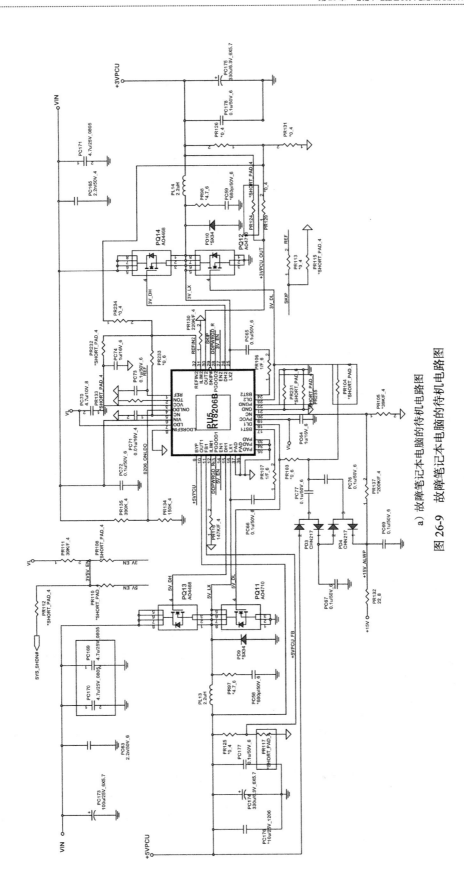

a) 故障笔记本电脑的待机电路图

图 26-9　故障笔记本电脑的待机电路图

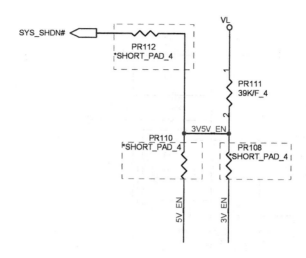

b）电源控制芯片14引脚和第27引脚使能信号输入电路图

图 26-9　（续）

步骤 04 更换损坏的电阻器，检测电源控制芯片的供电和信号已经正常，开机测试时能正常启动，故障已经排除。

步骤 05 故障检修经验总结。

根据电路图检查电源控制芯片的工作条件是否正常，是电路检测过程中经常进行的操作。除了供电外，电源控制芯片的开启信号也经常出现问题而导致其无法正常工作。在检测时，需要根据不同型号电源控制芯片的特性，对其工作条件是否正常进行检测，从而找到故障点并进行故障的排除。

26.1.9　北桥芯片导致的不能正常开机启动

1. 故障现象

一台笔记本电脑，先出现花屏问题，然后出现不能正常开机启动的故障。

2. 故障判断

笔记本电脑的显卡出现问题，不仅会导致相关显示故障，还可能导致不能开机等其他故障。而该故障笔记本电脑，先是出现花屏问题，然后出现不能正常开机启动的故障，根据故障现象分析，很有可能是显卡出现问题导致的。

3. 故障分析与排除过程

步骤 01 掌握故障笔记本电脑的故障原因及现象，是检修过程的第一步，同时也是检修过程中非常重要的一个步骤。

鉴于该故障笔记本电脑的故障现象，拆机检修时应重点关注其显卡部分。

步骤 02 拆机检修过程的第一步是对故障笔记本电脑的主板进行清理。当笔记本电脑主板内淤积过多的灰尘或异物，可能造成主板上的某些电路、电子元器件产生短路或散热不良的问题，并引发相关故障。

　　在清理的过程中，应仔细观察笔记本电脑主板上的主要电子元器件和硬件设备是否存在明显的物理损坏。

　　该故障笔记本电脑主板和散热器上淤积了大量灰尘，存在明显的散热不良问题。由此进一步推测可能是散热问题导致了芯片组或 EC 芯片等出现虚焊，而出现相关故障。

步骤 03　当对故障笔记本电脑清理完毕，而且未发现主板上存在明显的物理损坏后，应根据掌握的相关信息，下载相关资料并进行电路分析。

　　该故障笔记本电脑使用时间较长，芯片组为南桥芯片和北桥芯片组成的双芯片架构，且北桥芯片内集成显示核心。

　　对于部分北桥芯片内集成显示核心的笔记本电脑，由于北桥芯片发热量大而导致虚焊或损坏，并引发显示和不能开机的故障，是一种常见的故障类型。

步骤 04　加焊北桥芯片，故障依旧。更换北桥芯片，加装外部散热器，开机进行测试时，故障都已经排除。

步骤 05　故障检修经验总结。

　　硬件设备或电子元器件虚焊、损坏导致的故障，常见于使用时间较长、使用环境较为恶劣的笔记本电脑。这是因为使用时间较长、使用环境较为恶劣的笔记本电脑，其内部的硬件设备、电子元器件会出现不同程度的老化、开焊问题，从而引起相关故障。所以，在检修的时候要特别注意对故障笔记本电脑的硬件特性及散热情况的了解，这非常有助于检修过程中故障原因的判断。

　　笔记本电脑的散热问题，是笔记本电脑检修过程中必须重视的一个问题。

　　笔记本电脑散热的好坏，是衡量一台笔记本电脑品质的重要标准。当散热不好时，不仅会引起笔记本电脑运行缓慢、自动重启等问题，还可能造成笔记本电脑内部硬件的损坏，引发更为严重的故障。

　　所以在笔记本电脑检修过程中，注意改善笔记本电脑的散热环境，不仅可以解决部分故障，还能够防止一些故障的再次发生。

26.1.10　与 EC 芯片复位信号有关的无法启动

1. 故障现象

　　一台笔记本电脑，正常关机无异常，第二天再次使用时，出现无法正常开机启动的故障。故障发生前无进水、撞击、跌落等问题。

2. 故障判断

　　常见的无法正常开机启动故障，在检修时，应首先检测故障笔记本电脑的待机供电是否正常，如果不正常需检修待机电路和保护隔离电路等上级供电电路是否存在问题。

　　如果待机供电正常，则需要重点检测主机电源开关键是否存在问题、EC 芯片以及芯片组（双芯片架构重点检测南桥芯片）在供电以及时钟和复位信号方面是否正常。

　　还有部分无法正常开机启动故障是由于 EC 芯片或芯片组存在虚焊、不良或已经损坏导致的，在检修的过程中也需要重点关注。

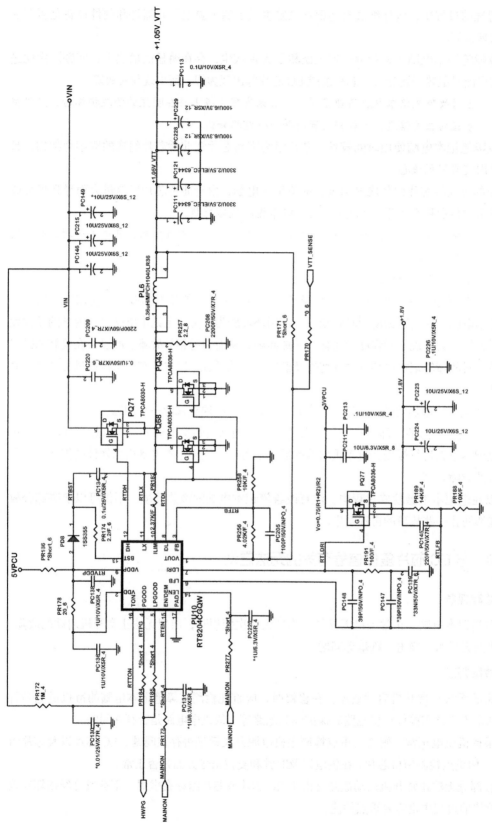

图 26-10 笔记本电脑没有正常输出供电的供电电路图

3. 故障分析与排除过程

步骤 01 拔除可充电电池和电源适配器这两个外部供电设备，反复按主机电源开关键，去除机器内残余电量，此操作可排除部分由于静电导致的无法正常开机启动故障。

如果还是不能够正常开机启动，需拆机进行故障的排除。

步骤 02 拆机后清理灰尘，并仔细观察故障笔记本电脑主板上的电子元器件是否存在明显的物理损坏。

经初步检测后没有发现明显的问题。

步骤 03 根据电路图，检测该故障笔记本电脑待机电路的 26.2V 和 5V 待机供电正常，按下主机电源开关键，有 26.2V—0V—26.2V 电压变化送至 EC 芯片。

当待机供电和主机电源开关键没有问题时，应重点检测该故障笔记本电脑的 EC 芯片和 PCH 芯片发送的关键信号是否正常。

经检测，EC 芯片没有正常发送 RSMRST# 信号给 PCH 芯片，如图 26-11 所示为 EC 芯片与 PCH 芯片之间的 RSMRST# 信号连接电路图。

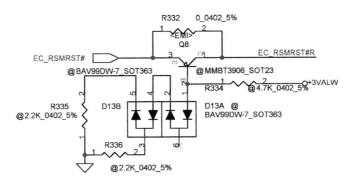

图 26-11　RSMRST# 信号连接电路图

检测时发现，该电路中的电子元器件性能良好，推测是 EC 芯片没有正常工作，所以 RSMRST# 信号没有正常发送。

检测 EC 芯片的供电、时钟及复位信号是否正常，以判断是 EC 芯片本身问题导致了故障，还是工作条件不满足导致了故障。

检测后发现，EC 芯片复位电路上的电阻器损坏，推断正是该电阻器损坏造成 EC 无复位信号，所以无法正常工作。

步骤 04 更换性能不良的电阻器，加电进行测试，EC 复位信号正常，故障修复。

步骤 05 故障检修经验总结。

EC 芯片不能正常输出相关信号时，需重点检测其供电、时钟及复位信号等工作条件是否正常。

26.1.11　与开机信号有关的无法启动

1. 故障现象

一台笔记本电脑，不慎跌落后出现无法正常开机启动的故障。

2. 故障判断

笔记本电脑不慎跌落后出现无法正常开机启动的故障，应重点检测主板上的电子元器件和硬件设备是否存在接触不良、损坏或脱落、虚焊的问题。

3. 故障分析与排除过程

步骤 01 笔记本电脑的故障检修通常是先检修软件，后检修硬件。但对于这种开机无反应的故障，在确认电源适配器和可充电电池的外部供电正常后，便需要拆机进行检测。

经确认，该故障笔记本电脑外部供电正常，需拆机进行检修。

步骤 02 拆机检测过程的第一步是对故障笔记本电脑的主板进行清理。当笔记本电脑主板内淤积过多的灰尘或异物，可能造成主板上的某些电路、电子元器件产生短路或散热不良等问题，并引发相关故障。

在清理的过程中，应仔细观察笔记本电脑主板上的主要电子元器件和硬件设备是否存在明显的物理损坏，如芯片烧焦和开裂问题、电容器有鼓包或漏液问题、电路板破损问题、插槽或电子元器件有脱焊、虚焊等问题。如果存在严重的烧毁情况，能闻到明显的焦糊味道，对于这种明显的物理损坏，应首先进行更换后再进行其他方式的检修。

步骤 03 检测该故障笔记本电脑待机电路的 26.2V 和 5V 供电，发现其输出正常。按下主机电源开关键后没有 26.2V—0V—26.2V 电压变化送至 EC 芯片。说明主机电源开关键或其相关电路可能存在问题。

追查送至 EC 芯片开机信号的电路，如图 26-12 所示为该故障笔记本电脑主机电源板接口电路图。

检测电路上的电子元器件后发现，电阻器 RH17 损坏，判断该电阻器的损坏导致没有开机信号送至 EC 芯片，所以引起不能正常开机启动的故障。

步骤 04 更换损坏的电阻器，加电进行检测，已经能够正常触发，故障排除。

步骤 05 故障检修经验总结。

在不能正常开机启动的故障维修中，检测重要的触发信号是否产生，可以判断故障原因的范围。而追查没有产生的关键信号，并检测其信号传送电路上的电子元器件，是找到故障点的常用方法。

通常情况下，只要将故障点找到，故障的排除就非常容易了。

其实这个过程的本质还是一直在强调故障分析的逻辑性。笔记本电脑的检修过程，是一个逻辑推理过程。而逻辑推理过程应建立在牢固掌握了笔记本电脑各功能模块工作原理和相关知识的基础上。

26.1.12 晶振问题导致的不能正常开机启动

1. 故障现象

一台使用时间较长的笔记本电脑，突然出现不能正常开机启动的故障。

2. 故障判断

对于使用时间较长的笔记本电脑来说，其主板上的相关硬件设备和电子元器件可能出现老化、虚焊、脱焊或性能不良、损坏，并导致相关故障。在检修时应特别注意对故障笔记本电脑主板上各种电子元器件性能的检测。

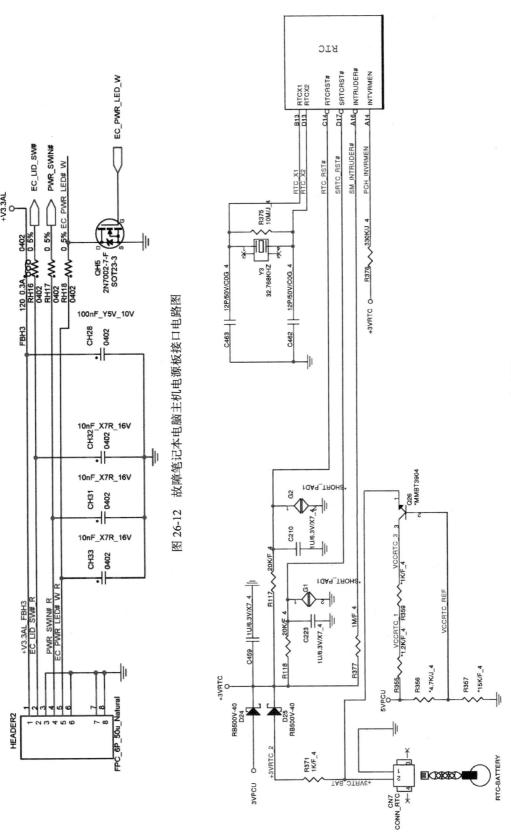

图 26-12　故障笔记本电脑主机机电源板接口电路图

图 26-13　RTC 电路图

3. 故障分析与排除过程

步骤 01　排除电源适配器和可充电电池外部供电问题，导致了故障。

步骤 02　拆机检测过程中，通常首先在未加电的情况下检查故障笔记本电脑主板上的主要芯片、电子元器件以及硬件设备的外观有无明显物理损坏。如芯片烧焦、裂痕、虚焊，电容器鼓包、漏液，电路板烧毁或淤积过多灰尘，各种接口设备有无明显的开焊情况。检查到比较明显的物理损坏或虚焊、开焊问题时，可直接对这些问题进行加焊或更换处理。

如果在清理和观察过程中没有发现明显的物理损坏，需要根据故障分析再次做出判断。如果故障分析能够明确故障原因，不必一定加电检测。如果故障现象比较复杂，故障分析之后依然对故障原因比较模糊，再进行加电检测。

清理和观察后发现，虽然此故障笔记本电脑内灰尘较多，但是并没有明显损坏的电子元器件或相关硬件设备，下一步应根据电路图做进一步的检修。

步骤 03　笔记本电脑能够正常开机启动的条件主要包括了供电、时钟及复位信号三个大的方面。对于不能正常开机启动的故障笔记本电脑应按照先供电，再时钟、复位信号的检测顺序。

检测该故障笔记本电脑待机电路输出的 26.2V 和 5V 待机供电正常。

按下主机电源开关键，有 26.2V—0V—26.2V 电压变化送至 EC 芯片。

检测 EC 芯片的供电、时钟及复位全部正常，且能够正常发送 PWRBTN# 信号到 PCH 芯片。说明 EC 芯片已经正常工作，接着应检测 PCH 芯片是否正常工作。

如图 26-13 所示为该故障笔记本电脑 PCH 芯片的 RTC 电路图，根据该电路图在检测 RTC 电路中的 32.768kHz 晶振时，发现波形不正常，但 RTC 电路的供电和复位基本正常，进一步检测电路中的谐振电容，也是正常的。怀疑 32.768kHz 晶振存在性能不良的问题，并因此导致了故障。

步骤 04　更换性能不良的 32.768kHz 晶振，再次检测时其波形正常。开机进行测试，能够正常开机启动，故障已经排除。

步骤 05　故障检修经验总结。

主板上的硬件设备或电子元器件存在虚焊、损坏或性能不良导致的故障，常见于廉价笔记本电脑或使用时间较长、使用环境较为恶劣的笔记本电脑。

廉价笔记本电脑采用的硬件设备、电子元器件品质不好，比较容易出现问题。而使用时间较长、使用环境较为恶劣的笔记本电脑，其内部的硬件设备、电子元器件会出现不同程度的老化、开焊等问题，从而引起相关故障。

所以，在检修的时候要特别注意对故障笔记本电脑的品质以及损耗情况的了解，这非常有助于检修过程中故障原因的判断。

26.1.13　与 PWRBTN# 信号相关的无法启动

1. 故障现象

一台笔记本电脑，出现无法正常开机启动的故障。故障发生前没有进水、撞击或不慎摔落等问题。

2. 故障判断

笔记本电脑出现不能正常开机启动的故障，应首先检测其待机电压是否正常，主机电源开关键能否正常发送开机信号，以及 EC 芯片、芯片组的重要信号发送是否正常，如果不正常应重点检测 EC 芯片和芯片组的工作条件是否满足。

3. 故障分析与排除过程

步骤 01 拔除可充电电池和电源适配器这两个外部供电设备，反复按主机电源开关键，去除机器内残余电量，此操作可排除部分由于静电导致的无法正常开机启动故障。

排除可充电电池和电源适配器外部供电导致了故障。

步骤 02 前述操作不能排除故障，进行拆机检修。

拆机后对故障笔记本电脑的主板进行清理，并仔细观察是否存在明显的物理损坏。

检测后发现没有明显的问题，需采取进一步的检修操作。

步骤 03 笔记本电脑能够正常开机启动的条件主要包括了供电、时钟及复位信号三个大的方面。对于不能正常开机启动的故障笔记本电脑应按照先供电，后时钟及复位的检测顺序。

检测该故障笔记本电脑待机电路的 26.2V 和 5V 供电，发现其输出正常。

按下主机电源开关键，有 26.2V—0V—26.2V 电压变化送至 EC 芯片。

检测 EC 芯片的供电、时钟及复位全部正常，且能够发送 PWRBTN# 信号到 PCH 芯片。说明 EC 芯片已经正常工作，接着应检测 PCH 芯片是否正常工作。

检测 PCH 芯片的 32.768kHz 晶振波形正常、供电及复位也基本正常。但在检测 PWRBTN# 信号时发现异常。如图 26-14 所示为 PCH 芯片的 PWRBTN# 信号接收端电路图。根据电路图进行检测后发现电路中的电阻器 R217 损坏，并推测此问题导致了故障。

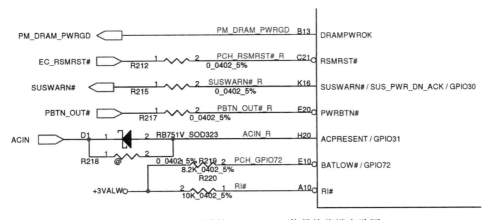

图 26-14 PCH 芯片的 PWRBTN# 信号接收端电路图

步骤 04 更换损坏的电阻器，重新加电进行测试，能够正常开机启动。故障已经排除。

步骤 05 故障检修经验总结。

在检修过程完成之后，要及时进行检修经验的总结，只有不断地总结经验，才能进一步提升笔记本电脑检修技能。

笔记本电脑主板上的各种电子元器件出现虚焊、脱焊或性能不良等问题时，常导致信号异常或供电问题，并引发相关故障，所以在检修的时候应特别注意。

26.1.14　与电感器相关的不能开机

1. 故障现象

一台笔记本电脑，在不慎跌落后，无法正常开机启动。

2. 故障判断

根据故障现象分析，故障笔记本电脑主板上的电子元器件或相关硬件设备可能存在接触不良、虚焊或损坏等问题。

3. 故障分析与排除过程

步骤 01　确认故障现象，并排除外部供电问题导致了故障。

步骤 02　拆机检测过程的第一步是对故障笔记本电脑的主板进行清理。当笔记本电脑主板内淤积过多的灰尘或异物，可能造成主板上的某些电路、电子元器件产生短路或散热不良的问题，并引发相关故障。

在清理的过程中，应仔细观察笔记本电脑主板上的主要电子元器件和硬件设备是否存在明显的物理损坏，如芯片烧焦和开裂问题、电容器有鼓包或漏液问题、电路板破损问题、插槽或电子元器件有脱焊、虚焊等问题。如果存在严重的烧毁情况，能闻到明显的焦糊味道，对于这种明显的物理损坏，应首先进行更换后再进行其他方式的检修。

经检测，该故障笔记本电脑无明显物理损坏的问题。

步骤 03　检测主板各供电电路中的电感器对地阻值是否正常时发现，其中一个电感器的对地阻值异常。如图 26-15 所示为故障笔记本电脑 CPU 供电电路图，检测电感器 PL4 的对地阻值时，数字万用表的读数在十几左右跳变，而检测电感器 PL5 时数字万用表的读数则达到了五百多，再次仔细观察电感器 PL5 及其周围的电阻器及电容器时发现，PL5 可能存在虚焊问题，并因此导致了故障。

步骤 04　重新焊接存在问题的电感器，开机进行测试，故障已经排除。

步骤 05　故障检修经验总结。

在笔记本电脑检修过程中，通过对相同作用和参数的电子元器件进行对比，很容易发现问题，并找到故障点。另外在加焊过程中需要注意的是，笔记本电脑主板上的电子元器件比较密集，如果加焊操作不当，可能引起新的故障产生。

26.1.15　与 PCH 芯片有磁的不能开机

1. 故障现象

一台笔记本电脑进水后，出现不能正常开机启动的故障。

2. 故障判断

笔记本电脑进水后不能正常开机启动的故障，在检修的过程中需注意对主板进行烘干处理，并对进水较为严重的区域进行重点检测。这类故障的故障原因多为进水后造成 EC 芯片、芯片组或相关电子元器件腐蚀、损坏等。

3. 故障分析与排除过程

步骤 01　对于进水后，而导致不能正常开机启动的笔记本电脑，通常在确认故障后直接进行拆机检测。

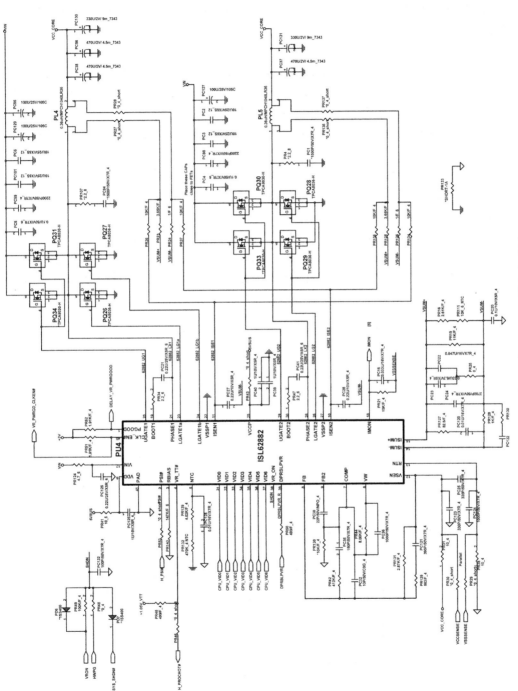

图 26-15 故障笔记本电脑 CPU 供电电路图

步骤 02　拆机检测过程的第一步是对故障笔记本电脑的主板进行清理。

当笔记本电脑主板内淤积过多的灰尘或存在异物时，可能导致笔记本电脑主板上的电路、电子元器件产生短路、散热不良等问题并引发相关故障。

特别是进水后出现故障的笔记本电脑，除了仔细清理主板外，大部分情况下还应对其进行烘干处理。

在清理的过程中，应仔细观察主板上的重要芯片、电子元器件以及硬件设备是否存在明显的物理损坏，如芯片烧焦、开裂，电容器鼓包、漏液，电路板破损，插槽或电子元器件有脱焊、虚焊问题。如果检查到存在明显的物理损坏，应首先对这些明显损坏的电子元器件或硬件设备进行加焊或更换后，再继续进行其他方式的检修。

芯片组、EC 芯片等重要芯片在进水后，比较容易出现腐蚀或损坏的问题，在检修时应特别注意。

步骤 03　清理、烘干等操作进行完，没有发现明显的问题，决定采取进一步的检修操作。

根据电路图，检测该故障笔记本电脑的 26.2V 和 5V 待机供电正常，按下主机电源开关键，有 26.2V—0V—26.2V 电压变化送至 EC 芯片。

如图 26-16 所示为该故障笔记本电脑的 EC 芯片的供电、时钟及重要开机启动信号电路图，根据电路图进行检测后发现，EC 芯片的供电、时钟及复位全部正常，且能够发送 PWRBTN# 信号到 PCH 芯片。说明 EC 芯片已经正常工作。下一步应重点检测 PCH 芯片是否正常工作。

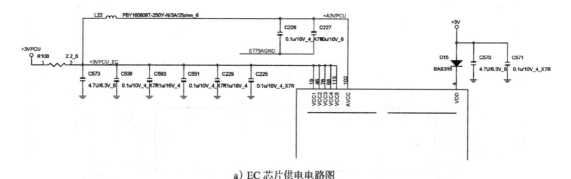

a）EC 芯片供电电路图

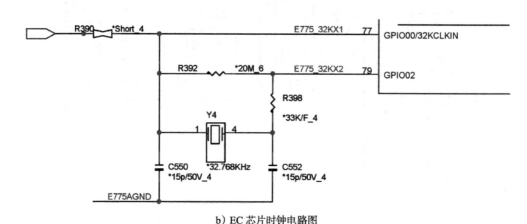

b）EC 芯片时钟电路图

图 26-16　EC 芯片的供电、时钟及重要开机启动信号电路图

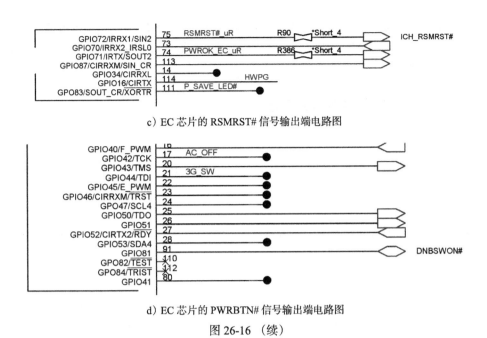

c) EC 芯片的 RSMRST# 信号输出端电路图

d) EC 芯片的 PWRBTN# 信号输出端电路图

图 26-16　（续）

　　RSMRST# 信号是用来通知芯片组（双芯片架构中为南桥芯片）26.2V 和 5V 待机供电正常的信号。此信号在某些主板上是当 EC 芯片正常工作后就会发送给芯片组，而在一些主板上则是在开机触发的时候发送给芯片组。PWRBTN# 信号是用于通知芯片组开机的信号，芯片组在收到 PWRBTN# 信号后会依次拉高 SLP_S5#、SLP_S4#、SLP_S3# 信号，开启外围供电，如 26.2V、5V 及 1.8V 等。这两个重要信号在不同厂家和型号的主板上，其命名可能存在一定的区别，但只要根据电路图找到 EC 芯片和芯片组的信号发送和接收端，就很容易理清这两个信号的传输电路。如图 26-17 所示为 PCH 芯片的 PWRBTN# 信号接收端电路图。

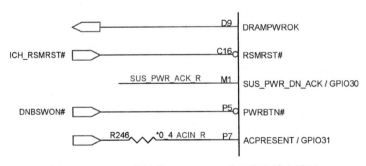

图 26-17　PCH 芯片的 PWRBTN# 信号接收端电路图

　　检测 PCH 芯片的供电、时钟及复位信号后没有发现异常，再仔细检查 PCH 芯片周围的电子元器件时没有发现脱落或虚焊等问题。

　　当 PCH 芯片的工作条件都具备，且接收到了 EC 芯片发送的开机信号，但却不能做出反馈时，通常为 PCH 芯片自身存在虚焊、不良或损坏的问题。

步骤 04　重新加焊 PCH 芯片，开机进行测试，已经能够正常进入操作系统，故障已经排除。

步骤 05　故障检修经验总结。

　　该案例的故障检修过程，强调了开机启动信号及其检测的方法。笔记本电脑的故障分析过程，是一个逻辑推理过程。学习笔记本电脑检修技术首先要牢固掌握笔记本电脑各功能模块的基本工作原理，然后逐渐积累常见故障的检修方法和步骤，在不断的实践和总结中逐步提高笔记本电脑的检修技能。

26.1.16　EC 芯片损坏导致的无法启动

1. 故障现象

一台笔记本电脑，在使用过程中突然自动关机，再次按下主机电源开关键后，无法正常开机启动。

2. 故障判断

针对该笔记本电脑的故障现象，应重点检测 EC 芯片、芯片组是否存在虚焊、不良或已经损坏。

3. 故障分析与排除过程

步骤 01　笔记本电脑的故障检修通常是先检修软件，后检修硬件。但对于这种开机无反应的故障，在确认电源适配器或可充电电池的外部供电正常后，便需要拆机进行检测。

经确认该故障笔记本电脑外部供电正常，需拆机进行检修。

步骤 02　拆机检测过程的第一步是对故障笔记本电脑的主板进行清理。当笔记本电脑主板内淤积过多的灰尘或异物，可能造成主板上的某些电路、电子元器件产生短路或散热不良的问题，并引发相关故障。

在清理的过程中，应仔细观察笔记本电脑主板上的主要电子元器件和硬件设备是否存在明显的物理损坏，如芯片烧焦和开裂问题、电容器有鼓包或漏液问题、电路板破损问题、插槽或电子元器件有脱焊或虚焊等问题。如果存在严重的烧毁情况，能闻到明显的焦糊味道，对于这种明显的物理损坏，应首先进行更换后再进行其他方式的检修。

清理并仔细观察该故障笔记本电脑后，没有发现明显的问题，需根据电路图做进一步的检修操作。

步骤 03　检测该故障笔记本电脑待机电路的 26.2V 和 5V 供电，发现其输出正常。按下主机电源开关键，有 26.2V—0V—26.2V 电压变化送至 EC 芯片。

当待机供电和主机电源开关键没有问题时，应重点检测该故障笔记本电脑的 EC 芯片和 PCH 芯片发送的关键信号是否正常，其供电、时钟及复位等工作条件是否具备。

经检测，EC 芯片的供电、时钟及复位全部正常，但是正常开机后没有给芯片组输出信号，且 EC 芯片摸上去很烫。

步骤 04　怀疑 EC 芯片损坏，更换 EC 芯片，开机进行测试，故障已经排除。

步骤 05　故障检修经验总结。

当 EC 芯片、芯片组等重要芯片的工作条件已经具备，但是没有信号输出时，其可能存在虚焊、不良或者已经损坏的问题。

26.1.17　EC 的 BIOS 芯片出现问题导致的无法启动

1. 故障现象

一台笔记本电脑，突然出现不能正常开机启动的故障。

2. 故障判断

先检测主板供电电路是否正常，然后检测 EC 芯片和芯片组各主要信号是否正常，以判断故障范围，并进行故障的排除。

3. 故障分析与排除过程

步骤 01　确认故障，排除外部供电问题。拔除可充电电池和电源适配器这两个外部供电设备，反复按主机电源开关键，去除机器内残余电量，此操作可排除部分由于静电导致的无法正常开机启动故障。

故障依旧，需拆机进行检修。

步骤 02　拆机后进行清理和观察，没有发现存在明显的物理损坏。进入下一阶段更加深入的检修操作。

步骤 03　检测主板各供电电路中的电感器对地阻值无明显偏低的问题。

如图 26-18 所示为该故障笔记本电脑时序图，从图中可以看出，在按下笔记本电脑的主机电源开关键之前，主板上存在的供电和信号主要包括 AD+、3D3V_AUX_S5、5V_AUX_S5、S5_ENABLE（KBC）、5V_S5、3D3V_S5 及 RSMRST#_KBC。

如图 26-19 所示为故障笔记本电脑的待机电路图。经测量发现，AD+、3D3V_AUX_S5、5V_AUX_S5 供电已经正常输出，但是 5V_S5、3D3V_S5 没有正常输出，下一步应根据电路图对这两个供电输出进行检测。

从图 26-19 可以看出，该电路中使用的电源控制芯片为 TPS51123，如图 26-20 所示为 TPS51123 的引脚图和功能框图。

如图 26-19 所示，TPS51123 电源控制芯片的第 8 引脚和第 17 引脚输出 3D3V_AUX_S5、5V_AUX_S5 供电，经检测该供电正常。这两个供电是由 TPS51123 电源控制芯片得到主供电并正常工作后，从内部输出的供电。

而 5V_S5、3D3V_S5 这两个供电则是 TPS51123 电源控制芯片输出驱动信号，驱动后级电路中的场效应管，并经过电感器和电容器的作用而输出的供电。5V_S5、3D3V_S5 两个供电没有正常输出，说明后级电路存在问题或 TPS51123 电源控制芯片没有正常输出驱动信号，而后者的可能性比较大。

TPS51123 电源控制芯片要输出驱动信号，驱动后级电路输出 5V_S5、3D3V_S5 这两个供电，必须其第 18 引脚有使能信号输入。而该信号的电压范围在 3.3 ~ 5V。经实测该引脚电压为 0V。

根据上述分析和检测，5V_S5、3D3V_S5 供电之所以没有正常输出，是因为 TPS51123 电源控制芯片的第 18 引脚没有得到开启信号。那么接下来的操作是，追查该信号的来源，并排除其不能正常发送的故障。

根据电路图可知，TPS51123 电源控制芯片第 18 引脚开启信号名为 S5_ENABLE，该信号是由 EC 芯片发送的。如图 26-21 所示为 EC 芯片发送 S5_ENABLE 信号的电路图。

经检测，EC 芯片的供电、时钟等信号均正常，S5_ENABLE 信号传输电路上的电阻器等电子元器件也没有损坏或性能不良的问题。此时怀疑 EC 芯片损坏，再仔细观察 EC 芯片及其周围的电子元器件时，发现 EC 芯片的 BIOS 芯片可能存在虚焊问题。如图 26-22 所示为 EC 芯片的 BIOS 芯片电路图。如果该芯片出现问题，EC 芯片将不能正确配置信息，从而造成不能正常工作的故障。

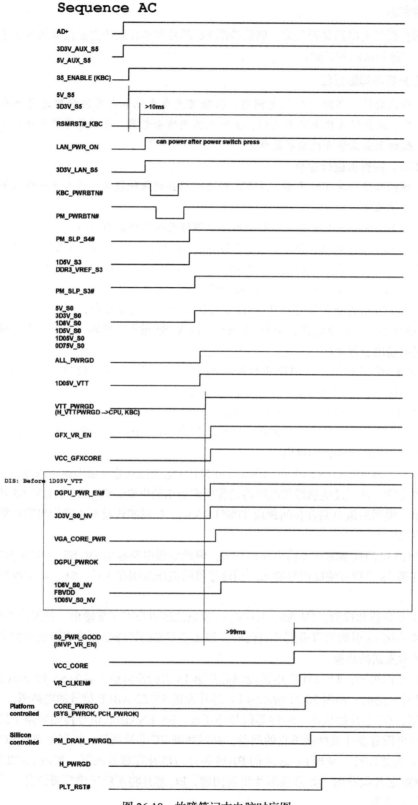

图 26-18　故障笔记本电脑时序图

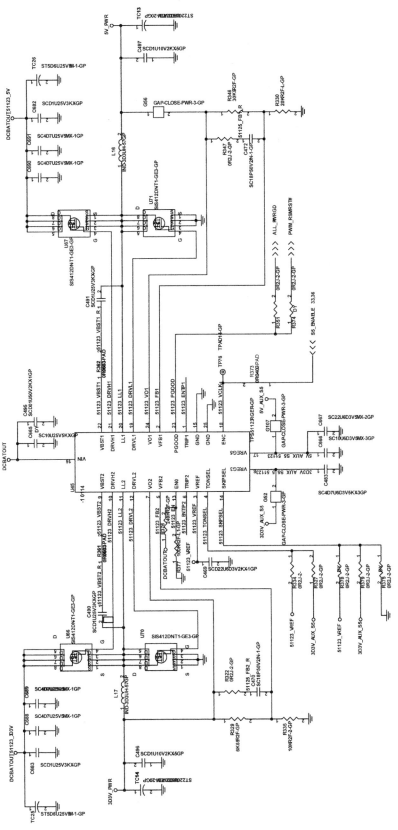

图 26-19　故障笔记本电脑的待机电路图

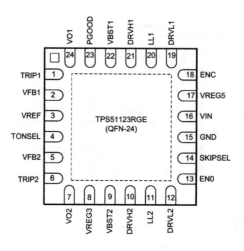

a）引脚图

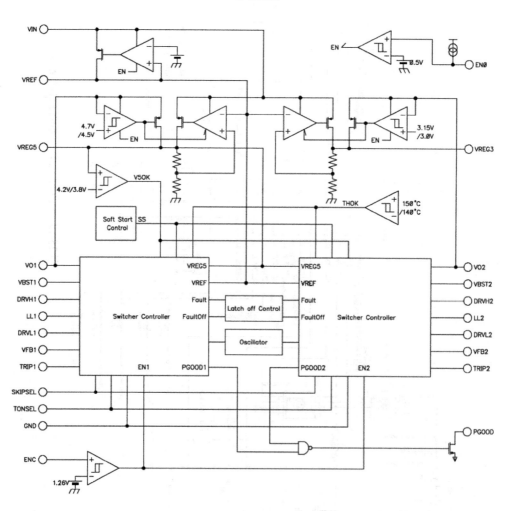

b）功能框图

图 26-20 TPS51123 的引脚图和功能框图

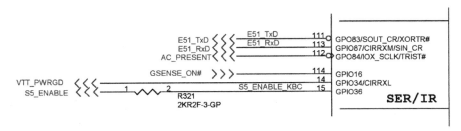

图 26-21　EC 芯片发送 S5_ENABLE 信号的电路图

步骤 04　重新焊接 EC 芯片的 BIOS 芯片，加电进行检测后发现，故障已经排除。

步骤 05　故障检修经验总结。

　　笔记本电脑的故障分析过程，是一个逻辑推理过程。学习笔记本电脑检修技术首先要牢固掌握笔记本电脑各功能模块的基本工作原理，然后逐渐积累常见故障的检修方法和步骤，在不断的实践和总结中逐步提高笔记本电脑的检修技能。

26.1.18　进水造成的不能正常开机启动

1. 故障现象

　　一台笔记本电脑，出现不能正常开机启动的故障。

2. 故障判断

　　故障发生前，曾经有进水的问题，但是还能够正常开、关机，所以没有马上检修。但是过了一段时间后，突然不能正常开机启动。

　　经过对故障发生前情况的了解，判断此故障笔记本电脑，多半为进水腐蚀造成电子元器件损坏，而不能正常开机启动。

3. 故障分析与排除过程

步骤 01　掌握故障笔记本电脑的故障现象及故障发生前的情况，是检修过程的第一步，同时也是检修过程中非常重要的一个步骤。

　　如故障发生前有跌落、撞击、进水等问题时，应首先联想到故障原因可能是跌落、撞击、进水等问题导致了相关接口接触不良或电子元器件、硬件设备损坏。

　　该故障笔记本电脑，虽然在进水之后的一段时间内能够正常使用，但是不代表进水没有对其主板造成伤害。

　　进一步确认故障后，判断需进行拆机检修。

步骤 02　拆机检测过程的第一步是对故障笔记本电脑的主板进行清理。

　　特别是进水后出现故障的笔记本电脑，除了仔细清理主板外，大部分情况下还应对其进行烘干处理。

　　清理该故障笔记本电脑的过程中，发现主板上部分电子元器件遭到了腐蚀，PCH 芯片周围也有明显的水渍存在。

　　用洗板水对腐蚀部分进行清洗后，更换受损严重的电子元器件。

步骤 03　如图 26-23 所示为故障笔记本电脑的 RTC 电路，而腐蚀最为严重的区域为电路中的晶振及其谐振电容部分。对这些电子元器件进行更换后，检测主板各供电电路中的电感器对地阻值无明显偏低的问题。

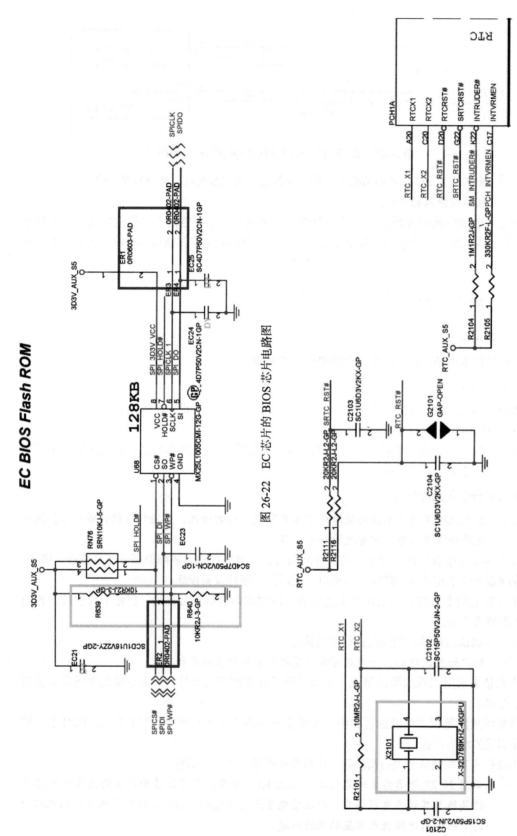

图 26-22 EC 芯片的 BIOS 芯片电路图

图 26-23 故障笔记本电脑的 RTC 电路

检测该故障笔记本电脑的待机供电，发现其输出正常。按下主机电源开关键，开机信号能够正常发送至 EC 芯片。

检测 EC 芯片和 PCH 芯片的供电、时钟及复位等信号大致正常，但是依旧不能正常开机启动，结合之前观察到的 PCH 芯片周围存在明显水渍的问题，推测 PCH 芯片可能也遭到了腐蚀，或已经损坏，并因此不能正常工作。

步骤 04　取下 PCH 芯片，进行清理后重新焊接，开机进行测试，已经能够正常开机启动，故障排除。

步骤 05　故障检修经验总结。

进水后还能够正常使用的笔记本电脑，并不代表进水的问题没有对主板造成伤害。而当笔记本电脑在运行时，由于通电及高温的问题，可能使原本简单清理就可解决的问题扩大化，造成更多的电子元器件损坏，在检修时应特别注意。

26.2　笔记本电脑供电充电类故障的维修

26.2.1　不能使用电源适配器供电

1. 故障现象

一台笔记本电脑，只使用可充电电池为笔记本电脑供电时，能够正常开机和运行，但使用电源适配器为笔记本电脑供电时，不能正常开机和运行。

2. 故障判断

笔记本电脑出现电源适配器不能使用的故障现象，其故障原因的范围主要集中在主机电源接口电路和保护隔离电路这两个电路中。所以在故障检修过程中，应重点对这两个电路进行检修。

3. 故障分析与排除过程

步骤 01　掌握故障笔记本电脑的故障现象及故障发生前的情况，是检修过程的第一步，同时也是检修过程中非常重要的一个步骤。

该故障笔记本电脑在故障发生前没有跌落、撞击或进水的状况，当只使用电源适配器供电时，按下该故障笔记本电脑的主机电源开关键时没有任何反应，进一步确认了其故障现象就是典型的不能使用电源适配器为笔记本电脑供电。

此类故障通常情况下，都需要进行拆机检修，但在拆机检修前，一定要先检测出现问题的故障笔记本电脑所采用的电源适配器本身有没有问题。

步骤 02　经检测，该故障笔记本电脑采用的电源适配器输出供电正常，于是决定拆机进行检修。

拆机检测过程的第一步是对故障笔记本电脑的主板进行清理。当笔记本电脑主板内淤积过多的灰尘或异物，可能造成主板上的某些电路、电子元器件产生短路或散热不良的问题，并引发相关故障。

该故障笔记本电脑内灰尘并不多，也没有发现异物。

在清理的过程中，应仔细观察笔记本电脑主板上的主要电子元器件和硬件设备是否存在明显的物理损坏，如芯片烧焦和开裂问题、电容器有鼓包或漏液问题、电路板破损问题、插槽或电子元器件有脱焊或虚焊等问题。如果存在严重的烧毁情况，能闻到明显的焦糊味道，对于这种明显的物理损坏，应首先进行更换后再进行其他方式的检修。

经观察，该故障笔记本电脑主板上的电子元器件没有明显的物理损坏问题。

步骤 03 根据故障现象判断的故障原因范围，进一步对主机电源接口电路和保护隔离电路这两个电路进行检测。

根据该故障笔记本电脑的电路图，进行检测时发现，电源适配器的输入供电能够正常通过主机电源接口电路，但保护隔离电路中的场效应管 PQ103 没有导通，再进一步检测发现，电阻器 PR106 已经损坏。判断正是由于电阻器 PR106 的损坏，造成电路不能导通，从而引发了相关故障，如图 26-24 所示为故障笔记本电脑的保护隔离电路局部电路图。

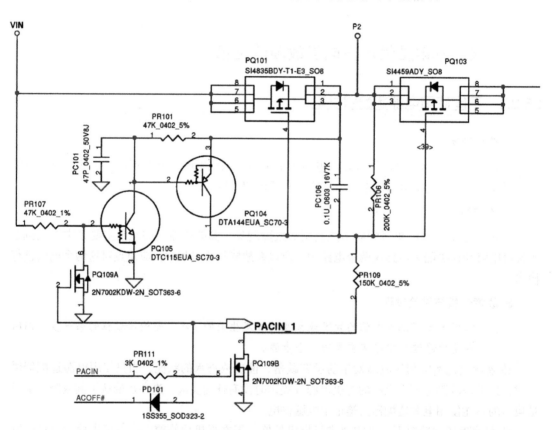

图 26-24 故障笔记本电脑的保护隔离电路局部电路图

步骤 04 更换损坏的电阻器 PR106，加电进行测试，故障已经排除。

步骤 05 故障检修经验总结。

该故障笔记本电脑出现的故障，属于故障现象明显，易于判断故障原因的故障类型。

笔记本电脑的故障分析过程，是一个逻辑推理的过程。学习笔记本电脑检修技术首先要牢固掌握笔记本电脑各功能模块的基本工作原理，然后逐渐积累常见故障的检修方法和步骤，在不断的实践和总结中逐步提高笔记本电脑的检修技能。

26.2.2　可充电电池不能充电

1.故障现象

一台使用了两年的笔记本电脑，出现可充电电池不能充电的故障。

2.故障判断

笔记本电脑出现可充电电池不能充电的故障，是比较容易解决的故障类型。因为其故障现象明显，故障原因的范围通常都集中在可充电电池本身、可充电电池接口电路以及充电控制电路的范围内。

3.故障分析与排除过程

步骤 01　笔记本电脑的可充电电池出现不能充电的故障，是比较常见的故障现象。通常情况下，可充电电池在使用两年以后，都会出现不同程度的老化问题，部分小品牌或低端定位的笔记本电脑其可充电电池的使用寿命可能更短。

首先通过替换法，排除可充电电池存在问题而导致了故障，经替换后发现，性能良好的可充电电池也不能在故障笔记本电脑上充电。说明故障原因主要集中在主板的电池接口电路或充电控制电路中，所以决定拆机进行检测。

步骤 02　拆机检测过程的第一步是对故障笔记本电脑的主板进行清理。并在清理的过程中，仔细观察笔记本电脑主板上的主要电子元器件和硬件设备是否存在明显的物理损坏。

鉴于该故障笔记本电脑出现的故障现象，应重点对电池接口电路和充电控制电路进行清理和观察。

简单地清理和仔细观察后，没有发现明显的物理损坏。所以决定检测该故障笔记本电脑的充电控制电路。

步骤 03　由于笔记本电脑主板上的电子元器件比较密集，各种供电电路又比较多，所以通常情况下，根据主板上易于识别的电感器的编号找到需要找到的供电电路，是一种十分有效的方法。而同时，通过检测供电电路中的电感器，还能够迅速判断供电电路的输出是否存在问题。

如图 26-25 所示为该故障笔记本电脑的充电控制电路的局部电路图。

如图 26-25 所示，在不加电的情况下对电路中的场效应管、电感器及电阻器进行检测后发现，电感器 PL6 已经损坏，由此判断正是电感器 PL6 的损坏导致充电控制电路不能正常输出供电，而造成可充电电池不能充电的故障。

步骤 04　更换电感器 PL6，加电进行检测，故障已经排除。

步骤 05　故障检修经验总结。

笔记本电脑的可充电电池出现不能充电的故障，由于故障现象比较易于分析，很容易判断出故障原因的范围和具体的故障点，所以处理起来也相对容易。但是在检修的操作过程中应注意，故障分析过程的逻辑性，以免造成误判。也要注意方式、方法，以免遗漏真正的故障原因或由于操作不当引起二次故障。

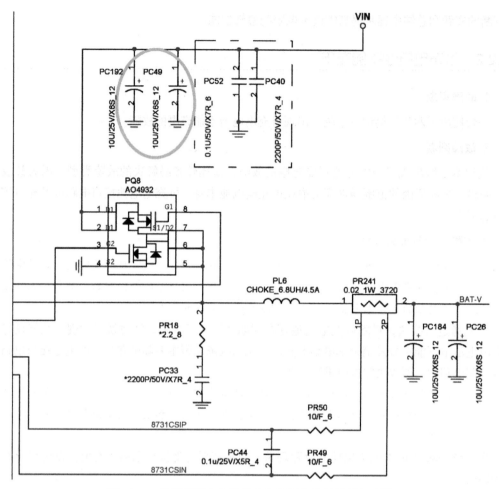

图 26-25 故障笔记本电脑的充电控制电路的局部电路图

26.2.3 电源控制芯片问题导致的不能开机

1. 故障现象

一台廉价笔记本电脑，使用时间较长，突然出现不能开机的故障。

2. 故障判断

不能开机，是笔记本电脑常见的故障现象。处理此类故障的基本原则是先检查供电，再检测时钟信号，最后检测复位信号。

3. 故障分析与排除过程

步骤 01 故障发生前没有发生跌落、撞击或进水的问题，只是在正常使用过程中，笔记本电脑突然自动关机，再次启动时，已经不能正常开机。确认该故障后，认为应该拆机进行检测。

步骤 02 拆机后发现，故障笔记本电脑的主板上不仅沉积了很多灰尘，而且还有受潮的迹象。对故障笔记本电脑进行清理，并仔细观察主板上的各种电子元器件和硬件设备有无明显的物理损坏。

清理并仔细观察后，没有发现明显的物理损坏，没有焦糊味。先对主板进行烘干处理。

步骤 03　烘干处理后，在待机状态下检测主机电源开关键是否有 26.2V 待机电压，经检测该处无待机供电。所以继续检测待机电路是否正常。该故障笔记本电脑采用开关稳压电源电路，在待机时输出 26.2V 和 5V 待机供电。经检测，待机电路的 26.2V 和 5V 待机供电都没有输出，摸电源控制芯片时温度明显偏高，检测电源控制芯片各种供电和信号输入时，发现基本正常，但是没有信号输出，怀疑电源控制芯片不良或已经损坏。

步骤 04　更换电源控制芯片后，26.2V 和 5V 待机供电正常输出，故障已经排除。

步骤 05　故障检修经验总结。

硬件设备或电子元器件虚焊、不良或损坏而导致的故障，常见于廉价笔记本电脑或使用时间较长、使用环境较为恶劣的笔记本电脑。

这是因为廉价笔记本电脑采用的硬件设备、电子元器件品质不好，比较容易出现问题。而使用时间较长、使用环境较为恶劣的笔记本电脑，其内部的硬件设备、电子元器件会出现不同程度的老化、开焊问题，从而引起相关故障。所以在检修的时候要特别注意对故障笔记本电脑的品质以及损耗情况的了解，这非常有助于检修过程中故障原因的判断。

26.2.4　笔记本电脑自动重启

1. 故障现象

一台笔记本电脑，出现经常自动重启的故障。

2. 故障判断

笔记本电脑出现的自动重启故障，有很大一部分故障原因是其散热问题导致的，也有一部分原因是相关供电电路出现问题导致的。

3. 故障分析与排除过程

步骤 01　了解故障发生前的具体情况，掌握故障原因及现象，是笔记本电脑检修过程的第一步，同时也是检修过程中非常重要的一个步骤。如故障发生前有跌落、撞击、进水等问题时，应首先联想到故障原因可能是跌落、撞击、进水等问题，导致了相关接口接触不良或电子元器件、硬件设备损坏等。

而该故障笔记本电脑，在故障发生前没有出现跌落、撞击、进水等问题，但故障发生在温度较高的夏天。

步骤 02　根据故障现象，对该故障笔记本电脑进行拆机检修。其首要目标是清理笔记本电脑主板上的灰尘，改善其内部工作环境。

笔记本电脑硬件出现问题导致的故障，如系统运行缓慢或经常自动重启等，很大一部分是由于笔记本电脑的散热不良所导致的，处理此类故障时不仅要改善笔记本电脑的外部散热环境，还要对笔记本电脑的内部进行清理，检修散热器等硬件是否存在问题。

而笔记本电脑出现比较严重的故障时，如不能开机、自动关机、自动重启以及黑屏无显示等故障时，通常是由于笔记本电脑主板供电电路、时钟电路及复位电路等出现问题导致的。

其中最容易出现问题的是主板供电电路，其不仅分布广、涉及的电子元器件多，而且长期处于工作状态。处理此类故障时，应根据故障分析找出具体的故障点，然后通过更换或加焊出现问题的电子元器件或相关硬件设备从而达到故障排除的目的。

在清理过程中，还应仔细观察主板上的电子元器件和相关硬件设备是否存在虚焊、脱落或烧焦等明显物理损坏。

在清理和观察该故障笔记本电脑时发现，其 CPU 插槽附近的一个场效应管，存在虚焊问题，而 CPU 插槽附近的供电电路通常为 CPU 的核心供电电路，其电路中电子元器件出现问题后是可能导致自动重启故障的。由此判断，真正的故障原因为 CPU 供电电路中一个场效应管存在虚焊问题。

步骤 03 为了进一步确认故障原因，找到该故障笔记本电脑的电路图。通过出现虚焊的场效应管编号对照电路图发现，该虚焊的场效应管为 CPU 供电电路中的下场效应管 PQ203。如图 26-26 所示为故障笔记本电脑 CPU 供电电路局部电路图。

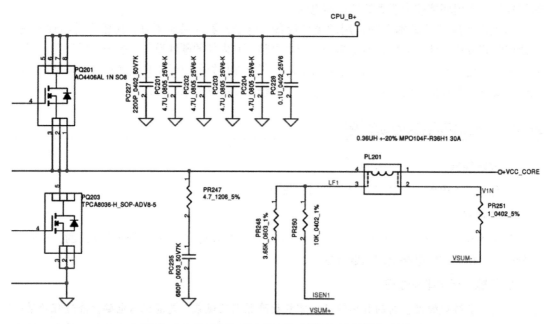

图 26-26　故障笔记本电脑 CPU 供电电路局部电路图

步骤 04 对 CPU 供电电路中的场效应管 PQ203 进行加焊后，经过检测，故障已经排除。

步骤 05 故障检修经验总结。

在加焊过程中需要注意的是，笔记本电脑主板上的电子元器件比较密集，如果加焊操作不当，可能引起新的故障产生。

在检修过程完成之后，要及时进行检修经验的总结，只有不断地总结经验，才能进一步提升笔记本电脑检修技能。

26.2.5　笔记本无法正常充电

1. 故障现象

一台笔记本电脑久置后再次使用，出现可充电电池无法正常充电故障。

2. 故障判断

根据故障现象分析，笔记本电脑出现不能充电的故障多与主板上的充电控制电路、EC 芯片以及可充电电池接口电路有关。

3.故障分析与排除过程

步骤 01　在拆机检修前，应首先排除可充电电池出现问题而导致了故障。

笔记本电脑的可充电电池，在使用两年以后都会出现不同程度的老化问题。而廉价、低端机型的可充电电池可能寿命更短，在检修时应特别注意。

将故障笔记本电脑的可充电电池放到性能良好的机器上进行测试，发现其能够正常充电。排除了可充电电池存在问题而导致了故障的可能性。

确认故障原因范围，应该在故障笔记本电脑的主板上。

步骤 02　拆机检修过程的第一步是对故障笔记本电脑的主板进行清理。

特别是针对这种放置一段时间再次使用的笔记本电脑，其内部淤积灰尘或受潮，极易导致不能正常启动、死机或黑屏等故障。

清理时还应仔细观察故障笔记本电脑主板上的重要芯片、电子元器件及硬件设备是否存在明显的物理损坏，如芯片烧焦、开裂，电容器鼓包、漏液，电路板破损，插槽或电子元器件有脱焊、虚焊问题。如果检查到存在明显的物理损坏，应首先对这些明显损坏的电子元器件或硬件设备进行加焊或更换后，再继续进行其他方式的检修。

鉴于该故障笔记本电脑的故障现象，应特别关注其充电控制电路和可充电电池接口电路部分。

在清理和观察该故障笔记本电脑的过程中，发现可充电电池接口附近的两个电阻器存在被腐蚀问题。

步骤 03　如图 26-27 所示为该故障笔记本电脑可充电电池接口电路图。出现被腐蚀问题的两个电阻器在电路图中的编号为 PR13 和 PR14。

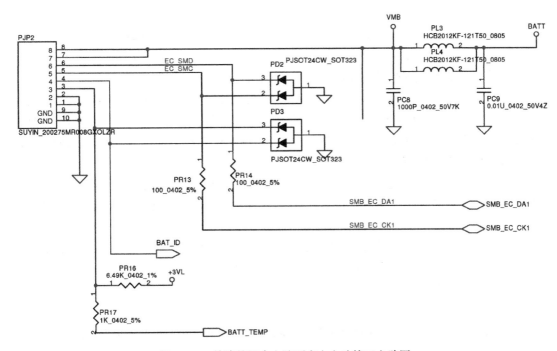

图 26-27　故障笔记本电脑可充电电池接口电路图

步骤 04 直接更换电阻器 PR13 和 PR14 后，开机进行测试，故障已经排除。

步骤 05 故障检修经验总结。

笔记本电脑主板上的电子元器件及硬件设备，因为受潮、灰尘或撞击、进水等问题，经常出现虚焊、脱落以及损坏或性能不良等问题，从而引发相关故障。

在拆机检修笔记本电脑的过程中，一直强调清理灰尘并仔细观察主板，对受潮严重或进水的故障主板进行烘干处理。

一方面，清理、烘干的检修步骤，能够解决部分因为散热、短路问题而导致的故障，并且还能够预防故障反复出现。

另一方面，有些故障是能够通过观察直接发现的，比如明显的开焊、脱落问题，或硬件设备变形、芯片烧焦等，非常有效地节省了检修的时间和精力。

26.2.6 与 CPU 供电电路有关的故障

1. 故障现象

一台笔记本电脑，进水后出现不能正常开机启动的故障。

2. 故障判断

笔记本电脑进水后出现不能正常开机启动，是常见的故障现象。拆机后应对进水较为严重区域进行重点检测。

3. 故障分析与排除过程

步骤 01 了解故障发生前的情景，确认故障现象。因为进水量比较大，确认故障后马上进行拆机检修。

步骤 02 拆机后发现故障笔记本电脑主板因为进水，造成了很多地方出现了较为严重的损坏，特别是 CPU 供电电路部分。

清理、烘干主板，直接更换损坏明显的电子元器件。

步骤 03 加电进行测试，依旧无法正常开机启动，通过检测对地阻值发现主板存在短路问题。

在笔记本电脑的开机启动过程中，由于主板上存在短路、某一路供电没有正常输出或出现热保护、过流保护、POST 异常以及 CPU 的工作条件没有正常满足时，会导致系统终止开机启动过程、造成触发掉电等故障。

因为该故障笔记本电脑进水的问题，虽然更换了部分明显损坏的电子元器件，但是还可能存在损坏但没能观察到的电子元器件。所以对进水较为严重区域的电子元器件再次进行检测。

如图 26-28 所示为该故障笔记本电脑 CPU 供电电路图，根据电路图进行检测时发现场效应管 PQ201 供电端的电容器 PC228 损坏，并推测此问题导致了故障。

步骤 04 更换损坏的电容器，加电进行测试，故障已经排除。

步骤 05 故障检修经验总结。

进水故障的笔记本电脑，应重点检测进水较为严重区域的电子元器件是否存在问题而导致了故障。

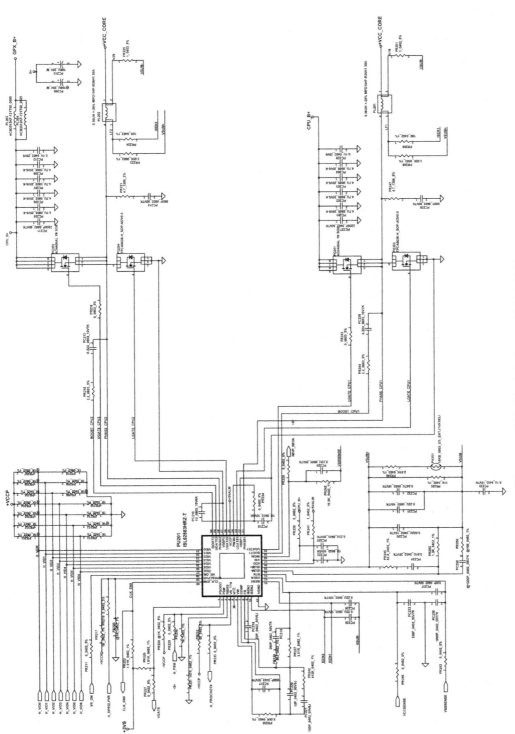

图 26-28　故障笔记本电脑 CPU 供电电路图

26.2.7 与电源控制芯片供电有关的故障

1. 故障现象

一台笔记本电脑，使用时间为三年左右，没有进水和摔落等问题，突然出现无法正常开机启动的故障。

2. 故障判断

故障笔记本电脑主板上的电子元器件或相关硬件设备，可能存在性能不良、虚焊或损坏等问题。

3. 故障分析与排除过程

步骤 01 拔除可充电电池和电源适配器这两个外部供电设备，反复按主机电源开关键，去除机器内残余电量，此操作可排除部分由于静电导致的无法正常开机启动故障。

排除可充电电池和电源适配器外部供电问题，确认需拆机进行检修。

步骤 02 拆机后清理并仔细观察主板，无明显损坏或异常的情况。

步骤 03 接入供电，待机电流值为 0.02A，触发后电流值上升到 0.4A，然后又掉回 0.02A，无法正常开机启动，且确定为触发掉电故障。

在笔记本电脑的开机启动过程中，由于主板上存在短路、某一路供电没有正常输出或出现热保护、过流保护、POST 异常以及 CPU 的工作条件没有正常满足时，会导致系统终止开机启动过程、造成触发掉电等故障。这类故障是笔记本电脑检修过程中经常遇到的，而正常情况下，发生这类故障的笔记本电脑其待机供电是正常的，EC 芯片、芯片组的工作条件和信号发送也是正常的。

检修触发掉电类故障时，应重点检测故障笔记本电脑主板上是否存在短路问题，外围供电和 CPU 核心供电是否正常开启，CPU 的供电、时钟及复位信号等工作条件是否正常，POST过程是否正常。

检测主板各供电电路中的电感器对地阻值无明显偏低的问题。

检测该故障笔记本电脑待机电路的 26.2V 和 5V 供电，发现其输出正常。按下主机电源开关键，有 26.2V—0V—26.2V 电压变化送至 EC 芯片。

当待机供电和主机电源开关键没有问题时，应重点检测该故障笔记本电脑的 EC 芯片和 PCH 芯片发送的关键信号是否正常。

经检测，EC 芯片的供电、时钟及复位全部正常，且能够发送 RSMRST# 和 PWRBTN# 信号到 PCH 芯片。

检测 PCH 芯片的 32.768kHz 晶振波形正常、供电及复位也基本正常。再仔细检查 PCH 芯片周围的电子元器件，没有发现脱焊或虚焊问题。

当 EC 芯片和芯片组正常工作且开启各种供电时，常见因为某一路供电没有正常输出而导致触发掉电的故障。此时可通过检测各种供电电路中的电感器上的电压，以判断该供电电路是否正常输出了供电。

而通常情况下，CPU 核心供电是最后开启输出的供电，当检测 CPU 供电已经正常输出时，大致可以判断其他主要供电都已经正常输出。

经检测，CPU 供电没有正常输出，于是检测 CPU 供电电路中的各种主要电子元器件，没有发现明显异常。加电检测 CPU 供电电路中电源控制芯片的工作条件，如图 26-29 所示为该故障笔记本电脑的 CPU 供电电路图。

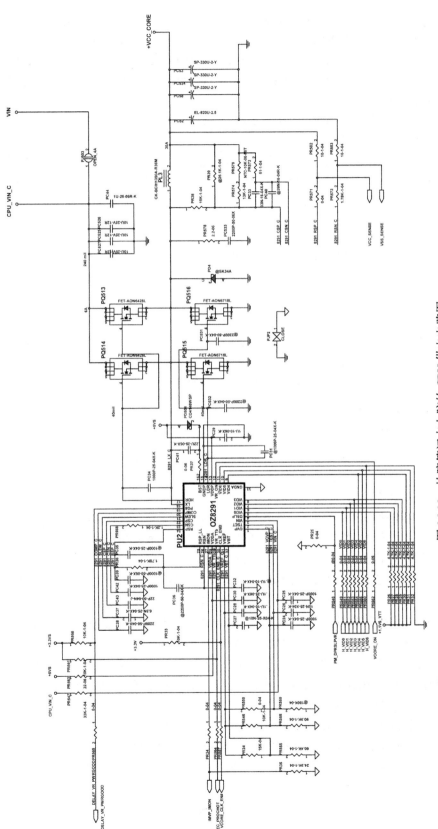

图 26-29 故障笔记本电脑的 CPU 供电电路图

根据电路图进行检测时发现，电源控制芯片第 12 脚 VR_ON 开启信号 26.2V 正常，第 3 脚 VIN 供电正常，第 13 脚 VDDP 的 5V 供电正常。而检测到其第 28 脚 VDDA 的供电时发现问题，实测为 3.6V 左右跳变，应该为 5V。根据电路图检测该供电异常的原因，发现可能是由于电阻器 PR563 出现问题导致电源控制芯片该引脚的供电电压偏低，并引发了 CPU 供电电路无供电输出的故障。

步骤 04 更换出现问题的电阻器，加电进行测试，故障已经排除。

步骤 05 故障检修经验总结。

直接查 CPU 供电电路输出，可大致判断其他主要供电电路输出是否已经正常。但也不是绝对的，只是一种快速判断故障的方法。笔记本电脑的故障分析过程，是一个逻辑推理过程。学习笔记本电脑检修技术首先要牢固掌握笔记本电脑各功能模块的基本工作原理，然后逐渐积累常见故障的检修方法和步骤，在不断的实践和总结中逐步提高笔记本电脑的检修技能。

26.2.8　电源控制芯片损坏导致的故障

1. 故障现象

一台笔记本电脑，长时间使用后突然掉电关机，之后出现无法正常开机启动故障。

2. 故障判断

根据故障现象判断，重点检测主板保护隔离电路、系统供电电路等电路中的电源控制芯片以及 EC 芯片和芯片组等是否存在问题而导致了故障。

3. 故障分析与排除过程

步骤 01 确认故障，排除电源适配器及可充电电池外部供电存在问题。

步骤 02 拆机后清理主板，并仔细观察是否存在明显物理损坏。

检测后发现，有个电阻器已经明显损坏。

步骤 03 如图 26-30 所示为该故障笔记本电脑的保护隔离电路图，发现明显损坏的电阻器为电路中的电阻器 R6015，根据电路图可以看出该电阻器损坏后，将导致保护隔离电路中电源控制芯片 BQ24721C 的供电出现问题，并引起相关故障。

更换损坏的电阻器，加电进行测试时发现，故障依旧。

检测电源控制芯片 BQ24721C 的第 12 引脚和第 32 引脚供电正常，但是其第 2 引脚无法输出控制信号，导通场效应管 Q6001，从而使保护隔离电路无法正常输出供电。

如图 26-31 所示为该故障笔记本电脑的主机电源接口电路及可充电电池接口电路图，可充电电池通过其接口电路输出名为 +VPACK 的供电进入保护隔离电路。电源适配器的输入供电通过主机电源接口输出 +VADPTR 供电进入保护隔离电路，然后为电路中的电源控制芯片提供供电，电源控制芯片 BQ24721C 正常工作后，会发送控制信号导通场效应管 Q6001，从而使保护隔离电路输出系统的总供电 +VBAT。

再次仔细检测保护隔离电路中的电子元器件，无明显掉件、虚焊问题，触摸电源控制芯片 BQ24721C 的温度非常高，考虑到之前损坏的电阻器，怀疑电源控制芯片 BQ24721C 已经损坏。

步骤 04 更换电源控制芯片 BQ24721C，开机进行测试，故障已经排除。

步骤 05 故障检修经验总结。

电源控制芯片损坏，是常见的故障原因，在检修时应特别注意。

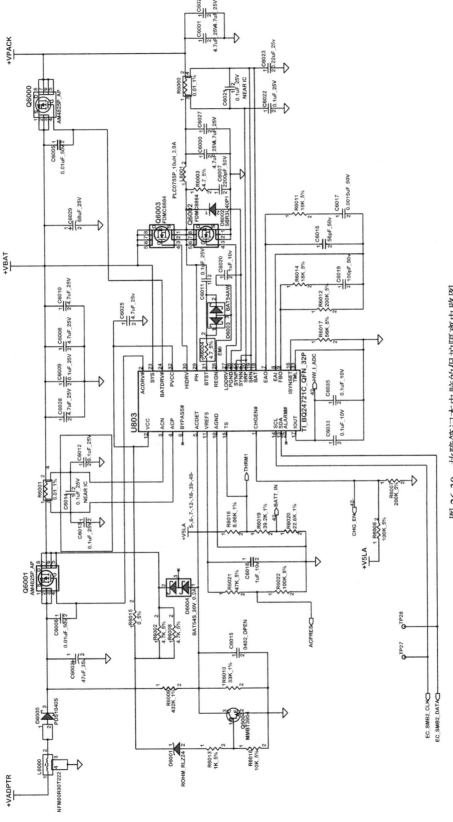

图 26-30　故障笔记本电脑的保护隔离电路图

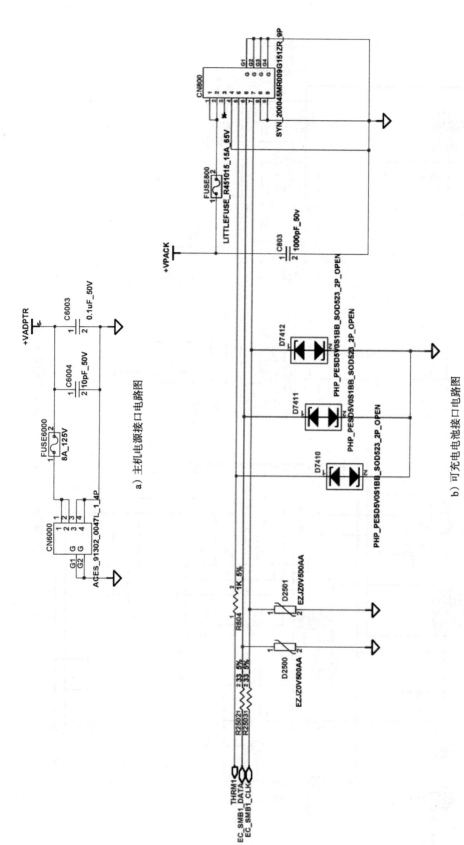

a) 主机电源接口电路图

b) 可充电电池接口电路图

图 26-31 故障笔记本电脑的主机电源接口电路及可充电电池接口电路图

26.2.9　供电电路没有正常输出导致的故障

1. 故障现象

一台笔记本电脑，在使用过程中突然自动关机，再次启动时已经无法正常开机。

2. 故障判断

此类故障，应重点检测故障笔记本电脑的主板供电电路是否存在问题，或主板上是否存在短路问题。

3. 故障分析与排除过程

步骤 01　确认故障，并排除电源适配器和可充电电池外部供电存在问题。

步骤 02　拆机后进行清理和观察，没有发现较为明显的问题。

步骤 03　检测故障笔记本电脑主板各供电电路中的电感器对地阻值，无明显偏低问题。

检测该故障笔记本电脑待机电路的 26.2V 和 5V 供电，发现其输出正常。按下主机电源开关键，有 26.2V—0V—26.2V 电压变化送至 EC 芯片。

当待机供电和主机电源开关键没有问题时，应重点检测该故障笔记本电脑的 EC 芯片和 PCH 芯片发送的关键信号是否正常。

经检测，EC 芯片的供电、时钟及复位全部正常，且能够发送 RSMRST# 和 PWRBTN# 信号到 PCH 芯片。说明 EC 芯片已经正常工作，接着应检测 PCH 芯片是否正常工作。

检测 PCH 芯片的 32.768kHz 晶振波形正常、供电及复位也基本正常。再仔细检查 PCH 芯片周围的电子元器件，没有发现明显的脱焊或虚焊问题。

当 EC 芯片和芯片组正常工作且开启各种供电时，常见因为某一路供电没有正常输出或主板存在短路问题等，而导致触发掉电的故障。此时可通过检测各种供电电路中电感器上的电压，以判断该供电电路是否正常输出了供电。

经检测该故障笔记本电脑的 CPU 核心供电还没有正常开启，触发后检测各主要开关电源电路中的电感器，判断其是否正常输出供电。

经检测发现，主板上的 +1.5VP 供电电路没有正常输出供电，于是对该电路进行重点检测。如图 26-32 所示为 +1.5VP 供电产生电路图。

检测该供电电路中的电阻器、电容器及电感器基本正常，场效应管也没有问题且供电正常。该供电电路采用的是电源控制芯片 TPS51117，表 26-1 所示为电源控制芯片 TPS51117 引脚功能表，图 26-33 所示为 TPS51117 的引脚图和内部功能框图。

表 26-1　电源控制芯片 TPS51117 引脚功能表

引脚序号	引脚名称	引脚功能	引脚序号	引脚名称	引脚功能
1	EN-PSV	使能控制	8	PGND	功率地
2	TON	频率控制	9	DRVL	下开关管驱动信号输出
3	VOUT	输出电压检测输入	10	V5DRV	5V 供电
4	V5FILT	5V 供电	11	TRIP	过流检测设置
5	VFB	反馈输入	12	LL	电感连接
6	PGOOD	POWER GOOD 信号输出	13	DRVH	上开关管驱动信号输出端
7	GND	接地	14	VBST	滤波电容连接端

经检测电源控制芯片 TPS51117 的 5V 供电正常，触发后 SYSON 信号输入正常，但是用示波器检测在触发时，电源控制芯片 TPS51117 驱动场效应管的信号输出端无波形变化，说明其没有正常输出驱动信号。

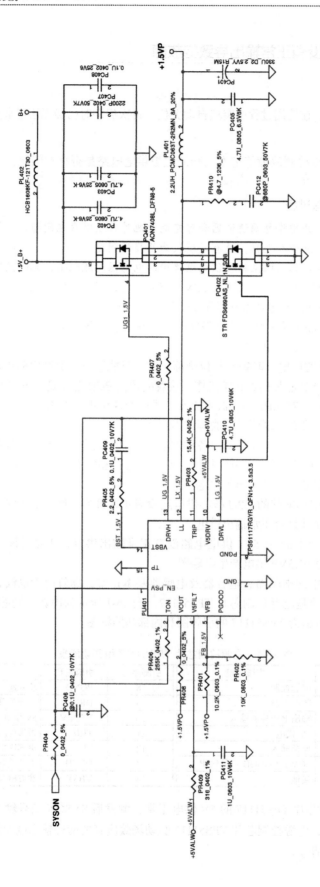

图 26-32 +1.5VP 供电产生电路图

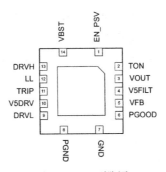

a) TPS51117 引脚图

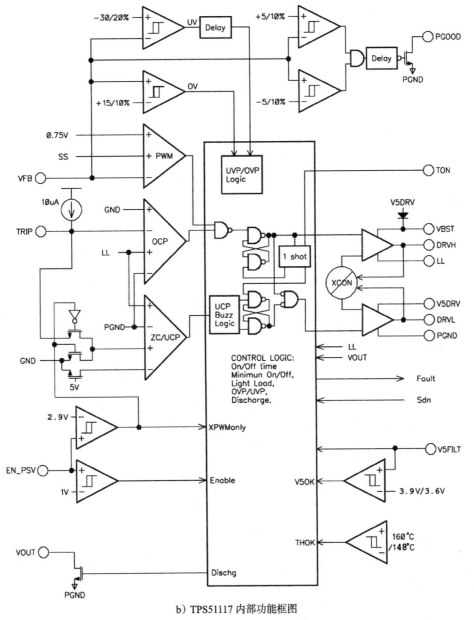

b) TPS51117 内部功能框图

图 26-33　TPS51117 的引脚图和内部功能框图

结合上述检测，当电源控制芯片的各种供电及开启信号等都正常时，但仍无法正常工作，通常为电源控制芯片存在虚焊、不良或损坏的问题。

步骤 04 更换电源控制芯片 TPS51117，开机进行测试时发现，已经能够正常进入操作系统，故障排除。

步骤 05 故障检修经验总结。

笔记本电脑的故障分析过程，是一个逻辑推理过程。学习笔记本电脑检修技术首先要牢固掌握笔记本电脑各功能模块的基本工作原理，然后逐渐积累常见故障的检修方法和步骤，在不断的实践和总结中逐步提高笔记本电脑的检修技能。

26.2.10 电源适配器不能正常使用

1. 故障现象

一台笔记本电脑，在不慎跌落后，出现使用电源适配器供电时，有时能够正常使用，有时不能够正常使用的故障。

2. 故障判断

此故障现象说明，在排除电源适配器异常的情况下，多半为笔记本电脑的主机电源接口存在虚焊、损坏，或主机电源接口电路和保护隔离电路中的电子元器件存在虚焊、损坏等问题。

所以在检修的过程中，应重点对上述两条电路进行检修。

3. 故障分析与排除过程

步骤 01 笔记本电脑因为跌落、撞击或进水而导致不能开机、黑屏故障是比较常见的。而该故障笔记本电脑，在不慎跌落后，出现使用电源适配器供电时，有时能够正常使用，有时不能够正常使用的故障，则相对少见。

拿到故障笔记本电脑后，进一步确认故障，以确保拆机检修的必要性。此时只使用电源适配器供电时，已经完全不能开机。检测该故障笔记本电脑使用的电源适配器，经检测其输出供电正常，于是决定拆机检修。

步骤 02 拆机检修过程的第一步，是对故障笔记本电脑的主板进行清理。并且在清理的过程中，仔细观察故障笔记本电脑的主板上主要电子元器件和硬件设备是否存在明显的物理损坏，如芯片烧焦和开裂问题、电容器有鼓包或漏液问题、电路板破损问题、插槽或电子元器件有脱焊、虚焊等问题。如果存在严重的烧毁情况，能闻到明显的焦糊味道，对于这种明显的物理损坏，应首先进行更换后再进行其他方式的检修。

而鉴于该故障笔记本电脑，应重点检测主机电源接口电路和保护隔离电路中的电子元器件，是否存在虚焊、脱落等问题。

简单清理并仔细观察后，没有发现明显的物理损坏和虚焊问题。

步骤 03 找到该故障笔记本电脑的电路图，根据电路图进行检测。如图 26-36 所示为该故障笔记本电脑保护隔离电路的局部电路图。

如图 26-34 所示，场效应管 PQ1 在电路中起供电切换功能，当电路中的场效应管 PQ1 正常导通时，笔记本电脑由电源适配器供电。在不加电的情况下，初步对场效应管 PQ1 检测时发现，其已经损坏。

为了进一步确认故障，加电进行检测，只插入电源适配器、卸掉可充电电池，检测场效应管的 PQ1 的 5、6、7、8 引脚，该 +DC_IN_SS 供电为主机电源接口输出的供电。

经检测该供电正常，说明该故障笔记本电脑的主机电源接口电路没有问题，能够正常输出供电。

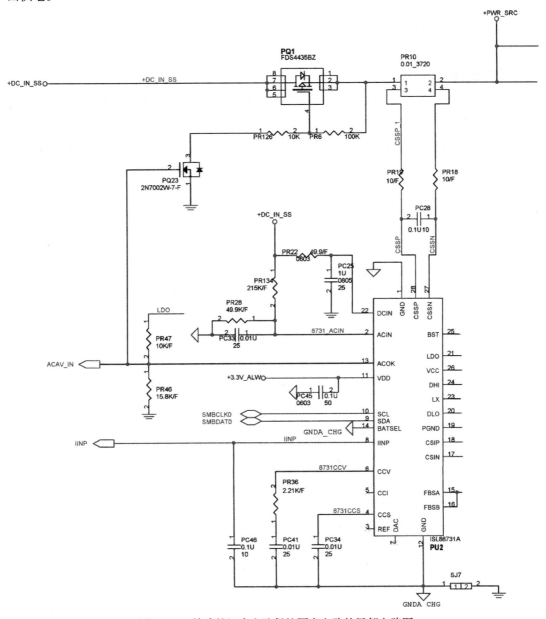

图 26-34　故障笔记本电脑保护隔离电路的局部电路图

判断场效应管 PQ1 损坏，导致故障笔记本电脑不能正常使用电源适配器为笔记本电脑供电。

步骤 04　更换损坏的场效应管，加电进行测试，故障已经排除。

步骤 05　故障检修经验总结。

硬件设备或电子元器件虚焊、损坏导致的故障，常见于工作温度较高，或使用时间较长、使用环境较为恶劣，或出现进水、跌落、撞击等状况的笔记本电脑。

在检修故障的过程中，首先根据故障现象逐步推导故障原因，像这种故障现象明显，故障原因较少的故障，只要掌握了方法，是非常易于处理的。

笔记本电脑液晶显示屏类故障的维修

26.3.1 笔记本显示屏花屏

1.故障现象

一台配置有独立显卡的笔记本电脑，在玩游戏的过程中出现花屏故障，重启后故障依旧。

2.故障判断

造成笔记本电脑出现花屏的故障原因有很多，软件方面如显示设置分辨率过高、显卡的驱动程序损坏、不兼容等问题，以及被感染病毒等。硬件方面则主要有屏线及其接口存在不良、损坏等问题，显卡及其插槽存在问题等。

检测此类故障时，应首先排除是否由于软件问题导致了故障。

然后通过外接显示器，判断是由于主机内的显卡等硬件或相关电路出现问题导致了故障，还是由于屏线或液晶显示屏等硬件出现问题导致了故障。

而该故障笔记本电脑出现花屏故障之前，正处于游戏状态。笔记本电脑的独立显卡属于耗电量和发热量都很大的设备，也是比较容易出现问题的硬件之一。所以在检修过程中应特别注意。

3.故障分析与排除过程

步骤 01 掌握故障笔记本电脑的故障原因及现象，是检修过程的第一步，同时也是检修过程中非常重要的一个步骤。

针对该故障笔记本电脑故障发生前的状况，显卡的驱动程序损坏或病毒等问题导致了故障的可能性不是很大，但为了进一步确定故障现象，在检修的过程中，还是应该开机查看花屏的程度，以及显卡驱动或相关设置是否存在问题。

开机查看后，发现确实为典型的花屏故障，而驱动程序及相关设置也没有明显的问题。

步骤 02 检修笔记本电脑的显示故障时，通常采用外接显示器的方法，区分故障原因是笔记本电脑主机内的显卡等硬件出现问题导致了故障，还是屏线和液晶显示屏等硬件出现问题导致了故障。

通过外接显示器检测后发现，外接显示器能够正常显示笔记本电脑主机输出信息，说明该故障笔记本电脑的故障原因并不是显卡出现问题导致的。

而此时分析，故障原因很可能是屏线和液晶显示屏等硬件设备或相关电路出现问题，导致了花屏故障。于是决定进行拆机检测。

步骤 03 拆机检修过程的第一步是对故障笔记本电脑的主板进行清理。当笔记本电脑主板内淤积过多的灰尘或异物，可能造成主板上的某些电路、电子元器件产生短路或散热不良的问题，并引发相关故障。

笔记本电脑在玩游戏时其内部温度会明显升高，有可能造成相关硬件设备或电子元器件出现损坏的问题。

鉴于该故障笔记本电脑的情况，应首先检修屏线接口及其相关电路是否存在问题。如图26-35所示为故障笔记本电脑的液晶显示屏接口电路图。

经过初步检测后发现，屏线接口电路并没有明显的问题。笔记本电脑的主机和液晶显示屏之间通过屏线进行供电和数据通信，而屏线算是笔记本电脑配件中价格比较低廉的产品，其市场价格通常在十几元到几十元，所以此时应使用替换法，测试是否由于故障笔记本电脑的屏线不良导致了花屏故障。更换屏线时需注意，不同笔记本电脑其采用的屏线规格是不同的，很多屏线并不能通用。

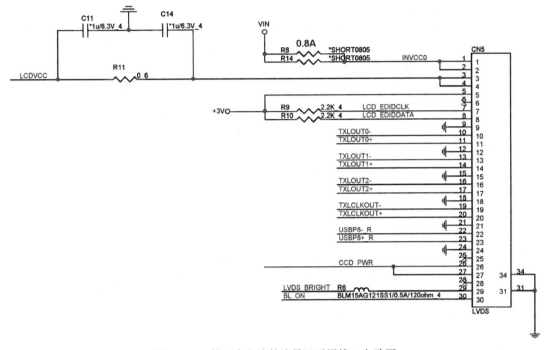

图 26-35　笔记本电脑的液晶显示屏接口电路图

步骤 04　更换屏线后，进行开机测试，故障已经排除。但此时检修操作并没有全部完成，屏线出现问题，可能是由于自身品质或老化问题导致的，也有可能是由于其长期处于高温环境造成的。想要杜绝此类故障应改善笔记本电脑散热状况，如清理笔记本主板、简单固定屏线远离高发热量的硬件以及加装外部散热器等。

步骤 05　故障检修经验总结。

在此检修案例中，使用了外接显示器和替换屏线两种检修操作。外接显示器可以迅速判断故障原因的范围：是主机内的故障还是液晶显示屏及屏线故障，这对检修过程来说十分重要，只有故障检修的方向对了，才能真正排除故障。而替换屏线的操作，可以迅速排除故障，这是针对内存条、硬盘、光驱及屏线这类硬件设备常用的方法。灵活应用替换法，可起到事半功倍的效果。

26.3.2　显示屏白屏

1. 故障现象

一台某品牌的廉价笔记本电脑，使用时间为两年多，突然出现白屏故障。

2. 故障判断

笔记本电脑出现白屏故障，可能是屏线及其接口或相关电路存在问题导致的，也有可能是显卡存在问题导致的。而对于一些廉价笔记本电脑，由于其采用的液晶显示屏品质未必十分的良好，所以也可能出现问题而导致白屏故障。

3. 故障分析与排除过程

步骤 01 鉴于该故障笔记本电脑的故障现象，应首先外接显示设备，查看是由于笔记本电脑主机内的显卡及其相关电路出现问题导致了故障，还是由于屏线、液晶显示屏及其相关电路出现问题导致了该故障。

步骤 02 通过该故障笔记本电脑的 VGA 接口，外接显示器时发现外接的显示器能够正常显示笔记本电脑主机输出的图像信息。说明故障原因多半不是由于显卡及其相关电路导致的。于是决定拆机对屏线、液晶显示屏及其相关电路进行检修。

步骤 03 拆机后加电进行检测，笔记本电脑主板上的液晶显示屏接口正常。于是进行更换屏线的操作。更换屏线后，故障依旧。拆解笔记本电脑的液晶显示屏，对液晶显示屏内的电路进行检修，发现各部分电路均正常。

怀疑液晶面板可能已经损坏。

步骤 04 更换液晶面板后，开机进行测试，故障排除。

步骤 05 故障检修经验总结。

笔记本电脑液晶显示屏内的电子元器件和硬件设备，虽然相对较少，但其也是相当的密集和脆弱。所以在检修过程中，一定要防止静电击穿以及不正规的操作，以免造成二次故障的产生。

液晶面板或驱动电路出现问题导致的白屏或图像显示不全等故障，通常是不可修复的，只能通过更换液晶面板来排除故障。液晶面板属于价格较高的部件，所以在更换前一定要十分确定后再进行更换，以免造成不必要的损失。

26.3.3　显示屏黑屏

1. 故障现象

一台笔记本电脑，在不慎跌落后出现了黑屏故障。但是正常开机以后，可以看见其各种指示灯均能正常点亮，还可以听到笔记本电脑主机运行的声音以及进入操作系统的提示音。

2. 故障判断

笔记本电脑出现黑屏故障，是一种常见的笔记本电脑故障现象。而其故障原因也有很多种，如内存条和主板的内存插槽存在接触不良的问题，液晶显示屏的背光系统出现问题、屏线及其接口存在问题等。

而鉴于该笔记本电脑能够听到进入操作系统的提示音，内存及其相关电路一般是没有问题的，应重点检修液晶显示屏的背光系统是否存在问题而导致了故障。

3. 故障分析与排除过程

步骤 01 由于该故障笔记本电脑是黑屏故障，而且故障发生前有不慎跌落的情况，所以直接外接显示器进行测试。

测试后发现，外接显示器能够正常显示主机传送的图像信息。大致查看了下系统的电源选项等与屏幕相关的设置，都没有发现问题。就目前的情况来看，背光系统存在问题而导致故障的可能性很大，于是决定拆机进行下一步的检修操作。

步骤 02 拆机后，对液晶显示屏背光系统中的恒流板进行检测，发现其输入供电正常，但是没有供电输出。

恒流板与屏线一样，都是较为廉价的笔记本电脑配件，除了故障较为明显，如恒流板上的电子元器件脱落、开焊或接口虚焊等问题，进行加焊处理外，通常采用直接更换的方法。

这里需要注意的是，恒流板上的电子元器件存在虚焊问题时，可能导致笔记本电脑有时能够正常显示，有时不能够正常显示的故障。遇到此类显示故障时，应根据故障现象进行合理的故障分析，并考虑到此故障原因。

步骤 03　更换恒流板，开机进行检测，故障已经排除。在对液晶显示屏的背光系统进行故障处理时，需要注意的是背光灯管一定要摆放正确，否则容易出现液晶显示屏的背光不均匀等问题。更换恒流板时还应注意，不同笔记本电脑的恒流板，其输入电压和输出电压等规格可能存在差别，有些恒流板是可以通用的，但有些则可能出现使用过程中不稳定的问题。

步骤 04　故障检修经验总结。

在笔记本电脑的故障检修技能中，故障分析能力是核心。而故障分析是建立在熟练掌握笔记本电脑相关理论知识基础之上的。

不同型号、品牌、时代的笔记本电脑，其采用的架构、标准、硬件设备及电路设计等都存在着很多的区别，所以学习笔记本电脑检修技术，就要不断学习和掌握新技术和新标准。如背光系统中过去采用的是高压板，但是目前采用的是恒流板，两者区别很大，如果检修一些老机器时，没有掌握此类知识而去盲目地替换，是不能排除故障的。

26.3.4　笔记本进水导致的白屏

1. 故障现象

一台笔记本电脑，进水后出现白屏故障。

2. 故障判断

笔记本电脑进水后，可引发多种故障产生，如不能开机、黑屏以及某些功能无法使用等。在进水导致的笔记本电脑故障检修时，应根据故障现象进行合理的分析，从而推导出正确的故障原因。

笔记本电脑进水后出现的白屏故障，多半与笔记本电脑主板上的液晶显示屏接口及其相关电路有关，所以在检修时要特别注意对液晶显示屏接口及其相关电路的检测。

3. 故障分析与排除过程

步骤 01　鉴于该故障笔记本电脑的故障现象，首先通过 VGA 接口外接显示设备，发现能够正常显示主机信息。于是先排除显卡及其相关电路存在故障的可能性，接下来应重点检测液晶显示屏接口及其相关电路是否存在问题。

步骤 02　拆机进行检修的第一步是对故障笔记本电脑的主板进行清理。当笔记本电脑主板内淤积过多的灰尘或异物，可能造成主板上的某些电路、电子元器件产生短路或散热不良的问题，并引发相关故障。

而对于进水后导致故障的笔记本电脑，更应仔细进行清理工作。笔记本电脑的主机进水后很容易造成主板上的电子元器件、电路板及硬件设备的腐蚀、烧毁等问题。

在清理的过程中，如果发现电子元器件或芯片存在严重的烧毁或腐蚀问题，应首先对这些电子元器件进行更换后再进行其他方式的检修。

步骤 03 仔细清理故障笔记本电脑后，没有发现存在明显物理损坏的电子元器件或芯片，但是主板上的液晶显示屏接口及其相关电路部分有很明显的水渍。对故障笔记本电脑的主板进行烘干处理后，决定先对主板上的液晶显示屏接口进行检测。

检测主板上的液晶显示屏接口时发现，其 LCDVCC 供电电压仅为零点几伏，明显不正常。于是根据电路图对该供电产生电路进行检修。

如图 26-36 所示为故障笔记本电脑主板上 LCDVCC 供电产生电路的电路图。

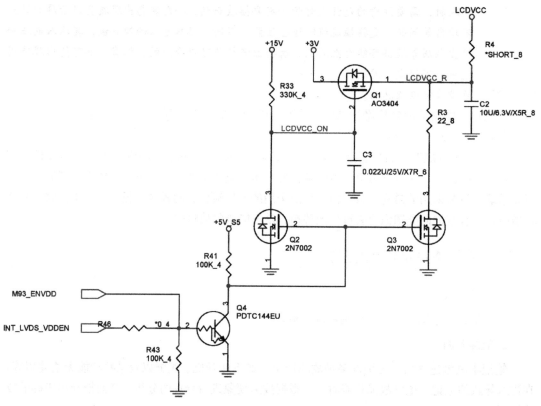

图 26-36　LCDVCC 供电产生电路的电路图

检测后发现，电路图中的场效应管 Q2 损坏，由此造成 LCDVCC 这个供电不正常，从而引发了白屏故障。

步骤 04 更换场效应管 Q2 后，经过检测，LCDVCC 供电电压上升到 26.2V，白屏故障排除。

步骤 05 故障检修经验总结。

笔记本电脑主板上的电子元器件和硬件设备，十分密集且脆弱。在通电状态下进水后，可能引起大范围的电子元器件出现损坏的问题，在检修过程中应根据故障分析的结果逐一对关键电子元件器进行检修，才能排除故障。有些步骤看似繁琐，但却是处理故障最正确的方法，特别是针对一些比较少见或不熟悉的故障笔记本电脑，更应严格按照合理的检修步骤进行。

26.3.5　显示屏图像显示不全

1. 故障现象

一台使用 Intel 公司第二代酷睿 i3 处理器的笔记本电脑，出现液晶显示屏图像显示不全的故障现象。

2. 故障判断

笔记本电脑出现图像显示不全的故障，其故障原因多半是由于图像数据信息没有正确地传送到液晶面板上。

检修此类故障时，应首先检测笔记本电脑主机和液晶显示屏内的接口及其连接屏线是否存在问题。当主机内温度过高，屏线及其相关电路不能正常工作，会产生花屏、抖屏或图像显示不全等故障现象。

3. 故障分析与排除过程

步骤 01　掌握故障笔记本电脑的故障原因及现象，是检修过程的第一步，同时也是检修过程中非常重要的一个步骤。

故障笔记本电脑是一台使用 Intel 公司第二代酷睿 i3 处理器的笔记本电脑，其液晶显示屏显示的信息是由 CPU 内的核心显卡传送到 PCH 芯片，再由 PCH 芯片通过屏线接口电路传送给液晶显示屏的。由于核心显卡是集成在 CPU 中，发生故障的概率较小。但是 CPU 插座、PCH 芯片出现虚焊或不良等问题后，也可能导致相关故障的产生。

如图 26-37 所示为 PCH 芯片对液晶显示屏接口的信号输出电路图。

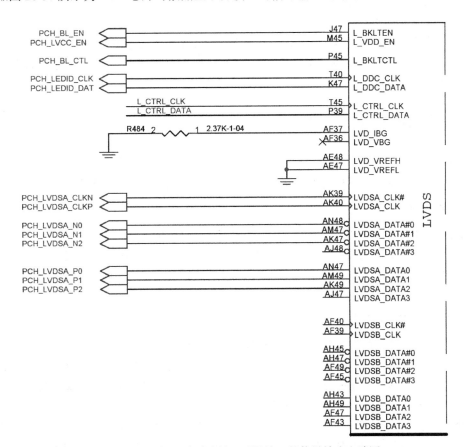

图 26-37　PCH 芯片对液晶显示屏接口的信号输出电路图

步骤 02　针对该故障笔记本电脑，采用外接显示器的方法，可以区分故障原因是笔记本电脑的 PCH 芯片、核心显卡及其相关电路出现问题导致了故障，还是屏线和液晶显示屏等硬件出现了问题导致了故障。

外接显示器、开机运行后发现，外接显示器能够正常显示笔记本电脑主机输出的图像信息，说明该故障笔记本电脑的故障原因并不是由于 PCH 芯片、核心显卡及其相关电路出现问题导致的。

而此时进行故障分析，认为故障原因很可能是屏线和液晶显示屏等硬件及其相关电路出现问题导致的，于是决定进行拆机检测。

步骤 03 拆机后发现笔记本电脑主板上的灰尘较多，有可能存在散热方面的问题，所以先对故障笔记本电脑的主板进行清理。

清理完成后，进行检测，故障依旧。

步骤 04 加电后对主板上屏线接口的输入电路进行检测，发现基本正常。

怀疑屏线故障，更换屏线后开机测试，故障依旧。

重新分析故障原因后，对液晶显示屏内的屏线接口进行测试，发现其输入不正常，既然屏线是好的，主板上屏线接口的输入信号和供电也是好的，那么故障原因多半为主板屏线接口本身损坏。

对其进行更换后，故障排除。

步骤 05 故障检修经验总结。

在笔记本电脑的显示类故障检修时，应首先区分是主机内故障还是液晶显示屏内的故障。

对于不同的黑屏、花屏以及图像显示不全的故障，应根据故障现象进行故障范围的缩减，然后一边检测一边分析，直到确定真正的故障原因。

26.3.6　背光系统问题导致的黑屏

1. 故障现象

一台笔记本电脑，在长时间使用后，出现黑屏无显示的问题。但是能听到主机运行的声音。

2. 故障判断

笔记本电脑出现黑屏无显示的问题，是笔记本电脑常见的故障现象。

通常所见的笔记本电脑黑屏无显示问题，一般是由于液晶面板、屏线或液晶显示屏的背光系统出现问题导致的。而这些故障原因中，由于背光系统出现问题而导致的笔记本电脑黑屏无显示故障尤为常见。

3. 故障分析与排除过程

步骤 01 笔记本电脑的液晶显示屏属于相对精密且脆弱的部件，使用过程中应注意保养。而对一些廉价或小品牌的笔记本电脑来说，其液晶显示屏内相关硬件和设备可能采用了品质不是十分优秀的产品，在长时间不关闭液晶显示屏而持续工作的条件下，可能导致背光系统的损坏，而引发黑屏无显示故障。

判断笔记本电脑的黑屏无显示故障，可通过使用强光或将液晶显示屏置于阳光充足的地方观看。如果是液晶显示屏背光系统出现问题导致的黑屏无显示故障，可观察到液晶显示屏上有很模糊的显示。

该故障笔记本电脑，可隐约看到显示。说明原因很大程度上是有背光系统及其相关电路引起的。但是为了进一步确定故障，还是应该外接显示器查看一下。

步骤 02 外接显示设备后，能够正常显示主机输出的图像数据信息。初步判断显卡、芯片组等硬件应该是没有问题的。于是决定进行拆机检测。

步骤 03 拆机后的第一步，对故障笔记本电脑进行清理。主机内散热不良时，可能导致屏线、显卡等设备无法正常工作，从而引发多种显示故障。

清理完成后，鉴于之前的故障判断和分析，对笔记本电脑的背光系统进行检测。

在加电情况下，检测恒流板的输入供电和输出供电，基本正常，但是 LED 背光灯条不亮。LED 背光灯条属于价格比较低廉的部件，可直接采用将其替换的方法，从而判断故障原因。

步骤 04 故障点已经找到，更换 LED 背光灯条，加电进行测试，故障排除。

步骤 05 故障检修经验总结。

此较为简单，但却是最为常见的一种故障类型。故障原因很可能是由于长时间没有关闭液晶显示屏，而该故障笔记本电脑采用的 LED 背光灯条性能又并非十分良好，以至于损坏而造成相关故障。这里主要运用了观察法和替换法两种笔记本电脑检修过程中，经常使用的故障检修方法，对于这类由于小部件造成的故障尤为有效。

26.3.7 电阻器损坏导致的白屏

1. 故障现象

一台笔记本电脑，主机进水后，液晶显示屏出现白屏故障。

2. 故障判断

笔记本电脑进水后，经常导致不能开机或某些功能无法正常使用的故障。而进水导致的液晶显示屏出现白屏故障，应重点检修笔记本电脑主板上的液晶显示屏接口及其相关电路是否存在问题，而导致了相关故障。

3. 故障分析与排除过程

步骤 01 对于进水后导致的笔记本电脑故障，大部分情况应直接进行拆机检修。笔记本电脑的主机进水后很容易造成主板上的电子元器件、电路板和硬件设备的腐蚀、烧毁等问题。拆机后应首先对笔记本电脑的主板进行清理，并查看主板上是否存在明显物理损坏的电子元器件。

经过清理和观察后，并没有发现故障笔记本电脑主板上存在明显物理损坏的电子元器件，此时应对主板进行烘干处理，再进行下一步操作。

步骤 02 烘干处理结束后，加电启动故障笔记本电脑，故障依旧。外接显示设备，以判断故障原因的范围。

外接显示器正常，说明故障笔记本电脑的芯片组、核心显卡等设备应该是正常工作的。故障原因应该是主板上液晶显示屏接口及其相关电路、屏线及液晶显示屏这一部分，存在问题导致了故障。而鉴于故障是由于笔记本电脑主机进水后出现的，所以重点检测主板上液晶显示屏接口及其相关电路。

步骤 03 检测主板上的液晶显示屏接口时发现，其 LCDVCC 供电电压为 0V，说明存在故障。于是根据电路图，对该供电产生电路进行检修。如图 26-38 所示为故障笔记本电脑的 LCDVCC 供电产生电路的电路图。

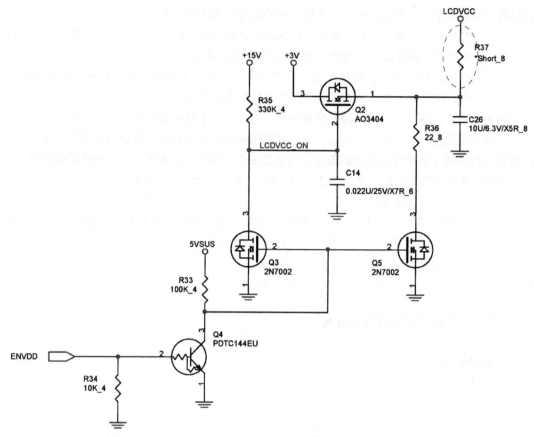

图 26-38　故障笔记本电脑的 LCDVCC 供电产生电路的电路图

步骤 04　经检测，场效应管 Q2 的 +3V 为 2.62V，属于正常，LCDVCC_ON 为 0V，不正常。查电阻器 R35，已经损坏，所以 LCDVCC 供电无法产生，并引起故障笔记本电脑的液晶显示屏出现白屏故障。

将电阻器 R35 更换后，开机进行检测，故障已经排除。

步骤 05　故障检修经验总结。

笔记本电脑进水后导致的故障有时候很难找到故障原因，这是因为进水后很容易造成一些十分微小的电子元器件损坏，从而引发相关故障。

检修笔记本电脑进水后导致的故障有两个要点：第一是根据故障现象判断故障范围；第二是结合电路图寻找故障点。

26.3.8　独立显卡导致的花屏

1. 故障现象

一台配置了独立显卡的笔记本电脑，在玩大型游戏时，经常出现花屏故障。

2. 故障判断

独立显卡是笔记本电脑内，发热量很大的设备之一。当笔记本电脑散热环境不良，很容易引起独立显卡上的显示核心和显存芯片出现虚焊或损坏的问题，从而造成笔记本电脑出现不能开机、花屏、黑屏等故障。

而该故障笔记本电脑，根据其故障现象分析，明显是独立显卡存在问题而导致了相关
故障。

3. 故障分析与排除过程

步骤 01　根据故障现象及故障发生前的情形进行分析，结合理论知识，推导可能的故障原
因，是进行笔记本电脑故障检修的第一步。同时也是检修过程中非常重要的一个
步骤。

如故障发生前有跌落、撞击、进水等问题时，应首先联想到故障原因可能是跌落、撞击、
进水等问题导致了相关接口接触不良或电子元器件、硬件设备损坏。

而该故障笔记本电脑，玩大型游戏时经常出现花屏的故障现象说明，故障原因多半是由
于独立显卡出现问题导致的。

由于独立显卡是发热量和耗电量均很大的硬件设备，所以在日常操作中通常采用的是核
心显卡，其显示性能虽然不及独立显卡，但是耗电量和发热量都很小。所以日常操作时，采用
核心显卡时并不会出现花屏故障，但是玩大型游戏时，会启动独立显卡，则导致了花屏故障。

对该故障笔记本电脑的显卡驱动进行更新后，再进行测试，故障依旧。

步骤 02　外接显示设备，开机并运行大型游戏进行测试，以进一步确定是独立显卡的问题导
致了故障，还是屏线、屏线接口或液晶显示屏存在问题导致了故障。

经测试，故障依旧。初步判断故障范围为独立显卡部分。

步骤 03　拆机检修的第一步是对故障笔记本电脑的主机进行清理。当笔记本电脑主机内淤积
过多的灰尘或异物，以及湿度较大时，很容易造成笔记本电脑主板上的电子元器件
或相关硬件设备产生短路或散热不良的问题，并引发相关故障。

在清理的过程中，应仔细观察笔记本电脑主板上的主要电子元器件和硬件设备是否存在
明显的物理损坏，如芯片烧焦和开裂问题、电容器有鼓包或漏液问题、电路板破损问题、插槽
或电子元器件有脱焊、虚焊等问题。如果存在严重的烧毁情况，能闻到明显的焦糊味道，对于
这种明显的物理损坏，应首先进行更换后再进行其他方式的检修。

而针对该故障笔记本电脑，应重点检测其独立显卡上的电子元器件、接口等是否存在
问题。

清理过程中发现，其内部淤积了很多灰尘，散热条件很不好。但是没有发现明显的物理
损坏或烧焦的味道。

该故障笔记本电脑的独立显卡虽然为一块独立的电路板，但独立显卡这种硬件设备价格
相对较高，不适合直接采用替换法进行故障的排除。而经过分析，该独立显卡的显示核心在工
作时发热量较大，而该故障笔记本电脑的散热环境又极差。综合以上因素考虑，其显示核心极
容易引起虚焊问题而导致相关故障，所以决定先对其重新加焊，看是否能够排除故障。

步骤 04　重新加焊独立显卡的显示核心，经过测试后发现故障已经排除。

步骤 05　故障检修经验总结。

笔记本电脑检修技能中的常用检修方法，不仅要掌握，而且要学会灵活应用，这样才能
保证低成本、高效率地完成笔记本电脑的检修过程。而不同检修方法的应用，都是建立在故障
分析的基础之上的，所以每维修一例，不管最后成功与否，都应当作适当的记录，以此来不断
提高自己故障分析的能力。

26.3.9 显示核心导致的黑屏

1. 故障现象

一台购买时较为昂贵、但使用时间较长的笔记本电脑，主机进水后，出现黑屏无显示故障。

2. 故障判断

对于一些高端笔记本电脑来说，其采用的电子元器件和相关硬件设备的品质都相对较好，所以正常使用时出现故障的情况也相对较少。

而使用时间较长这一信息通常说明，其内部系统架构可能跟目前主流的笔记本电脑有一些区别。如采用南桥芯片和北桥芯片组成芯片组的双芯片架构中，北桥芯片集成了内存控制器并可能集成了显示核心。而目前的内存控制器和显示核心都集成到了 CPU 中，所以在检修笔记本电脑的过程中需要注意这些区别。

主机进水、黑屏无显示这一信息通常说明，故障原因多半在显卡、主板上的液晶显示屏接口及其相关电路等范围内。

3. 故障分析与排除过程

步骤 01 进水造成的笔记本电脑故障，通常都需要进行拆机检修。但是为了进一步确定故障原因，还是应首先外接显示设备，确定故障原因的范围。

外接显示设备后，同样不能正常显示笔记本电脑主机发送的图像信息。由此可判断该故障笔记本电脑显卡问题存在故障的可能性较大。于是拆机进行检修。

步骤 02 拆机后发现，独立显卡部分存在大量水渍。先对笔记本电脑的独立显卡和主板进行清理，并仔细查看电子元器件是否存在明显的物理损坏。

清理、检查完毕后，没有发现明显的物理损坏，但通常情况下，此时不要对故障笔记本电脑进行加电检测，而是应进行烘干处理。

步骤 03 烘干处理故障笔记本电脑之后，加电检测独立显卡上的显示核心、显存等芯片和电子元器件是否存在问题。

检测发现，显示核心各种供电及信号输入正常，但是信号输出不正常。

步骤 04 根据目前的故障现象，判断显示核心可能存在虚焊或性能不良的问题。

于是决定首先对显示核心进行加焊处理，但是测试后发现故障依旧。只能更换显示核心，更换显示核心后故障排除。

步骤 05 故障检修经验总结。

对于一些架构较老的笔记本电脑进行维修时，遇到迷惑时应查找故障笔记本电脑的相关资料和电路图进行分析。该案例中的故障笔记本电脑采用北桥芯片与南桥芯片组成的双芯片架构的芯片组，而部分同系列的北桥芯片中集成了显示核心，而该故障笔记本电脑采用的北桥芯片并没有集成显示核心，其是需要搭配独立显卡使用的。在故障分析检修的过程中，了解到这些知识对笔记本电脑检修过程的顺利进行是十分必要的。

26.3.10 屏线问题导致的花屏、抖屏

1. 故障现象

一台使用时间为三年左右的笔记本电脑，在没有进水和不慎跌落的情况下，经常出现花

屏、抖屏的故障现象。

2. 故障判断

笔记本电脑液晶显示屏的显示图像出现抖动、花屏故障，常见的故障原因包括液晶显示屏出现问题、屏线不良或主板上的屏线接口及相关电路存在问题等。

3. 故障分析与排除过程

步骤 01 根据该故障笔记本电脑的故障现象进行分析，其由于软件、相关设置、驱动等软件问题导致故障的可能性不大。那么为了便于确定故障范围，需外接显示设备，确定是芯片组、显卡等硬件设备出现问题导致了故障，还是因为屏线、液晶显示屏及其相关电路出现问题导致了故障。

外接显示器后进行测试，发现外接显示器能够正常显示主机输出的图像数据信息，此时可初步判断显卡、芯片组等出现问题而导致故障的可能性相对较小。

下一步需要进行拆机检修。

步骤 02 拆机检修过程的第一步是对故障笔记本电脑的主机进行清理，并且仔细查看主板上的电子元器件以及相关设备是否存在、虚焊、脱焊或烧焦等问题。而且还需要注意的是，对于曾经维修过的笔记本电脑，在清理、观察时应重点查看上次维修过的部分。

该故障笔记本电脑使用三年左右的时间，没有拆机维修过，但也没有清理过灰尘，内部灰尘较多，所以应考虑到散热问题导致故障的可能性。

步骤 03 对屏线接口及其相关电路是否存在问题进行检测，其供电、信号部分都正常，没有发现明显的问题。而考虑屏线问题时发现，屏线的接口部分有明显的发黑迹象。考虑是否由于屏线不良而导致了花屏、抖屏的故障现象。

步骤 04 查看好屏线的规格，找到一条性能良好的屏线更换原来的屏线。经过三个小时开机测试，故障已经排除。

步骤 05 故障检修经验总结。

屏线出现老化、折损或性能不良等问题，极易产生花屏等故障。除了屏线本身的品质问题外，笔记本电脑主机的散热情况是必须要考虑的一个因素。

拆机清理灰尘、观察主板这一步骤看似浪费时间和精力，但有部分笔记本电脑的故障，在仔细清理主板等操作后就可排除。特别是对于使用时间较长、使用环境较为恶劣或不注意维护的笔记本电脑，效果尤为明显。所以对于大部分拆机检修操作来说，拆机后的第一个步骤就是对故障笔记本电脑的主机进行清理和观察。

26.3.11 信号问题导致的白屏

1. 故障现象

一台使用 Intel 公司第二代酷睿 i 处理器、6 系列芯片组的笔记本电脑，在不慎跌落后出现白屏故障。

2. 故障判断

在不慎跌落或撞击后出现问题的笔记本电脑，其故障原因可能是笔记本电脑内部的硬件设备出现接触不良，常见于硬盘、光驱、屏线及内存等硬件设备。还有可能是笔记本电脑主板上的重要芯片或电子元器件出现虚焊或损坏等问题。

3. 故障分析与排除过程

步骤 01 笔记本电脑由于不慎跌落或撞击等问题导致的不能开机故障比较常见，但是此故障笔记本电脑能够正常开机，但是液晶显示屏出现白屏故障。通常情况下，笔记本电脑出现白屏故障一般不是由于背光系统出现问题所引起的。

外接显示设备，判断故障原因的范围。

外接显示设备能够正常显示笔记本电脑主机输出的图像信息，说明该故障笔记本电脑的故障原因多半不是由于芯片组、核心显卡及其相关电路出现问题导致的。

而此时进行故障分析，认为故障原因很可能是屏线或液晶显示屏等硬件及其相关电路出现问题导致了故障。

于是决定进行拆机检测。

步骤 02 拆机后，对故障笔记本电脑的主板进行清理和仔细观察。不慎跌落或撞击后，可能造成某些电子元器件存在脱落或硬件设备存在接触不良或虚焊等问题。

清理完成后，没有观察到明显的物理损坏，也没有发现明显的脱落或虚焊问题。加电检测主板上的液晶显示屏接口电路。

如图 26-39 所示为笔记本电脑主板上的液晶显示屏接口电路的电路图。

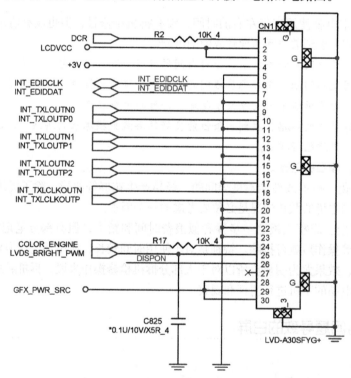

图 26-39　笔记本电脑主板上的液晶显示屏接口电路的电路图

步骤 03 对笔记本电脑主板上的液晶显示屏接口电路进行检测，发现 LCDVCC 供电为 0V，明显不正常，而且此类故障是非常常见的一种导致液晶显示屏白屏故障的故障原因。直接查 LCDVCC 供电。

如图 26-40 所示为故障笔记本电脑的 LCDVCC 供电产生电路的电路图。

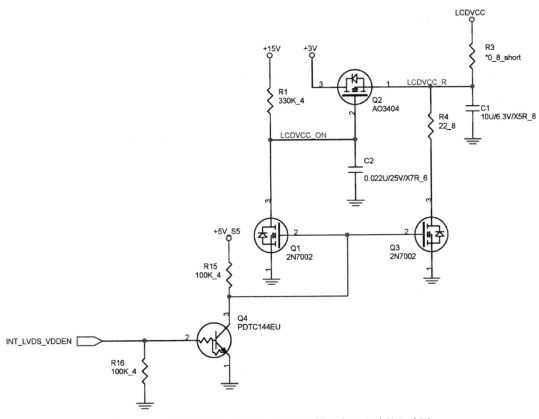

图 26-40   故障笔记本电脑的 LCDVCC 供电产生电路的电路图

步骤 04   经检测该电路中各主要电子元器件都正常，但是 Q4 所需的 NT_LVDS_VDDEN 信号不正常。该信号为芯片组发出，该信号不正常说明芯片组可能存在性能不良或虚焊等问题。如图 26-41 所示为芯片组的 NT_LVDS_VDDEN 信号发出引脚的电路图。

图 26-41   芯片组的 NT_LVDS_VDDEN 信号发出引脚的电路图

对芯片组加焊后，加电进行检测，故障已经排除。

步骤 05   故障检修经验总结。

在起始阶段通过外接显示设备排除了芯片组以及核心显卡出现问题的可能性，这是比较通用的方法。虽然可能导致故障判断的偏差，但是对于不知道明确故障点的维修过程，此方法却是最有效的方法之一。

第二阶段根据对电路的检测，重新判断芯片组故障，也是建立在对故障和电路分析的基础之上的，与之前的故障检修过程并不冲突。

笔记本电脑的检修过程，应遵循从常见故障检修再到特殊故障检修的原则。

26.3.12　液晶面板问题导致的亮带

1. 故障现象

一台笔记本电脑，在使用两年半后出现亮带问题，如图 26-42 所示为出现亮带故障的笔记本电脑。

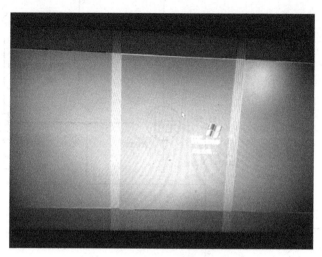

图 26-42　出现亮带故障的笔记本电脑

2. 故障判断

通常情况下，笔记本电脑出现此种故障现象多半为液晶面板及其相关电路损坏导致的，一般需要更换新的液晶面板才能排除故障。

3. 故障分析与排除过程

步骤 01　虽然故障笔记本电脑的故障现象较为明显，但还是有必要对病毒、驱动等进行一次简单的排查，毕竟液晶面板等设备的价格相对较贵。如果替换设备较为齐全，也可以通过替换法，将该液晶显示屏放到性能良好的主机上进行测试，以确定故障原因。

对软件故障进行简单排查、杀毒等操作后，没有发现问题。

步骤 02　外接显示设备，进一步确定故障原因。发现外接的显示设备能够正常显示主机发送出的显示图像信息。

步骤 03　拆机进行检测，先对故障笔记本电脑主板上的液晶显示屏接口进行检测，其供电和信号部分均正常，更换屏线后再次进行加电测试，故障依旧。

进一步拆解液晶显示屏，对液晶显示屏内部电路进行检测，其背光系统正常，没有发现其他明显问题。最终判断需要更换液晶面板才能排除故障。

步骤 04　更换液晶面板后，开机进行测试，故障已经排除。

步骤 05　故障检修经验总结。

由于笔记本电脑更新换代的速度很快，且价格也不断降低，所以在检修笔记本电脑的过程中，应尽量降低维修的成本，有些故障现象明显，但故障原因并非常见，有时候多一步操作，就可能找到真正的故障原因，从而避免更换液晶面板等价格较贵的硬件。

该故障笔记本电脑虽然最终还是依靠更换液晶面板才能排除故障，但其中一些软件问题排除、检测主板上的液晶显示屏接口、更换屏线以及进一步检测液晶显示屏内部电路的操作，都是相对必要的。

26.4 笔记本电脑接口类故障的维修

26.4.1 笔记本电脑不能识别硬盘

1. 故障现象

一台笔记本电脑在不慎跌落后，出现不能识别硬盘的故障现象。

2. 故障判断

笔记本电脑出现不能识别硬盘的故障现象，通常与硬盘接口电路中的信号部分有关，比如硬盘接口虚焊，芯片组（双芯片架构为南桥芯片）存在虚焊、不良问题或SATA总线上的电容器损坏。

3. 故障分析与排除过程

步骤 01 了解故障笔记本电脑的故障现象及故障发生前的情况，是检修过程的第一步，同时也是检修过程中非常重要的一个步骤。

如故障发生前有跌落、撞击、进水等问题时，应首先联想到故障原因可能是跌落、撞击、进水等问题导致了相关接口接触不良或电子元器件、硬件设备损坏。又比如不能上网的故障发生前，更换了杀毒软件，就应首先从软件入手，而不是盲目地去拆机检修硬件设备。

该故障笔记本电脑在故障发生前有跌落的问题，这可能导致硬盘与硬盘接口之间接触不良，但也有可能是硬盘接口电路上的电子元器件或相关硬件设备出现问题导致了故障。

步骤 02 开机进行检测，进一步确认不能发现硬盘。而目前很大一部分笔记本电脑的硬盘都是在独立的挡板之下，拆卸起来比较方便。关机后拆卸硬盘，清理硬盘接口、重新安装好硬盘后进行测试，故障依旧。

更换性能良好的硬盘，再次进行测试，故障依旧，但是排除了硬盘本身损坏以及硬盘与硬盘接口存在接触不良的问题。

鉴于上述检修操作，决定进行拆机检测。

步骤 03 拆机检测过程的第一步是对故障笔记本电脑的主板进行清理。当笔记本电脑主板内淤积过多的灰尘或异物，可能造成主板上的某些电路、电子元器件产生短路或散热不良的问题，并引发相关故障。

在清理的过程中，应仔细观察笔记本电脑主板上的主要电子元器件和硬件设备是否存在明显的物理损坏，如芯片烧焦和开裂问题、电容器有鼓包或漏液问题、电路板破损问题、插槽或电子元器件有脱焊、虚焊等问题。如果存在严重的烧毁情况，能闻到明显的焦糊味道，对于这种明显的物理损坏，应首先进行更换后再进行其他方式的检修。

鉴于该故障笔记本电脑的故障现象，应重点对硬盘接口电路中的信号电路部分进行清理和观察。

简单清理和仔细观察后，并没有发现明显的问题，因为硬盘接口电路的连接较为简单，而信号电路部分的耦合电容出现问题也是能够导致不能识别硬盘的故障现象，所以先对硬盘接口电路中的电容器进行检测。如图 26-43 所示为故障笔记本电脑硬盘接口的电路图。

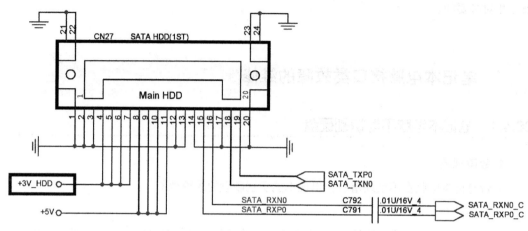

图 26-43　故障笔记本电脑硬盘接口的电路图

经检测，电路中的电容器 C792 存在性能不良的问题。

步骤 04　更换硬盘接口电路中的电容器 C792。

加电进行检测后，发现故障已经排除，故障笔记本电脑已经能够正常进入操作系统。

步骤 05　故障检修经验总结。

在清理和观察故障笔记本电脑的过程中，如果没有发现明显的物理损坏，需要根据故障分析再次做出判断。如果故障分析能够明确故障原因，不必一定加电检测。

如果故障现象比较复杂，故障分析之后依然对故障原因比较模糊，需进行加电检测，以进一步确定故障原因的范围或具体的故障点。

笔记本电脑主板中的电容器、电阻器是比较容易出现问题的电子元器件，在检修的时候应特别注意。

26.4.2　笔记本键盘无法正常使用

1. 故障现象

一台笔记本电脑，出现键盘多个按键无法正常使用的故障。

2. 故障判断

笔记本电脑的键盘接口与 EC 芯片相连，在排除了软件及设置问题后，多数键盘故障都是由于 EC 芯片出现问题导致的。

3. 故障分析与排除过程

步骤 01　在进行硬件故障的检修前，应先排除软件或设置问题而导致了相关故障。对该故障笔记本电脑重新安装操作系统后进行测试，故障依旧。说明故障原因多半是由于硬件故障而导致的，于是决定进行拆机检修。

步骤 02　笔记本电脑键盘接口的电路连接相对简单，检测起来也比较容易，但是拆机后的第一步还是应首先对故障笔记本电脑的主板进行清理和观察。如果主板存在受潮或进水的迹象，还应对其进行烘干处理。

步骤 03　清理和观察后，没有发现故障笔记本电脑上存在明显的物理损坏或异物。下面根据电路图进行更进一步的检修。如图 26-44 所示为键盘接口电路图和 EC 芯片的键盘控制功能模块电路图。

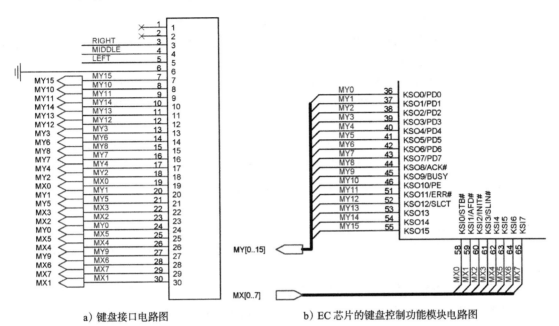

a）键盘接口电路图　　　　　　　　　b）EC 芯片的键盘控制功能模块电路图

图 26-44　键盘接口电路图和 EC 芯片的键盘控制功能模块电路图

　　笔记本电脑键盘接口的电路连接相对简单，检测时主要是检测键盘接口的对地阻值是否正常，如果出现问题则要检测键盘接口周围的电阻器或电容器等是否存在问题。

　　经检测该键盘接口引脚对地阻值无异常，此时再仔细观察 EC 芯片引脚，并无开焊问题，于是怀疑 EC 芯片不良。

步骤 04　更换 EC 芯片，经过测试后发现键盘能够正常使用，故障已经排除。

步骤 05　故障检修经验总结。

　　学习笔记本电脑检修技术，首先要牢固掌握笔记本电脑各功能模块的理论知识和基本工作原理，然后逐渐积累常见故障的检修方法和步骤，在不断的实践和总结中逐步提高笔记本电脑的检修技能。

26.4.3　不慎跌落导致的不能正常开机启动

1. 故障现象

　　一台采用双芯片架构芯片组的笔记本电脑，不慎跌落后导致了开机出现 LOGO 画面后卡住不动的故障。

2. 故障判断

　　笔记本电脑正常开机启动后显示 LOGO 画面卡住的故障现象，说明故障笔记本电脑的硬启动过程已经完成，软启动过程中显卡初始化完成，而卡住的原因则是在后续的 POST 过程中发现硬盘、光驱或网卡等设备出现问题而导致的。

还有一种情况则是因为，芯片组、特别是双芯片架构芯片组中的南桥芯片出现虚焊或不良的问题，比较容易导致开机启动后显示 LOGO 画面卡住的故障现象。

3. 故障分析与排除过程

步骤 01 根据故障现象和故障判断，对笔记本电脑直接进行拆机检修。

对于采用双芯片架构芯片组的笔记本电脑来说，其使用时间都已经很长，所以拆机后进行清理工作是十分必要的操作。

拆机后发现，故障笔记本电脑内不仅淤积了大量的灰尘，而且还有受潮的迹象。对故障笔记本电脑进行清理，并仔细观察主板上的各种电子元器件和硬件设备有无明显的物理损坏。

经过清理和仔细观察后，没有发现明显的物理损坏问题。于是进行下一步检修操作。

步骤 02 检修此类故障时，重要的是确定故障原因的范围。在之前的故障判断中，已经分析出该故障笔记本电脑的硬启动能够正常完成，且显卡能够正常初始化，卡住的原因可能是在后续的 POST 过程中发现硬盘、光驱或网卡等设备出现问题而导致的。

为了进一步确认故障原因的范围，将外部设备先全部移除，再进行测试，发现故障依旧。由此推测故障原因多半是由于南桥芯片存在不良、虚焊问题或其相关电路存在短路、断路问题导致了故障。

该故障笔记本电脑的硬盘和光驱接口都是通过 SATA 总线与南桥芯片进行通信的，所以在下一步的检测中应重点检测南桥芯片的 SATA 功能模块外部电路连接是否存在问题。

步骤 03 如图 26-45 所示为故障笔记本电脑南桥芯片的 SATA 功能模块外部电路连接电路图。根据电路图对 SATA 功能模块的供电以及总线上的耦合电容进行检测后，并没有发现问题。于是怀疑南桥芯片存在虚焊或不良的问题。

步骤 04 先对故障笔记本电脑进行烘干处理，然后加焊南桥芯片。开机测试，已经能够正常进入操作系统，故障已经排除。

步骤 05 故障检修经验总结。

硬件设备或电子元器件虚焊、不良导致的故障，常见于廉价笔记本电脑或使用时间较长、使用环境较为恶劣的笔记本电脑。

笔记本电脑主板上的芯片组、网卡芯片以及音频芯片出现虚焊或不良，而导致不能正常开机启动、网络等功能无法使用的故障，是常见的故障类型。

对于故障分析过程中，判断芯片可能存在虚焊而导致相关故障时，可通过按压芯片后进行检测，查看故障是否排除。

如果按压芯片后故障排除，说明是芯片虚焊导致了故障，需要对芯片进行加焊处理。但有些芯片的虚焊是不能够通过按压检测出来的。

在笔记本电脑的检修过程中，要灵活运用各种检修经验获得的小技巧。

26.4.4 VGA 接口不能正常使用

1. 故障现象

一台采用 Intel 公司芯片组（北桥芯片和南桥芯片双芯片架构）的笔记本电脑，其 VGA 接口外接显示设备时无信号输出。

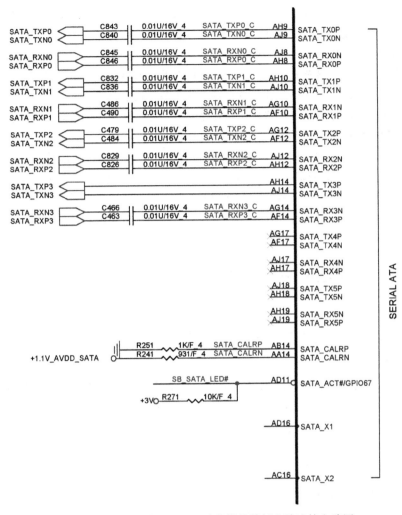

图 26-45 南桥芯片的 SATA 功能模块外部电路连接电路图

2. 故障判断

该故障的故障原因主要包括了 VGA 接口损坏或虚焊、VGA 接口电路存在问题、芯片组存在问题等。

3. 故障分析与排除过程

步骤 01 首先排除外接显示设备及连接线问题，再进一步进行检修。

当替换了外接显示设备及连接线后，故障依旧，说明故障原因在该笔记本电脑的主板内，需进行拆机检测。

步骤 02 拆机后，清理和观察该故障笔记本电脑的主板。就采用北桥芯片和南桥芯片双芯片架构的机型来说，其使用时间都已经很长，如果不定期做清理，主机内肯定会淤积大量灰尘，造成主板上的重要芯片或电子元器件散热出现问题，从而导致相关故障。

清理灰尘并仔细观察后，没有发现存在比较明显的问题。根据故障现象，重点关注了 VGA 接口电路，也没有发现什么问题。

下一步应根据电路图做进一步的检测。

步骤 03 如图 26-46 所示为该故障笔记本电脑的 VGA 接口电路图，根据电路图对该电路进行检测后发现，该电路中的 5V 供电正常、时钟和数据信号的上拉电压正常、三基色信号对地阻值相同。再进一步检测电路中的电子元器件，没有发现不良或损坏的情况。而该电路是直接与主板上的北桥芯片进行数据通信的，此时根据故障现象和电路分析，认为北桥芯片存在虚焊或不良而导致了故障。

步骤 04 加焊北桥芯片，经过测试后发现故障依旧。更换性能良好的北桥芯片，故障排除。

步骤 05 故障检修经验总结。

笔记本电脑的检修过程，是一个逻辑推理过程。而逻辑推理过程应建立在牢固掌握了笔记本电脑各功能模块工作原理和相关知识的基础上。在该故障案例中，VGA 接口电路可理解为信号传输的桥梁，当信号的"桥梁"没有问题，则说明故障出在信号的产生上。还有一种情况是，部分集成显示核心的北桥芯片其发热量较大，而当主机内散热环境比较差时，经常会产生虚焊等问题，从而引发相关故障。

26.4.5 与 EC 芯片有关的不能正常开机启动

1. 故障现象

一台笔记本电脑，出现按下主机电源开关键后无反应的故障。

2. 故障判断

笔记本电脑出现不能正常开机启动的故障，是常见的故障现象。当确认电源适配器或可充电电池的外部供电正常后，通常需要进行拆机检测。而拆机检测过程中，应按照供电、时钟及复位的顺序进行检测。

而常见的按下主机电源开关键后无反应的故障，其故障原因主要包括待机供电不正常、主机电源开关键存在问题、EC 芯片存在问题等。

3. 故障分析与排除过程

步骤 01 笔记本电脑的故障检修通常是先检修软件，后检修硬件。但对于这种开机无反应的故障，在确认电源适配器或可充电电池的外部供电正常后，便需要拆机进行检测。

经确认该故障笔记本电脑外部供电正常，需拆机进行检修。

步骤 02 拆机后应首先对故障笔记本电脑进行清理和观察，对于进水或受潮严重的笔记本电脑还需进行烘干处理。

清理并观察该故障笔记本电脑的过程中发现，该故障笔记本电脑主板上淤积的灰尘较多，且存在受潮的问题。清理完毕后，先对主板进行烘干处理，再下一步应根据电路图做更深入的检修操作。

步骤 03 根据电路图，检测到该故障笔记本电脑的 26.2V 和 5V 待机供电正常。

根据电路图检测 EC 芯片的供电、时钟及复位信号。如图 26-47 所示为 EC 芯片的供电连接电路图。

根据该电路图对 EC 芯片的供电进行检测时发现，C107 和 C108 等多个电容器存在损坏或不良的问题。

判断由于上述原因使 EC 芯片的供电出现问题而不能正常工作，所以导致了不能够正常开机启动的故障。

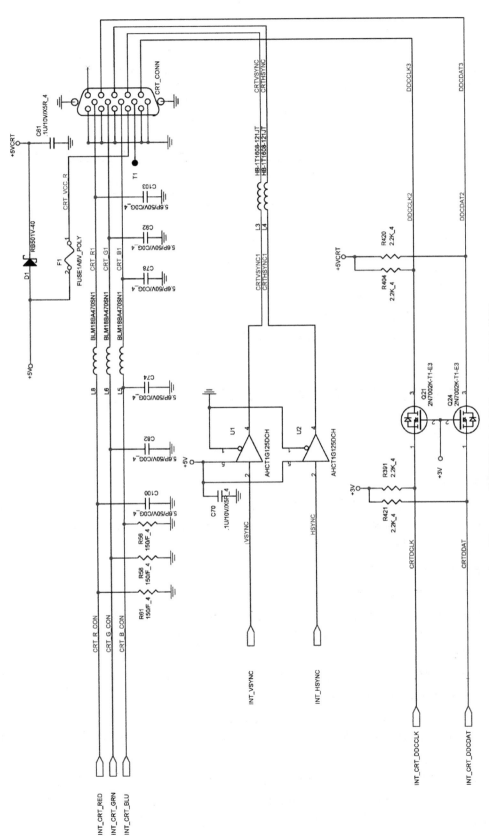

图 26-46　故障笔记本电脑的 VGA 接口电路图

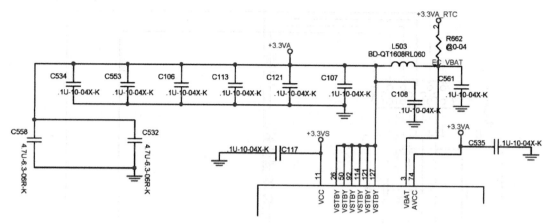

图 26-47 EC 芯片的供电连接电路图

步骤 04 更换损坏和不良的电容器，经过检测后发现，故障已经排除。

步骤 05 故障检修经验总结。

笔记本电脑的故障分析与检修过程，是一个持续判断、检测、排除的过程。要在牢固掌握笔记本电脑各功能模块工作原理的基础上，根据故障现象做出分析和判断，并最终找到故障点进行排除。

26.4.6 硬盘供电问题导致的不能正常开机启动

1. 故障现象

一台笔记本电脑，出现开机显示 LOGO 后卡住不动的故障现象。

2. 故障判断

笔记本电脑在正常开机启动后，已经显示 LOGO 画面，说明其硬启动过程已经完成，软启动过程中显卡初始化完成，而卡住的原因则多半是在后续的 POST 过程中，硬盘、光驱及网卡等设备出现问题而导致的。

3. 故障分析与排除过程

步骤 01 鉴于故障判断，拆机进行检测。

拆机检测过程的第一步是对故障笔记本电脑的主板进行清理。当笔记本电脑主板内淤积过多的灰尘或异物，可能造成主板上的某些电路、电子元器件产生短路或散热不良的问题，并引发相关故障。

特别关注故障笔记本电脑的光驱、硬盘接口电路及网卡芯片等硬件设备和相关电子元器件是否存在虚焊或其他损坏的问题。

在进行清理和观察后，没有发现明显的物理损坏。

步骤 02 检修此类故障时，为了进一步确认故障原因的范围，通常会将外部设备先全部移除，再进行测试。

移除硬盘和光驱等外部设备后，能够正常完成 POST 过程。而此操作证明了之前的猜测是正确的。下面逐步将各种外部设备安装后进行测试，发现当安装硬盘的时候，又出现了显示 LOGO 后卡住不动的故障现象。由此确定了故障原因的范围，采用替换法，更换一块性能良好的硬盘后继续测试，故障依旧。说明故障不是由于硬盘损坏所造成的。

步骤 03　通过上述操作，故障原因的范围进一步缩小，下一步重点检测故障笔记本电脑的硬盘接口电路是否存在故障，而导致了显示 LOGO 后卡住不动的故障现象。如图 26-48 所示为故障笔记本电脑硬盘接口电路图。

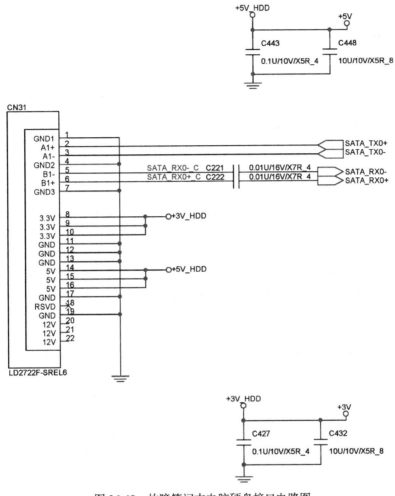

图 26-48　故障笔记本电脑硬盘接口电路图

加电检测后发现，该故障笔记本电脑硬盘接口的 5V 供电是不断跳变的，检测其上级供电电路中的 5V 供电正常，更换 5V 供电中的电容器 C443 和电容器 C448，加电检测后故障依旧。

步骤 04　上述操作后，故障范围进一步缩小，从以上的故障分析及检测过程来看，硬盘接口存在虚焊或不良的问题，最有可能导致了故障的产生，对主板上的硬盘接口进行加焊后，故障依旧，怀疑硬盘接口已经损坏，更换硬盘接口。

更换硬盘接口后再次进行检测，发现故障已经排除。

步骤 05　故障检修经验总结。

在检修过程完成之后，要及时进行检修经验的总结，只有不断地总结经验，才能进一步提升笔记本电脑检修技能。

该故障笔记本电脑出现的故障，属于软启动过程中出现问题导致的故障，而与此相关的如光驱接口供电出现问题、芯片组出现不良或虚焊、SATA功能模块外部连接电路存在短路或断路等问题时，都有可能导致类似的故障产生。检修过此类故障后，要触类旁通才能不断提升笔记本电脑的检修技术。

26.4.7　光驱不能正常使用

1. 故障现象

一台笔记本电脑在放置一段时间后再次使用，出现光驱有时能够正常读盘，有时不能正常读盘的故障。

2. 故障判断

这类故障多与接触不良有关，所以在检测时，应重点检测是否由于光驱与光驱接口之间存在接触不良、光驱接口是否存在虚焊，光驱接口电路中的电子元器件是否存在虚焊或性能不良的问题。

3. 故障分析与排除过程

步骤 01　检修此类故障时，如果检修用的配件齐全，可直接使用替换法，先确定故障原因的范围。对该故障笔记本电脑的光驱进行替换后，发现故障依旧，说明故障原因在笔记本电脑主板的光驱接口电路以及芯片组等电子元器件和相关硬件设备上。

步骤 02　主板上的光驱接口是通过SATA总线与芯片组进行通信的，该故障笔记本电脑的硬盘与光驱同样采用SATA总线与芯片组进行通信，但是其运转正常，由此可大致判断芯片组的SATA功能模块的工作条件具备，检测连接到光驱接口的SATA总线上的耦合电容，其也是正常的。

步骤 03　如图26-49所示为故障笔记本电脑光驱接口电路图。再次确认性的检测其信号和供电情况，发现都是正常的，于是怀疑光驱接口存在虚焊或损坏问题。

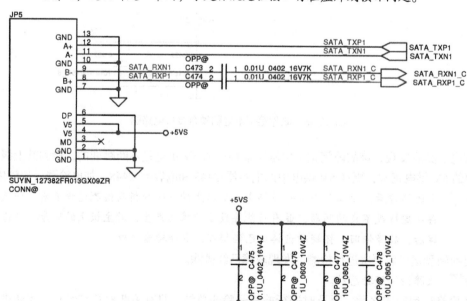

图 26-49　故障笔记本电脑光驱接口电路图

步骤 04　重新焊接光驱接口，经过多次测试后发现，故障已经排除。

步骤 05　故障检修经验总结。

笔记本电脑的故障分析过程，是一个逻辑推理过程。学习笔记本电脑检修技术首先要牢固掌握笔记本电脑各功能模块的基本工作原理，然后逐渐积累常见故障的检修方法和步骤，在不断的实践和总结中逐步提高笔记本电脑的检修技能。

光驱存在相关故障，首先要使用替换法排除光驱本身存在问题而导致了笔记本电脑不能读盘或笔记本电脑不能正常开机启动的故障。

然后再判别光驱接口、SATA 控制器以及这两者之间的连接电路中，哪一部分存在故障的可能性更大，从而采取下一步的相关检修操作，最终找到故障点并排除故障。

26.4.8　与内存插槽相关的黑屏

1. 故障现象

一台采用 Intel 公司 HM57 芯片组、第一代酷睿 i 处理器的笔记本电脑，进水后出现不能正常开机启动的故障。

2. 故障判断

笔记本电脑出现不能正常开机启动的故障，是常见的故障类型，而该故障笔记本电脑有过进水的问题，所以在检修时应重点检测进水后造成了主板哪些电子元器件损坏而导致了故障。

3. 故障分析与排除过程

步骤 01　对于进水后导致不能正常开机启动的笔记本电脑，通常在确认故障后就直接进行拆机检测。开机检测该故障笔记本电脑时，能听到主机运行的声音，但是液晶显示屏一直黑屏无显示。

步骤 02　确认该故障笔记本电脑的故障现象后，开始进行拆机检测。

拆机检测过程的第一步是对故障笔记本电脑的主板进行清理。当笔记本电脑主板内淤积过多的灰尘或存在异物时，可能导致笔记本电脑主板上的电路、电子元器件产生短路、散热不良等问题并引发相关故障。

特别是进水后出现故障的笔记本电脑，除了仔细清理主板外，大部分情况下还应对其进行烘干处理。

在清理的过程中，应仔细观察主板上的重要芯片、电子元器件及硬件设备是否存在明显的物理损坏，如芯片烧焦、开裂，电容器鼓包、漏液，电路板破损，插槽或电子元器件有脱焊、虚焊问题。如果检查到存在明显的物理损坏，应首先对这些明显损坏的电子元器件或硬件设备进行加焊或更换后，再继续进行其他方式的检修。

经过对该故障笔记本电脑的清理、烘干和观察后，没有发现明显的物理损坏，但是发现内存插槽附近的水渍比较明显，极有可能故障点就在这一范围内。在下面的检测中应重点进行关注。

步骤 03　在前述步骤中，已知该故障笔记本电脑在开机后能听到主机运行的声音，但是液晶显示屏一直黑屏无显示。但由于有进水的问题，不能直接按黑屏故障进行检修。综合上述检修操作和故障现象后，认为故障笔记本电脑在软启动过程中出现故障的概率比较大。

加电进行检测，CPU 主供电正常输出，说明主板供电电路能够正常输出供电，检测时钟及复位信号，也是正常的。

综合上述操作后再作分析，认为在软启动过程中内存和显卡存在问题而导致故障的概率比较大。

因为在软启动过程中，显卡初始化后通常会显示 LOGO 画面，而该故障笔记本电脑黑屏无显示，说明其显卡或其之前的自检过程没有正常完成。

接入故障诊断卡进行测试，显示检测不到内存。先排除显卡故障，将故障范围进一步缩小到内存及其相关电路和硬件设备上。

更换一根性能良好的内存条进行测试，故障依旧，这也是在预料之中的测试，因为从故障现象来说，内存条损坏的概率很小。找出该故障笔记本电脑的电路图，进行更加详细的检测。如图 26-50 所示为故障笔记本电脑其中一个内存插槽的电路图，按照电路图进行更加详细的供电以及时钟信号电路上电子元器件性能好坏的检测。如果检修工具比较齐全，也可以直接使用内存阻值卡进行检测。

检测后没有发现较为明显的问题，根据前述内存插槽附近水渍较多的现象，现在怀疑内存插槽存在虚焊或损坏问题。

步骤 04 更换该故障笔记本电脑的内存插槽后，开机进行测试，已经能够正常进入操作系统。故障已经排除。

步骤 05 故障检修经验总结。

笔记本电脑进水而导致相关故障，是笔记本电脑检修过程中经常遇到的故障类型。

进水后通常会导致硬件设备或电子元器件的腐蚀、短路及其他损坏等问题，从而导致相关故障。所以在检修进水故障时，清理及烘干的步骤是不能省略且必须认真对待的操作。

26.4.9 光驱和硬盘都无法识别

1. 故障现象

一台笔记本电脑，出现光驱和硬盘都无法识别的故障。

2. 故障判断

笔记本电脑的光驱和硬盘都是通过 SATA 总线与芯片组进行通信的，当两者都不能正常使用时，应考虑是否由于芯片组存在不良、虚焊问题以及 SATA 控制器的时钟和供电存在问题等状况导致了故障。

3. 故障分析与排除过程

步骤 01 鉴于该故障笔记本电脑的故障现象，再进一步确认故障后，决定进行拆机检测。

拆机进行检测过程中发现，该故障笔记本电脑的主板上不仅沉积了很多灰尘，而且还有受潮的迹象。

对故障笔记本电脑进行清理，并仔细观察主板上的各种电子元器件和硬件设备有无明显的物理损坏。

经清理和观察后，没有发现明显的物理损坏，对主板进行烘干处理。

步骤 02 烘干处理后，对故障笔记本电脑 SATA 总线上的耦合电容进行检测，没有发现明显的问题。接着检测硬盘和光驱接口的供电，依旧没有发现问题。

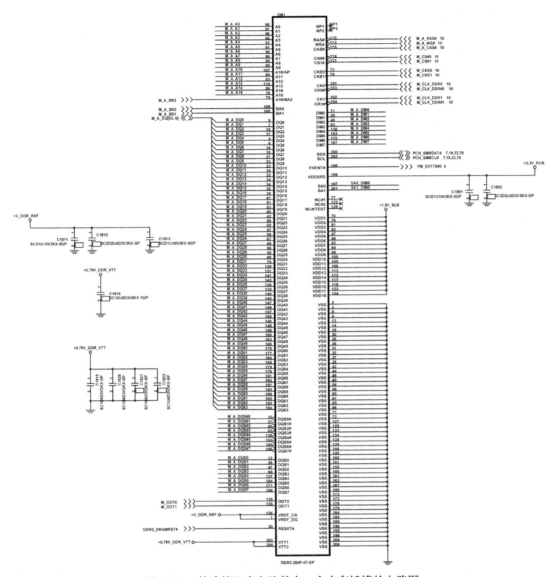

图 26-50　故障笔记本电脑其中一个内存插槽的电路图

🔵**步骤 03**　将故障范围确定在芯片组范围内，检测芯片组 SATA 功能模块的工作条件，故障笔记本电脑芯片组的 SATA 功能模块如图 26-51 所示。

　　经检测，其供电、时钟正常，芯片组 PCH 芯片周围没有虚焊或脱焊的电子元器件，怀疑 PCH 芯片存在虚焊或不良的问题。

🔵**步骤 04**　对 PCH 芯片进行加焊后，故障依旧，更换 PCH 芯片，经过测试后，故障排除。

🔵**步骤 05**　故障检修经验总结。

　　硬件设备或电子元器件虚焊、损坏导致的故障，常见于廉价笔记本电脑或使用时间较长、使用环境较为恶劣的笔记本电脑。

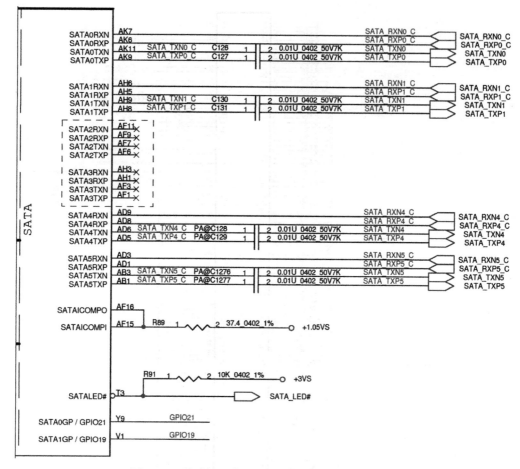

图 26-51　故障笔记本电脑芯片组的 SATA 功能模块

这是因为廉价笔记本电脑采用的硬件设备、电子元器件品质不好，比较容易出现问题。

而使用时间较长、使用环境较为恶劣的笔记本电脑，其内部的硬件设备、电子元器件会出现不同程度的老化、开焊问题，从而引起相关故障。

所以在检修的时候要特别注意对故障笔记本电脑的品质以及损耗情况的了解，这非常有助于检修过程中故障原因的判断。

但最为关键的还是，按照故障分析一步步进行故障点的确认，并使用合理的操作方法排除故障。

26.4.10　USB 接口都无法使用

1. 故障现象

一台采用 AMD 公司 CPU 和芯片组（北桥芯片和南桥芯片的双芯片架构）的笔记本电脑，出现 USB 接口都无法使用的故障现象。

2. 故障判断

当笔记本电脑出现一个 USB 接口不能使用时，大部分情况是由于该 USB 接口存在开焊、虚焊或本身损坏，以及 USB 接口的供电部分出现问题而导致了不能正常使用的故障。

但当一台笔记本电脑的 USB 接口全部不能使用时，则多半是由于芯片组（双芯片架构中为南桥芯片）存在虚焊或性能不良，以及芯片组 USB 功能模块的供电、时钟信号出现问题导致的。

3. 故障分析与排除过程

步骤 01　USB 接口出现故障，应首先根据故障现象确认故障的范围。

该笔记本电脑的芯片组为北桥芯片和南桥芯片的双芯片架构，USB 控制器集成在南桥芯片中。所以当该笔记本电脑的所有 USB 接口都无法正常使用时，故障原因通常为南桥芯片存在虚焊或性能不良，南桥芯片的 USB 功能模块的供电、时钟信号等可能存在问题。

步骤 02　确认故障范围后，需进行拆机检修。拆机后的第一个步骤是清理和观察。

在清理的过程中，应仔细观察故障笔记本电脑主板上的重要芯片、电子元器件及硬件设备是否存在明显的物理损坏，如芯片烧焦、开裂，电容器鼓包、漏液，电路板破损，插槽或电子元器件有脱焊、虚焊问题。如果检查到存在明显的物理损坏，应首先对这些明显损坏的电子元器件或硬件设备进行加焊或更换后，再继续进行其他方式的检修。

而该故障笔记本电脑应重点观察和清理南桥芯片及其周围的电子元器件。

步骤 03　清理和观察后没有发现比较明显的问题，此时根据电路图对该故障笔记本电脑作进一步的检测。

在检测中发现，南桥芯片 USB 功能模块的供电正常，但是没有时钟信号输入。由此判断是该问题导致了故障。

如图 26-52 所示为该故障笔记本电脑的 USB 时钟信号输出电路图，在该故障笔记本电脑中，USB 的时钟信号是由系统时钟电路中的时钟发生器芯片输出的。

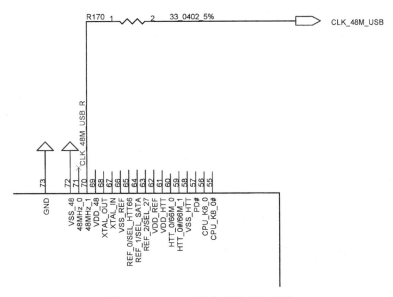

图 26-52　USB 时钟信号输出电路图

根据电路图检测该时钟信号的输出电路，发现电阻器 R170 已经损坏，由此判断正是由于该电阻器损坏而导致了故障。

步骤 04　更换损坏的电阻器 R170，经过测试后发现，故障已经排除。

步骤 05　故障检修经验总结。

在检修过程完成之后，要及时进行检修经验的总结，只有不断地总结经验，才能进一步提升笔记本电脑检修技能。

该故障笔记本电脑检修过程，建立在对 USB 功能模块理论知识的掌握基础上。当故障笔记本电脑的所有 USB 接口都无法使用时，检测芯片组内集成的 USB 控制器的工作条件是否满足，是检修过程的核心和重点。

26.4.11 VGA 接口无法正常使用

1. 故障现象

一台笔记本电脑，VGA 接口无输出信号。

2. 故障判断

对于 VGA 接口不能正常使用的故障，应首先排除外接显示设备和连接线的问题，如果没有问题，再去检测 VGA 接口电路中的供电、三基色信号、行、场信号以及时钟和数据信号是否正常。

3. 故障分析与排除过程

步骤 01 更换信号线和外接设备后进行测试，外接设备显示无信号输入，进一步确认故障原因的范围在该故障笔记本电脑主板内，需拆机进行检修。

步骤 02 在拆机检测过程中，通常首先在未加电的情况下检查故障笔记本电脑主板上的主要芯片、电子元器件及硬件设备的外观有无明显物理损坏。检查到比较明显的物理损坏或开焊问题时，可直接对这些问题进行加焊或更换处理。

而针对不同的故障现象，在清理和观察的过程中需对相关电路进行重点关注。如该笔记本电脑的故障，就应重点关注 VGA 接口电路是否存在问题。

步骤 03 清理和观察主板后，没有发现明显的问题，需根据电路图做进一步详尽的检测。如图 26-53 所示为该故障笔记本电脑 VGA 接口电路图。

根据电路图进行检测后发现，VGA 接口电路供电正常、三基色信号对地阻值正常、时钟和数据电路 26.2V 上拉电压正常。但是行、场信号不正常，进一步检测发现电阻器 R184 和 R189 性能不良，并推断正是这两个电阻器出现问题导致了故障。

步骤 04 更换出现问题的电阻器，检测后发现故障已经排除。

步骤 05 故障检修经验总结。

笔记本电脑主板上的电子元器件和硬件设备，十分密集且脆弱。所以在检测和更换的过程中，一定要按照正规的操作方法进行操作，否则极易造成新故障的产生。

26.4.12 一个 USB 接口无法正常使用

1. 故障现象

一台笔记本电脑，经常使用的一个 USB 接口突然出现不能正常使用的故障。

2. 故障判断

USB 接口因为经常使用的缘故，故障率是相对较高的。从该故障笔记本电脑的故障现象来看，故障范围主要在 USB 接口电路部分，而且应重点关注 USB 接口是否因为插拔不当造成了虚焊或损坏，另一方面则要重点关注其 5V 供电电路是否存在问题。

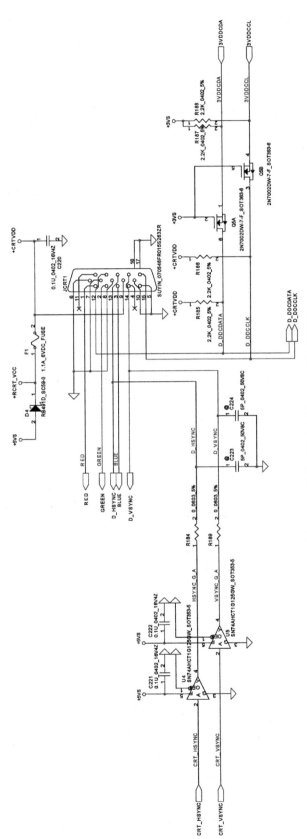

图 26-53 故障笔记本电脑 VGA 接口电路图

3. 故障分析与排除过程

步骤 01 USB 接口是目前应用最为广泛的一种笔记本电脑接口类型，而其插拔的频率也较高，所以故障率也相对较高。

在检修笔记本电脑的 USB 接口不能正常使用的故障时，首先应确认是单独某一个 USB 接口不能正常使用，还是该故障笔记本电脑所有的 USB 接口都不能正常使用，从这一点上可以区分故障原因的范围。

当笔记本电脑出现一个 USB 接口不能正常使用时，大部分情况是由于该 USB 接口存在开焊、虚焊或本身损坏，以及 USB 接口的供电部分出现了问题。

但当一台笔记本电脑的 USB 接口全部不能正常使用时，则多半是由于芯片组（双芯片架构中为南桥芯片）存在虚焊或性能不良，以及芯片组 USB 功能模块的供电、时钟信号出现问题导致的。

经检测确认，该故障笔记本电脑只有一个 USB 接口不能使用。

步骤 02 当确认了笔记本电脑故障原因的范围，进行拆机检修。拆机后的第一个步骤是对故障笔记本电脑进行清理和观察。

鉴于该故障笔记本电脑的故障现象，应重点清理和观察 USB 接口电路是否存在故障。

清理和仔细观察后，没有发现较为明显的问题。

接下来应根据电路图，进行更具体、深入的检测。

步骤 03 如图 26-54 所示为该故障笔记本电脑的 USB 接口电路图，根据该电路图进行检测后发现，其数据信号传输电路正常，5V 供电正常。根据故障现象和检测结果分析，USB 接口存在虚焊或者损坏而导致故障的概率很大。

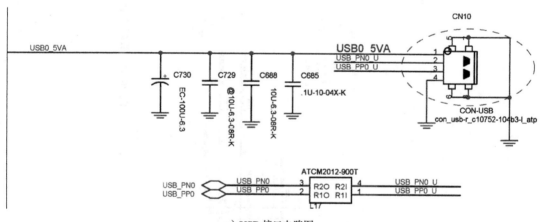

a）USB 接口电路图

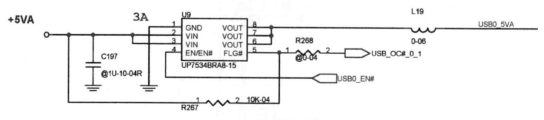

b）USB 供电保护电路图

图 26-54 故障笔记本电脑的 USB 接口电路图

但为了更进一步确认故障，对 USB 接口电路中的电容器、电感器及电阻器进行好坏和性能的检测，检测后都没有发现问题存在。

步骤 04　加焊 USB 接口，测试后发现故障依旧，更换性能良好的 USB 接口再次进行测试，其已经能够正常使用，故障排除。

步骤 05　故障检修经验总结。

笔记本电脑的 USB 接口电路连接相对简单，其出现故障后故障现象也较为明显，所以处理起来也相对容易。但是在检修的操作过程中应注意，故障分析过程的逻辑性，以免造成误判。也要注意方式、方法，以免遗漏真正的故障原因或造成二次故障。而由于 USB 接口经常会采取插拔操作，出现虚焊或损坏的情况也是比较常见的，所以在检修的过程中，除了考虑 USB 接口电路中的电子元器件是否损坏外，还应多考虑 USB 接口是否存在虚焊或损坏的问题。

26.4.13　笔记本电脑不能识别硬盘

1. 故障现象

一台二次维修的笔记本电脑，出现硬盘不能识别的故障。

2. 故障判断

对于二次维修的笔记本电脑，要特别注意，上次检修过程中是否因为操作不当而引发了新故障。

3. 故障分析与排除过程

步骤 01　该故障笔记本电脑，在之前维修过不能正常开机启动的故障，最终的操作是加焊了 PCH 芯片。掌握该信息后，也不要急于拆机检测，还是应按照步骤一步步进行检修操作。

经确认，新故障产生前，没有发生不慎跌落、撞击或进水等问题，但是故障发生前是在温度较高的户外使用，且没有使用外部散热器。

经过对这一信息的分析，高温可能是导致故障的原因。但是高温导致了什么问题，只能经过一步一步检测和分析才能弄清楚。

步骤 02　开机进行测试后，进一步确认了不能发现硬盘的故障。关机后拆除硬盘，清理硬盘接口后，重新安装好硬盘进行测试，故障依旧。

更换性能良好的硬盘，再次进行测试，故障依旧，大致排除硬盘本身损坏以及硬盘同硬盘接口存在接触不良的问题。

鉴于上述检修操作，决定进行拆机检测。

步骤 03　拆机检测过程中，通常首先在未加电的情况下检查故障笔记本电脑主板上的主要芯片、电子元器件以及硬件设备的外观有无明显物理损坏。如芯片烧焦、裂痕、虚焊，电容器鼓包、漏液，电路板烧毁或淤积过多灰尘，各种接口设备有无明显的开焊情况。

检查到比较明显的物理损坏或虚焊、开焊问题时，可直接对这些问题进行加焊或更换处理。

如果在清理和观察过程中没有发现明显的物理损坏，需要根据故障分析再次做出判断。如果故障分析能够明确故障原因，不必一定加电检测。如果故障现象比较复杂，故障分析之后依然对故障原因比较模糊，需进行加电检测。

清理和观察该故障笔记本电脑的过程中发现，SATA 总线上的耦合电容存在开焊问题。如图 26-55 所示为故障笔记本电脑 SATA 总线上开焊的电容器。

图 26-55　故障笔记本电脑 SATA 总线上开焊的电容器

步骤 04　为了进一步确保故障完全排除，直接更换掉电容器 C293 和电容器 C294。开机进行检测，故障已经排除。

步骤 05　故障检修经验总结。

在加焊过程中需要注意的是，笔记本电脑主板上的电子元器件比较密集，如果加焊操作不当，可能引起新的故障。而该故障出现的问题，可能就是在上次维修过程中遗留下的隐患，在高温环境使用后出现了故障。

26.4.14　VGA 接口输出异常

1. 故障现象

一台笔记本电脑，出现 VGA 接口输出的图像缺色故障。

2. 故障判断

鉴于该故障现象，应重点检测 VGA 接口电路中的三基色信号电路是否正常。

3. 故障分析与排除过程

步骤 01　更换外接显示设备和连接线进行测试，排除了外接显示设备和连接线存在问题导致故障的可能性。故障原因多半集中于主板的 VGA 接口电路中。需拆机进行检修。

步骤 02　拆机后，清理并观察故障笔记本电脑的主板，特别关注 VGA 接口电路部分。

清理和观察后没有发现明显物理损坏或开焊的电子元器件、相关硬件设备。下一步应根据故障笔记本电脑的 VGA 接口电路图采取更进一步的检修操作。

步骤 03　如图 26-56 所示为该故障笔记本电脑的 VGA 接口电路图。

根据电路图进行检测后发现，VGA 接口电路中的供电正常，时钟和数据电路 26.2V 上拉电压正常，行、场信号波形正常。根据故障现象推断，故障原因多半为三基色信号电路存在问题，所以重点对三条电路上的电子元器件进行了检测，检测后发现，电容器 C543 已经损坏。

步骤 04　更换损坏的电容器，重新进行测试后发现故障已经排除。

步骤 05　故障检修经验总结。

笔记本电脑的故障分析过程，是一个逻辑推理过程。学习笔记本电脑检修技术首先要牢固掌握笔记本电脑各功能模块的基本工作原理，然后逐渐积累常见故障的检修方法和步骤，在不断的实践和总结中逐步提高笔记本电脑的检修技能。

VGA 接口电路出现问题，通常需要检测其供电，行、场信号波形，时钟和数据电路的上拉电压以及三基色信号的对地阻值是否正常，如果不正常则需要重点检测电路中的电阻器、电容器等电子元器件是否存在问题而导致了故障。

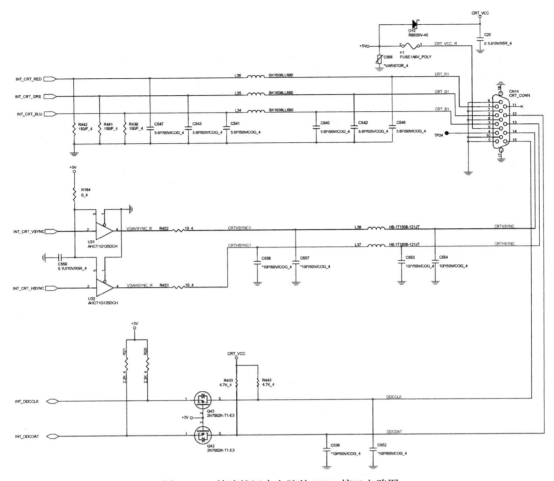

图 26-56　故障笔记本电脑的 VGA 接口电路图

26.4.15　USB 接口全部无法使用

1. 故障现象

一台笔记本电脑，出现所有 USB 接口都无法使用的故障。

2. 故障判断

当笔记本电脑出现一个 USB 接口不能使用时，大部分情况是由于该 USB 接口存在开焊、虚焊或本身损坏，以及 USB 接口的供电部分出现问题而导致了不能正常使用的故障。

但当一台笔记本电脑的 USB 接口全部不能使用时，则多半是由于芯片组（双芯片架构中为南桥芯片）存在虚焊或性能不良，以及芯片组 USB 功能模块的供电、时钟信号出现问题导致的。

3. 故障分析与排除过程

步骤 01　USB 接口出现故障，应首先确认故障的范围。

该故障笔记本电脑的所有 USB 接口都无法正常使用，说明故障原因通常为芯片组存在虚焊或性能不良，芯片组 USB 功能模块的供电、时钟信号等可能存在问题。

步骤 02 掌握故障笔记本电脑的故障现象及故障发生前的情况，是检修过程的第一步，同时也是检修过程中非常重要的一个步骤。

当确认了故障原因的范围，进行拆机检修。拆机后的第一个步骤是对故障笔记本电脑进行清理和观察。

当笔记本电脑主板内淤积过多的灰尘或存在异物，或有受潮、进水的问题时，可能造成主板上的某些电路、电子元器件产生短路或散热不良的问题，并引发相关故障。

在清理的过程中，应仔细观察笔记本电脑主板上的主要电子元器件和硬件设备是否存在明显的物理损坏，如芯片烧焦和开裂问题、电容器有鼓包或漏液问题、电路板破损问题、插槽或电子元器件有脱焊、虚焊等问题。如果存在严重的烧毁情况，能闻到明显的焦糊味道，对于这种明显的物理损坏，应首先进行更换后再进行其他方式的检修。

经过清理和观察后，没有发现该故障笔记本电脑存在比较明显的虚焊或物理损坏问题，下一步需根据理论知识结合故障现象，进行故障分析和检测，以确定故障点并进行排除。

步骤 03 如图 26-57 所示为故障笔记本电脑的芯片组 USB 功能模块电路图，根据电路图对 USB 功能模块的信号输出进行检测，发现全部没有信号输出，说明其没有正常工作，于是检测其供电部分。

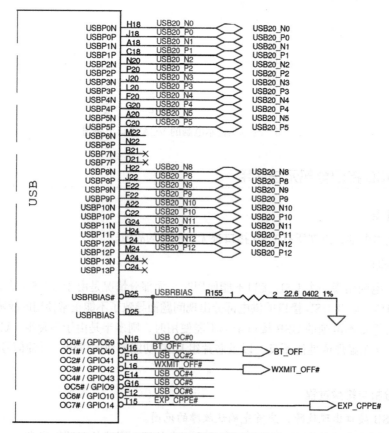

a) 芯片组 USB 功能模块的信号电路图

图 26-57　故障笔记本电脑的芯片组 USB 功能模块电路图

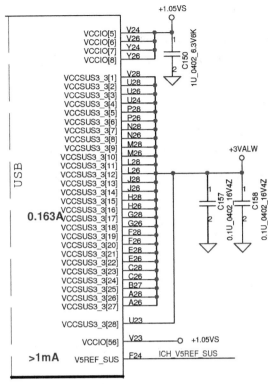

b）芯片组 USB 功能模块的供电电路图

图 26-57　（续）

　　检测后发现其供电正常，再次仔细检查芯片组周围，并没有发现有脱落、损坏的电子元器件，怀疑芯片组存在虚焊或不良问题。

步骤 04　加焊芯片，但测试后故障依旧。直接更换掉芯片，再次进行检测时发现故障已经排除。

步骤 05　故障检修经验总结。

　　笔记本电脑的故障分析过程，是一个逻辑推理过程。学习笔记本电脑检修技术首先要牢固掌握笔记本电脑各功能模块的基本工作原理，然后逐渐积累常见故障的检修方法和步骤，在不断地实践和总结中逐步提高笔记本电脑的检修技能。

　　芯片存在虚焊或不良的问题，是常见的故障原因，但是通常直接判断其存在虚焊或不良是比较困难的。一般是通过检测其工作条件是否具备，当供电、时钟及复位信号等工作条件都满足时，芯片仍不能正常工作，就要考虑芯片是否存在虚焊或者不良的问题，而导致了相关故障的产生。

26.4.16　SATA 总线供电电阻不良，SATA 设备有时都不可用

1. 故障现象

　　一台采用 Intel 公司 5 系列芯片组的笔记本电脑，出现间歇性地不能识别硬盘、光驱设备和不能正常开机启动故障。

2. 故障判断

笔记本电脑出现的间歇性故障，很大一部分与主板上的重要芯片或电路中的主要电子元器件存在虚焊或不良问题有关。所以在检测此类故障时，应特别注意主板上的电子元器件是否存在虚焊或性能不良问题。

3. 故障分析与排除过程

步骤 01 根据故障现象，分析、判断可能的故障原因，是故障检修过程中一个十分重要的环节，只有方向对了，才能最终找到故障点，并进行故障的排除。

对该故障笔记本电脑进行分析，硬盘和光驱都是通过 SATA 总线和芯片组内的 SATA 功能模块进行通信的，而当硬盘和光驱都不能正常工作时，很大一部分原因是芯片组存在虚焊或不良问题所引起的，有些情况则是 SATA 功能模块的时钟和供电存在问题导致的。

鉴于上述故障分析，需拆机进行检修。

步骤 02 该故障笔记本电脑，采用的是 Intel 公司 5 系列芯片组，由此就可以推断出其使用时间已经较长，其主板上沉积了大量的灰尘，所以拆机后首先对故障笔记本电脑进行清理，并仔细观察主板上的各种电子元器件和硬件设备有无明显的物理损坏。

如果检查到比较明显的物理损坏或虚焊、开焊问题时，可直接对这些问题进行加焊或更换处理。

鉴于拆机前的故障分析，特别针对芯片组及其周围电子元件器进行仔细的观察。经清理灰尘和观察后，没有发现比较明显的问题，所以需要采取更进一步的检修操作。

步骤 03 如果在清理和观察过程中没有发现明显的物理损坏，需要根据故障分析再次做出判断。如果故障分析能够明确故障原因，不必一定加电检测。如果故障现象比较复杂，故障分析之后依然对故障原因比较模糊，需进行加电检测。

芯片组周围的电子元器件辨别起来相对困难，所以通常需要查看故障笔记本电脑的电路图进行分析和确认。如图 26-58 所示为该故障笔记本电脑芯片组 SATA 功能模块的外部电路连接电路图。

根据电路图对故障笔记本电脑进行检测，发现图中电阻器 R158 存在问题。由此判断故障原因可能是该问题导致的。

步骤 04 更换出现问题的电阻器，开机进行测试，故障依旧。

重新按照电路图再次检测芯片组的时钟及供电，都没有问题，怀疑芯片组存在虚焊或不良问题，首先对芯片组进行加焊处理，开机进行测试后发现，故障已经排除。

步骤 05 故障检修经验总结。

笔记本电脑的故障分析过程，是一个逻辑推理过程。学习笔记本电脑检修技术首先要牢固掌握笔记本电脑各功能模块的基本工作原理，然后逐渐积累常见故障的检修方法和步骤，在不断地实践和总结中逐步提高笔记本电脑的检修技能。

有些故障笔记本电脑出现的故障，并非单一的故障原因引起的，可能存在多个故障点，在检修过程中需特别注意。但只要按照故障分析一步步地进行处理，大部分故障的故障点还是相对容易确定的。

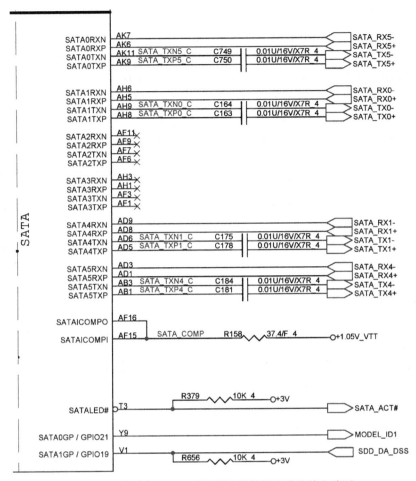

图 26-58　芯片组 SATA 功能模块的外部电路连接电路图

26.5　笔记本电脑网络类故障的维修

26.5.1　典型有线网络不能使用

1. 故障现象

一台采用 Intel 公司第一代酷睿 i 处理器及 5 系列芯片组架构的笔记本电脑，出现无线网络能够正常使用，但有线网络无法正常连接的故障。

2. 故障判断

采用 Intel 公司第一代酷睿 i 处理器及 5 系列芯片组架构的笔记本电脑，其使用时间通常都在两年以上，可能出现电子元件器或硬件设备老化、开焊等问题，所以在检修时应特别注意。

而根据故障现象，无线网络能够正常使用，说明无线路由器的工作状态应该是正常的，而故障原因多半是因为无线路由器与笔记本电脑连接的网线以及相关接口电路存在问题，或笔记本电脑的网卡芯片以及相关电路存在故障，或 PCH 芯片存在虚焊或不良问题等导致了故障。

3. 故障分析与排除过程

步骤 01 对于笔记本电脑检修过程中遇到的网络功能不能使用的故障，首先应排除外部网络硬件、BIOS 设置、网络设置、网卡驱动及操作系统等问题导致了相关故障。

当局域网中的路由器或 modem 没有工作或不能正常工作时，通常表现为笔记本电脑的无线网络和有线网络均无法使用的故障，且笔记本电脑的 RJ45 网络接口的指示灯是不亮的。此时应检修路由器或 modem。如图 26-59 所示为当外部网络不可用时系统的提示信息。

图 26-59　当外部网络不可用时系统的提示信息

当无线网络可以正常连接，但是有线网络不能连接时，通常为网卡芯片、芯片组、无线路由器连接到笔记本电脑的网线及其接口存在问题导致了故障。

当排除 BIOS 设置、网络设置、网卡驱动及操作系统等问题导致了故障后，应重新插拔网线，看是否能够排除故障。

如果故障依旧，更换一根性能良好的网线，且更换无线路由器的网线插入端口，当故障依旧时，再进行拆机检修。

在排除了外部网络硬件、BIOS 设置、网络设置、网卡驱动及操作系统等问题导致了相关故障之后，应使用相关软件对笔记本电脑的硬件信息进行检测，通过这些检测软件检测出的硬件信息，可以方便在拆机检修过程中资料的搜集和故障判断。如图 26-60 所示为用检测软件检测出的故障笔记本电脑网卡信息。

图 26-60　用检测软件检测出的故障笔记本电脑网卡信息

步骤 02 拆机检修过程的第一步，通常是对故障笔记本电脑的主板进行清理。

当笔记本电脑主板上淤积过多的灰尘或存在异物，可能造成主板上的某些电路、电子元器件产生短路或散热不良的问题，并引发相关故障。

在清理的过程中，应仔细观察笔记本电脑主板上的主要电子元器件和硬件设备是否存在明显的物理损坏，如芯片是否存在烧焦、开裂问题，电容器是否存在鼓包或漏液问题，电路板是否存在破损问题，插槽或电子元器件是否存在脱焊、虚焊等问题。

如果存在严重的烧毁情况，能闻到明显的焦糊味道，对于这种明显的物理损坏，应首先进行更换后再进行其他方式的检修。

根据该故障笔记本电脑的故障现象，应重点观察和清理芯片组、网卡芯片、RJ45 网络接口及其相关电路。

步骤 03 当对故障笔记本电脑清理完毕，而且未发现主板上存在明显的物理损坏后，应根据掌握的相关信息，下载相关资料并进行电路分析。

从前面的检测中获知，故障笔记本电脑采用的网卡型号是博通的 BCM57780。根据电路图检测 BCM57780 网卡芯片到 RJ45 网络接口的信号输出电路，发现没有信号输出。

步骤 04 BCM57780 网卡芯片能够正常工作的条件包括了其多路供电、与芯片组之间的信号电路以及 BCM57780 网卡芯片外接晶振能够正常工作。如图 26-61 所示为 BCM57780 网卡芯片与芯片组之间进行通信的引脚电路图。

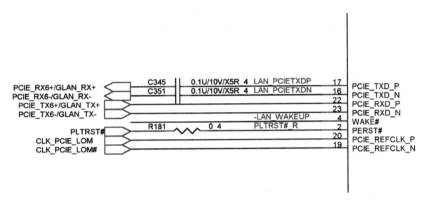

图 26-61　BCM57780 网卡芯片与芯片组之间进行通信的引脚电路图

对 BCM57780 网卡芯片的多路供电、时钟和复位信号电路进行检测后，都没有发现存在问题，怀疑 BCM57780 网卡芯片存在虚焊或者损坏问题。

步骤 05 对 BCM57780 网卡芯片加焊后进行测试，RJ45 网络接口指示灯亮，有线网络连接正常。故障排除。

步骤 06 故障检修经验总结。

由于硬件设备或电子元器件虚焊、损坏导致的故障，常见于廉价笔记本电脑或使用时间较长、使用环境较为恶劣的笔记本电脑。这是因为廉价笔记本电脑采用的硬件设备、电子元器件品质不好，比较容易出现问题。而使用时间较长、使用环境较为恶劣的笔记本电脑，其内部的硬件设备、电子元器件会出现不同程度的老化、开焊问题，从而引起相关故障。所以在检修的时候要特别注意对故障笔记本电脑的品质以及损耗情况的了解，这非常有助于检修过程中故障原因的判断。

另外，在加焊过程中需要注意的是，笔记本电脑主板上的电子元器件比较密集，如果加焊操作不当，可能引起新的故障。

26.5.2　有线网络和无线网络都无法使用

1. 故障现象

一台笔记本电脑在搁置一段时间后再次使用，出现有线网络和无线网络都无法使用的故障。

2. 故障判断

有线网络和无线网络都无法使用的故障现象，有很大一部分故障原因是外部网络硬件、BIOS 设置、网络设置、操作系统等问题导致的。如果排除了上述故障原因，则多半是由于芯片组损坏、虚焊或不良等问题导致的。

3. 故障分析与排除过程

步骤 01 首先对故障笔记本电脑进行重新安装网卡驱动程序、杀毒、恢复 BIOS 设置以及更换操作系统等操作后，故障依旧。于是决定对其进行拆机检修。

步骤 02 拆机检修过程的第一步，是对故障笔记本电脑的主板进行清理。

在清理和观察的过程中，并没有发现主板上的电子元器件存在明显的物理损坏或虚焊、脱落问题，也没有焦糊味道，但是其主板上灰尘确实比较多。

步骤 03 当对故障笔记本电脑清理完毕，而且未发现主板上存在明显的物理损坏后，应根据掌握的相关信息，下载相关资料并进行电路分析。

根据此故障笔记本电脑故障现象，应首先检测芯片组（双芯片架构为南桥芯片）与网卡芯片之间的信号电路是否正常，如果芯片组对网卡芯片和无线网卡插槽都没有信号输出，则说明多半是芯片组存在问题导致了故障。

步骤 04 经过检测后发现，芯片组对网卡芯片和无线网卡插槽都没有信号输出，据此可推测芯片组存在虚焊或性能不良等问题。首先对其进行加焊处理，故障依旧。更换芯片组后，故障排除。

步骤 05 故障检修经验总结。

在笔记本电脑的检修过程完成之后，要及时进行检修经验的总结，只有不断地反复实践、总结经验，才能进一步提升笔记本电脑的检修技能。

该故障笔记本电脑，属于故障现象明显，故障分析及处理过程比较简单的案例，只要熟知笔记本电脑网络功能模块的工作原理，并按照合理的步骤进行操作，就能够顺利地排除故障。

26.5.3　有线网络不能正常工作

1. 故障现象

一台笔记本电脑，无线网络使用正常，但是有线网络有时能够正常工作，有时不能够正常工作。

2. 故障判断

有线网络无法使用的故障现象，主要是由于网卡芯片、芯片组、RJ45 网络接口及其相关电路不能正常工作或损坏所引起的。而该故障笔记本电脑的故障现象为有线网络有时能够正常工作，有时不能够正常工作。说明网卡芯片、芯片组、RJ45 网络接口及其相关电路上的电子元器件和硬件设备存在虚焊或性能不良等问题。

3. 故障分析与排除过程

步骤 01 首先排除外部网络硬件故障，然后再进行 BIOS 设置、网络设置、网卡驱动及操作系统问题的排查。结果并没有发现明显的故障，于是决定进行拆机检修。

步骤 02 拆机检修过程的第一步，是对故障笔记本电脑的主板进行清理。

当笔记本电脑主板上淤积过多的灰尘或存在异物，可能造成主板上的某些电路、电子元器件产生短路或散热不良的问题，并引发相关故障。

电子元器件，特别是一些集成度、工作频率较高的芯片，在散热环境较差时，比较容易出现问题。

在清理的过程中，并没有发现故障笔记本电脑主板上存在明显的物理损坏或开焊、虚焊等问题。

步骤 03 当对故障笔记本电脑清理完毕，而且未发现主板上存在明显的物理损坏后，应根据掌握的相关信息，下载相关资料并进行电路分析。

网卡芯片正常工作时，需要多路不同标准的供电，以满足其内部不同功能模块对供电的需求。根据电路图，对故障笔记本电脑进行加电检测。首先检测网卡芯片到 RH45 网络接口的信号输出电路，发现网卡芯片不能正常输出信号，说明网卡芯片没有正常工作。

网卡芯片正常工作时，需满足供电以及时钟和复位信号等条件，首先检测其多路供电电路，并没有发现明显的问题。然后检测其外接的 25MHz 晶振及谐振电容，检测过程中发现，晶振存在老化问题，输出信号不稳定，有时能够正常输出，有时不能够正常输出。此问题说明，该故障笔记本电脑的有线网络有时能够正常工作，有时不能够正常工作的故障现象，多半是由于这个性能不良的 25MHz 晶振引起的。如图 26-62 所示为网卡芯片外接 25MHz 晶振电路图。

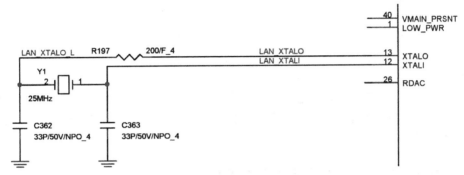

图 26-62　网卡芯片外接 25MHz 晶振电路图

步骤 04 更换性能不良的 25MHz 晶振，进行一段时间的测试后，确认故障已经排除。

步骤 05 故障检修经验总结。

笔记本电脑出现某些功能有时能够正常使用，有时不能够正常使用的故障现象，多半与电子元器件、插槽或接口设备以及重要芯片存在接触不良、性能不良等问题。

在检修过程中，应根据故障现象推导出检修的方向，确定故障原因的范围，从而迅速、准确地排除故障。

26.5.4　无线网络不能正常使用

1. 故障现象

一台采用了南桥芯片和北桥芯片双芯片架构的笔记本电脑，在很长一段时间内都是使用有线网络连接局域网，但是当使用无线网络进行连接时，出现无法连接的故障。

2. 故障判断

无线网络无法使用的故障现象，主要是由于无线网卡、芯片组、无线网卡插槽及其相关电路不能正常工作或损坏所引起的。

3. 故障分析与排除过程

步骤 01 对于笔记本电脑检修过程中遇到的某些功能不能使用的故障，首先应进行相关设置、驱动及操作系统问题的排除。

首先对故障笔记本电脑进行重新安装网卡驱动程序、杀毒、恢复 BIOS 设置以及更换操作系统操作后，故障依旧没有排除。

而这里也需要注意的是，部分无线网卡和无线路由器可能存在不兼容的问题，此问题也可能导致无线网络不能正常使用的故障，但该故障笔记本电脑并不存在此问题。

步骤 02　部分笔记本电脑的无线网卡在独立挡板下，不需要将整个笔记本电脑拆解就能看到无线网卡及其插槽，该故障笔记本电脑就是如此，拆开独立挡板后重新插拔无线网卡，并对无线网卡插槽进行清理，重新测试后故障并没有排除。

步骤 03　相对于整机拆解检测，更换无线网卡的操作更简单和快捷一些，于是将一块性能良好的无线网卡替换故障笔记本电脑的无线网卡，再次进行开机测试，故障依旧。

于是只能进行拆机检测，根据故障笔记本电脑的电路图，检测南桥芯片到无线网卡插槽的电路连接，并没有发现问题。怀疑无线网卡插槽损坏。

步骤 04　更换无线网卡插槽后，加电进行检测后发现故障已经排除。

步骤 05　故障检修经验总结。

笔记本电脑无线网络连接出现的故障，有很大一部分是由于笔记本电脑的外部无线网络或笔记本电脑的网络设置、驱动等问题引起的，在检测该类故障时应重点对这些可能的故障原因进行检测。

当芯片组（双芯片架构为南桥芯片）存在不良或虚焊问题时，也可能导致有线网络可以正常使用，但是无线网络不能正常使用的故障现象，在检修过程中，遇到"疑难杂症"时，应考虑到该故障原因。

26.5.5　进水造成的有线网络无法正常使用

1. 故障现象

一台笔记本电脑不慎进水后，出现无线网络能够正常使用，而有线网络无法正常使用的故障现象。

2. 故障判断

笔记本电脑进水后出现问题，是笔记本电脑检修过程中经常遇到的故障原因，虽然目前大部分笔记本电脑在设计时都采用了不同程度的防水设计，但是防水的程度都是有限和有局限性的。当笔记本电脑进水后，通常会导致笔记本电脑内部的电子元器件和硬件设备等出现短路或腐蚀等问题，从而导致相关故障。

而该故障笔记本电脑出现的故障现象为无线网络能够正常使用，而有线网络无法正常使用，其故障原因多半是进水后造成网卡芯片、芯片组、RJ45 网络接口及其相关电路不能正常工作或被损坏所引起的。

3. 故障分析与排除过程

步骤 01　对于笔记本电脑检修过程中遇到的某些功能不能使用的故障，首先应进行相关设置、驱动及操作系统问题的排除。

但也不是绝对地要按照该顺序进行检修，而应根据具体的问题进行具体的分析。该故障笔记本电脑的故障原因十分明显，由于进水而造成有线网络功能模块无法正常使用，虽然能够正常开机并正常使用无线网络，但并不代表进水问题没有对笔记本电脑造成损坏。

步骤 02　对故障笔记本电脑进行拆机检修，特别是对于进水造成故障的笔记本电脑，拆机后首先就要对主板进行清理。

　　仔细清理笔记本电脑上的灰尘和异物，并观察主板上的电子元器件和硬件设备是否存在明显的物理损坏。

　　在故障笔记本电脑的网卡芯片周围可以看到明显的水渍。对于进水量较大的故障笔记本电脑，除了进行常规的清理外，还应进行烘干处理。

步骤 03　进行烘干处理后，又仔细地查看了一遍网卡芯片及其周围电路上的电子元器件，并没有明显的脱焊、虚焊或者烧焦等物理损坏。

　　根据故障笔记本电脑的电路图，加电进行检测。重点检测网卡芯片的信号输出及工作条件是否满足。如图 26-63 所示为故障笔记本电脑网卡芯片的电路图。

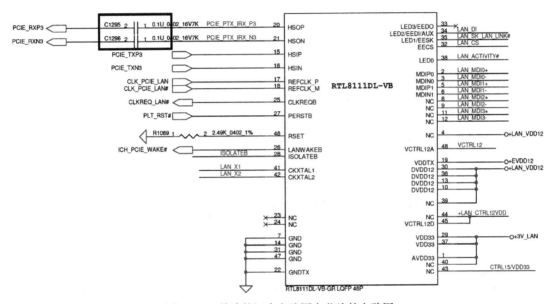

图 26-63　故障笔记本电脑网卡芯片的电路图

步骤 04　对网卡芯片的供电、时钟和复位信号电路进行检测后，都没有发现存在问题，怀疑网卡芯片存在虚焊或者损坏问题。对其进行加焊后，故障依旧。更换网卡芯片，重新进行检测，故障排除。

步骤 05　故障检修经验总结。

　　笔记本电脑的网络功能模块，其结构相对简单，故障现象也较为明显，属于比较易于处理的故障类型。但是其检修过程也应按照规范化的检修步骤及方法进行，以免造成二次故障，或耽误检修的时间和精力。

26.6　笔记本电脑音频类故障的维修

26.6.1　典型耳机插孔和扬声器都没有音频输出

1. 故障现象

　　一台配置 Intel 公司第一代酷睿 i 系列处理器、5 系列芯片组的笔记本电脑，在正常使用过程中突然出现耳机插孔和扬声器都没有音频输出的故障。

2. 故障判断

根据故障现象分析，此故障笔记本电脑的故障原因，多半不是耳机插孔、功放芯片、扬声器及其相关电路出现了问题，因为这些硬件设备或电路出现问题导致的故障，通常是耳机插孔或扬声器中的某一个不能正常使用。

耳机插孔和扬声器都不能正常使用的故障现象，通常是由于声卡芯片或芯片组（双芯片架构为南桥芯片）及其连接电路不能正常工作或存在损坏、虚焊等问题导致的。

出于这种故障判断，应重点检测声卡芯片、芯片组及其相关电路是否存在问题。但是在实际检修的过程中，特别是对于故障检修经验较少的维修人员来说，应按照从普遍到特殊，并且有步骤地进行故障排除。

3. 故障分析与排除过程

步骤 01 对于笔记本电脑检修过程中遇到的某些功能不能正常使用的故障，首先应进行相关设置、驱动及操作系统问题的排除。

如图 26-64 所示为笔记本电脑的扬声器设置界面，如果在操作系统中禁用了扬声器，会造成扬声器没有音频输出的故障。

图 26-64　扬声器设置界面

在排除了由于音频设置、声卡驱动及操作系统引起了故障之后，应使用相关软件对笔记本电脑的硬件信息进行检测，通过这些检测软件检测出硬件信息，可以方便在拆机检修过程中资料的搜集和故障判断。如图 26-65 所示为用软件检测出的声卡信息。

图 26-65　用软件检测出的声卡信息

步骤 02 从这台笔记本电脑的配置来看，其使用时间通常都在两年以上，所以拆机检测过程的第一步是对故障笔记本电脑的主板进行清理。当笔记本电脑主板内淤积过多的灰尘或异物，可能造成主板上的某些电路、电子元器件产生短路或散热不良的问题，并引发相关故障。

在清理的过程中，应仔细观察笔记本电脑主板上的主要电子元器件和硬件设备是否存在明显的物理损坏，如芯片烧焦和开裂问题、电容器有鼓包或漏液问题、电路板破损问题、插槽或电子元器件有脱焊、虚焊等问题。如果存在严重的烧毁情况，能闻到明显的焦糊味道，对于这种明显的物理损坏，应首先进行更换后再进行其他方式的检修。

而此故障笔记本电脑，应重点对声卡芯片、芯片组及其相关电路进行观察。

步骤 03 当对故障笔记本电脑清理完毕，而且未发现主板上存在明显的物理损坏后，应根据掌握的相关信息，下载相关资料并进行电路分析。

从前面的检测中获知，故障笔记本电脑采用的是瑞昱公司的 ALC272 声卡芯片，如图 26-66 所示为 ALC272 引脚图。根据 ALC272 引脚图对应故障笔记本电脑主板上 ALC272 声卡芯片的信号输出引脚进行检测。

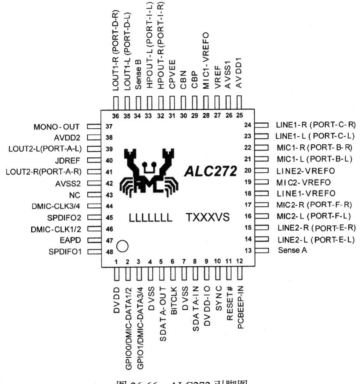

图 26-66　ALC272 引脚图

对 ALC272 声卡芯片的信号输出引脚进行加电检测时发现，其对功放芯片以及耳机插孔都没有信号输出，说明 ALC272 声卡芯片不能正常工作或者已经损坏。

步骤 04 ALC272 声卡芯片能够正常工作的条件主要包括了供电、时钟及复位几个部分，于是检测其供电电压、时钟及复位信号输入引脚，发现均正常。怀疑 ALC272 声卡芯片存在虚焊问题或者已经损坏，于是对其进行加焊处理，故障依旧，更换 ALC272 声卡芯片后，再进行测试，故障排除。

步骤 05 故障检修经验总结。

在加焊过程中需要注意的是，笔记本电脑主板上的电子元器件比较密集，如果加焊操作不当，可能引起新的故障。在检修过程完成之后，要及时进行检修经验的总结，只有不断地总结经验，才能进一步提升笔记本电脑检修技能。此故障笔记本电脑，属于故障现象明显，而且故障分析及处理过程比较顺利的案例，只要熟知笔记本电脑音频功能模块的工作原理，并按照合理的步骤进行操作就能顺利地排除故障。

26.6.2 扬声器有音频输出但耳机插孔没有音频输出

1. 故障现象

一台价格低廉的笔记本电脑，使用半年后出现扬声器有音频输出，但耳机插孔没有音频输出的故障。

2. 故障判断

根据故障现象判断，故障原因多半是由于耳机插孔、声卡芯片及其相关连接电路存在虚焊或损坏的故障而造成的。还有一种故障原因也是值得注意的，当耳机插入笔记本电脑的耳机插孔后，相关检测电路会关闭扬声器的音频输出，转而采用耳机插孔输出音频。当耳机插入耳机插孔的时候，系统也会弹出提示信息。如图 26-67 所示为耳机插入笔记本电脑耳机插孔时系统的提示信息。

图 26-67 耳机插入笔记本电脑耳机插孔时系统的提示信息

3. 故障分析与排除过程

步骤 01 先查看笔记本电脑的音频设置和系统设置是否存在问题，重新安装或者更新最新版本的声卡驱动程序。

在进行初步的检测后，没有发现明显的问题。

将耳机插入笔记本电脑的耳机插孔，除了耳机没有声音这个故障现象外，系统也没有在右下角弹出耳机插入的提示信息。这一故障现象对后面的故障分析十分重要，可以进一步确定和缩小故障原因的范围。

步骤 02 就目前的故障现象来看，故障原因主要可能是耳机插孔、声卡芯片存在损坏或者虚焊问题，以及耳机插孔与声卡芯片之间的连接电路存在问题。

拆机进行检测，首先还是清理下主板上的灰尘或异物。重点清理声卡芯片、耳机插孔以及两者之间的电路连接部分。清理过程中没有发现主板上的电子元器件有明显的物理损坏。

根据掌握的相关信息，下载相关资料并进行电路分析。如图 26-68 所示为故障笔记本电脑耳机插孔电路图。

步骤 03 检测声卡芯片对耳机插孔的信号输出引脚，基本正常。继续检测耳机插孔电路中的主要电子元器件也基本都工作正常。怀疑耳机插孔可能存在虚焊或者损坏的问题，准备更换耳机插孔看是否能够排除故障。

步骤 04 更换耳机插孔后，经过测试后发现故障已经排除。

步骤 05 故障检修经验总结。

硬件设备或电子元器件虚焊、损坏导致的故障，常见于廉价笔记本电脑或使用时间较长、使用环境较为恶劣的笔记本电脑。

这是因为廉价笔记本电脑采用的硬件设备、电子元器件品质不好，比较容易出现问题。

而使用时间较长、使用环境较为恶劣的笔记本电脑，其内部的硬件设备、电子元器件会出现不同程度的老化、开焊问题，从而引起相关故障。

所以在检修的时候要特别注意对故障笔记本电脑的品质以及损耗情况的了解，这非常有助于检修过程中故障原因的判断。

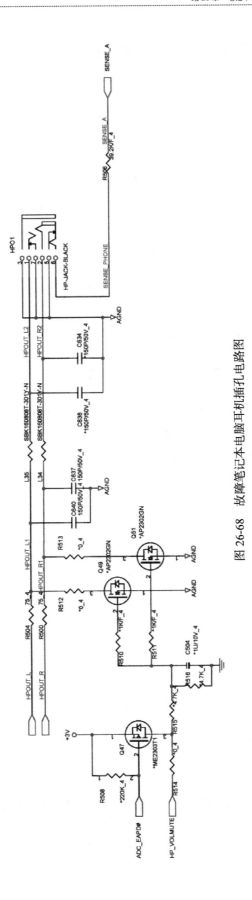

图 26-68 故障笔记本电脑耳机插孔电路图

26.6.3 耳机插孔有音频输出但扬声器无音频输出

1. 故障现象

一台搁置很久的笔记本电脑，再次使用时出现耳机插孔有音频输出，但扬声器无音频输出的故障现象。

2. 故障判断

耳机插孔有音频输出但扬声器无音频输出的故障现象，多半是由于功放芯片、扬声器、声卡芯片以及相关连接电路存在损坏或不能正常工作等故障造成的。

3. 故障分析与排除过程

步骤 01 开机检测音频设置，发现没有问题。更新声卡驱动，插入耳机后进行测试，系统有插入耳机的提示且耳机插孔的音频输出正常。使用扬声器时，没有音频输出。使用相关软件检测出声卡及笔记本电脑其他硬件的信息，关机后进行拆机检测。

步骤 02 拆机进行检测，发现可能是因为搁置太久且搁置环境不是很好的原因，故障笔记本电脑的主板上不仅沉积了很多灰尘，而且还有受潮的迹象。对故障笔记本电脑进行清理，并仔细观察主板上的各种电子元器件和硬件设备有无明显的物理损坏。

在清理的过程中发现，故障笔记本电脑的扬声器接口电路上的电子元器件有轻微的腐蚀问题。猜测可能是由于此部分的问题导致扬声器无音频输出的故障。

步骤 03 如图 26-69 所示为故障笔记本电脑的扬声器接口电路图。根据电路图了解这些电子元器件的型号及参数信息，然后对其进行更换。在更换前，鉴于该故障笔记本电脑的状况，应进行烘干处理。

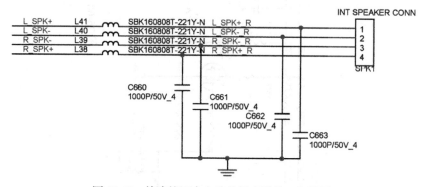

图 26-69 故障笔记本电脑的扬声器接口电路图

步骤 04 烘干故障笔记本电脑的主板，根据电路图更换相关电子元器件后，进行加电检测。故障已经排除了。

步骤 05 故障检修经验总结。

笔记本电脑的故障分析过程，是一个逻辑推理过程。学习笔记本电脑检修技术首先要牢固掌握笔记本电脑各功能模块的基本工作原理，然后逐渐积累常见故障的检修方法和步骤，在不断地实践和总结中逐步提高笔记本电脑的检修技能。

26.6.4 非典型耳机插孔和扬声器都没有音频输出

1. 故障现象

一台笔记本电脑开始出现的故障是不能开机，更换南桥芯片后，能够正常开机且其他功能都正常，但是出现耳机插孔和扬声器都没有音频输出的故障现象。

2. 故障判断

耳机插孔和扬声器都没有音频输出的故障现象，通常是由于声卡芯片或芯片组（双芯片架构为南桥芯片）及其连接电路不能正常工作或存在损坏、虚焊等问题导致的。

3. 故障分析与排除过程

步骤 01 根据故障现象，可以判断故障笔记本电脑多半是由于硬件问题导致了相关故障。但是在拆机检修前，还是应该查看一下故障笔记本电脑的音频设置以及声卡驱动和操作系统是否存在问题，从而导致了相关故障。

步骤 02 查看故障笔记本电脑的音频设置以及声卡驱动和操作系统没有问题，并了解了该故障笔记本电脑的硬件信息后，拆机进行检测。因为是二次进行维修，笔记本电脑的主板相对较干净，不需要再次清理灰尘，但需要仔细查看主板上的电子元器件有无明显的物理损坏，很多维修后产生的新故障都是由于在检修过程中不小心磕碰到主板上的电子元器件造成的。

步骤 03 没有观察到主板上有明显的物理损坏，直接加电检测声卡芯片的信号输出。

检测过程中发现，声卡芯片给扬声器接口以及耳机插孔的信号引脚都没有信号输出。此现象说明声卡芯片损坏或不能正常工作，检测声卡的供电以及时钟、复位信号是否正常。

步骤 04 检测过程中发现，声卡芯片其中一个引脚的供电不正常，根据对电路图的分析，确定该引脚关联的几个电容器，对其检测后发现有两个已经损坏。将其更换后进行测试，故障已经排除。故障原因很可能是在上次检修过程中，不小心损坏了相关电容器，从而造成声卡芯片不能正常工作引起的。

步骤 05 故障检修经验总结。

笔记本电脑主板上的电子元器件和硬件设备，十分密集且脆弱。所以在检修过程中，一定要按照正规的操作方法进行操作，否则极易造成新故障的产生。

26.6.5 不慎跌落导致的音频故障

1. 故障现象

一台配置 Intel 公司第二代酷睿 i 处理器、6 系列芯片组的笔记本电脑，在不慎跌落后出现耳机插孔和扬声器都没有音频输出的故障现象。

2. 故障判断

耳机插孔和扬声器都没有音频输出的故障现象，通常是由于声卡芯片或芯片组（双芯片架构为南桥芯片）及其连接电路不能正常工作或存在损坏、虚焊等问题导致的。

此故障笔记本电脑采用的是 Intel 的 6 系列芯片组，为单芯片设计。故障笔记本电脑虽然不慎跌落，但是能够正常开机，只有音频故障。

3. 故障分析与排除过程

步骤 01 故障笔记本电脑的故障原因很明确，就是因为不慎跌落造成音频功能故障。但是进一步的故障原因却必须经过检测后才能确定，是芯片组、声卡芯片问题或者其他问题导致了相关故障。

检修过程中，还是应该简单地查看下该故障笔记本电脑是否因为软件问题造成了相关故障。简单查看后发现音频设置、声卡驱动及操作系统都没有明显的问题。但是当使用耳机插入耳机插孔的时候，系统不提示相关信息。

步骤 02 拆机进行检测，首先还是清理下主板上的灰尘或异物。重点清理声卡芯片、芯片组及其两者之间的电路连接部分，清理过程中没有发现主板上的电子元器件或硬件设备有明显的开焊或脱落问题。

步骤 03 根据故障笔记本电脑的电路图，对声卡芯片进行检测。检测过程中发现，声卡芯片给扬声器接口以及耳机插孔的信号引脚都没有信号输出。此现象说明声卡芯片损坏或不能工作，检测声卡的供电以及时钟、复位信号是否正常。

步骤 04 检测过程中发现，声卡芯片的供电部分正常，但是声卡芯片与芯片组之间进行通信的引脚信号输入不正常，于是怀疑声卡芯片与芯片组连接电路中的电阻器或电容器可能存在问题，导致了相关故障，但是检测后并没有发现出现故障的电子元器件。

此时猜测，故障原因多半是由于芯片组存在不良、虚焊或损坏的问题，而导致了相关故障。

于是先对芯片组进行加焊处理，经检测后发现故障已经排除了。

步骤 05 故障检修经验总结。

笔记本电脑的音频功能模块的电路连接相对简单，其出现故障后故障现象也较为明显，所以处理起来也相对容易。

但是在检修的操作过程中应注意，故障分析过程的逻辑性，以免造成误判。也要注意方式、方法，以免遗漏真正的故障原因或造成二次故障。

第 **27** 章

品牌笔记本电脑故障维修实例

不同品牌和型号的笔记本电脑其基本结构相同，但是品质可能相距甚大。这是由于不同的笔记本电脑厂商所采取的硬件规格和设计方案不同所导致的。下面列举常见品牌笔记本电脑故障维修，进一步加深对笔记本电脑检修技能的理解。

27.1 联想 G460 故障维修

1. 故障现象

一台型号为联想 G460 的笔记本电脑，进水后出现不能正常开机启动的故障。

2. 故障判断

进水造成故障笔记本电脑主板上的电子元件器腐蚀、虚焊、脱焊、短路等损害，从而引发相关故障，重点对进水区域进行检测。

3. 故障分析与排除过程

步骤 01 　掌握故障笔记本电脑的故障现象及故障发生前的情况，是检修过程的第一步同时也是检修过程中非常重要的一个步骤。

如故障发生前有跌落、撞击、进水等问题时，应首先联想到故障原因可能是跌落、撞击、进水等问题导致了相关接口接触不良或电子元器件、硬件设备损坏。

在进一步确认该笔记本电脑的故障后，判断需进行拆机检修。

步骤 02 　拆机检测过程的第一步是对故障笔记本电脑的主板进行清理。

当笔记本电脑主板内淤积过多的灰尘或存在异物时，可能导致笔记本电脑主板上的电路、电子元器件产生短路、散热不良等问题并引发相关故障。

特别是进水后出现故障的笔记本电脑，除了仔细清理主板外，还需对其进行烘干处理。

在清理的过程中，应仔细观察主板上的重要芯片、电子元器件以及硬件设备是否存在明显的物理损坏，如芯片烧焦、开裂，电容器鼓包、漏液，电路板破损，插槽或电子元器件有脱焊、虚焊问题。如果检查到存在明显的物理损坏，应首先对这些明显损坏的电子元器件或硬件设备进行加焊或更换后，再继续进行其他方式的检修。

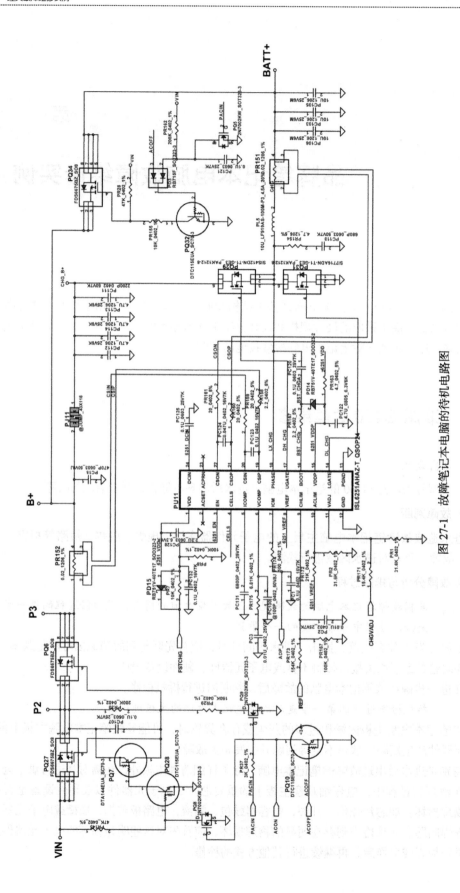

图 27-1　故障笔记本电脑的待机电路图

该故障笔记本电脑进水比较严重，有很大一片区域的电子元器件都遭到了腐蚀，对这些问题进行处理后，开始下一步的检修。

步骤 03 检测故障笔记本电脑主板各供电电路中的电感器，其对地阻值无明显偏低的问题存在。

检测该故障笔记本电脑待机电路的 3.3V 和 5V 供电时，发现其没有正常输出。查待机电路中电源控制芯片的输入供电，发现有供电，说明供电过了保护隔离电路，故障原因多在待机电路中。

待机电路的检测，主要包括各种电子元器件是否存在明显损坏，虽然在拆机后就进行了清理和观察，但对于进水故障的笔记本电脑，此时应再反复观察几次。如图 27-1 所示为该故障笔记本电脑的待机电路图。根据电路图可知，该待机电路采用的电源控制芯片为 ISL6237IRZ，根据电路图检测电源控制芯片第 6 引脚 VIN 供电正常，且芯片温度非常高，结合进水的问题，怀疑电源控制芯片损坏，对其进行更换。

更换电源控制芯片进行测试，待机供电正常输出，但是触发后掉电，说明依然存在问题，并且问题可能还集中在进水区域。

接着对进水区域的电子元器件进行检测，发现 5V 待机供电输出端的电容器 PC117 损坏。判断由于此问题导致了触发掉电问题。

步骤 04 更换损坏的电容器，加电检测后发现故障已经排除。

步骤 05 故障检修经验总结。

笔记本电脑的故障分析与检修过程，是一个持续判断、检测、排除的过程。要在牢固掌握笔记本电脑各功能模块工作原理的基础上，根据故障现象做出分析和判断，并最终找到故障点进行排除。对于进水后产生故障的笔记本电脑，要特别关注其进水严重区域的电子元器件是否存在问题。

27.2 联想 V360 故障维修

1. 故障现象

一台型号为联想 V360 的笔记本电脑，不慎跌落后出现不能正常开机启动的故障。

2. 故障判断

查看故障笔记本电脑各种主要接口是否存在接触不良的问题，以及主板上的电子元器件和相关硬件设备是否存在脱落或损坏等问题。

3. 故障分析与排除过程

步骤 01 确认故障，排除外部供电问题，确认需拆机进行检修。

步骤 02 拆机后清理和观察主板，没有发现明显损坏的电子元器件或硬件设备，需根据电路图做进一步的检修。

步骤 03 检测主板各供电电路中的电感器对地阻值无明显偏低的问题。

如图 27-2 所示为该故障笔记本电脑的待机电路图，根据电路图检测 5V_S5、3D3V_S5 供电没有正常输出，这两个供电正常输出需要电路中的电源控制芯片 RT8223 输出驱动信号，驱动后级电路中的场效应管。

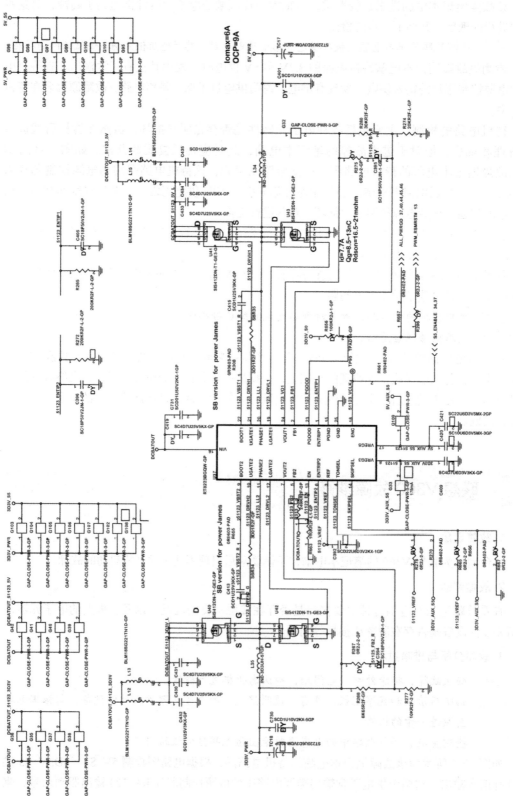

图 27-2　故障笔记本电脑的待机电路图

而电源控制芯片输出驱动信号的前提是其自身能够正常工作，然后其第 8 引脚和第 17 引脚能够正常输出 3D3V_AUX_S5、5V_AUX_S5 供电，这部分供电会提供给 EC 芯片、EC 芯片的 BIOS 芯片、RTC 电路等硬件设备和相关电路使用。

当 EC 芯片、EC 芯片的 BIOS 芯片等正常工作后，会输出 S5_ENABLE 这个信号给电源控制芯片 RT8223 的第 18 引脚作为 5V_S5、3D3V_S5 供电的开启信号。

实际检测中发现，电源控制芯片 RT8223 的第 8 引脚和第 17 引脚没有输出 3D3V_AUX_S5、5V_AUX_S5 供电，所以 EC 芯片等无法正常工作。

检测电源控制芯片 RT8223 的供电和开启信号正常，怀疑其损坏。

步骤 04 更换损坏的电源控制芯片，经检测，待机供电全部正常输出，并且能够正常开机启动，故障已经排除。

步骤 05 故障检修经验总结。

根据不同型号笔记本电脑的待机供电情况，进行合理的分析是顺利排除故障的基础。

27.3 惠普 CQ40 故障维修

1. 故障现象

一台型号为惠普 CQ40 的笔记本电脑，不慎摔落后出现不能正常开机启动的故障。

2. 故障判断

不慎摔落可能造成了故障笔记本电脑接口接触不良，或主板上的电子元器件损坏、脱落等问题。

3. 故障分析与排除过程

步骤 01 确认故障，当触发该故障笔记本电脑时，出现反复自动加电的问题，该问题可能是由于 CPU 供电出现问题导致的。

步骤 02 拆机检修，清理灰尘，仔细观察该故障笔记本电脑的主板，无进水、无腐蚀等明显问题，也没有电子元器件或硬件设备脱落或虚焊问题。

步骤 03 检测主板各供电电路中的电感器对地阻值无明显偏低的问题。

触发后马上就掉电，然后自动重启。怀疑与 CPU 的工作条件有关，所以检测其供电电路。如图 27-3 所示为故障笔记本电脑的 CPU 供电电路图。该电路中采用的电源控制芯片为 ISL6265，检测其第 48 引脚的 VIN 供电正常，第 47 引脚 VCC 的 5V 供电正常，第 6 引脚使能信号输入端为高电平也正常。检测后级电路中的场效应管及电感器等主要电子元器件时，发现场效应管 PQ208 损坏。

步骤 04 更换损坏的场效应管，经检测，故障已经排除。

步骤 05 故障检修经验总结。

笔记本电脑的故障分析与检修过程，是一个持续判断、检测、排除的过程。当确认故障范围的时候，再进行相关电子元器件的检测，是快速确定故障点的基本方法。

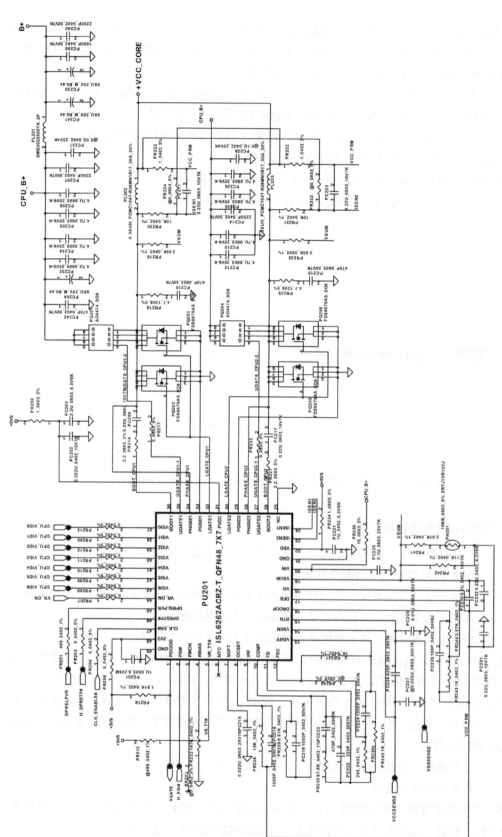

图 27-3 故障笔记本电脑的 CPU 供电电路图

惠普 DV4 故障维修

1. 故障现象

一台型号为惠普 DV4 的笔记本电脑，出现可充电电池不能正常充放电的故障。

2. 故障判断

根据故障现象分析，故障原因的范围主要包括可充电电池本身、可充电电池接口电路以及可充电电池的充电控制电路等电路中。

3. 故障分析与排除过程

步骤 01　确认故障，并排除了可充电电池本身存在问题导致了故障。需拆机检修主板上的相关电路，才能最终确定故障点，并进行故障的排除。

步骤 02　拆机后进行清理和观察，发现主板上灰尘较多，且有腐蚀的问题，可能曾经进过水。清理灰尘，用洗板水清洗主板上被腐蚀的电子元器件，然后进行烘干处理。处理结束后，开机进行检测，故障依旧，需根据电路图做更进一步的检修操作。

步骤 03　如图 27-4 所示为可充电电池接口电路图，先根据该图对故障笔记本电脑进行检测，因为根据故障现象分析，可充电电池接口电路存在问题而导致故障的可能性最大。

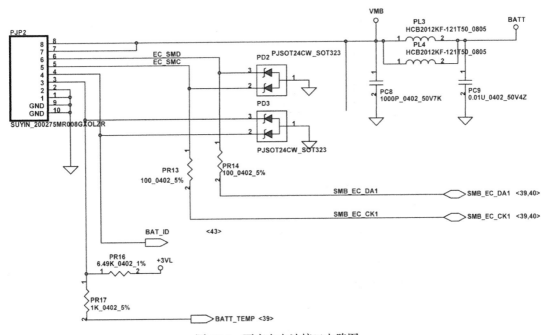

图 27-4　可充电电池接口电路图

检测后发现，电路中的电感器 PL3 损坏，更换后进行测试，可充电电池仍无法正常充电，于是检测该故障笔记本电脑的充电控制电路。如图 27-5 所示为该故障笔记本电脑的充电控制电路图。

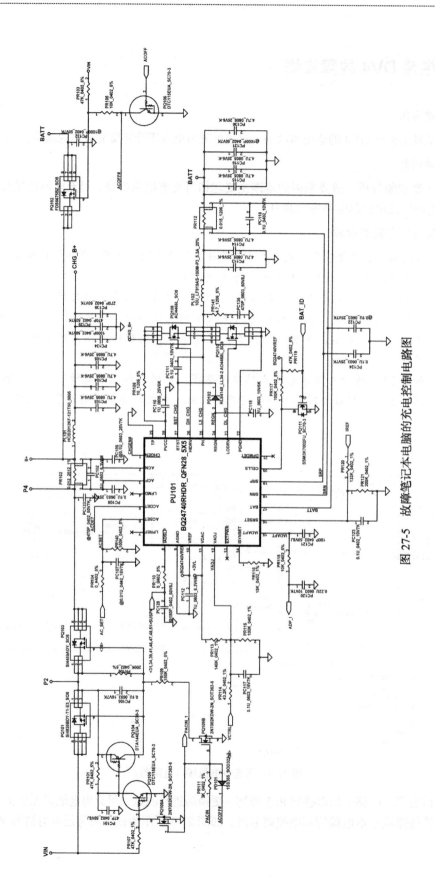

图 27-5 故障笔记本电脑的充电控制电路图

　　根据故障现象分析，电路中的充电控制芯片 BQ24740 存在问题的可能性相对较小，应重点检测充电电路中的场效应管、电感器、电容器及电阻器等是否存在问题。

　　检测后发现，充电电路中主要用于滤波作用的电容器 PC115 和 PC116 损坏。

步骤 04 更换损坏的电容器，开机进行测试，故障已经排除。

步骤 05 故障检修经验总结。

　　进水及散热问题是导致笔记本电脑出现各种故障的主要原因，对于主板上存在较多灰尘或存在腐蚀、水渍等问题的故障笔记本电脑，要特别注意一些体积较小的电子元器件是否存在开焊或损坏的问题。

27.5　戴尔 XPS M1530 故障维修

1. 故障现象

一台型号为戴尔 XPS M1530 的笔记本电脑，突然出现不能正常开机启动的故障。

2. 故障判断

该机型采用的是南桥芯片和北桥芯片的双芯片架构，其使用时间较长，要特别注意是否由于主板上的电子元器件出现了老化、腐蚀或虚焊等问题导致了故障。

3. 故障分析与排除过程

步骤 01 确认故障，排除外部供电问题导致了故障。

　　拔除可充电电池和电源适配器这两个外部供电设备，反复按主机电源开关键，去除机器内残余电量，此操作可排除部分由于静电导致的无法正常开机启动故障。

　　确认需拆机进行检修。

步骤 02 拆机检测过程的第一步是对故障笔记本电脑的主板进行清理。当笔记本电脑主板内淤积过多的灰尘或异物，可能造成主板上的某些电路、电子元器件产生短路或散热不良的问题，并引发相关故障。

　　该故障笔记本电脑没有维修及清理过的痕迹，也无进水问题。但是灰尘相当得多，仔细清理时发现有一个电阻器存在虚焊问题，随之加焊处理后进行测试，故障依旧。除此之外，没有观察到其他明显的损坏问题。

步骤 03 检测主板各供电电路中的电感器对地阻值无明显偏低问题。

　　检测该故障笔记本电脑待机电路的 3.3V 和 5V 供电，发现其输出正常。按下主机电源开关键，有电压变化送至 EC 芯片。

　　当待机供电和主机电源开关键没有问题时，应重点检测该故障笔记本电脑的 EC 芯片和南桥芯片发送的关键信号是否正常。

　　经检测，EC 芯片的供电、时钟及复位全部正常，且能够发送 RSMRST# 和 PWRBTN# 信号到南桥芯片。说明 EC 芯片已经正常工作，如图 27-6 所示为该故障笔记本电脑南桥芯片的电源管理功能模块电路图。

　　当南桥芯片收到 RSMRST# 和 PWRBTN# 信号时，会拉高 PM_SLP_S4#，开启 S3 电压，接着拉高 PM_SLP_S3#，开启 S0 电压。但是该故障笔记本电脑的南桥芯片并没有正确做出动作，南桥芯片没有正常工作主要是由于其本身损坏、虚焊或其工作条件不满足。

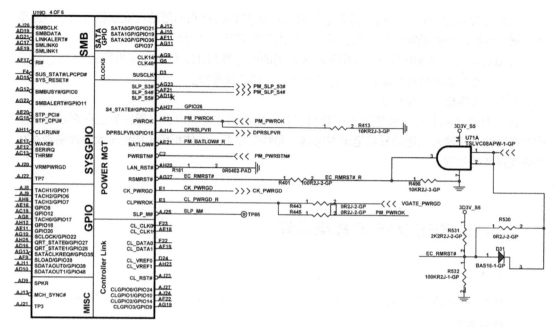

图 27-6　故障笔记本电脑南桥芯片的电源管理功能模块电路图

检测南桥芯片的 32.768kHz 晶振波形正常、供电及复位也基本正常。再仔细检查南桥芯片周围的电子元器件，没有发现脱焊或虚焊问题。

当南桥芯片的工作条件都具备却不能正常工作时，通常为芯片自身存在虚焊、不良或损坏的问题。

步骤 04　更换南桥芯片，开机进行测试，故障已经排除。

步骤 05　故障检修经验总结。

在双芯片架构的主板中，南桥芯片是经常出现问题的芯片，但是其对笔记本电脑的开机启动过程又起着不可替代的作用，所以当这类笔记本电脑出现不能正常开机启动的问题时，应重点关注对南桥芯片的检测。

27.6　戴尔 N4030 故障维修

1. 故障现象

一台型号为戴尔 N4030 的笔记本电脑，进水后出现不能正常开机启动的故障。

2. 故障判断

重点对进水区域进行检测，此类故障多为进水造成的电子元器件损坏而导致的。

3. 故障分析与排除过程

步骤 01　确认故障，判断需进行拆机检修。

步骤 02　清理和观察故障笔记本电脑的主板，重点关注进水较为严重区域的电子元器件。

对进水较为严重的区域清理并烘干后，没有发现明显损坏，需根据电路图做进一步的检修操作。

步骤 03 检测主板各供电电路中的电感器对地阻值无明显偏低的问题。

如图 27-7 所示为该故障笔记本电脑在按下主机电源开关键前的时序图。从图中可以看出，+5V_ALW 和 +3.3V_ALW 这两个供电在待机时就应该存在。

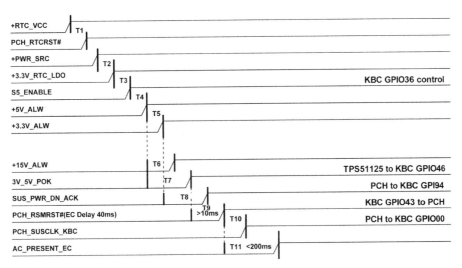

图 27-7　故障笔记本电脑在按下主机电源开关键前的时序图

加电进行测试，待机电路有供电输出，但是输出电压一直在跳变。待机电路就是该机进水较为严重的区域，所以怀疑待机电路中的电源控制芯片可能损坏，用手摸该芯片温度较高，且随着待机时间的延长而逐渐升高。

如图 27-8 所示为该故障笔记本电脑的待机电路图。检测电路中的电源控制芯片的供电正常、开启信号正常、线性输出等也正常。检测电路中的电感器、场效应管等其他电子元器件无损坏的问题，所以怀疑该电源控制芯片因进水而损坏，所以造成 +5V_ALW 和 +3.3V_ALW 供电电压不停地跳变。

步骤 04 更换损坏的电源控制芯片，加电进行测试，故障已经排除。

步骤 05 故障检修经验总结。

对于进水后产生故障的笔记本电脑，要特别关注其进水严重区域的电子元器件是否存在问题。

27.7 华硕 K42JV 故障维修

1. 故障现象

一台型号为华硕 K42JV 的笔记本电脑，在室外高温环境下使用时突然掉电，再次开机时出现无法正常启动的故障。

2. 故障判断

高温环境可能造成故障笔记本电脑主板上的电子元器件，出现损坏的问题，并导致不能正常开机启动的故障。

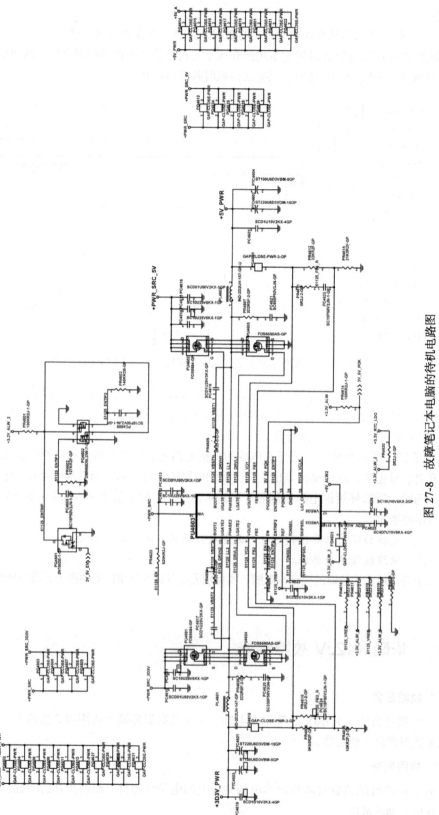

图 27-8 故障笔记本电脑的待机电路图

3.故障分析与排除过程

步骤 01　确认故障，排除外部供电存在问题。

步骤 02　拆机清理灰尘，仔细观察故障笔记本电脑主板上的电子元器件，发现有两个电子元器件变黑，随之进行更换。

步骤 03　检测主板各供电电路中的电感器对地阻值无明显偏低。

根据电路图进行检测，检测该故障笔记本电脑的 EC 芯片的工作条件时发现异常，其复位信号的电压在 0.4V 左右跳变。如图 27-9 所示为 EC 芯片的复位电路图。经检测，电路中的电阻器 R3023 损坏。

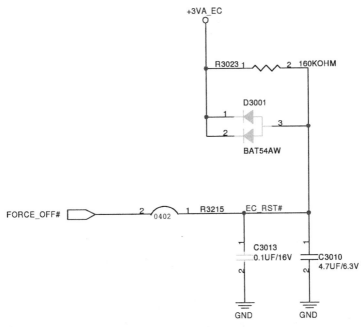

图 27-9　EC 芯片的复位电路图

步骤 04　更换损坏的电阻器，EC 芯片正常复位，开机后启动正常，故障排除。

步骤 05　故障检修经验总结。

高温可能造成故障笔记本电脑主板上的电子元器件损坏或性能不良。在检测时，能观察到的明显损坏可直接进行更换，不能直接观察到的损坏电子元器件，还是需要通过对待机供电、EC 芯片及芯片组的工作条件等进行检测，并最终确定故障点。

27.8　华硕 G60J 故障维修

1.故障现象

一台型号为华硕 G60J 的笔记本电脑，在不慎跌落后出现不能正常开机启动的故障。

2.故障判断

应仔细查看故障笔记本电脑的各主要接口是否存在接触不良或虚焊、损坏等问题，主板上的电子元器件是否有脱落或损坏的问题。

3. 故障分析与排除过程

步骤 01 确认故障，并排除外部供电存在问题。

步骤 02 拆机进行清理，观察主板无明显损坏的电子元器件，但是灰尘较多。

步骤 03 检测主板各供电电路中的电感器对地阻值无明显偏低的问题。

检测该故障笔记本电脑待机电路的 3.3V 和 5V 供电，发现 3.3V 输出正常，但是 5V 输出不正常。如图 27-10 所示为该故障笔记本电脑部分时序图。

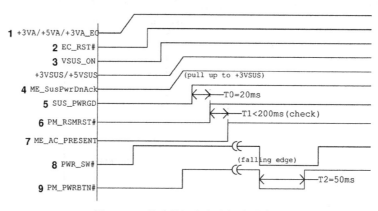

图 27-10　故障笔记本电脑部分时序图

+3VSUS 和 +5VSUS 这两个供电的产生，在 +3VA 和 +5VA 供电之后，而想要检测出 +5VSUS 这个供电为何没有正常输出，需检测前级信号和供电是否正常。如图 27-11 所示为故障笔记本电脑的待机电路图。

从图 27-11 中可以看出，该电路采用的电源控制芯片为 RT8206，当该芯片开始正常工作后，会从其第 7 引脚输出 +5VAO 供电，该供电给电源控制芯片 RT8206 的第 27 引脚一个开启信号，使电源控制芯片内部开始动作，并输出驱动信号驱动后级电路输出 3.3V 供电。

经检测电源控制芯片 RT8206 第 7 引脚输出的 +5VAO 供电正常，这也是在初步检测时，能够检测到 3.3V 供电正常的原因。

待机电路输出的 +3VA 供电能够给 EC 芯片供电和复位。而当 EC 芯片正常工作后，会发送出 VSUS_ON 信号，该信号经过相关电路转换为 ENBL 信号输入给电源控制芯片 RT8206 的第 14 引脚，作为开启 +5VSUS 供电输出的信号。如图 27-12 所示为 EC 芯片的 VSUS_ON 信号传输电路图。

经检测，EC 芯片没有正常输出 VSUS_ON 信号，后级电路中的电子元器件也没有异常，说明 EC 芯片没有正常工作，所以需要检测 EC 芯片的工作条件是否存在问题。

经检测，EC 芯片的供电、复位、时钟以及 EC 芯片的 BIOS 芯片全部工作正常，重新刷写 BIOS 程序后故障依旧，所以怀疑 EC 芯片本身可能存在问题。

步骤 04 更换 EC 芯片，加电进行测试，待机正常且能够正常开机启动，故障排除。

步骤 05 故障检修经验总结。

在检修过程中，对故障笔记本电脑加电时序的掌握是迅速判断并解决故障的前提。

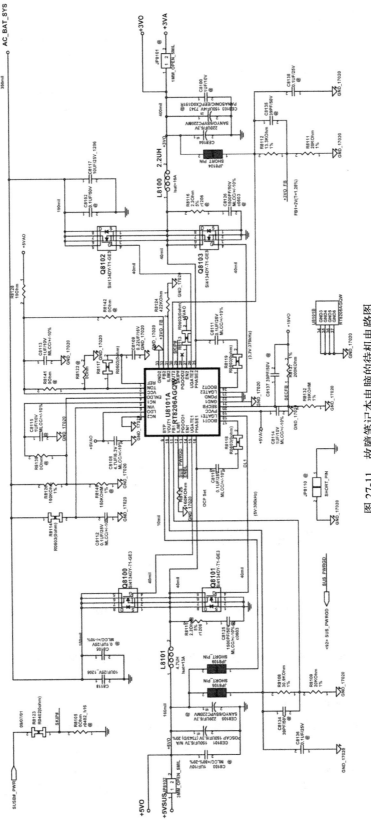

图 27-11 故障笔记本电脑的待机电路图

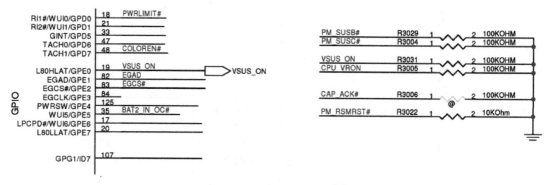

a）VSUS_ON 信号发送端电路图

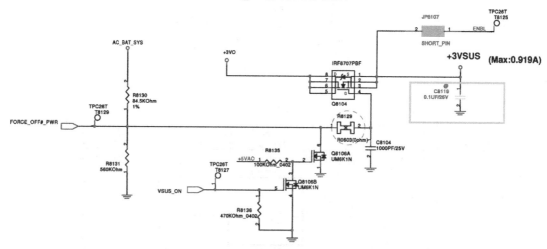

b）VSUS_ON 信号转换为 ENBL 信号电路图

图 27-12　EC 芯片的 VSUS_ON 信号传输电路图

27.9 宏碁 4738G 故障维修

1. 故障现象

一台型号为宏碁 4738G 的笔记本电脑，在不慎摔落后出现开机掉电的故障。

2. 故障判断

故障笔记本电脑主板上的电子元器件或相关硬件设备，可能存在性能不良、虚焊、脱焊或损坏等问题。

3. 故障分析与排除过程

步骤 01　排除可充电电池和电源适配器外部供电问题，确认需拆机进行检修。

步骤 02　拆机后清理并仔细观察故障笔记本电脑的主板，无明显损坏或异常的情况。

步骤 03　检测主板各供电电路中的电感器对地阻值无明显偏低的问题。

在笔记本电脑的开机启动过程中，由于主板上存在短路、某一路供电没有正常输出或出现热保护、过流保护、POST 异常以及 CPU 的工作条件没有正常满足时，会导致系统终止开机启动过程、造成触发掉电等故障。这类故障是笔记本电脑检修过程中经常遇到的，而正常情况下，发生这类故障的笔记本电脑其待机供电是正常的，EC 芯片、芯片组的工作条件和信号发送也是正常的。

检修触发掉电类故障时，应重点检测故障笔记本电脑主板上是否存在短路问题，外围供电和 CPU 核心供电是否正常开启，CPU 的供电、时钟及复位信号等工作条件是否正常，POST 过程是否正常。

经检测，该故障笔记本电脑在待机时正常，如图 27-13 所示为该故障笔记本电脑的待机电路图。在待机时，待机电路输出 +5VPCU 和 +3VPCU 供电，给需要待机电压的芯片和电路供电。

如表 27-1 所示为该故障笔记本电脑的部分电源状态说明。其中，+3V_S5 和 +5V_S5 供电是由 +5VPCU 和 +3VPCU 供电转换出来的，并且在开机启动过程中为芯片组、网卡芯片、各种接口电路以及各种主板供电电路中的电源控制芯片提供一路或多路供电。如果其没有正常输出，将造成不能正常开机启动的故障。

表 27-1　故障笔记本电脑的部分电源状态说明

POWER PLANE	VOLTAGE	DESCRIPTION	CONTROL SIGNAL	ACTIVE IN
VIN	+10V ~ +19V	MAIN POWER	ALWAYS	ALWAYS
+VCCRTC	+3V ~ +3.3V	RTC POWER	ALWAYS	ALWAYS
+3VPCU	+3.3V	EC POWER	ALWAYS	ALWAYS
+5VPCU	+5V	CHARGE POWER	ALWAYS	ALWAYS
+15V	+15V	CHARGE PUMP POWER	ALWAYS	ALWAYS
+3V_S5	+3.3V	LAN/BT/CIR POWER	S5_ON	S0-S5
+5V_S5	+5V	USB POWER	S5_ON	S0-S5
+5V	+5V	HDD/ODD/CTP/CRT/HDMI POWER	MAINON	S0
+3V	+3.3V	PCH/GPU/Peripheral component POWER	MAINON	S0

经检测，在开机启动过程中，EC 芯片及芯片组工作正常，+3V_S5 供电正常输出，但是 +5V_S5 供电没有正常输出。从表 27-1 可以看出，+3V_S5 和 +5V_S5 供电是 S5_ON 这个信号开启的。S5_ON 信号是由 EC 芯片发出的，而 +3V_S5 供电正常输出，说明 EC 芯片正常发送了 S5_ON 信号。如图 27-14 所示为 +3V_S5 和 +5V_S5 等供电产生电路图。

对该电路检测后发现，场效应管 PQ15 存在问题，所以 +5V_S5 供电没有正常输出。

步骤 04　更换出现问题的场效应管，加电进行测试，已经能够正常开机，故障排除。

步骤 05　故障检修经验总结。

笔记本电脑的故障分析过程是一个逻辑推理过程。对故障现象的分析可确定故障原因的范围，而对电路的分析可逐步找到故障点，并进行排除。

27.10　宏碁 4736zg 故障维修

1. 故障现象

一台型号为宏碁 4736zg 的笔记本电脑，有经常自动重启的问题，最后出现无法正常开机启动的故障。

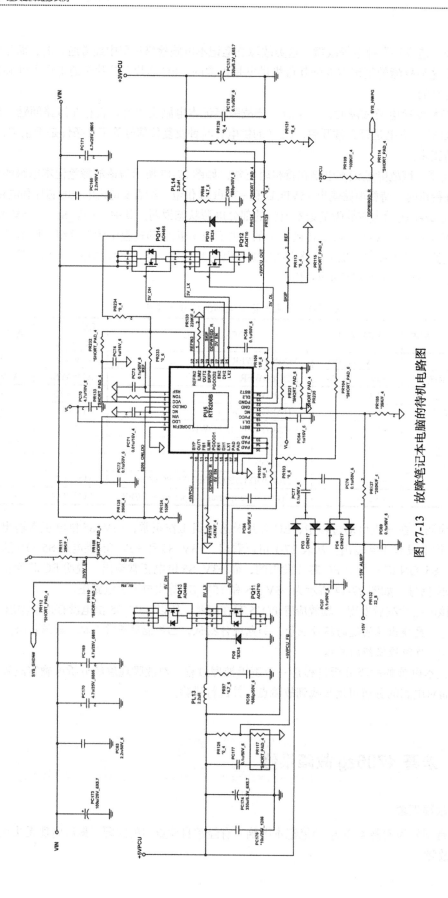

图 27-13 故障笔记本电脑的待机电路图

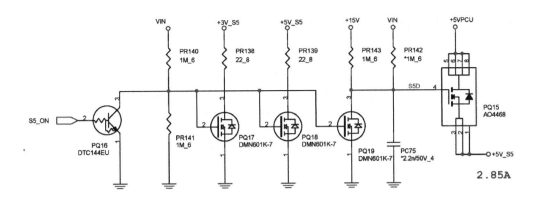

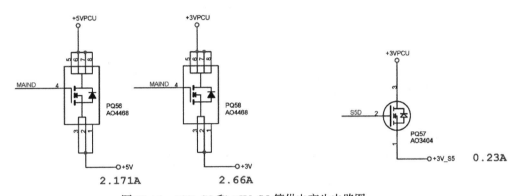

图 27-14　+3V_S5 和 +5V_S5 等供电产生电路图

2. 故障判断

检测故障笔记本电脑是否存在散热问题，主板上的主要芯片及电子元器件是否有虚焊或脱焊等问题。

3. 故障分析与排除过程

步骤 01　确认故障，排除外部供电问题导致了故障。

步骤 02　拆机进行清理，发现灰尘很多，但是无进水或腐蚀的迹象存在。清理后进行测试，故障依旧。

步骤 03　检测故障笔记本电脑主板各供电电路中的电感器对地阻值，无明显偏低问题。

在笔记本电脑的开机启动过程中，由于主板上存在短路、某一路供电没有正常输出或出现热保护、过流保护、POST 异常以及 CPU 的工作条件没有正常满足时，会导致系统终止开机启动过程、造成触发掉电等故障。

加电进行测试时发现，CPU 的工作条件已经满足，而根据故障现象分析，对其温控部分进行检测时发现，芯片 EMC1402 的 SM 总线信号波形异常，但其供电正常，周围也没有出现脱落或损坏的电子元器件。EMC1402 是一种高精度、低成本，并采用 SM 总线的温度传感器。如图 27-15 所示为 EMC1402 芯片电路图。

步骤 04　更换损坏的 EMC1402 芯片，加电进行测试，故障已经排除。

步骤 05　故障检修经验总结。

在故障检修过程中，要特别注意对故障现象的分析。

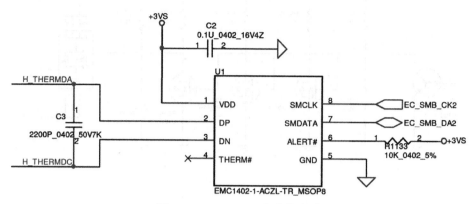

图 27-15　EMC1402 芯片电路图

27.11　三星 R428 故障维修

1. 故障现象

一台型号为三星 R428 的笔记本电脑，出现不能正常开机启动的故障。

2. 故障判断

该机型采用的是南桥芯片和北桥芯片的双芯片架构，其使用时间较长，主板上的电子元器件或相关硬件设备可能存在老化、性能不良或虚焊、开焊等问题。

3. 故障分析与排除过程

步骤 01 确定故障，开机无任何反应。排除外部供电问题，判断需拆机进行检修。

步骤 02 拆机后发现，故障笔记本电脑主板上的灰尘较多，且有部分电子元器件出现了腐蚀的问题，可能曾经进过水。用洗板水清理腐蚀，再进行烘干处理

加电进行检测时发现待机电路中的电源控制芯片很烫，而这个芯片周围在清理之前也是存在腐蚀问题的，直接对其进行更换。更换后进行测试，仍无法正常开机。于是根据电路图采取更进一步的检修操作。

步骤 03 检测主板各供电电路中的电感器对地阻值无明显偏低的问题。

加电检测时发现 3.3V 待机供电被拉低，说明后级电路中的电子元器件可能存在虚焊、击穿或者其他损坏的问题。该供电主要提供给 EC 芯片及南桥芯片使用，追查该供电时发现问题可能出在 RTC 电路中。如图 27-16 所示为该故障笔记本电脑的 RTC 电路图。检测该电路时发现，电路中的电容器 C145 损坏，判断由此问题导致了故障。

步骤 04 更换损坏的电容器，开机进行测试，已经能够正常启动。

步骤 05 故障检修经验总结。

RTC 电路中的电子元器件出现损坏，导致的不能正常开机启动故障，是相对比较常见的，检修时应特别注意。

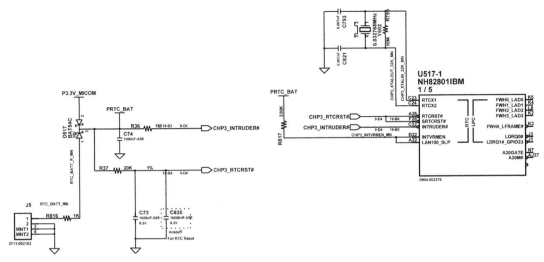

图 27-16　故障笔记本电脑的 RTC 电路图

27.12　东芝 L600 故障维修

1. 故障现象

一台型号为东芝 L600 的笔记本电脑，在雷雨天使用时突然掉电，再次开机时无法正常开机启动。

2. 故障判断

重点检测故障笔记本电脑主板上的电子元器件是否存在击穿、短路或其他形式的损坏问题。

3. 故障分析与排除过程

步骤 01　确认故障，并排除可充电电池和电源适配器外部供电出现问题，导致了故障的可能性。

步骤 02　对主板进行清理，并仔细观察，发现充电控制电路中的上场效应管连接的一个电容器虚焊且有发黑迹象，对之进行更换后开机进行测试，故障依旧。但是发现电流一下上升到 3A 以上，说明主板存在严重的短路问题，且多由各供电电路中上场效应管及其连接电容器的损坏导致。

步骤 03　如图 27-17 所示为该故障笔记本电脑的保护隔离及充电控制电路图。根据之前的检修进行分析，导致短路的故障点应主要局限在充电控制电路的上场效应管及其连接电容器上，所以对电路中的场效应管 PQ31 及电容器 PC4、PC5 等进行重点检测后发现，电容器 PC4 已经击穿损坏。

步骤 04　更换损坏的电容器，加电进行测试，能够正常开机启动，故障已经排除。

步骤 05　故障检修经验总结。

检修过程中应多注意故障现象之间的联系，存在明显损坏的电子元器件周围或前后级电路中的电子元器件，损坏的概率要比其他电子元器件高很多。

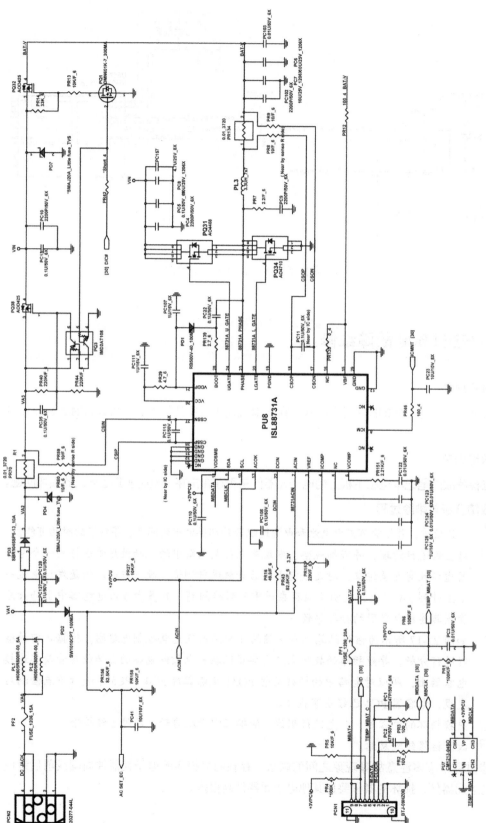

图 27-17 故障笔记本电脑的保护隔离及充电控制电路图

个人创业——开个电脑装机维修店

一、电脑维修店的前景与市场分析

随着人类社会的不断发展，经济水平的不断提高，人类已经进入信息化时代。电脑在人类工作和生活中已经不可或缺。电脑是电子产品，用久了，必然会出故障。而对于企业而言，电脑并不是经常出问题，所以他们很少配备专门的电脑维修人员。对于家庭用户来说，大多数人只停留在基本的使用层面，而对电脑出现的故障缺乏分析和解决能力。同时从中国的经济水平还有环保的角度出发，故障电脑不可能丢掉，而厂家提供的保修期只有一年，用户只能靠维修来减少损失。

我国是一个人口大国，电脑的普及率也是相当高的，而电脑在五年之内需要维修的比例高达70%，这就给电脑维修行业带来了巨大的市场空间。电脑维修行业的市场空间与电脑销售的市场空间是成正比的。因此，随着电脑使用率的进一步提高，电脑使用量的不断增加，电脑维修行业的发展空间也在进一步扩大。与此同时，电脑也是消费品，几年后就有更新换代的需要，因此电脑维修行业也会因电脑周期性的消费过程而长盛不衰。这为电脑维修店的出现提供了现实基础。

二、开店前的准备

电脑维修店具有门槛低、易上手的特点，成为很多年轻人自主创业的首选。开一家电脑维修店并不复杂。

1. 客户资源分析

电脑维修店所面对的客户是比较广的，主要包括三种：一是高端客户，他们主要来自金融、证券等公司重要部门；二是重点客户，他们主要来自各类学校、中小型企业；三是大众电脑用户，他们一般缺少电脑维护知识。对每类客户做一个详细的调查，然后根据每类客户的主要需求和消费习惯，做出相应的服务。

2. 确定经营项目

电脑维修的范围很广，包括丢失数据、硬件问题、网络问题、设备原件问题等。面对电脑的这些问题，电脑维修人员都要帮助客户去解决，目前市场上主要有以下几种业务。

（1）软件的维护、网络的调试

电脑软件故障在电脑故障中所占的比例较高，只要解决了系统软件、应用软件、网络等安装使用的问题就可获利。如果能帮客户解决问题，则收取上门服务费（开业初期可以不收取服务费，以便吸引更多的客户），否则不收任何费用。操作系统的安装、调试及维护，各类应用软件安装维护，软件故障的排除，系统软件的升级、优化，病毒防范和清理病毒，系统数据的备份，网络调试维护等都是可以承接的业务。

（2）硬件、配件的维修

这个主要是查出损坏的电脑部件，在用户许可的情况下进行维修。如果是上门服务，就可以收取相应的服务费、维修费或材料费。不过不能查出故障所在则不收取服务费。

配件级服务要求要快速地定位故障且熟练地拆装配件。芯片级维修可放在后一步，因为在技术和资金上投入要大一些。

（3）软硬件、耗材、周边产品送货上门

这个家庭客户应用得很少，需要深度挖掘。可以在上门维修时突出自己代购产品的优势，如价格低质量优等。

可以根据用户的电话要求提供各种耗材的代购，如打印机、扫描仪、刻录机、墨盒、打印纸、色带、空白刻录盘等，送货服务费均按市场价加15%或不少于20元收取。

（4）电脑升级服务

可以上门指导用户对其电脑进行硬件升级、推荐配置及核算总价，在获得客户准许的情况下，采购所需零部件并上门安装调试，客户需在安装当日支付材料费。

（5）一般数据的恢复

人们经常将不少重要的数据存放在电脑中，数据经常丢失，因此丢失后的数据的恢复也较为常见。当然这个也是盈利最大的服务。

（6）企业签订长期服务

中小型企业可以按季度或年度签订长期维护合同，电脑出现故障时可以随时召唤，没有次数限制。这个需要的人员相对多一些，可以放在后期。

3. 所需技能

开电脑维修店，电脑知识是必不可少的。维修者所要掌握的知识包括电脑的基本知识（操作系统知识、网络知识、硬件知识、软件知识）及电脑的基本结构，不然修电脑时会无从下手。

4. 店面的选择、装修

开店能否成功，店面很重要，因此要慎重选择。

电脑维修店不必选一个商业旺铺，那样成本太高，但要尽量开在人流比较大的地段，而且这些人必须是附近的居民，如开在电脑城或小区密集的地方，但不要开在像车站那些人流多的地方。门店的面积一般以 20 ~ 30m^2 为宜，也可租一室一厅，这样布局合理，租金也不会太贵。在签订租房合同时一定要仔细阅读，特别注意违约责任及租约签订的时间，一般至少要三年以上，如果签短了，房东可能会收回门面或增加租金。此外，要起个比较响亮的店名，牌子设计也要醒目一点，以便吸引更多的客户。

电脑维修店的装修不需要太复杂，以简洁、舒适、实用为主，卖货的柜台处理得干净整洁一点，与维修间区别开来，避免给人乱糟糟的感觉。

5. 配备维修设备

开维修店维修设备一定要准备好。

电脑修理必备的工具有螺丝刀（十字、一字），大的小的都要、剪线钳、网线钳、网线测试仪等。尖嘴钳、镊子和小手电也是非常有用的。小手电用于照机箱内的主板细节、CMOS 放电和查找芯片型号等的时候很有用。

如果有能力做芯片级维修，那么还需要准备一些比较贵重的设备。如果你的硬件维修都是发外的，那就没多少必要。不过，如果有能力，建议主板电容等问题还是自己处理，准备一个万用表和一台电烙铁就行。

其次就是一些备件，比如网线的水晶头、一两箱网线、一两条内存、几张网卡。其他的，电源要备一两个，光驱要一两个，常见的一两年的主板，适用于几种主流 CPU 的主板，最好也能准备几个。其他的 IDE 线、SATA 线都应该有。

店铺里面，你需要有专门的电脑维修间：一张桌子（最好能大一点）和一台显示器、一套键盘鼠标，基本就组成了一个简易的电脑维修间了。

开店的时候，并不需要全部一步到位，有的东西可以慢慢搜集增加，尤其是电脑配件，有时候客户升级了，余下的就能低价甚至免费回收回来，这就多出来了。

6. 办理证件及开业的相关手续

电脑维修店的注册手续与公司相比简单多了，不需要验资、制定公司章程、财务、税务等，只需要办理营业执照就可以。带上身份证复印件若干张、一寸照片若干张、店面房产证复印件（租的房子还需要租房协议书）到工商局或当地工商所办理即可。当拿到税务登记证之后可申请发票，发票的申请可分按定税方法（每月不管有没有营业额都是每月交纳相同的税额）、按税率缴税（根据开发票的金额每月按税率缴税）两种方法。

办理营业执照几百元就可以了。手续办完后，你的电脑维修店就可以开张了。

7. 联系进货源

开店时一定要联系好一家好的供货商家，以保证维修质量，增加客户对你的好感。同时要跟电脑硬件的销售商建立良好的关系，这样你能以低廉的价格拿货，从而减少成本。

一般电脑店的进货渠道主要有以下几种。

（1）从批发商进货

如果你不知道某个配件的批发商，则可以利用网络搜索查找批发商，然后上门去实地考察批发商的产品质量及商谈价格。

（2）从电子市场找供货商

如果你所在的城市有电子市场，则可以在电子市场联系你要的配件的供货商，可以多联系几家，货比三家。

（3）网购

对于一些特殊的客户，或遇到特急没办法买到的产品，可以从京东、卓越等电商网站购买。

8. 开业宣传

平时多发一些名片（地址、联系电话、维修范围要写清楚），如果条件允许，开业前期可以搞一些小活动如免费维修三天，目的是让附近的客户知道你这个地方以及是做什么的。尽可能地让周围的客户感受到专业的态度。

三、服务方案及标准

维修店主要的维修项目有软件、硬件的维修。软件的维修主要通过键盘输入或鼠标单击，光驱或内存设备的输入就可以解决问题，而硬件的维修需要拆开主机，使用检测工具确定故障部位和故障原因，实施维修。解决方案是一般不需要更换硬件，个别由于硬件自身的老化损毁造成的，则需要更换硬件。硬件的维修又包括主板维修、硬盘维修、显卡维修、光驱维修、显示器维修、其他外围设备的维修等。

下面对每个服务项目具体地描述一下。

1. 软件维修

电脑软件维修主要包括操作系统及应用软件的安装与修复、电脑系统的杀毒、网络设置与调试、打印机、扫描机等外设的安装与调试、各硬件驱动程序的安装等。软件服务有以下两种。

（1）送修

客户把电脑主机或显示器一起带到维修店进行修理送修。维修费一般为 30 ～ 50 元，依据城市大小和消费水平有所差异。

（2）上门维修

上门维修客户就比较简单了，只要打电话预约就可以。根据客户所在的区域，费用一般在 50 ～ 100 元之间，与送修相比要高出许多，但这样可以防止因自己的拆卸误操作而造成电脑损失，一次性故障基本上可以全部被排除。

2. 硬件维修

硬件维修有两种收费标准：一是故障的检测费用，通过物理方法确定故障的具体部位，又是无须更换部件也可把故障排除，这种收费同软件收费标准一样；二是硬件芯片维修费用，这种是在第一种的基础之上进行的收费。收费标准依据故障个体类型不同收费标准也不同。客户需要付两部分的费用，上门服务费和硬件芯片维修费。

板卡级维修：电脑不能加电，无法启动，经常死机或无规律启动，开机花屏、蓝屏、黑屏报警之类故障是对开机箱进行的故障维修。维修人员可以通过观察法、隔离法、最小系统法、替代法等查出故障所在。其故障通常发生在 CPU、内存、主板、显卡、散热风扇、声卡、硬盘、光驱、开关电源及机箱、前置音频线和 USB 接口等，常用的解决方法是直接更换相关损坏的部件，其维修费用和软件类似。

芯片级维修：芯片级的维修需要专业的维修工具和检测设备，维修时间较长（像打印机、显示器、硬盘、光驱、笔记本电脑等设备所需的芯片都是专用的，需要到厂家订购或寻找），所以一般都是客户送修，不提供上门服务，有时也会出现没有相应配件而无法修复的情况。

（1）主板维修

其维修费用需要视具体情况而定，南北桥的更换需要专业工具和较高的技术水平，更换维修的费用一般在 150 元左右：CPU 座的更换也类似。IO 芯片损坏会造成串口、打印机、键盘、鼠标不能用，其更换比较容易，维修费用一般为 30 ～ 40 元。主板因周围电容鼓泡造成的不易开机或经常死机、多次开机才能启动的故障只要更换电容就可以，维修费为 20 ～ 30 元；内存报警、AGP 花屏等类似的故障维修费一般为 30 ～ 40 元。

（2）硬盘维修

硬盘的维修费用随硬盘价格的不断下降而降低。像硬盘不能格式化、磁头不能归位、开机异响等可以通过软件修复解决故障问题的，维修费用 50 元。但像因电压异常或过热造成硬盘电路板烧毁，需要更换电路板，费用要高一点，大概需 80 元。如果客户是来恢复数据的，价格相对修硬盘要贵很多，一般为 500 元左右。

现在，一些硬盘生产厂家为了避免维修商和个人通过更换硬盘电路来修复硬盘而损害自己的利益，对硬盘的电路板和盘体内的磁头放大电路间设置了校对程序，每次加电自检时两者会核对通过，符合则可以使用，不符合则不能完成自检过程。所以现在大批硬盘已经不能通过更换电路板来修复了。

（3）显卡维修

显卡风扇损坏、显存芯片部分损坏、显卡烧毁等是显卡故障所在。显卡的散热风扇停转或转速低，导致散热不良致使在工作中显卡花屏或死机是经常遇到的。只需通过更换显卡风扇就可以解决，但同型号的风扇不容易找到，不过这类故障可以通过改装显卡的散热装置，增大散热片的表面积，改主动散热为被动散热以解决问题。

显卡花屏或死机之类的故障由于维修工艺复杂，维修费用一般在100元左右。而对于显卡损坏造成的花屏，维修费用相对要低一点，在50元左右。

（4）光驱维修

激光头老化或赃污，需拆机调节激光头的功率，使其增大功率，从而继续读盘。而对于电源接口保险损坏导致的光驱故障只需拆机将损坏的保险电阻丝短接就可以解决问题。光驱维修所需的费用大概为30元。

（5）显示器维修

显示器的维修检测费用因显示器尺寸的不同，所需的费用也不相同。一般为60～200元，当然这些费用都不包含原件费用。

（6）其他外围设备维修

其维修价格一般与设备自身价值有关，维修费用为其自身价格的1/10，最多不超过1/3，这是一个行规。如针形式和激光打印机，拆机维修费为150元，更换主板或接口接近千元，是其机器价格的一半左右。像两千元左右的刻字机的维修费价格为300元。

四、投资收益分析

1. 投入的成本

开设电脑维修店的投入成本如下表。

设备	数量	价格
电脑	1台	2500元
万用表	1个	100元
示波器	1台	1800元
主板诊断卡	1个	30元
逻辑笔	1支	30元
CPU假负载	1套	50元
电烙铁	1个	50元
热风枪	1个	100元
常用工具套装（钳子、各型螺丝刀、毛刷、吹气囊等）	1套	200元
常用电子元器件（少量备用）	若干	200元
合计		5060元

2. 收益分析

以一个 100 万人口的小型城市为例进行分析。按每 20 人有一台电脑计算，该城市的潜在客户就有 5 万人（台），企业单位电脑的总数量按 2 万台计算，一个 100 万人的城市电脑的数量大约是 7 万台。按每年有 10% 的电脑需要维修服务，就有 7000 台需要维修。假设每次的修理费为 100 元，则年收益就是 70 万。假设只做了这个市场的十分之一，年收益就是 7 万元，再加上电脑服务外包及故障维修，配件产品及零件的销售，市场空间更加巨大。如果除去员工工资和房租，一年下来总有 5 ~ 10 万的收入。